# 现代光学镜头设计方法与实例

Modern Optical Lens Design: Methods and Examples

第2版

毛文炜 著
**Mao Wenwei**

机 械 工 业 出 版 社

本书讨论光学镜头的优化设计，分别为：光学镜头的优化设计概述，简单光学镜头的优化设计实例，三片镜头的优化设计实例，中等复杂镜头的优化设计实例，非球面光学镜头的优化设计实例，复杂光学镜头的优化设计实例。书中列有近三十个光学镜头的优化设计实例，镜头不按通常的使用范畴归类划分，而是按它们的结构由简单到复杂的顺序介绍优化设计过程，优化设计过程的介绍大体上按照由易到难的顺序进行。与讲述光学镜头设计的传统书籍不同，书中所列的每一个优化设计例子，都列有详细的优化设计过程，可以追踪复现。全书所有的设计实例都用 ZEMAX 程序设计，并提供了一种表述评价函数中所用像差等操作数的语句括号，便于读者与 ZEMAX 程序中的标识、提示及填写内容相比较。

新版增加了紫外光刻物镜优化设计实例，提出了双远心光路可以孔径光阑为界分前后两个半部，先分别单独优化再合起来一块儿优化的路线，提出了以两个显微物镜拼接成光刻物镜初始基型的思路与方法，并用这个方法和优化路线设计了一个衍射置限的紫外光刻物镜。即使是光学设计的新手，在经过了前五章的设计练习，在第 6 章中按图索骥也能完成紫外光刻物镜的设计练习。

书中假定读者了解像差概念，对初级像差理论较为熟悉。本书适用于光电信息工程、仪器与测控专业的研究生和本科生以及相关领域的工程技术人员。

（编辑邮箱：jinacmp@163. com）

**图书在版编目（CIP）数据**

现代光学镜头设计方法与实例/毛文炜著. —2 版. —北京：机械工业出版社，2017. 4（2024. 7 重印）
ISBN 978-7-111-56769-1

Ⅰ. ①现…　Ⅱ. ①毛…　Ⅲ. ①镜头－最优设计　Ⅳ. ①TB851

中国版本图书馆 CIP 数据核字（2017）第 100695 号

机械工业出版社（北京市百万庄大街 22 号　邮政编码 100037）
策划编辑：吉　玲　责任编辑：吉　玲　刘丽敏
责任校对：张晓蓉　封面设计：张　静
责任印制：单爱军
北京虎彩文化传播有限公司印刷
2024 年 7 月第 2 版第 6 次印刷
184mm×260mm · 23. 5 印张 · 615 千字
标准书号：ISBN 978-7-111-56769-1
定价：69. 00 元

电话服务
客服电话：010-88361066
010-88379833
010-68326294

网络服务
机　工　官　网：www. cmpbook. com
机　工　官　博：weibo. com/cmp1952
金　　书　　网：www. golden-book. com
机工教育服务网：www. cmpedu. com

# 前言

光学镜头的设计既是科学又是艺术和技巧。它是科学，因为设计者们在用数学和科学定律（几何光学和物理光学）来度量和量化设计。它是艺术与技巧，因为各种有效结果常常取决于设计者的个人选择。如果把一个镜头设计问题交给12个不同的设计师，往往会得到12种不同的设计结果。这是因为光学镜头的设计问题与常见的学术性问题是根本不同的。典型的教科书例题都有定义好的输入量和一个正确答案。与之相反，光学镜头设计问题通常都严重地定义不足，并且可能有许多差别很大的解。这说明，光学镜头的设计是一项实践性极强的工作。

对于现代光学镜头设计而言，其优化设计仍然是一件复杂的事情。有人计算过，一个有15个变量的镜头，在计算机的计算速度为每秒$10^6$光线面的情况下，要找出这个镜头的全局最优解，需要这台计算机运行约$10^4$年。现代光学镜头设计的成功与否取决于两点，一是合理的初始结构，二是正确的优化路线。而且，优化设计的路线不是“华山一条路”，更不是“道路笔直又笔直”，设计方法也将是五彩缤纷的。

因此，对于光学镜头设计的初学者来说，若有一个类似于学习绘画中的“临摹”、学习书法中的“描红”、学习外语发音中的“Follow me”的过程，则对学习和掌握设计方法一定是有益的。也就是说，如果有若干初步设计的练习题目，有步骤清楚、方案可行、结果可以复现的路，初学者能一步一步地跟着走一遍，完整、清楚地了解整个设计过程，那么，几个循环下来，对学习一定是有帮助的。

事实上，“优化”是一个修改已有系统以提高像质的过程，而缺乏过程的结果在初学者看来似乎是“来路不明”的，是难以模仿的，是难以学习的。所以，本书中的每一个设计例子都列有详细的步骤和优化设计过程，初学者可以沿着这条优化设计路线从初始结构出发分若干步骤追踪到最后的结果。

另外，本书的优化设计实例不再是按通常的镜头使用范畴来归类，而是按它们的结构由简单到复杂（或按有效变量的多少）的顺序来划分，这样对优化设计过程的介绍也就是大体按照由易到难的顺序进行的。

为将评价函数中的像差等操作数表述得更清楚完整，书中提出了一种“操作语句括号”，用它将程序中的标识与提示，以及要求设计者填写的相应内容都简洁、完整、清楚地表示出来了。这有助于更清晰地描述优化设计过程。

全书共分6章，本版新加内容为第3.5节、第3.6节，及第6章。第1章简述光学镜头优化设计在光学设计中的地位，并简述镜头优化设计的数学原理，其目的在于使读者了解优化设计中的基本原理、思路、过程与一些需注意之处。

第2章列有激光聚焦物镜、激光扫描物镜和低倍显微物镜的优化设计实例。激光聚焦物镜给出了三个不同的初始结构，并给出了从这三个初始结构出发优化出来的几个结果及相应的优化过程。激光扫描物镜给出了两条不同的优化路线，并给出了相应的两个优化结果。低倍显微物镜的初始结构由两种不同的方法给出，一种是依据初级像差理论解出初始结构；另一种是参考同类镜头直接选用一对玻璃，大致分配光焦度，由此给出一个初始结构送入计算机进行优化。

第 3 章列有三片摄影物镜、三片数码相机物镜和大孔径望远物镜的优化设计实例。三片摄影物镜的优化设计过程中，主线是逐步调整各个初级像差的目标值，使得初级像差与高级像差达到好的平衡，从而优化出好的结果。三片数码相机物镜的初始结构是由三片摄影物镜缩放而来的，由此带来了镜片太薄的问题；加厚镜片不是一步到位而是分七步完成的，每一步都只增加一小点厚度接着就进行一次优化，如此经过七步才将镜片的厚度加上去；这样做是基于一个推测，即推测镜头像差与镜头结构参数以及光学特性参数之间的函数空间在相当的范围内极有可能是连续空间，在好的解附近，情况更可能是如此；这样，一些自变量的小量变动引起的像差变化，就比较容易通过其他自变量的小量变动补偿回来。大孔径望远物镜的初始结构有两个：一个是自行构造的，另一个是参考同类物镜缩放的；两个物镜的色球差和位置色差都校正得很好，在像差曲线上看，它的二级光谱像差就非常明确、非常清楚。

在 3.5 节中，以激光聚焦物镜的优化设计为例，用分裂透镜的办法减小了低折射率材料产生的高级像差，完成了物镜设计，并给第 6 章做了铺垫。

3.6 节是一个特大孔径测距仪接收系统的设计实例，它是由两片高折射率激光聚焦物镜演变出来的，用分裂透镜的办法减小了孔径大幅增加后产生的高级像差，从而完成了物镜设计，也为第 6 章做了铺垫。

第 4 章列有中倍李斯特显微物镜、四片放映物镜和双高斯摄影物镜的优化设计实例。中倍李斯特显微物镜的设计采用改进了的配合法，在配合设计过程中辅以初步优化，从而省去了由中间数据手算透镜半径的过程，使得过程简单可行，因为那些中间数据一般是埋藏在光学设计程序中没有显式的输出；另外又将配合法设计出的中倍李斯特显微物镜做进一步的优化，从而消除了像散，而在经典的配合法设计中，李斯特显微物镜的像散是没有消除的。四片放映物镜的初始结构的构成思路和偏角分配数据来自王树森的“堆砌法”思想，遗憾的是，由于 2007 年教学备课房间变动时，丢失了王树森于三十几年前撰写的一份打字油印的设计资料，现在的数据来自笔者的阅读笔记。四片放映物镜的优化设计中平行使用了两个不同的评价函数，一个是自行构造的评价函数，且在优化设计的不同阶段进行逐步改造，直至优化出好的结果；另一个评价函数直接采用程序提供的默认评价函数，同样优化出了好的结果。为进一步提高像质，将四片放映物镜的结构复杂化，从四片分裂成六片，再经优化，使它的调制传递函数有了大幅度的提高。双高斯摄影物镜的设计列有三个实例：第 1 个实例是将 ZEMAX 程序中的一个范例做了破坏后，再将它优化为一个质量可与范例相比的好结果；第 2 个实例从一个像质很差而且大量违反边界条件的原始结构出发，经逐步优化，得到了可与 OSLO 程序给出的范例相比的优良结果；第 3 个实例追踪复现了《光学系统设计》(Optical System Design) 书中的范例。

第 5 章是关于非球面在光学镜头中应用的内容，列有四个实例：第 1 个实例是低折射率单片激光聚焦物镜；第 2 个实例是孔径角达 62°的单块凸平聚光镜；第 3 个实例是面形仅为二次圆锥曲面的三片光电转换耦合物镜；第 4 个实例是总长短的广角物镜。设计这些物镜时，一般是将非球面系数从低阶到高阶适时逐步释放作为变量加入到优化中去起作用的。

第 6 章以紫外光刻物镜作为复杂镜头的代表，分析了它的光路特点，提出了以两个显微物镜拼接成光刻物镜初始基型的思路与方法，提出了具有双远心光路的镜头可以孔径光阑为界分前后两个半部，先分别单独优化两个半部，再合起来一块儿优化的路线，利用 3.5 节和 3.6 节中所述的透镜分裂办法减小了各级剩余像差，优化设计出了一个像质优良、结构新颖简单的紫外新光刻物镜。本章还利用在设计新光刻物镜中构造出来的评价函数，对参考文献［17］中的光刻物镜范例做了再优化，得到了一个成像质量更好的结果，使它的调制传递函数达到了衍射置限水平，相对畸变减小了两个数量级。

第 2 版中增加的紫外投影光刻物镜的优化设计方法与实例是原创性的首发稿，其中由传统镜头显微物镜拼接出光刻物镜初始结构的启示提升了第 1 版传统实例中原创内容的意义，另外第 1 版中各实例都采用的“操作语句括号”是使人“耳目一新的原创内容”。由此将第 1 版中的“编著”修改成了“著”。

书中有关参考文献中列出了选择双胶镜头玻璃对所用到的 $P_0$ 表，由于这些内容不难找到，为了节省篇幅，第 2 版删去了第 1 版中的附录 E。

作 者

于清华大学

# 目　录

前言
第 1 章　光学镜头优化设计概述 ………… 1
1.1　引言 ………………………………… 1
1.2　光学镜头设计中常用优化方法的数学原理 ……………………… 2
1.2.1　适应法 …………………………… 3
1.2.2　阻尼最小二乘法 ………………… 4
1.2.3　阻尼因子 $p$、权重因子 $\mu_j$ 和评价函数 $\phi$ ………………………… 4
1.2.4　边界条件 ………………………… 5

第 2 章　简单镜头设计实例 ………………… 7
2.1　He-Ne 激光光束聚焦物镜设计 ……… 7
2.1.1　镜头片数及玻璃选择的考虑和初步分析 …………………………… 7
2.1.2　以“正前凸”型为基础的高折射率双片镜头的优化设计 ………… 11
2.1.3　以“负前凸”型为基础的高折射率双片镜头的优化设计 ………… 22
2.1.4　以“负前凹”型为基础的高折射率双片镜头的优化设计 ………… 28
2.2　激光扫描物镜设计 ………………… 37
2.2.1　自行构造评价函数优化设计激光扫描物镜 ……………………… 39
2.2.2　利用 ZEMAX 程序提供的默认评价函数优化设计激光扫描物镜 …………………………… 46
2.3　$-5^{\times}$ 显微物镜设计 ………………… 52
2.3.1　依据初级像差理论求解初始结构 ……………………………… 53
2.3.2　$-5^{\times}$ 显微物镜的优化设计例 1 …… 55
2.3.3　$-5^{\times}$ 显微物镜的优化设计例 2 …… 59

第 3 章　三片镜头设计实例 ………………… 65
3.1　三片摄影物镜的优化设计 …………… 65
3.1.1　Richard Ditteon 三片摄影物镜的初始解 ……………………… 65
3.1.2　Richard Ditteon 三片摄影物镜的优化设计例 1 ……………… 69
3.1.3　Richard Ditteon 三片摄影物镜的优化设计例 2 ……………… 95
3.2　三片数码相机物镜的优化设计 ……… 112
3.3　大孔径望远物镜优化设计例 1 ……… 130
3.4　大孔径望远物镜优化设计例 2 ……… 140
3.5　三片低折射率激光聚焦物镜的优化设计 ……………………………… 145
3.6　测距仪接收系统的优化设计 ……… 151

第 4 章　中等复杂镜头设计实例 ……………………………… 156
4.1　中倍李斯特显微物镜优化设计例 1 ……………………………… 156
4.1.1　用改进了的配合法设计李斯特显微物镜 ……………………… 157
4.1.2　优化校正李斯特物镜的像散例 1 ……………………………… 167
4.1.3　优化校正李斯特物镜的像散例 2 ……………………………… 176
4.2　中倍李斯特显微物镜优化设计例 2 ……………………………… 197
4.3　四片放映物镜优化设计例 1 ……… 208
4.4　四片放映物镜优化设计例 2 ……… 222
4.5　双高斯物镜优化设计例 1 ………… 243
4.6　双高斯物镜优化设计例 2 ………… 257
4.7　双高斯物镜优化设计例 3 ………… 265

第 5 章　非球面镜头设计实例 …………… 278
5.1　引言 ……………………………… 278
5.2　非球面激光光束聚焦物镜优化设计 ……………………………… 280

5.3　孔径角大于62°、后工作距大于22mm的非球面聚光镜优化设计 …… 284
5.4　非球面光电转换耦合镜头优化设计 …… 294
5.5　总长短的非球面广角物镜优化设计 …… 301

**第6章　复杂镜头设计实例** …… 326
6.1　紫外投影光刻物镜的光路分析、消像差方案及初始基型选择 …… 326
6.2　紫外投影光刻物镜后半部 $g_a$ 的优化设计 …… 329
6.3　紫外投影光刻物镜前半部 $g_b$ 的优化设计 …… 337
6.4　紫外投影光刻物镜的优化设计 …… 340
6.5　优化改进参考文献［17］中的光刻物镜范例 …… 354

**附录** …… 361
附录A　初级像差系数 …… 361
附录B　平行平板的初级像差系数 …… 362
附录C　薄透镜初级像差系数的 $PW$ 表示式 …… 363
附录D　双胶薄透镜的求解步骤 …… 364

**参考文献** …… 366

# 第 1 章　光学镜头优化设计概述

## 1.1　引言

光学设计的一般过程大体上可以分为六个步骤：

第 1 步，根据仪器总体性能设计要求，进行光路整体布局，确定光学镜头的性能指标，确定焦距 $f'$、视场（角视场 $\omega$ 或线视场 $y'$）、相对孔径 $\frac{D}{f'}$ 或数值孔径 $NA$，同时确定镜头的成像质量要求。

第 2 步，根据光学镜头的性能指标选择镜头的结构型式，给出一个初始结构。在光学设计的发展过程中，镜头设计者们已经取得了丰硕的成果和丰富的经验，并将这些成果归纳分类，形成了许多典型的结构型式；从这些结构型式出发容易取得好的设计结果。

例如，要设计一个焦距 $f' = 50\text{mm}$，相对孔径 $\frac{D}{f'} = \frac{1}{3.5}$，全视场 $2\omega = 50°$ 的摄影物镜，选择“三片（柯克）”型式或“天塞”型式较好，它们分别如图 1-1 和图 1-2 所示。

如果相对孔径 $\frac{D}{f'} = \frac{1}{2}$，其他要求类似，那么选用“双高斯”型式好一些，如图 1-3 所示。

又例如，要设计一个低倍显微物镜，若横向放大率 $\beta = -5^{\times}$，数值孔径 $NA = 0.1$，则一般选择简单的双胶型式即可，如图 1-4 所示。如果是设计一个中倍显微物镜，要求其横向放大率 $\beta = -10^{\times}$，数值孔径 $NA = 0.3$，就选择两组双胶的“李斯特（Lister）型式”，如图 1-5 所示。

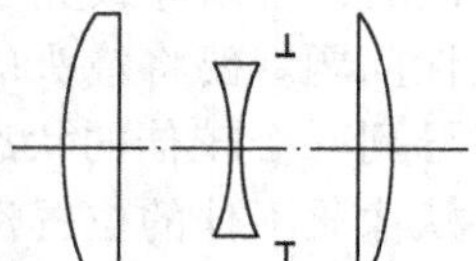
图 1-1　三片（柯克）型摄影物镜

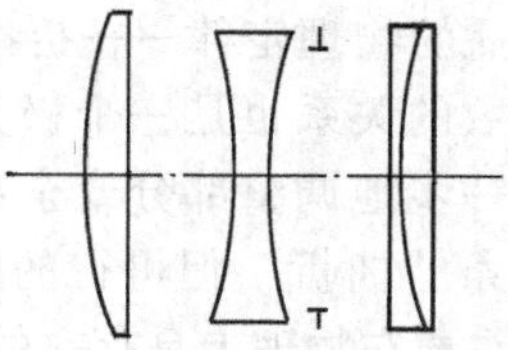
图 1-2　天塞型摄影物镜

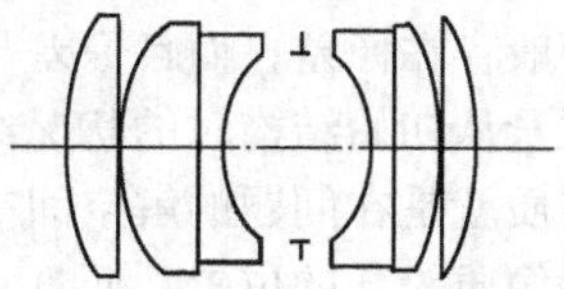
图 1-3　双高斯摄影物镜

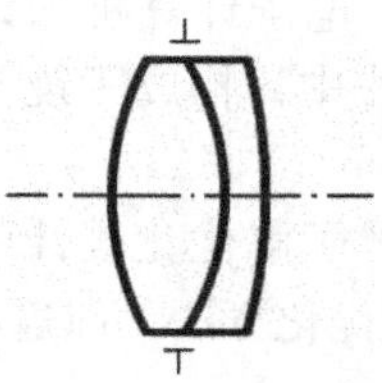
图 1-4　双胶型式的低倍显微物镜

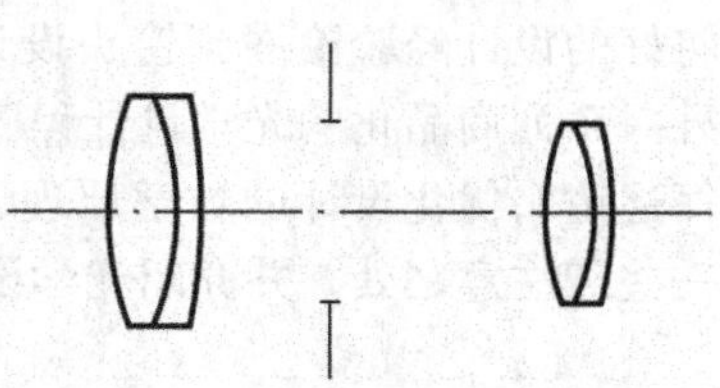
图 1-5　李斯特显微物镜

另外，从图 1-1 和图 1-3 的比较，或者图 1-4 和图 1-5 的比较，可直观看出，光学系统的孔径增大，系统结构的复杂性也就增加。自然，系统的视场增大，系统的焦距加长，一般而言，系统的结构也就更复杂。

初始结构的确定可有多种途径，最常用的是在失效或公开的专利中或者学术期刊上发表的论文中找一个光学特性类似的镜头，通过焦距缩放作为初始结构，例如本书中3. 4节大孔径望远物镜优化设计例2，以及4.7节双高斯物镜优化设计例3；或者以初级像差理论为依据通过解像差方程得出一个初始结构，例如2.3.1节依据初级像差理论求解初始结构，以及3.1.1节三片摄影物镜的初始解；有光学设计经验者还可试探性地确定各镜片或镜头中组件的偏角负担、分配光焦度，依据它们在光路中的位置和对像差有利的弯曲状况来确定出它们各自的形状，依此给出一个初始结构，例如4.3节四片放映物镜优化设计例1。

第3步，进行像差校正。即通过改变镜头诸面的面形参数（球面透镜的曲率半径，以及非球面透镜的诸非球面系数），改变透镜的厚度及透镜之间的间隔，更换透镜材料，来使得镜头的像差逐步减小。在现代光学设计中，这一步工作是在计算机上借助于光学镜头的优化设计程序完成的，谓之现代光学镜头的优化设计。当把镜头的像差校正到一定程度后，转入第4步像质评价。

第4步，进行像质评价。按照仪器总体性能指标所要求的成像质量，对镜头的像差值和像差状况进行评价，评价后如果没有达到要求，则仍转回第3步，分析原因，决定采取的步骤和措施，继续进行像差校正，直至镜头的成像质量符合要求。对于一些常规镜头，有许多现成的成像质量好的结果作参照，容易作到正确的选型；如果是针对新型的系统，则分解出来的镜头成像质量要求往往参照较少，因此在选型上要多花一番功夫。若选型不好，在第3步和第4步之间虽经多次校正，像质仍达不到要求，则此时要转回第2步，寻找新的结构型式。

第5步，计算，分配，制定镜头诸元件、组件的加工公差和装配公差。

第6步，绘制光学系统图，光学组件和零件图并作规范的各项标注。

在光学设计的六个步骤中，第3步像差校正是工作量较大、艺术性较强，也最重要的一步。一般来说，像差校正是一个循序渐进的过程，很少能一蹴而就，特别是一些要求高、结构复杂的镜头更是如此。

由于支配光线在光学系统中传播的物理定律——折射定律是非线性的，所以导致光学系统一般存在像差，而且像差与结构参数的关系也是一个极为复杂的非线性问题。要将镜头的成像质量从初始结构时的状况经过一步一步地调整部分或全部结构参数引导到一个较佳的状态，其实质就是在问题的解空间中寻找一条“曲折”但可行的路线，使镜头从像质不佳的位置逐步走到像质较佳的位置。而且，这个镜头要在物理上是存在的，实践上是能够做出来的，其性能价格比应该是优良的。要能够走出这样一条路，靠什么呢？一靠对于当前像差状况的计算与分析，二靠像差理论的指导，三靠设计人员的设计经验积累与判断。

数学上对于这类非线性问题有若干卓有成效的数值算法；电子计算机和计算技术的飞速发展又有可能将好的设计经验镶嵌到镜头设计的非线性数值算法中，构成了镜头的优化设计，并反映在国内外一系列商品化的光学设计程序中。

本章先简述镜头优化设计的数学原理，其目的在于使读者了解优化设计中的基本原理、思路、过程与一些需注意之处，并介绍光学设计中的两种常用的优化方法，即适应法和阻尼最小二乘法。

## 1.2 光学镜头设计中常用优化方法的数学原理

在现代光学镜头的优化设计中，将所有镜头结构参数，即镜头诸面的面形参数、各透镜的厚度和透镜间的间隔、各透镜的材料参数统称为自变量。而将镜头的焦距、横向放大率、后工作距等，以及各类几何像差、波像差等都称为像差，即广义像差。它们都是结构参数的函数。

镜头的结构参数用 $x_i$（$i=1$，2，…，$n$）表示，广义像差用 $f_j$（$j=1$，2，…，$m$）来表示，即

$$\left.\begin{aligned} f_1(x_1,\cdots,x_n) &= f_1 \\ &\vdots \\ f_m(x_1,\cdots,x_n) &= f_m \end{aligned}\right\} \tag{1-1}$$

式（1-1）是一组非常复杂的非线性函数关系式，几乎不可能写出它们的显式关系。但在已知的初始结构参数处及其附近，广义像差与结构参数的关系是可以近似为线性关系的，因而能写出如下的显式：

$$\left.\begin{aligned} f_1 &= f_{01} + \frac{\partial f_1}{\partial x_1}\Delta x_1 + \cdots + \frac{\partial f_1}{\partial x_n}\Delta x_n \\ &\vdots \\ f_m &= f_{0m} + \frac{\partial f_m}{\partial x_1}\Delta x_1 + \cdots + \frac{\partial f_m}{\partial x_n}\Delta x_n \end{aligned}\right\} \tag{1-2}$$

式（1-2）中，$f_{0j}$是初始结构参数为 $x_{0i}$时的广义像差，这里：$j=1$，2，…，$m$；$i=1$，2，…，$n$。$f_{0j}$原则上可由光路计算得出。$f_j$ 是当结构参数变为 $x_i=x_{0i}+\Delta x_i$ 时的广义像差，各偏导数原则上可由基于光路计算的差商求得。当以一个初始结构为基础校正像差时，总是需要提出像差要达到的目标值$f_j'$，这个目标值往往不是一步求得的，因为事实上办不到，众所周知其原因是用线性化方法解非线性问题是有很大限制的，解决的方法是分成若干步逐步迭代。设（$f_j-f_{0j}$）是要求广义像差减少量（$f_j'-f_{0j}$）的若干分之一，则式（1-2）就近乎实际地表达了解空间的情况。一般来说，广义像差的个数 $m$ 并不总是与结构参数的总数 $n$ 相等，分 $m\leqslant n$ 和 $m>n$ 两种情况分别讨论。下面先讨论 $m\leqslant n$ 的情况。

### 1.2.1 适应法

当 $m<n$ 时，式（1-2）有无穷多组解向量 $\boldsymbol{\Delta x}=(\Delta x_1,\ \cdots,\ \Delta x_n)^{\mathrm{T}}$，可从中挑一组结构参数变化最小的解向量，即 $\boldsymbol{\Delta x}^{\mathrm{T}}\boldsymbol{\Delta x}$ 为最小的解。在数学上可利用拉格朗日乘子法在约束条件式（1-2）下求 $\sum_{i=1}^{n}\Delta x_i^2$ 的极小值，从而得到问题的解。

然后，以这个新解为基础构造出新的式（1-2），再走出第2步，以及类似的第3步，第4步，……。这就是适应法的数学原理。

当 $m=n$ 时，由式（1-2）即得唯一解，然后再以这个解构造出新的式（1-2），继续走出类似的第2步，第3步……

使用适应法的限制除要求校正的像差数目必须少于或等于可改变的结构参数总数外，一般不能将相关的广义像差放在一起校正。例如，某一视场的初级子午场曲 $x_t'$、初级弧矢场曲 $x_s'$和初级像散 $x_{ts}'$，这三种像差是相关像差，因为三者中的任何一个都可用其余两个表示出来。若将这三者放在一块儿同时去校正，并且提出了相互不匹配的像差目标，就等于在式（1-2）中列出了相互矛盾的方程，当然没有解；如果提出的像差目标相互间是匹配的，则相当于式（1-2）中有完全一样的两个方程，出现了冗余。值得庆幸，依据适应法的现代镜头优化程序有能力发现相关像差，并使其中之一退出控制。

若要校正的广义像差的个数 $m$ 大于可改变的结构参数总数 $n$，则适应法不能应用，通常采用如下所述的阻尼最小二乘法这一优化方法。

### 1.2.2 阻尼最小二乘法

当 $m>n$ 时，式（1-2）的方程的个数 $m$ 多于自变量的个数 $n$，属于超定方程，方程不可解，但可以寻找最小二乘意义上的解，即求

$$\varphi = \sum_{j=1}^{m}\left[f_j - \left(f_{0j} + \frac{\partial f_j}{\partial x_1}\Delta x_1 + \cdots + \frac{\partial f_j}{\partial x_n}\Delta x_n\right)\right]^2 \tag{1-3}$$

的极小值。这样做的目的是，虽然做不到改变一定的自变量后每一个要校正的广义像差都达到它们各自的期望值，但希望达到与诸项广义像差期望值偏离的二次方和为最小。

因为在一个镜头中，不同的像差其要求的数量级差别很大，例如对一个焦深为 0.1mm 的小像差镜头，其球差和场曲小于 0.1mm 就可以了，但对波色差 $\sum(D-d)\delta n$ 来说，要小于 0.00025mm 才认为满意，而正弦差 $OSC$ 则允许 0.0025。这样，那些数量级小的像差要求在式（1-3）中很难反映出来，其结果是，这样得到的最小二乘解不会反映数量级小的像差校正要求，也就是说，此例中波色差、正弦差不会被校正。另外，诸广义像差的量纲并不一致，这也使得式（1-3）的物理意义不很明确。改进的办法是在式（1-3）右端每一项前面加权重因子 $\mu_j$，即寻找下式 $\varphi$ 的极小值：

$$\varphi = \sum_{j=1}^{m}\mu_j\left[f_j - \left(f_{0j} + \frac{\partial f_j}{\partial x_1}\Delta x_1 + \cdots + \frac{\partial f_j}{\partial x_n}\Delta x_n\right)\right]^2 \tag{1-4}$$

计算实践表明，这样一个加权的最小二乘解也往往并不是所希望的一个好的解，其原因在于镜头中像差是结构参数的非线性函数，而以式（1-4）的极小值求得的 $\Delta x_i$ 其步长往往太大，已远跨出了实际允许的线性区。改进的办法是将带另一个权重 $p$ 的 $\sum_{i=1}^{n}\Delta x_i^2$ 加入 $\varphi$ 中，即构造 $\phi$ 为

$$\phi = \sum_{j=1}^{m}\mu_j\left[f_j - \left(f_{0j} + \frac{\partial f_j}{\partial x_1}\Delta x_1 + \cdots + \frac{\partial f_j}{\partial x_n}\Delta x_n\right)\right]^2 + p\sum_{i=1}^{n}\Delta x_i^2 \tag{1-5}$$

并去寻找使这个 $\phi$ 为极小值的解。实践证明，这个方法是成功的。这里第二个权重 $p$ 称为阻尼因子，式（1-5）称为评价函数，这个优化方法称为阻尼最小二乘法。显然，阻尼最小二乘法在原理上也适用于 $m<n$ 的情况，因为在式（1-5）中加入了 $p\sum_{i=1}^{n}\Delta x_i^2$ 项，实际上又加入了 $n$ 项要求，使总的要求数目变为 $m+n$，当然 $m+n>n$。现行的许多光学镜头优化设计程序采用阻尼最小二乘法，例如后面各章优化设计各镜头实例时所用的 ZEMAX 光学设计程序采用的就是阻尼最小二乘法。

### 1.2.3 阻尼因子 $p$、权重因子 $\mu_j$ 和评价函数 $\phi$

如前述，阻尼最小二乘法是目前镜头优化设计程序中较为普遍采用的一种方法，而评价函数的构造、阻尼因子和权重因子的合理选择是使用这个方法成功的关键。阻尼因子一般由程序自动设置完成，无须光学镜头设计人员给出。而权重因子一般分为两部分，一部分由光学镜头优化设计程序自动选择给出，称为自动权重因子；另一部分由设计人员给出，并在设计过程中作适当的调整，这一部分权重因子称为人工权重因子。自动权重因子和人工权重因子的乘积泛称权重因子 $\mu_j$。

**1. 阻尼因子 $p$**

从由最小二乘法演化为阻尼最小二乘法的思路中，不难看到引入阻尼因子的目的和作用。用线性化近似来处理非线性问题时，其步子不能跨得太大，特别是非线性程度越高的问题越是如此，而用最小二乘法求出的步长，即结构参数的改变量，在绝大多数情况下早已超出了本地结构参数实际允许的线性化区域，这正是最小二乘法在光学镜头的优化设计上难有作为的原因所在。而将步长 $\Delta x_i^2$ 带权重 $p$ 加入到评价函数 $\phi$ 中，就是希望找到的最小二乘解是小步长的解，这也正是将 $p$ 称为阻尼因子的原由。当镜头在优化设计时，本地结构参数附近范围内可线性化程度究竟如何，是可以通过计算迅速作出判断的，如果可线性化范围较大，则让阻尼因子取小的值，允许步长跨得大一些，相应地优化过程可快一些；而如果可线性化范围较小，则加大阻尼因子，使步长小下来，虽慢但可达。

目前商品化的镜头优化设计程序已经比较完善地做到了阻尼因子的自动设置。

**2. 权重因子 $\mu_j$**

权重因子的作用可归结为：统一评价函数中各广义像差的量纲；利用它调节各种广义像差在结构参数空间中变化的相对速度，从而改变评价函数的收敛路径；使像差的平衡方案更符合设计者的要求。

广义上讲，权重因子的选择与评价函数的构造不无关系，因为权重因子体现了进入评价函数中广义像差的相对重要性，对于没有选进评价函数中的像差可认为是权重因子为零的像差。由于权重因子中有一部分自动权重因子由镜头优化程序自动设置，所以人工权重因子选择 1，即相当于权重因子 $\mu_j$ 完全由程序自动设置。在现行的镜头优化程序中，已经充分吸收了光学镜头设计的经验和规律，自动权重因子设置得比较完好，留给人工权重因子设置的难度已经相对低了一些。

**3. 评价函数 $\phi$ 的构造**

对于具体的镜头设计要求和选出的初始结构型式，需要选择哪些结构参数作为自变量用以校正像差？选择哪些像差进行校正？在希望校正的像差中，其相对重要性又如何？这些都需要设计人员作出判断和决策，并且要在设计过程中适时作出调整。这是构造评价函数的要点。设计人员根据像差理论的指导、自己设计经验的总结、对别人设计实例和结果的分析与学习，并通过反复试探与比较，是可以给出一个比较合适的评价函数的。可以说，选定了评价函数就选定了问题的解空间，选定了像差随结构参数的变动路线。

例如，设计一个焦距 $f' = 100\text{mm}$，相对孔径 $\dfrac{D}{f'} = \dfrac{1}{4}$，全视场 $2\omega = 8°$ 的望远物镜。初步选型为双胶型式，光阑安放在物镜上。自变量选三个球面半径，可外加两种玻璃材料，但两块透镜的厚度不作为校正像差的自变量，因为这里厚度变化对像差的影响很不显著；在保证焦距为 100mm 的前提下，要校正的像差为轴上点球差、轴上点位置色差和正弦差。人工权重因子取 1，即选权重因子由程序自动设置。这样一个评价函数就构造出来了。

在目前所用的商品镜头优化设计程序中，已设置了一些默认的评价函数，使用者只要选定自变量就可以直接应用它，无须再选择要校正的像差、确定权重因子。它们集中了镜头设计的经验与成果，且经过了一段时间的考验，是相当好用的。有时，光学镜头的设计人员针对具体的设计对象，可以以这些默认的评价函数为基础，另作一些修改构造出新的评价函数。然而对于特殊的镜头设计，设计人员还是自己构造评价函数为好。

## 1.2.4　边界条件

前面已经说过，优化设计出来的镜头不仅光学性能和像质要符合预定的仪器总体性能的要求，而且还应该是物理上存在的，生产实践中是可以制作出来的，这就对结构参数有了一定的限制，如正透镜的边缘厚度和负透镜的中心厚度不能小于一定的数值，透镜之间的空气间隔不能为负值等。此外，实际使用的镜头，还必须满足某些外部尺寸的要求，如像方截距，或者说像距 $l'$，入瞳距或出瞳距 $l_Z$、$l_Z'$，系统的总长度等。这类限制被统称为边界条件。

在阻尼最小二乘法程序中，对边界条件的控制是分类处理的。因为负透镜的中心厚度、镜头中的空气间隔等的边界条件就是对结构参数（自变量）变化范围的限制，一般称为第 1 类边界条件。正透镜的边缘厚度，以及像距 $l'$，入瞳距或出瞳距 $l_Z$、$l_Z'$，系统的总长度等，是镜头结构参数的函数，对它们的限制一般称为第 2 类边界条件。

对第 1 类边界条件的处理有几种方法：

1）用“冻结”与“释放”的办法处理，即在每次迭代后，对变数违反第 1 类边界条件者执行冻结，即暂不再将它作为变数，重新进行求解。经若干次迭代后再将被“冻结”的变数释放，重新参与求解。

2）用所谓变数惩罚法处理，即每次迭代后，对变数违反第 1 类边界的，人为地改变其值，使其不至违反边界条件。

3）对透镜中心厚度的控制，有时也定义一个新的变数 $x_i$，它与透镜中心厚度 $d_i$ 的关系为

$$d_i = d_{0i} + k_i x_i^2$$

式中，$d_{0i}$是透镜最小厚度；$k_i$ 是个正数。这个处理办法谓为变数替换。

对第 2 类边界条件处理的方法是把它们和像差一样对待。当某个参数违反边界条件时，将它们的违反量加一个适当的权重因子放入评价函数，经几次迭代后若不再违反边界条件，再行释放。或者采用拉格朗日不定乘数法求解，严格控制边界条件。

无论采用什么办法处理边界条件，它们都是在程序中自动设置完成的。使用者只需要选择要控制的边界条件，并确定有关边界条件的参数。

但是设计者在决定哪些边界条件需要控制时，必须仔细分析选择，不能把一些不必要的边界条件选出加以控制，更不能把一些相互间相关甚至矛盾的边界条件通通加以控制。因为过度施加边界条件将会大大降低对像差的校正。例如，对有限距离成像的系统，共轭距、光焦度和倍率三者是相关的，最多只能将其中了两个拿出来加以控制，加入第三个控制就会和前两个发生矛盾。

本章讲述了光学镜头优化设计方法中常用的适应法和阻尼最小二乘法的数学原理，讲述了评价函数、权重因子、阻尼因子以及边界条件的含义和处理思路，其主要目的是说清思想、理清思路，而不在于具体数学公式的推导与演化。

# 第 2 章　简单镜头设计实例

以球面构成的光学镜头中，若要考虑适当校正像差，则由两块镜片组成的镜头是最简单的光学镜头了。本章给出三个简单镜头的优化设计实例，第 1 个实例是激光光束聚焦物镜，第 2 个实例是激光扫描物镜，第 3 个实例是低倍显微物镜。它们的结构都很简单，只有两块镜片，要校正的像差数目较少。优化时，它们的变量容易选择，它们的评价函数容易构造，经过少量的优化步骤即可达到设计要求。作为学习光学镜头的优化设计，由此容易入门。

对于每一个设计实例，这里都给出完整的优化路径，给出选择的变量，给出要优化的像差及要校正像差的权重，给出所施加的边界条件及其权重，给出关键的优化阶段，并给出每步优化后的结果以及最后结果。详细罗列的目的在于初学者可以追踪整个优化过程，设计出好的结果，并便于分析比较。

## 2.1　He-Ne 激光光束聚焦物镜设计

本节利用 ZEMAX 程序优化设计一个激光光束聚焦物镜。激光光束聚焦物镜是相对孔径较大、视场较小的光学镜头，它在单色光波长下工作，成像质量要达到衍射受限水平。设计过程中，先用具体的计算结果初步讨论玻璃的选择和透镜片数的考虑，然后选择几个不同的初始结构，针对每一个初始结构，分别采用适当的评价函数，并有针对性的逐步调整相应的评价函数，最终找到多个像质较优的解。这些优化结果表明，像质优良的解不是唯一的。具体设计任务的要求如下：

1）物距 $l=\infty$，视场角 $\omega=0°$；焦距 $f'=60\text{mm}$；相对孔径$\dfrac{D}{f'}=\dfrac{1}{2}$；工作波长 $\lambda=0.6328\mu\text{m}$。

2）此镜头只需校正轴上点球差。

3）几何弥散圆直径小于 0.002mm。

4）镜头结构尽量简单，争取用两块镜片达到要求。

### 2.1.1　镜头片数及玻璃选择的考虑和初步分析

**1. 低折射率单片的像质**

先看看用一块镜片作此物镜，像差状况如何。玻璃采用普通的 K9，折射率 $n_{0.6328}=1.51466$，与玻璃表中的其他玻璃相比，它的折射率算是比较低的。利用 ZEMAX 程序设计一个焦距 $f'=60\text{mm}$，相对孔径$\dfrac{D}{f'}=\dfrac{1}{2}$，$\omega=0°$的激光光束聚焦物镜。光阑放在透镜的第一面，入瞳直径取为 30mm，令透镜的第一面半径作变量，第二面半径用以保证物镜的相对孔径$\dfrac{D}{f'}=\dfrac{1}{2}$，这一步在计算机上输入初始数据的过程中可以在线完成；透镜厚度取为 6mm。

在 ZEMAX 程序主窗口中完成上述数据输入的过程和路径如下：

1）Gen→Aperture→Aperture Type（Entrance Pupil Diameter）→Aperture Value（30）→OK。

2）Fie→Type（Angle）→Field Normalization（Radial）→Use →1（√）→Y Field（0）→Weight(1)→

OK。

3）用鼠标右键单击第二面半径数据旁的方块→Solve Type（Marginal Ray Angle）→Angle（-0.25）→OK。

4）Wav→Use→1（√）→Select（HeNe(6328)）→Primary(1)→OK。

上述路径中，括号中的内容就是括号前标示项目所选或所填写的内容。例如1）中Aperture Type中选Entrance Pupil Diameter，即选择“入瞳直径”；又如2）中Y Field取0，即确定是零视场。

将0.3、0.5、0.7、0.85和全孔径的横向球差“TRAY”加入到评价函数中，它们的目标值都取0，权重都取1。

之所以评价函数中要求五个孔径的横向球差，是考虑到这个物镜的相对孔径比较大，而球差又要求很小，所以校正的思想一是各级球差都要尽可能小，二是各级球差间要达到合理的平衡。至于物镜的像质能否达到要求，重要的是看它的结构中是否有能达到设计要求的内因。下面的分析中，将会看到单片结构是没有这方面内因的。

值得指出，这里所写的“TRAY”是ZEMAX程序中的定义，程序中的称谓为横向像差操作数，其含义在此处相当于统称的横向球差。使用“TRAY”时其下要确定三个参数：第一个是当前要计算的波长“Wave”，例如这里是He-Ne激光，波长为0.6328μm，而在前述4）中已将它在“Primary”中编序为“1”了，所以在“Wave（波长）”的地方填写“1”即表示波长为0.6328μm；第二个明确是哪个视场“Hx，Hy”的，例如这里只考虑轴上点的像质，因此是零视场的，所以“Hx=0，Hy=0”；第三个明确是哪个孔径“Px，Py”的，例如上述评价函数中分别指定为0.3、0.5、0.7、0.85和全孔径，则“Px=0，Py=0.3”就表示是0.3孔径的。一般情况下横向球差“TRAY”的单位为微米（μm）。至于视场为什么用（Hx，Hy）两个数表示，孔径为什么用（Px，Py）两个数表示，读者可参考ZEMAX程序使用手册。值得说明的是，这里设计的都是轴对称系统，所以视场只用一个数即可明确，故可令Hx=0，而只用Hy表示视场就足够了；又因为这里是讨论轴上点的像差，所以可令Px=0，只用Py表示孔径也已足够。

为了简单明了地表示操作数中必须由设计者确定的内容和填写的内容，这里定义一种操作语句括号，它由四部分构成：第一部分以操作数开头，例如“TRAY”；第二部分是紧跟操作数后的一个小括号，小括号内有若干个数需要设计者确定，其中属性相同的数之间用逗号“，”分开，属性不同的数之间用分号“；”分开。这若干个数的数目和含义则视具体的操作数而定；第三部分是小括号后的像差目标值；第四部分是操作数所表示像差的权重。这四个部分用大括号括在一起，构成一个完整的操作语句。为将操作语句括号的内容、标识及调用时填写的内容表示清楚，每一行只书写一个操作语句括号，一行分为两端，中间用双箭头“⇒”将两端联系起来，左端中的内容是ZEMAX程序给出的内容标识及提示，右端填写的是相应内容的取值。将上述评价函数用操作语句括号分句写出来如下：

{TRAY(Wave;Hx,Hy;Px,Py);Target,Weight}⇒{TRAY(1;0,0;0,0.3);0,1}
{TRAY(Wave;Hx,Hy;Px,Py);Target,Weight}⇒{TRAY(1;0,0;0,0.5);0,1}
{TRAY(Wave;Hx,Hy;Px,Py);Target,Weight}⇒{TRAY(1;0,0;0,0.7);0,1}
{TRAY(Wave;Hx,Hy;Px,Py);Target,Weight}⇒{TRAY(1;0,0;0,0.85);0,1}
{TRAY(Wave;Hx,Hy;Px,Py);Target,Weight}⇒{TRAY(1;0,0;0,1);0,1}

用上述评价函数优化初始结构，优化后，其结构参数见表2-1，像差曲线和点列图分别如图2-1和图2-2所示。

从优化结果看，现在的弥散圆直径为毫米量级，说明像质距离设计要求相差甚远。

表 2-1　激光光束聚焦物镜低折射率单片的结构参数

| r/mm | d/mm | n |
|---|---|---|
| ∞（光阑） | 0 | |
| 36.368 | 6 | 1.51466 |
| −193.144 | | |

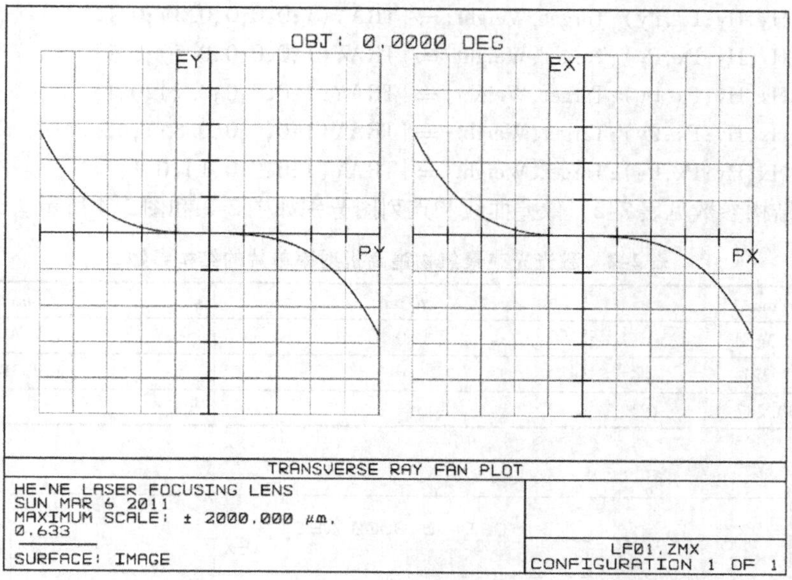


图 2-1　激光光束聚焦物镜低折射率单片的像差曲线

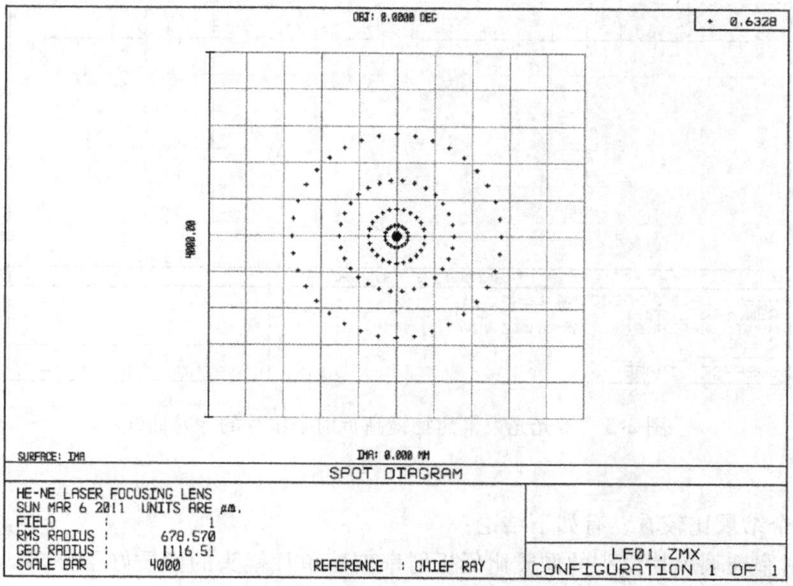


图 2-2　激光光束聚焦物镜低折射率单片的点列图

**2. 高折射率单片的像质**

更换玻璃，采用高折射率的玻璃 ZF14，它的折射率 $n_{0.6328}=1.90914$。仍令透镜的第一面半径作变量，第二面半径用以保证物镜的相对孔径 $\dfrac{D}{f'}=\dfrac{1}{2}$；采用前文所用的评价函数，仍将 0.3、0.5、0.7、0.85 和全孔径的横向球差“TRAY”加入到评价函数中，它们的目标值都取 0，权重都取 1。即仍采用由如下操作语句括号组成的评价函数：

{TRAY(Wave;Hx,Hy;Px,Py);Target,Weight}⇒{TRAY(1;0,0;0,0.3);0,1}
{TRAY(Wave;Hx,Hy;Px,Py);Target,Weight}⇒{TRAY(1;0,0;0,0.5);0,1}
{TRAY(Wave;Hx,Hy;Px,Py);Target,Weight}⇒{TRAY(1;0,0;0,0.7);0,1}
{TRAY(Wave;Hx,Hy;Px,Py);Target,Weight}⇒{TRAY(1;0,0;0,0.85);0,1}
{TRAY(Wave;Hx,Hy;Px,Py);Target,Weight}⇒{TRAY(1;0,0;0,1);0,1}

优化后其结构参数见表 2-2，像差曲线和点列图分别如图 2-3 和图 2-4 所示。

**表 2-2　激光光束聚焦物镜高折射率单片的结构参数**

| $r$/mm | $d$/mm | $n$ |
|---|---|---|
| ∞（光阑） | 0 | |
| 47.221 | 6 | 1.90914 |
| 330.287 | | |

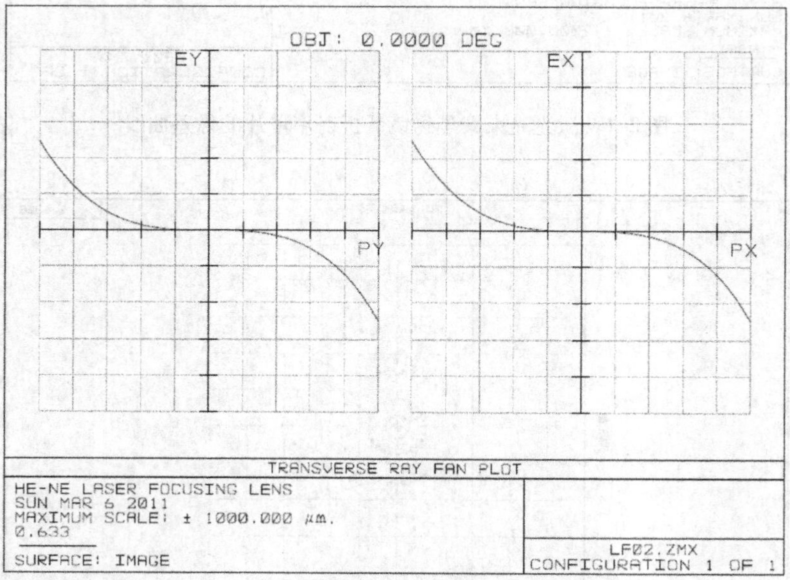


图 2-3　激光光束聚焦物镜高折射率单片的像差曲线

**3. 结论**

由以上两个结果比较看，有如下结论：

1）高折射率玻璃单片镜头的像质比低折射率玻璃单片镜头的像质好了许多。弥散圆半径由 1.1mm 下降至 0.5mm，横向球差由 1.1mm 下降至 0.5mm，都减少了 1/2 多。

2）高折射率单片镜头的曲率半径比低折射率单片镜头的曲率半径大了很多。

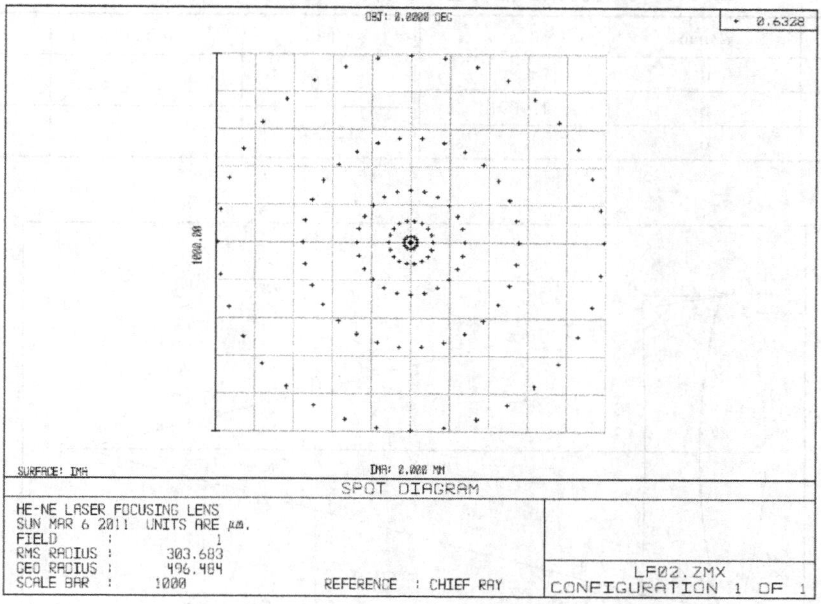


图 2-4　激光光束聚焦物镜高折射率单片的点列图

3）无论是高折射率单片镜头还是低折射率单片镜头，经优化后，当球差处于极小时，它们的透镜形状都是半径较小（凸）的一端朝向远处的物体，而半径较大（平）的一端朝向近距的像。

4）像质距离设计要求相差很远，要作进一步的改进。但单片只有一个变量，即只有一个半径可用于校正球差，而另一个半径是用于保证镜头焦距要求的，所以改进的方法只能是分裂透镜，用双片型式。从设计角度看，分裂透镜增加了变量数目，因而增加了自由度。从像差理论看，是将原先由一片负担的光线偏角现在变为由两片共同负担，可以减小单独一片产生的像差。另外，两片间的空气间隔是减小高级球差的内因，因而也将它作为变量。

分裂透镜后，结构由单片变成了双片，这个双片结构可以取不同的光焦度分配，每片的透镜形状也可以取多种多样，这样就有很多初始结构作为优化设计的出发点。下面分别以三种不同的初始结构基型为基础分述它们的优化设计过程与优化结果：

1）正光焦度单片在前，负光焦度单片在后，前片较凸面朝向远物。这种基型简称“正前凸”型。

2）负光焦度单片在前，正光焦度单片在后，前片凸面朝向远物。这种基型简称“负前凸”型。

3）负光焦度单片在前，正光焦度单片在后，前片凹面朝向远物。这种基型简称“负前凹”型。

## 2.1.2　以“正前凸”型为基础的高折射率双片镜头的优化设计

### 1. “正前凸”型初始结构

“正前凸”型双片初始结构参数见表 2-3，初始结构简图如图 2-5 所示，像差曲线和点列图分别如图 2-6 和图 2-7 所示。

表 2-3 激光光束聚焦物镜“正前凸”型双片初始结构参数

| $r$/mm | $d$/mm | $n$ | $r$/mm | $d$/mm | $n$ |
|---|---|---|---|---|---|
| ∞（光阑） | 0 | | -60 | 5 | 1.90914 |
| 47.221 | 6 | 1.90914 | 312.561 | | |
| -60 | 0 | | | | |

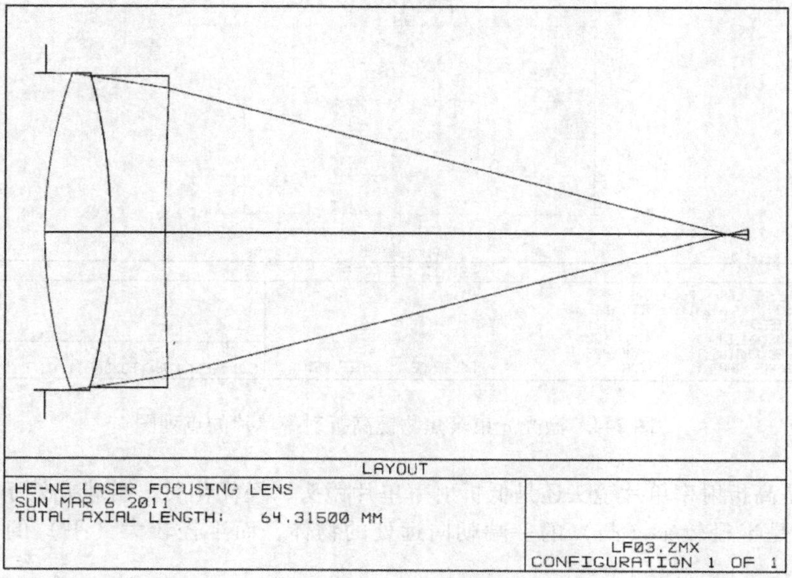


图 2-5 激光光束聚焦物镜“正前凸”型初始结构简图

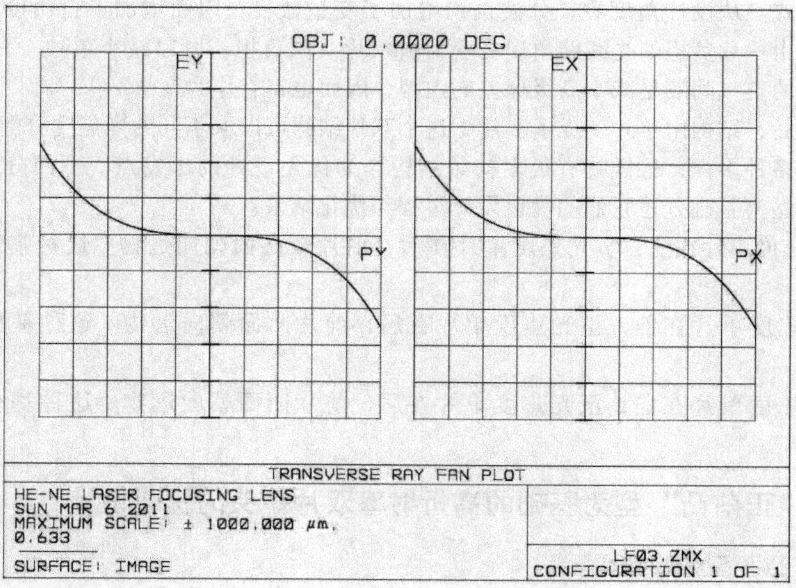


图 2-6 激光光束聚焦物镜“正前凸”型初始结构的像差曲线

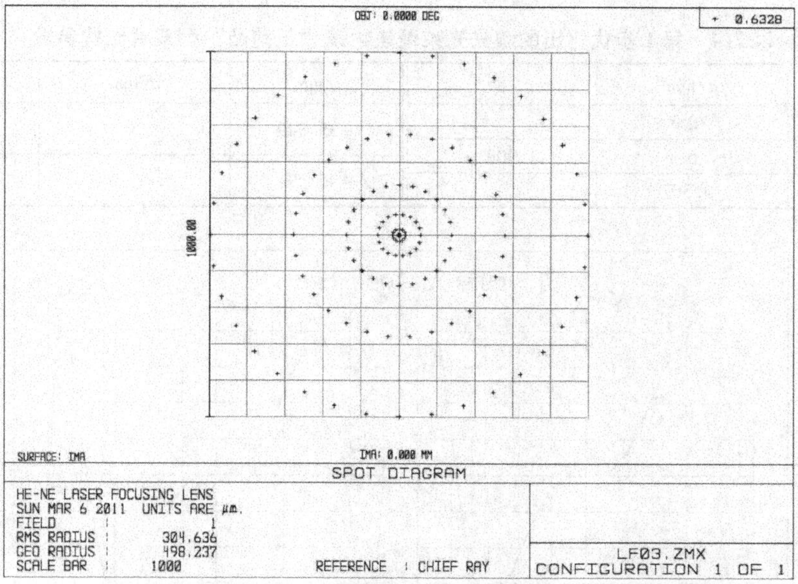


图 2-7　激光光束聚焦物镜“正前凸”型初始结构的点列图

表2-3 中，前三个半径是初步取定的，第四个半径的数据是由相对孔径$\frac{D}{f'}=\frac{1}{2}$的要求算出来的。构造的初步想法是以表 2-2 所列单片为基础，中间划出一个半径为－60mm 的球面将单片分成双片，并取两片的厚度分别为 6mm 和 5mm，并令最后一面保证物镜的相对孔径。

值得指出，当镜头的入瞳直径为 30mm 时，取镜头的相对孔径$\frac{D}{f'}=\frac{1}{2}$就意味着镜头的焦距为 60mm。

细心的读者看到，这个“正前凸”型双片初始结构的像差曲线和点列图几乎与高折射率单片的完全相同，这不奇怪，现在的双片本质上与单片是一回事，差别仅在中心厚度上。

**2. 优化**

（1）第 1 步优化　令透镜的前三个折射面半径作变量，第四个折射面半径用以保证物镜的相对孔径$\frac{D}{f'}=\frac{1}{2}$，并令两块透镜间的空气间隔作为变量；将 0.3、0.5、0.7、0.85 和全孔径的横向球差“TRAY”加入到评价函数中，它们的目标值都取 0，权重都取 1。即采用由如下操作语句括号组成的评价函数：

{TRAY(Wave;Hx,Hy;Px,Py);Target,Weight} ⇒ {TRAY(1;0,0;0,0.3);0,1}
{TRAY(Wave;Hx,Hy;Px,Py);Target,Weight} ⇒ {TRAY(1;0,0;0,0.5);0,1}
{TRAY(Wave;Hx,Hy;Px,Py);Target,Weight} ⇒ {TRAY(1;0,0;0,0.7);0,1}
{TRAY(Wave;Hx,Hy;Px,Py);Target,Weight} ⇒ {TRAY(1;0,0;0,0.85);0,1}
{TRAY(Wave;Hx,Hy;Px,Py);Target,Weight} ⇒ {TRAY(1;0,0;0,1);0,1}

将单片分裂成双片，目的是减小每个折射面承担的孔径，以减小每个折射面产生的球差；将两块透镜间的空气间隔作为变量，就是为产生用于减小各级球差并让各级球差能达到合理平衡的内因。

第 1 步优化出的结构参数见表 2-4，第 1 步优化出的像差曲线和点列图分别如图 2-8 和图2-9所示。

**表 2-4　第 1 步优化出的激光光束聚焦物镜“正前凸”型双片结构参数**

| r/mm | d/mm | n | r/mm | d/mm | n |
|---|---|---|---|---|---|
| ∞（光阑） | 0 | | -35.349 | 5 | 1.90914 |
| 39.265 | 6 | 1.90914 | | | |
| -270.548 | 13.507 | | -96.291 | | |

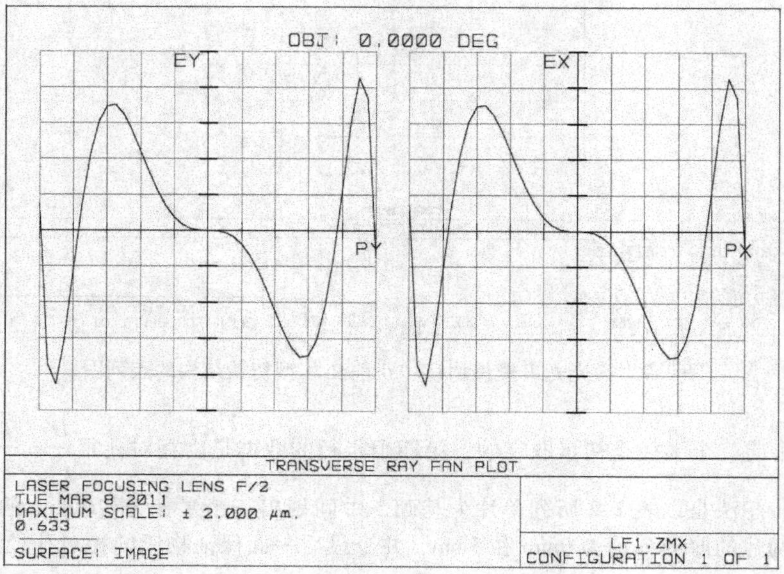


图 2-8　第 1 步优化出的激光光束聚焦物镜“正前凸”型双片的像差曲线

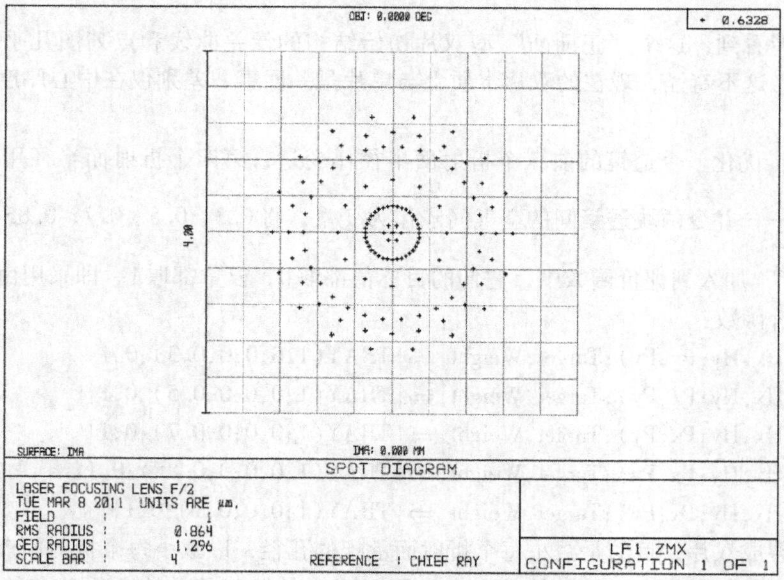


图 2-9　第 1 步优化出的激光光束聚焦物镜“正前凸”型双片的点列图

由图2-6和图2-8比较可以看出，这一步优化后高级球差与初级球差达到了一定的平衡，故像质改善了许多。由图2-7和图2-9比较可以看出，优化后弥散圆半径由毫米级减小为微米级了。经第1步优化后，像质已经非常接近设计要求，转入第2步优化。

（2）第2步优化　第2步优化时，将物镜最后一面至像面的距离（像距）增加为变量。可以预见，经第1步优化后，像质近乎达到了要求，所以进一步优化时，将像距作为变量实质上就是将离焦量作为变量了。

令透镜的前三个折射面半径作变量，第四个折射面半径用以保证物镜的相对孔径$\frac{D}{f'}=\frac{1}{2}$，令两块透镜间的空气间隔和像距作变量；将0.3、0.5、0.7、0.85和全孔径的横向球差“TRAY”加入到评价函数中，它们的目标值都取0，权重都取1，即采用如下与第1步相同的评价函数：

{TRAY(Wave;Hx,Hy;Px,Py);Target,Weight} ⇒ {TRAY(1;0,0;0,0.3);0,1}
{TRAY(Wave;Hx,Hy;Px,Py);Target,Weight} ⇒ {TRAY(1;0,0;0,0.5);0,1}
{TRAY(Wave;Hx,Hy;Px,Py);Target,Weight} ⇒ {TRAY(1;0,0;0,0.7);0,1}
{TRAY(Wave;Hx,Hy;Px,Py);Target,Weight} ⇒ {TRAY(1;0,0;0,0.85);0,1}
{TRAY(Wave;Hx,Hy;Px,Py);Target,Weight} ⇒ {TRAY(1;0,0;0,1);0,1}

第2步优化出的结构参数见表2-5，结构简图如图2-10所示。第2步优化出的像差曲线如图2-11所示，点列图如图2-12所示。经第2步优化后镜头的调制传递函数（MTF）曲线如图2-13所示。

**表2-5　第2步优化出的激光光束聚焦物镜“正前凸”型结构参数**

| $r$/mm | $d$/mm | $n$ | $r$/mm | $d$/mm | $n$ |
|---|---|---|---|---|---|
| ∞（光阑） | 0 |  | −36.085 | 5 | 1.90914 |
| 39.426 | 6 | 1.90914 |  |  |  |
| −285.376 | 13.58 |  | −96.593 | 32.62 |  |

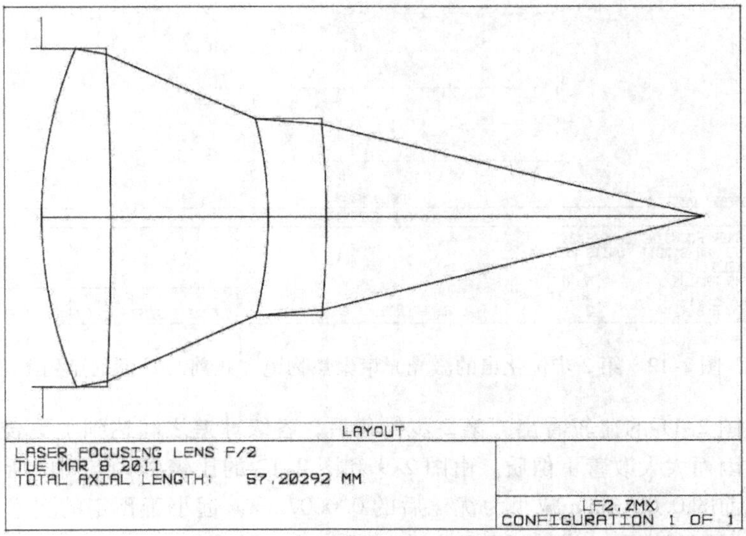


图2-10　第2步优化出的激光光束聚焦物镜“正前凸”型结构简图

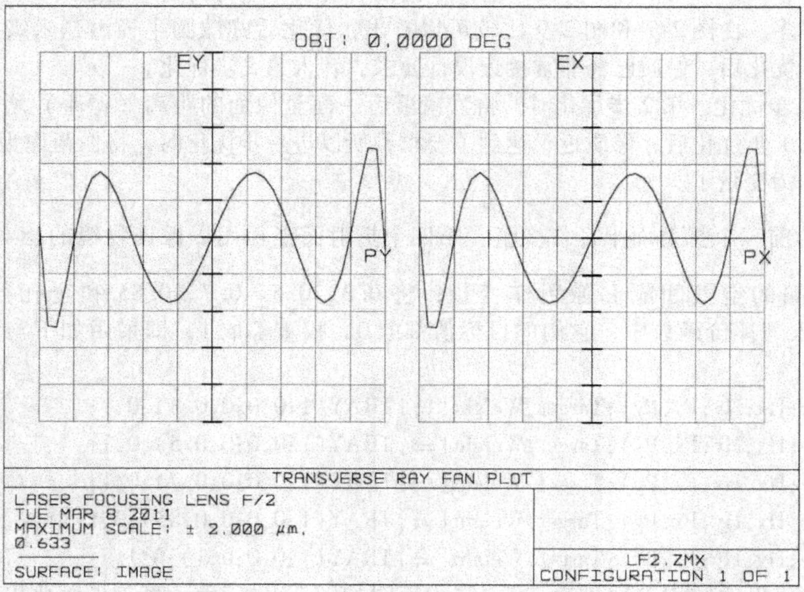


图 2-11 第 2 步优化出的激光光束聚焦物镜“正前凸”型的像差曲线

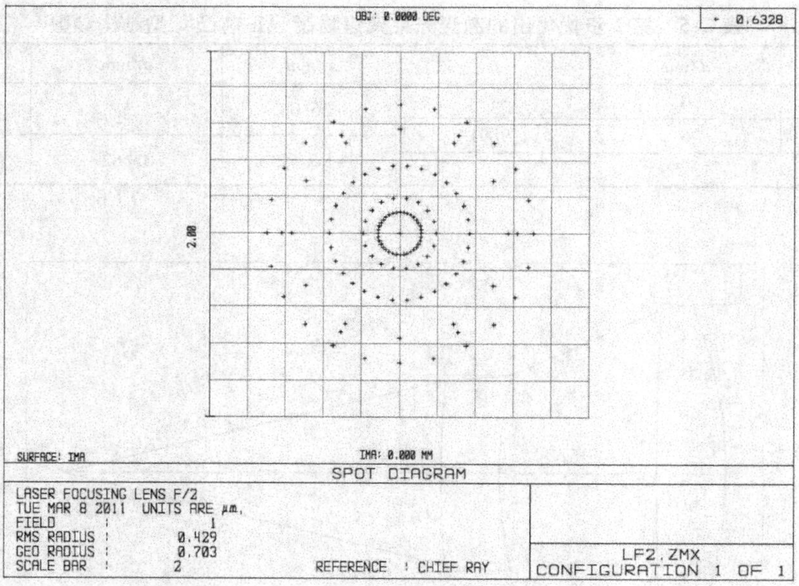


图 2-12 第 2 步优化出的激光光束聚焦物镜“正前凸”型的点列图

由图 2-8 和图 2-11 的比较看出，第 2 步优化后，各级球差之间达到了更合理的平衡，致使残余球差很小，因而大大改善了像质。由图 2-9 和图 2-12 的比较看，点列图所描述的弥散圆半径从第 2 步优化前的 0.0013mm 减小为优化后的 0.0007mm，远小于预定的要求，从调制传递函数看，几乎接近了理想情况。设计任务至此告一段落。

由上可见，最后结果的像质是很好的。当然这里选用了 ZF14，只是作为了解玻璃折射率影

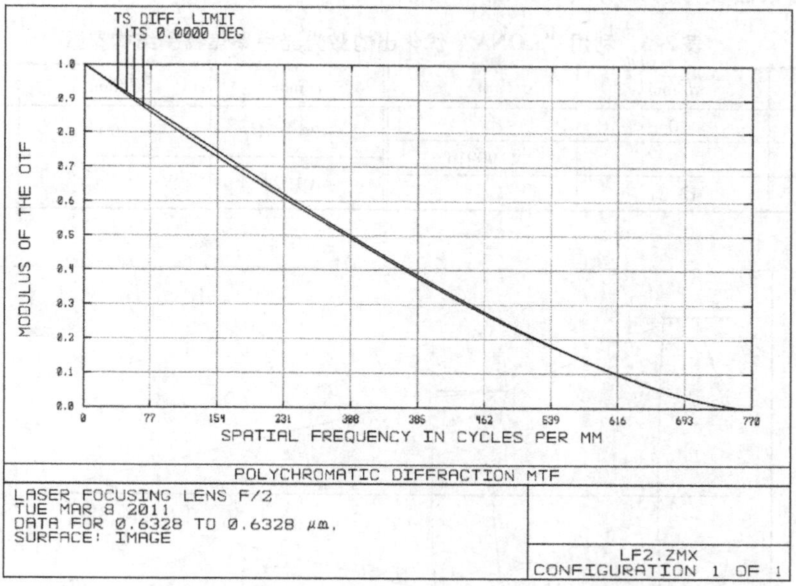


图 2-13　第 2 步优化后激光光束聚焦物镜“正前凸”型的调制传递函数曲线

响像差状况的一种练习，在实际工作中，材料的选用还要考虑性能价格比等因素。

**3. 采用其他评价函数的优化**

前面的优化过程中用 ZEMAX 程序中的横向球差“TRAY”构造了评价函数，分两步优化出了像质优良的镜头结构。事实上，评价函数的构造不是唯一的。下面，仍然从相同的初始结构出发，但采用不同的评价函数进行优化，结果说明，同样可以将镜头的像差优化好。

（1）利用“LONA”优化　初始结构仍采用本节 1. 中表 2-3 所列的“正前凸”型初始结构参数，取镜头的前三个半径、两片镜片间的空气间隔及离焦量作为变量，共有五个变量。最后一个半径用于保证镜头的相对孔径$\frac{D}{f'}=\frac{1}{2}$。采用 0.3、0.5、0.7、0.85 孔径和全孔径的轴向球差“LONA”构造评价函数，它们的目标值都取 0，它们的权重都取 1。即采用由如下操作语句括号组成的评价函数：

{LONA(Wave;Zone);Target,Weight} ⇒ {LONA(1;0.3);0,1}

{LONA(Wave;Zone);Target,Weight} ⇒ {LONA(1;0.5);0,1}

{LONA(Wave;Zone);Target,Weight} ⇒ {LONA(1;0.7);0,1}

{LONA(Wave;Zone);Target,Weight} ⇒ {LONA(1;0.85);0,1}

{LONA(Wave;Zone);Target,Weight} ⇒ {LONA(1;1);0,1}

值得指出的是，这里所说的“LONA”是 ZEMAX 程序中的定义，程序中的称谓为轴向（纵向）像差操作数，其含义在此处相当于统称的轴向球差。使用“LONA”时其下要确定两个参数，一个是当前要计算的波长，例如这里是 He-Ne 激光，即波长是 0.6328μm，这在建立该镜头的初始结构参数文件时已经在程序主窗口的“WAV”中确定，并标明了它的波长序数为 1；第二个明确是哪个孔径的，例如上述评价函数中分别指定为 0.3、0.5、0.7、0.85 和全孔径，一般情况下它的单位为微米（μm）。

经优化后，得到表 2-6 所列的结构参数，结构简图如图 2-14 所示，它的像差曲线、点列图和调制传递函数曲线分别如图 2-15 ~ 图 2-17 所示。

**表 2-6　利用“LONA”优化出的激光光束聚焦物镜结构参数**

| $r$/mm | $d$/mm | $n$ | $r$/mm | $d$/mm | $n$ |
|---|---|---|---|---|---|
| ∞（光阑） | 0 | | -36.334 | 5 | 1.90914 |
| 39.329 | 6 | 1.90914 | | | |
| -271.377 | 13.31 | | -101.245 | | |

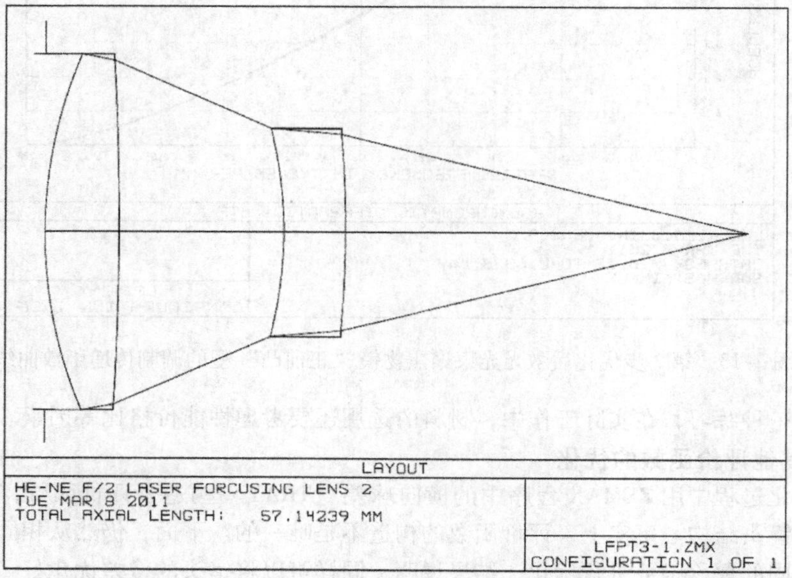


图 2-14　利用“LONA”优化出的激光光束聚焦物镜结构简图

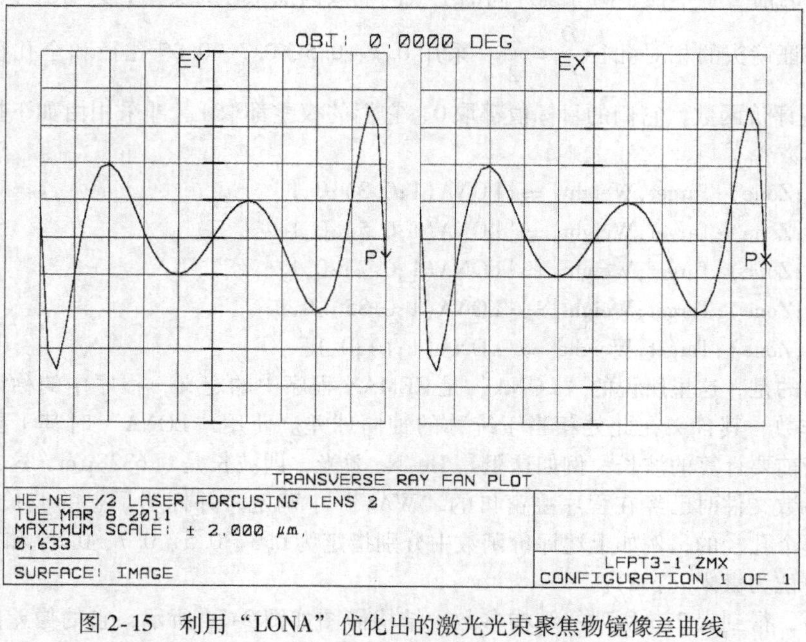


图 2-15　利用“LONA”优化出的激光光束聚焦物镜像差曲线

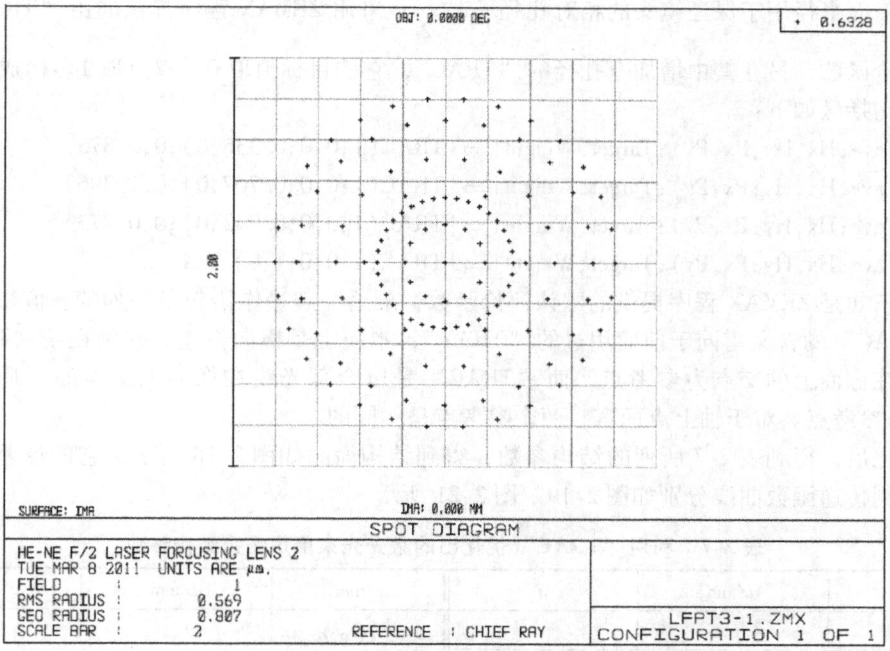


图 2-16　利用“LONA”优化出的激光光束聚焦物镜点列图

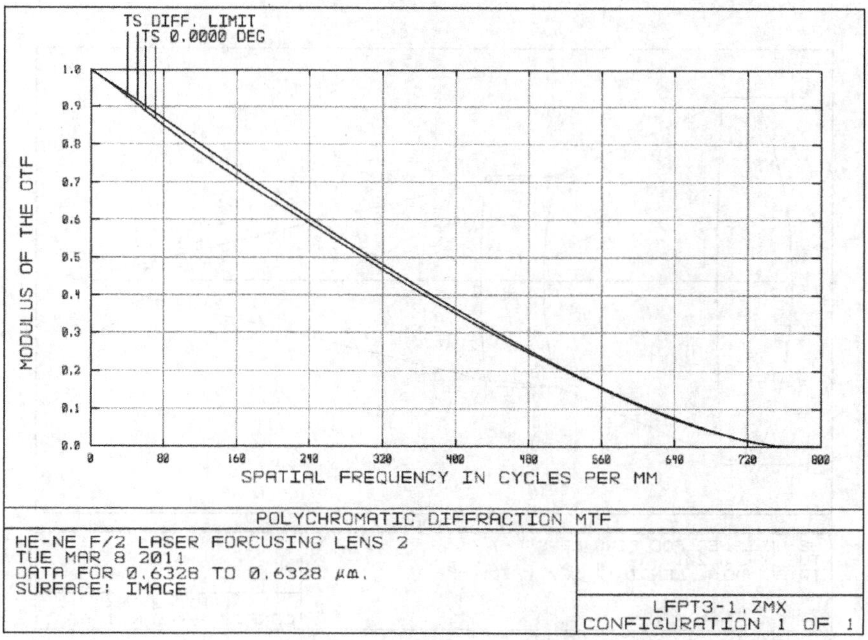


图 2-17　利用“LONA”优化出的调制传递函数曲线

（2）利用“TRAC”优化　初始结构仍采用本节 1. 中表 2-3 所列的“正前凸”型初始结构参数，取镜头的前三个折射面半径、两块镜片间的空气间隔以及像距作变量，共有五个变量。最后一个折射面半径用于保证镜头的相对孔径$\frac{D}{f'}=\frac{1}{2}$。采用 ZEMAX 程序提供的由“TRAC”构成的默认评价函数，另在其中增加全孔径的“TRAC”，它的目标值取 0，权重取 1。构成评价函数的操作语句括号如下：

{TRAC(Wave;Hx,Hy;Px,Py);Target,Weight}⇒{TRAC(1;0,0;0.336,0);0,0.873}
{TRAC(Wave;Hx,Hy;Px,Py);Target,Weight}⇒{TRAC(1;0,0;0.707,0);0,1.396}
{TRAC(Wave;Hx,Hy;Px,Py);Target,Weight}⇒{TRAC(1;0,0;0.942,0);0,0.873}
{TRAC(Wave;Hx,Hy;Px,Py);Target,Weight}⇒{TRAC(1;0,0;1,0);0,1}

其中，前三句是 ZEMAX 程序提供的默认评价函数，最后一句操作语句是添加的。值得指出，操作数“TRAC”的含义雷同于前面用过的“TRAY”，本质上是横向像差，差别在于“TRAY”是以主光线在像面上的交点为参考点，而“TRAC”是以全部光线在像面上交点的“质心（Centroid）”为参考点。对于轴上点而言，两个参考点是相同的。

经优化后，得到表 2-7 所列的结构参数，得到结构简图如图 2-18 所示，它的像差曲线、点列图和调制传递函数曲线分别如图 2-19～图 2-21 所示。

**表 2-7 利用“TRAC”优化出的激光光束聚焦物镜结构参数**

| $r$/mm | $d$/mm | $n$ | $r$/mm | $d$/mm | $n$ |
|---|---|---|---|---|---|
| ∞（光阑） | 0 | | −35.226 | 5 | 1.90914 |
| 39.609 | 6 | 1.90914 | −90.160 | | |
| −285.965 | 13.87 | | | | |

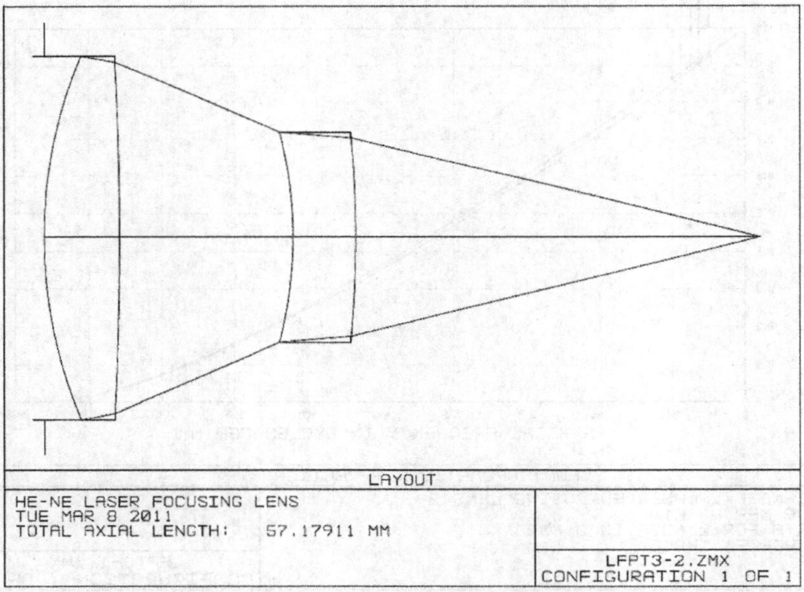


图 2-18 利用“TRAC”优化出的激光光束聚焦物镜结构简图

两个优化结果表明，弥散圆半径小于 0.001mm，调制传递函数非常接近理想情况，像质非常优良，远好于设计要求。说明从同一个初始结构出发，采用不同的评价函数，即相当于在问题

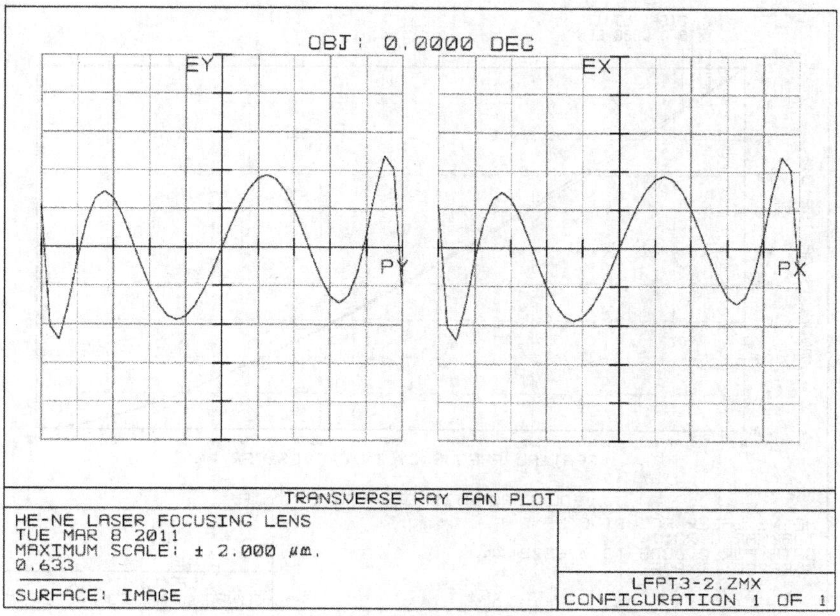


图 2-19　利用“TRAC”优化出的激光光束聚焦物镜像差曲线

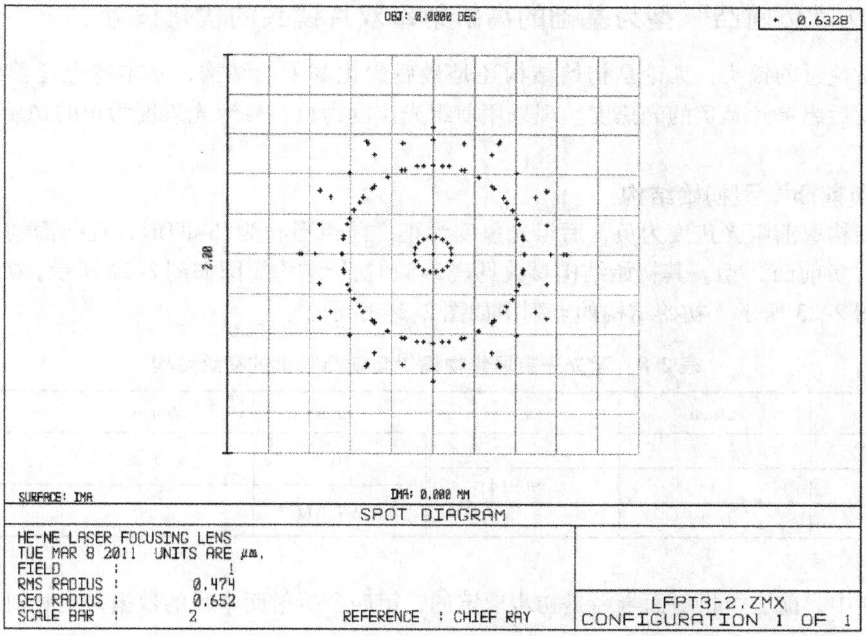


图 2-20　利用“TRAC”优化出的激光光束聚焦物镜点列图

的解空间中走过不同的路径，也是有可能到达镜头像质较佳位置的。

值得注意，由“TRAY”、“LONA”和“TRAC”这三个评价函数优化出的物镜结构都是雷同的，这可能与初始结构相同以及所用评价函数性质相近不无关系。

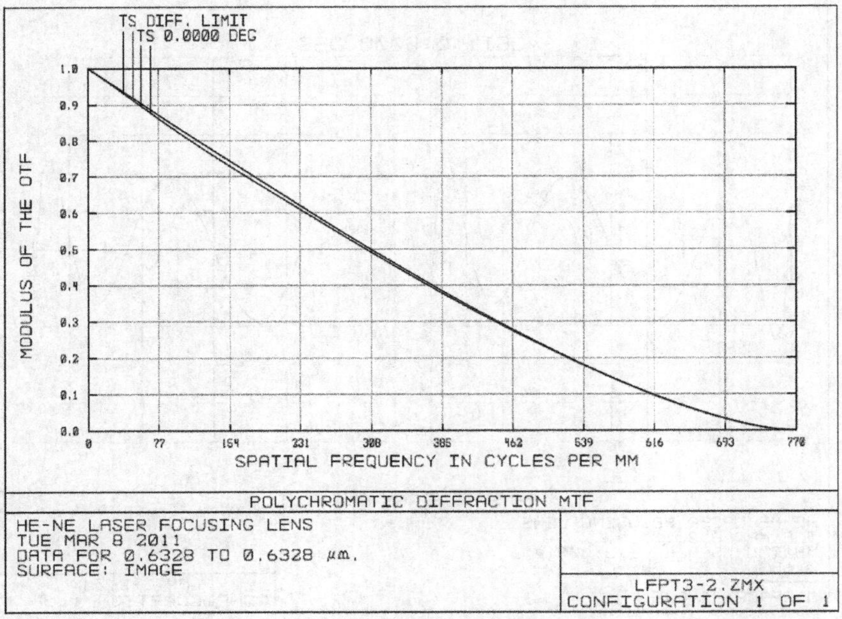


图 2-21 利用“TRAC”优化出的激光光束聚焦物镜调制传递函数曲线

## 2.1.3 以“负前凸”型为基础的高折射率双片镜头的优化设计

前面讨论过的镜头，无论是初始结构还是最后优化好了的结构，基本特点是前组单片是正的光焦度，后组单片是负的光焦度。现采用前组光焦度为负，后组光焦度为正的初始结构进行优化设计。

### 1. “负前凸”型初始结构

初始结构取前组光焦度为负，后组光焦度为正，前组形状为凸-凹形，且凸面朝向物体的型式，称为“负前凸”型。其初始结构参数见表 2-8，初始结构简图如图 2-22 所示，初始结构的像差曲线如图 2-23 所示，初始结构的点列图如图 2-24 所示。

表 2-8 激光光束聚焦物镜“负前凸”型的初始结构

| $r$/mm | $d$/mm | $n$ | $r$/mm | $d$/mm | $n$ |
|---|---|---|---|---|---|
| ∞ （光阑） | | | 50 | 5 | 1.90914 |
| 50 | 5 | 1.90914 | | | |
| 40 | 0.2 | | −297.611 | | |

表 2-8 中，前三个折射面半径是初步取定的，第四个折射面半径的数据是由相对孔径$\dfrac{D}{f'}$为$\dfrac{1}{2}$的要求算出来的。

由像差曲线图 2-23 和点列图 2-24 看到，初始结构的像质距离设计要求甚远，需要优化。

### 2. 优化

以表 2-8 所列作为初始结构参数，取前三个折射面半径、两块镜片之间的空气间隔以及最后一面折射面至像平面间的后工作距作为变量，最后一个折射面半径用于保证镜头的相对孔径。

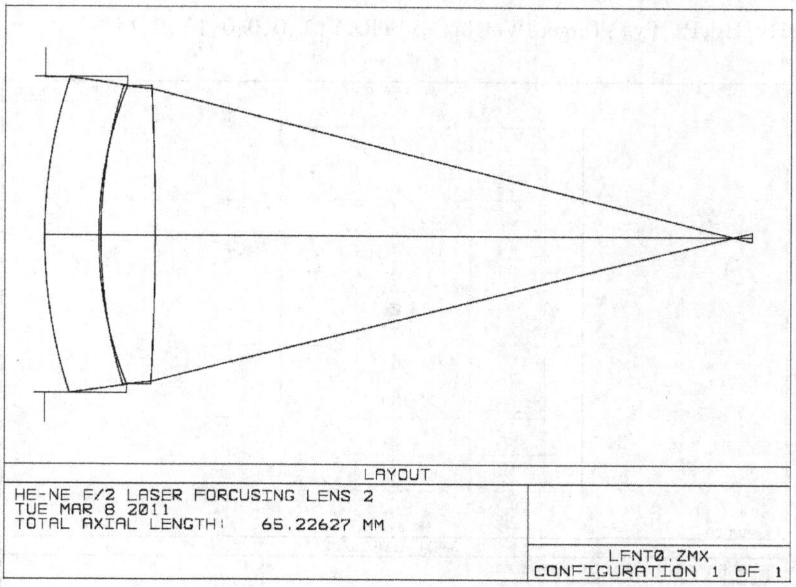


图2-22 “负前凸”型的激光光束聚焦物镜初始结构简图

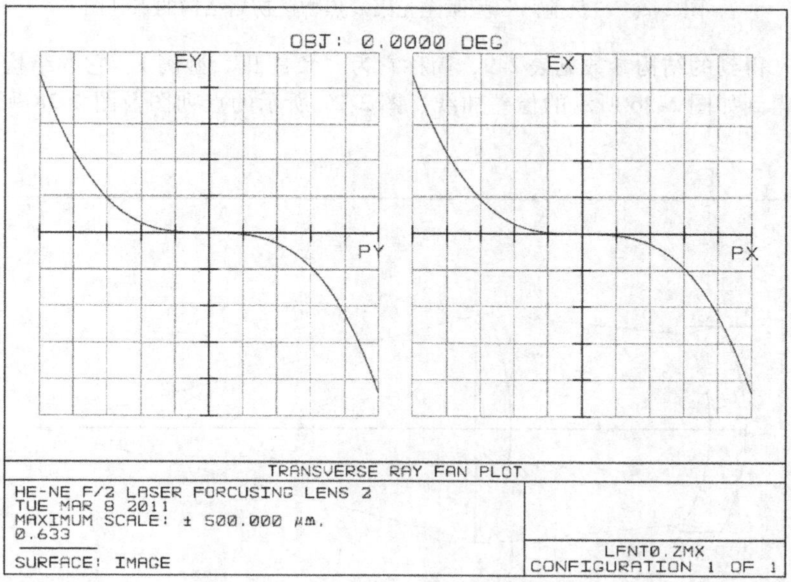


图2-23 “负前凸”型激光光束聚焦物镜初始结构的像差曲线

以0.3、0.5、0.7、0.85和全孔径的横向球差“TRAY”构成评价函数，它们的目标值都取0，它们的权重都取1。即采用由如下操作语句括号组成的评价函数：

{TRAY(Wave;Hx,Hy;Px,Py);Target,Weight} ⇒ {TRAY(1;0,0;0,0.3);0,1}

{TRAY(Wave;Hx,Hy;Px,Py);Target,Weight} ⇒ {TRAY(1;0,0;0,0.5);0,1}

{TRAY(Wave;Hx,Hy;Px,Py);Target,Weight} ⇒ {TRAY(1;0,0;0,0.7);0,1}

{TRAY(Wave;Hx,Hy;Px,Py);Target,Weight}⇒{TRAY(1;0,0;0,0.85);0,1}
{TRAY(Wave;Hx,Hy;Px,Py);Target,Weight}⇒{TRAY(1;0,0;0,1);0,1}

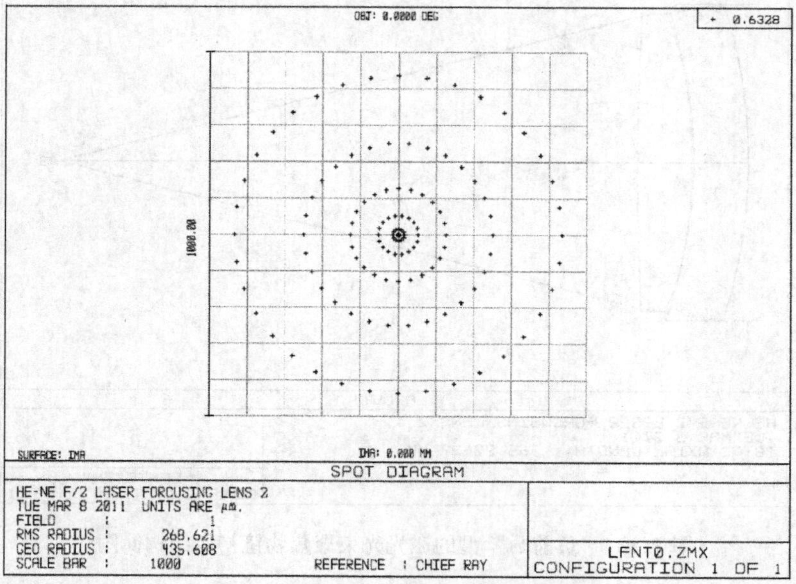


图 2-24　“负前凸”型激光光束聚焦物镜初始结构的点列图

经优化后，得到的结构参数见表 2-9，简称它为“负前凸”型例 1。它的结构简图如图 2-25 所示，优化后得到如图 2-26 所示的像差曲线、图 2-27 所示的点列图及图 2-28 所示的调制传递函数曲线。

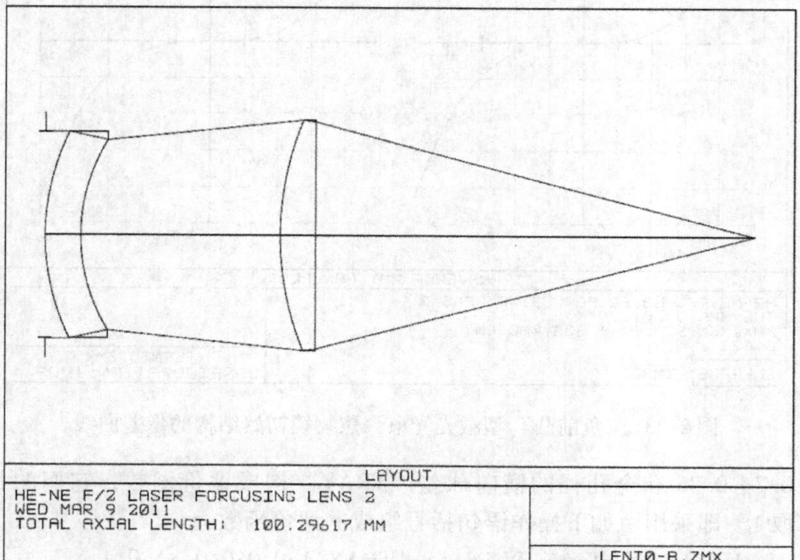


图 2-25　“负前凸”型激光光束聚焦物镜例 1 的结构简图

表 2-9　“负前凸”型激光光束聚焦物镜例 1 结构参数

| $r$/mm | $d$/mm | $n$ | $r$/mm | $d$/mm | $n$ |
|---|---|---|---|---|---|
| ∞（光阑） | | | 44.797 | 5 | 1.90914 |
| 34.713 | 5 | 1.90914 | | | |
| 26.981 | 28.28 | | 41510 | 62.05 | |

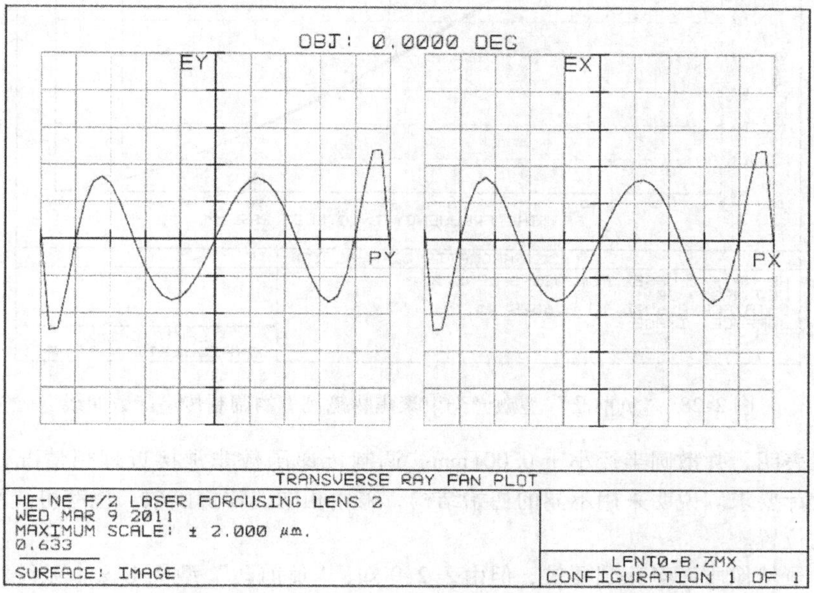


图 2-26　“负前凸”型激光光束聚焦物镜例 1 的像差曲线

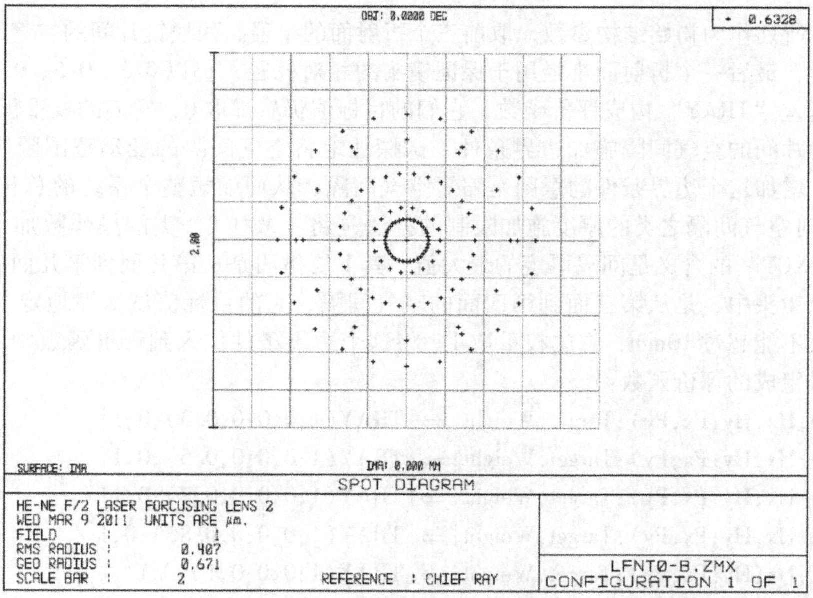


图 2-27　“负前凸”型激光光束聚焦物镜例 1 的点列图

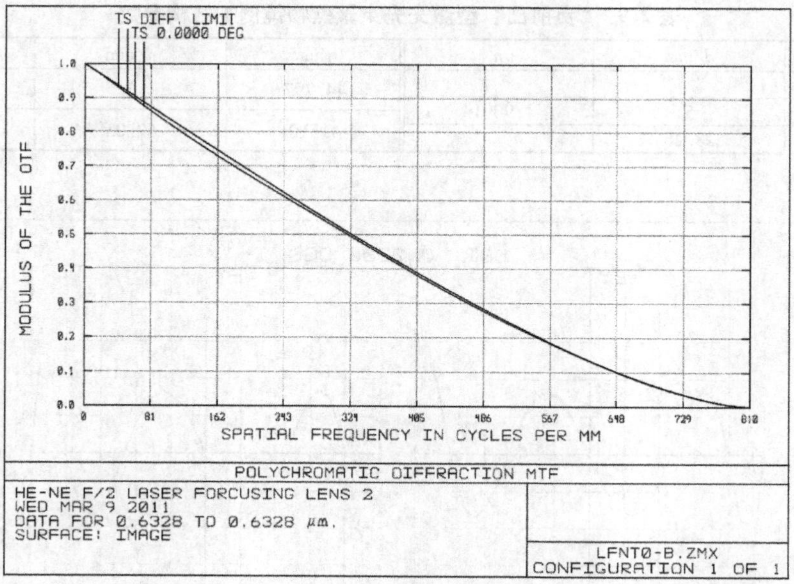


图 2-28 “负前凸”型激光光束聚焦物镜例 1 的调制传递函数曲线

优化结果表明，弥散圆半径小于 0.001mm，调制传递函数非常接近理想情况，像质非常优良，远好于设计要求。说明采用不同的初始结构，采用相同的评价函数，也有可能简捷地到达镜头像质较佳的位置。

优化后，虽然像质已经达到要求，但由表 2-9 知，“负前凸”型例 1 这个系统，由光阑面至像平面的距离，即系统的长度为 100.3mm，而表 2-5 所列的系统长度仅是 57.2mm，这比表 2-5 所列的系统长了 43.1mm，需要做进一步的改进。

**3. 改进**

以表 2-8 所列作为初始结构参数，取前三个折射面的半径、两块镜片间的空气间隔以及后工作距作为变量，最后一个折射面半径用于保证镜头的相对孔径；仍以 0.3、0.5、0.7、0.85 和全孔径的横向球差“TRAY”构成评价函数，它们的目标值仍然都取 0，它们的权重仍然都取 1。

对两块镜片间的空气间隔施加边界条件，试探性地将空气间隔的变动范围限制在 0 ~ 10mm 之间。显然，增加这个边界条件的意图是缩短空气间隔，从而缩短整个系统的总长度。在 ZEMAX 程序中，对空气间隔之类的厚度施加限制的办法是将“MXCT”类的操作数加入到评价函数中。这里“MXCT”的含义是间隔厚度的最大值，其下要指明是从第几面到第几面的间隔，在目前设计的这个镜头中，是从第三面到第四面的空气间隔，它的目标值试探性地定为 10，即限制这个间隔最大不能超过 10mm，它的权重取 1。将这个边界条件加入到评价函数中，采用由如下操作语句括号组成的评价函数：

{TRAY(Wave;Hx,Hy;Px,Py);Target,Weight} ⇒ {TRAY(1;0,0;0,0.3);0,1}
{TRAY(Wave;Hx,Hy;Px,Py);Target,Weight} ⇒ {TRAY(1;0,0;0,0.5);0,1}
{TRAY(Wave;Hx,Hy;Px,Py);Target,Weight} ⇒ {TRAY(1;0,0;0,0.7);0,1}
{TRAY(Wave;Hx,Hy;Px,Py);Target,Weight} ⇒ {TRAY(1;0,0;0,0.85);0,1}
{TRAY(Wave;Hx,Hy;Px,Py);Target,Weight} ⇒ {TRAY(1;0,0;0,1);0,1}
{MXCT(Surf1,Surf2);Target,Weight} ⇒ {MXCT(3,4);10,1}

优化后，得到结构参数见表 2-10，这个结果的系统长度是 78.5mm，比“负前凸”型例 1 缩短了近 22mm。称这个结果为“负前凸”型例 2。它的结构简图如图 2-29 所示，其像差曲线如图 2-30 所示，点列图如图 2-31 所示，调制传递函数曲线如图 2-32 所示。

**表 2-10　“负前凸”型激光光束聚焦物镜例 2 的结构参数**

| $r$/mm | $d$/mm | $n$ | $r$/mm | $d$/mm | $n$ |
|---|---|---|---|---|---|
| ∞（光阑） | | | 36.275 | 5 | 1.90914 |
| 39.862 | 5 | 1.90914 | 978.697 | 58.43 | |
| 27.749 | 10 | | | | |

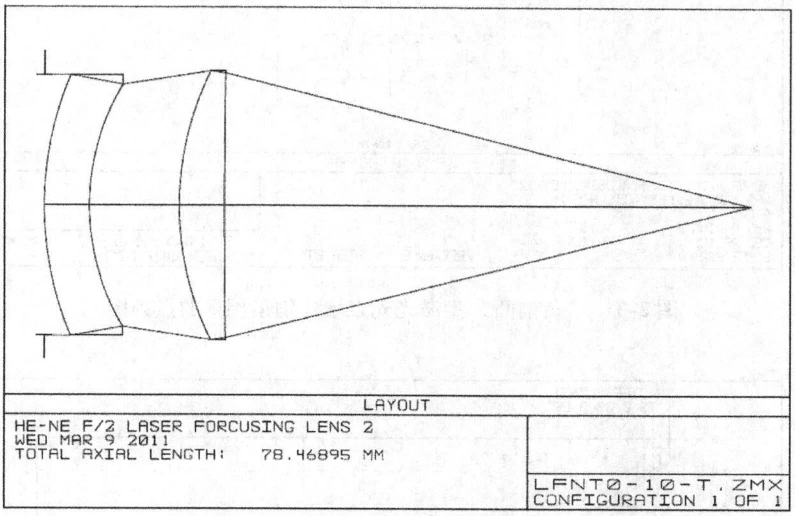


图 2-29　“负前凸”型激光光束聚焦物镜例 2 的结构简图

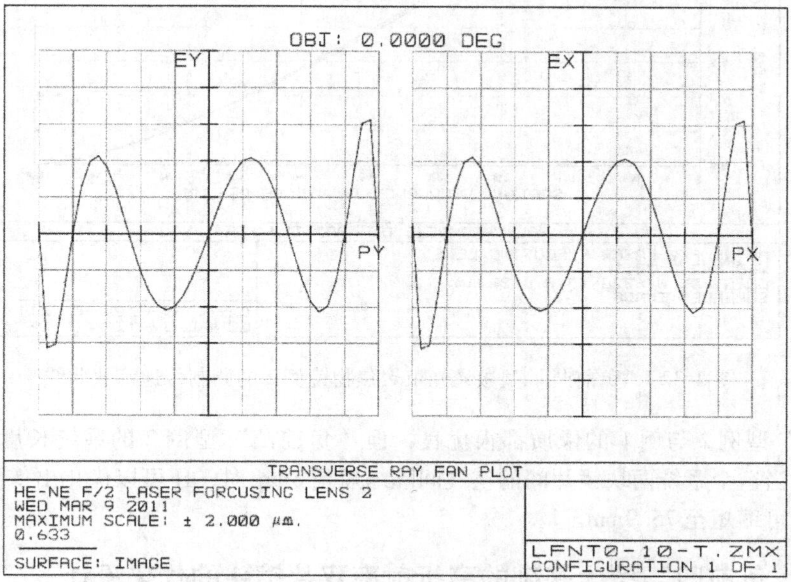


图 2-30　“负前凸”型激光光束聚焦物镜例 2 的像差曲线

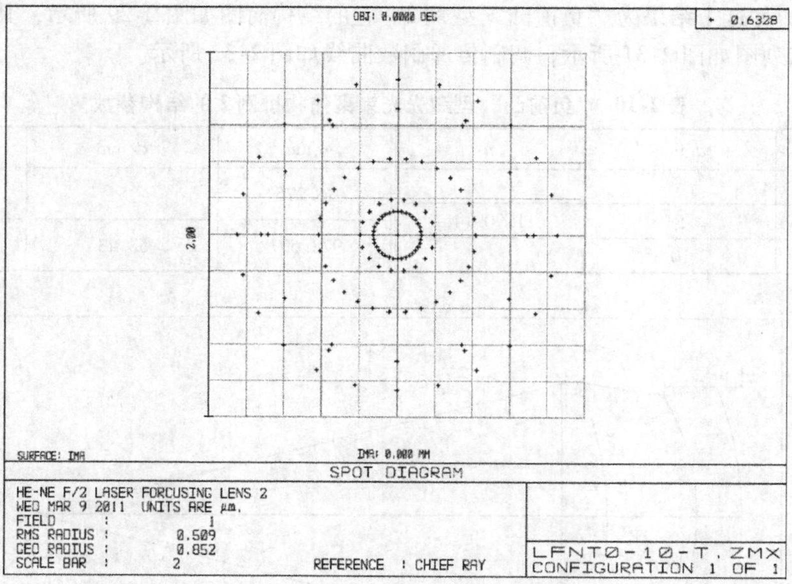


图 2-31 “负前凸”型激光光束聚焦物镜例 2 的点列图

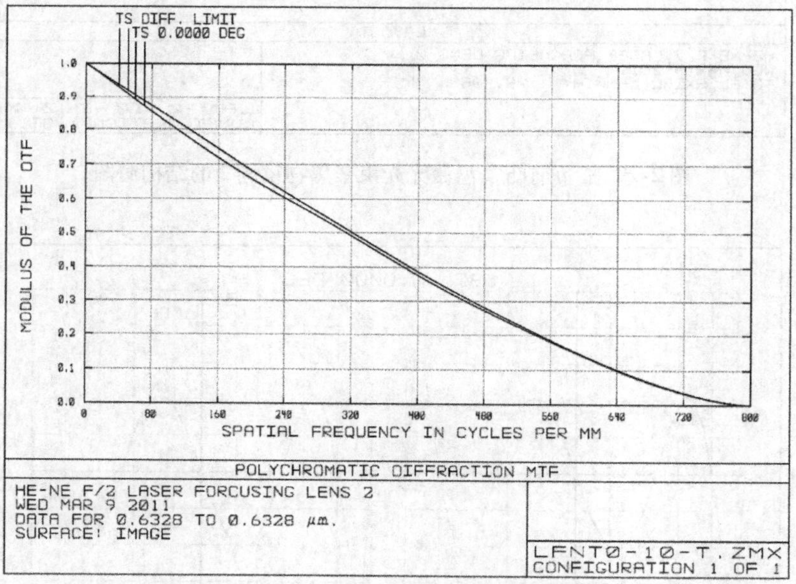


图 2-32 “负前凸”型激光光束聚焦物镜例 2 的调制传递函数曲线

“负前凸”型例 2 与例 1 的像质都很优良，但“负前凸”型例 2 的系统长度比例 1 的缩短了。事实上，当这个系统两块镜片间的空气间隔缩短至 8mm 时，还可以优化出像质优良的系统，这时系统总长可缩短至 75.9mm。

## 2.1.4 以“负前凹”型为基础的高折射率双片镜头的优化设计

初始结构取前组光焦度为负，后组光焦度为正，前组形状为凹-凸形，而凹面朝向物体的型式，即“负前凹”型。现采用“负前凹”型的初始结构进行优化。

**1. “负前凹”型初始结构**

“负前凹”型初始结构参数见表 2-11，它的初始结构简图如图 2-33 所示，初始结构的像差曲线如图 2-34 所示，点列图如图 2-35 所示。

表 2-11　“负前凹”型激光光束聚焦物镜初始结构参数

| $r$/mm | $d$/mm | $n$ | $r$/mm | $d$/mm | $n$ |
|---|---|---|---|---|---|
| ∞（光阑） | | | 200 | 5 | 1.90914 |
| -50 | 5 | 1.90914 | | | |
| -60 | 0.2 | | -66.638 | 62.49 | |

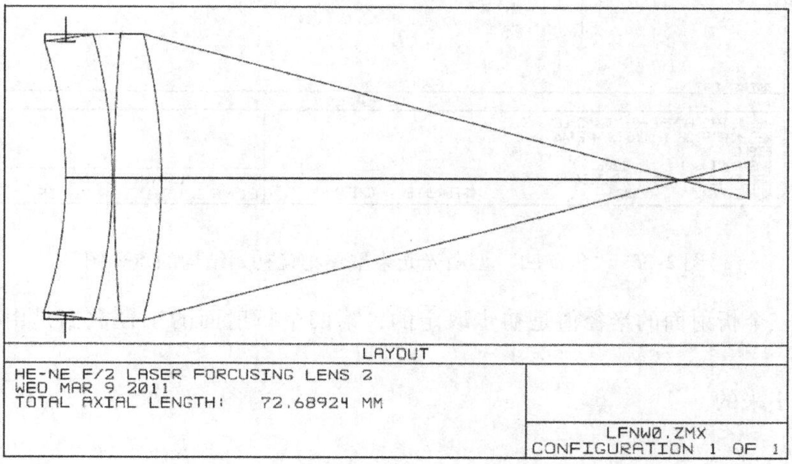


图 2-33　“负前凹”型激光光束聚焦物镜初始结构简图

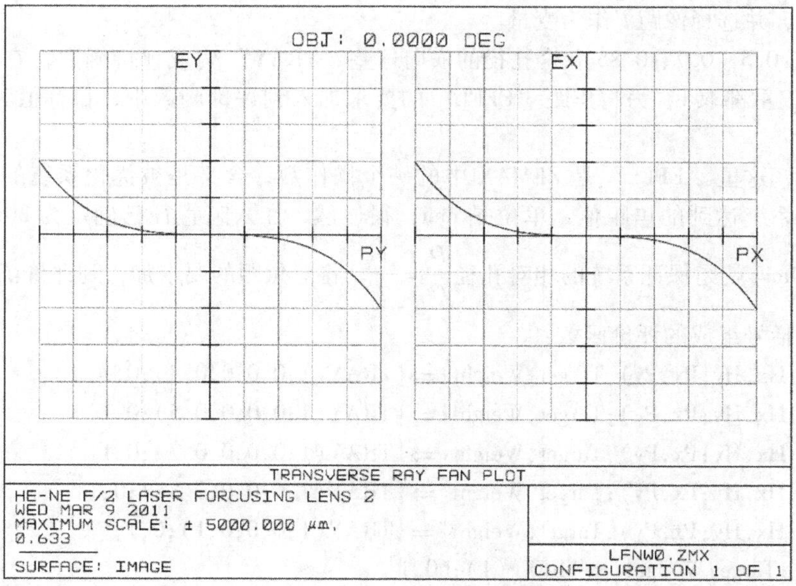


图 2-34　“负前凹”型激光光束聚焦物镜初始结构的像差曲线

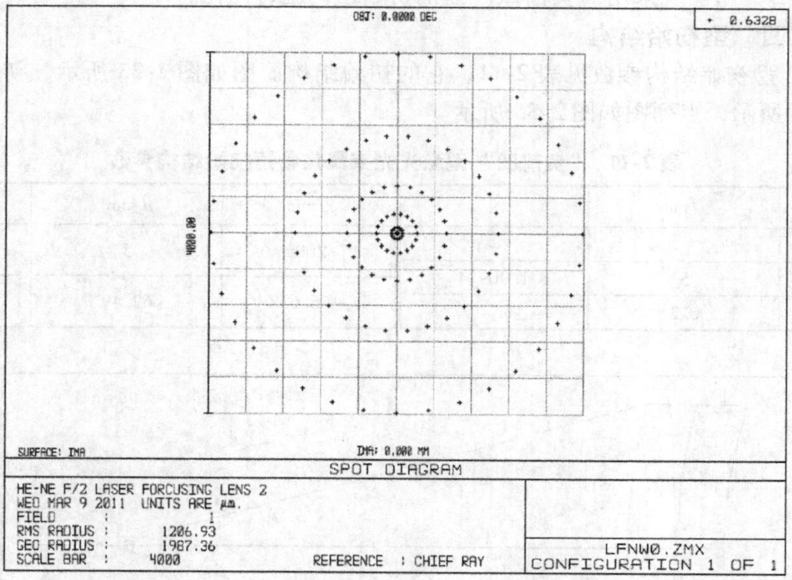


图 2-35 “负前凹”型激光光束聚焦物镜初始结构的点列图

这里，前三个折射面的半径值是初步取定的，第四个折射面的半径数据是由相对孔径$\frac{D}{f'}$为$\frac{1}{2}$的要求计算出来的。

**2. 优化**

以表 2-11 所列作为初始结构参数，分三步进行优化。

(1) 第 1 步优化 先保持初始结构中的第一块透镜不动，只选取第二块透镜的两个折射面半径作为变量，并选择像距 $l'$作为变量。

采用 0.3、0.5、0.7、0.85 和全孔径的横向球差“TRAY”构成评价函数，它们的目标值都取 0，它们的权重都取 1。另将焦距“EFFL”的要求加入到评价函数中，目标值为 60mm，权重取 1。

值得指出，这里“EFFL”是 ZEMAX 中的一个操作数，含义是被优化系统的焦距，它的目标值就是希望系统达到的焦距值，单位是 mm；很显然，在入瞳直径已确定为 30mm 的情况下，保证焦距为 60mm 就是保证系统的相对孔径$\frac{D}{f'}=\frac{1}{2}$。将对焦距的要求加入到评价函数中，采用由如下操作语句括号组成的评价函数：

{TRAY(Wave;Hx,Hy;Px,Py);Target,Weight} ⇒ {TRAY(1;0,0;0,0.3);0,1}
{TRAY(Wave;Hx,Hy;Px,Py);Target,Weight} ⇒ {TRAY(1;0,0;0,0.5);0,1}
{TRAY(Wave;Hx,Hy;Px,Py);Target,Weight} ⇒ {TRAY(1;0,0;0,0.7);0,1}
{TRAY(Wave;Hx,Hy;Px,Py);Target,Weight} ⇒ {TRAY(1;0,0;0,0.85);0,1}
{TRAY(Wave;Hx,Hy;Px,Py);Target,Weight} ⇒ {TRAY(1;0,0;0,1);0,1}
{EFFL(Wave);Target,Weight} ⇒ {EFFL(1);60,1}

第 1 步优化后的结构参数见表 2-12，优化后的结构简图如图 2-36 所示，优化结果的像差曲线如图 2-37 所示，点列图如图 2-38 所示。

**表 2-12　“负前凹”型激光光束聚焦物镜第 1 步优化后的结构参数**

| *r*/mm | *d*/mm | *n* | *r*/mm | *d*/mm | *n* |
|---|---|---|---|---|---|
| ∞（光阑） | | | 50.754 | 5 | 1.90914 |
| -50 | 5 | 1.90914 | | | |
| -60 | 0.2 | | -4559.04 | 58.39 | |

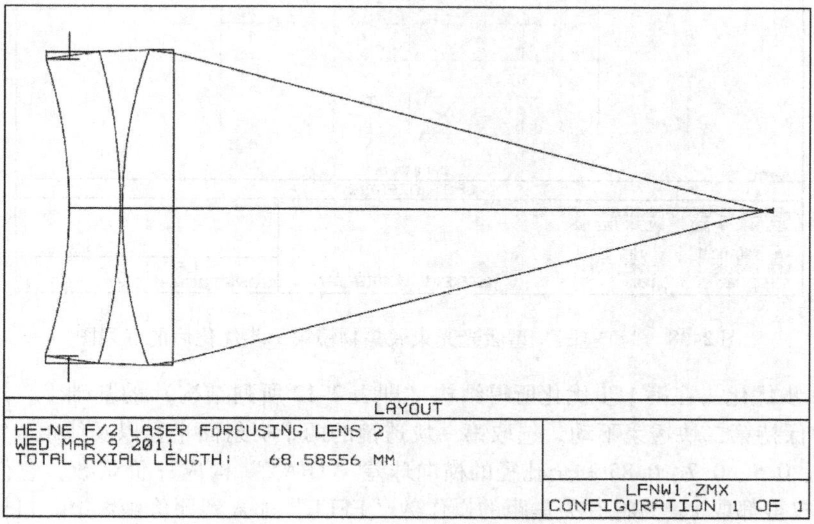


图 2-36　“负前凹”型激光光束聚焦物镜第 1 步优化后的结构简图

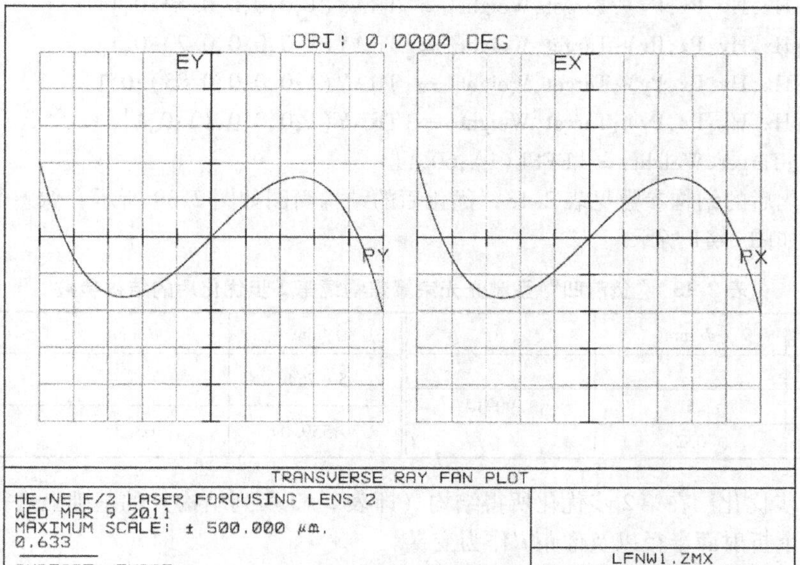


图 2-37　“负前凹”型激光光束聚焦物镜第 1 步优化后的像差曲线

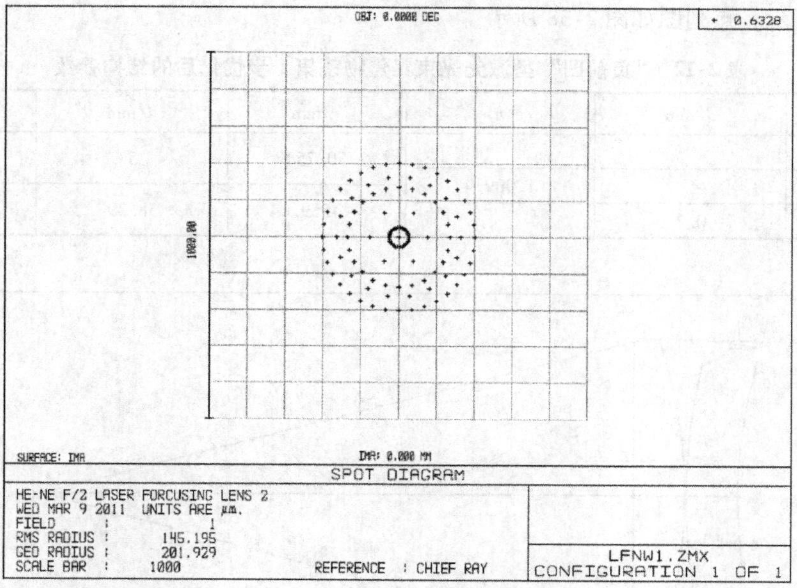


图 2-38 “负前凹”型激光光束聚焦物镜第 1 步优化后的点列图

（2）第 2 步优化　在第 1 步优化所得结构（即表 2-12 所列结构）的基础上，进行第 2 步优化。优化时，保持第二块透镜不动，选取第一块透镜的两个折射面半径以及像距 $l'$ 作为变量。

采用 0.3、0.5、0.7、0.85 和全孔径的横向球差“TRAY”构成评价函数，它们的目标值都取 0，它们的权重都取 1。另将有关焦距的操作数“EFFL”加入到评价函数中，目标值为 60mm，权重取 1。即采用由如下操作语句括号组成的评价函数：

{TRAY(Wave;Hx,Hy;Px,Py);Target,Weight} ⇒{TRAY(1;0,0;0,0.3);0,1}
{TRAY(Wave;Hx,Hy;Px,Py);Target,Weight} ⇒{TRAY(1;0,0;0,0.5);0,1}
{TRAY(Wave;Hx,Hy;Px,Py);Target,Weight} ⇒{TRAY(1;0,0;0,0.7);0,1}
{TRAY(Wave;Hx,Hy;Px,Py);Target,Weight} ⇒{TRAY(1;0,0;0,0.85);0,1}
{TRAY(Wave;Hx,Hy;Px,Py);Target,Weight} ⇒{TRAY(1;0,0;0,1);0,1}
{EFFL(Wave);Target,Weight} ⇒{EFFL(1);60,1}

第 2 步优化后的结构参数见表 2-13，优化后的结构简图如图 2-39 所示，像差曲线如图 2-40 所示，点列图如图 2-41 所示。

**表 2-13　“负前凹”型激光光束聚焦物镜第 2 步优化后的结构参数**

| $r$/mm | $d$/mm | $n$ | $r$/mm | $d$/mm | $n$ |
|---|---|---|---|---|---|
| ∞（光阑） | | | 50.754 | 5 | 1.90914 |
| -24.164 | 5 | 1.90914 | | | |
| -29.041 | 0.2 | | -4559.04 | 63.3 | |

（3）第 3 步优化　在第 2 步优化所得结构（即表 2-13 所列结构）的基础上进行第 3 步优化。优化时，将四个折射面半径以及像距 $l'$ 作为变量。

采用 0.3、0.5、0.7、0.85 和全孔径的横向球差 TRAY 构成评价函数，它们的目标值都取 0，它们的权重都取 1。另将有关焦距的操作数“EFFL”加入到评价函数中，目标值为 60mm，权重取 1。即采用由如下操作语句括号组成的评价函数：

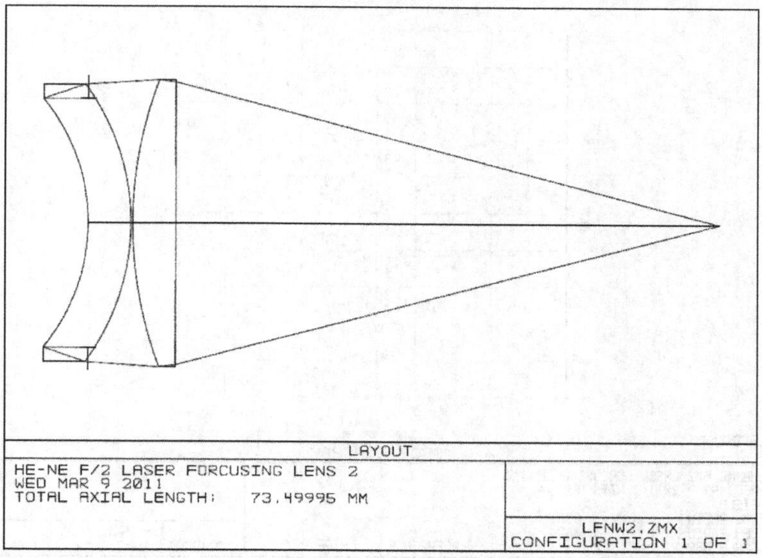


图 2-39　“负前凹”型激光光束聚焦物镜第 2 步优化后的结构简图

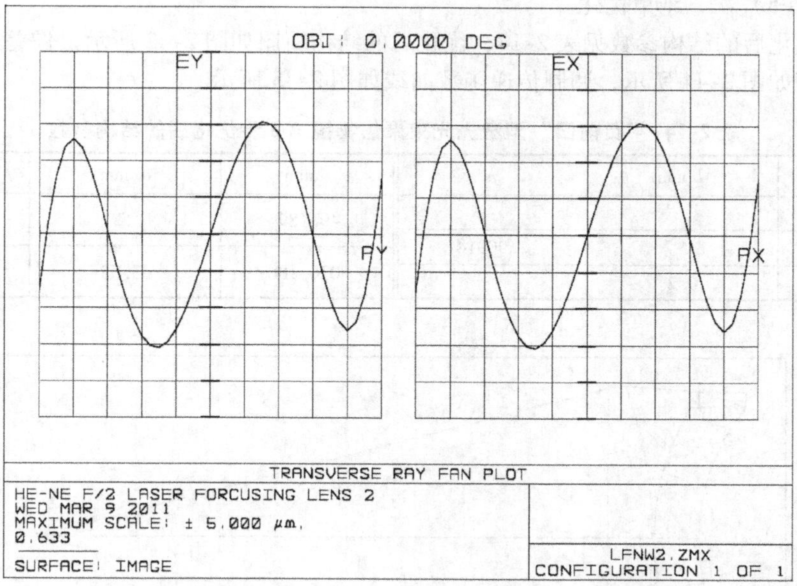


图 2-40　“负前凹”型激光光束聚焦物镜第 2 步优化后的像差曲线

{TRAY(Wave;Hx,Hy;Px,Py);Target,Weight} ⇒ {TRAY(1;0,0;0,0.3);0,1}
{TRAY(Wave;Hx,Hy;Px,Py);Target,Weight} ⇒ {TRAY(1;0,0;0,0.5);0,1}
{TRAY(Wave;Hx,Hy;Px,Py);Target,Weight} ⇒ {TRAY(1;0,0;0,0.7);0,1}
{TRAY(Wave;Hx,Hy;Px,Py);Target,Weight} ⇒ {TRAY(1;0,0;0,0.85);0,1}
{TRAY(Wave;Hx,Hy;Px,Py);Target,Weight} ⇒ {TRAY(1;0,0;0,1);0,1}
{EFFL(Wave);Target,Weight} ⇒ {EFFL(1);60,1}

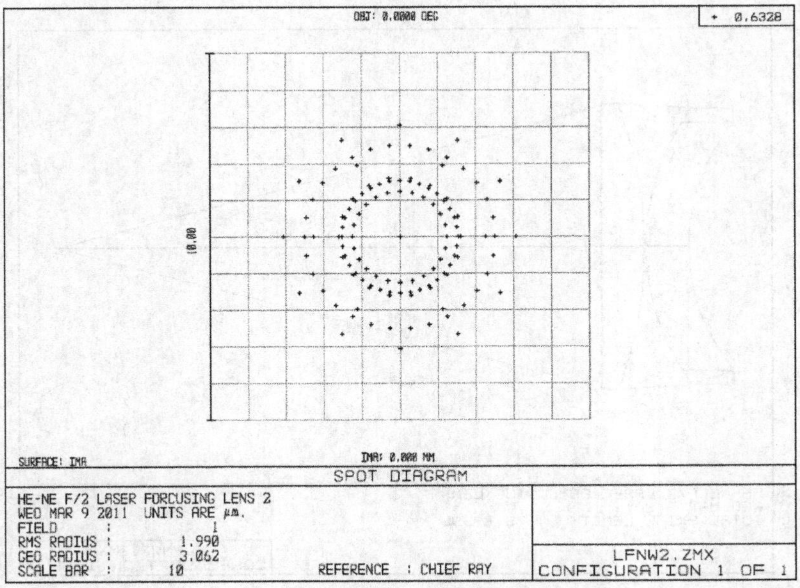


图 2-41 “负前凹”型激光光束聚焦物镜第 2 步优化后的点列图

迭代（1+5）次，结束优化。

第 3 步优化后的结构参数见表 2-14，优化后的结构简图如图 2-42 所示，像差曲线如图 2-43 所示，点列图如图 2-44 所示，调制传递函数曲线如图 2-45 所示。

**表 2-14 “负前凹”型激光光束聚焦物镜第 3 步优化后的结构参数**

| r/mm | d/mm | n | r/mm | d/mm | n |
|---|---|---|---|---|---|
| ∞（光阑） | | | 49.189 | 5 | 1.90914 |
| -24.04 | 5 | 1.90914 | 9026.106 | 63.33 | |
| -29.161 | 0.2 | | | | |

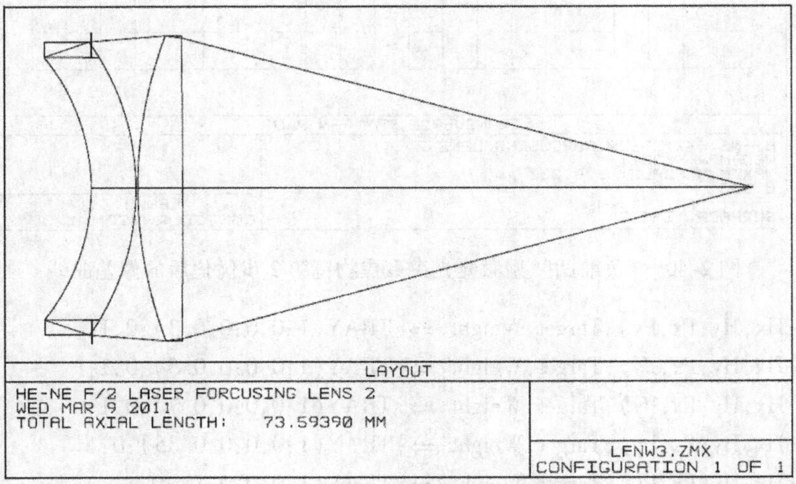


图 2-42 “负前凹”型激光光束聚焦物镜第 3 步优化后的结构简图

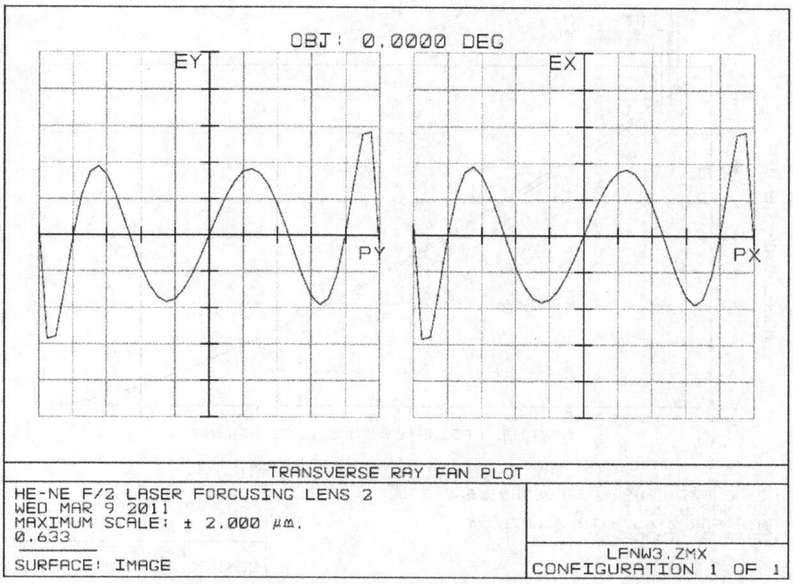


图 2-43　“负前凹”型激光光束聚焦物镜第 3 步优化后的像差曲线

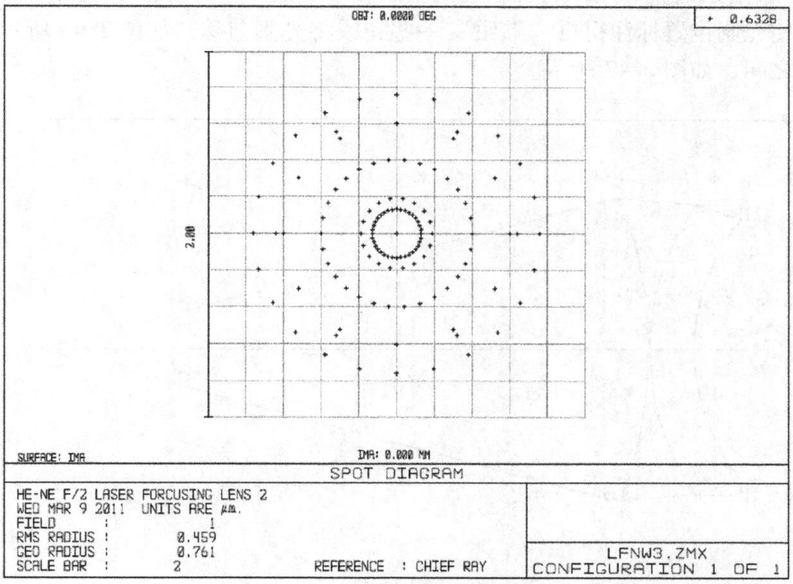


图 2-44　“负前凹”型激光光束聚焦物镜第 3 步优化后的点列图

由图 2-43 ~ 图 2-45 的像差曲线、点列图和调制传递函数曲线看到，经上述三步优化后，得到了像质优良的“负前凹”型激光光束聚焦物镜，它的弥散圆半径小于 0.001mm，它的调制传递函数非常接近理想情况。上述结果说明，从不同的初始结构出发，采用相同的评价函数，也有可能简捷地到达镜头像质较佳的位置。

顺便指出，由于这个结构的前片是凹面在前，所以全孔径的边缘光线在该面顶点的左面

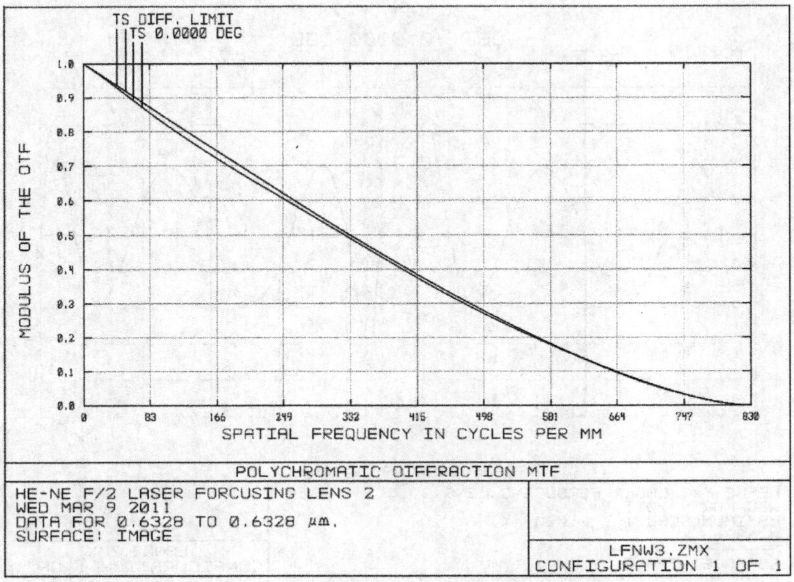


图 2-45 “负前凹”型激光光束聚焦物镜第 3 步优化后的调制传递函数曲线

（即顶点之前）即射入透镜，所以将孔径光阑安放在第一面处（即球面顶点处）的做法只是一个名义做法。为使光阑位置标注得更“顺眼”一些，或将光阑前移，如图 2-46 所示，或将光阑后移至两块镜片之间，如图 2-47 所示。

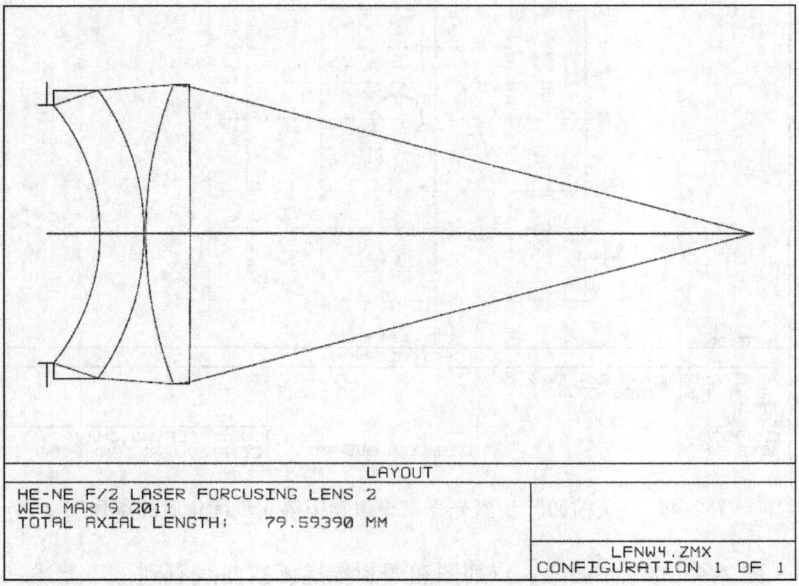


图 2-46 “负前凹”型激光光束聚焦物镜的光阑位置 1

### 3. 小结

由于这个激光光束聚焦物镜的孔径较大，所以高级球差是主要矛盾，优化过程中，一方面要

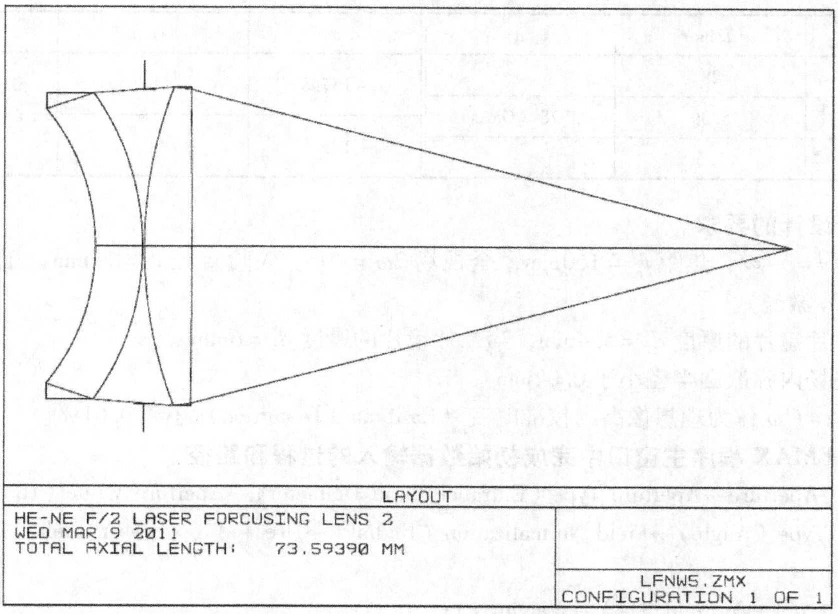


图 2-47　“负前凹”型激光光束聚焦物镜的光阑位置 2

努力降低各级球差，更为重要的是要让 7 级球差与 5 级球差异号，这样才能取得较好的平衡，让两片之间的空气间隔作为变量就是为达到这个目的而开辟的路径之一。

本节是这一章中的一个重点，目的在于用计算结果引出并回答一些问题：

1）为什么单片不行，而需要双片？

2）为什么高折射率的材料对校正像差有利？

3）在做 2. 1. 1 节中的单片优化时，你打算采用什么样的评价函数？如果决定不下来，是先去查书呢？还是先去上机试算呢？

这一节中，对同一个设计要求，在只用两块镜片的前提下，对同一个初始结构采用不同的评价函数，对不同的初始结构采用相同或者不同的评价函数，优化出了“五花八门”的符合设计要求的结果。这说明，问题的解空间还是相当开阔的。

## 2. 2　激光扫描物镜设计

本节给出一个激光扫描物镜的优化设计实例。此例中，先用自行构造的评价函数优化设计好激光扫描物镜。在优化设计过程中，逐步分析像差状况，逐步调整评价函数的构造，逐步优化，从而得到一个好的结果。另外，还利用程序提供的默认评价函数完成这个激光扫描物镜的优化设计。

设计任务是对一个已有的激光扫描物镜方案进行改动，将其焦距由原先的 $f'=116\text{mm}$ 放大至 $f'=160\text{mm}$，并对镜片厚度提出限制要求，以达到预设的像质要求。

**1. 已有的激光扫描镜头结构及其工作状况**

物距 $l=-\infty$，全视场 $2\omega=40°$，入瞳直径 $\phi=16\text{mm}$，工作波长 $\lambda=10.6\mu\text{m}$（$CO_2$ 激光）。初始结构参数见表 2-15。

表 2-15 激光扫描物镜初始结构参数

| r/mm | d/mm | n | r/mm | d/mm | n |
|---|---|---|---|---|---|
| ∞（光阑） | 28 | | -157.8 | 6 | 3.28（GaAs） |
| -31.211 | 5.39 | 3.28（GaAs） | | | |
| -35 | 1.5 | | -105.5 | | |

**2. 对新设计的要求**

1）物距 $l=-\infty$，焦距 $f'=160\text{mm}$，全视场 $2\omega=40°$，入瞳直径 $\phi=16\text{mm}$，工作波长 $\lambda=10.6\mu\text{m}$（$CO_2$ 激光）。

2）第一片镜片的厚度 $d_2=5.4\text{mm}$，第二片镜片的厚度 $d_4=6\text{mm}$。

3）全视场内弥散圆半径小于0.02mm 。

4）以 $y'=f'\omega$ 作为理想像高的校准畸变（Calibrated Distortion）小于0.01%。

**3. 在 ZEMAX 程序主窗口中完成初始数据输入的过程和路径**

1）Gen→Aperture→Aperture Type（Entrance Pupil Diameter）→Aperture Value（16）→OK。

2）Fie→Type（Angle）→Field Normalization（Radial）→Use →1（√）→Y Field（20）→Weight（1）;

Use →2（√）→Y Field（14）→Weight(1)；

Use →3（√）→Y Field（0）→Weight(1)→OK。

3）Wav→Use →1（√）→Wavelength(10.6)→Weight(1)→Primary(1)→OK。

上述路径中，括号中的内容就是括号前所示项目需要选择或需要填写的内容。例如1）中 Aperture Type 项选择了 Entrance Pupil Diameter，即选择“入瞳直径”；又如2）中“Use”后有关“Y Field”的内容输入了三遍，分别是20°、14°和0°，即第一视场是20°，第二视场是14°，第三视场是0°。

4）焦距缩放的路径是：Tools→Miscellaneous→Scale Lens→Scale By Factor$\left(\frac{160}{f'_0}\right)$。其中，$f'_0$是表2-15 所列初始结构的焦距。

5）随着焦距的缩放，入瞳直径也随之缩放，应将它改回来，路径如下：Gen→Aperture→Aperture Type（Entrance Pupil Diameter）→Aperture Value（16）→OK。

6）当将两块透镜的厚度按设计要求分别改为5.4mm 和6mm 后，镜头焦距会改变，用最后一个折射面的半径保证焦距，操作路径如下：

用鼠标右键单击第五面半径数据旁的方块→Solve Type（Marginal Ray Angle）→Angle（-0.05）→OK。

在计算机上在线完成了上述数据输入后，得到初始结构参数见表2-16，得到初始结构的像差曲线如图2-48 所示，点列图如图2-49 所示。

表 2-16 焦距 $f'=160\text{mm}$ 激光扫描物镜初始结构参数

| r/mm | d/mm | n | r/mm | d/mm | n |
|---|---|---|---|---|---|
| ∞（光阑） | 38.432 | | -216.591 | 6 | 3.28（GaAs） |
| -42.839 | 5.39 | 3.28（GaAs） | | | |
| -48.04 | 2.06 | | -131.45 | | |

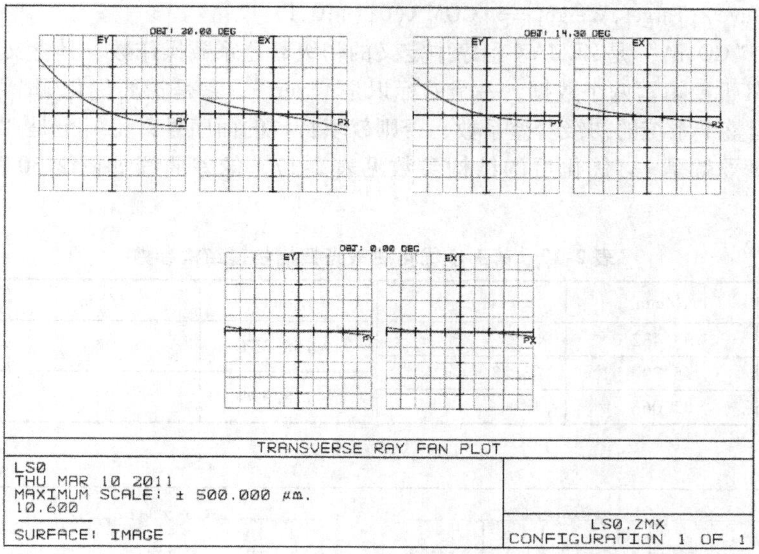


图 2-48　焦距 $f'=160$mm 激光扫描物镜初始结构的像差曲线

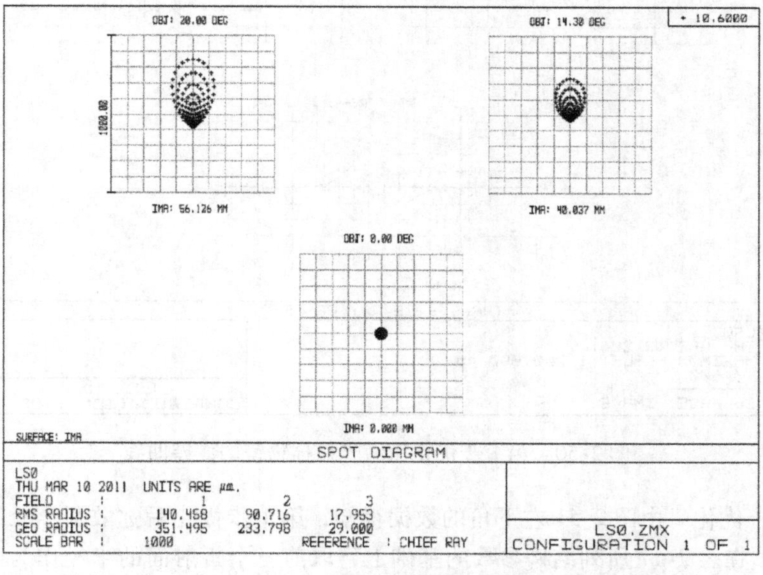


图 2-49　焦距 $f'=160$mm 激光扫描物镜初始结构的点列图

## 2.2.1　自行构造评价函数优化设计激光扫描物镜

### 1. 优化

（1）第 1 步优化　在表 2-16 所列结构参数的基础上，取前三个折射面的半径作为变量，令第四个折射面的半径保证物镜的相对孔径，并将轴上点边缘光线在其上交高为零的平面取为当前的像平面。从图 2-48 和图 2-49 看出，初始结构存在较为严重的彗差，故选择初级彗差系数“COMA”作为要校正的像差进行优化，它的目标值取 0，权重取 1。评价函数由下述一个操作语句括号构成：

{COMA(Surf;Wave);Target,Weight}⇒{COMA(0;1);0,1}

值得指出，“COMA”是ZEMAX程序中定义的初级彗差系数操作数，其含义就是通称的初级彗差系数 $S_{II}$。其下要填写两个数据，一个的标识是“Surf”，它是指要优化哪个折射面的初级彗差，如填0就指整个系统的初级彗差系数，否则就填特指的面序号；另一个是“Wave”，现在是单色光，波长序号就是1。优化后的结构参数见表2-17，像差曲线如图2-50所示，点列图如图2-51所示。

表2-17　第1步优化后激光扫描物镜结构参数

| $r$/mm | $d$/mm | $n$ | $r$/mm | $d$/mm | $n$ |
|---|---|---|---|---|---|
| ∞（光阑） | 38.432 | | −158.327 | 6 | 3.28（GaAs） |
| −41.916 | 5.39 | 3.28（GaAs） | | | |
| −45.222 | 2.06 | | −118.994 | | |

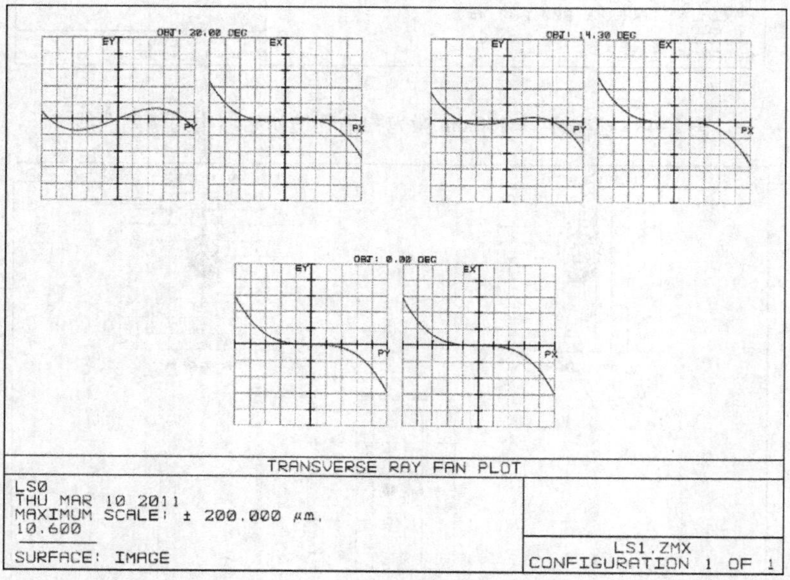


图2-50　第1步优化后激光扫描物镜的像差曲线

（2）第2步优化　由图2-51左下角的数据得知，第1步优化后弥散圆半径约为100μm，需要进一步优化。在表2-17所列结构参数的基础上，取前三个折射面的半径作为变量，令第四个折射面的半径保证相对孔径，令轴上点边缘光线在其上的交高为零的平面为当前像平面。由图2-50和图2-51看出，经第1步优化后，存在的主要像差是像散，则选择初级像散系数“ASTI”作为要校正的像差加入到评价函数中，其目标值取为0，权重取为1。评价函数由下述一个操作语句括号构成：

{ASTI(Surf;Wave);Target,Weight}⇒{ASTI(0;1);0,1}

值得指出，“ASTI”是ZEMAX程序中定义的初级像散系数操作数，其含义就是通称的初级像散系数 $S_{III}$。其下要填写两个数据，一个的标识是“Surf”，它是指要优化哪个折射面的初级像散，如填0就指整个系统的初级像散系数，否则就填特指的面序号；另一个是“Wave”，现在是单色光，波长序号是1。

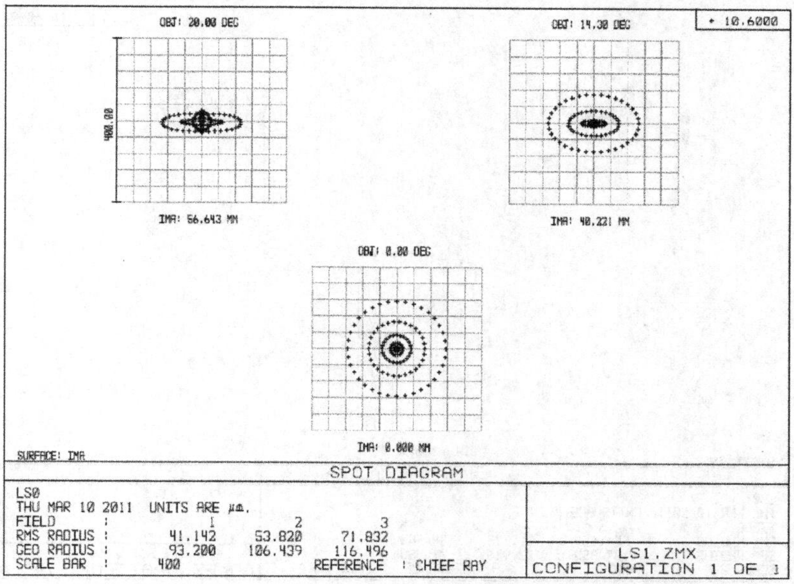


图 2-51　第 1 步优化后激光扫描物镜的点列图

经第 2 步优化后的结构参数见表 2-18，像差曲线如图 2-52 所示，点列图如图 2-53 所示。

**表 2-18　第 2 步优化后激光扫描物镜的结构参数**

| $r$/mm | $d$/mm | $n$ | $r$/mm | $d$/mm | $n$ |
|---|---|---|---|---|---|
| ∞（光阑） | 38.432 | | -170.167 | 6 | 3.28（GaAs） |
| -40.201 | 5.39 | 3.28（GaAs） | | | |
| -44.449 | 2.06 | | -118.79 | | |

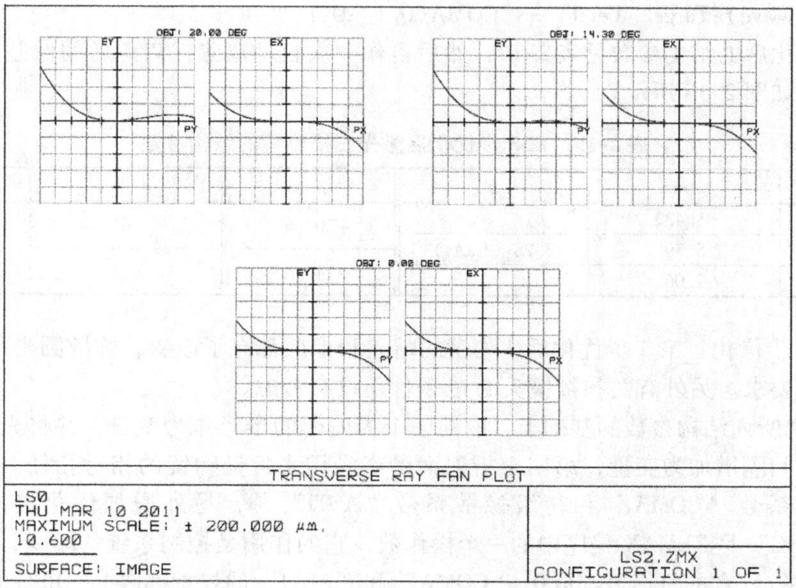


图 2-52　第 2 步优化后激光扫描物镜的像差曲线

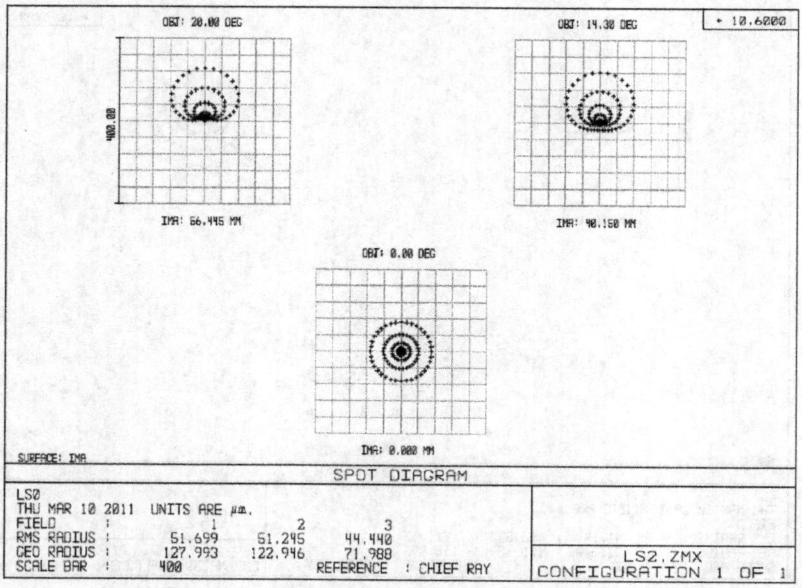


图 2-53 第 2 步优化后激光扫描物镜的点列图

（3）第 3 步优化 在表 2-18 所列结构参数的基础上，取前三个折射面的半径作为变量，令第四个折射面的半径保证物镜的相对孔径。由图 2-52 和图 2-53 分析，经第 2 步优化后，像散变小了，但又有彗差出现的趋向。回顾上述优化过程知道，在交替校正彗差和像散的过程中，像散和彗差又是交替成为主要矛盾的。这就启示我们，应将这两种像差放在一起，同时校正。故将初级彗差系数“COMA”和初级像散系数“ASTI”都加入到评价函数中，它们的目标值都取 0，它们的权重都取 1。评价函数由下述两个操作语句括号构成：

{ASTI(Surf;Wave);Target,Weight} ⇒ {ASTI(0;1);0,1}

{COMA(Surf;Wave);Target,Weight} ⇒ {COMA(0;1);0,1}

第 3 步优化后的结构参数见表 2-19，然后再作一次自动离焦，离焦后的像差曲线如图 2-54 所示，点列图如图 2-55 所示。

**表 2-19 第 3 步优化后激光扫描物镜的结构参数**

| *r*/mm | *d*/mm | *n* | *r*/mm | *d*/mm | *n* |
|---|---|---|---|---|---|
| ∞（光阑） | 38.432 | | -207.673 | 6 | 3.28（GaAs） |
| -39.442 | 5.39 | 3.28（GaAs） | | | |
| -42.758 | 2.06 | | -143.859 | | |

（4）第 4 步优化 第 3 步优化后，物镜的彗差和像散都有了改善，弥散圆半径缩小了很多，但还没有达到要求。另外有关扫描镜头的 $f\theta$ 条件还没有考虑。

在表 2-19 所列结构参数的基础上，取前三个折射面的半径作为变量，并将光阑距和两块镜片之间的空气间隔增加为变量，第四个折射面的半径用来保证物镜的相对孔径。评价函数中除保留初级彗差系数“COMA”和初级像散系数“ASTI”外，另外增加优化校准畸变的操作“DISC”。“DISC”是 ZEMAX 程序中的一个操作数，它的作用是控制系统的畸变，使得系统尽可能满足 $f\theta$ 条件。三者的目标值都取 0，“COMA”和“ASTI”的权重都取 1，DISC 的权重取 5。评价函数由下述三个操作语句括号构成：

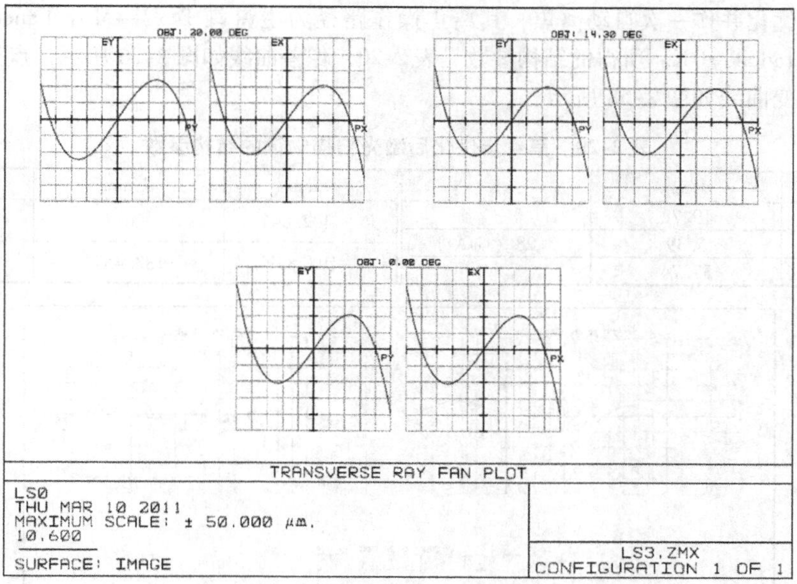


图 2-54　第 3 步优化后激光扫描物镜的像差曲线

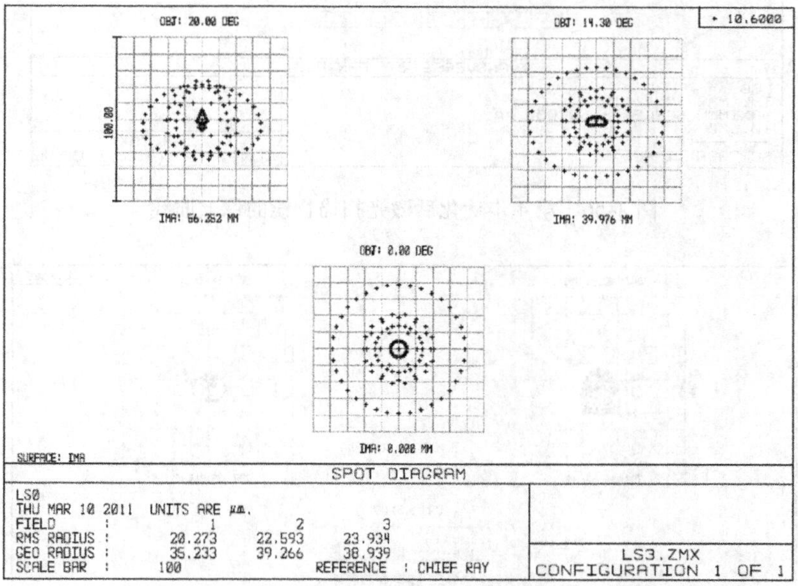


图 2-55　第 3 步优化后激光扫描物镜的点列图

{ASTI(Surf;Wave);Target,Weight} ⇒ {ASTI(0;1);0,1}

{COMA(Surf;Wave);Target,Weight} ⇒ {COMA(0;1);0,1}

{DISC(Wave;Absolute);Target,Weight} ⇒ {DISC(1;0);0,5}

其中，操作数“DISC”其下的“Absolute”是一个校准畸变输出型式的标识，其值填 0 则以百分数型式输出，若其值填 1 则以绝对畸变型式输出，这里希望采用百分数的型式输出，所以填写了 0 值。

经第 4 步优化并作一次自动离焦，其离焦操作路径为主窗口 Tools→Miscellaneous→Quick focus→Spot size radial→OK。所得的结构参数见表 2-20，像差曲线如图 2-56 所示，点列图如图 2-57 所示，校准畸变曲线如图 2-58 所示。

**表 2-20　第 4 步优化后激光扫描物镜的结构参数**

| $r$/mm | $d$/mm | $n$ | $r$/mm | $d$/mm | $n$ |
|---|---|---|---|---|---|
| ∞（光阑） | 19.72 | | -402.84 | 6 | 3.28（GaAs） |
| -37.535 | 5.39 | 3.28（GaAs） | | | |
| -41.907 | 37.74 | | -192.839 | 183.454 | |

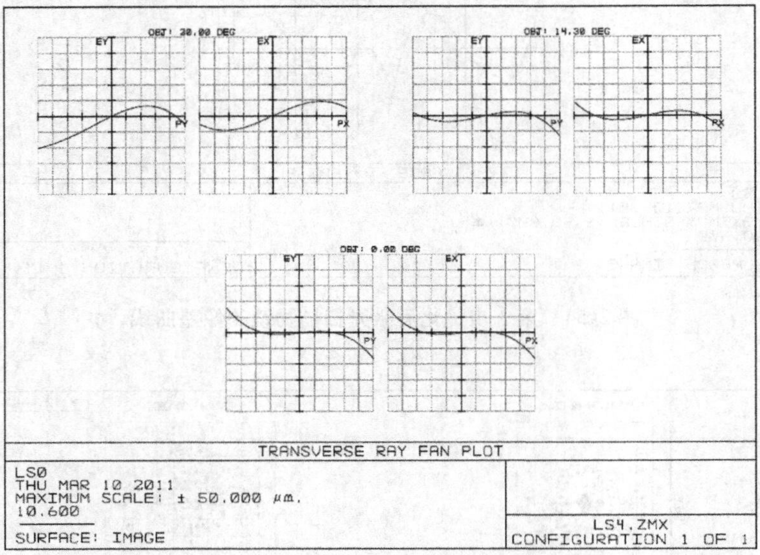


图 2-56　第 4 步优化后激光扫描物镜的像差曲线

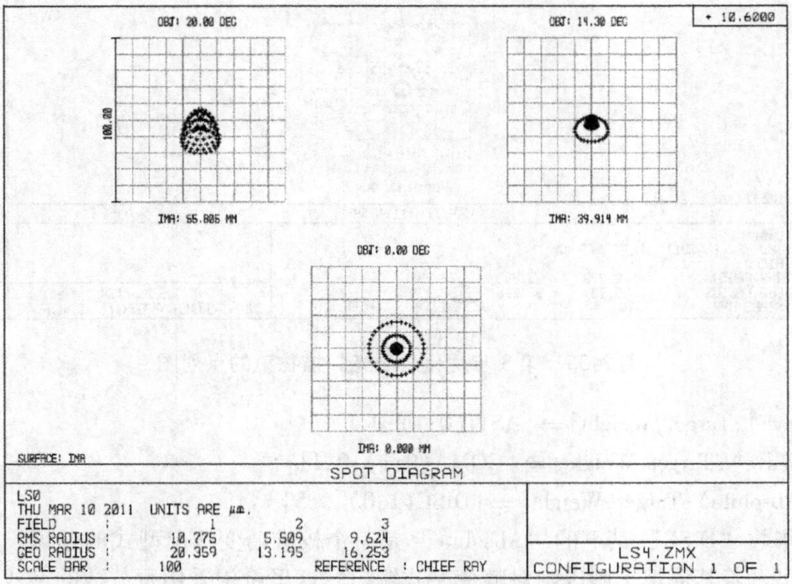


图 2-57　第 4 步优化后激光扫描物镜的点列图

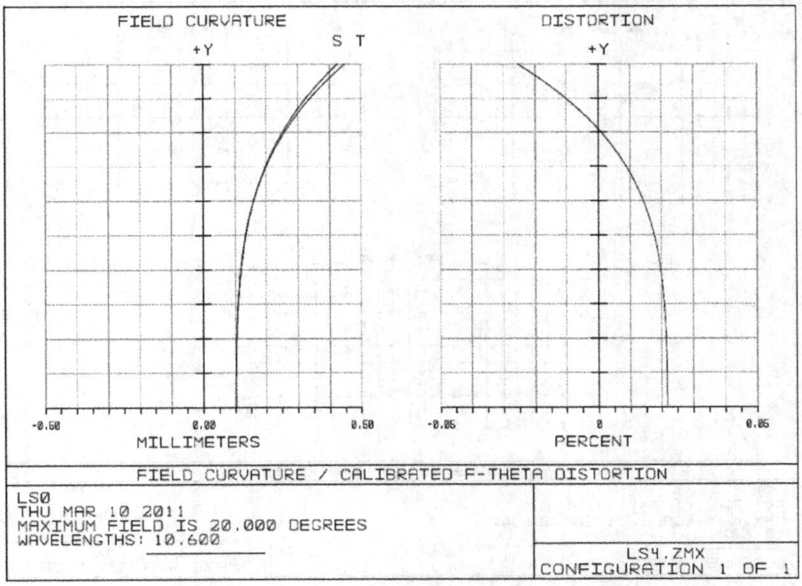


图 2-58　第 4 步优化后激光扫描物镜的校准畸变曲线

**2. 进一步优化及结果**

预定的像质标准是弥散圆半径小于 0.02mm，预定的校准畸变是小于 0.01%。由图 2-57 知上述优化后弥散圆大小已符合要求，由图 2-58 知校准畸变的要求虽还没有达到，但相距不远。采取如下步骤进一步优化：

1）在表 2-20 所列结构参数的基础上，再将像距 $l'$增加为变量，以本节 1.（4）第 4 步优化中所采用的评价函数作为评价函数进行优化，然后自动离焦。

2）在 1）所得的结果中，像距 $l'$不再作为变量，再以本节 1.（4）第 4 步优化中所采用的评价函数优化一次，并作自动离焦得到最后结果。

最后结果的结构参数见表 2-21，像差曲线如图 2-59 所示，点列图如图 2-60 所示，校准畸变曲线如图 2-61 所示，调制传递函数曲线如图 2-62 所示。

**表 2-21　激光扫描物镜最后结果的结构参数**

| $r$/mm | $d$/mm | $n$ | $r$/mm | $d$/mm | $n$ |
|---|---|---|---|---|---|
| ∞（光阑） | 22.419 | | -394.167 | 6 | 3.28（GaAs） |
| -37.59 | 5.39 | 3.28（GaAs） | | | |
| -41.927 | 36.598 | | -191.352 | 182.924 | |

由图 2-60 看到，最后结果的弥散圆半径小于 0.02mm，由图 2-61 看到，最后结果的校准畸变小于 0.01%，所以全部设计要求已经达到。这个结果的像质是非常好的。

由图 2-62 看到，这个镜头是一个衍射置限[㊀]的物镜，各个视场的调制传递函数都达到了理想情况。可是细心的读者会从图 2-62 上发现，这个镜头衍射置限的最高空间频率也就是 10lp/mm，所以应当说镜头成像的弥散圆半径校正到 0.02mm 以内是没有必要的。情况确实如此，这里所提

㊀ 参见全国自然科学名词审定委员会编写的《物理学名词》第 68 页（见参考文献［27］）

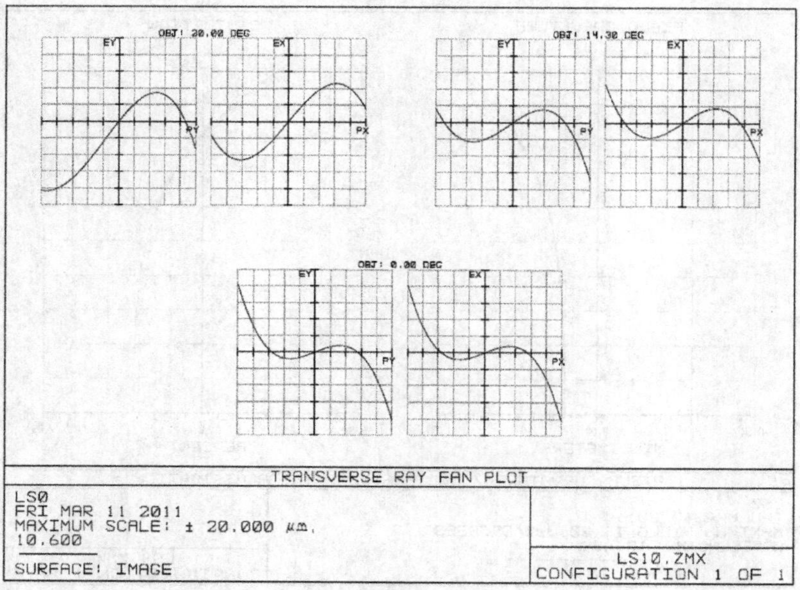


图 2-59　激光扫描物镜最后结果的像差曲线

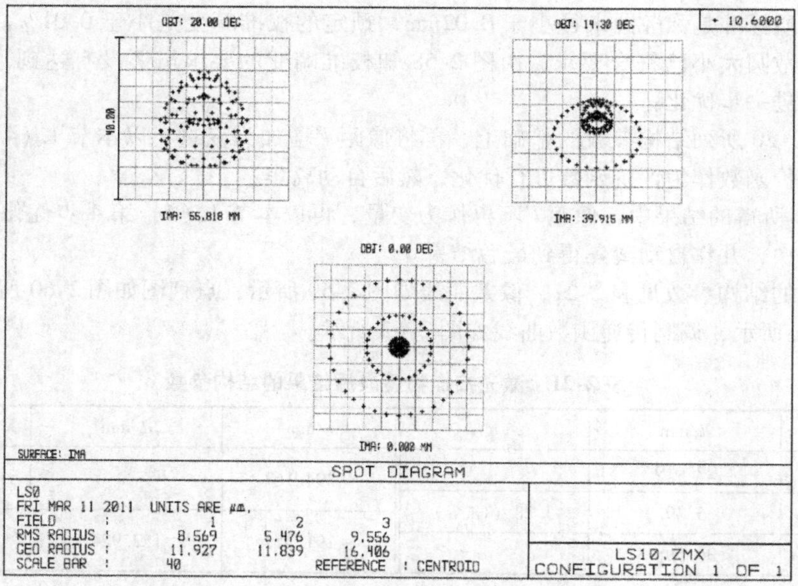


图 2-60　激光扫描物镜最后结果的点列图

的像质指标仅仅是作为优化设计的练习而已，关于校准畸变的指标也是仅仅用于练习。

### 2.2.2　利用 ZEMAX 程序提供的默认评价函数优化设计激光扫描物镜

在 ZEMAX 中有程序自行设置好的评价函数，即需要校正的像差的选择、目标值的确定及权重因子的确定都已由程序完成，无须设计人员再进行选择和确定，这些都是 ZEMAX 程序设计人员对光学设计规律的总结，通常还是很好用的。这个由程序设置好的评价函数被称为默认的评

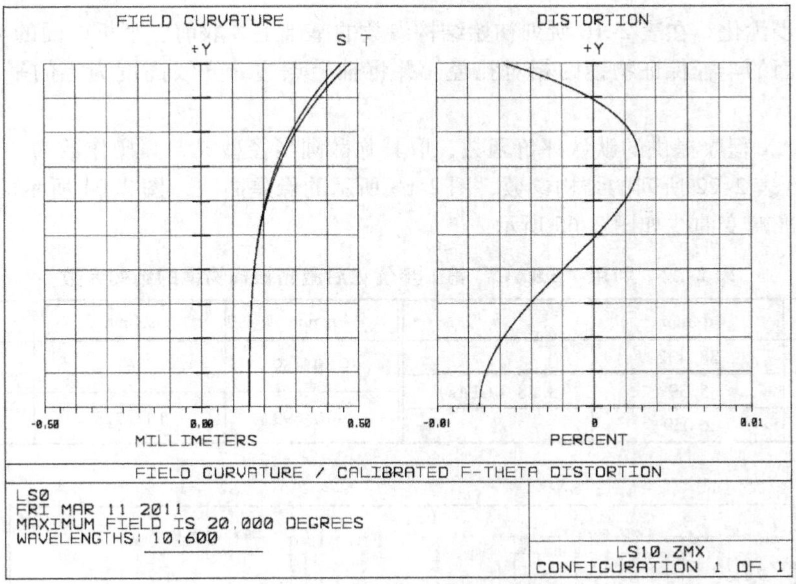


图 2-61　激光扫描物镜最后结果的校准畸变曲线

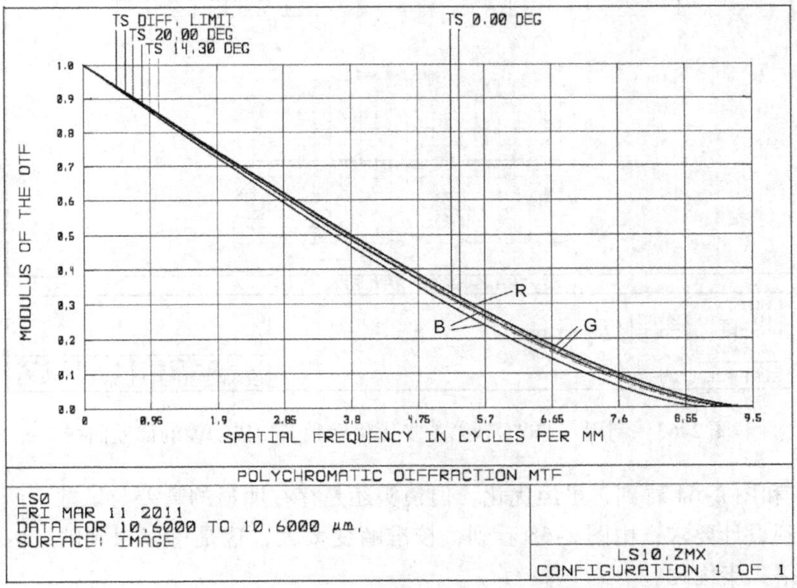


图 2-62　激光扫描物镜最后结果的调制传递函数曲线

价函数。默认的评价函数有两种类型，一种是弥散圆半径型式，基本的操作数是“TRAC”；另一种是波像差型式，基本的操作数是“OPDC”。

光学设计人员可以根据需要改造这个评价函数，如改变目标值、改造权重，还可以增添新的操作语句等。在 2.1.2 节中已经使用过默认的评价函数，只不过在那里仅要求校正轴上点的球差，所以情况较为简单，构成默认评价函数的语句不多而已。

**1. 优化**

（1）第1步优化　在表2-16所列初始结构参数的基础上，取前三个折射面的半径作为变量，令第四个折射面的半径保证物镜的相对孔径，并将轴上点边缘光线高度为零的平面取为当前的像平面。

利用ZEMAX程序提供的默认评价函数，取其弥散圆半径型式，其操作数为“TRAC”。经第1步优化，得到表2-22所列的结构参数，图2-63所示的像差曲线，图2-64所示的点列图。第1步优化后，校准畸变曲线如图2-65所示。

**表2-22　利用“TRAC”第1步优化后激光扫描物镜的结构参数**

| $r$/mm | $d$/mm | $n$ | $r$/mm | $d$/mm | $n$ |
|---|---|---|---|---|---|
| ∞（光阑） | 38.432 | | -101.59 | 6 | 3.28（GaAs） |
| -33.007 | 5.39 | 3.28（GaAs） | | | |
| -38.705 | 2.059 | | -76.699 | 187.718 | |

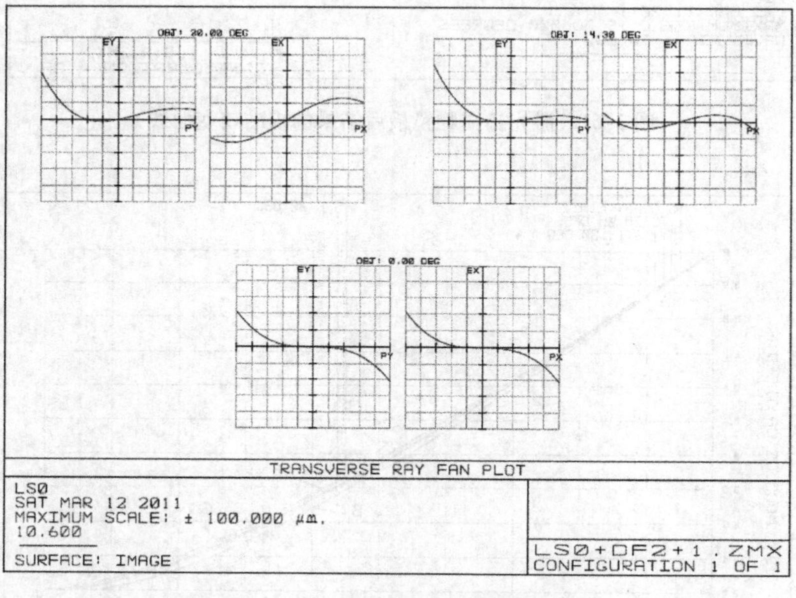


图2-63　利用“TRAC”第1步优化后激光扫描物镜的像差曲线

从图2-63和图2-64看到，虽经优化，但镜头还是存在明显的彗差与像散，所以点列图半径还太大，没达到设计要求；由图2-65看到，校准畸变太大，这是可以想到的，因为没有去校正它。下面转入第2步优化。

（2）第2步优化　第2步优化时，除选择前三个折射面的半径为变量外，将光阑距和两块镜片之间的空气间隔增加为变量。另外，在像面前增加一个虚设面，它的前后都是空气，半径为无穷大，到最后一个折射面的距离就定为第1步优化后的像距，到像面的距离初值设为零，并选为变量。这个作法就是选择离焦量作为变量。最后一个折射面的半径用来保证镜头的像方孔径角为-0.05rad。

第2步的评价函数采用ZEMAX程序提供的弥散圆半径型式的默认评价函数“TRAC”，并在其中加入控制校准畸变的操作语句“DISC”，目标值取0，权重取1；为了控制光阑距不至太长，

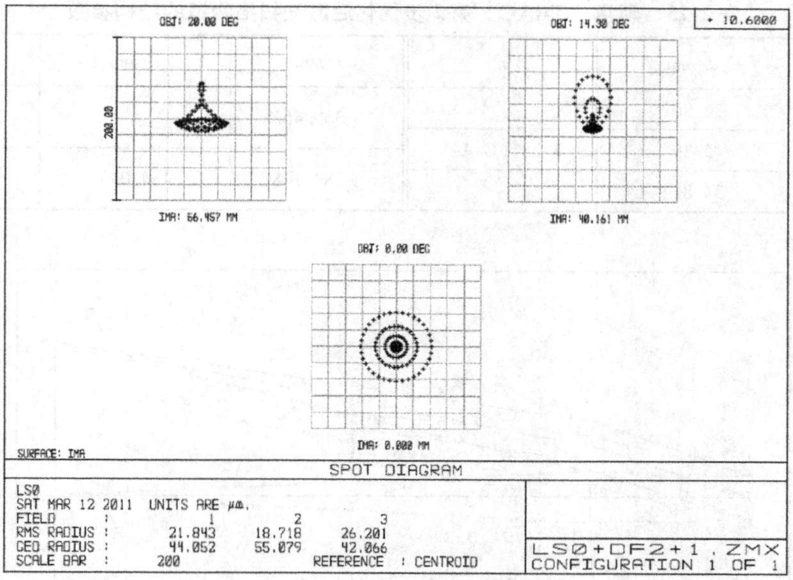


图2-64　利用“TRAC”第1步优化后激光扫描物镜的点列图

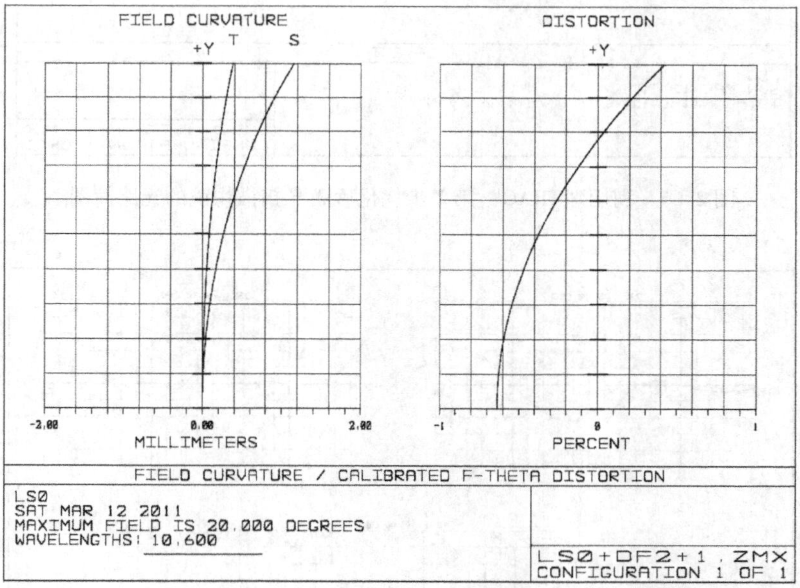


图2-65　利用“TRAC”第1步优化后激光扫描物镜的校准畸变曲线

评价函数中加入限制它的边界条件“MXCT”。“MXCT”其下有两个数据要填写，指明限制的是第几面到第几面的间隔，它的目标值取26，权重取1。所添加的操作语句括号如下：

{DISC(Wave;Absolute);Target,Weight} ⇒ {DISC(1;0);0,1}

{MXCT(Surf1,Surf2);Target,Weight} ⇒ {MXCT(1,2);26,1}

第2步优化后，得到表2-23所列的结构参数，图2-66所示的光路简图，图2-67所示的像差曲线，图2-68所示的点列图，图2-69所示的校准畸变曲线，图2-70所示的调制传递函数曲线。

表 2-23 利用“TRAC”第 2 步优化后激光扫描物镜的结构参数

| r/mm | d/mm | n | r/mm | d/mm | n |
|---|---|---|---|---|---|
| ∞（光阑） | 16.901 | | -369.463 | 6 | 3.28（GaAs） |
| -37.678 | 5.39 | 3.28（GaAs） | | | |
| -42.179 | 34.814 | | -183.148 | 184.093 | |

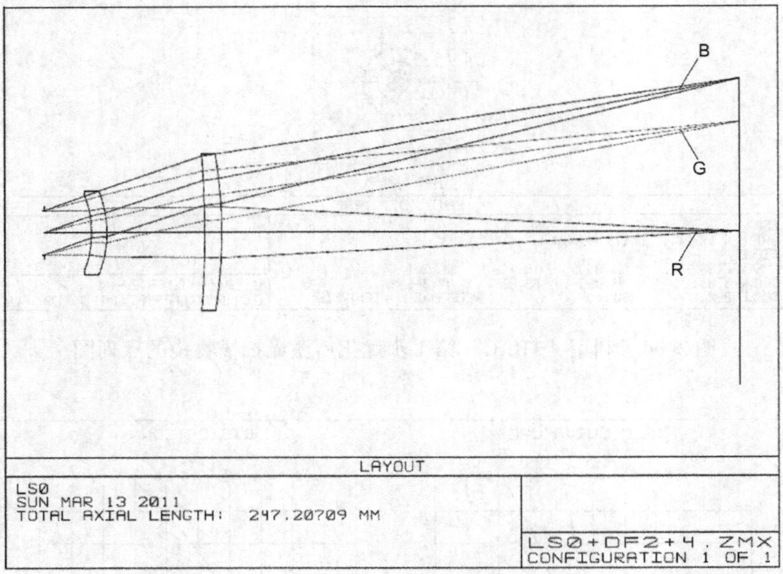


图 2-66 利用“TRAC”第 2 步优化后激光扫描物镜的光路简图

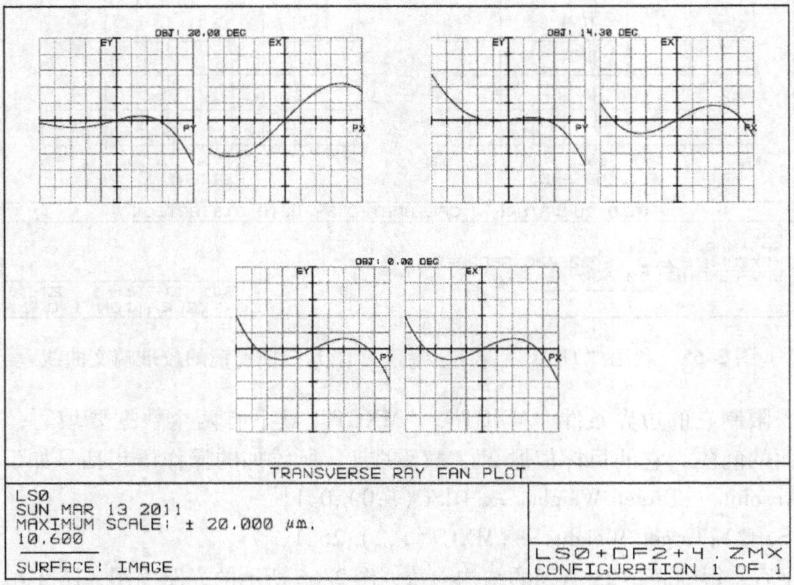


图 2-67 利用“TRAC”第 2 步优化后激光扫描物镜的像差曲线

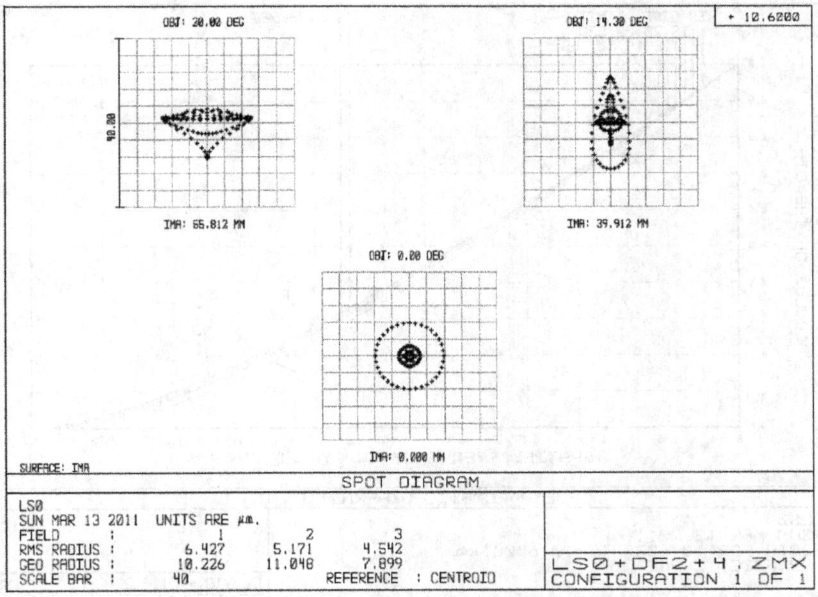


图 2-68　利用"TRAC"第 2 步优化后激光扫描物镜的点列图

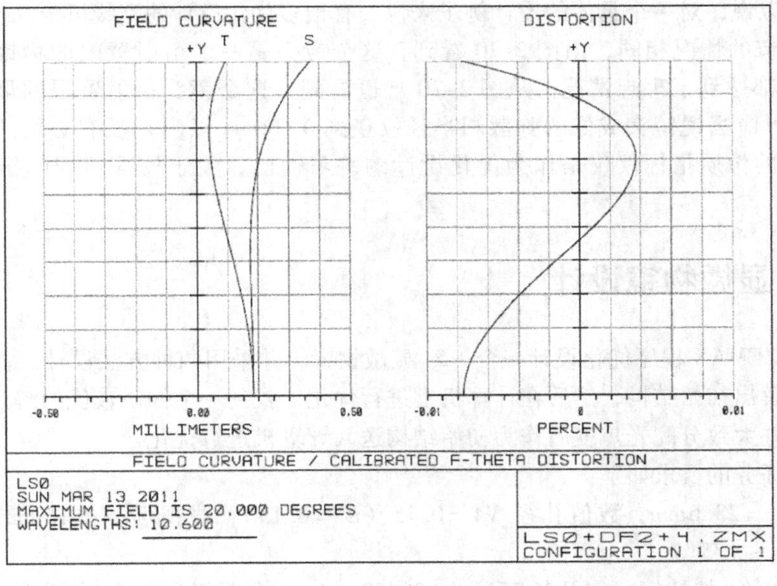


图 2-69　利用"TRAC"第 2 步优化后激光扫描物镜的校准畸变曲线

预定的像质标准是要求弥散圆半径小于 0.02mm，预定的校准畸变要求是小于 0.01%。由图 2-68 知此结果的弥散圆半径小于 0.012mm，已经符合要求；由图 2-69 知此结果的校准畸变小于 0.01%，所以也达到了设计要求。这个结果的像质也是非常好的。

**2. 小结**

从这个设计例子也可以看到，从同一个初始结构出发，采用不同的评价函数，同样取得了很

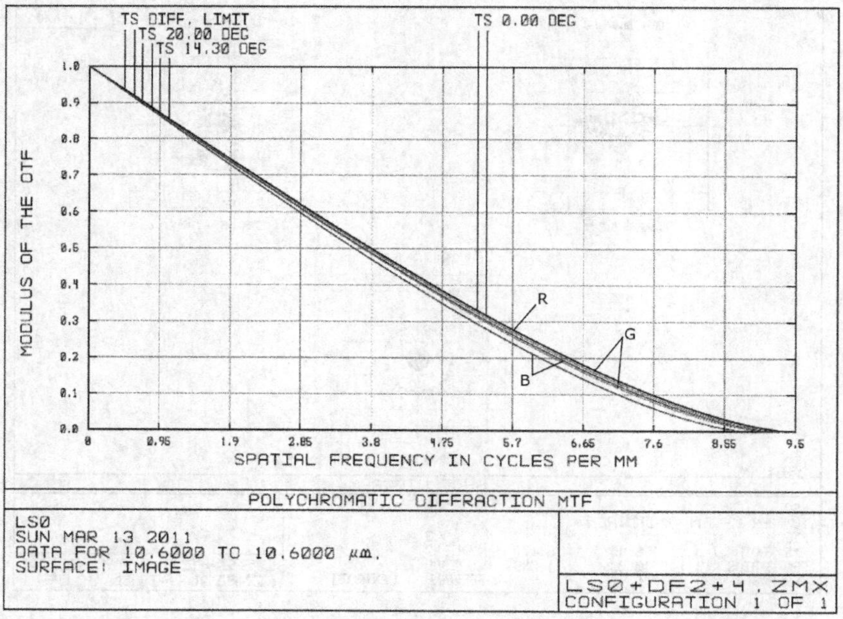


图 2-70 利用“TRAC”第 2 步优化后激光扫描物镜的调制传递函数曲线

好的结果，所以说，对一个具体的设计例子来说，有很多优化设计的路线可走。

与 2.2.1 节的情况相同，由图 2-70 看到，这个镜头是一个衍射置限的物镜，各个视场的调制传递函数都达到了理想情况。从图 2-70 上也看到，这个镜头衍射置限的最高空间频率是 10lp/mm，所以应当说镜头成像的弥散圆半径校正到 0.02mm 以内是没有必要的。情况确实如此，这里所提的像质指标仅仅是作为优化设计的练习而已，关于校准畸变的指标也是仅仅作为练习。

## 2.3 $-5^{\times}$显微物镜设计

本节利用 ZEMAX 程序优化设计一个 $-5^{\times}$ 显微物镜，并采用两种方法设计。方法一，先依据初级像差理论解出初始结构，然后在计算机上进行优化，找到一个像质较优的解。方法二，直接选用一对玻璃并大致分配光焦度后作为初始结构送入计算机进行优化。

具体设计任务的要求如下：

1）焦距 $f'=23.6$mm；数值孔径 $NA=0.15$（$u'=0.15$）；线视场 $2y=15$mm；按计算光路，横向放大率 $\beta=-1/5^{\times}$。

2）光路中有一块棱镜，展开长度为 $d=38.63$mm，材料是 K9 玻璃。它离物平面 24.19mm，即 $l_1=-24.19$mm；离物镜 92mm，即 $d_2=92$mm。

3）镜头采用双胶合结构，孔径光阑安放在物镜上。

4）镜头只消球差、正弦差和位置色差。

5）像质按显微物镜像差允限要求。

6）该显微物镜用于目视观察，对 d 光消单色像差，对 F 光和 C 光消色差。展开的光路简图如图 2-71 所示。

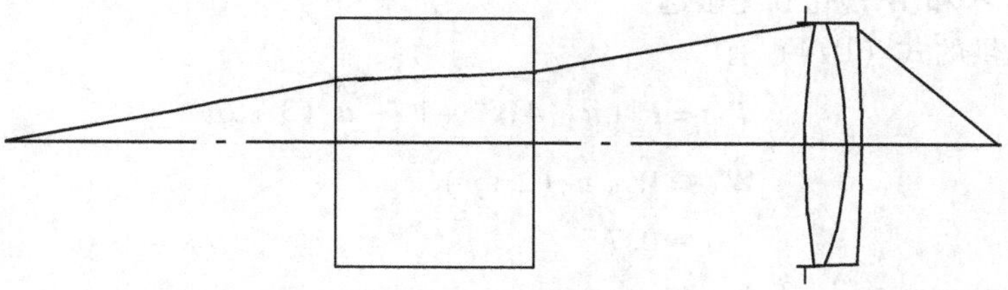

图 2-71　$-5^{\times}$ 显微物镜展开的光路简图

## 2.3.1　依据初级像差理论求解初始结构

**1. 棱镜的初级像差数据**

由附录 B 提供的公式，计算出平行平板的有关像差系数如下：

$$S_{\mathrm{I}p} = u_1^4 d \frac{1-n^2}{n^3} = -1.166 \times 10^{-5}\mathrm{mm}$$

$$S_{\mathrm{II}p} = u_1^3 u_p{}^1 d \frac{1-n^2}{n^3} = -2.058 \times 10^{-5}\mathrm{mm}$$

$$C_{\mathrm{I}p} = u_1^2 \frac{d(1-n)}{\nu n^2} = -1.218 \times 10^{-4}\mathrm{mm}$$

式中，$u_1$ 为物镜物方的孔径角，$u_1 = -0.03$；$u_p$ 为物方视场角，$u_p = -0.05294$；$d$ 为棱镜展开成平板后的厚度，$d = 38.63\mathrm{mm}$；$n$、$\nu$ 分别为 K9 玻璃的 d 光折射率和阿贝数，$n = 1.51637$ 和 $\nu = 64.07$；像差系数的下标 p 表示该系数是属于棱镜的。

**2. 解消像差方程**

设用物镜的初级像差去平衡棱镜的初级像差，由附录 C 的公式，有

$$S_{\mathrm{I}} = hP = -S_{\mathrm{I}p}$$

$$S_{\mathrm{II}} = h_p P + JW = -S_{\mathrm{II}p}$$

$$C_{\mathrm{I}} = h^2 \sum \frac{\varphi}{\nu} = -C_{\mathrm{I}p} \tag{2-1}$$

式中，$\varphi$ 是物镜的光焦度，$\varphi = \frac{1}{f'}$；$S_{\mathrm{I}}$、$S_{\mathrm{II}}$ 和 $C_{\mathrm{I}}$ 分别是希望物镜具有的初级球差系数、初级彗差系数和初级位置色差系数；$h$、$h_p$ 和 $J$ 分别是轴上点全孔径近轴光线和最大视场近轴主光线在物镜上的投射高度，以及物镜的光学不变量，它们的值可由已知数据得到，分别为

$$h = 4.25\mathrm{mm},\ h_p = 0,\ J = 0.225\mathrm{mm}$$

将 $S_{\mathrm{I}p}$、$S_{\mathrm{II}p}$、$C_{\mathrm{I}p}$ 及 $h$、$h_p$、$J$ 值代入式（2-1），得

$$P = 2.7433 \times 10^{-6},\ W = 9.1445 \times 10^{-5},\ C_{\mathrm{I}} = 1.2178 \times 10^{-4}\mathrm{mm}$$

**3. 第 1 步将 $P$ 和 $W$ 规化至 $\hat{h}\hat{\varphi} = 1$**

由附录 D 提供的式（D-3）、式（D-5）和式（D-7），有

$$\hat{P} = \frac{P}{(h\varphi)^3} = 4.7039 \times 10^{-4},\ \hat{W} = \frac{W}{(h\varphi)^2} = 2.8224 \times 10^{-3},$$

$$\hat{C}_{\mathrm{I}} = \frac{C_{\mathrm{I}}}{h^2\varphi} = 1.5919 \times 10^{-4},\quad \hat{u}_1 = \frac{u_1}{h\varphi} = -0.16667$$

**4. 第 2 步将 $\hat{P}$ 和 $\hat{W}$ 规化到无限远**

由附录 D 提供的式（D-4）有

$$\hat{P}^{\infty}=\hat{P}+\hat{u}_1(4\hat{W}^{\infty}+1)-\hat{u}_1^2(3+2\mu)$$

$$\hat{W}^{\infty}=\hat{W}+\hat{u}_1(2+\mu)$$

$$\mu\approx 0.7$$

将已得出的 $\hat{P}$、$\hat{W}$ 和 $\hat{u}_1$ 值代入得

$$\hat{P}^{\infty}=9.702\times 10^{-3}$$

$$\hat{W}^{\infty}=-4.472\times 10^{-1}$$

**5. 求 $\hat{P}_0$**

由附录 D 提供的式（D-6）有

$$\hat{P}_0=\hat{P}^{\infty}-0.85\ (\hat{W}^{\infty}+0.15)^2=-0.07$$

**6. 选物镜玻璃对**

据已得的 $\hat{P}_0$ 和 $\hat{C}_{\mathrm{I}}$ 数据，在参考文献［15］或［17］中的双胶薄透镜 $\hat{P}_0$，$\hat{Q}_0$ 表中找出物镜的玻璃对及相关数据。现选出玻璃对（BaK7，ZF3），这是冕牌玻璃在前的玻璃对，其中 BaK7 的折射率和阿贝数分别为 $n_1=1.56889$，$\nu_1=56.05$；ZF3 的折射率和阿贝数分别为 $n_2=1.71741$，$\nu_2=29.5$。这对玻璃，当 $C_{\mathrm{I}}=0$ 时，$P_0=-0.11$，$Q_0=-4.3$。

**7. 分配光焦度，计算半径**

1）由附录 D 提供的式（D-8）~式(D-10）有

$$\left.\begin{aligned}&\frac{\hat{\varphi}_1}{\nu_1}+\frac{\hat{\varphi}_2}{\nu_2}=\hat{C}_{\mathrm{I}}\\&\hat{\varphi}_1+\hat{\varphi}_2=1\end{aligned}\right\}\tag{2-2}$$

$$\hat{Q}=\hat{Q}_0+\frac{\hat{W}^{\infty}+0.15}{1.67}\tag{2-3}$$

$$\left.\begin{aligned}&\hat{c}_2=\hat{Q}+\hat{\varphi}_1\\&\hat{c}_1=\hat{c}_2+\frac{\hat{\varphi}_1}{n_1-1}\\&\hat{c}_3=\hat{c}_2-\frac{\hat{\varphi}_2}{n_2-1}\end{aligned}\right\}\tag{2-4}$$

用物镜的焦距除以式（2-4），就得物镜各半径

$$\left.\begin{aligned}&r_1=\frac{f'}{\hat{c}_1}\\&r_2=\frac{f'}{\hat{c}_2}\\&r_3=\frac{f'}{\hat{c}_3}\end{aligned}\right\}\tag{2-5}$$

2）在上述各式中代入玻璃对（BaK7，ZF3）的相关数据，可得

$$\hat{\varphi}_1 = 2.1132, \quad \hat{\varphi}_2 = -1.1132, \quad \hat{Q} = -4.481$$

$$\hat{c}_1 = 1.3478, \quad \hat{c}_2 = -2.3674, \quad \hat{c}_3 = -0.8153$$

$$r_1 = 17.510\text{mm}, \ r_2 = -9.969\text{mm}, \quad r_3 = -28.948\text{mm}$$

至此初始结构已解毕，称这个初始结构为 $-5^{\times}$ 显微物镜例 1 的初始结构。下面转入优化。

## 2.3.2　$-5^{\times}$ 显微物镜的优化设计例 1

### 1. 初始数据输入的过程和路径

在 ZEMAX 程序主窗口中完成 $-5^{\times}$ 显微物镜例 1 初始数据输入的过程和路径如下：

1）Gen→Aperture→Aperture Type（Object space NA）→Aperture Value（0.03）→OK。

2）Fie→Type（Height）→Field Normalization（Radial）→Use →1（√）→Y Field（7.5）→Weight(1)；

Use →2（√）→Y Field（5.25）→Weight(1)；

Use →3（√）→Y Field（0）→Weight(1)→OK。

3）Wave→左下角下拉式菜单中选择(F,d,C)→Select ,此时左上角自动显示：

1(√)→Wavelength(0.48613270)→Weight(1)

2(√)→Wavelength(0.58756180)→Weight(1)

3(√)→Wavelength(0.65627250)→Weight(1)

右下角显示:Primary(2)→OK。

4）当将两块透镜的厚度分别取为 2.7mm 和 1mm 时，物镜焦距会改变，用最后一个折射面半径保证焦距，操作路径如下：

右键单击第六面半径数据旁的方块→Solve Type（Marginal Ray Angle）→Angle（-0.15）→OK。

值得指出，这里镜片的厚度是根据工艺要求预估的，若不合适，以后视情况再作调整。另外，上述4）中填写像方孔径角为 -0.15，其负号是遵从 ZEMAX 程序的符号规则。

计算机上在线完成上述数据输入，初始结构参数见表 2-24，初始结构的球差曲线如图 2-72 所示，点列图如图 2-73 所示。

**表 2-24　$-5^{\times}$ 显微物镜例 1 的初始结构参数**

| $r$/mm | $d$/mm | $n$ | $r$/mm | $d$/mm | $n$ |
|---|---|---|---|---|---|
| | 24.19 | | 17.514 | 2.7 | BaK7 |
| ∞ | 38.63 | K9 | -9.969 | 1 | ZF3 |
| ∞ | 92 | | | | |
| ∞（光阑） | 0 | | -28.269 | | |

在 ZEMAX 程序中取得球差曲线的路径如下：

程序主窗口的 Analysis→Miscellaneous→Longitudinal Aberration。

由其可看到三种色光（d，F，C）的球差状况。

至于初始结构的正弦差 $OSC'$，可由弧矢彗差 $K_s'$的数据间接得到。取得弧矢彗差 $K_s'$数据的路径如下：

程序主窗口中的 ray→光线窗口中的 Settings→Sgittal Y aberratin→OK→Text。

从 sagittal fan field number1 =7.5mm 栏下取出波长为 0.587562μm 下的第一个数 3.089776μm，

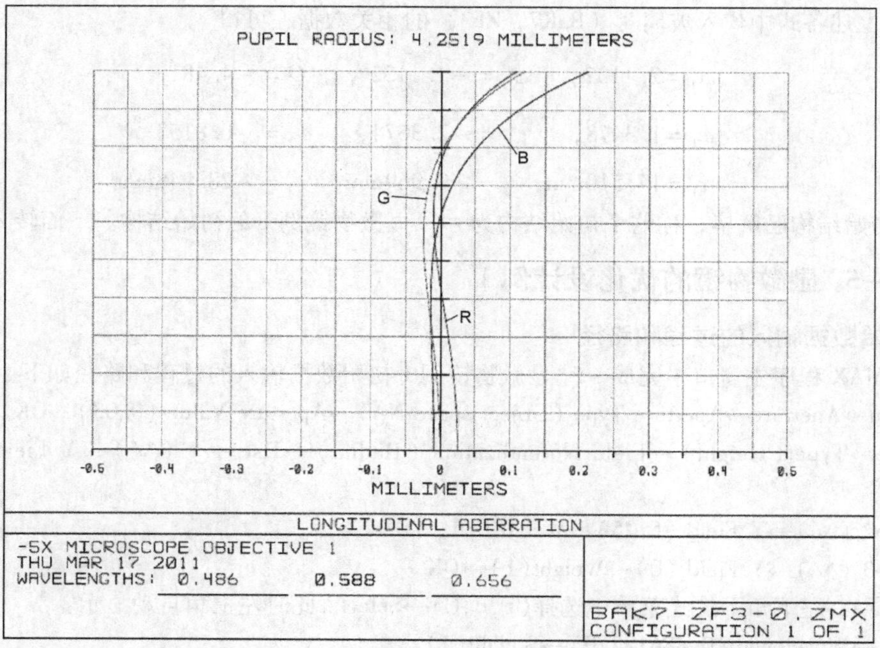


图 2-72 $-5^{\times}$ 显微物镜例 1 初始结构的球差曲线

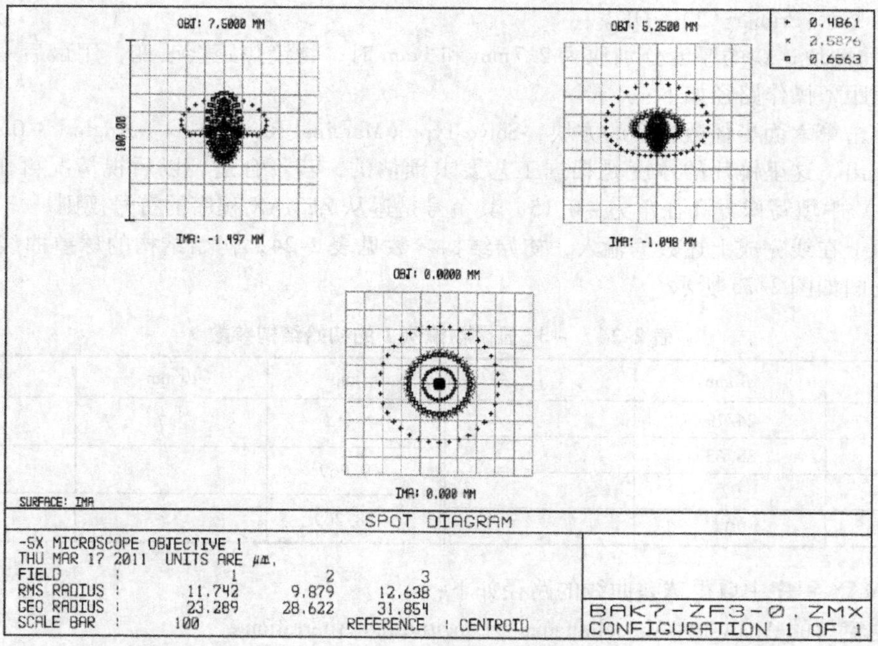


图 2-73 $-5^{\times}$ 显微物镜例 1 初始结构的点列图

它就是显微物镜初始结构的全视场全孔径的弧矢彗差 $K'_{s1\omega 1u}$。则有

$$OSC' = \frac{K'_s}{y'} = \frac{3.089776\mu\mathrm{m}}{1.5\mathrm{mm}} \approx 0.0021$$

式中，$y'$指理想像高。

**2. 优化**

从初始结构的像差曲线和 $OSC'$的数据看，求解还是成功的，但球差和位置色差的校正状况还很不理想。需要进一步改善的地方是：边缘球差尚不为零（俗称球差曲线没有封口），位置色差校正状态不理想（即 F 光和 C 光球差曲线交点过低，孔径边缘的色球差与近轴部分的色球差差别较大）。下面进行优化。

取物镜的前两个折射面半径作为变量，由它的第三个折射面半径保证像方数值孔径。将轴上点全孔径的轴向球差“LONA”（$\lambda = 0.587652\mu m$，Zone = 1）、轴上点 0.707 孔径的位置色差“AXCL”（$\lambda_1 = 0.48613270\mu m$，$\lambda_2 = 0.65627250\mu m$，Zone = 0.707）、全孔径的正弦差“OSCD”（$\lambda = 0.587652\mu m$，Zone = 1）加入到评价函数中，权重都取 1，目标值都取 0。评价函数用操作语句括号写出如下：

{LONA(Wave;Zone),Target,Weight} ⇒ {LONA(2;1),0,1}

{AXCL(Wave1,Wave2;Zone),Target,Weight} ⇒ {AXCL(1,3;0.7),0,1}

{OSCD(Wave;Zone), Target,Weight} ⇒ {OSCD(2;1),0,1}

值得指出，这里所写的“LONA”、“AXCL”和“OSCD”是 ZEMAX 程序中定义的操作数，程序中分别称为轴向像差操作数、轴向色差操作数和偏离正弦条件操作数。其含义分别相当于统称的轴向球差 $\delta L'$、位置色差 $\Delta L'_{\lambda_1\lambda_2}$ 和正弦差 $OSC'$。使用“LONA”时其下要确定两个参数，第一个是当前要计算的波长，如上述评价函数中确定为主波长，即 d 光波长，其波长序号在主窗口的“Wave”下拉式菜单中编序为 2；第二个要明确是哪个孔径的，如上述评价函数中指定为全孔径，一般情况下它的单位为 mm。使用“AXCL”时其下要确定三个参数，首先要明确是哪两个波长间的轴向色差，如上述评价函数中确定为是 F 光和 C 光波长，它们各自的波长序号在主窗口的“Wave”下拉式菜单中被分别编序为 1 和 3；其次要明确是哪个孔径的轴向色差，如上述评价函数中指定是 0.707 孔径的，一般情况下它的单位为 mm。同样，使用“OSCD”时其下要确定两个参数，第一个是当前的计算是关于哪个波长的，如上述评价函数中确定为主波长，即 d 光波长；第二个要明确是哪个孔径的（这里采用 Roland Shack 的定义，参见 ZEMAX 程序说明书），如上述评价函数中指定为全孔径。

优化后的结构参数见表 2-25。优化后，再做自动离焦，得到的球差曲线如图 2-74 所示，点列图如图 2-75 所示，$OSC'$为 −0.002。顺便指出两点：①$OSC'$的当前数据除了由前述弧矢彗差 $K'_s$间接得到外，现可从优化后的评价函数中取出，即“OSCD”的当前值（value）就是 $OSC'$值；②离焦的目的是使轴外点像质与轴上点像质更为均衡。

**表 2-25　−5× 显微物镜例 1 优化后的结构参数**

| $r$/mm | $d$/mm | $n$ | $r$/mm | $d$/mm | $n$ |
|---|---|---|---|---|---|
| | 24.19 | | 17.437 | 2.7 | BaK7 |
| ∞ | 38.63 | K9 | −10.294 | 1 | ZF3 |
| ∞ | 92 | | | | |
| ∞（光阑） | 0 | | −28.97 | | |

**3. 像质评价**

显微物镜的像差公差通常用波像差来衡量，要求光学系统的波像差小于 $\lambda/4$（$\lambda$ 为波长）。为方便起见，下面给出这个显微物镜在波像差小于 $\lambda/4$ 时所对应的几何像差公差：

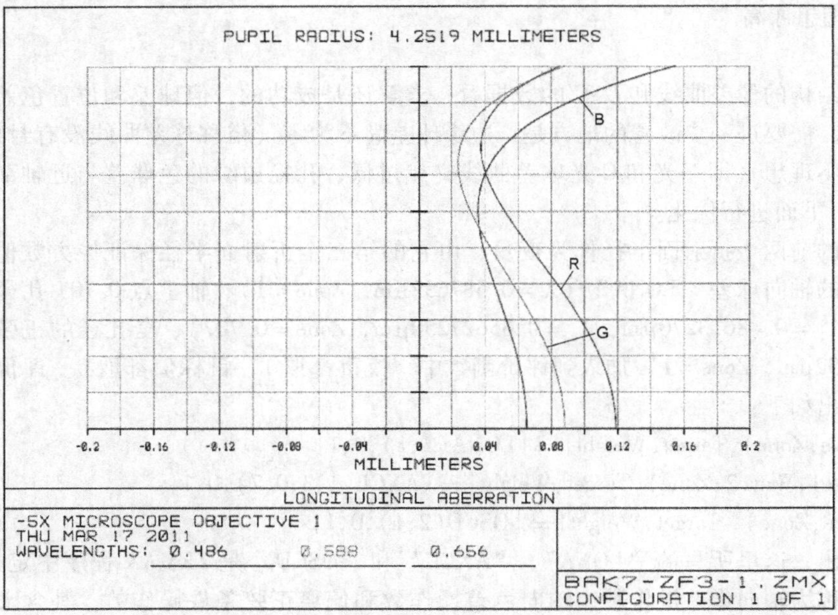


图 2-74　$-5^{\times}$ 显微物镜例 1 优化后的球差曲线

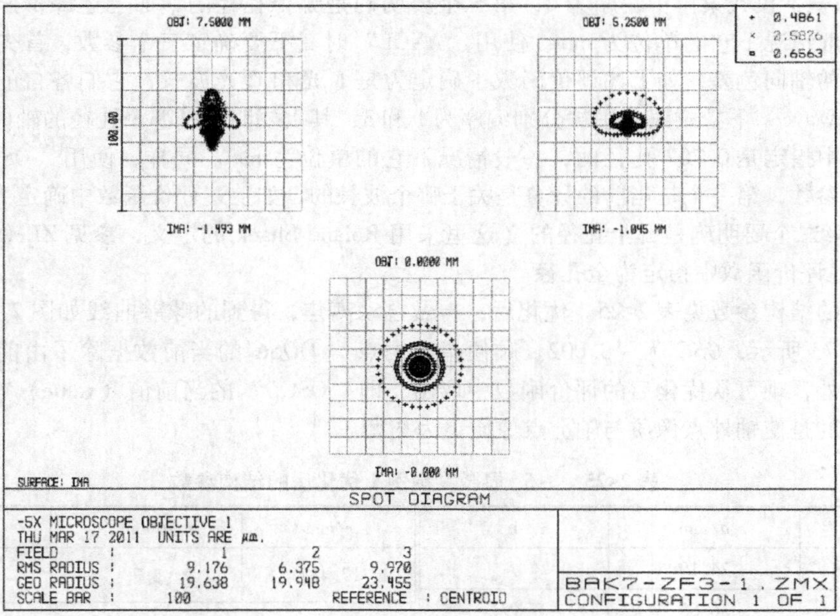


图 2-75　$-5^{\times}$ 显微物镜例 1 优化后的点列图

1）球差。从像差曲线上看，这个显微物镜已存在高级球差，所以球差的公差由两部分构成，即全孔径边缘轴向球差 $\delta L_m'$ 和剩余轴向球差 $\delta L'$。球差的公差为

$$\delta L_m' \leqslant \frac{\lambda}{n' u_m'^2} = 0.026\text{mm}$$

$$\delta L' \leqslant \frac{6\lambda}{n' u_{\mathrm{m}}'^2} = 0.155\text{mm}$$

式中，$\lambda$ 是 d 光波长；$n'$和 $u_{\mathrm{m}}'$分别是像方折射率和像方最大孔径角。

从像差曲线上看，优化后镜头的球差在公差范围内，合乎要求。

2）位置色差。由于不同波长（色光）的球差一般不同，所以光学系统中存在色球差。对于双胶合这种结构简单的镜头，一般只要求在 0.707 孔径处的位置色差为

$$L_{\mathrm{F}}' - L_{\mathrm{C}}' \leqslant \frac{\lambda}{n' u_{\mathrm{m}}'^2} = 0.026\text{mm}$$

从像差曲线上看，优化后镜头的位置色差在公差范围内，合乎要求。

3）正弦差。在小视场显微物镜的像质评价中，往往采用正弦差 *OSC'* 来评价轴外点的彗差，要求物镜的 *OSC'* 小于等于 0.0025 为宜。优化后 *OSC'* 为 0.002，合乎要求。

这个显微物镜的像差已在公差范围内，优化设计暂时告一段落。

### 2.3.3　$-5^{\times}$显微物镜的优化设计例 2

设计双胶物镜的关键之一是选好玻璃对，设计时可以用 *PW* 法得到初始解，然后再上计算机优化，例如前面设计 $-5^{\times}$显微物镜例 1 时就走过了这样一个过程。也可以不用 *PW* 法求解初始结构，先初步选用一对玻璃，大致分配光焦度后直接在计算机上优化，在优化过程中的适当阶段将玻璃材料作为变量参与优化，直至得到一个好的结果。下面用后一个办法设计这个 $-5^{\times}$ 显微物镜。

**1. 初选玻璃对的原则**

玻璃对通常选择折射率差较大、色散差也较大的常用玻璃。例如这里选用（K9，F5）这对玻璃，它们的折射率和阿贝数分别是 K9（1.51637，64.07）、F5（1.62435，35.92）。

**2. 分配光焦度，初步确定透镜半径**

由前面的计算知道，物镜前光路中的平板玻璃产生的 $C_{\mathrm{I}}$ 很小，可以先忽略以使计算简便，如此可联列出如下的消除位置色差方程和合成光焦度方程：

$$\begin{cases} \dfrac{\varphi_1}{\nu_1} + \dfrac{\varphi_2}{\nu_2} = 0 \\ \varphi_1 + \varphi_2 = \varphi \end{cases} \tag{2-6}$$

式中，$\varphi$ 是“$-5^{\times}$显微物镜”的光焦度，$\varphi = \frac{1}{23.6}\text{mm}^{-1}$；$\varphi_1$ 和 $\varphi_2$ 分别是组成 $-5^{\times}$显微物镜两块镜片的光焦度；$\nu_1 = 64.07$，$\nu_2 = 35.92$。

解式（2-6）得

$$\varphi_1 = 0.0963157\text{mm}^{-1}$$
$$\varphi_2 = -0.0539428\text{mm}^{-1}$$

设第一块镜片的形状为相等半径值的双凸透镜，由薄透镜焦距公式 $\varphi_1 = (n_1 - 1)\left(\frac{1}{r_1} - \frac{1}{r_2}\right)$ 并代入 K9 玻璃的 d 光折射率 $n_1 = 1.51637$ 可得

$$r_1 = 10.721\text{mm}$$
$$r_2 = -10.721\text{mm}$$

同样，由 $\varphi_2 = (n_2-1)\left(\frac{1}{r_2}-\frac{1}{r_3}\right)$可得

$$r_3 = -145.821\text{mm}$$

式中，$n_2$ 是 F5 玻璃的折射率，$n_2 = 1.62435$。

**3. 优化**

以上述初步确定的玻璃材料数据，计算出的半径作为初始参数，并将第一块镜片的厚度仿照前面的结果初步定为2.7mm，第二块镜片的厚度定为1mm，以此作为初始结构上计算机进行优化。初始结构参数见表2-26，球差曲线如图2-76 所示，点列图如图2-77 所示，*OSC'*的值由弧矢彗差 $K'_s$间接算出为 -0.014。

**表2-26 -5× 显微物镜例2 的初始结构参数**

| r/mm | d/mm | n | r/mm | d/mm | n |
|---|---|---|---|---|---|
| | 24.19 | | 10.721 | 2.7 | K9 |
| ∞ | 38.63 | K9 | | | |
| ∞ | 92 | | -10.721 | 1 | F5 |
| ∞（光阑） | 0 | | -145.821 | | |

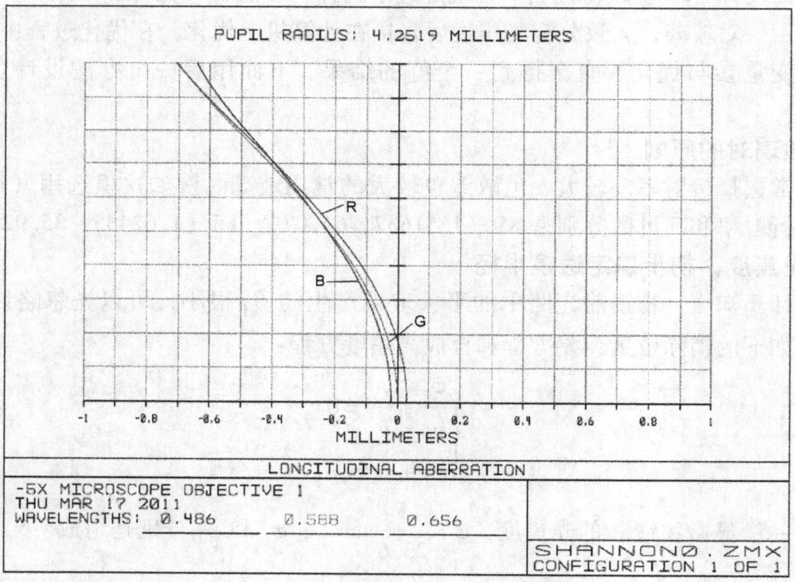


图2-76 -5× 显微物镜例2 初始结构的球差曲线

（1）第 1 步优化　由图 2-76 看出，初始结构的球差与位置色差必须校正，需要优化。

优化时，选择物镜的前两个折射面半径作为变量，用物镜的第三个折射面半径保证数值孔径 *NA* = 0.15。与前例同样，将轴上点全孔径的轴向球差“LONA”（$\lambda = 0.587652\mu\text{m}$，Zone = 1）、轴上点 0.707 孔径的位置色差“AXCL”（$\lambda_1 = 0.48613270\mu\text{m}$，$\lambda_2 = 0.65627250\mu\text{m}$，Zone = 0.707）、以及全孔径的正弦差“OSCD”（$\lambda = 0.587652\mu\text{m}$，Zone = 1）加入到评价函数中，权重都取1，目标值都取0。评价函数用操作语句括号写出如下：

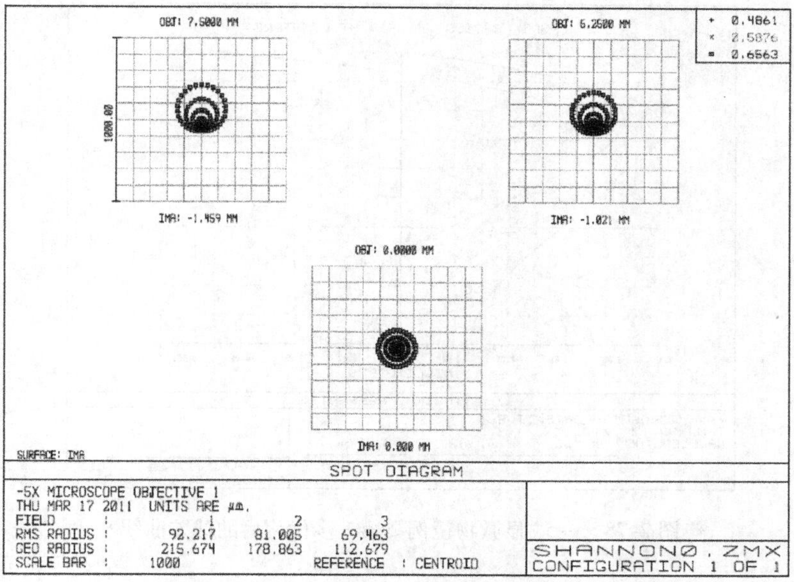


图 2-77　$-5^{\times}$ 显微物镜例 2 初始结构的点列图

{LONA(Wave;Zone);Target,Weight}⇒{LONA(2;1);0,1}

{AXCL(Wave1,Wave2;Zone);Target,Weight}⇒{AXCL(1,3;0.7);0,1}

{OSCD(Wave;Zone);Target,Weight}⇒{OSCD(2;1);0,1}

优化后的结构参数见表 2-27，球差曲线如图 2-78 所示，点列图如图 2-79 所示，优化后的 $OSC'$ 为 0.013。如前述，在 ZEMAX 程序中，优化后评价函数中"OSCD"的当前值就是优化后的 $OSC'$ 值。

**表 2-27　$-5^{\times}$ 显微物镜例 2 第 1 步优化后的结构参数**

| $r$/mm | $d$/mm | $n$ | $r$/mm | $d$/mm | $n$ |
|---|---|---|---|---|---|
| | 24.19 | | 12.991 | 2.7 | K9 |
| ∞ | 38.63 | K9 | −9.5 | 1 | F5 |
| ∞ | 92 | | −43.599 | | |
| ∞（光阑） | 0 | | | | |

（2）第 2 步优化　从像差曲线图 2-78 看到，经第 1 步优化后，球差和位置色差校正的较好。但物镜的 $OSC'$ 值为 0.013，彗差不好。

现将第一块镜片的材料作为变量。将物镜的第一片玻璃改为变量的操作过程如下：

在主窗口中打开的透镜数据编辑器表上，将玻璃材料改为"模型玻璃（model）"→右键单击该片玻璃的折射率→将出现在窗口中的 $n_d$ 和 $\nu_d$ 改为变量→OK。

值得指出，一般来说将玻璃材料作为变量时要加边界条件来限制折射率和阿贝数在合理的范围内变动，但考虑到现经第 1 步优化后像质已接近公差允限，估计材料折射率和阿贝数变动不大即可满足要求，所以就暂不在评价函数中加入限制材料折射率和阿贝数变动的边界条件了。

选择物镜第一个折射面半径和第二个折射面半径作为变量，令第三个折射面半径保证物镜数值孔径 $NA=0.15$。选用与第 1 步优化时同样的评价函数进行第 2 步优化，组成评价函数的操作语句括号如下：

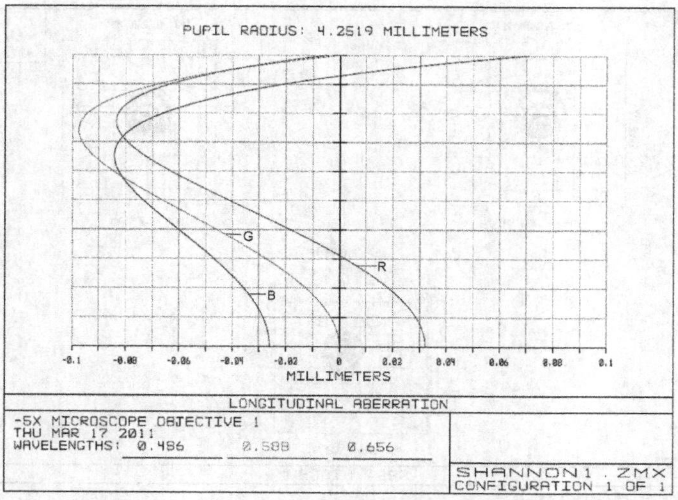


图 2-78　$-5^{\times}$显微物镜例 2 第 1 步优化后的球差曲线

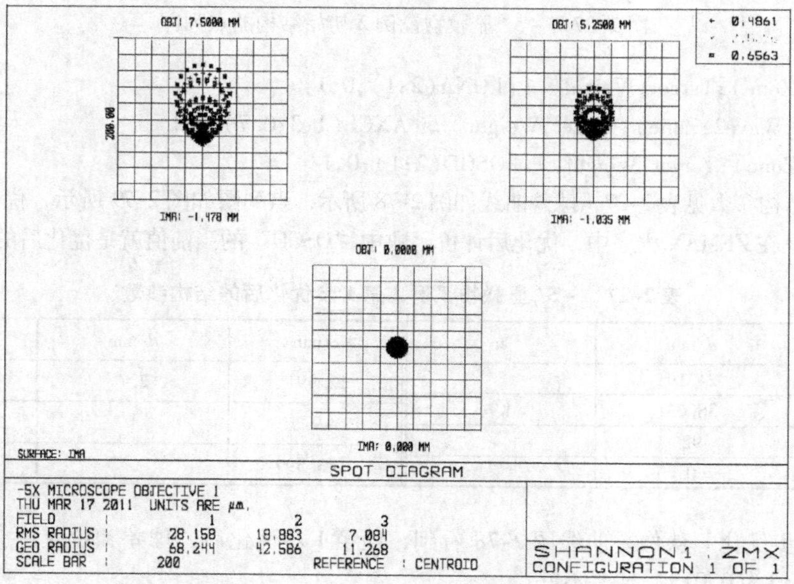


图 2-79　$-5^{\times}$显微物镜例 2 第 1 步优化后的点列图

{LONA(Wave;Zone);Target,Weight}⇒{LONA(2;1);0,1}

{AXCL(Wave1,Wave2;Zone);Target,Weight}⇒{AXCL(1,3;0.7);0,1}

{OSCD(Wave;Zone);Target,Weight}⇒{OSCD(2;1);0,1}

第 2 步优化后的球差曲线如图 2-80 所示，点列图如图 2-81 所示，由评价函数中“OSCD”的当前值知优化后的 *OSC′*的值为零。

(3) 第 3 步优化　第 2 步优化后，尽管像差已校正好了，但由于将玻璃材料作为了变量，又由于在优化过程中这个变量是作为一个连续变量对待的，所以第 2 步优化后的材料折射率和阿贝数在现实中不一定正好找到，这就要用实际玻璃就近替代优化后的“模型玻璃”。玻璃替代的操

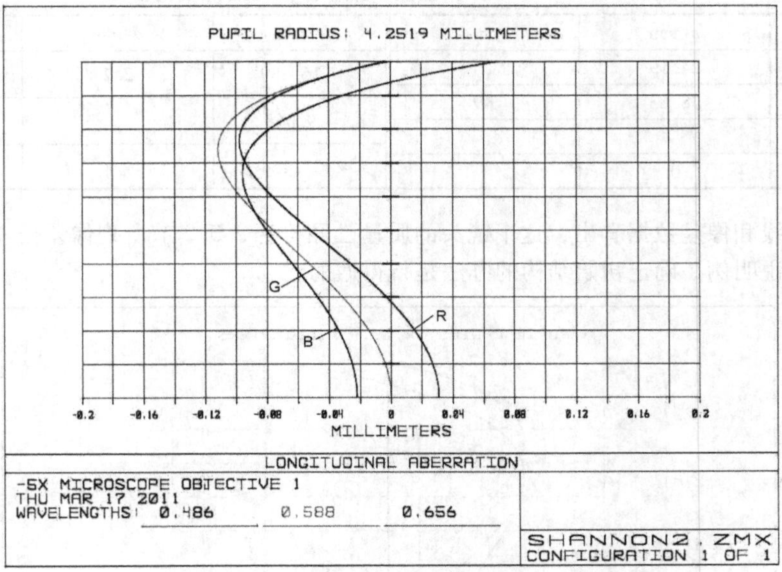


图 2-80　$-5^{\times}$显微物镜例 2 第 2 步优化后的球差曲线

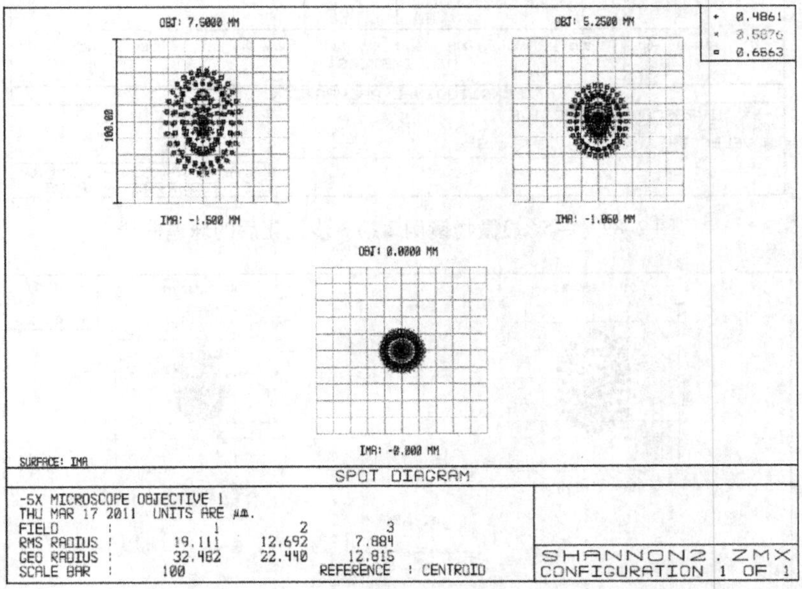


图 2-81　$-5^{\times}$显微物镜例 2 第 2 步优化后的点列图

作如下：

右键单击模型玻璃折射率，选择替代（substitute）→OK。

现选择出的替代玻璃是 QK3（1.48746，70.04），然后就将第一块镜片的材料确定为 QK3，不再作为变量。并以此为基础，选择物镜的第一个折射面半径和第二个折射面半径作为变量，让第三个折射面半径保证物镜的数值孔径。选用第 1 步优化时所用的评价函数进行第 3 步优化。优化后的结构参数见表 2-28，球差曲线如图 2-82 所示，点列图如图 2-83 所示，*OSC′*的值为 −0.0016。

表 2-28　$-5^{\times}$ 显微物镜例 2 第 3 步优化后的结构参数

| $r$/mm | $d$/mm | $n$ | $r$/mm | $d$/mm | $n$ |
|---|---|---|---|---|---|
| | 24.19 | | −16.289 | 2.7 | QK3 |
| ∞ | 38.63 | K9 | −9.068 | 1 | F5 |
| ∞ | 92 | | −22.154 | | |
| ∞（光阑） | 0 | | | | |

从像差曲线和像差数据看出，这个镜头的质量已经符合 2.3.2 节所列像差公差的要求，设计结果是好的。说明例 2 确定初始结构的办法是行得通的。

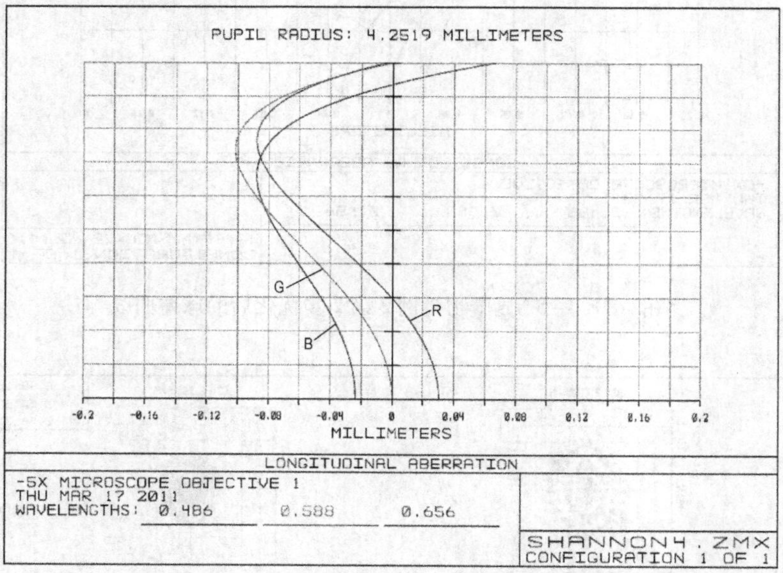


图 2-82　$-5^{\times}$ 显微物镜例 2 第 3 步优化后的球差曲线

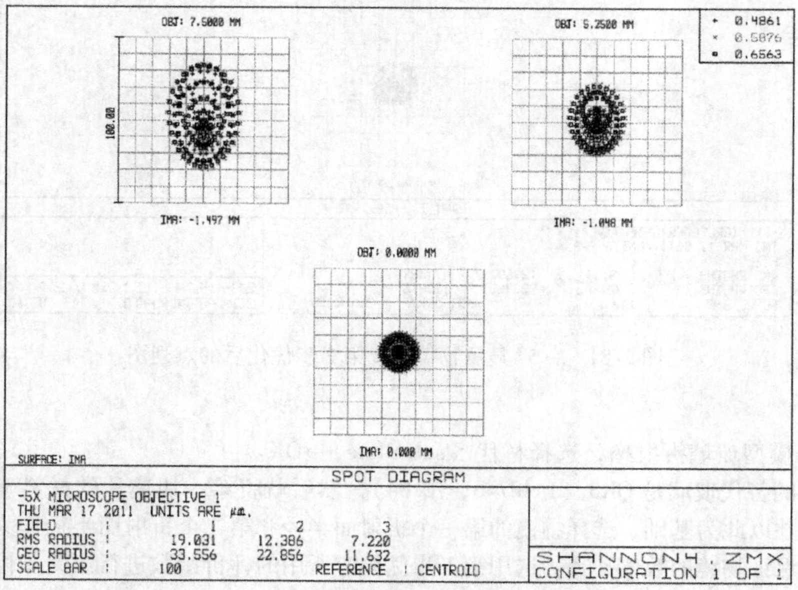


图 2-83　$-5^{\times}$ 显微物镜例 2 第 3 步优化后的点列图

# 第3章　三片镜头设计实例

本章列举的几个优化设计镜头实例都是由三片玻璃构成的。其中，一个是摄影物镜中常见的三片物镜，又称柯克（Cooke）物镜；另外一个是三片数码相机物镜；还有一个是大孔径望远物镜，它是由一个双胶透镜加一个单片透镜构成的。

通常，三片摄影物镜的设计步骤可以分成两步：第一步依据初级像差理论，通过解七个像差方程和一个光焦度方程求解出一个初始结构；第二步将求解出的初始结构送入计算机利用光学设计程序作进一步的优化。与 Richard Ditteon 的方法不同，这里只解初级位置色差、初级倍率色差及初级场曲这三个像差方程和一个光焦度方程，确定出三片物镜的光焦度分配。如所知，解这三个像差方程是比较容易的。其余四个像差方程不再求解，而简单地将三块透镜取常见的弯曲形状，即第一块取凸平、第二块取双凹（两个半径等值反号）、第三块取双凸（两个半径等值反号），以此构成初始结构。在进一步的优化设计过程中，主要通过调整六个初级像差和一个实际像差目标值的办法逐步引导评价函数向好的方向走，使得三片物镜的初级像差与高级像差达到合理的平衡，从而优化出好的结果。设计实例表明，这个做法既简单又可行。

三片数码相机物镜的初始结构不再通过求解初级像差方程得出，而是通过缩放三片摄影物镜得到一个初始结构。由于数码相机物镜的焦距很短，这样得出的初始结构有一个很大的缺陷，就是镜片的厚度太薄了。有两种办法将镜片的厚度加上去：一种是分若干次逐步增加镜片的厚度、逐步优化的办法得出一个初始结构作为进一步优化的基础；另一种是一步将镜片的厚度加上去，然后再进一步优化。结果证明，前一种逐步增加厚度的方法较为稳妥可行。优化过程中利用 ZEMAX 程序提供的默认评价函数。

大孔径望远物镜给出两个设计过程：一个设计过程是从初始求解开始，直至优化出最后结果；另一个设计过程是从现有的类似镜头出发，经修改优化出最后结果。

不言而喻，三片镜头比两片镜头结构复杂了一些，结构的复杂化是由于镜头光学特性（即焦距、视场和孔径）的提高而带来的像差的复杂化和校正像差的难度。

## 3.1　三片摄影物镜的优化设计

（理查德·迪特恩）Richard Ditteon 所著的《Modern Geometrical Optics》（参考文献［11］）一书中列举了一个三片摄影物镜的设计实例，分两个阶段详细列出了依据初级像差理论求解初始结构的过程和数据。对此，本文做一些改进，Richard Ditteon 求解的第一阶段相对简单一些，这里沿用他的作法进行，从而确定出三片结构的光焦度分配。但在他的第二阶段中，要求解的像差方程冗长复杂，运算繁复，所以不再照作，而仅将三块透镜在保证其光焦度分配的前提下，取常见的弯曲形状，将它作为初始结构送入计算机作进一步的优化。优化过程中，主要通过调整各个像差的目标值来调整评价函数，引导镜头的初级像差与高级像差达到较好的平衡，从而得到像质较优的解。

### 3.1.1　Richard Ditteon 三片摄影物镜的初始解

**1. Richard Ditteon 三片摄影物镜的光学特性要求**

Richard Ditteon 三片摄影物镜的焦距比单反相机标准镜头的焦距要长，其相对孔径和视场也比较大。可以预计到，这个镜头的像差一定不会是单纯的初级像差，要将它优化设计好，重要的是初级像差与高级像差取得一个较好的平衡。不过初始结构还是可以依据初级像差理论给出。

Richard Ditteon 三片摄影物镜的光学特性要求是：$f'=100\text{mm}$，$\dfrac{D}{f'}=\dfrac{1}{4.5}$，$2\omega=40°$；该物镜对d 光校正单色像差，对 F、C 光校正色差。

**2. Richard Ditteon 三片摄影物镜的变量分析和光焦度的初始分配**

摄影物镜中的三片结构型式是“＋－＋”结构，即两个正光焦度的单片中间夹一块负光焦度的单片，结构简图如图 3-1 所示。

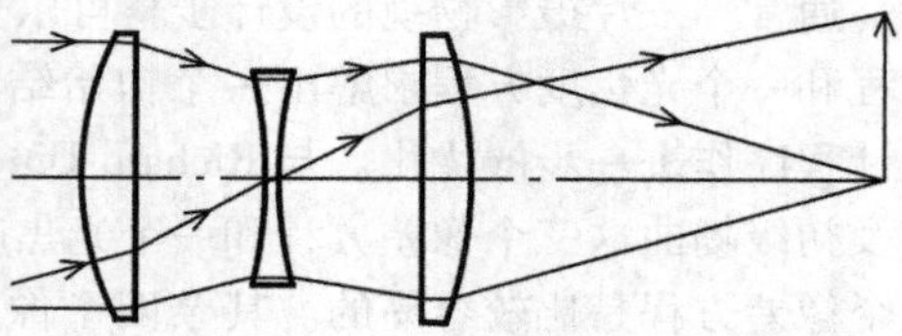

图 3-1 三片摄影物镜结构简图

三片摄影物镜中，三块单片的厚度除考虑要保证必要的通光孔径外，一般的考虑是保证加工和装配中镜片不易发生变形，所以往往不作为校正像差的变量。另外，当三块单片的玻璃材料参考同类镜头选定后，三块单片的六个球面半径 $r_1 \sim r_6$，以及两个空气间隔 $d_1$ 和 $d_2$ 可以作为变量以校正像差和满足焦距的要求，这样共有八个变量。除用其中一个变量来满足焦距的要求外，另剩七个变量可用以校正七个像差，即可用它们去满足七个初级像差的要求。

照理说，有八个变量，就可以列出八个方程去求解。八个方程可以由七个像差方程和一个焦距方程组成。解这八个方程可以得到一个初始结构。但这样做太繁杂，原因是有些像差，如球差、彗差和像散等与结构参数之间的关系式较为复杂。

由初级像差理论知，单薄透镜的初级场曲系数 $S_{\text{IV}}$、初级位置色差系数 $C_{\text{I}}$和初级倍率色差系数 $C_{\text{II}}$除与玻璃材料有关外，只与光焦度有关。即对单薄透镜来说，这三种像差只与透镜的两个半径搭配有关，而不对单块透镜的每一个半径提出更具体的要求。据附录 C 写出这三个像差方程如下：

$$\left.\begin{aligned} J^2\left(\frac{\varphi_1}{n_1}+\frac{\varphi_2}{n_2}+\frac{\varphi_3}{n_3}\right) &= \sum S_{\text{IV}} \\ h_1^2\frac{\varphi_1}{\nu_1}+h_2^2\frac{\varphi_2}{\nu_2}+h_3^2\frac{\varphi_3}{\nu_3} &= \sum C_{\text{I}} \\ h_1 h_{\text{p1}}\frac{\varphi_1}{\nu_1}+h_2 h_{\text{p2}}\frac{\varphi_2}{\nu_2}+h_3 h_{\text{p3}}\frac{\varphi_3}{\nu_3} &= \sum C_{\text{II}} \end{aligned}\right\} \tag{3-1}$$

式中，$\varphi_1$、$\varphi_2$ 和 $\varphi_3$ 分别是三块薄透镜的光焦度；$(n_1, \nu_1)$、$(n_2, \nu_2)$ 和 $(n_3, \nu_3)$ 分别是第一块、第二块和第三块镜片的折射率和阿贝数；$(h_1, h_{\text{p1}})$、$(h_2, h_{\text{p2}})$ 和 $(h_3, h_{\text{p3}})$ 分别是轴上点边缘近轴光线和最大视场主光线分别在第一块、第二块和第三块镜片上的投射高度；$\sum S_{\text{IV}}$、$\sum C_{\text{I}}$ 和 $\sum C_{\text{II}}$ 分别是摄影物镜的初级场曲系数和、初级位置色差系数和以及初级倍率色差系数和。

焦距方程为

$$h_1\varphi_1+h_2\varphi_2+h_3\varphi_3=h_1\varphi \tag{3-2}$$

式中，$\varphi$ 是三片摄影物镜的光焦度。

三片摄影物镜的孔径光阑一般安放在第二块透镜附近，这样的结构趋于以光阑为对称，对于控制倍率色差、彗差和畸变有利，现在设定第二块薄透镜的边框就是孔径光阑。为初始求解简单方便，假定两个空气间隔相等，即 $d_1=d_2$。从消除像差的角度看，这个假定就意味着放弃了一个消像差的要求，不过不要紧，现在仅仅是初始求解，以后再将这个约束释放，后面会看到在计算机上优化时可以将它再找回来。这两个假定意味着

$$\left.\begin{aligned} h_{p2}&=0\\ h_{p1}&=-h_{p3}\end{aligned}\right\} \tag{3-3}$$

和

$$\frac{h_1-h_2}{h_1\varphi_1}=\frac{h_2-h_3}{h_1\varphi_1+h_2\varphi_2} \tag{3-4}$$

式（3-4）是用光焦度 $\varphi_i$ 和投射高度 $h_i$ 的关系式表示第二个假定（$d_1=d_2$）的。

Richard Ditteon 三片所采用的玻璃分别是德国肖特（Schott）玻璃 SK4（1.61272，58.63），F7（1.62536，35.56）和 SK4（1.61272，58.63），即第一块镜片和第三块镜片的玻璃材料为同一种，都为 SK4，这是三片物镜中惯用的取法。也就是说

$$(n_1,\nu_1)=(n_3,\nu_3) \tag{3-5}$$

将式（3-3）、式（3-4）一并代入式（3-1）后，再与式（3-2）和式（3-4）联立，考虑到三片摄影物镜的光学特性参数 $f'=100\text{mm}$ 和 $h_1=\frac{D}{2}=\frac{1}{2}\frac{D}{f'}f'=\frac{1}{2}\times\frac{1}{4.5}\times100\text{mm}=11.111\text{mm}$ 是已知的，并令 $\sum S_{\text{IV}}=\sum C_{\text{I}}=\sum C_{\text{II}}=0$ 后，联立方程组只有五个未知数，即 $\varphi_1\sim\varphi_3$，以及 $h_2$ 和 $h_3$，组成如下的简明型式：

$$\left.\begin{aligned} &\frac{\varphi_1}{n_1}+\frac{\varphi_2}{n_2}+\frac{\varphi_3}{n_3}=0\\ &h_1^2\frac{\varphi_1}{\nu_1}+h_2^2\frac{\varphi_2}{\nu_2}+h_3^2\frac{\varphi_3}{\nu_3}=0\\ &h_1\frac{\varphi_1}{\nu_1}-h_3\frac{\varphi_3}{\nu_3}=0\\ &h_1\varphi_1+h_2\varphi_2+h_3\varphi_3=h_1\varphi\\ &\frac{h_1-h_2}{h_1\varphi_1}=\frac{h_2-h_3}{h_1\varphi_1+h_2\varphi_2}\end{aligned}\right\} \tag{3-6}$$

上述方程组是一个五元二次方程组，可用插值法近似求解，或直接送入 Matlab 工具箱中的程序求解，采用后一种办法得

$$\left.\begin{aligned} \varphi_1&=0.0230803\\ \varphi_2&=-0.0496203\\ \varphi_3&=0.0261541\\ h_2&=8.097\\ h_3&=9.805\end{aligned}\right\} \tag{3-7}$$

利用式（3-4）得 $d_1=d_2=11.75$。

**3. 构造初始结构**

上述第一步求解，得到了消除三种初级像差后的光焦度分配，此时三个镜片的形状就是进

一步消除其他像差的自由度，另外释放 $d_1=d_2$ 的要求，利用它们控制初级球差、初级彗差、初级像散和初级畸变。这些工作是可以在计算机上采用优化方法完成㊀，而不再去解像差方程，因为这些像差方程太繁杂。

简单地取第一块透镜形状为凸平型式，第二块为两个半径值相等符号相反的双凹型式，第三块为两个半径值相等符号相反的双凸型式。由此可得出六个半径分别为

$$\left.\begin{aligned} r_1 &= 26.547 \\ r_2 &= \infty \\ r_3 &= -25.206 \\ r_4 &= 25.206 \\ r_5 &= 46.855 \\ r_6 &= -46.855 \end{aligned}\right\} \tag{3-8}$$

应该说，将这些半径值、$d_1$ 和 $d_2$ 的值以及（$n_i$，$\nu_i$）（$i=1$，2，3）送入光学设计程序，选取六个半径以及两个空气间隔为自变量；选择像方孔径角 $u'$ 及全部七个初级像差构造成评价函数，将 $u'$ 的目标值取为 0.11111rad，七个初级像差系数的目标值取为 0，选择适当的权重，进行优化，则可得到一个全部初级像差为 0 的初始结构㊁。

在 ZEMAX 程序中，与七个初级像差系数有关的操作数分别是“SPHA”、“COMA”、“ASTI”、“FCUR”、“DIST”、“AXCL”和“LACL”，它们的含义分别是：SPHA→$S_{\mathrm{I}}$；COMA→$S_{\mathrm{II}}$；ASTI→$S_{\mathrm{III}}$；FCUR→$S_{\mathrm{IV}}$；DIST→$S_{\mathrm{V}}$；AXCL ~ $-\dfrac{C_{\mathrm{I}}}{n'u'^2}$；LACL ~ $\dfrac{C_{\mathrm{II}}}{n'u'}$。

上述关系式中，左边是 ZEMAX 程序中操作数的表示，右边是传统初级像差系数的表示，$n'$和 $u'$分别是像方折射率和像方孔径角；符号“→”表示左方的“含义是”右方，符号“~”表示左方“相当于”右方。

而将它们用在评价函数中时，ZEMAX 程序的表述存在一些混乱，它们的确切含义分别是：SPHA → $w_{040}$； COMA → $w_{131}$； ASTI → $w_{222}$； FCUR → $w_{220}$； DIST → $\dfrac{y'_{\text{chief}}-y'_{\text{ref}}}{y'_{\text{ref}}}\times 100\%$；AXCL ~ $-\dfrac{C_{\mathrm{I}}}{n'u'^2}$；LACL ~ $\dfrac{C_{\mathrm{II}}}{n'u'}$。其中，$w_{040}$是初级波球差，$w_{131}$是初级波彗差，$w_{222}$是初级波像散，$w_{220}$是初级波场曲，这些都还是关于初级像差的，但它们的值是以波长为单位表示的。例如 $w_{040}$为 1 就表示 $w_{040}$为一个波长，考虑到现在是对可见光波段计算像差的情况，即是 $w_{040}=0.5876\mu\text{m}$。但“DIST”却是由光线追迹得出的实际最大视场相对畸变㊂，例如在这个三片摄影物镜的评价函数中，若“DIST”当前值为 2.3，则说明这时的物镜在 $\omega=20°$时的实际相对畸变为 2.3%。

所以，在 ZEMAX 程序中构造评价函数时是没有现成的初级畸变，或初级畸变系数，或初级波畸变项操作数可用的。因此，不再寻找七个初级像差都为零的初始结构，就将半径满足式（3-8）、三块透镜玻璃材料分别取为 SK4、F7 及 SK4 的结构作为初始薄透镜结构，然后通过加厚透镜，对其缩放焦距得出一个初始结构，并将以后的工作统统交由优化去完成。

㊀、㊁ 毛文炜编著的《光学镜头的优化设计》75～77 页（参考文献［2］）。

㊂ 《Introduction to Lens Design》J. M. Geary，p173（参考文献［3］）。

将式（3-8）所示的薄透镜系统中的第一块和第三块透镜的厚度取为 4mm，第二块透镜的厚度取为 2.5mm，这样系统的焦距变为 $f'=96.3914$mm。将这个加厚系统的半径和间隔厚度乘以缩放因子 1.03744，进行焦距缩放使得系统的焦距成为 $f'=100$mm，缩放后的系统就作为供优化用的初始结构。

**4. 在 ZEMAX 程序主窗口中完成初始数据输入的过程和路径**

1）Gen→Aperture→Aperture Type（Image spae F/#）→Aperture Value（4.5）→OK。

2）Fie→Type（Angle）→Field Normalization（Radial）→Use →1（✓）→Y Field（20）→Weight(1)。

Use →2（✓）→Y Field（14）→Weight(1)。

Use →3（✓）→Y Field（0）→Weight(1)→OK。

3）Wave→左下角下拉式菜单中选择(F,d,C)→Select ,此时左上角自动显示：

1(✓)→Wavelength(0.48613270)→Weight(1)

2(✓)→Wavelength(0.58756180)→Weight(1)

3(✓)→Wavelength(0.65627250)→Weight(1)

右下角显示:Primary(2)→OK。

4）当将三块透镜的厚度分别取为 4mm、2.5mm 和 4mm 时，镜头焦距会改变，可作焦距缩放，操作路径如下：

Tools→Miscellaneous→Scale Lens→Scale Factor（1.03744）→OK。

初始结构参数见表 3-1，球差、色球差和位置色差曲线如图 3-2 所示，场曲、像散和畸变曲线如图 3-3 所示，倍率色差曲线如图 3-4 所示，横向像差曲线如图 3-5 所示。

**表 3-1　三片摄影物镜的初始结构参数**

| $r$/mm | $d$/mm | $n$ | $r$/mm | $d$/mm | $n$ |
|---|---|---|---|---|---|
| 27.541 | 4.15 | SK4（Schott） | −26.15 | 2.594 | F7（Schott） |
| ∞ | 12.19 | | 26.15 | 12.19 | |
| ∞（光阑） | 0 | | 48.609 | 4.15 | SK4（Schott） |
| | | | −48.609 | | |

由像差曲线图 3-2 ~ 图 3-5 看到，初始结构的各种像差大多为毫米乃至几十毫米的量级，都很严重，下面转入优化以改善像质。

## 3.1.2　Richard Ditteon 三片摄影物镜的优化设计例 1

从图 3-2 ~ 图 3-5 的像差曲线可以看到，初始结构实际像差的量级大多为几毫米，这离摄影物镜的像质要求相去甚远。虽然现在尚未具体说明摄影物镜的像质标准是什么，但是知道普通化学胶片的分辨率一般为每毫米几十条线，CCD 的像素大小大约在 10μm，粗略换算每毫米中也有几十个像素，所以几个毫米的像差实在太大了。

优化时，面临的基本问题是变量的选择，要校正何种像差，以及确定各项要校正像差的权重大小。这些内容在第 1 章中已有了相当的了解。除此而外，还要确定要校正像差的目标值。

这里，变量可以选六个折射面半径和两个空气间隔。要校正的像差，选择上总的想法是通过系统产生适量的初级像差，去平衡系统存在的高级像差。当然，系统存在的高级像差与玻璃材料的选择和系统中各镜片的光焦度分配有关，现在玻璃材料已经选定，又将全部半径选为变量，自然光焦度的再分配可在优化过程中完成。所以，只要控制好系统所产生的初级像差量就有可能得到像质较好的解，因而选择所有的初级像差进入评价函数，并给它们每一项一个适当的目标值。

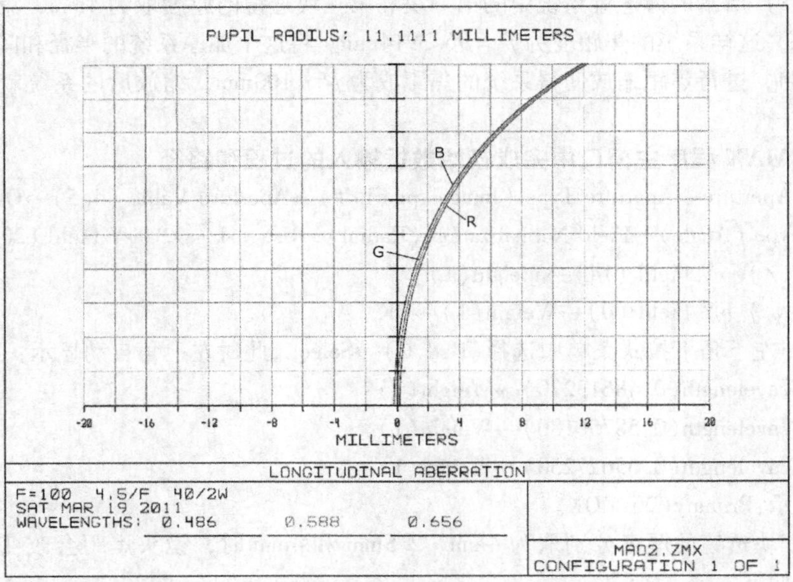


图 3-2 三片摄影物镜初始结构的球差、色球差和位置色差曲线

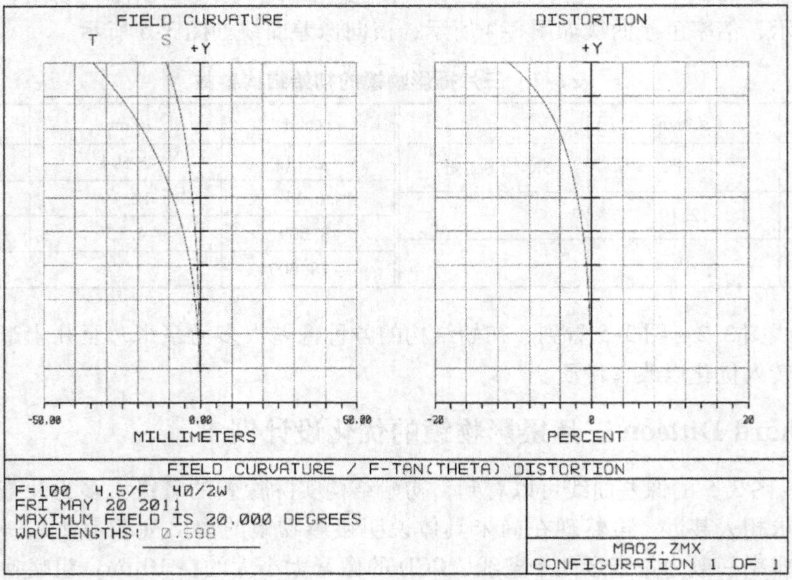


图 3-3 三片摄影物镜初始结构的场曲、像散和畸变曲线

如前述，在 ZEMAX 程序中没有现成的初级畸变像差的操作数，现就选择除畸变外的六个初级像差加一个实际畸变像差构造评价函数。

以 3.1.1 节中表 3-1 所列的初始结构为基础，选择它的六个折射面半径、两个空气间隔为变量。选择焦距，以及畸变和除畸变以外的其他六个初级像差构造评价函数，并对每一个像差给出一个目标值，每一个要校正像差的权重暂都选为 1 进行优化。对初学者来说，这些目标值很难一次给准，一般要经过多次调整。下面，分几步进行。

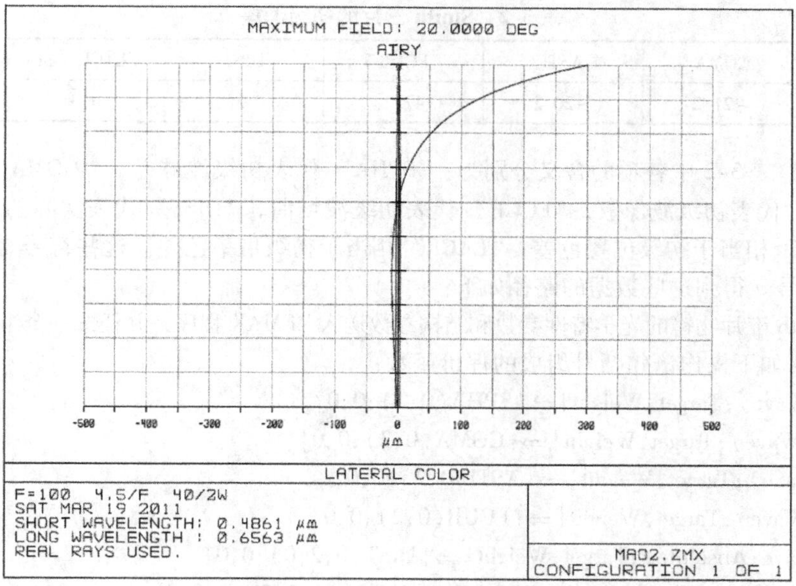


图 3-4　三片摄影物镜初始结构的倍率色差曲线

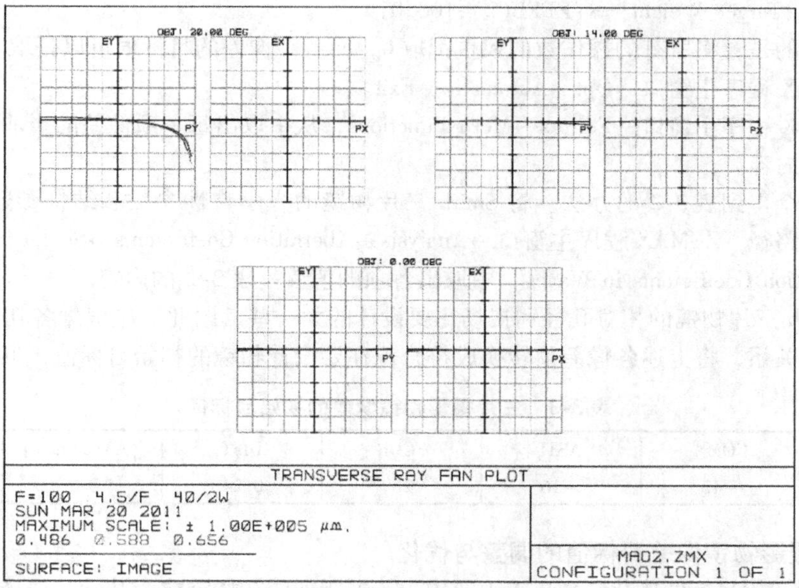


图 3-5　三片摄影物镜初始结构的横向像差曲线

**1. 初始目标值**

三片摄影物镜具有悠久的历史，这种结构应用广泛，所以不难在专利、文献中找到与这里的光学特性类似的设计结果，初始目标值可以参考它们给出。

在 W. J. Smith 所著的《Modern Lens Design》中，第 130 页中的图 8.3 给出了一个三片柯克物镜的设计结果，该物镜的光学特性是：$\frac{D}{f'}=\frac{1}{4}$，$2\omega=46°$，$f'=100$mm；所用的三块玻璃材料分别为 SK4、F15 和 SK4。它的七个初级像差值见表 3-2。

表 3-2 Smith 三片的初级像差

| SPHA | COMA | ASTI | FCUR | DIST | AXCL/mm | LACL/mm |
|---|---|---|---|---|---|---|
| 6.4 | -21.2 | -26.2 | 47.2 | 0.36 | 0.3 | 0.008 |

值得指出，表 3-2 中各项的含义分别为："SPHA" 代表初级波球差，"COMA" 代表初级波彗差，"ASTI" 代表初级波像散，"FCUR" 代表初级波场曲，"DIST" 代表实际的最大视场相对畸变，"AXCL" 相当于初级位置色差，"LACL" 相当于初级倍率色差。这些符号是 ZEMAX 程序中所采用的符号。得到这些数据的路径如下：

1）将 Smith 三片物镜的光学特性参数和结构参数送入 ZEMAX 程序，并任选一个半径作"变量"。

2）选取由如下操作语句括号组成的评价函数：

{SPHA(Surf;Wave);Target,Weight}⇒{SPHA(0;2);0,0}

{COMA(Surf;Wave);Target,Weight}⇒{COMA(0;2);0,0}

{ASTI(Surf;Wave);Target,Weight}⇒{ASTI(0;2);0,0}

{FCUR(Surf;Wave);Target,Weight}⇒{FCUR(0;2);0,0}

{DIST(Surf;Wave;Absolute);Target,Weight}⇒{DIST(0;2;0);0,0}

{AXCL(Wave1,Wave2;Zone);Target,Weight}⇒{AXCL(1,3;0);0,0}

{LACL(Minw;Maxw);Target,Weight}⇒{LACL(1;3);0,0}

{EFFL(Wave);Target,Weight}⇒{EFFL(2);100,0}

值得注意的是，将所有的操作数的权重都取 0，而各个像差的目标值可以任取。

3）ZEMAX 程序主窗口→Opt→Automatic→Exit。

4）ZEMAX 程序主窗口→Editors→Merit Functions，从中取出每一项像差的当前值就是需要的表 3-2 所列的内容。

还有另一个得到表 3-2 的办法。将 Smith 三片物镜的光学特性参数和结构参数送入 ZEMAX 程序后，通过路径：ZEMAX 程序主窗口→Analysis→Aberration Coefficients→Seidel Coefficients，从"Seidel Aberration Coefficients in Waves" 中取出各项的值就是表 3-2 的内容。

由于 Smith 三片物镜的相对孔径和视场比要设计的大一些，因此，应根据各初级像差与孔径和视场的幂次关系，将上述各像差值转换成符合现在要设计物镜的初始目标值，见表 3-3。

表 3-3 三片摄影物镜像差的初始目标值

| SPHA | COMA | ASTI | FCUR | DIST | AXCL/mm | LACL/mm |
|---|---|---|---|---|---|---|
| 4 | -13 | -16 | 28 | 0.24 | 0.3 | 0.007 |

### 2. 三片摄影物镜像差目标值的调整与优化

（1）采用初始目标值优化　以 3.1.1 节中表 3-1 所列的初始结构为基础，选择它的六个折射面半径、两个空气间隔为变量。选择焦距，以及七个像差构造评价函数，每一个像差的目标值就采用表 3-3 所列出的值。每一个要校正像差的权重都取 1。评价函数用操作语句括号写出如下：

{SPHA(Surf;Wave);Target,Weight}⇒{SPHA(0;2);4,1}

{COMA(Surf;Wave);Target,Weight}⇒{COMA(0;2);-13,1}

{ASTI(Surf;Wave);Target,Weight}⇒{ASTI(0;2);-16,1}

{FCUR(Surf;Wave);Target,Weight}⇒{FCUR(0;2);28,1}

{DIST(Surf;Wave;Absolute);Target,Weight}⇒{DIST(0;2;0);0.24,1}

{AXCL(Wave1,Wave2;Zone);Target,Weight}⇒{AXCL(1,3;0);0.3,1}

{LACL(Minw,Maxw);Target,Weight}⇒{LACL(1,3);0.007,1}

{EFFL(Wave);Target,Weight}⇒{EFFL(2);100,1}

其中，前五个有关初级波像差的操作语句括号中，其下的“Surf”填0意味着指各波像差的各面总和；位置色差中的“Wave1”和“Wave2”分别是F光波长和C光波长，倍率色差中的“Minw”和“Maxw”分别是最短波长和最长波长，因为在初始数值输入中，已将F光编序为第1波长，将d光编序第2波长，将C光编序为第3波长，所以如上填写。

取初始目标值优化后，球差和位置色差曲线如图3-6所示，像散、场曲和畸变曲线如图3-7所示，倍率色差曲线如图3-8所示，横向像差曲线如图3-9所示。

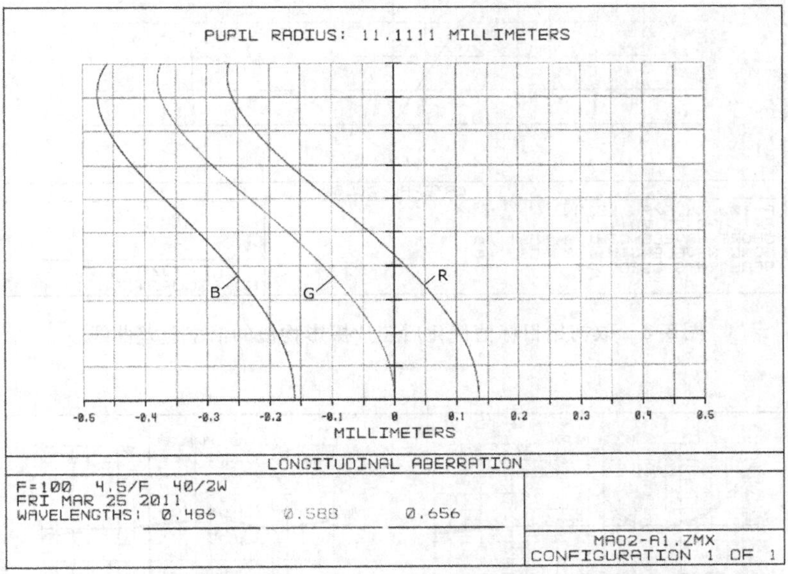


图3-6 取初始目标值优化后三片摄影物镜的球差和位置色差曲线

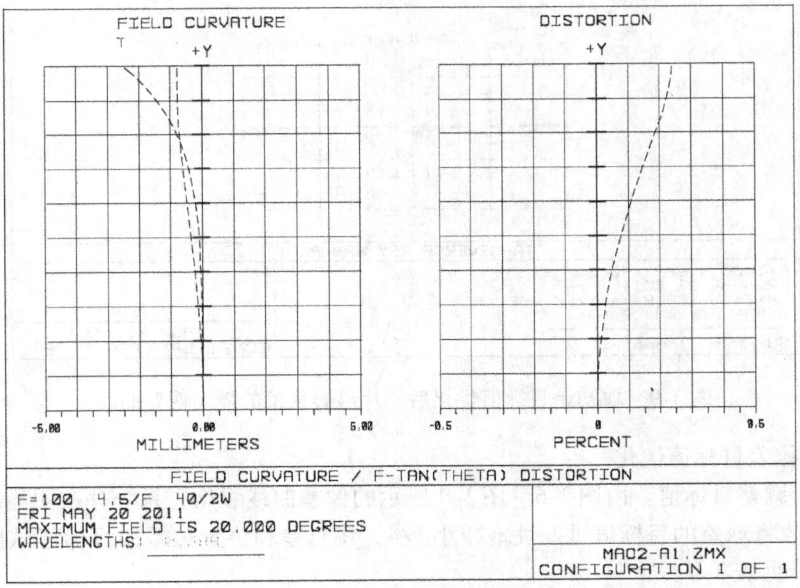


图3-7 取初始目标值优化后三片摄影物镜的像散、场曲和畸变曲线

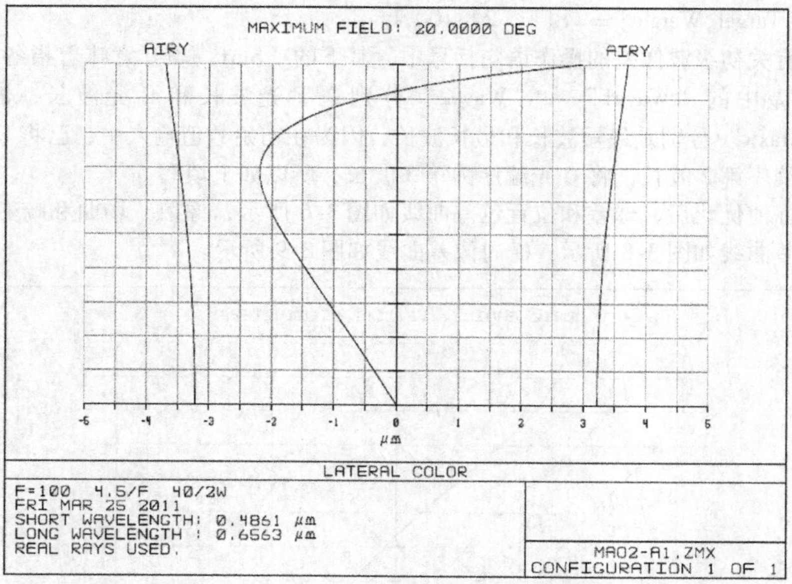


图 3-8 取初始目标值优化后三片摄影物镜的倍率色差曲线

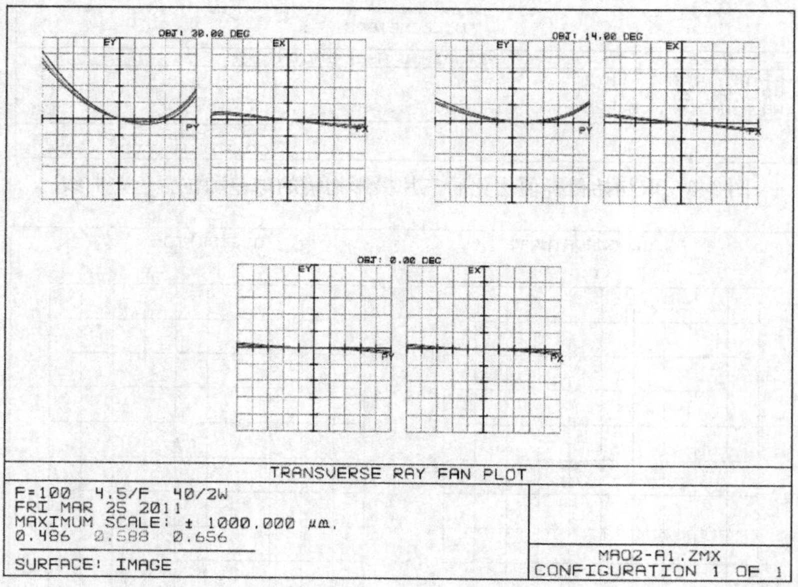


图 3-9 取初始目标值优化后三片摄影物镜的横向像差曲线

（2）调整像差目标值优化

1）第 1 步调整目标值。由图 3-6 ~ 图 3-9 所示的像差曲线看出，系统存在明显的球差、彗差和位置色差。故将球差的目标值试探性地减小 1/4，将彗差和位置色差的目标值试探性地调整为初始值的 1/2，见表 3-4。

表 3-4　三片摄影物镜第 1 步调整后的像差目标值

| SPHA | COMA | ASTI | FCUR | DIST | AXCL/mm | LACL/mm |
|---|---|---|---|---|---|---|
| 3 | -7 | -16 | 28 | 0.24 | 0.15 | 0.007 |

以 3.1.1 节中表 3-1 所列的初始结构为基础，仍选择它的六个半径、两个空气间隔为变量。仍选择焦距，以及七个像差构造评价函数，每一个像差的目标值就采用第 1 步调整后的数据，见表 3-4。每一个要校正像差的权重都取 1 进行优化。评价函数用操作语句括号写出如下：

{SPHA(Surf;Wave);Target,Weight}⇒{SPHA(0;2);3,1}

{COMA(Surf;Wave);Target,Weight}⇒{COMA(0;2); -7,1}

{ASTI(Surf;Wave);Target,Weight}⇒{ASTI(0;2); -16,1}

{FCUR(Surf;Wave);Target,Weight}⇒{FCUR(0;2);28,1}

{DIST(Surf;Wave;Absolute);Target,Weight}⇒{DIST(0;2;0);0.24,1}

{AXCL(Wave1,Wave2;Zone);Target,Weight}⇒{AXCL(1,3;0);0.15,1}

{LACL(Minw,Maxw);Target,Weight}⇒{LACL(1,3);0.007,1}

{EFFL(Wave);Target,Weight}⇒{EFFL(2);100,1}

其中，前五个有关初级波像差的操作语句中，其下的“Surf”填 0 意味着指各波像差的各面总和；位置色差中的“Wave1”和“Wave2”分别是 F 光波长和 C 光波长，倍率色差中的“Minw”和“Maxw”分别是最短波长和最长波长，因为在初始数值输入中，已将 F 光编序为第 1 波长，将 d 光编序第 2 波长，将 C 光编序为第 3 波长，所以如上填写。

取第 1 步调整的目标值优化后，球差和位置色差曲线如图 3-10 所示，像散、场曲和畸变曲线如图 3-11 所示，倍率色差曲线如图 3-12 所示，横向像差曲线如图 3-13 所示。

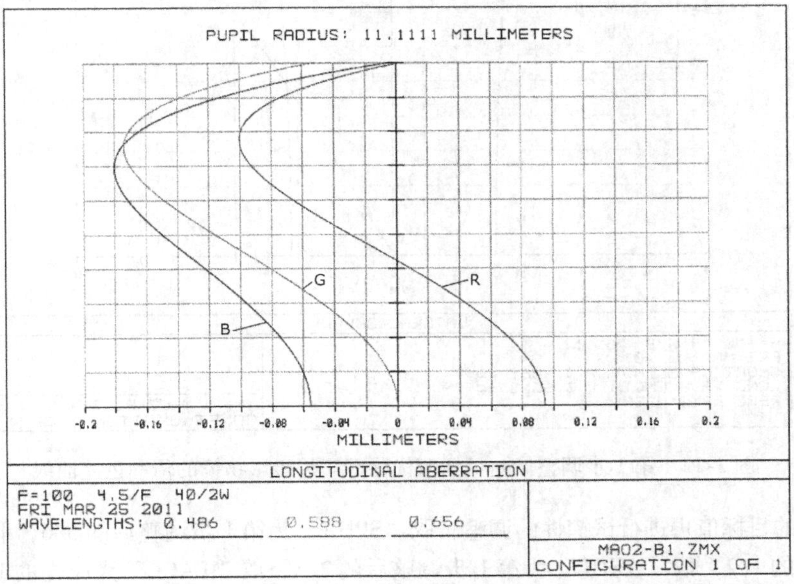


图 3-10　第 1 步调整像差目标值优化后三片摄影物镜的球差和位置色差曲线

2）第 2 步调整目标值。由图 3-10～图 3-13 所示的像差曲线看出，第 1 步调整目标值优化后的结果表明镜头的球差和位置色差有改善，但改善的还不够，彗差只有一点点改善，倍率色差还变差

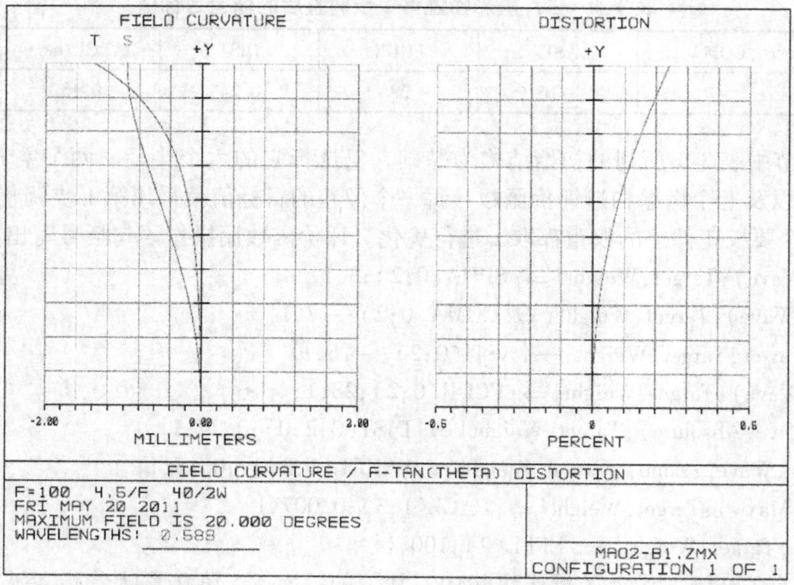


图 3-11 第 1 步调整像差目标值优化后三片摄影物镜的像散、场曲和畸变曲线

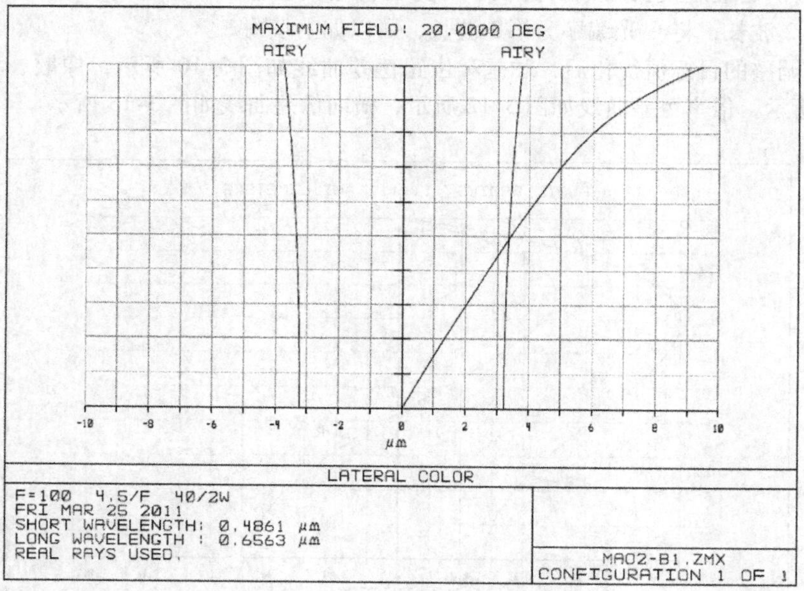


图 3-12 第 1 步调整像差目标值优化后三片摄影物镜的倍率色差曲线

了。故将它们的目标值再进行试探性的调整，取“SPHA”为第 1 步调整后的 5/6，取“COMA”为第 1 步调整后的 1/2，取“AXCL”为第 1 步调整后的 2/3，取“LACL”为原先的 1/2，具体数值见表 3-5。

以 3.1.1 节中表 3-1 所列的初始结构为基础，仍选择它的六个半径、两个空气间隔为变量。仍选择焦距，以及七个像差构造评价函数，每一个像差的目标值就采用第 2 步调整后的数据，见表 3-5。每一个要校正像差的权重都取 1 进行优化。评价函数用操作语句括号写出如下：

{SPHA(Surf;Wave);Target,Weight}⇒{SPHA(0;2);2.5,1}
{COMA(Surf;Wave);Target,Weight}⇒{COMA(0;2);-3,1}
{ASTI(Surf;Wave);Target,Weight}⇒{ASTI(0;2);-16,1}
{FCUR(Surf;Wave);Target,Weight}⇒{FCUR(0;2);28,1}
{DIST(Surf;Wave;Absolute);Target,Weight}⇒{DIST(0;2;0);0.24,1}
{AXCL(Wave1,Wave2;Zone);Target,Weight}⇒{AXCL(1,3;0);0.1,1}
{LACL(Minw;Maxw);Target,Weight}⇒{LACL(1;3);0.003,1}
{EFFL(Wave);Target,Weight}⇒{EFFL(2);100,1}

其中，前五个有关初级波像差的操作语句中，其下的“Surf”填0意味着指各波像差的各面总和；位置色差中的“Wave1”和“Wave2”分别是F光波长和C光波长，倍率色差中的“Minw”和“Maxw”分别是最短波长和最长波长，因为在初始数值输入中，已将F光编序为第1波长，将d光编序第2波长，将C光编序为第3波长，所以如上填写。

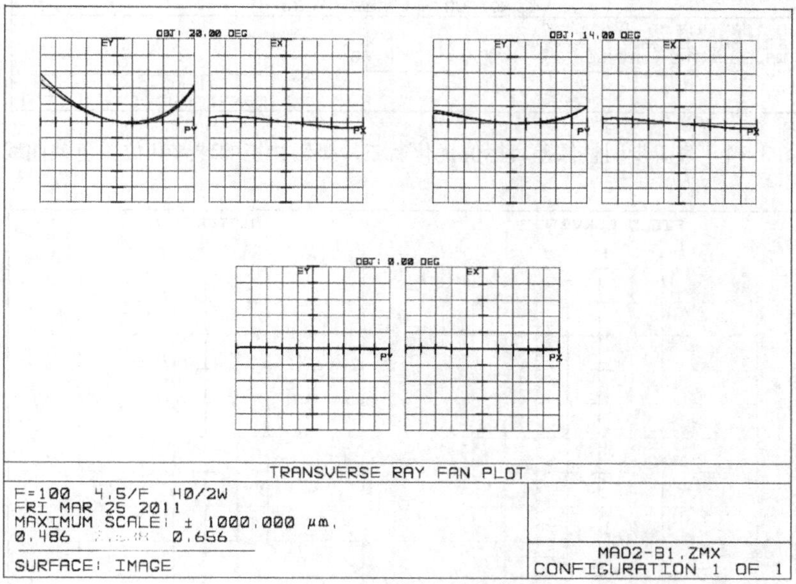


图3-13　第1步调整像差目标值优化后三片摄影物镜的横向像差曲线

**表3-5　三片摄影物镜第2步调整后的像差目标值**

| SPHA | COMA | ASTI | FCUR | DIST | AXCL/mm | LACL/mm |
|---|---|---|---|---|---|---|
| 2.5 | -3 | -16 | 28 | 0.24 | 0.1 | 0.003 |

取第2步调整的目标值优化后，球差和位置色差曲线如图3-14所示，像散、场曲和畸变曲线如图3-15所示，倍率色差曲线如图3-16所示，横向像差曲线如图3-17所示。

3）第3步调整目标值。由图3-14～图3-17所示的像差曲线看出，第2步调整目标值优化后的结果表明镜头的位置色差和球差有大的改善。倍率色差有所改善，但改善的不够。彗差有一点点改善，几乎没有变化。故将它们的目标值再作试探性的调整，更改“COMA”的符号，将它由第2步调整后的-3改为+1，取“LACL”为第2步调整后的1/3，具体数值见表3-6。

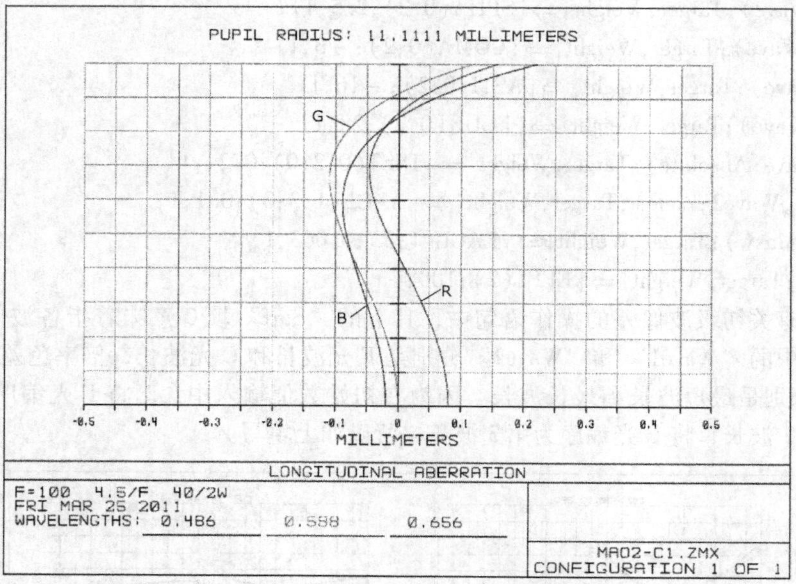


图 3-14 第 2 步调整像差目标值优化后三片摄影物镜的球差和位置色差曲线

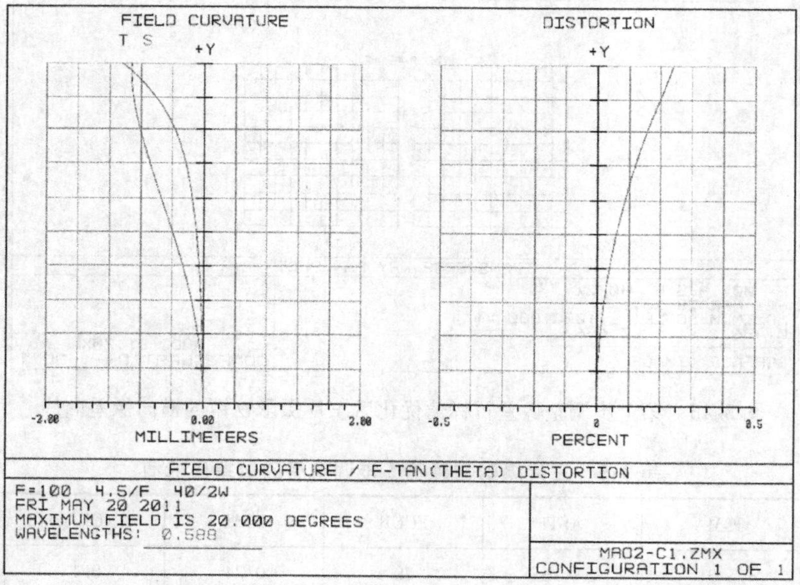


图 3-15 第 2 步调整像差目标值优化后三片摄影物镜的像散、场曲和畸变曲线

**表 3-6 三片摄影物镜第 3 步调整后的像差目标值**

| SPHA | COMA | ASTI | FCUR | DIST | AXCL/mm | LACL/mm |
|---|---|---|---|---|---|---|
| 2.5 | 1 | −16 | 28 | 0.24 | 0.1 | 0.001 |

仍以 3.1.1 节中表 3-1 所列的初始结构为基础（值得指出，不是以初始结构为基础并取第 2 步调整目标值后优化所得的结构为基础），仍选择它的六个半径、两个空气间隔为变量。仍选择

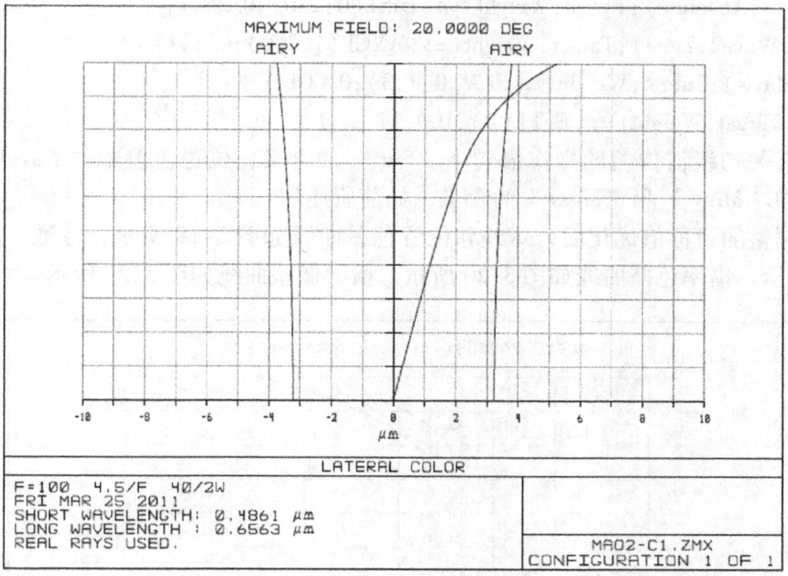


图3-16　第2步调整像差目标值优化后三片摄影物镜的倍率色差曲线

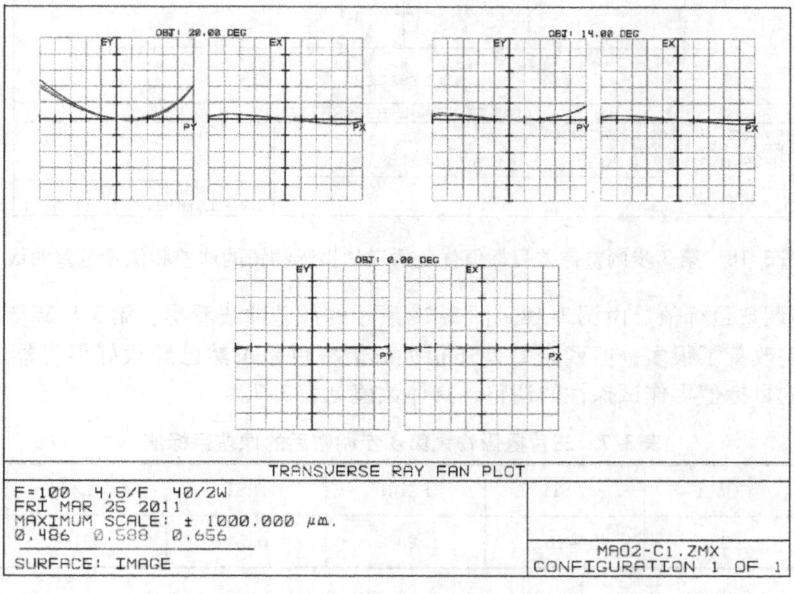


图3-17　第2步调整像差目标值优化后三片摄影物镜的横向像差曲线

焦距，以及七个像差构造评价函数，每一个像差的目标值就采用第3步调整后的数据，见表3-6。每一个要校正的像差的权重都取1进行优化。评价函数用操作语句括号写出如下：

{SPHA(Surf;Wave);Target,Weight} ⇒ {SPHA(0;2);2.5,1}

{COMA(Surf;Wave);Target,Weight} ⇒ {COMA(0;2);1,1}

{ASTI(Surf;Wave);Target,Weight} ⇒ {ASTI(0;2);－16,1}

{FCUR(Surf;Wave);Target,Weight} ⇒ {FCUR(0;2);28,1}

{DIST(Surf;Wave;Absolute);Target,Weight}⇒{DIST(0;2;0);0.24,1}
{AXCL(Wave1,Wave2;Zone);Target,Weight}⇒{AXCL(1,3;0);0.1,1}
{LACL(Minw,Maxw);Target,Weight}⇒{LACL(1,3);0.001,1}
{EFFL(Wave);Target,Weight}⇒{EFFL(2);100,1}

其中，前五个有关初级波像差的操作语句中“Surf”的含义，位置色差中“Wave1”、“Wave2”以及倍率色差中“Minw”和“Maxw”的含义，如前所述。

取第3步调整的目标值优化后，球差和位置色差曲线如图3-18所示，像散、场曲和畸变曲线如图3-19所示，倍率色差曲线如图3-20所示，横向像差曲线如图3-21所示。

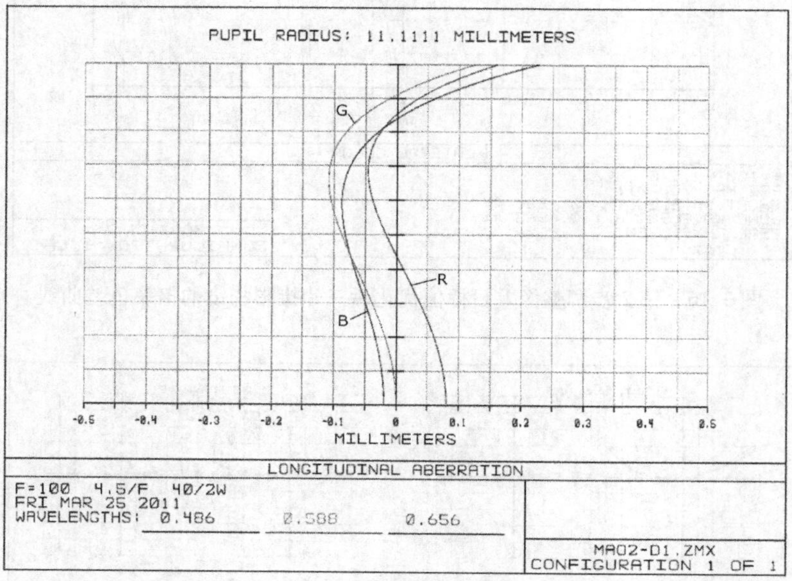


图3-18 第3步调整像差目标值优化后三片摄影物镜的球差和位置色差曲线

4）第4步调整目标值。由图3-18~图3-21所示的像差曲线看出，第3步调整目标值优化后的结果表明彗差改善了很多，但残余彗差还很大。倍率色差虽然已经很好但可能还有改善的潜力。故将它们的目标值再作试探性的调整，具体数值见表3-7。

**表3-7 三片摄影物镜第4步调整后的像差目标值**

| SPHA | COMA | ASTI | FCUR | DIST | AXCL/mm | LACL/mm |
|---|---|---|---|---|---|---|
| 2.5 | 3 | -16 | 28 | 0.24 | 0.1 | 0 |

还是以3.1.1节中表3-1所列的初始结构为基础，仍选择它的六个半径、两个空气间隔为变量。仍选择焦距，以及七个像差构造评价函数，每一个像差的目标值就采用第4步调整后的数据，见表3-7。每一个要校正的像差的权重暂都取1进行优化。评价函数用操作语句括号写出如下：

{SPHA(Surf;Wave);Target,Weight}⇒{SPHA(0;2);2.5,1}
{COMA(Surf;Wave);Target,Weight}⇒{COMA(0;2);3,1}
{ASTI(Surf;Wave);Target,Weight}⇒{ASTI(0;2);-16,1}
{FCUR(Surf;Wave);Target,Weight}⇒{FCUR(0;2);28,1}

{DIST(Surf;Wave;Absolute);Target,Weight} ⇒ {DIST(0;2;0);0.24,1}
{AXCL(Wave1,Wave2;Zone);Target,Weight} ⇒ {AXCL(1,3;0);0.1,1}
{LACL(Minw,Maxw);Target,Weight} ⇒ {LACL(1,3);0,1}
{EFFL(Wave);Target,Weight} ⇒ {EFFL(2);100,1}

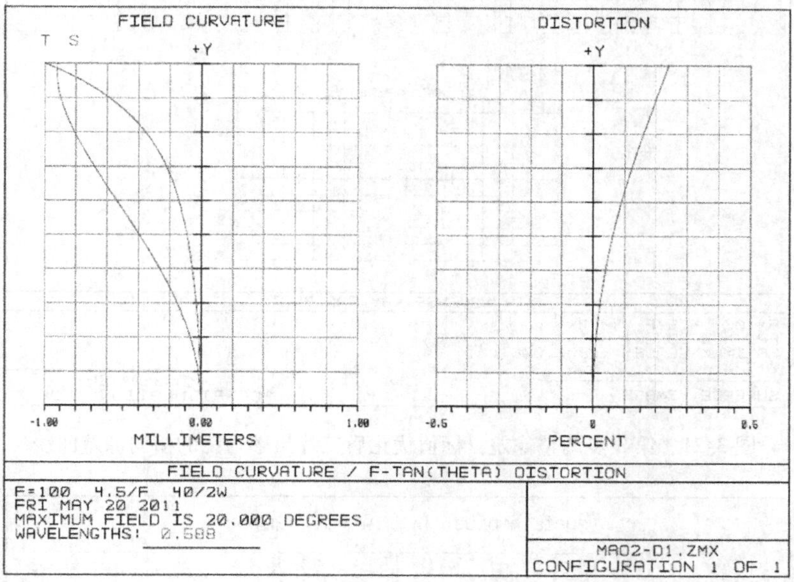


图 3-19　第 3 步调整像差目标值优化后三片摄影物镜的像散、场曲和畸变曲线

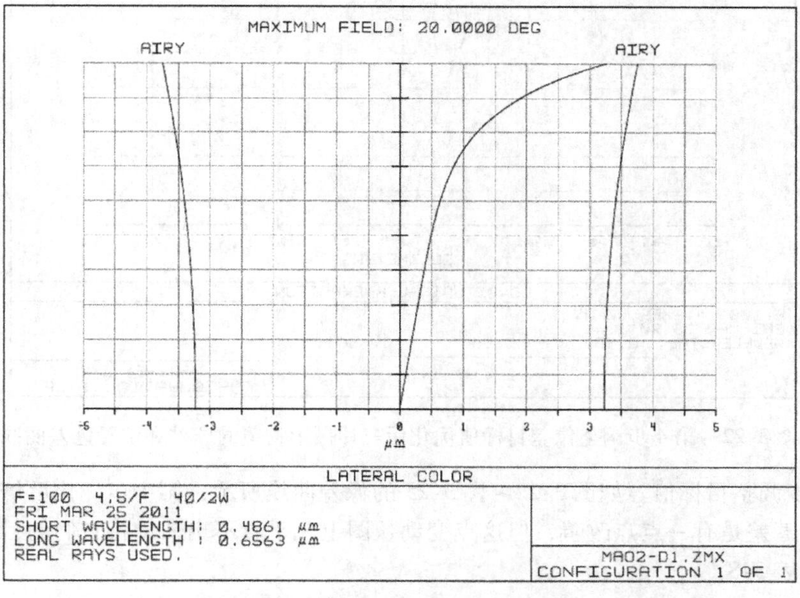


图 3-20　第 3 步调整像差目标值优化后三片摄影物镜的倍率色差曲线

取第 4 步调整的目标值优化后，球差和位置色差曲线如图 3-22 所示，像散、场曲和畸变曲线如图 3-23 所示，倍率色差曲线如图 3-24 所示，横向像差曲线如图 3-25 所示。

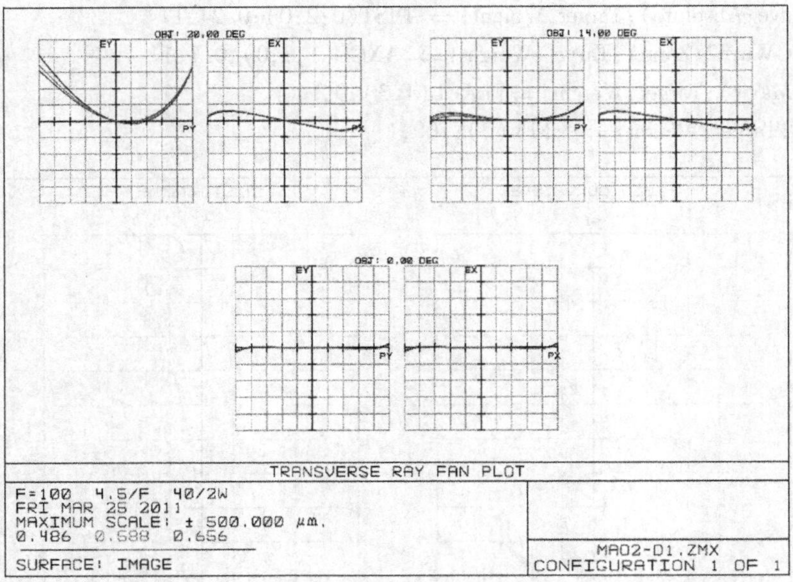


图 3-21 第 3 步调整像差目标值优化后三片摄影物镜的横向像差曲线

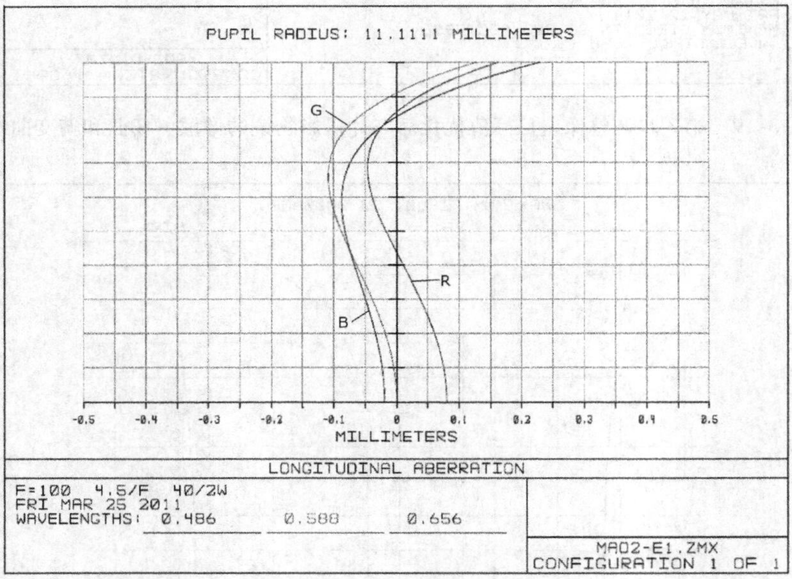


图 3-22 第 4 步调整像差目标值优化后三片摄影物镜的球差和位置色差曲线

5）第 5 步调整目标值。如图 3-22 ~ 图 3-25 的像差曲线所示，第 4 步优化后倍率色差向着更好的方向走。彗差是有一点点改善，但这点变动从图上几乎看不出来。将它们的目标值还作试探性的调整，见表 3-8。

**表 3-8 三片摄影物镜第 5 步调整后的像差目标值**

| SPHA | COMA | ASTI | FCUR | DIST | AXCL/mm | LACL/mm |
|---|---|---|---|---|---|---|
| 2.5 | 4 | −16 | 28 | 0.24 | 0.1 | −0.01 |

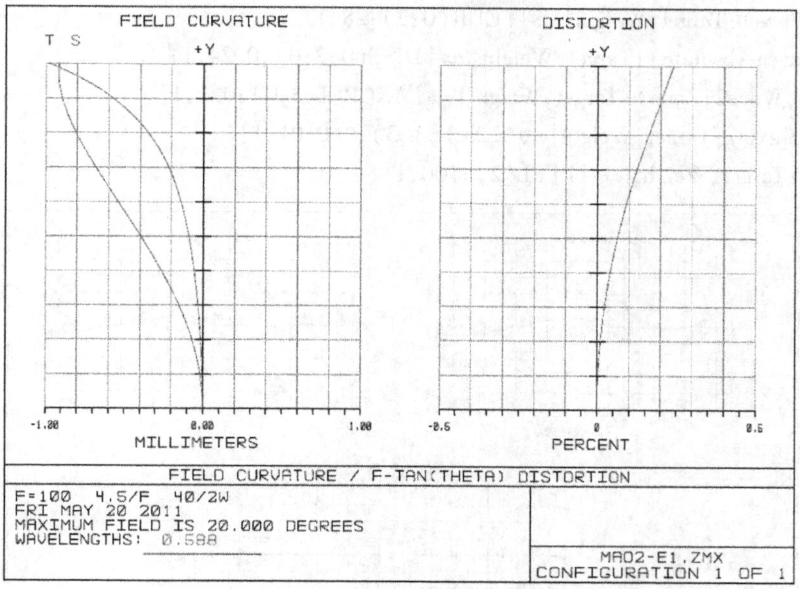


图3-23　第4步调整像差目标值优化后三片摄影物镜的像散、场曲和畸变曲线

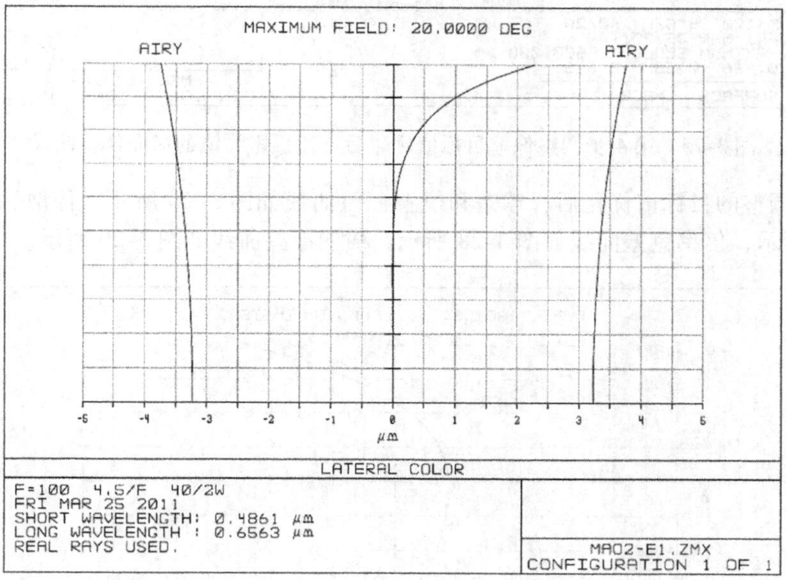


图3-24　第4步调整像差目标值优化后三片摄影物镜的倍率色差曲线

还是以3.1.1节中表3-1所列的初始结构为基础，仍选择它的六个半径、两个空气间隔为变量。仍选择焦距，以及七个像差构造评价函数，每一个像差的目标值就采用第5步调整后的数据，见表3-8。每一个像差的权重都取1进行优化。评价函数用操作语句括号写出如下：

{SPHA(Surf;Wave);Target,Weight} ⇒ {SPHA(0;2);2.5,1}

{COMA(Surf;Wave);Target,Weight} ⇒ {COMA(0;2);4,1}

{ASTI(Surf;Wave);Target,Weight} ⇒ {ASTI(0;2);-16,1}

{FCUR(Surf;Wave);Target,Weight}⇒{FCUR(0;2);28,1}

{DIST(Surf;Wave;Absolute);Target,Weight}⇒{DIST(0;2;0);0.24,1}

{AXCL(Wave1,Wave2;Zone);Target,Weight}⇒{AXCL(1,3;0);0.1,1}

{LACL(Minw;Maxw);Target,Weight}⇒{LACL(1;3);-0.01,1}

{EFFL(Wave);Target,Weight}⇒{EFFL(2);100,1}

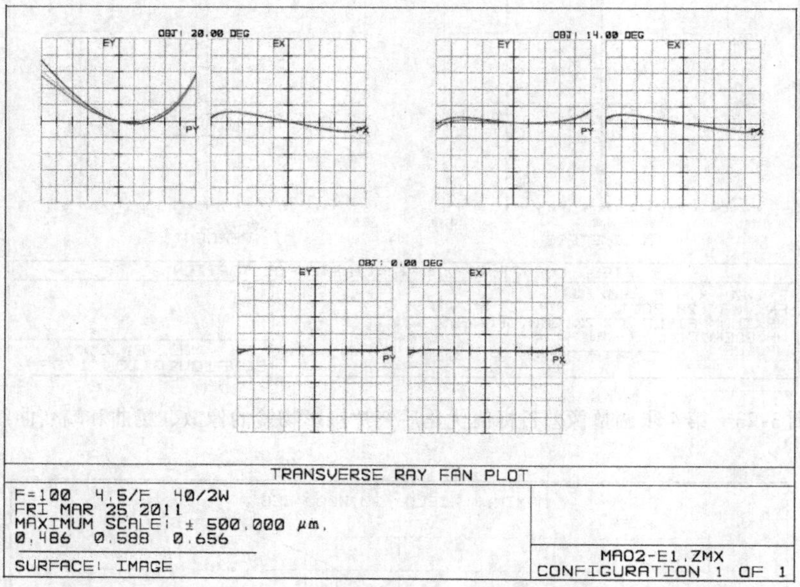


图 3-25 第 4 步调整像差目标值优化后三片摄影物镜的横向像差曲线

取第 5 步调整的目标值优化后，球差和位置色差曲线如图 3-26 所示，像散、场曲和畸变曲线如图 3-27 所示，倍率色差曲线如图 3-28 所示，横向像差曲线如图 3-29 所示。

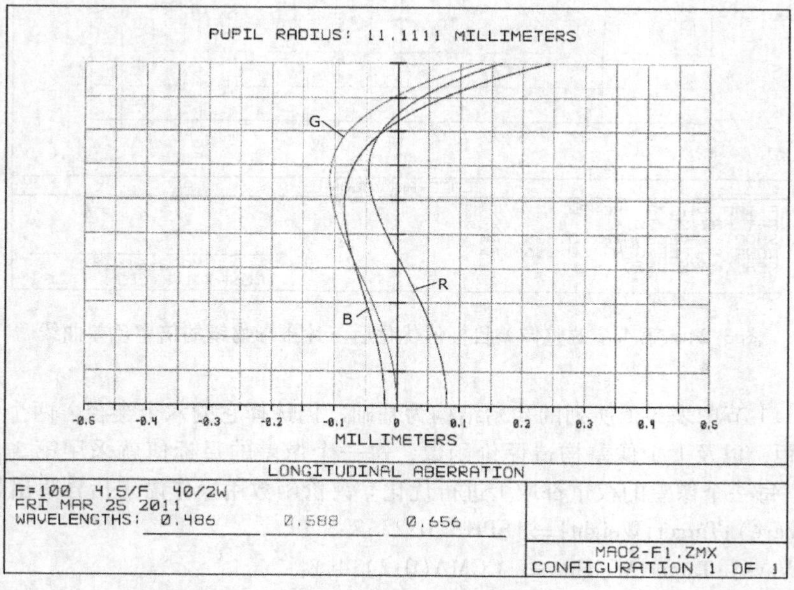


图 3-26 第 5 步调整像差目标值优化后三片摄影物镜的球差和位置色差曲线

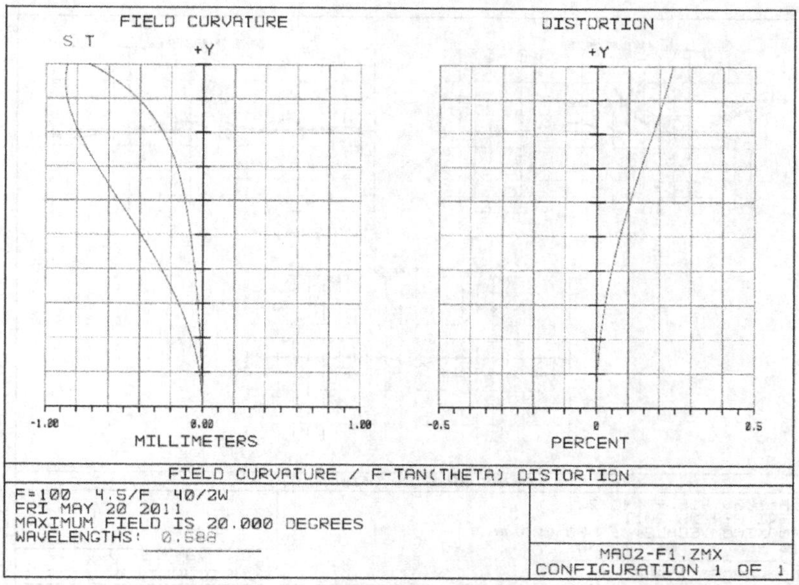


图 3-27　第 5 步调整像差目标值优化后三片摄影物镜的像散、场曲和畸变曲线

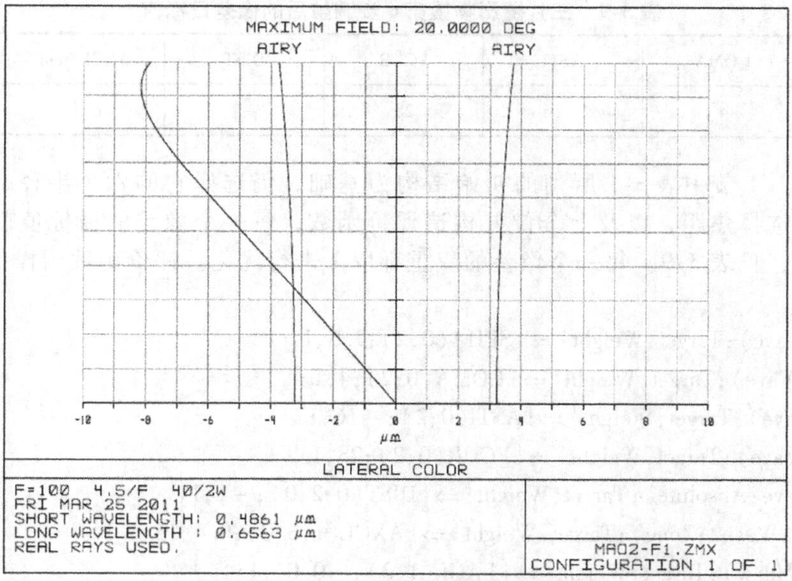


图 3-28　第 5 步调整像差目标值优化后三片摄影物镜的倍率色差曲线

6）第 6 步调整目标值。由图 3-26 ~ 图 3-29 所示的像差曲线表明，第 5 步调整像差目标值后，倍率色差反而变差了，而彗差只有一点点微不足道的改善。

回顾前面随着目标值的调整几种像差的变化，最突出的表现就是似乎彗差比较顽固，对目标值的调整显得不敏感。另外知道彗差与主光线有关联，畸变更是与主光线有关联，而倍率色差是与色光的主光线有关联。所以可试探着只调整畸变的目标值，而且连它的符号也作改变，看看几个像差的变化。具体数值见表 3-9。

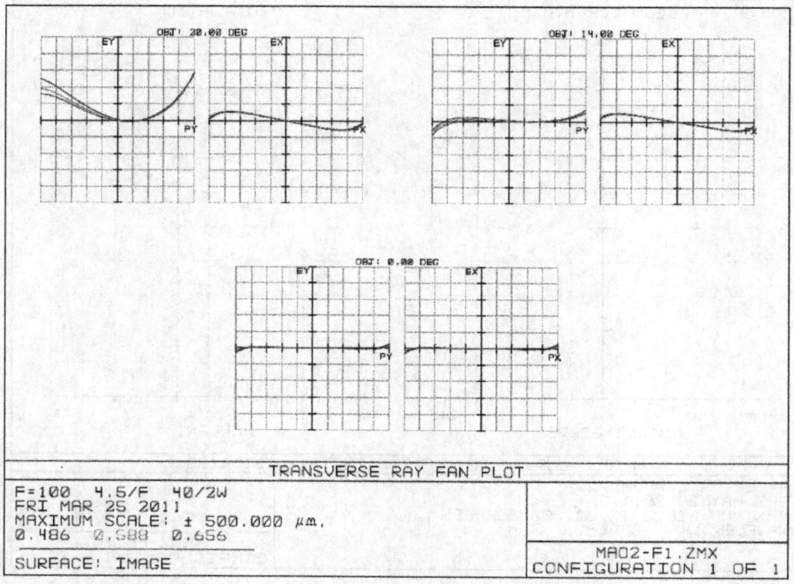


图 3-29　第 5 步调整像差目标值优化后三片摄影物镜的横向像差曲线

**表 3-9　三片摄影物镜第 6 步调整后的像差目标值**

| SPHA | COMA | ASTI | FCUR | DIST | AXCL/mm | LACL/mm |
|---|---|---|---|---|---|---|
| 2.5 | 4 | -16 | 28 | -1 | 0.1 | -0.01 |

还是以 3.1.1 节中表 3-1 所列的初始结构为基础，仍选择它的六个半径、两个空气间隔为变量。仍选择焦距，以及七个像差构造评价函数，每一个像差的目标值就采用第 6 步调整后的数据，见表 3-9。每一个像差的权重都取 1 进行优化。评价函数用操作语句括号写出如下：

{SPHA(Surf;Wave);Target,Weight} ⇒ {SPHA(0;2);2.5,1}

{COMA(Surf;Wave);Target,Weight} ⇒ {COMA(0;2);4,1}

{ASTI(Surf;Wave);Target,Weight} ⇒ {ASTI(0;2); -16,1}

{FCUR(Surf;Wave);Target,Weight} ⇒ {FCUR(0;2);28,1}

{DIST(Surf;Wave;Absolute);Target,Weight} ⇒ {DIST(0;2;0); -1,1}

{AXCL(Wave1,Wave2;Zone);Target,Weight} ⇒ {AXCL(1,3;0);0.1,1}

{LACL(Minw,Maxw);Target,Weight} ⇒ {LACL(1,3); -0.01,1}

{EFFL(Wave);Target,Weight} ⇒ {EFFL(2);100,1}

取第 6 步调整的目标值优化后，球差和位置色差曲线如图 3-30 所示，像散、场曲和畸变曲线如图 3-31 所示，倍率色差曲线如图 3-32 所示，横向像差曲线如图 3-33 所示。

7）第 7 步调整目标值。由上述图 3-30 ~ 图 3-33 所示的像差曲线看出，采用第 6 步的目标值后，彗差一改“顽固表现”，有较明显的改善，倍率色差改善了，而畸变现为 -1%，作为摄影物镜，这个畸变值是完全允许的，而且还有调整的余地。由此继续调整畸变的目标值。目标值的具体数值见表 3-10。

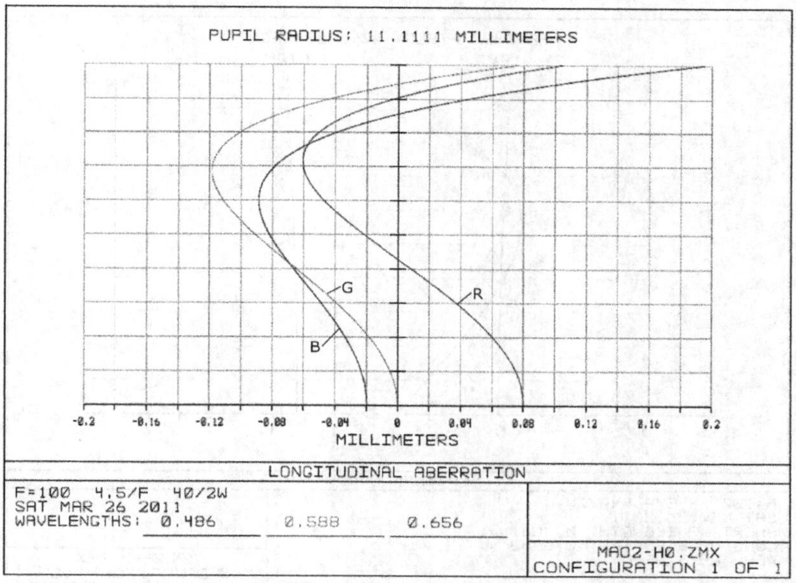


图 3-30　第 6 步调整像差目标值优化后三片摄影物镜的球差和位置色差曲线

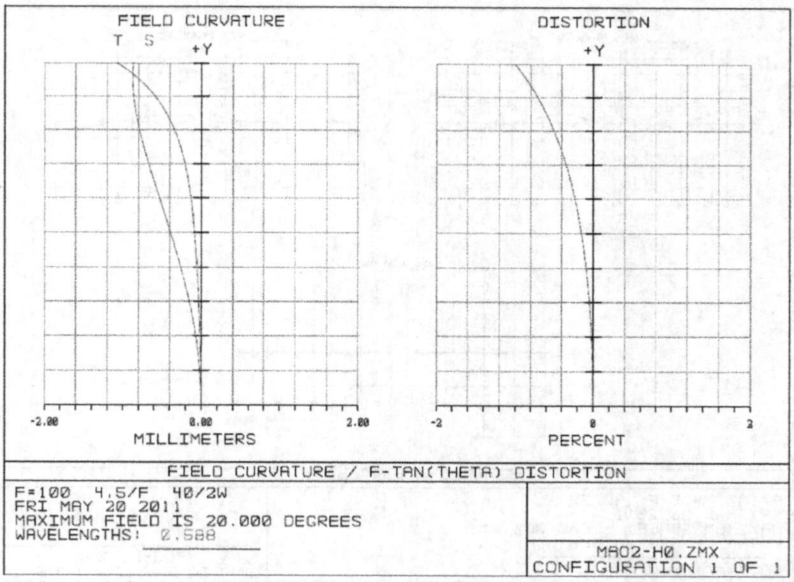


图 3-31　第 6 步调整像差目标值优化后三片摄影物镜的像散、场曲和畸变曲线

**表 3-10　三片摄影物镜第 7 步调整后的像差目标值**

| SPHA | COMA | ASTI | FCUR | DIST | AXCL/mm | LACL/mm |
|---|---|---|---|---|---|---|
| 2.5 | 4 | -16 | 28 | -1.5 | 0.1 | -0.01 |

还是以 3.1.1 节中表 3-1 所列的初始结构为基础，仍选择它的六个半径、两个空气间隔为变量。仍选择焦距，以及七个像差构造评价函数，每一个像差的目标值就采用第 7 步调整后的数

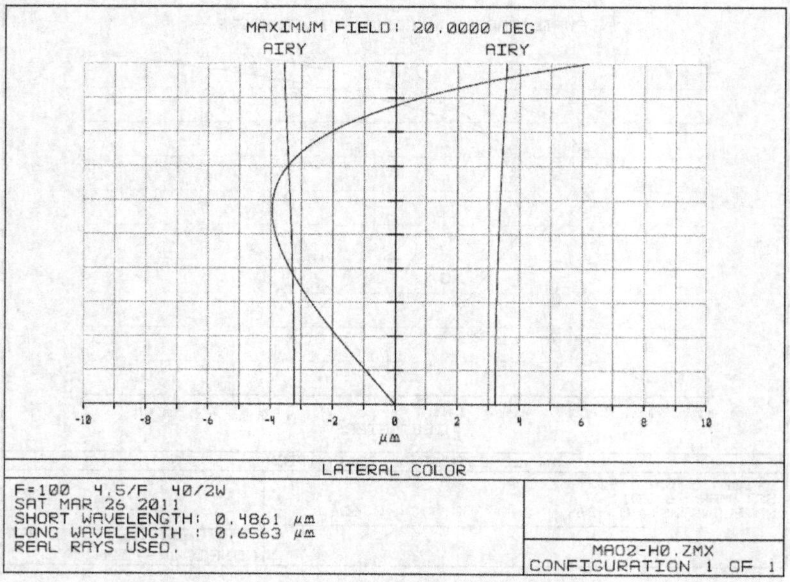


图 3-32　第 6 步调整像差目标值优化后三片摄影物镜的倍率色差曲线

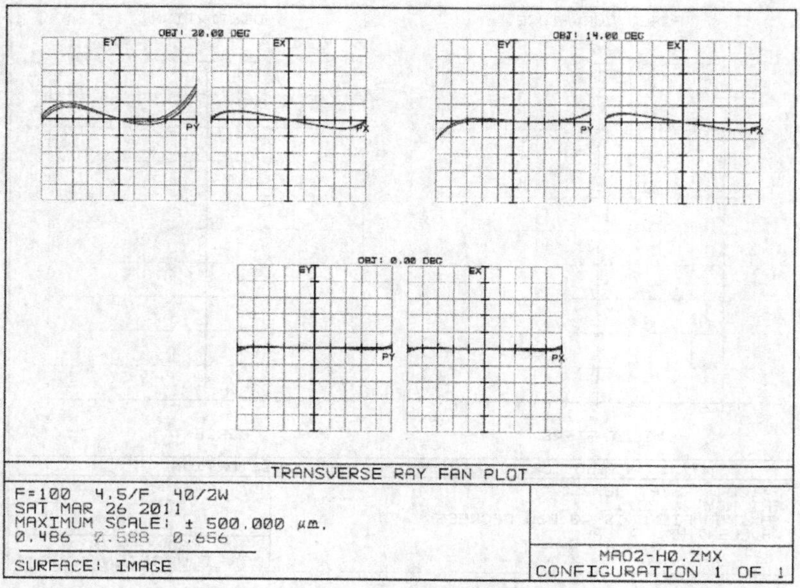


图 3-33　第 6 步调整像差目标值优化后三片摄影物镜的横向像差曲线

据，见表 3-10。每一个像差的权重都取 1 进行优化。评价函数用操作语句括号写出如下：

{SPHA(Surf;Wave);Target,Weight}⇒{SPHA(0;2);2.5,1}

{COMA(Surf;Wave);Target,Weight}⇒{COMA(0;2);4,1}

{ASTI(Surf;Wave);Target,Weight}⇒{ASTI(0;2);−16,1}

{FCUR(Surf;Wave);Target,Weight}⇒{FCUR(0;2);28,1}

{DIST(Surf;Wave;Absolute);Target,Weight}⇒{DIST(0;2;0);−1.5,1}

{AXCL(Wave1,Wave2;Zone);Target,Weight}⇒{AXCL(1,3;0);0.1,1}
{LACL(Minw,Maxw);Target,Weight}⇒{LACL(1,3);-0.01,1}
{EFFL(Wave);Target,Weight}⇒{EFFL(2);100,1}

取第 7 步调整的目标值优化后，球差和位置色差曲线如图 3-34 所示，像散、场曲和畸变曲线如图 3-35 所示，倍率色差曲线如图 3-36 所示，横向像差曲线如图 3-37 所示。

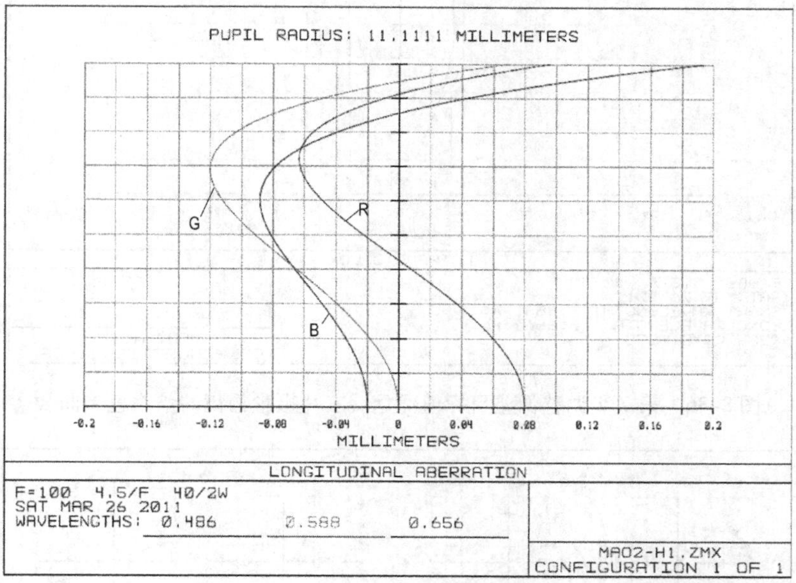


图 3-34　第 7 步调整像差目标值优化后三片摄影物镜的球差和位置色差曲线

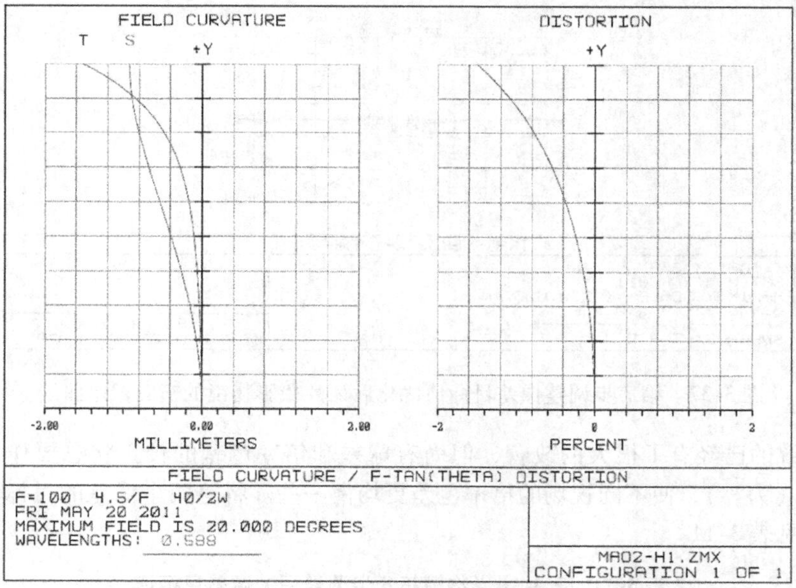


图 3-35　第 7 步调整像差目标值优化后三片摄影物镜的像散、场曲和畸变曲线

8）第 8 步调整目标值。经过上述 7 步调整，由图 3-34 ~ 图 3-37 看出，优化后镜头的各个像

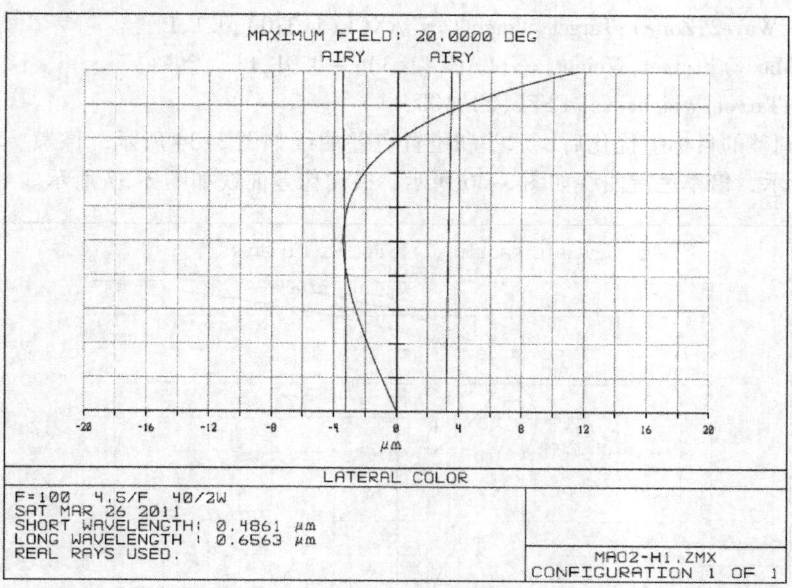


图 3-36 第 7 步调整像差目标值优化后三片摄影物镜的倍率色差曲线

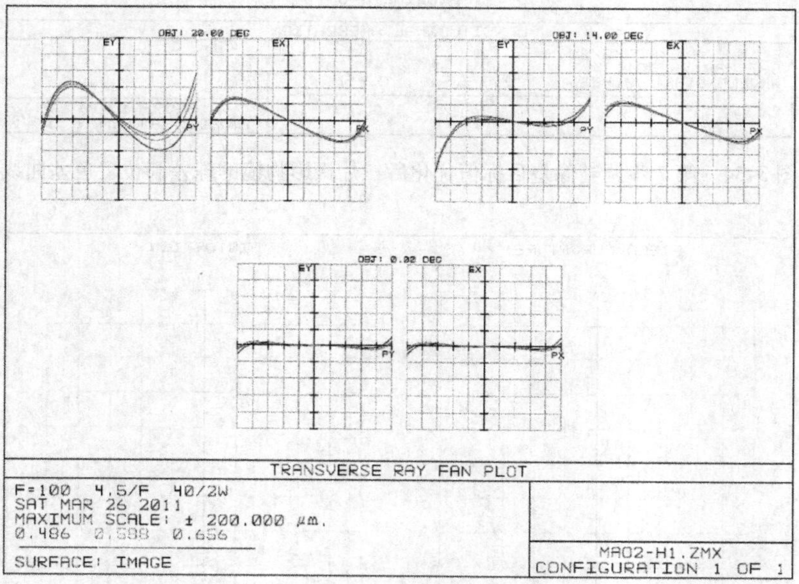


图 3-37 第 7 步调整像差目标值优化后三片摄影物镜的横向像差曲线

差比起初始系统的已经有了很大的改善，但尚有球差和倍率色差的校正状态要作一点调整，使边光球差封口（为零），使不同视场的倍率色差更均衡一些。将这两个像差的目标值再作一点调整，具体数据见表 3-11。

**表 3-11 三片摄影物镜第 8 步调整后的像差目标值**

| SPHA | COMA | ASTI | FCUR | DIST | AXCL/mm | LACL/mm |
|---|---|---|---|---|---|---|
| 2.8 | 4 | −16 | 28 | −1.5 | 0.1 | −0.015 |

再以第 7 步优化出的结果为基础（值得指出，不再是以 3.1.1 节中表 3-1 的结构为基础）进行优化。评价函数用操作语句括号写出如下：

{SPHA(Surf;Wave);Target,Weight} ⇒ {SPHA(0;2);2.8,1}
{COMA(Surf;Wave);Target,Weight} ⇒ {COMA(0;2);4,1}
{ASTI(Surf;Wave);Target,Weight} ⇒ {ASTI(0;2);−16,1}
{FCUR(Surf;Wave);Target,Weight} ⇒ {FCUR(0;2);28,1}
{DIST(Surf;Wave;Absolute);Target,Weight} ⇒ {DIST(0;2;0);−1.5,1}
{AXCL(Wave1,Wave2;Zone);Target,Weight} ⇒ {AXCL(1,3;0);0.1,1}
{LACL(Minw,Maxw);Target,Weight} ⇒ {LACL(1,3);−0.015,1}
{EFFL(Wave);Target,Weight} ⇒ {EFFL(2);100,1}

取第 8 步调整的目标值优化后，镜头结构参数见表 3-12，球差和位置色差曲线如图 3-38 所示，像散、场曲和畸变曲线如图 3-39 所示，倍率色差曲线如图 3-40 所示，横向像差曲线如图 3-41 所示。

**表 3-12　经第 8 步调整目标值优化后得到的三片摄影物镜的结构参数**

| $r$/mm | $d$/mm | $n$ | $r$/mm | $d$/mm | $n$ |
|---|---|---|---|---|---|
| 28.909 | 4.15 | SK4（Schott） | −81.706 | 2.594 | F7（Schott） |
| 254.37 | 8.511 | | 27.613 | 11.035 | |
| ∞（光阑） | 0 | | 80.773 | 4.15 | SK4（Schott） |
| | | | −60.171 | | |

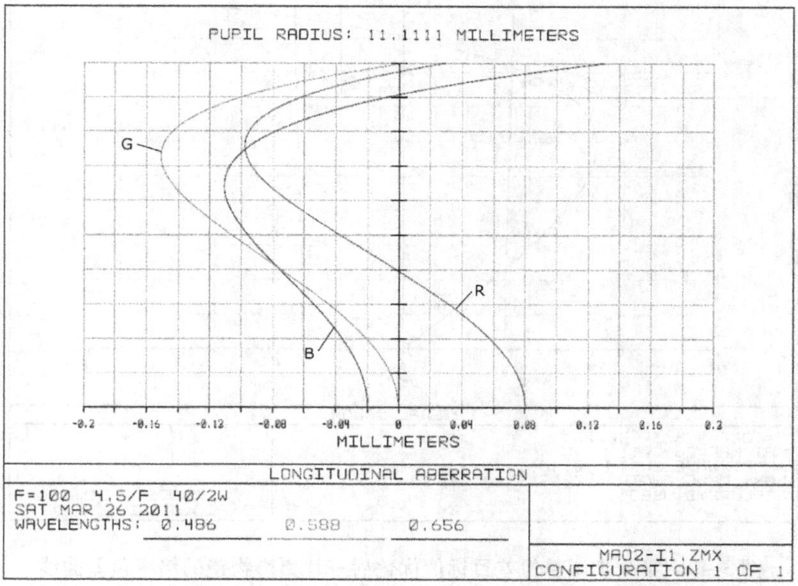


图 3-38　第 8 步调整像差目标值优化后三片摄影物镜的球差和位置色差曲线

经过这八步的目标值调整，镜头优化后的各个像差比起初始系统的已经有了很大的改善，可以转入像质评价了，看它是否满足摄影物镜的像质要求。

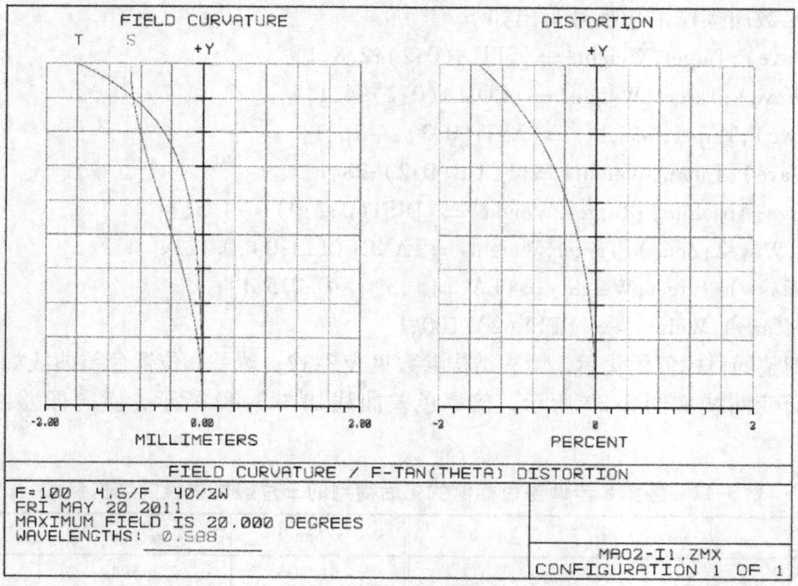


图 3-39 第 8 步调整像差目标值优化后三片摄影物镜的像散、场曲和畸变曲线

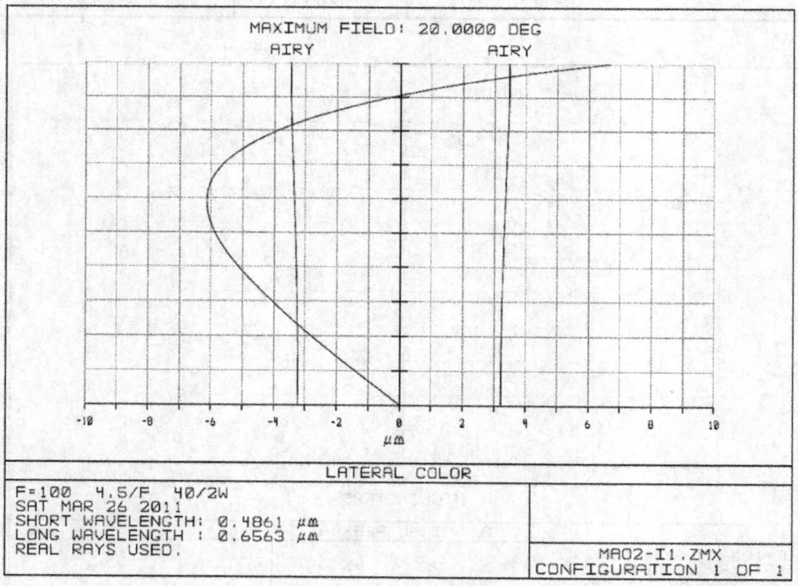


图 3-40 第 8 步调整像差目标值优化后三片摄影物镜的倍率色差曲线

**3. 像质评价与比较**

由于摄影底片或说接收器的质量差别很大，所以对摄影物镜成像质量的要求就不统一，往往是通过现有产品的像差和新设计系统的像差进行比较，根据现有产品的成像质量来估计新设计系统的成像质量。这里将上述设计结果与 Richard Ditteon 的设计结果进行比较。Richard Ditteon 设计结果的结构参数见表 3-13，球差和位置色差曲线如图 3-42 所示，像散、场曲和畸变曲线如

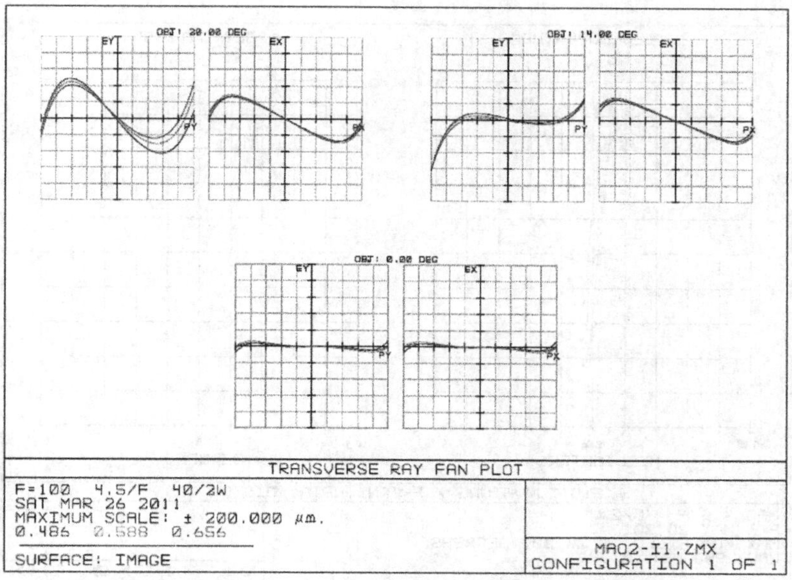


图3-41　第8步调整像差目标值优化后三片摄影物镜的横向像差曲线

图3-43所示，倍率色差曲线如图3-44所示，横向像差曲线如图3-45所示。

**表3-13　Richard Ditteon三片摄影物镜的结构参数**

| r/mm | d/mm | n | r/mm | d/mm | n |
|---|---|---|---|---|---|
| 43.272 | 4 | SK4（Schott） | -38.909 | 2.5 | F7（Schott） |
| 2403.3 | 15.13 | | 36.835 | 7.48 | |
| ∞（光阑） | 0 | | 102.618 | 4.5 | SK4（Schott） |
| | | | -32.58 | | |

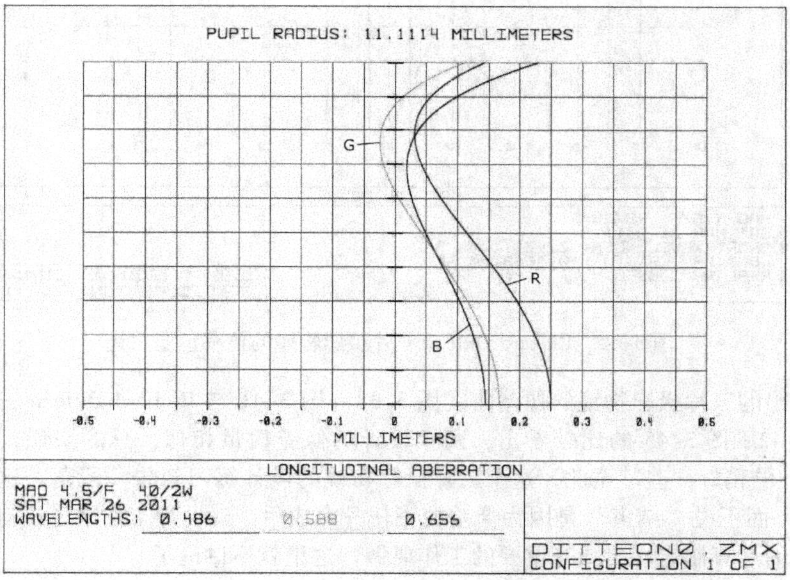


图3-42　Richard Ditteon三片摄影物镜的球差和位置色差曲线

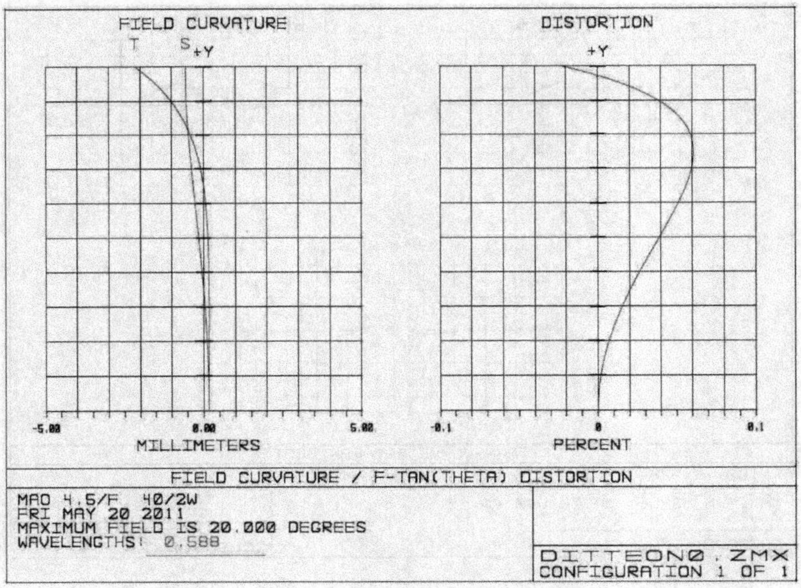


图 3-43 Richard Ditteon 三片摄影物镜的像散、场曲和畸变曲线

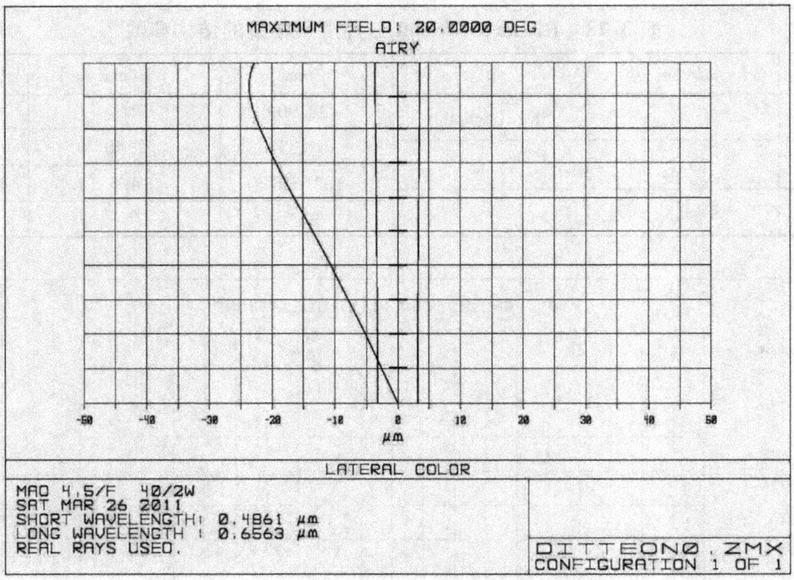


图 3-44 Richard Ditteon 三片摄影物镜的倍率色差曲线

由新设计出的三片摄影物镜的像差曲线图 3-38 ~ 图 3-41 与 Richard Ditteon 三片摄影物镜的像差曲线图 3-42 ~ 图 3-45 的比较看出，两个设计的像差质量相似，总的来说，新设计结果比 Richard Ditteon 的稍好一些。至此，这个三片摄影物镜的设计练习暂告一段落。这里说设计工作“暂告一段落”而不说“结束”是因为像差校正任务完成后，就设计工作来说还有结构参数的圆整、加工公差的计算制定、出图等重要的工作要做，这里就不讨论了。

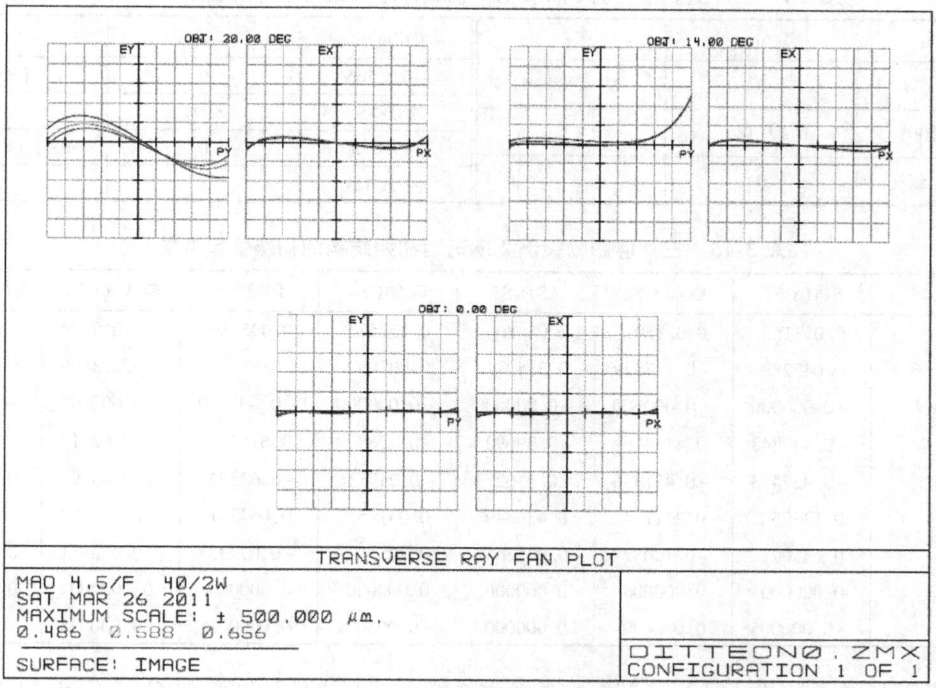


图 3-45 Richard Ditteon 三片摄影物镜的横向像差曲线

### 3.1.3 Richard Ditteon 三片摄影物镜的优化设计例 2

Richard Ditteon 三片摄影物镜的优化设计例 2 的光学特性要求仍然是：$f'=100\text{mm}$，$\dfrac{D}{f'}=\dfrac{1}{4.5}$，$2\omega=40°$；该物镜对 d 光校正单色像差，对 F、C 光校正色差。玻璃材料与 Richard Ditteon 三片摄影物镜的相同，即三块镜片的玻璃分别是 SK4、F7 和 SK4。

三片摄影物镜的优化设计例 2 的初始结构与例 1 的不同，它是在求解了初级位置色差、初级倍率色差及初级场曲三个像差方程和一个光焦度方程，确定出三片物镜的光焦度分配后，再在计算机上以七个初级像差系数和像方孔径角构成评价函数，并取七个初级像差系数的目标值为 0、像方孔径角的目标值为 0.11111 优化出来的。前已述，ZEMAX 程序中操作数“DIST”的使用定义有点混乱，所以优化时没有初级畸变像差系数的操作数可以利用，这里例 2 的初始结构是利用 OSLO 程序得到的㊀。

在优化设计过程中，主要还是通过调整六个初级像差和一个实际像差目标值的办法逐步引导评价函数向好的方向走，使得三片物镜的初级像差与高级像差达到合理的平衡，从而优化出好的结果。

**1. 三片摄影物镜例 2 的初始结构**

（1）七个初级像差系数为零的薄透镜初始结构 例 2 中所采用的七个初级像差系数为零的薄透镜初始结构参数见表 3-14，它的七个初级像差系数值见表 3-15。

---

㊀ 毛文炜编著的《光学镜头的优化设计》75～77 页（参考文献［2］）。

表 3-14　三片摄影物镜例 2 所有七个初级像差系数为零的薄透镜初始结构

| r/mm | d/mm | n | r/mm | d/mm | n |
|---|---|---|---|---|---|
| 40.719 | 0 | SK4（Schott） | -22.566 | 0 | F7（Schott） |
| -876.063 | 17.18 | | 28.885 | 8.94 | |
| ∞（光阑） | 0 | | 149.873 | 0 | SK4（Schott） |
| | | | -21.024 | | |

表 3-15　三片摄影物镜例 2 薄透镜初始结构的初级像差系数

| Surf | SPHA S1 | COMA S2 | ASTI S3 | FCUR S4 | DIST S5 | CLA（CL） | CTR（CT） |
|---|---|---|---|---|---|---|---|
| 1 | 0.053165 | 0.029891 | 0.016806 | 0.152573 | 0.095230 | -0.019644 | -0.011044 |
| 2 | 0.043288 | -0.117379 | 0.318277 | 0.007092 | -0.882254 | -0.013509 | 0.036629 |
| STO | -0.000000 | -0.000000 | -0.000000 | -0.000000 | -0.000000 | -0.000000 | -0.000000 |
| 4 | -0.447843 | 0.418416 | -0.390924 | -0.278809 | 0.625727 | 0.046811 | -0.043735 |
| 5 | -0.427473 | -0.421836 | -0.416273 | -0.217816 | -0.625727 | 0.044319 | 0.043735 |
| 6 | 0.133766 | 0.241734 | 0.436849 | 0.041453 | 0.864361 | -0.019182 | -0.034664 |
| 7 | 0.645091 | -0.150827 | 0.035265 | 0.295507 | -0.077337 | -0.038831 | 0.009079 |
| IMA | 0.000000 | 0.000000 | 0.000000 | 0.000000 | 0.000000 | 0.000000 | 0.000000 |
| TOT | -0.000005 | 0.000000 | 0.000000 | -0.000001 | 0.000001 | -0.000035 | -0.000000 |

在表 3-15 中，CLA（CL）是初级位置色差系数，相当于传统写法的 $\boldsymbol{C}_{\mathrm{I}}$；CTR（CT）是初级倍率色差系数，相当于传统写法的 $\boldsymbol{C}_{\mathrm{II}}$。

（2）例 2 的初始结构　将表 3-14 所列初始结构中的第一块和第三块透镜的厚度取为 4mm，第二块透镜的厚度取为 2.5mm，这样系统的焦距变为 $f'=89.123$mm。将这个加厚系统的半径和间隔（厚度）乘以缩放因子 $\left(\dfrac{100}{89.123}\right)$，进行焦距缩放使得系统的焦距成为 $f'=100$mm，缩放后的系统就作为供优化用的初始结构，它的结构参数见表 3-16，初始结构的球差和位置色差曲线如图 3-46 所示，像散、场曲和畸变曲线如图 3-47 所示，倍率色差曲线如图 3-48 所示，横向像差曲线如图 3-49 所示。

表 3-16　三片摄影物镜例 2 的初始结构参数

| r/mm | d/mm | n | r/mm | d/mm | n |
|---|---|---|---|---|---|
| 45.689 | 4.49 | SK4（Schott） | -25.32 | 2.81 | F7（Schott） |
| -982.977 | 19.28 | | 32.41 | 10.03 | |
| ∞（光阑） | 0 | | 168.163 | 4.49 | SK4（Schott） |
| | | | -23.59 | | |

由像差曲线图 3-46 ~ 图 3-49 看到，初始结构的各种像差都很严重，下面转入优化以改善像质。

**2. 三片摄影物镜例 2 的优化**

以表 3-16 所列为初始结构，与例 1 相同，变量可以选六个半径和两个空气间隔。评价函数由六个初级像差和一个实际像差构成，即选择“SPHA”、“COMA”、“ASTI”、“FCUR”、“AXCL”、“LACL”和“DIST”进入评价函数，同时将焦距的要求加入到评价函数中，各个像差的初始目标值参考已设计好的类似镜头给出，例如 W. J. Smith 所著的《Modern Lens Design》130 页图 8.3 给

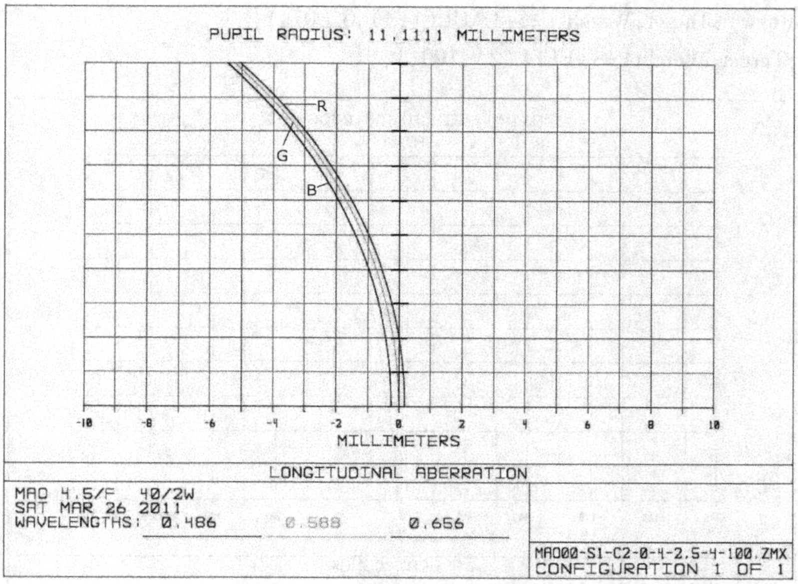


图 3-46　三片摄影物镜例 2 初始结构的球差和位置色差曲线

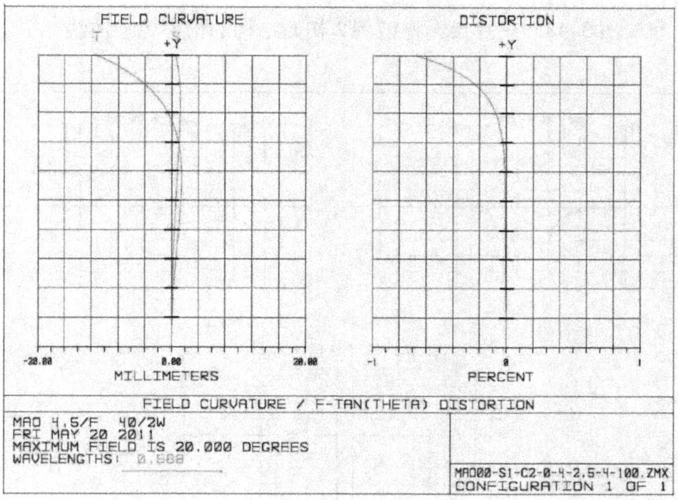


图 3-47　三片摄影物镜例 2 初始结构的像散、场曲和畸变曲线

出的三片柯克物镜。现采用表 3-3 所列的初始目标值，各个像差和焦距的权重都取 1，优化过程中再逐步调整目标值。评价函数用操作语句括号写出如下：

{SPHA(Surf;Wave);Target,Weight} ⇒ {SPHA(0;2);4,1}

{COMA(Surf;Wave);Target,Weight} ⇒ {COMA(0;2); -13,1}

{ASTI(Surf;Wave);Target,Weight} ⇒ {ASTI(0;2); -16,1}

{FCUR(Surf;Wave);Target,Weight} ⇒ {FCUR(0;2);28,1}

{DIST(Surf;Wave;Absolute);Target,Weight} ⇒ {DIST(0;2;0);0.24,1}

{AXCL(Wave1,Wave2;Zone);Target,Weight}⇒{AXCL(1,3;0);0.3,1}
{LACL(Minw,Maxw);Target,Weight}⇒{LACL(1,3);0.007,1}
{EFFL(Wave);Target,Weight}⇒{EFFL(2);100,1}

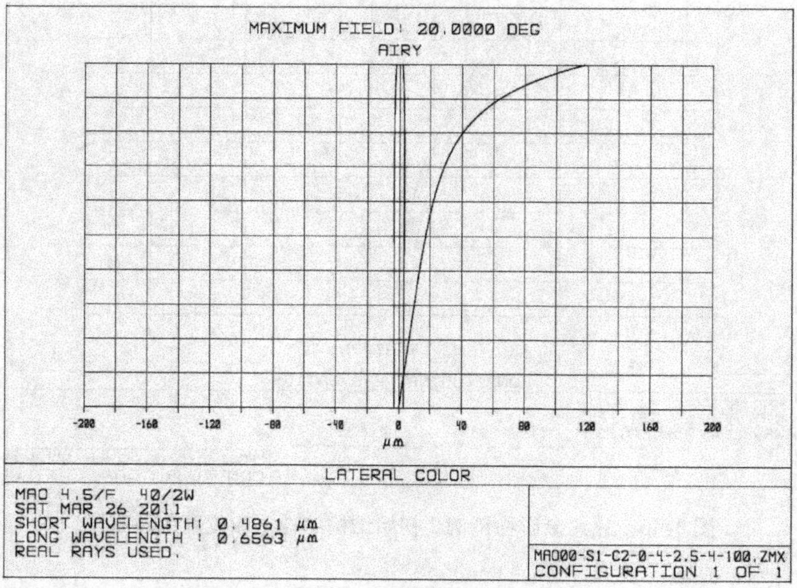


图 3-48 三片摄影物镜例 2 初始结构的倍率色差曲线

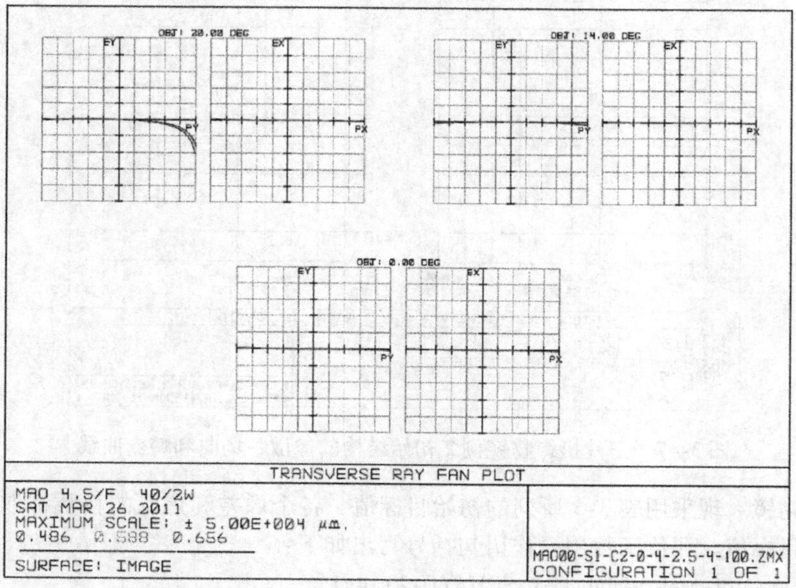


图 3-49 三片摄影物镜例 2 初始结构的横向像差曲线

其中，前五个有关初级波像差的操作语句中的“Surf”填 0 意味着对波像差的各面总和提出了优化要求；位置色差中的“Wave1”和“Wave2”分别是 F 光波长和 C 光波长，倍率色差中的“Minw”和“Maxw”分别是最短波长和最长波长，因为在初始数值输入中，已将 F 光编序为第 1

波长，将d光编序第2波长，将C光编序为第3波长，所以如上填写。

对表3-16所列的初始结构优化，优化后的球差和位置色差曲线如图3-50所示，像散、场曲和畸变曲线如图3-51所示，倍率色差曲线如图3-52所示，横向像差曲线如图3-53所示。

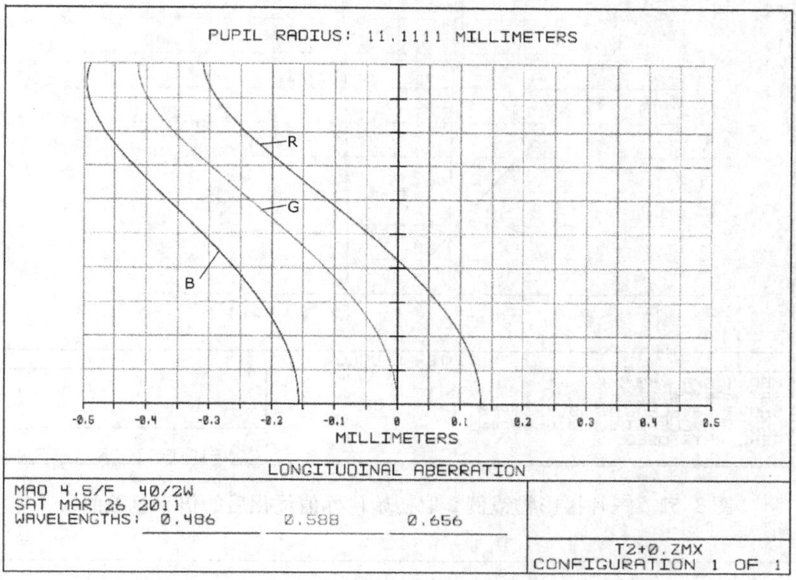


图3-50　三片摄影物镜例2取初始目标值优化后的球差和位置色差曲线

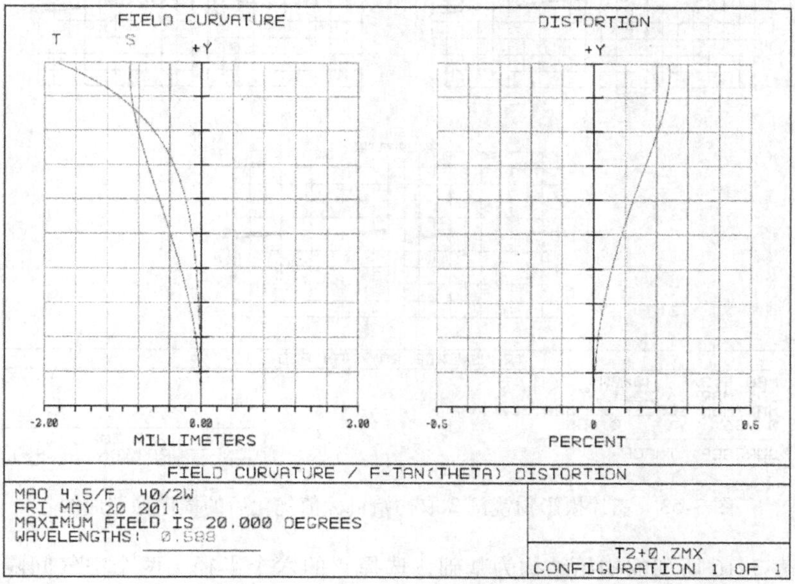


图3-51　三片摄影物镜例2取初始目标值优化后的像散、场曲和畸变曲线

（1）第1步调整例2的目标值　由图3-50～图3-53所示的像差曲线看出，系统存在明显的球差、彗差、位置色差和倍率色差。故将球差的目标值试探性地减小1/4，将彗差、倍率色差和位置色差的目标值试探性地调整为初始值的1/2，见表3-17。

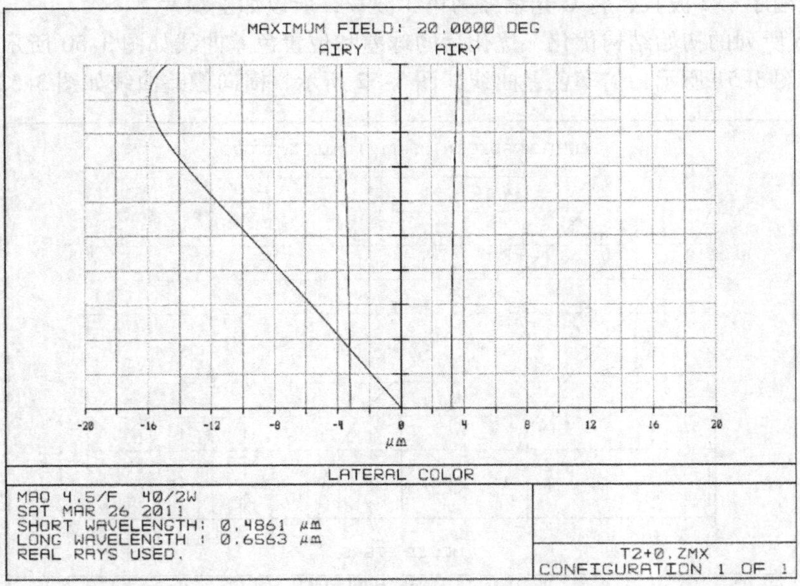


图 3-52　三片摄影物镜例 2 取初始目标值优化后的倍率色差曲线

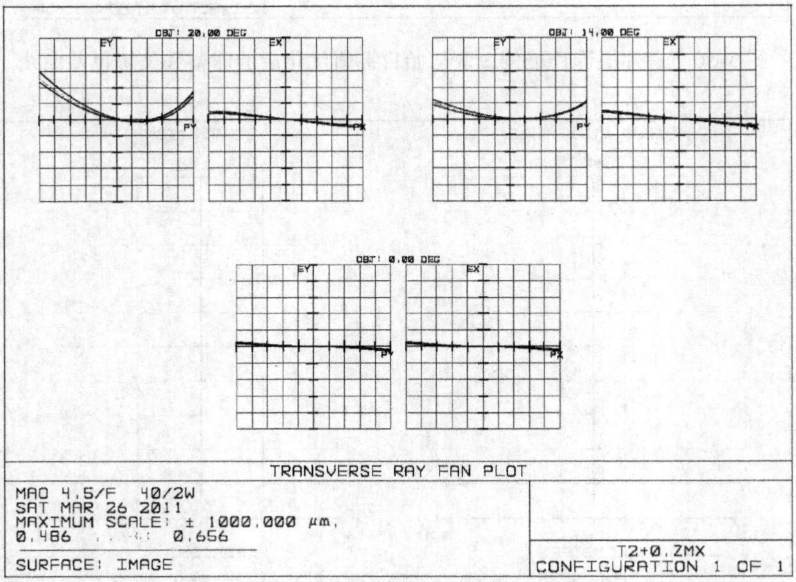


图 3-53　三片摄影物镜例 2 取初始目标值优化后的横向像差曲线

以本节中表 3-16 所列的初始结构为基础，选择它的六个半径、两个空气间隔为变量。选择焦距，以及七个像差构造评价函数，每一个像差的目标值就采用第 1 步调整后的数据，见表 3-17。每个要校正的像差的权重都取 1。评价函数用操作语句括号写出如下：

{SPHA(Surf;Wave);Target,Weight} ⇒ {SPHA(0;2);3,1}

{COMA(Surf;Wave);Target,Weight} ⇒ {COMA(0;2);−7,1}

{ASTI(Surf;Wave);Target,Weight} ⇒ {ASTI(0;2);−16,1}

{FCUR(Surf;Wave);Target,Weight} ⇒ {FCUR(0;2);28,1}
{DIST(Surf;Wave;Absolute);Target,Weight} ⇒ {DIST(0;2;0);0.24,1}
{AXCL(Wave1,Wave2;Zone);Target,Weight} ⇒ {AXCL(1,3;0);0.15,1}
{LACL(Minw,Maxw);Target,Weight} ⇒ {LACL(1,3);0.003,1}
{EFFL(Wave);Target,Weight} ⇒ {EFFL(2);100,1}

**表 3-17　三片摄影物镜例 2 第 1 步调整后的像差目标值**

| SPHA | COMA | ASTI | FCUR | DIST | AXCL/mm | LACL/mm |
|---|---|---|---|---|---|---|
| 3 | -7 | -16 | 28 | 0.24 | 0.15 | 0.003 |

对表 3-16 所列的初始结构优化，优化后的球差和位置色差曲线如图 3-54 所示，像散、场曲和畸变曲线如图 3-55 所示，倍率色差曲线如图 3-56 所示，横向像差曲线如图 3-57 所示。

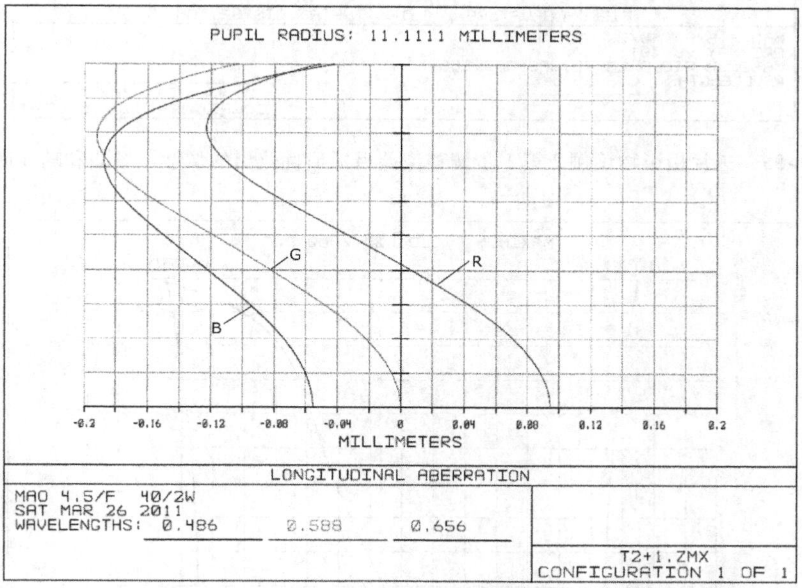


图 3-54　三片摄影物镜例 2 第 1 步调整像差目标值优化出的球差和位置色差曲线

（2）第 2 步调整目标值　由图 3-54 ~ 图 3-57 所示的像差曲线看出，第一步调整目标值后的优化结果表明镜头的球差、位置色差和彗差有改善，但改善得还不够，倍率色差很好了，但看样子还有改善的空间。故将它们的目标值再作试探性的调整，取“SPHA”为第 1 步调整后的 5/6，取“COMA”为第 1 步调整后的 1/2，取“AXCL”为第 1 步调整后的 2/3，具体数值见表 3-18。

**表 3-18　三片摄影物镜例 2 第 2 步调整后的像差目标值**

| SPHA | COMA | ASTI | FCUR | DIST | AXCL/mm | LACL/mm |
|---|---|---|---|---|---|---|
| 2.5 | -3 | -16 | 28 | 0.24 | 0.1 | 0.003 |

以本节中表 3-16 所列的初始结构为基础，选择它的六个半径、两个空气间隔为变量。选择焦距，以及七个像差构造评价函数，每一个像差的目标值就采用第 2 步调整后的数据，见表 3-18。

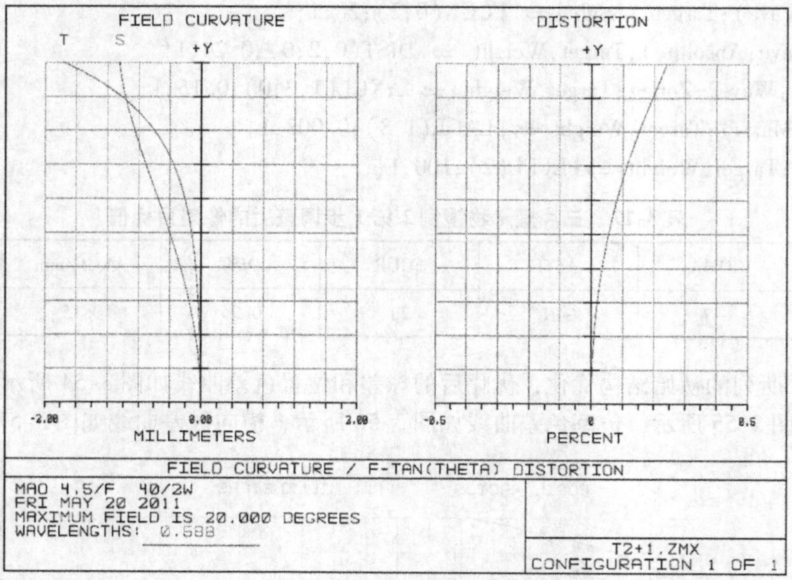


图 3-55　三片摄影物镜例 2 第 1 步调整像差目标值优化出的像散、场曲和畸变曲线

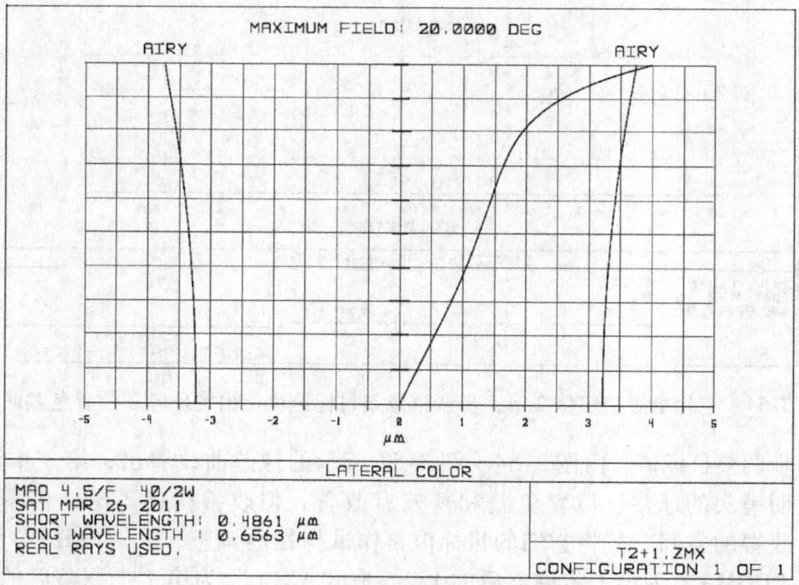


图 3-56　三片摄影物镜例 2 第 1 步调整像差目标值优化出的倍率色差曲线

各个要校正像差的权重都取 1。评价函数用操作语句括号写出如下：

{SPHA(Surf;Wave);Target,Weight} ⇒ {SPHA(0;2);2.5,1}

{COMA(Surf;Wave);Target,Weight} ⇒ {COMA(0;2);-3,1}

{ASTI(Surf;Wave);Target,Weight} ⇒ {ASTI(0;2);-16,1}

{FCUR(Surf;Wave);Target,Weight} ⇒ {FCUR(0;2);28,1}

{DIST(Surf;Wave;Absolute);Target,Weight} ⇒ {DIST(0;2;0);0.24,1}

{AXCL(Wave1,Wave2;Absolute);Target,Weight}⇒{AXCL(1,3;0);0.1,1}
{LACL(Minw,Maxw);Target,Weight}⇒{LACL(1,3);0.003,1}
{EFFL(Wave);Target,Weight}⇒{EFFL(2);100,1}

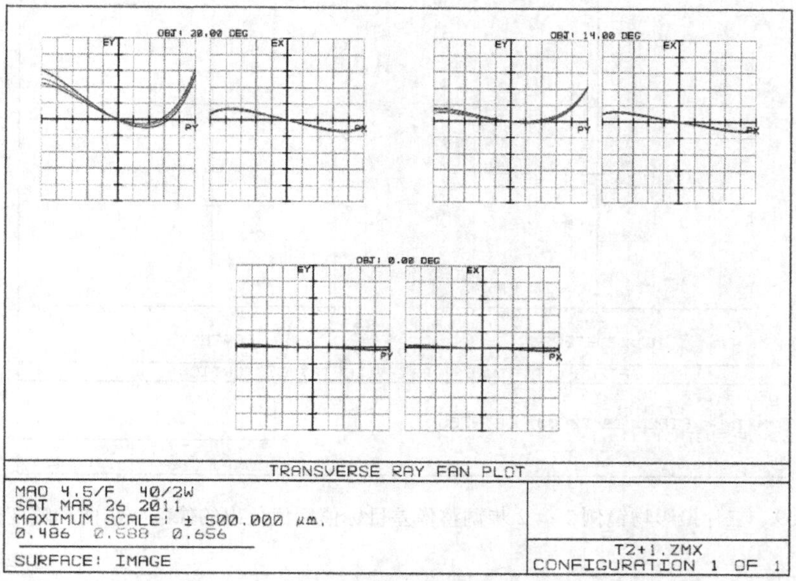


图3-57　三片摄影物镜例2第1步调整像差目标值优化出的横向像差曲线

对表3-16所列的初始结构优化，优化后的球差和位置色差曲线如图3-58所示，像散、场曲和畸变曲线如图3-59所示，倍率色差曲线如图3-60所示，横向像差曲线如图3-61所示。

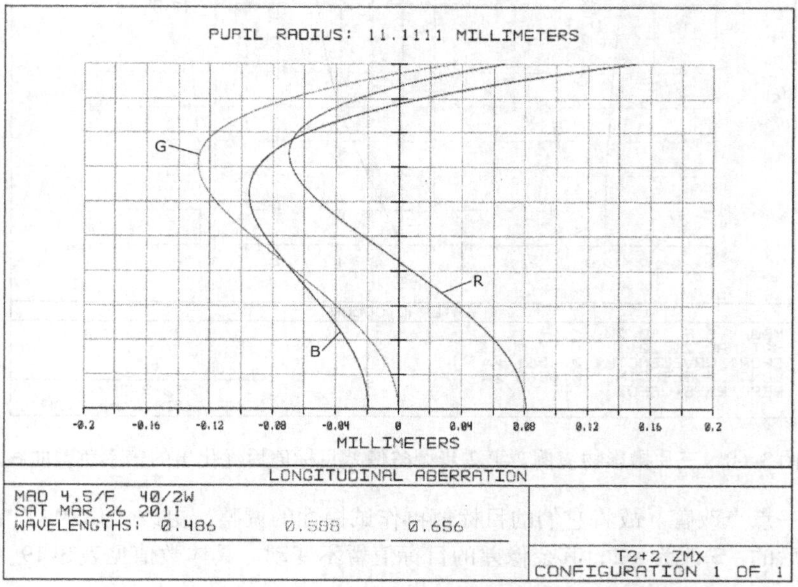


图3-58　三片摄影物镜例2第2步调整像差目标值后优化出的球差和位置色差曲线

（3）第3步调整目标值　由图3-58～图3-61所示的像差曲线看出，第2步调整目标值后的优化结果表明镜头的位置色差和球差有大的改善。倍率色差改善得更好了，可能还有改善的空

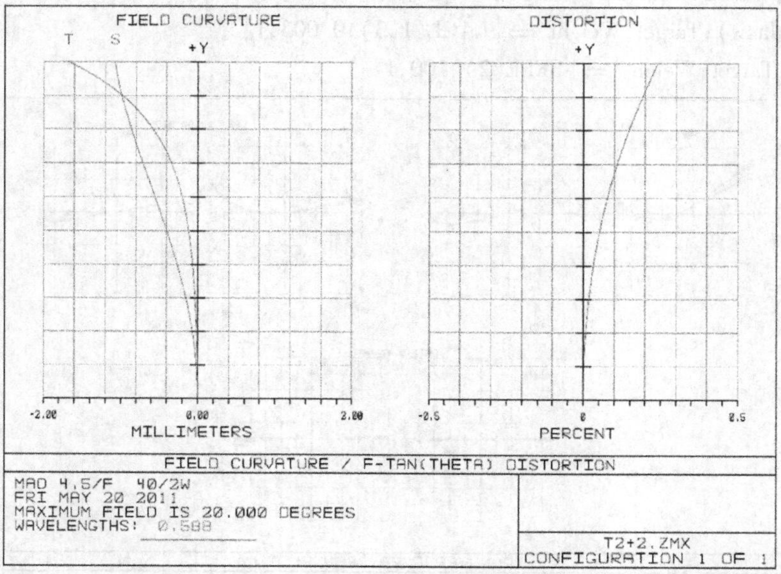


图 3-59 三片摄影物镜例 2 第 2 步调整像差目标值后优化出的像散、场曲和畸变曲线

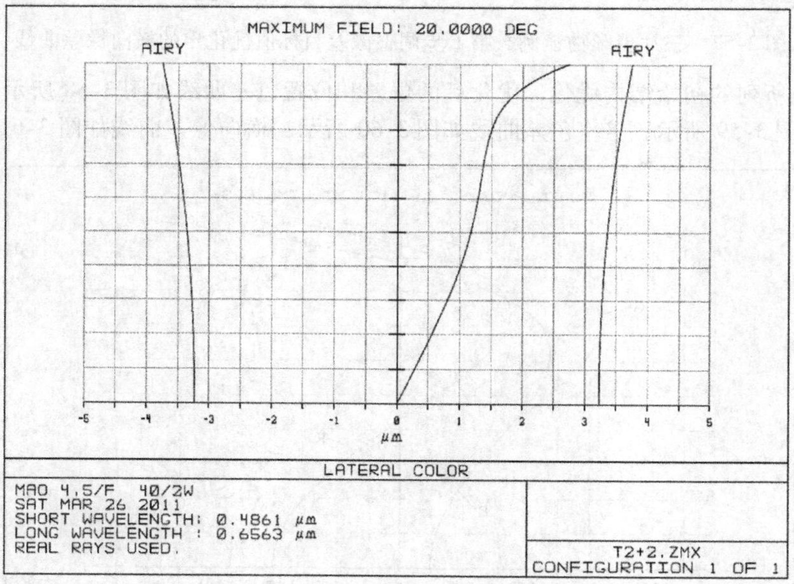


图 3-60 三片摄影物镜例 2 第 2 步调整像差目标值后优化出的倍率色差曲线

间。彗差仅有一点点改善。故将它们的目标值再作试探性的调整，更改“COMA”的符号，将它由第 2 步调整后的 -3 改为 +2，其余像差的目标值暂不变动。具体数值见表 3-19。

**表 3-19 三片摄影物镜例 2 第 3 步调整后的像差目标值**

| SPHA | COMA | ASTI | FCUR | DIST | AXCL/mm | LACL/mm |
| --- | --- | --- | --- | --- | --- | --- |
| 2.5 | 2 | -16 | 28 | 0.24 | 0.1 | 0.003 |

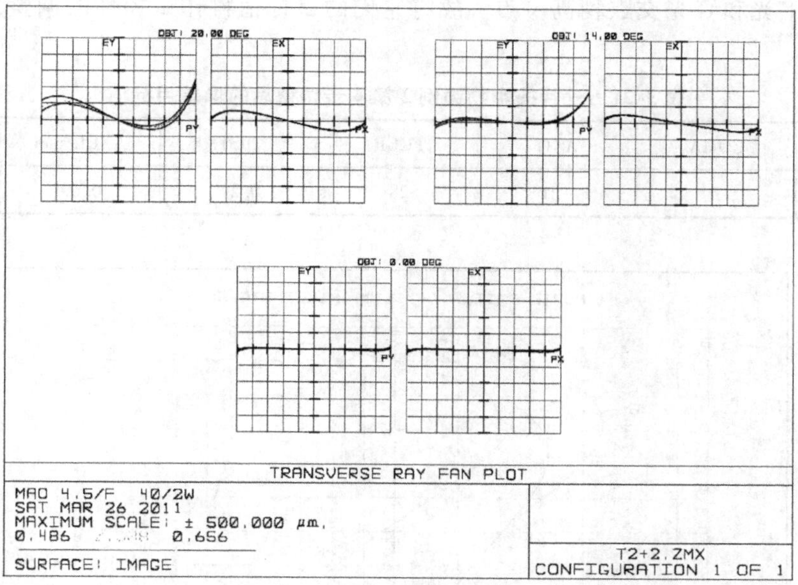


图3-61　三片摄影物镜例2第2步调整像差目标值后优化出的横向像差曲线

仍以本节中表3-16所列的初始结构为基础，选择它的六个半径、两个空气间隔为变量。选择焦距，以及七个像差构造评价函数，每一个像差的目标值就采用第3步调整后的数据，见表3-19。各个要校正像差的权重都取1。评价函数用操作语句括号写出如下：

{SPHA(Surf;Wave);Target,Weight}⇒{SPHA(0;2);2.5,1}

{COMA(Surf;Wave);Target,Weight}⇒{COMA(0;2);2,1}

{ASTI(Surf;Wave);Target,Weight}⇒{ASTI(0;2);-16,1}

{FCUR(Surf;Wave);Target,Weight}⇒{FCUR(0;2);28,1}

{DIST(Surf;Wave;Absolute);Target,Weight}⇒{DIST(0;2;0);0.24,1}

{AXCL(Wave1,Wave2;Zone);Target,Weight}⇒{AXCL(1,3;0);0.1,1}

{LACL(Minw,Maxw);Target,Weight}⇒{LACL(1,3);0.003,1}

{EFFL(Wave);Target,Weight}⇒{EFFL(2);100,1}

对表3-16所列的初始结构优化，优化出的结构参数见表3-20。优化后的球差和位置色差曲线如图3-62所示，像散、场曲和畸变曲线如图3-63所示，倍率色差曲线如图3-64所示，横向像差曲线如图3-65所示。

**表3-20　三片摄影物镜例2第3步调整像差目标值后优化出的结构参数**

| r/mm | d/mm | n | r/mm | d/mm | n |
|---|---|---|---|---|---|
| 43.138 | 4.49 | SK4 (Schott) | -41.133 | 2.81 | F7 (Schott) |
| -469.889 | 11.64 | | 41.419 | 9.14 | |
| ∞ (光阑) | 0 | | 170.571 | 4.49 | SK4 (Schott) |
| | | | -35.102 | | |

(4) 第4步调整目标值　由图3-62～图3-65所示的像差曲线看出，第3步调整目标值后的优化结果表明彗差改善了很多，虽然倍率色差已经很好，但可能还有改善的潜力。另外边光球差

尚没有为零，F 光和 C 光交点稍高一点。故将它们的目标值再作试探性的调整，具体数值见表 3-21。

**表 3-21 三片摄影物镜例 2 第 4 步调整后的像差目标值**

| SPHA | COMA | ASTI | FCUR | DIST | AXCL/mm | LACL/mm |
|---|---|---|---|---|---|---|
| 2.6 | 2 | −16 | 28 | 0.24 | 0.09 | 0.001 |

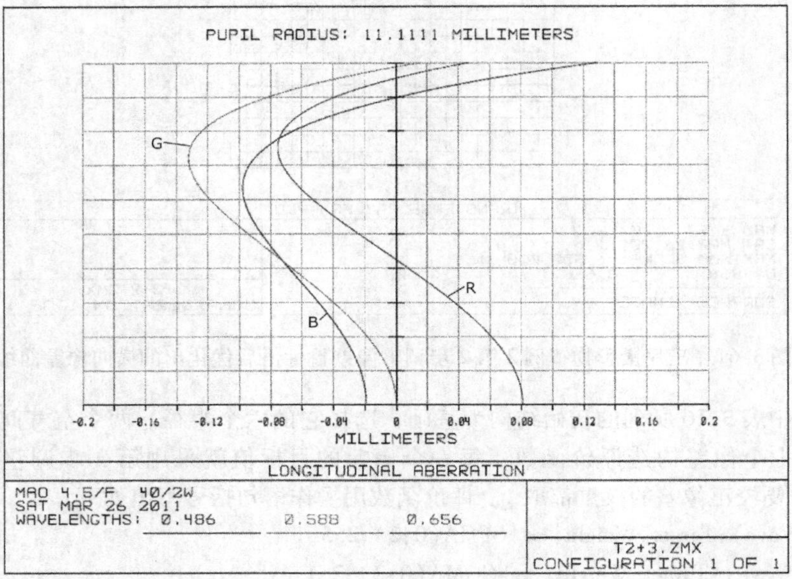


图 3-62 三片摄影物镜例 2 第 3 步调整像差目标值后优化出的球差和位置色差曲线

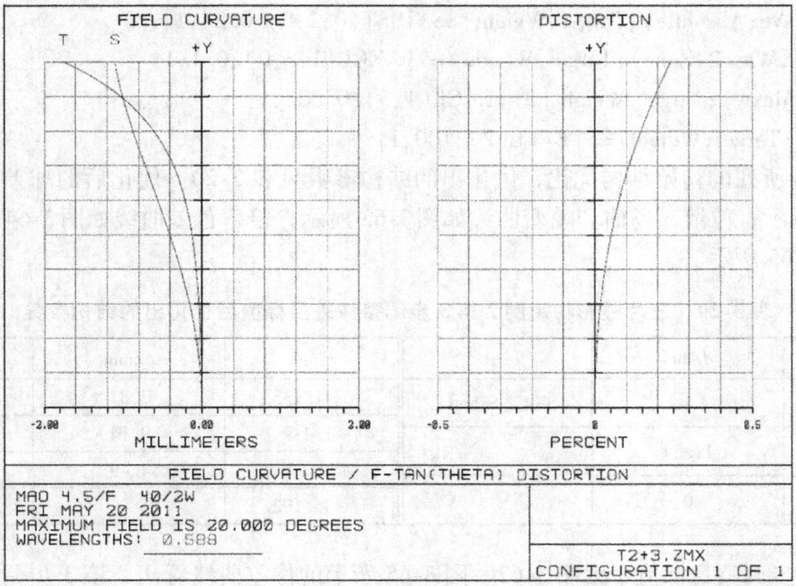


图 3-63 三片摄影物镜例 2 第 3 步调整像差目标值后优化出的像散、场曲和畸变曲线

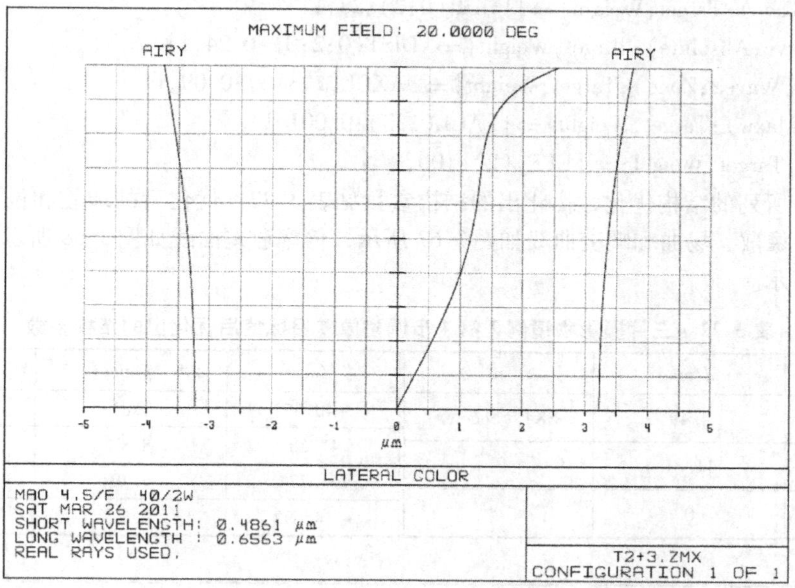


图 3-64　三片摄影物镜例 2 第 3 步调整像差目标值后优化出的倍率色差曲线

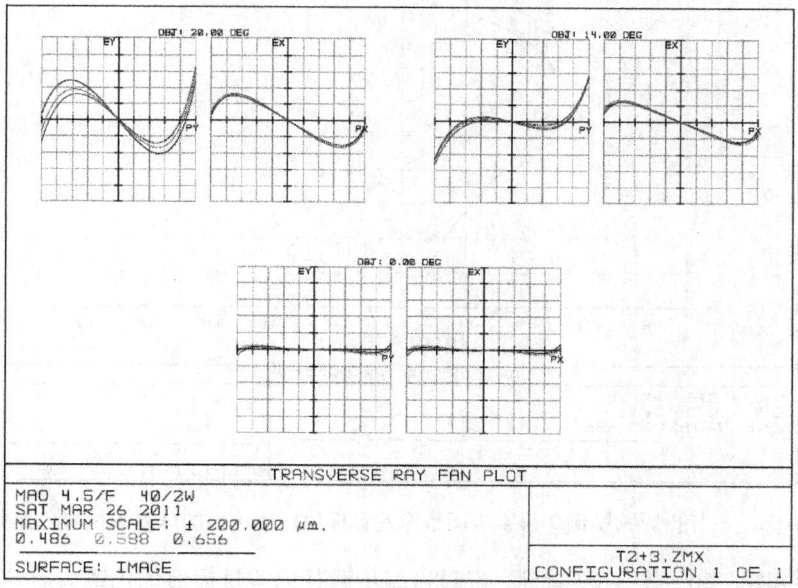


图 3-65　三片摄影物镜例 2 第 3 步调整像差目标值后优化出的横向像差曲线

以第 3 步调整目标值后优化出的结构（见表 3-20）为基础，选择它的六个半径、两个空气间隔为变量。选择焦距，以及七个像差构造评价函数，每一个像差的目标值就采用第 4 步调整后的数据，见表 3-21。每个要校正像差的权重都取 1。评价函数用操作语句括号写出如下：

{SPHA(Surf;Wave);Target,Weight} ⇒ {SPHA(0;2);2.6,1}

{COMA(Surf;Wave);Target,Weight} ⇒ {COMA(0;2);2,1}

{ASTI(Surf;Wave);Target,Weight} ⇒ {ASTI(0;2); −16,1}

{FCUR(Surf;Wave);Target,Weight}⇒{FCUR(0;2);28,1}
{DIST(Surf;Wave;Absolute);Target,Weight}⇒{DIST(0;2;0);0.24,1}
{AXCL(Wave1,Wave2;Zone);Target,Weight}⇒{AXCL(1,3;0);0.09,1}
{LACL(Minw,Maxw);Target,Weight}⇒{LACL(1,3);0.001,1}
{EFFL(Wave);Target,Weight}⇒{EFFL(2);100,1}

对表3-20所列的结构优化，优化出的结构参数见表3-22。优化后的球差和位置色差曲线如图3-66所示，像散、场曲和畸变曲线如图3-67所示，倍率色差曲线如图3-68所示，横向像差曲线如图3-69所示。

**表3-22　三片摄影物镜例2第4步调整像差目标值后优化出的结构参数**

| $r$/mm | $d$/mm | $n$ | $r$/mm | $d$/mm | $n$ |
|---|---|---|---|---|---|
| 43.463 | 4.49 | SK4（Schott） | -40.552 | 2.81 | F7（Schott） |
| | | | 41.68 | 8.82 | |
| -509.386 | 11.81 | | 164.774 | 4.49 | SK4（Schott） |
| ∞（光阑） | 0 | | -34.698 | | |

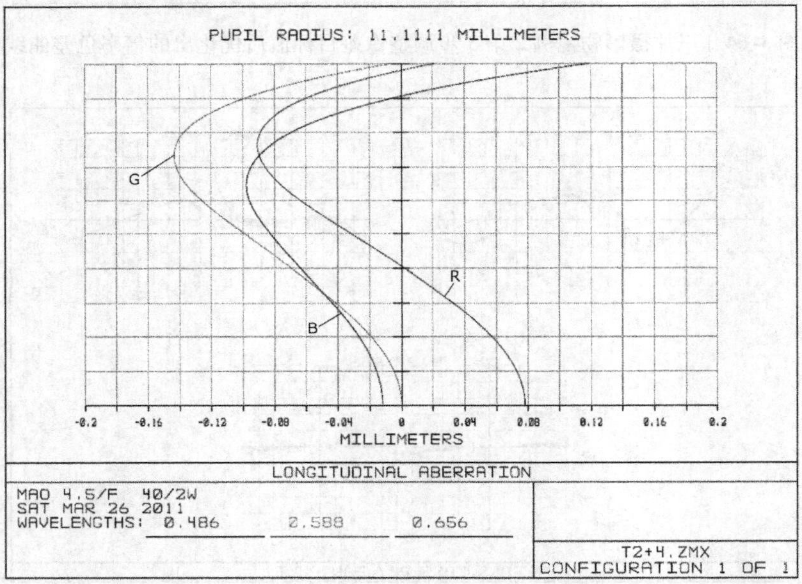


图3-66　三片摄影物镜例2第4步调整像差目标值后优化出的球差和位置色差曲线

由像差曲线图3-66～图3-69看到，经过这四步调整像差目标值优化镜头后，各个像差比起初始系统的像差已经有了很大的改善，可以转入像质评价了，看它是否满足摄影物镜的像质要求。

### 3. 像质评价与比较

如前所述，由于摄影底片或说接收器的质量差别很大，所以对摄影物镜成像质量的要求就不统一，往往是通过现有产品的像差和新设计系统的像差进行比较，根据现有产品的成像质量来估计新设计系统的成像质量。这里将上述设计结果与Richard Ditteon的设计结果进行比较。Richard Ditteon设计结果的结构参数见表3-23，其像差曲线如图3-70～图3-73所示。

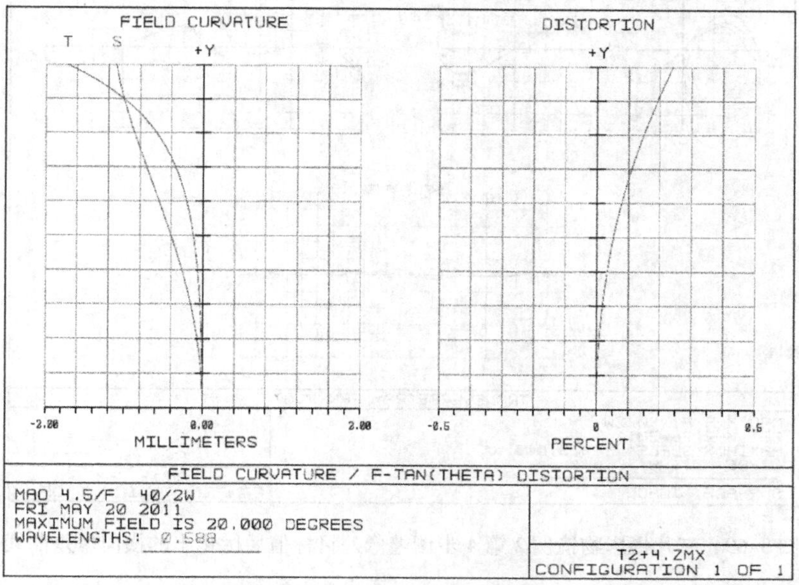


图 3-67　三片摄影物镜例 2 第 4 步调整像差目标值后优化出的像散、场曲和畸变曲线

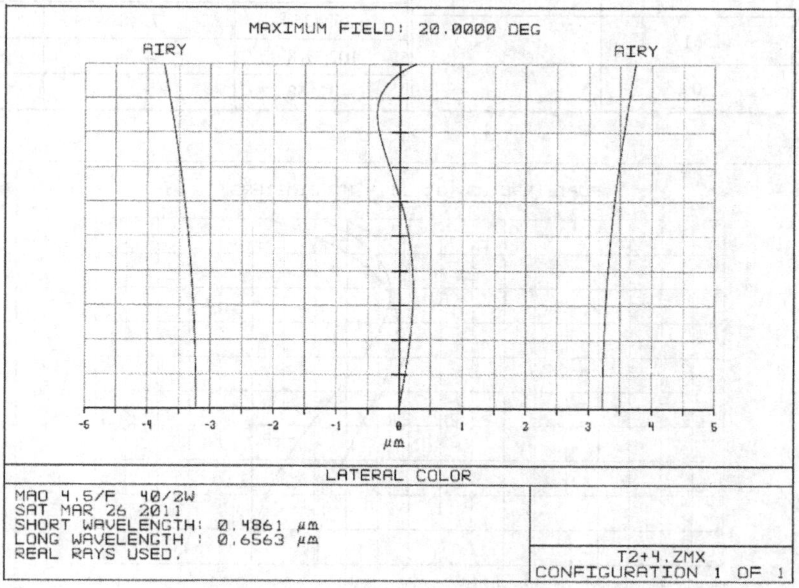


图 3-68　三片摄影物镜例 2 第 4 步调整像差目标值后优化出的倍率色差曲线

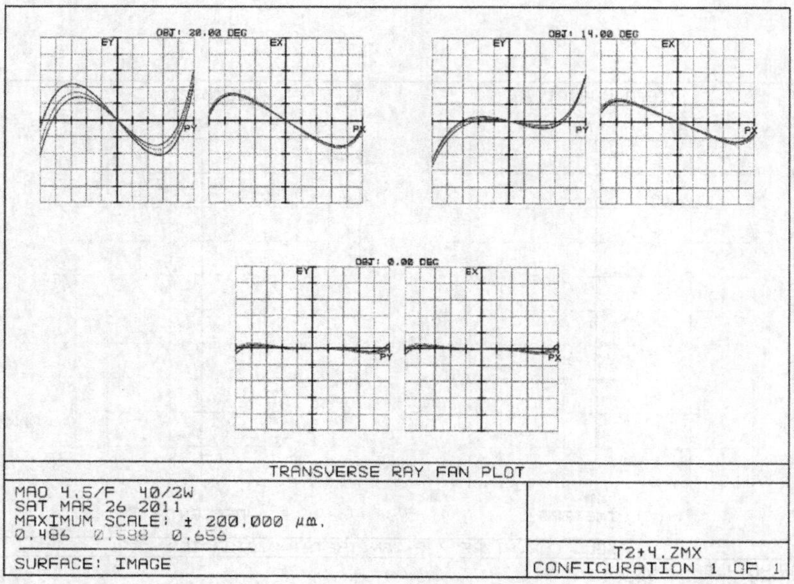


图 3-69 三片摄影物镜例 2 第 4 步调整像差目标值后优化出的横向像差曲线

**表 3-23 Richard Ditteon 三片摄影物镜的结构参数**

| $r$/mm | $d$/mm | $n$ | $r$/mm | $d$/mm | $n$ |
|---|---|---|---|---|---|
| 43. 272 | 4 | SK4（Schott） | -38. 909 | 2. 5 | F7（Schott） |
| 2403. 3 | 15. 13 | | 36. 835 | 7. 48 | |
| | | | 102. 618 | 4. 5 | SK4（Schott） |
| ∞（光阑） | 0 | | -32. 58 | | |

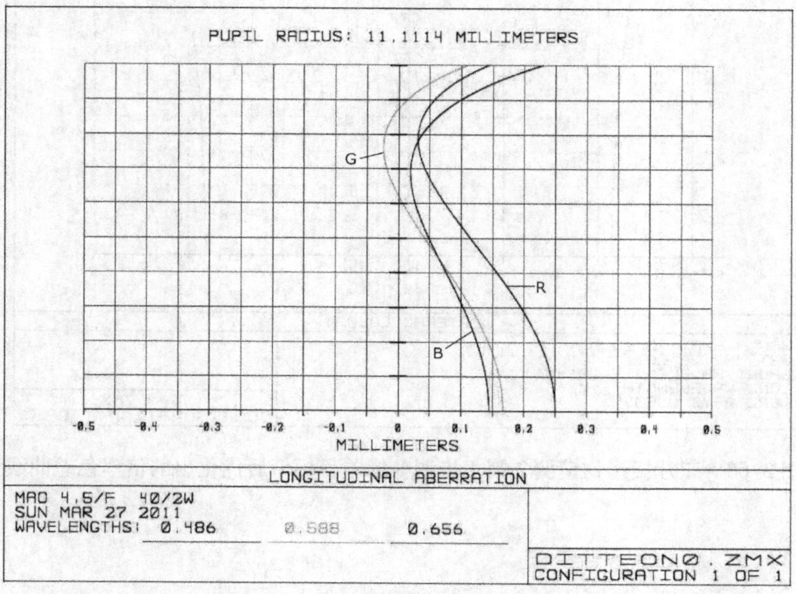


图 3-70 Richard Ditteon 三片摄影物镜的球差和位置色差曲线

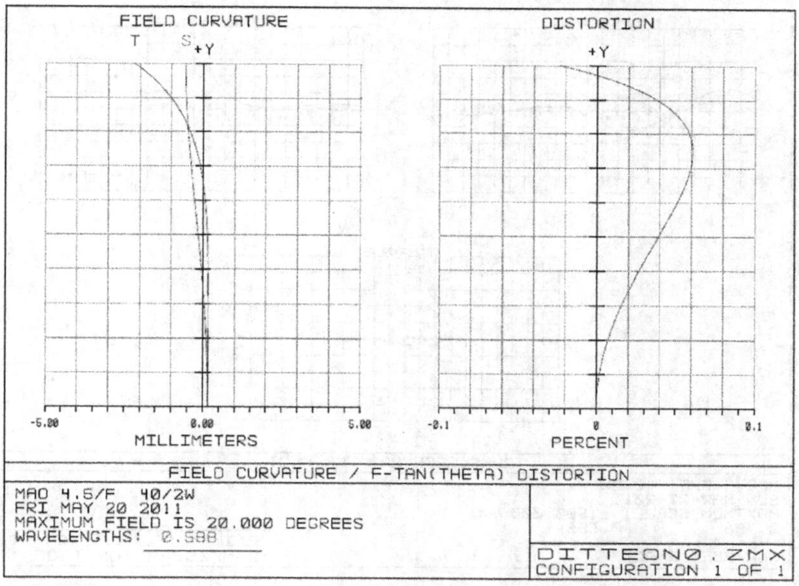


图 3-71　Richard Ditteon 三片摄影物镜的像散、场曲和畸变曲线

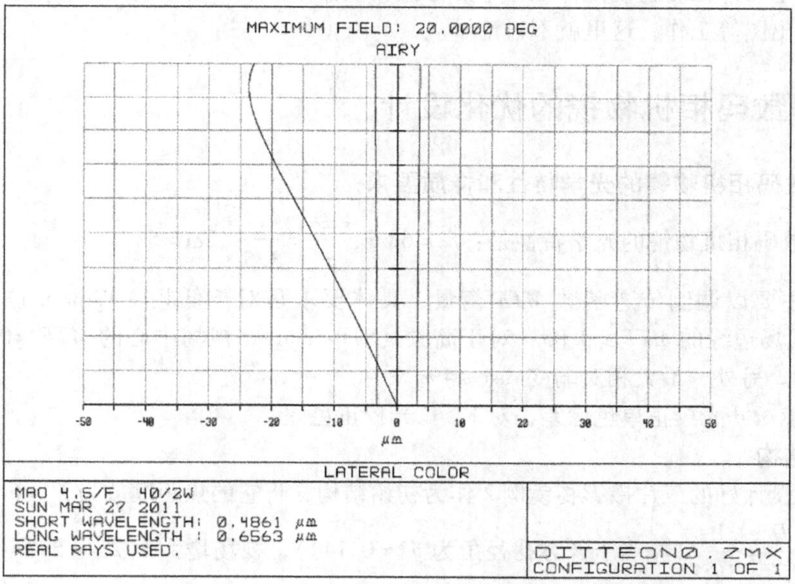


图 3-72　Richard Ditteon 三片摄影物镜的倍率色差曲线

由优化出的三片摄影物镜例 2 的像差曲线图 3-66 ~ 图 3-69 与 Richard Ditteon 三片摄影物镜的像差曲线图 3-70 ~ 图 3-73 的比较看出，两个设计的像差质量相似，总的来说，例 2 做出的优化设计结果比 Richard Ditteon 的稍好一些。

另外，例 1 和例 2 的结果相比，总体上二者的像质相近，但例 2 的畸变和倍率色差比例 1 的好得多，之所以出现这个差别是由于二者的初始结构参数相距甚远，尽管在优化过程中二者采用的是相似的评价函数、相似的目标值和相同的权重。

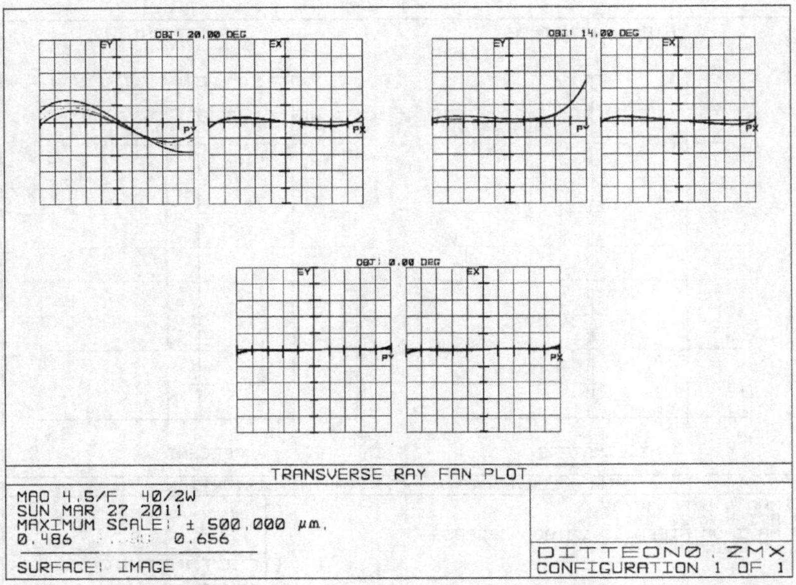


图 3-73 Richard Ditteon 三片摄影物镜的横向像差曲线

至此，这个三片摄影物镜设计工作中的像差校正任务完成，后续的结构参数圆正、加工公差的计算制定、出图等工作，这里就不讨论了。

## 3.2 三片数码相机物镜的优化设计

### 1. 三片数码相机物镜的光学特性和像质要求

1）三片数码相机物镜的光学特性是：$f'=6\text{mm}$，$\dfrac{D}{f'}=\dfrac{1}{3.5}$，$2\omega=53°$。

2）像质主要以调制传递函数 $MTF$ 衡量，具体要求是对于低频（17lp/mm），视场中心的 $MTF\geqslant0.9$，视场边缘的 $MTF\geqslant0.85$；对于高频（51lp/mm），视场中心的 $MTF\geqslant0.3$，视场边缘的 $MTF\geqslant0.25$。另外，最大相对畸变 dist$\leqslant4\%$。

3）该物镜对 d 光校正单色像差，对 F、C 光校正色差。

### 2. 初始结构

选择前面设计好的三片摄影物镜例 2 作为初始结构，将它的焦距缩放为 $f'=6\text{mm}$，将它的相对孔径增大至 $\dfrac{D}{f'}=\dfrac{1}{3.5}$（相当于像方孔径角为 $u'=0.144$），视场增大至 $2\omega=53°$。这些都可以在计算机上在线完成。

（1）初始结构参数　将表 3-22 所列的三片摄影物镜例 2 的焦距由 100mm 缩放至 6mm，其结构参数见表 3-24，以此作为设计三片数码相机物镜的初始结构。它的调制传递函数曲线如图 3-74 和图 3-76 所示，它的畸变曲线如图 3-75 和图 3-77 所示。其中，图 3-74 和图 3-75 分别是光学特性为 $f'=6\text{mm}$，$\dfrac{D}{f'}=\dfrac{1}{4.5}$，$2\omega=40°$时的调制传递函数曲线和畸变曲线；图 3-76 和图 3-77 分别是光学特性为 $f'=6\text{mm}$，$\dfrac{D}{f'}=\dfrac{1}{3.5}$，$2\omega=53°$时的调制传递函数曲线和畸变曲线。

表 3-24　三片数码相机物镜的初始结构参数

| r/mm | d/mm | n | r/mm | d/mm | n |
|---|---|---|---|---|---|
| 2. 608 | 0. 269 | SK4（Schott） | −2. 433 | 0. 168 | F7（Schott） |
| −30. 563 | 0. 708 | | 2. 501 | 0. 529 | |
| ∞（光阑） | 0 | | 9. 886 | 0. 27 | SK4（Schott） |
| | | | −2. 082 | | |

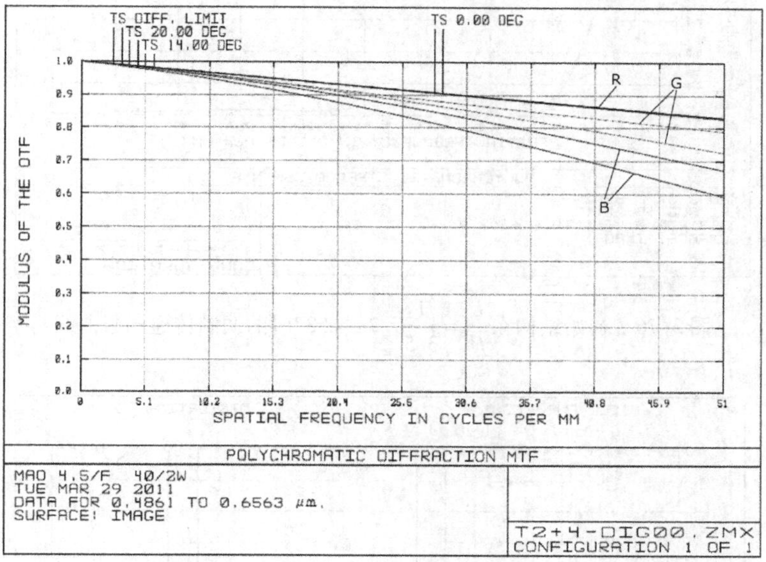


图 3-74　初始结构在$\frac{D}{f'}=\frac{1}{4.5}$，$2\omega=40°$时的调制传递函数曲线

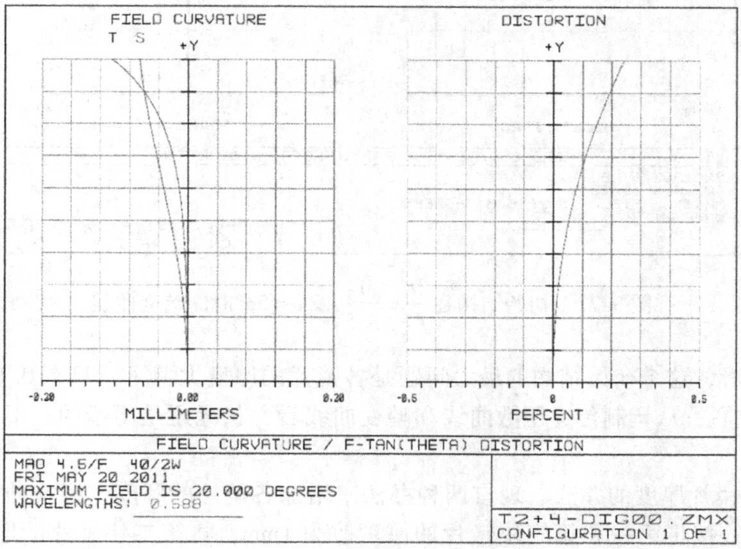


图 3-75　初始结构在$\frac{D}{f'}=\frac{1}{4.5}$，$2\omega=40°$时的畸变曲线

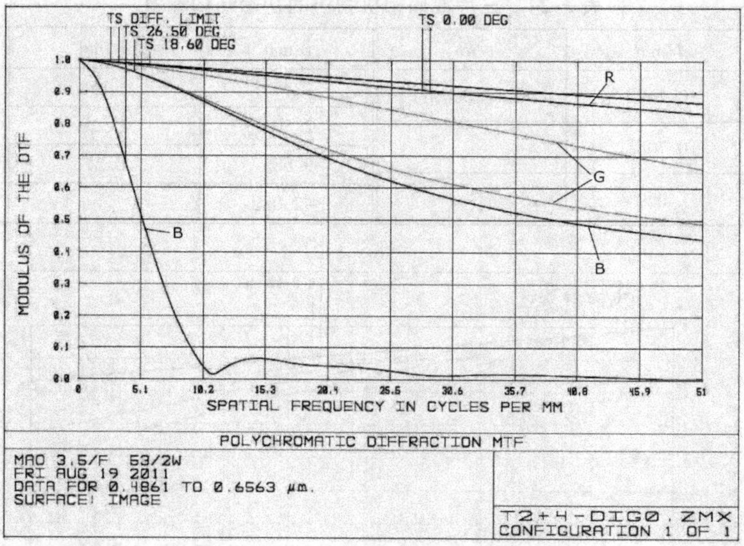


图 3-76　初始结构在$\frac{D}{f'}=\frac{1}{3.5}$，$2\omega=53°$时的调制传递函数曲线

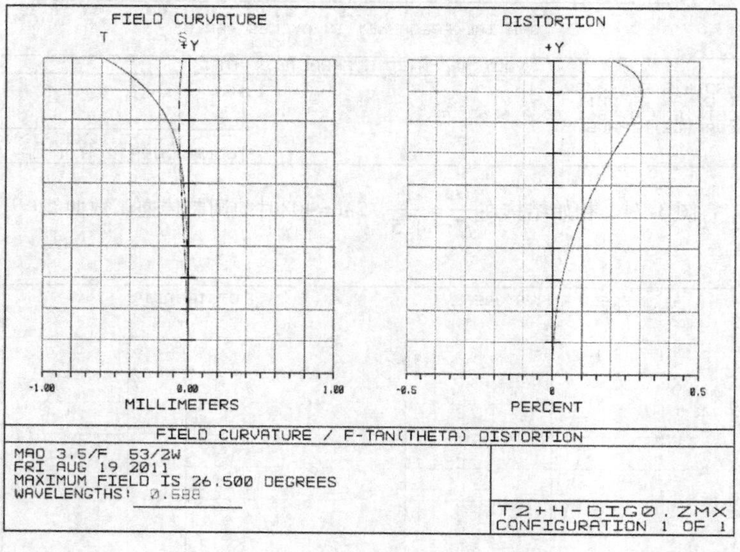


图 3-77　初始结构在$\frac{D}{f'}=\frac{1}{3.5}$，$2\omega=53°$时的畸变曲线

从结构参数看，这个初始结构的最大问题是各镜片的厚度太薄了，只有 0.17 ~ 0.27mm，应该加厚到 1mm 左右；从调制传递函数曲线和畸变曲线看，状况还是不错的，不失为一个可用的基础结构。

（2）增加各镜片厚度的办法　现有两种办法来增加各镜片的厚度：第一种办法是在上述初始结构的基础上直接将第一和第三块镜片的厚度改为 1mm，将第二块镜片的厚度改为 0.9mm，同时视系统焦距变动的情况进行焦距缩放，然后将系统的光学特性改为现在的要求后再作优化；第二种办法是将系统的光学特性改为现在的要求后，每次将厚度增加一点，比如说增加 0.1mm，然后作初步优化，经过这样几个“增加一点厚度—优化”的循环，直到厚度达到要求，即第一块镜片和第三块镜片的厚度达到1mm，第二块镜片的厚度达到0.9mm后，以其为基础再作进一步的优化。

这里采用第二种逐步增加厚度的办法，主要是基于一个推测，即推测光学系统的像差与结构以及光学特性的函数空间虽然是一个非常复杂的空间，但在相当的自变量域内，它有极大可能是一个连续空间，在好解附近情况更可能是如此。如果情况如此，则一些自变量的小量变化引起的像差变化，就比较容易通过其他自变量的小量变化补偿回来。这样走了若干步后，镜片厚度逐渐加上去了，而得到的初始结构还是一个较好的结构，至少是一个较好的基础结构。反之，如果采用第一种办法，将镜片厚度直接加上去，倘若像差对镜片厚度较为敏感的话，则这样得到的初始结构可能会远离原先较好的解，并极有可能是一个十分差的解，使进一步的优化增加难度。

光学设计往往是“欲速则不达”的，优化算法“阻尼最小二乘法”的研究正好说明了这个问题，最小二乘法在光学设计上难有作为的原因就是步长太大，加阻尼项的目的就是限制步长不要太大，这样阻尼最小二乘法这个优化算法才告成功。

**3. 逐渐增加镜片厚度**

（1）第1步加厚镜片并优化　在表3-24所列初始结构的基础上，将各镜片厚度分别增加0.1mm，即第一块镜片的厚度由0.27mm改为0.37mm，第二块镜片的厚度由0.17mm改为0.27mm，第三块镜片的厚度由0.27mm改为0.37mm。选择六个半径和两个空气间隔作为变量，利用ZEMAX提供的默认评价函数，选取弥散斑型式的评价函数；并加入焦距$f'=6$mm的要求，权重取1。优化后的结构参数见表3-25，优化后的调制传递函数曲线如图3-78所示。

**表3-25　数码相机物镜第1步加厚镜片并优化后所得的结构参数**

| r/mm | d/mm | n | r/mm | d/mm | n |
|---|---|---|---|---|---|
| 2.244 | 0.37 | SK4（Schott） | -4.035 | 0.27 | F7（Schott） |
| 90.88 | 0.48 | | 2.285 | 0.55 | |
| ∞（光阑） | 0 | | 7.189 | 0.37 | SK4（Schott） |
| | | | -2.985 | | |

（2）第2步加厚镜片并优化　在第1步加厚镜片并优化后所得结构的基础上，将镜片厚度分别再增加0.1mm，即第一块镜片的厚度由0.37mm改为0.47mm，第二块镜片的厚度由0.27mm改为0.37mm，第三块镜片的厚度由0.37mm改为0.47mm。还是选择六个半径和两个空气间隔作为变量，利用ZEMAX提供的默认评价函数，选取弥散斑型式的评价函数；并加入焦距$f'=6$mm的要求，权重取1进行优化。优化后的结构参数见表3-26，优化后的调制传递函数曲线如图3-79所示。

**表3-26　数码相机物镜第2步加厚镜片并优化后的结构参数**

| r/mm | d/mm | n | r/mm | d/mm | n |
|---|---|---|---|---|---|
| 2.311 | 0.47 | SK4（Schott） | -4.228 | 0.37 | F7（Schott） |
| -400.188 | 0.43 | | 2.307 | 0.526 | |
| ∞（光阑） | 0 | | 6.616 | 0.47 | SK4（Schott） |
| | | | -3.182 | | |

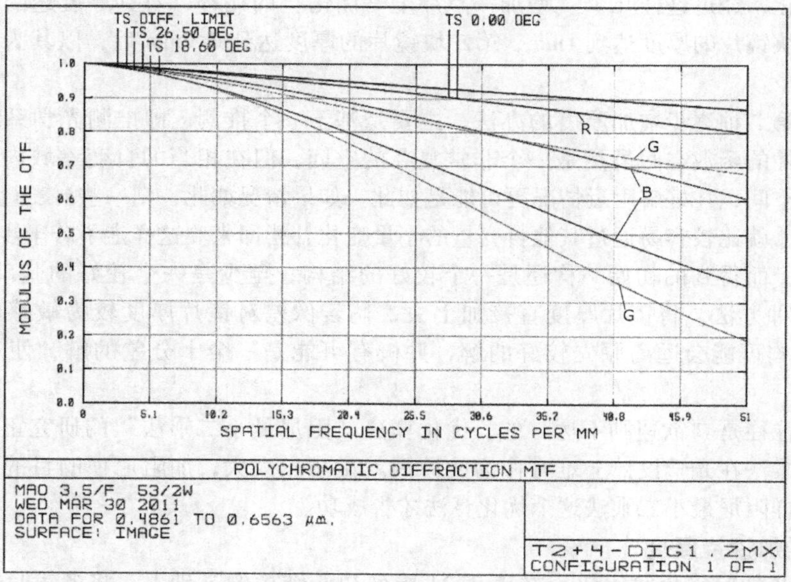


图 3-78 数码相机物镜第 1 步加厚镜片并优化后的调制传递函数曲线

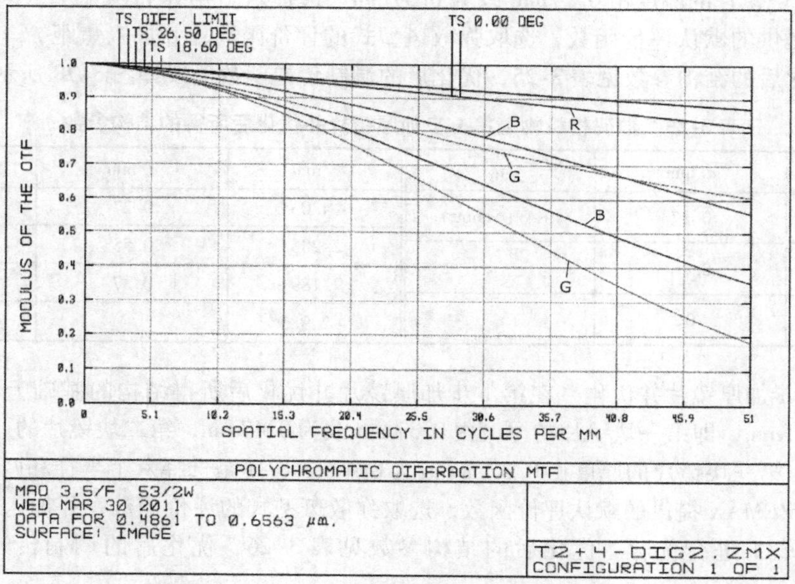


图 3-79 数码相机物镜第 2 步加厚镜片并优化后的调制传递函数曲线

（3）第 3 步加厚镜片并优化　在第 2 步加厚镜片并优化后所得结构的基础上，将镜片厚度分别再增加 0.1mm，即第一块镜片的厚度由 0.47mm 改为 0.57mm，第二块镜片的厚度由 0.37mm 改为 0.47mm，第三块镜片的厚度由 0.47mm 改为 0.57mm。还是选择六个半径和两个空气间隔作为变量，利用 ZEMAX 提供的默认评价函数，选取弥散斑型式的评价函数；并加入焦距 $f'=6$mm 的要求，权重取 1。优化后的结构参数见表 3-27，优化后的调制传递函数曲线如图 3-80 所示。

**表 3-27　数码相机物镜第 3 步加厚镜片并优化后的结构参数**

| $r$/mm | $d$/mm | $n$ | $r$/mm | $d$/mm | $n$ |
|---|---|---|---|---|---|
| 2.365 | 0.57 | SK4（Schott） | -4.414 | 0.47 | F7（Schott） |
| -59.46 | 0.37 | | 2.316 | 0.5 | |
| ∞（光阑） | 0 | | 6.156 | 0.57 | SK4（Schott） |
| | | | -3.407 | | |

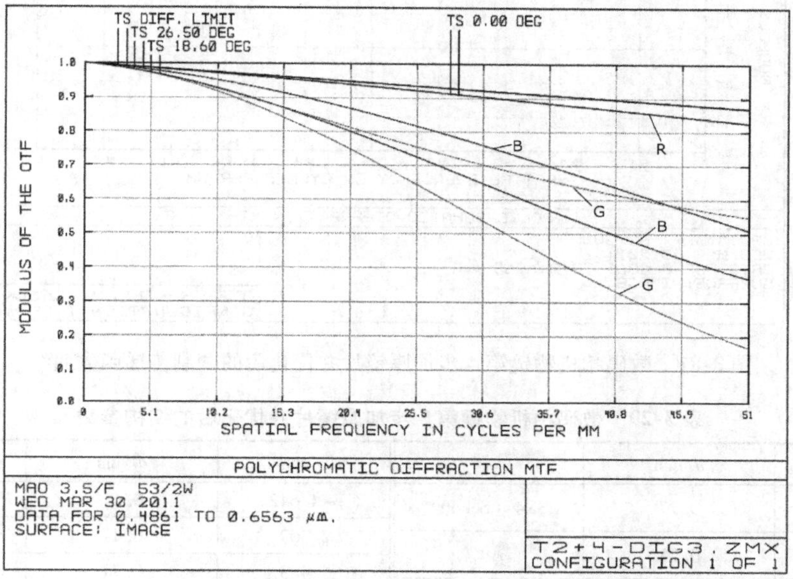


图 3-80　数码相机物镜第 3 步加厚镜片并优化后的调制传递函数曲线

（4）第 4 步加厚镜片并优化　在第 3 步加厚镜片并优化后所得结构的基础上，将镜片厚度分别再增加 0.1mm，即第一块镜片的厚度由 0.57mm 改为 0.67mm，第二块镜片的厚度由 0.47mm 改为 0.57mm，第三块镜片的厚度由 0.57mm 改为 0.67mm。还是选择六个半径和两个空气间隔作为变量，利用 ZEMAX 提供的默认评价函数，选取弥散斑型式的评价函数；并加入焦距 $f'=6$mm 的要求，权重取 1。优化后的结构参数见表 3-28，优化后的调制传递函数曲线如图 3-81 所示。

**表 3-28　数码相机物镜第 4 步加厚镜片并优化后的结构参数**

| $r$/mm | $d$/mm | $n$ | $r$/mm | $d$/mm | $n$ |
|---|---|---|---|---|---|
| 2.408 | 0.67 | SK4（Schott） | -4.566 | 0.57 | F7（Schott） |
| -29.971 | 0.31 | | 2.315 | 0.48 | |
| ∞（光阑） | 0 | | 5.783 | 0.67 | SK4（Schott） |
| | | | -3.67 | | |

（5）第 5 步加厚镜片并优化　在第 4 步加厚镜片并优化后所得结构的基础上，将镜片厚度分别再增加 0.1mm，即第一块镜片的厚度由 0.67mm 改为 0.77mm，第二块镜片的厚度由 0.57mm 改为 0.67mm，第三块镜片的厚度由 0.67mm 改为 0.77mm。还是选择六个半径和两个空气间隔作为变量，利用 ZEMAX 提供的默认评价函数，选取弥散斑型式的评价函数；并加入焦距 $f'=6$mm 的要求，权重取 1。优化后的结构参数见表 3-29，优化后的调制传递函数曲线如图 3-82 所示。

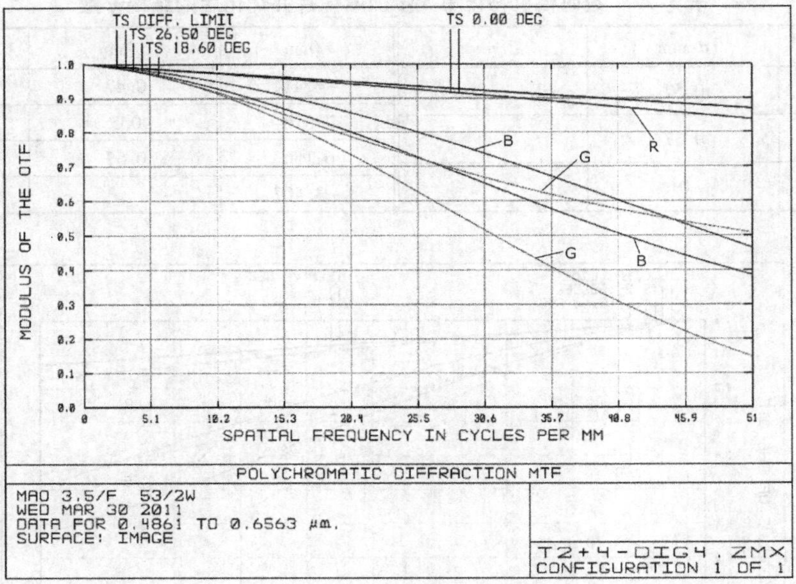


图 3-81 数码相机物镜第 4 步加厚镜片并优化后的调制传递函数曲线

**表 3-29 数码相机物镜第 5 步加厚镜片并优化后的结构参数**

| *r*/mm | *d*/mm | *n* | *r*/mm | *d*/mm | *n* |
|---|---|---|---|---|---|
| 2.443 | 0.77 | SK4（Schott） | -4.642 | 0.67 | F7（Schott） |
| | | | 2.309 | 0.47 | |
| -18.462 | 0.25 | | 5.483 | 0.77 | SK4（Schott） |
| ∞（光阑） | 0 | | -3.982 | | |

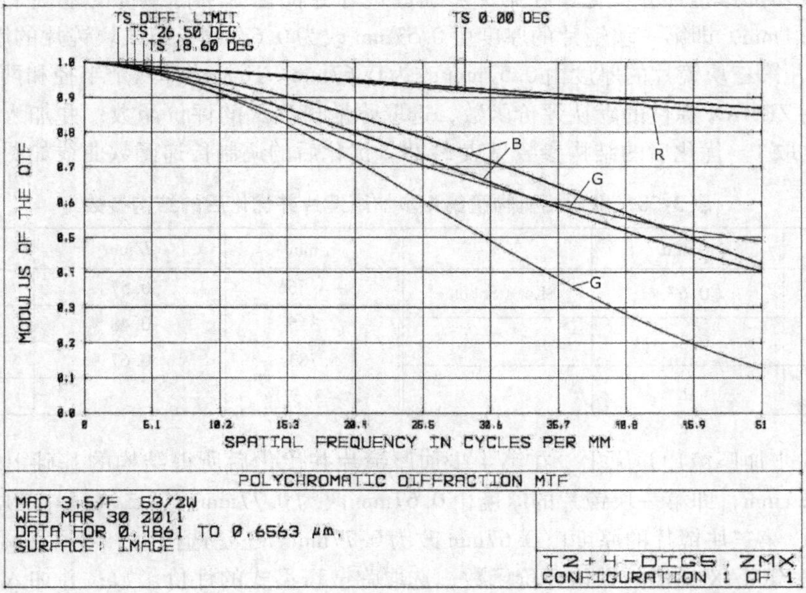


图 3-82 数码相机物镜第 5 步加厚镜片并优化后的调制传递函数曲线

（6）第 6 步加厚镜片并优化　在第 5 步加厚镜片并优化后所得结构的基础上，将镜片厚度分别再增加 0.1mm，即第一块镜片的厚度由 0.77mm 改为 0.87mm，第二块镜片的厚度由 0.67mm 改为 0.77mm，第三块镜片的厚度由 0.77mm 改为 0.87mm。还是选择六个半径和两个空气间隔作为变量，利用 ZEMAX 提供的默认评价函数，选取弥散斑型式的评价函数；并加入焦距 $f'=6$mm 的要求，权重取 1。优化后的结构参数见表 3-30，优化后的调制传递函数曲线如图 3-83 所示。

**表 3-30　数码相机物镜第 6 步加厚镜片并优化后的结构参数**

| $r$/mm | $d$/mm | $n$ | $r$/mm | $d$/mm | $n$ |
|---|---|---|---|---|---|
| 2.481 | 0.87 | SK4(Schott) | 2.307 | 0.454 | |
| −12.292 | 0.189 | | 5.254 | 0.87 | SK4(Schott) |
| ∞（光阑） | 0 | | −4.341 | | |
| −4.587 | 0.77 | F7(Schott) | | | |

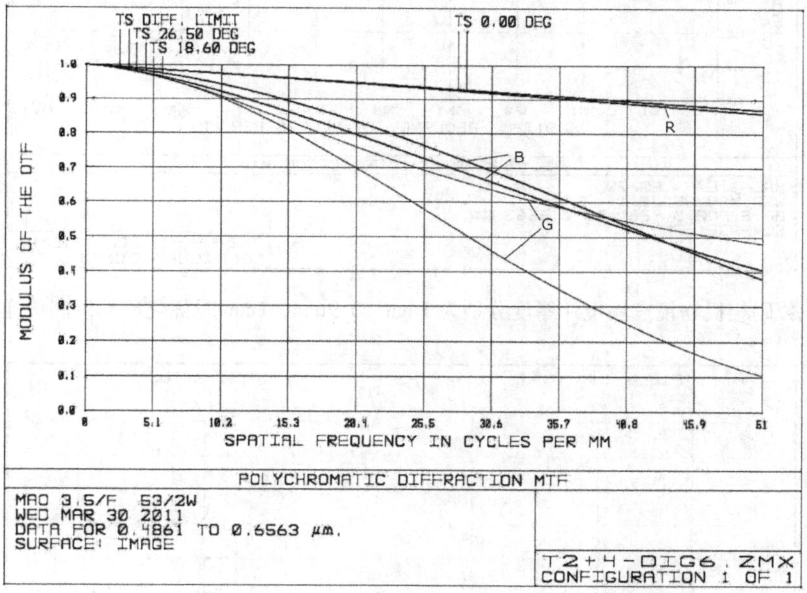


图 3-83　数码相机物镜第 6 步加厚镜片并优化后的调制传递函数曲线

（7）第 7 步加厚镜片并优化　在第 6 步加厚镜片并优化后所得结构的基础上，将第一块镜片的厚度由 0.87mm 改为 1mm，第二块镜片的厚度由 0.77mm 改为 0.9mm，第三块镜片的厚度由 0.87mm 改为 1mm。还是选择六个半径和两个空气间隔作为变量。利用 ZEMAX 提供的默认评价函数，选取弥散斑型式的评价函数；并加入焦距 $f'=6$mm 的要求，权重取 1。优化后的结构参数见表 3-31，优化后有图 3-84 所示的调制传递函数曲线和图 3-85 所示的畸变曲线。

事实上，若以表 3-31 所列结构为基础，将离焦量增加为变量再优化一次，就得到近乎满足像质要求的结果。接下来将玻璃材料作为变量进一步优化，以作为机选玻璃的练习。

表 3-31 数码相机物镜三块镜片厚度分别为 1mm、0.9mm、1mm 时优化后的结构参数

| r/mm | d/mm | n | r/mm | d/mm | n |
|---|---|---|---|---|---|
| 2.554 | 1 | SK4(Schott) | 2.329 | 0.438 | |
| -7.867 | 0.121 | | 5.048 | 1 | SK4(Schott) |
| ∞(光阑) | 0 | | -4.84 | | |
| -4.287 | 0.9 | F7(Schott) | | | |

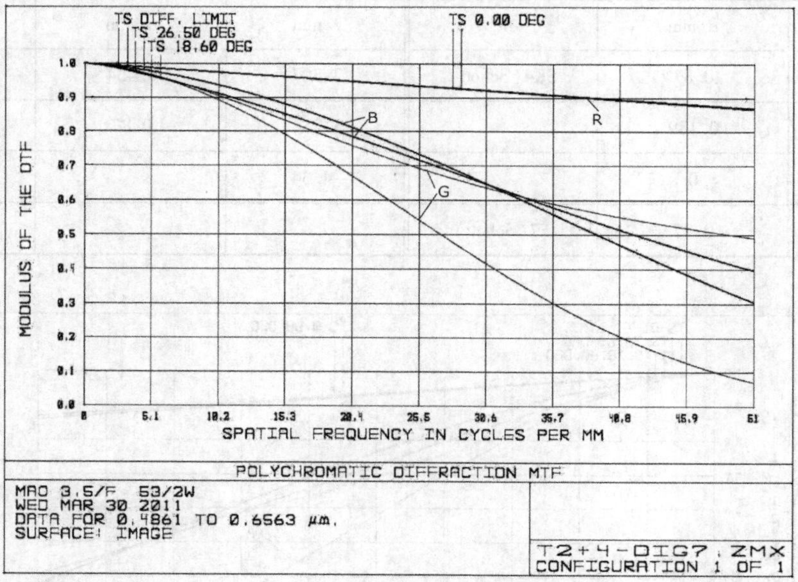


图 3-84 数码相机物镜三块镜片厚度分别为 1mm、0.9mm、1mm 时优化后的调制传递函数曲线

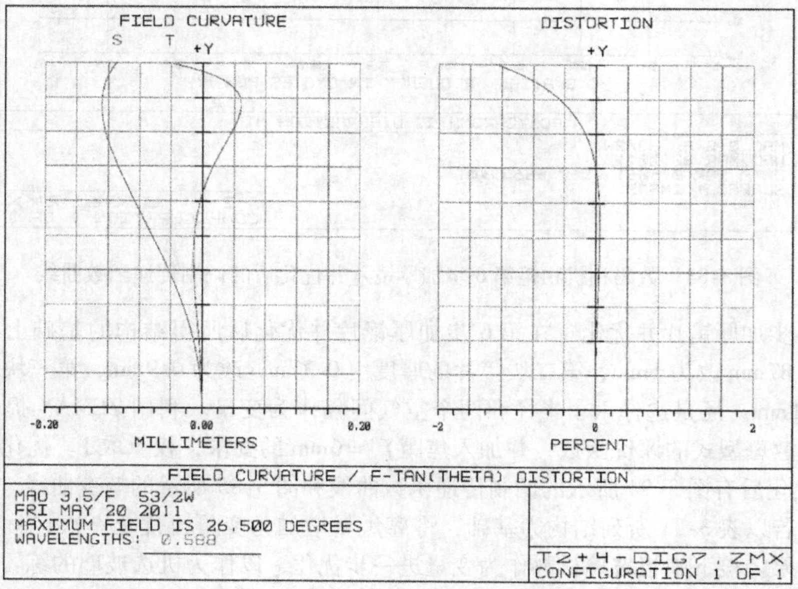


图 3-85 数码相机物镜三块镜片厚度分别为 1mm、0.9mm、1mm 时优化后的畸变曲线

**4. 优化**

（1）增加玻璃材料作为自变量　由图3-84和图3-85可以看到，表3-31所列结构的畸变已经达到要求，但是它的调制传递函数尚未达到要求，需要继续优化。除用六个半径和两个空气间隔作自变量外，将三块玻璃材料增加为自变量。

将玻璃材料作为变量后，在ZEMAX程序中有两类优化选择玻璃的办法：其一是将玻璃的参量“模型”化，优化这些参量寻找优化解，称为“模型玻璃”方法；其二是基于全局优化方法的，优化过程中直接用玻璃库中玻璃作替代，比较评价函数决定取舍，称为替代玻璃方法。下面分别利用这两种方法作进一步的优化。

（2）利用“模型玻璃”法进行优化　除选六个半径两个空气间隔作为变量外，将三块玻璃改为模型玻璃，并将它们的折射率和阿贝数改为变量。这里“模型玻璃”是ZEMAX程序中的一个称谓，含义如下：在可光见范畴中，用折射率和阿贝数两个数字参量表征玻璃，因在优化过程中这两个数字参量可作为连续参量对待，所以用这两个参量表示的玻璃有时不一定能在实际玻璃中找到，故谓之模型玻璃。玻璃作为变量后，为限制玻璃的选择范围，可以将ZEMAX程序中的操作数“RGLA”作为约束条件加入到评价函数中。

将材料改为模型玻璃的路径如下：

右键单击材料旁的方块→Solve Type（Model）→Index Nd（✓）→Abbe Vd（✓）→OK。

利用ZEMAX提供的默认评价函数，选取弥散圆型式的评价函数；在其中加入焦距$f'=6$mm的要求，权重取1；并如上述在评价函数中加入“RGLA”，其目标值采用程序推荐的数值0.05，权重取1。

值得指出，使用“RGLA”时，除要确定它的使用范围（即需指明是第几面到第几面的玻璃是变量）以及目标值和权重外，其下还有三个子权重数（Wn，Wa，Wp）要确定，它们分别是折射率偏差的权重、阿贝数偏差的权重和部分色散偏差的权重。这里所谓的“偏差”指优化过程中所期望的模型玻璃与最接近它的实际玻璃的偏离。事实上，“RGLA”就是上述三个参量偏离的加权和，所加的权重就是使用它时要确定的子权重。一般来说，采用程序默认权重值的效果不错，因此这里就采用程序设置的默认值。用操作语句括号将“RGLA”写出如下：

{RGLA(Surf1,Surf2;Wn,Wa,Wp);Target,Weight}⇒{RGLA(1,2;0,0,0);0.05,1}

{RGLA(Surf1,Surf2;Wn,Wa,Wp);Target,Weight}⇒{RGLA(4,5;0,0,0);0.05,1}

{RGLA(Surf1,Surf2;Wn,Wa,Wp);Target,Weight}⇒{RGLA(6,7;0,0,0);0.05,1}

值得指出，上述操作语句也可以只写一句，只要将“Surf1，Surf2”的范围填写为“1，7”就可以。现在写为三句就更清楚一些，目标值等的改动也更灵活一些；另外三个子权重（Wn，Wa，Wp）取0，意味着采用程序设置的默认值。

以表3-31所列的结构作为初始结构，将六个折射面半径、两个空气间隔和三块玻璃材料作为变量，选择弥散圆型式的默认评价函数，并在其中加入“EFFL”和“RGLA”的操作语句括号。优化出的结构参数见表3-32，优化出的调制传递函数曲线和畸变曲线分别如图3-86和图3-87所示。表3-32中折射率$n$这一列下数据的含义是，第一个数是模型玻璃的折射率$n$，第二个数是模型玻璃的阿贝数$\nu$。例如，表3-32中第一块透镜的材料数据是（1.86，40.7），即表明这块材料的折射率为$n=1.86$，阿贝数为$\nu=40.7$。

**表3-32　数码相机物镜透镜材料作为变量优化后的结构参数**

| $r$/mm | $d$/mm | $n$ | $r$/mm | $d$/mm | $n$ |
|---|---|---|---|---|---|
| 3.324 | 1 | 1.86,40.7 | 2.55 | 0.719 | |
| −34.829 | 0.16 | | 6.663 | 1 | 1.68,63.2 |

（续）

| r/mm | d/mm | n | r/mm | d/mm | n |
|---|---|---|---|---|---|
| ∞（光阑） | 0 | | −5.159 | | |
| −6.861 | 0.9 | 1.69,27.1 | | | |

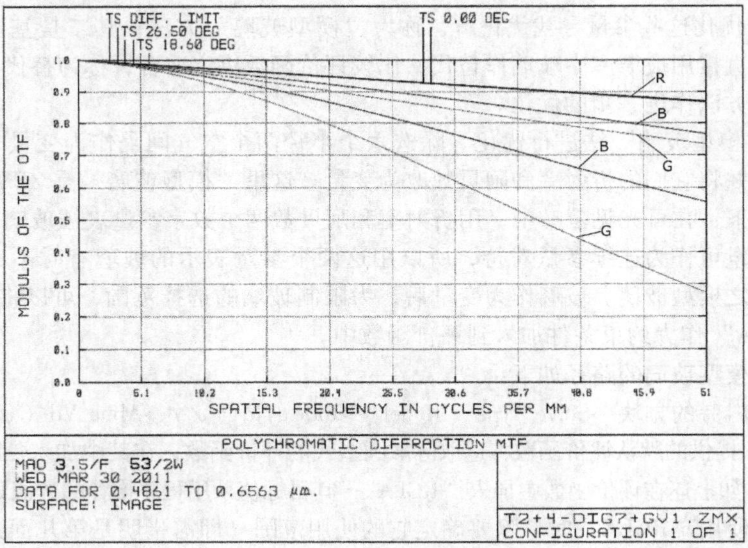


图 3-86 数码相机物镜透镜材料作为变量优化后的调制传递函数曲线

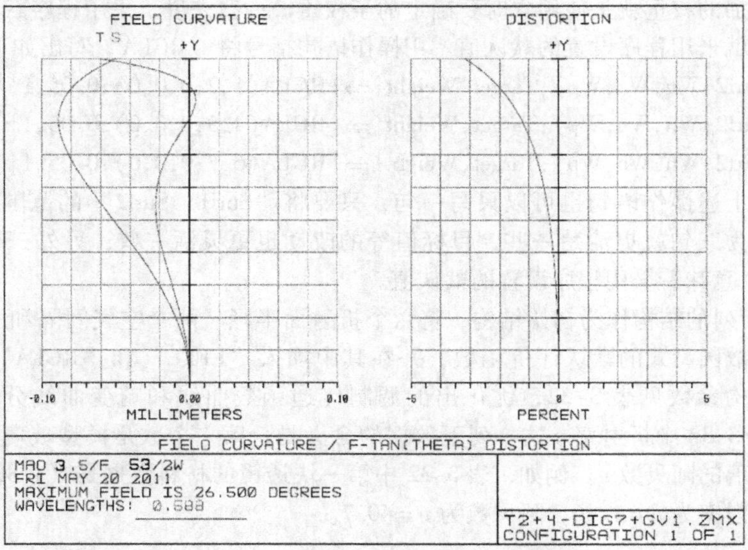


图 3-87 数码相机物镜透镜材料作为变量优化后的畸变曲线

将玻璃材料增加为自变量并优化后，从图 3-86 所示的传递函数曲线看，预定的像质要求达到了。然而将玻璃材料作为自变量后，优化时程序中是将它们作为连续变量对待的，所以优化出来的玻璃折射率和阿贝数还是模型数值。优化设计的下一步工作是用实际玻璃取代它们。

取代时采用逐步取代的办法，这个设计的具体过程如下：

先取代第一块透镜的玻璃，让程序在肖特公司的玻璃库中选择最接近第一块模型玻璃的实际玻璃，并采用程序的匹配结果 LASFN31。在第 1 步取代中将第二块和第三块透镜的材料仍然作为变量。

以表 3-32 所列的结构作为初始结构，将六个半径和两个空气间隔作为变量，第二块和第三块透镜的材料仍作为变量。仍采用同样的评价函数，即选择加入了“EFFL”和“RGLA”的默认评价函数，进行优化。优化出的结构参数见表 3-33，优化出的调制传递函数曲线和畸变曲线分别如图 3-88 和图 3-89 所示。

**表 3-33　优化出的结构参数**

| $r$/mm | $d$/mm | $n$ | $r$/mm | $d$/mm | $n$ |
|---|---|---|---|---|---|
| 3.379 | 1 | LASFN31(Schott) | 2.569 | 0.716 | |
| -43.991 | 0.169 | | 6.715 | 1 | 1.68,63.2 |
| ∞(光阑) | 0 | | -5.102 | | |
| -7.005 | 0.9 | 1.69,27.1 | | | |

注：数码相机物镜第一块透镜材料用实际玻璃，第二、三块透镜材料仍作为变量优化出的结构参数。

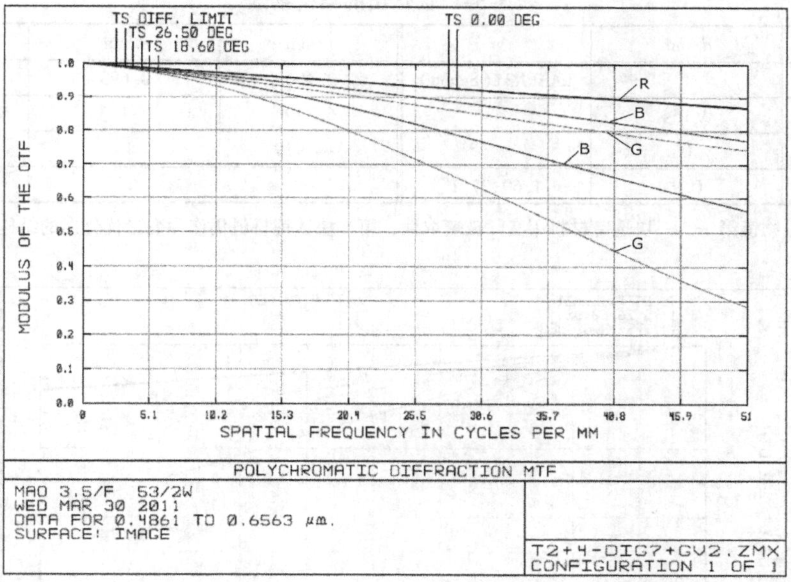


图 3-88　第一块透镜材料用实际玻璃，第二、三块透镜材料仍作为变量优化出的调制传递函数曲线

再取代第三块透镜的玻璃。让程序在肖特公司的玻璃库中选择最接近第三块模型玻璃的实际玻璃，并采用程序的匹配结果 N-LAK21。

以表 3-33 所列的结构作为初始结构，将前六个半径和两个空气间隔作为变量，并将第二块透镜材料作为变量。仍采用同样的评价函数，即选择加入了“EFFL”和“RGLA”的默认评价函数，进行优化。优化出的结构参数见表 3-34，优化出的调制传递函数曲线和畸变曲线分别如图 3-90 和图 3-91 所示。

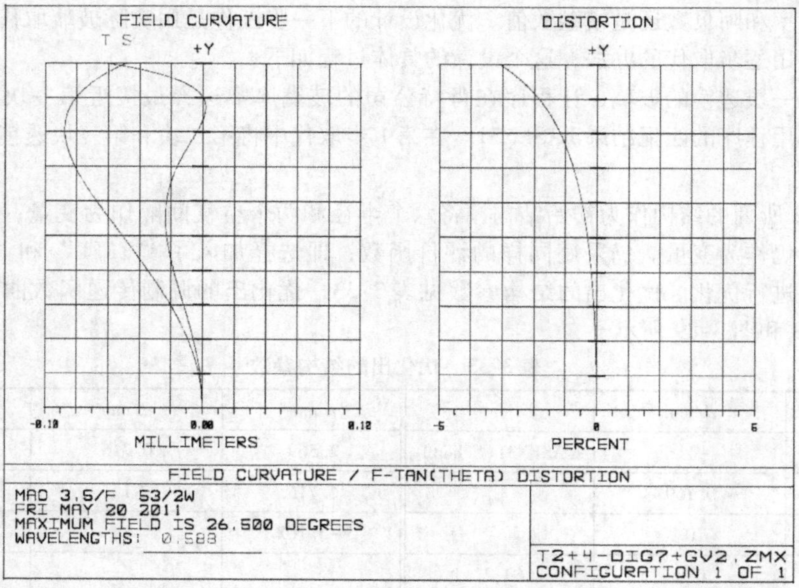


图 3-89 第一块透镜材料用实际玻璃，第二、三块透镜材料仍作为变量优化出的畸变曲线

**表 3-34 优化出的结构参数**

| r/mm | d/mm | n | r/mm | d/mm | n |
|---|---|---|---|---|---|
| 3.309 | 1 | LASFN31(Schott) | 2.496 | 0.693 | |
| -34.766 | 0.154 | | 6.379 | 1 | N-LAK21(Schott) |
| ∞(光阑) | 0 | | -4.919 | | |
| -6.888 | 0.9 | 1.69,27.1 | | | |

注：数码相机物镜第一、三块透镜材料用实际玻璃取代，第二块透镜材料仍作为变量优化出的结构参数。

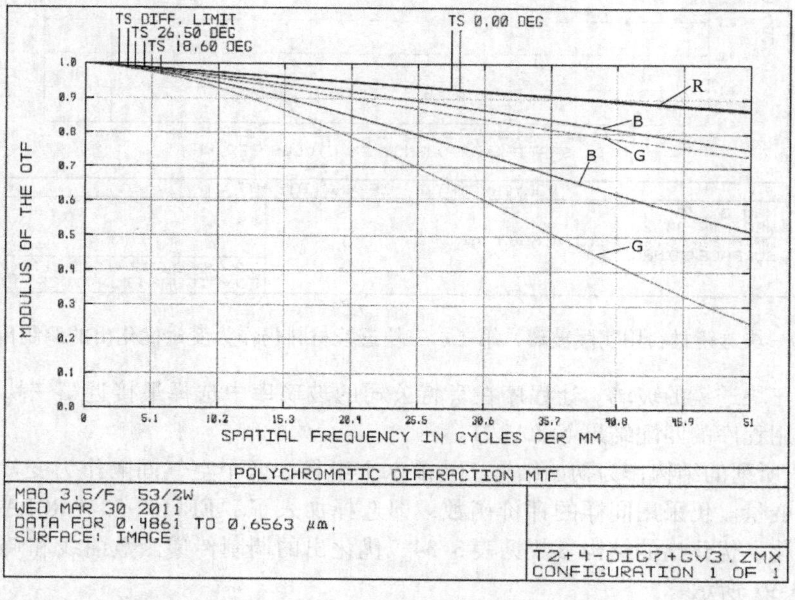


图 3-90 第一、三块透镜材料用实际玻璃取代，第二块透镜材料仍作为变量优化出的调制传递函数曲线

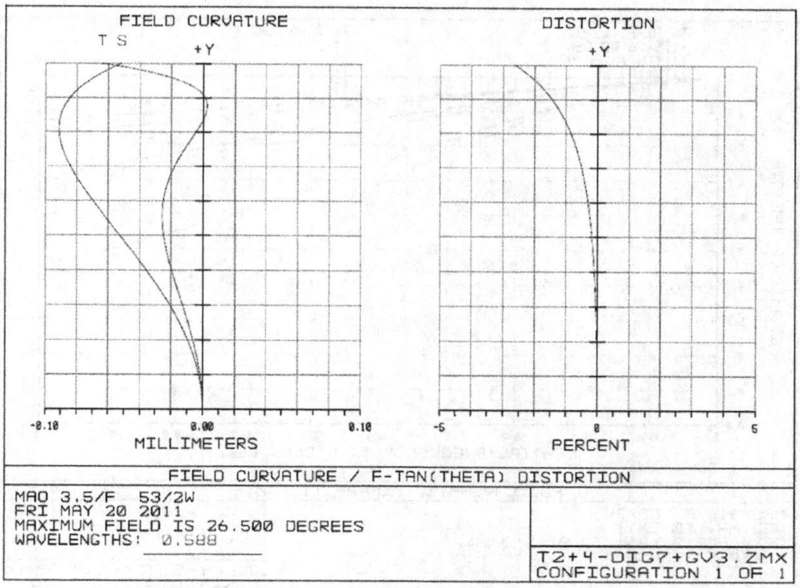


图3-91　第一、三块透镜材料用实际玻璃取代，第二块透镜材料仍作为变量优化出的畸变曲线

最后取代第二块透镜的玻璃。让程序在肖特公司的玻璃库中选择最接近第二块模型玻璃的实际玻璃，并采用程序的匹配结果SF15。

以表3-34所列的结构作为初始结构，将前六个半径和两个空气间隔作为变量。仍采用同样的评价函数，即选择加入了“EFFL”的默认评价函数，进行优化。优化出的结构参数见表3-35，优化出的调制传递函数曲线和畸变曲线分别如图3-92和图3-93所示。

**表3-35　数码相机物镜三块透镜材料都用实际玻璃取代后优化出的结构参数**

| $r$/mm | $d$/mm | $n$ | $r$/mm | $d$/mm | $n$ |
|---|---|---|---|---|---|
| 3.285 | 1 | LASFN31(Schott) | 2.489 | 0.673 | |
| −30.01 | 0.142 | | 6.31 | 1 | N-LAK21(Schott) |
| ∞(光阑) | 0 | | −4.889 | 3.888 | |
| −6.769 | 0.9 | SF15(Schott) | | | |

将表3-35所列结构作自动离焦（离焦时选用对波像差的要求），使得像平面向数码相机物镜移动0.022mm，离焦后的像距见表3-36中厚度$d$一列下的最后一行所列，调制传递函数曲线和畸变曲线分别如图3-94和图3-95所示。

**表3-36　离焦后数码相机物镜的像距**

| $r$/mm | $d$/mm | $n$ | $r$/mm | $d$/mm | $n$ |
|---|---|---|---|---|---|
| 3.285 | 1 | LASFN31(Schott) | 2.489 | 0.673 | |
| −30.01 | 0.142 | | 6.31 | 1 | N-LAK21(Schott) |
| ∞(光阑) | 0 | | −4.889 | 3.866 | |
| −6.769 | 0.9 | SF15(Schott) | | | |

至此优化暂告一段落，现在进行像质评价。从图3-94所示的调制传递函数曲线看，低频部分视场中心的$MTF \geq 0.94$，视场边缘的$MTF \geq 0.85$；高频部分视场中心的$MTF > 0.7$，视场边缘

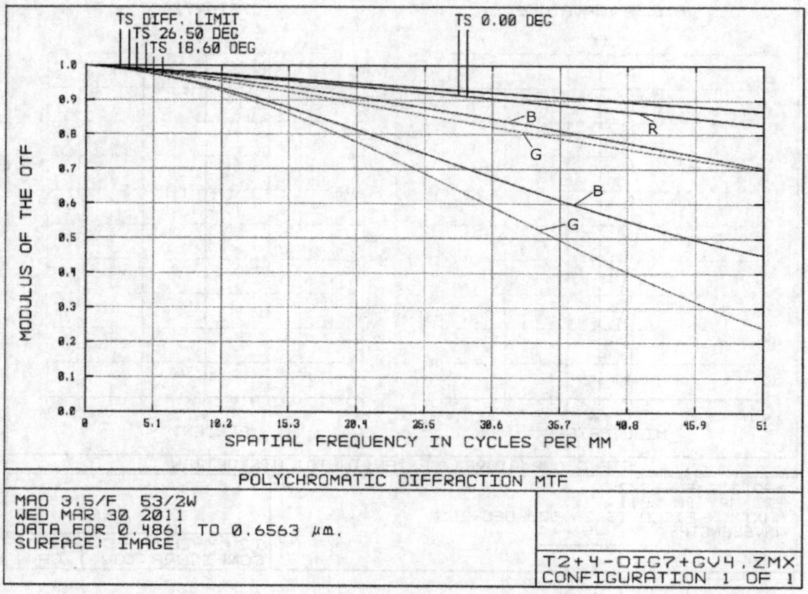


图 3-92　数码相机物镜三块透镜材料都用实际玻璃取代后优化出的调制传递函数曲线

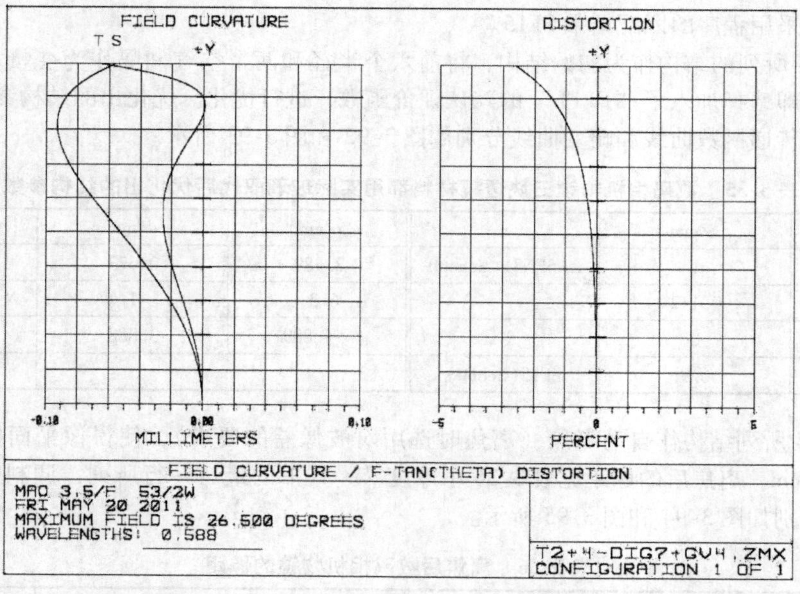


图 3-93　数码相机物镜三块透镜材料都用实际玻璃取代后优化出的畸变曲线

的 $MTF>0.46$。说明低频部分满足设计要求，高频部分好于设计要求。从图 3-95 所示的畸变曲线看，dist $<3\%$ 。说明这个数码相机物镜的像质已经达到了设计要求，设计工作可暂告一段落。不过这里仅作为练习，没有进一步追究玻璃材料的性价比，在实际工作中还要注意这方面的问题，因为 LASFN 及 LAK 类玻璃的价格是比较贵的。

（3）利用“替代玻璃”法进行优化　利用“替代玻璃”方法优化时要调用 ZEMAX 程序中的“Hammer”算法，它是一种全局优化算法。

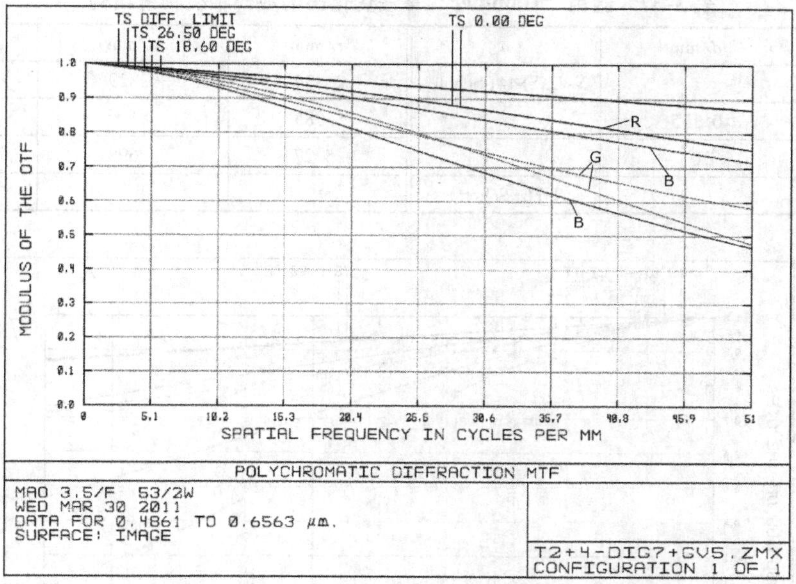


图 3-94 离焦后数码相机物镜的调制传递函数曲线

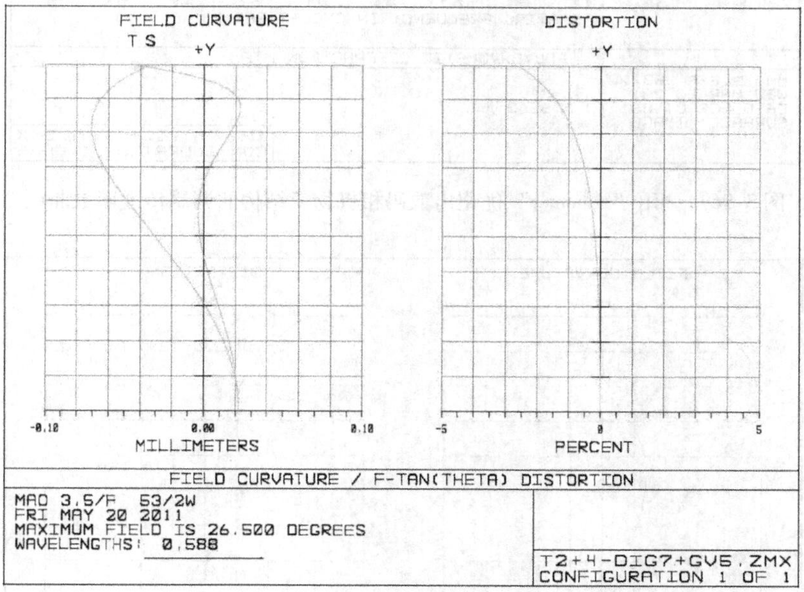


图 3-95 离焦后数码相机物镜的畸变曲线

以表 3-31 所列结构作为初始结构，采用（2）中添加了焦距 $f'=6\text{mm}$ 要求的默认评价函数，将六个半径和两个空气间隔选作变量，将三块玻璃改为“替代玻璃”。修改路径如下：

右键单击材料旁边的小方块→Solve Type（Subtitute）→OK。

通过路径“tools→optimization→Hammer optimization→Hammer”调出“Hammer”算法优化，程序运行 1.6min 后中断运行，评价函数由 0.005481474 减小为 0.003739222，此时得到表 3-37 所列的数码相机物镜结构参数。这个结构的调制传递函数曲线如图 3-96 所示，畸变曲线如图 3-97 所示。

表 3-37 调用"Hammer"算法优化出的数码相机物镜结构

| r/mm | d/mm | n | r/mm | d/mm | n |
|---|---|---|---|---|---|
| 3. 139 | 1 | N-LASF44(Schott) | 2. 334 | 0. 829 | |
| -14. 688 | 0. 115 | | 5. 985 | 1 | N-PSK57(Schott) |
| ∞(光阑) | 0 | | -5. 274 | 3. 698 | |
| -5. 82 | 0. 9 | TIF6(Schott) | | | |

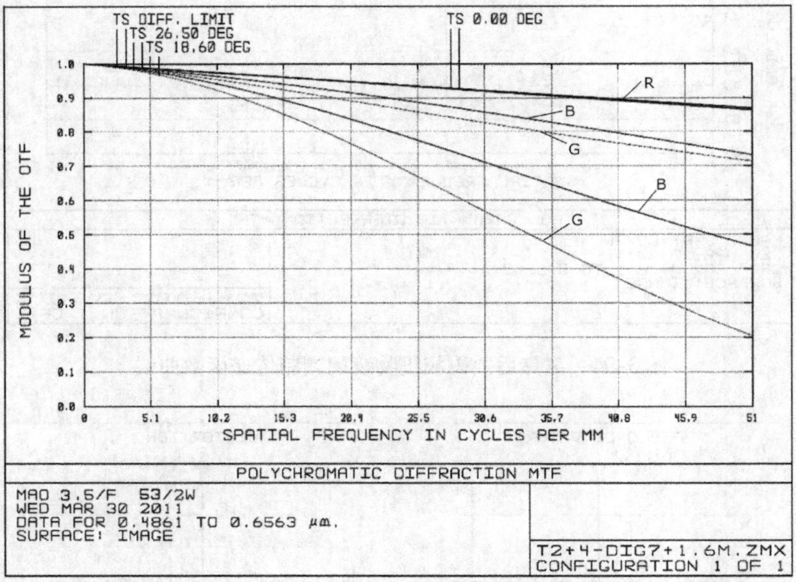


图 3-96 调用"Hammer"优化出数码相机物镜结构的调制传递函数曲线

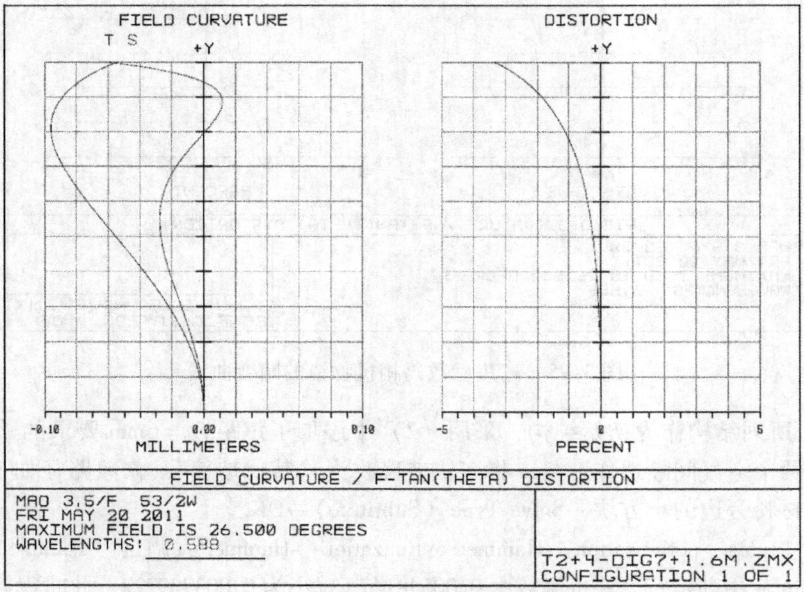


图 3-97 调用"Hammer"优化出数码相机物镜结构的畸变曲线

将表3-37所列结构作自动离焦，使得像平面向数码相机物镜移动0.018mm，离焦后的像距见表3-38中厚度$d$一列下的最后一行所列，调制传递函数曲线和畸变曲线分别如图3-98和图3-99所示。

**表3-38　调用“Hammer”优化并离焦后数码相机物镜的像距**

| r/mm | d/mm | n | r/mm | d/mm | n |
|---|---|---|---|---|---|
| 3.139 | 1 | N-LASF44(Schott) | 2.334 | 0.829 | |
| -14.688 | 0.115 | | 5.985 | 1 | N-PSK57(Schott) |
| ∞(光阑) | 0 | | -5.274 | 3.68 | |
| -5.82 | 0.9 | TIF6(Schott) | | | |

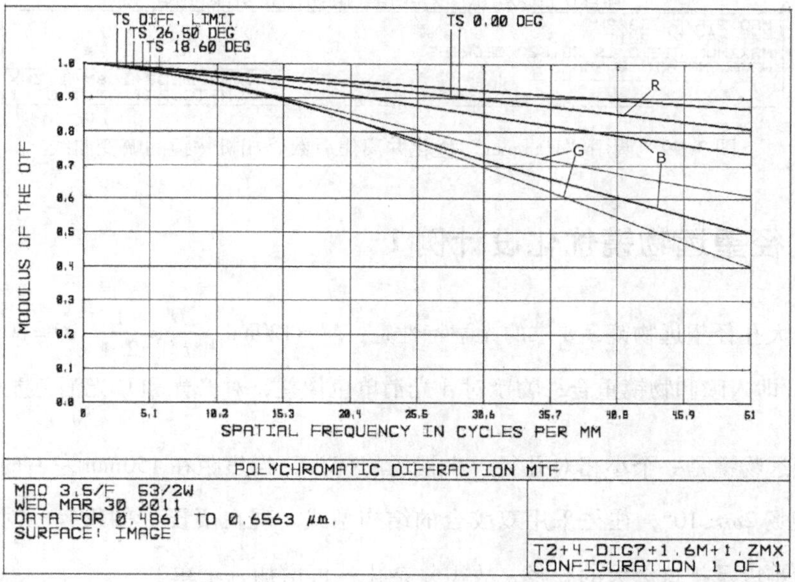


图3-98　调用“Hammer”优化并离焦后数码相机物镜的调制传递函数曲线

至此优化暂告一段落，现在进行像质评价。从图3-98所示的调制传递函数曲线看，低频部分视场中心的$MTF \geqslant 0.94$，视场边缘的$MTF \geqslant 0.85$；高频部分视场中心的$MTF \geqslant 0.8$，视场边缘的$MTF > 0.4$。说明低频部分满足设计要求，高频部分好于设计要求。从图3-99所示的畸变曲线看，dist <4%。说明这个数码相机物镜的像质已经达到了设计要求，设计工作可暂告一段落。不过这里仅作为练习，没有进一步追究玻璃材料的性价比，在实际工作中还要注意这方面的问题，因为LASF类玻璃的价格是比较贵的。另外，这里说设计工作“暂告一段落”而不说“结束”，是因为像差校正任务完成后，就设计工作而言，还有结构参数的圆正、加工公差的计算制定、出图等重要的工作要做，这里就暂不探讨了。

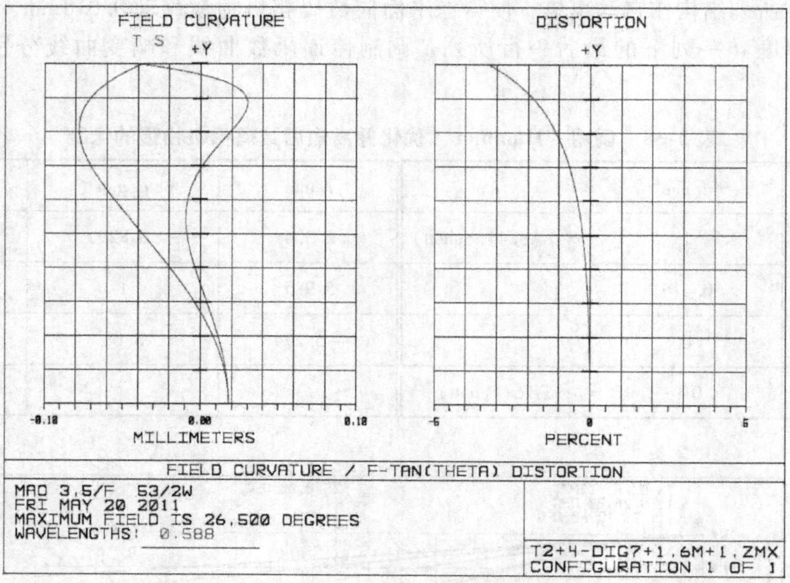


图 3-99 调用“Hammer”优化并离焦后数码相机物镜的畸变曲线

## 3.3 大孔径望远物镜优化设计例 1

设计一个大孔径望远物镜，要求的光学特性是：$f'=120\text{mm}$，$\dfrac{D}{f'}=\dfrac{1}{2.4}$（$D=50\text{mm}$），$2\omega=4°$；另外有 $l_p=0$，即入瞳和物镜重合；物镜对 d 光消单色像差，对 F 光和 C 光消色差。

**1. 选型**

一般的望远物镜是一个小相对孔径、小视场的镜头，当焦距在 150mm 左右时，若相对孔径 $\dfrac{D}{f'}\leqslant\dfrac{1}{4}$，全视场 $2\omega\leqslant10°$，往往采用双胶合的结构型式。现在要设计的物镜相对孔径 $\dfrac{D}{f'}=\dfrac{1}{2.4}$，一个双胶物镜难以承担这么大的孔径，故需复杂化，再增加一个单片，形成双胶合加单片的型式，如图 3-100 所示。

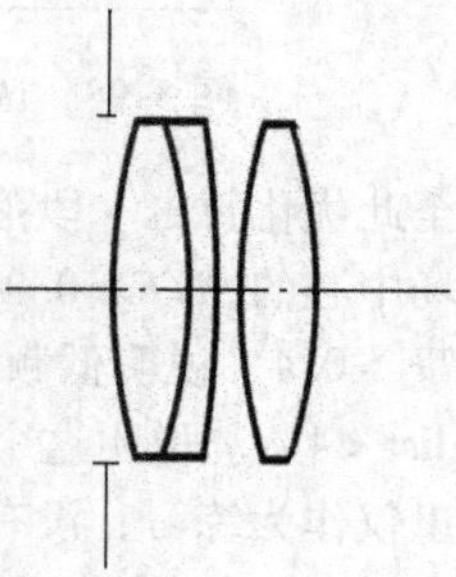

图 3-100 双胶合加单片结构的大孔径望远物镜

**2. 光焦度分配**

这个物镜的孔径光阑就安放在物镜上，由薄透镜的像差理论知，它的像散与场曲几乎为定值，而畸变和倍率色差不会太大，主要校正的像差为球差、彗差和位置色差。因为它的孔径较大，所以高级球差和色球差就有可能严重起来，要注意校正。一般来说，单片的高级球差比双胶的高级球差小，可以让单片多承担一些光焦度，双胶少承担一点光焦度，而让它主要起校正像差的作用。究竟如何分配，可以按不同的光焦度分配比例进行试算决定，这里按照袁旭沧的经验（见参考文献［7，8］）取为

$$\varphi_d:\varphi_j=3:1 \tag{3-9}$$

即单片的光焦度 $\varphi_d$ 是双胶光焦度 $\varphi_j$ 的 3 倍。根据 $\varphi_d+\varphi_j=\varphi=\dfrac{1}{120}$得

$$\left.\begin{aligned}\varphi_{d} &= 0.00625 \\ \varphi_{j} &= 0.00208\end{aligned}\right\} \tag{3-10}$$

**3. 玻璃选择和初始结构**

在设计激光光束聚焦物镜时知道，单片物镜的折射率越高，则它产生的高级球差就越小；另一方面从薄透镜的像差理论知道，单片的阿贝数 $\nu$ 越高（色散越小），它产生的位置色差就越小。综合这两方面的情况，单片可选择 ZK7（1.613，60.6）玻璃。

双胶的初始结构可以沿用 2.3.1 节中解像差方程的办法选择出玻璃对，并确定出三个半径。也可以沿用 2.3.3 节中介绍的方法。这里采用后一个方法而不采用前一个解像差方程的办法。双胶的玻璃对选用 BaK3（1.54678，62.78）和 ZF6（1.75523，27.53）这一对玻璃。设 $\varphi_{j}=\varphi_{1}+\varphi_{2}$，根据薄透镜的位置色差方程有

$$h^{2}\left(\frac{\varphi_{1}}{\nu_{1}}+\frac{\varphi_{2}}{\nu_{2}}\right)=\sum C_{\mathrm{I}_{j}} \tag{3-11}$$

同样有单片的位置色差方程

$$h^{2}\frac{\varphi_{d}}{\nu_{d}}=\sum C_{\mathrm{I}_{d}} \tag{3-12}$$

要消位置色差，应有 $\sum C_{\mathrm{I}_{j}}=-\sum C_{\mathrm{I}_{d}}$。将 $h=\dfrac{D}{2}=25\text{mm}$ 和玻璃材料的折射率和阿贝数代入式（3-11）和式（3-12）可得

$$\left.\begin{aligned}\varphi_{1} &= 0.00862161 \\ \varphi_{2} &= -0.0066116\end{aligned}\right\} \tag{3-13}$$

设双胶中正透镜是一个两个半径值相等符号相反的双凸形状透镜，则可得三个半径为

$$\left.\begin{aligned}r_{1} &= 126.821 \\ r_{2} &= -126.821 \\ r_{3} &= 1146.846\end{aligned}\right\} \tag{3-14}$$

设单透镜是一个两个半径值相等符号相反的双凸形状透镜，即得它的两个半径为

$$\left.\begin{aligned}r_{4} &= 196.16 \\ r_{5} &= -196.16\end{aligned}\right\} \tag{3-15}$$

这样就得出了一个大孔径望远物镜的初始结构参数，见表 3-39，其中，透镜的厚度是考虑到透镜所需要的口径大致估算的，若不合适以后再作调整。

**表 3-39　大孔径望远物镜的初始结构参数**

| r/mm | d/mm | n | r/mm | d/mm | n |
|---|---|---|---|---|---|
| ∞（光阑） | 0 | | 1146.85 | 0.5 | |
| 126.821 | 7.5 | BaK3 | 196.16 | 6 | ZK7 |
| -126.821 | 5 | ZF6 | -196.16 | | |

**4. 优化**

（1）第 1 步优化　将表 3-39 所列的初始结构参数送入 ZEMAX 程序，取五个半径为变量，选择 ZEMAX 程序中全孔径轴向球差的操作数“LONA”、0.7 孔径位置色差的操作数“AXCL”，以及正弦差的操作数“OSCD”和系统焦距的操作数“EFFL”加入到评价函数中，除“EFFL”的目标值取 120mm 外，其余三个目标值都取 0，四个操作数的权重都取 1。

值得指出，这里使用操作数“LONA”时，其下的“Wave”应该为d光的，孔径带数（Zone）应填1，因为是全孔径的轴向球差；操作数“AXCL”其下的“Wave1”是F光的，“Wave2”是C光的，孔径带数（Zone）为0.7，因为它是0.7孔径的位置色差；操作数“OSCD”其下的“Wave”是d光的，另一个在“Zone”处只需填写1即可。评价函数用操作语句括号写出如下：

{LONA(Wave;Zone);Target,Weight}⇒{LONA(2;1);0,1}

{AXCL(Wave1,Wave2;Zone);Target,Weight}⇒{AXCL(1,3;0.7);0,1}

{OSCD(Wave;Zone);Target,Weight}⇒{OSCD(2;1);0,1}

{EFFL(Wave);Target,Weight}⇒{EFFL(2);120,1}

经第1步优化后，所得的球差曲线如图3-101所示，横向像差曲线如图3-102所示，在评价函数中可找到正弦差*OSC'*的值为零。第1步优化出的结构参数见表3-40。

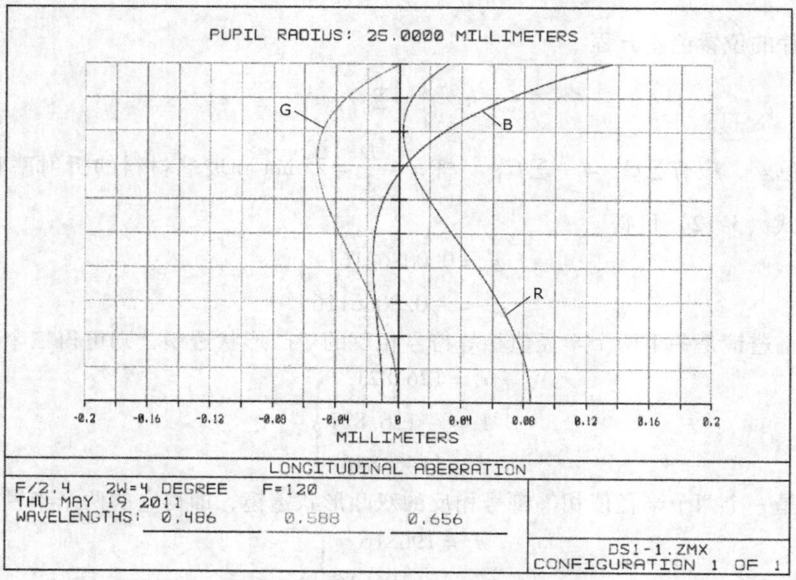


图3-101 大孔径望远物镜例1第1步优化后的球差曲线

**表3-40 大孔径望远物镜例1第1步优化出的结构参数**

| *r*/mm | *d*/mm | *n* | *r*/mm | *d*/mm | *n* |
|---|---|---|---|---|---|
| ∞（光阑） | 0 | | -694.396 | 0.5 | |
| 95.007 | 7.5 | BaK3 | 116.884 | 6 | ZK7 |
| -101.278 | 5 | ZF6 | 377.851 | | |

（2）第2步优化　由图3-101和图3-102所示的像差曲线以及*OSC'*的数据看出，经过第1步优化，轴上点全孔径球差、位置色差、正弦差都得到了很好的校正。但带球差约为0.05mm，这是高级球差，下面着手校正高级球差。

以第1步优化后的结构为基础，取五个半径为变量，将全孔径轴向球差的操作数“LONA”、0.7孔径位置色差的操作数“AXCL”，以及正弦差的操作数“OSCD”和系统焦距的操作数“EFFL”加入到评价函数中，另将0.7孔径轴向球差的操作数“LONA”加入到评价函数中；“EFFL”的目标值取120mm，其余四个操作数的目标值都取0；“OSCD”的权重取15，其余四个操作数的权重

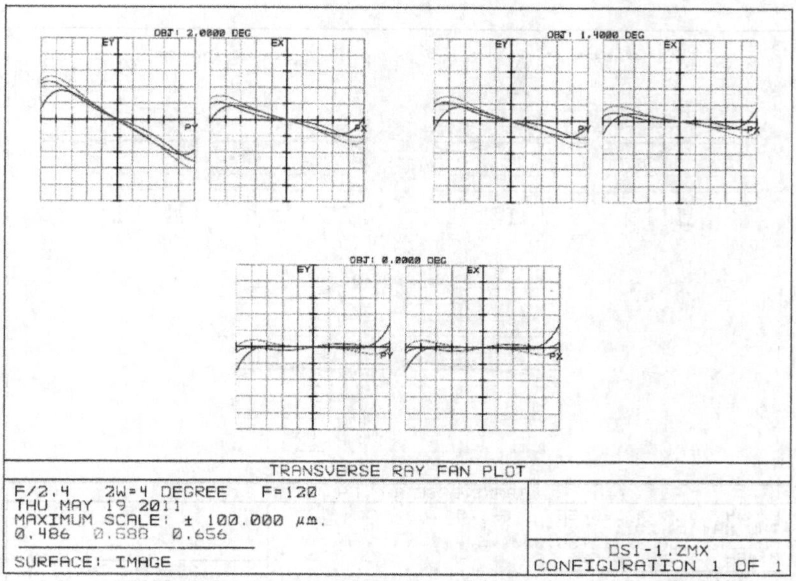


图 3-102　大孔径望远物镜例 1 第 1 步优化后的横向像差曲线

都取 1。评价函数用操作语句括号写出如下：

{LONA(Wave; Zone);Target,Weight} ⇒ {LONA(2;1); 0,1}

{AXCL(Wave1,Wave2;Zone);Target,Weight} ⇒ {AXCL(1,3;0.7);0,1}

{OSCD(Wave;Zone);Target,Weight} ⇒ {OSCD(2;1);0,15}

{EFFL(Wave);Target,Weight} ⇒ {EFFL(2);120,1}

{LONA(Wave;Zone);Target,Weight} ⇒ {LONA(2;0.7);0,1}

第 2 步优化后得到球差曲线如图 3-103 所示，横向像差曲线如图 3-104 所示，在评价函数中找到正弦差 *OSC'* 的值为 -0.0014。

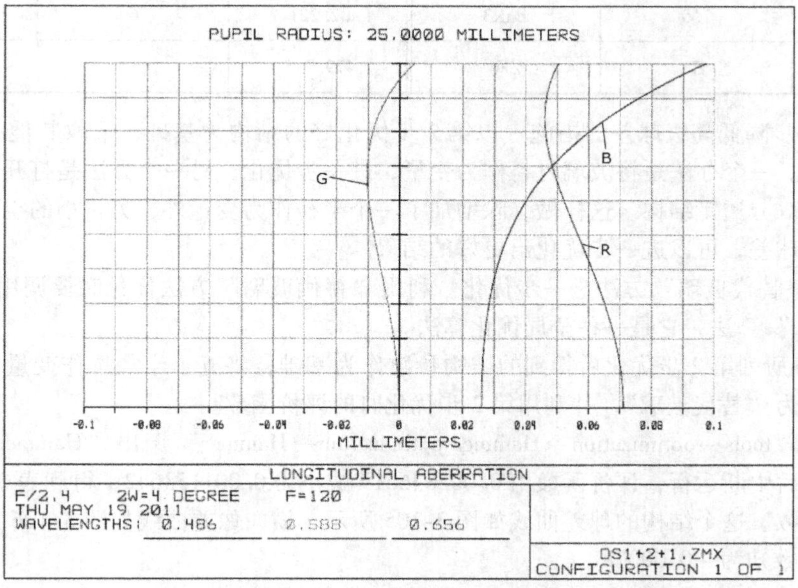


图 3-103　大孔径望远物镜例 1 第 2 步优化后的球差曲线

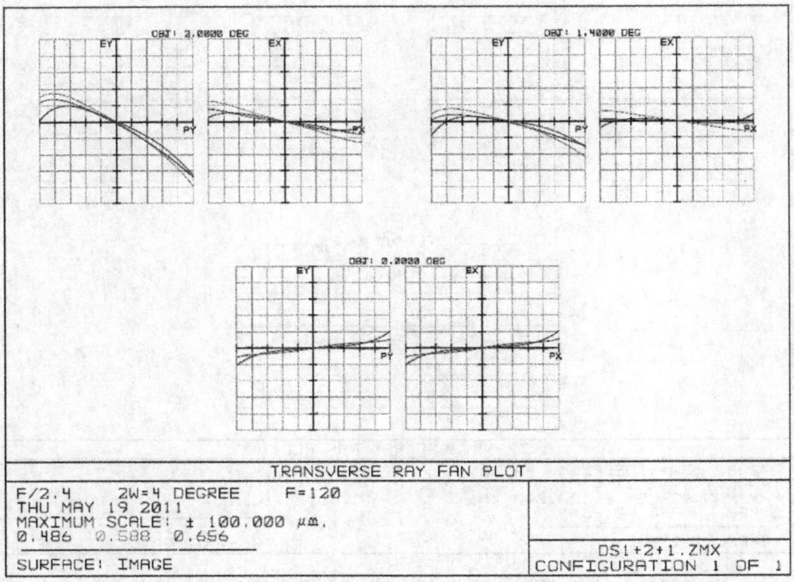


图 3-104 大孔径望远物镜例 1 第 2 步优化后的横向像差曲线

由球差曲线图 3-103 和横向像差曲线图 3-104 以及 *OSC′*的数据看出，经过第 2 步优化，在轴上点全孔径球差、位置色差及正弦差保持好的校正状态下，0.7 孔径的轴向球差由 -0.05下降至 -0.01，减小到原先的 1/5。第 2 步优化出的结构参数见表 3-41。

**表 3-41 大孔径望远物镜例 1 第 2 步优化出的结构参数**

| r/mm | d/mm | n | r/mm | d/mm | n |
|---|---|---|---|---|---|
| ∞（光阑） | 0 | | -406.774 | 0.5 | |
| 205.588 | 7.5 | BaK3 | 82.221 | 6 | ZK7 |
| -89.935 | 5 | ZF6 | 479.715 | | |

（3）进一步降低高级球差的措施　以第 2 步优化好的结构为基础，采取其他办法来进一步降低高级球差。一个办法是将玻璃材料作为变量，进一步优化；另一个办法是打开胶合面，将双胶合结构改成双分透镜结构。这样做，除增加了一个半径作为变量外，另将小的空气间隙作为变量以降低高级球差，可以进一步优化出更好的结果。

1）利用“替代玻璃”方法进一步优化。利用“替代玻璃”方法优化时要调用 ZEMAX 程序中的“Hammer”算法，它是一种全局优化算法。

以表 3-41 所列第 2 步优化后得到的结构参数作为基础，将五个半径选作变量，将双胶透镜的两块玻璃改为“替代玻璃”，并利用第 2 步优化时的评价函数。

通过路径“tools→optimization→Hammer optimization→Hammer”调出“Hammer”算法优化，程序运行几秒后中断运行，评价函数由 0.002846619 减小为 0.001153642，得到表 3-42 所列的望远物镜结构参数。这个结构的球差曲线如图 3-105 所示，横向像差曲线如图 3-106 所示，正弦差 *OSC′*由评价函数知为 -0.00078。

表 3-42　调用“Hammer”函数优化得到的大孔径望远物镜例 1 结构参数

| $r$/mm | $d$/mm | $n$ | $r$/mm | $d$/mm | $n$ |
|---|---|---|---|---|---|
| ∞（光阑） | 0 | | -277.19 | 0.5 | |
| 254.871 | 7.5 | ZK14 | 89.331 | 6 | Zk7 |
| -90.214 | 5 | LaSF35(Schott) | -8113.09 | | |

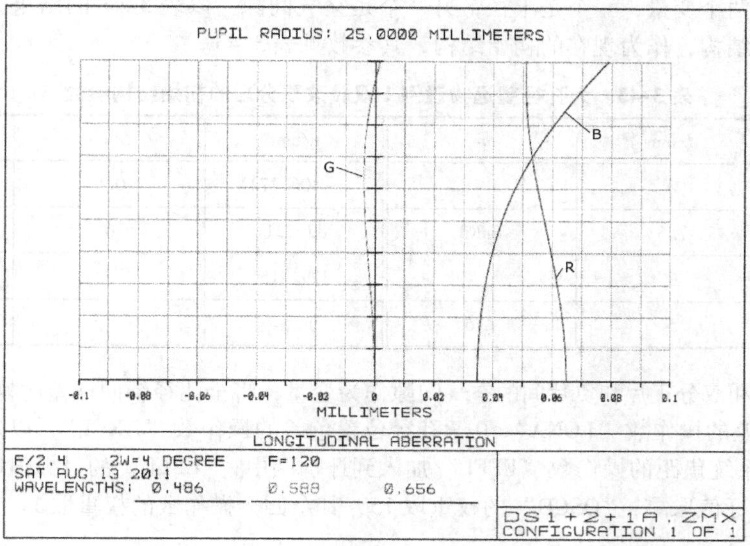


图 3-105　调用“Hammer”函数优化得到的大孔径望远物镜例 1 的球差曲线

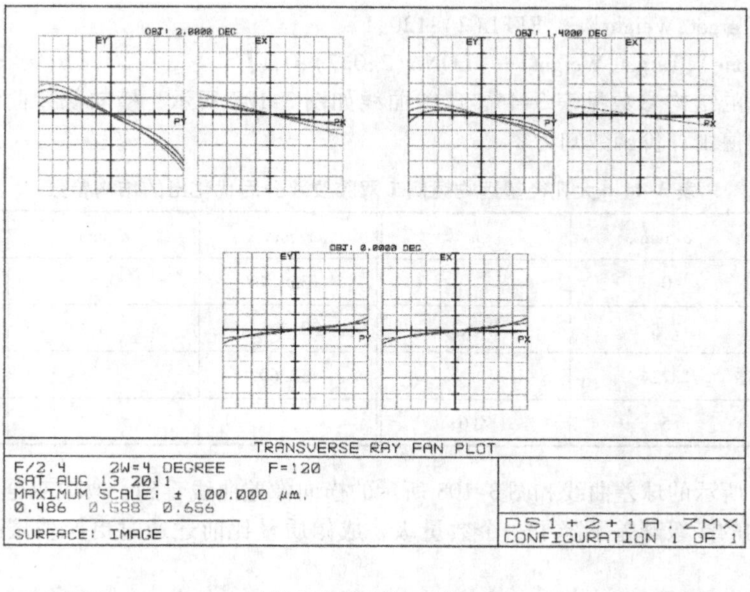


图 3-106　调用“Hammer”函数优化得到的大孔径望远物镜例 1 的横向像差曲线

由图 3-105 和图 3-106 所示的像差曲线以及正弦差 *OSC'* 的数据看到，调用“Hammer”函数进一步优化后，全孔径轴向球差、位置色差和正弦差得到了良好的校正，高级球差也减小了不少，0.7 孔径的轴向球差由第 2 步优化后的 -0.01mm 下降为现在的 -0.0038mm，减小了 2/3。很显然，由于玻璃的折射率有所提高，对于降低高级球差的效果还是很显著的。但 LaSF 类玻璃的价格较高，工艺性能较差，所以其结果是否可取是值得商榷的。

2）双胶合结构改双分结构后进一步优化。将胶合面打开，这样双胶合结构就变成了双分结构，从而增加了两个变量，一个是半径，另一个是空气间隙。以表 3-41 的结果为基础，将双胶合结构改为双分结构，作为现在的初始结构，其参数见表 3-43。

**表 3-43　大孔径望远物镜例 1 双胶改双分后的初始结构参数**

| *r*/mm | *d*/mm | *n* | *r*/mm | *d*/mm | *n* |
|---|---|---|---|---|---|
| ∞（光阑） | 0 | | -406.774 | 0.5 | |
| 205.588 | 7.5 | BaK3 | 82.221 | 6 | ZK7 |
| -89.935 | 0 | | 479.715 | | |
| -89.935 | 5 | ZF6 | | | |

将六个半径和双分正片和负片间的空气间隙作为变量，将全孔径轴向球差的操作数“LONA”、0.7 孔径轴向球差的操作数“LONA”、0.7 孔径位置色差的操作数“AXCL”，以及正弦差的操作数“OSCD”和系统焦距的操作数“EFFL”加入到评价函中；“EFFL”的目标值取 120mm，其余四个操作数的目标值取零；“OSCD”的权重取 15，其余四个操作数的权重取 1。评价函数用操作语句括号写出如下：

{LONA(Wave;Zone);Target,Weight}⇒{LONA(2;1);0,1}
{AXCL(Wave1,Wave2;Zone);Target,Weight}⇒{AXCL(1,3;0.7);0,1}
{OSCD(Wave;Zone);Target,Weight}⇒{OSCD(2;1);0,15}
{EFFL(Wave);Target,Weight}⇒{EFFL(2);120,1}
{LONA(Wave;Zone);Target,Weight}⇒{LONA(2;0.7);0,1}

优化后得到的结构参数见表 3-44，球差曲线如图 3-107 所示，横向像差曲线如图 3-108 所示，正弦差的数值由评价函数知为零。

**表 3-44　大孔径望远物镜例 1 双胶改双分后优化出的结构参数**

| *r*/mm | *d*/mm | *n* | *r*/mm | *d*/mm | *n* |
|---|---|---|---|---|---|
| ∞（光阑） | 0 | | -350.46 | 0.5 | |
| 214.956 | 7.5 | BAK3 | 80.661 | 6 | ZK7 |
| -86.485 | 1.224 | | 432.69 | | |
| -85.379 | 5 | ZF6 | | | |

由图 3-107 所示的球差曲线和图 3-108 所示的横向像差曲线看到，改成双分结构后的高级球差比双胶合结构的高级球差下降了一个数量级，成像质量比前述通过更换玻璃降低高级球差的结果好一些。

（4）进一步校正色球差　前面通过将双胶合结构改为双分结构，利用小空气间隙校正了高级球差，但由图 3-107 看到，这个望远物镜还存在较为严重的色球差，约为 0.09mm。色球差也

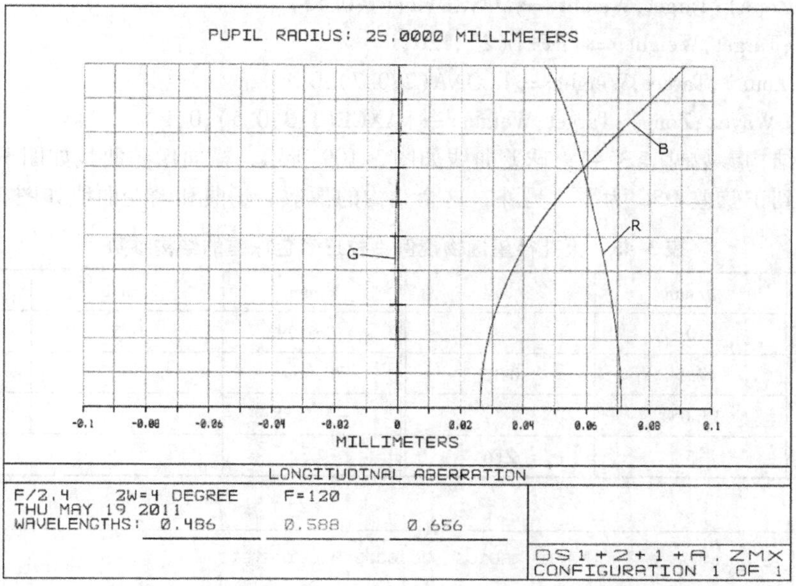


图3-107　大孔径望远物镜例1双胶改双分后优化出的球差曲线

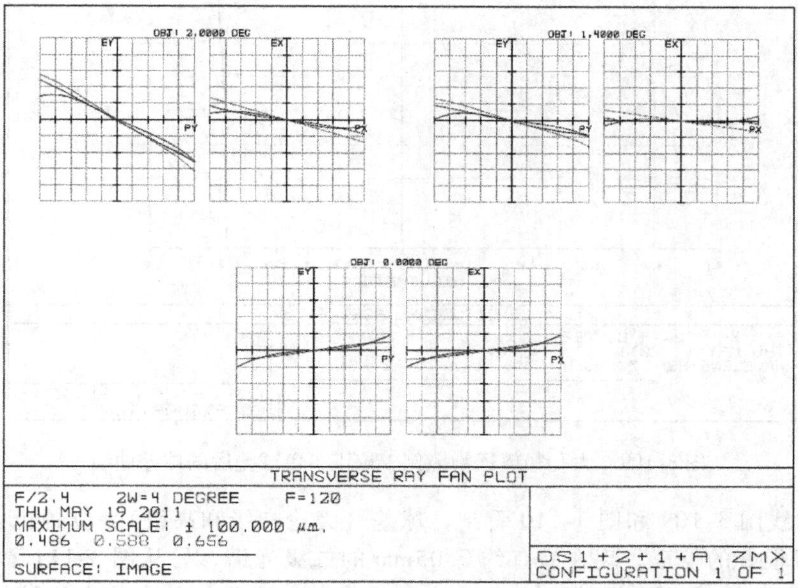


图3-108　大孔径望远物镜例1双胶改双分后优化出的横向像差曲线

是一种高级像差，下面利用双胶改双分后增加的空气间隔来校正色球差。

以表3-44所列的结构参数为基础，即以双胶合结构改为双分结构后优化出的结果作为基础。选择六个半径和一个空气间隙为变量，以前面所用的评价函数为基础，并加入0.5孔径位置色差的操作数“AXCL”，其目标值取0，权重取1。评价函数用操作语句括号写出如下：

{LONA(Wave;Zone);Target,Weight}⇒{LONA(2;1);0,1}

{AXCL(Wave1,Wave2;Zone);Target,Weight}⇒{AXCL(1,3;0.7);0,1}

{OSCD(Wave;Zone);Target,Weight}⇒{OSCD(2;1);0,15}
{EFFL(Wave);Target,Weight}⇒{EFFL(2);120,1}
{LONA(Wave;Zone);Target,Weight}⇒{LONA(2;0.7);0,1}
{AXCL(Wave1,Wave2;Zone);Target,Weight}⇒{AXCL(1,3;0.5);0,1}

优化出的结构参数见表3-45，球差曲线如图3-109所示，横向像差曲线如图3-110所示，在评价函数中得到正弦差 $OSC'$ 为零。另外，这个结构的像散、场曲和畸变曲线如图3-111所示。

表3-45 大孔径望远物镜例1校正了色球差的结构参数

| r/mm | d/mm | n | r/mm | d/mm | n |
|---|---|---|---|---|---|
| ∞（光阑） | 0 | | -726.992 | 0.5 | |
| 174.229 | 7.5 | BaK3 | 78.069 | 6 | ZK7 |
| -113.388 | 13.654 | | -535.88 | | |
| -79.466 | 5 | ZF6 | | | |

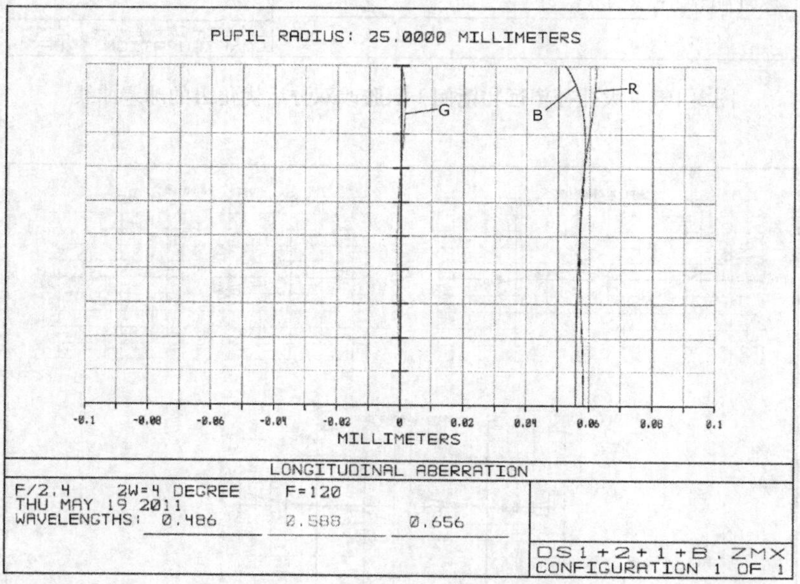


图3-109 大孔径望远物镜例1校正了色球差后的球差曲线

从像差曲线图3-109和图3-110看到，球差（无论初级和高级）、位置色差、色球差和彗差都得到了很好的校正。现在尚有约0.05mm的二级光谱，另从图3-111看到表3-45结构尚存在约0.35mm的子午场曲和约0.16mm的像散，这些像差在这个物镜结构中是无法消除的。

**5. 像质评价**

望远物镜的像差公差一般用波像差来衡量。实验证明，当光学系统的波像差小于1/4波长时，所成的像和没有像差的理想像几乎没有差别。长期以来，把波像差小于1/4波长作为制定望远物镜像差公差的标准。为使用方便，这里直接给出波像差为1/4波长时所对应的各种几何像差的公差。

（1）球差。大孔径望远物镜存在高级球差，所以球差的公差由两部分构成，即全孔径边缘

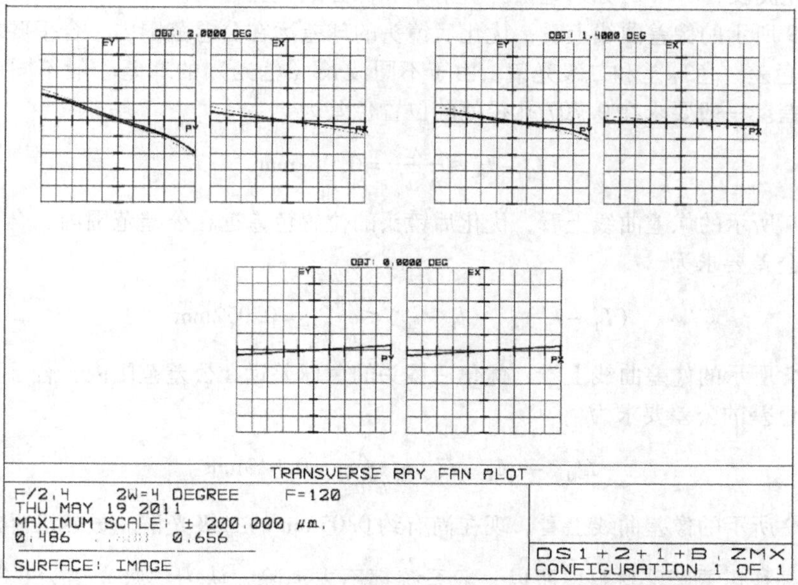


图 3-110　大孔径望远物镜例 1 校正了色球差后的横向像差曲线

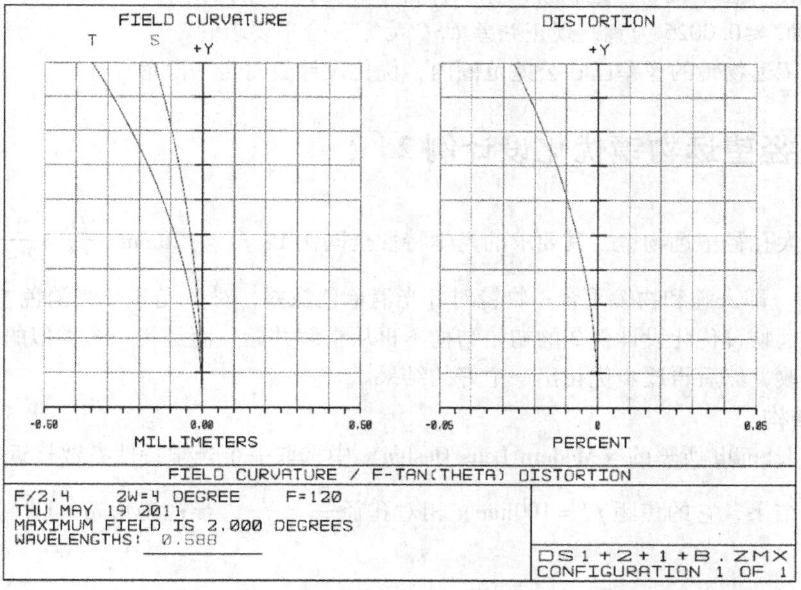


图 3-111　大孔径望远物镜例 1 表 3-45 结构的像散、场曲和畸变曲线

轴向球差 $\delta L'_m$ 和剩余轴向球差 $\delta L'$。球差的公差为

$$\delta L'_m \leqslant \frac{\lambda}{n'u'^2_m} = 0.013\text{mm}$$

$$\delta L' \leqslant \frac{6\lambda}{n'u'^2_m} = 0.078\text{mm}$$

式中，$\lambda$ 是 $d$ 光波长；$n'$和 $u'_m$分别是像方折射率和像方最大孔径角。

从图 3-109 所示的像差曲线上看，优化后镜头的球差远在公差范围内，合乎要求。

（2）位置色差、色球差和二级光谱。由于不同波长（色光）的球差一般不同，所以光学系统中存在色球差。一般要求在 0.707 孔径处的位置色差为

$$L'_F - L'_C \leqslant \frac{\lambda}{n'u'^2_m} = 0.013\text{mm}$$

从图 3-109 所示的像差曲线上看，优化后镜头的位置色差远在公差范围内，合乎要求。

色球差的公差要求为

$$(L'_F - L'_C)_m - (l'_F - l'_C) \leqslant \frac{4\lambda}{n'u'^2_m} = 0.052\text{mm}$$

从图 3-109 所示的像差曲线上看，优化后镜头的色球差远在公差范围内，合乎要求。

二级光谱色差的公差要求为

$$L'_{d0.7} - (L'_F - L'_C) \leqslant \frac{\lambda}{n'u'^2_m} = 0.013\text{mm}$$

从图 3-109 所示的像差曲线上看，现在尚有约 0.05mm 的二级光谱。显然已经超差，但是二级光谱的校正往往需要特殊材料，所以一般系统都不去消除，认为二级光谱为$\frac{4\lambda}{n'u'^2_m}$时还是比较好的。

（3）正弦差。在小视场望远物镜的像质评价中，往往采用正弦差 $OSC'$来评价轴外点的彗差，要求物镜的 $OSC' \leqslant 0.0025$ 为宜，现正弦差 $OSC'$为零，合乎要求。

所以这个望远物镜的像差已在公差范围内，优化设计暂时告一段落。

## 3.4 大孔径望远物镜优化设计例 2

设计一个大孔径望远物镜，其要求的光学特性全同例 1：$f' = 120\text{mm}$，$\frac{D}{f'} = \frac{1}{2.4}(D = 50\text{mm})$，$2\omega = 4°$；$l_p = 0$，即入瞳和物镜重合；物镜对 d 光消单色像差，对 F 光和 C 光消色差。

大孔径望远物镜优化设计例 2 的初始结构不再从求解并始，而是找一个类似的现成结果，作一些相应的修改，然后再逐步优化出一个好的结果。

**1. 初始结构**

1）从 W. J. Smith 所著的《Modern Lens Design》中选取一个光学特性参数接近设计要求，结构类似的现成结果，它的焦距 $f' = 100\text{mm}$，相对孔径$\frac{D}{f'} = \frac{1}{2.8}$，半视场角 $\omega = 1°$。其结构参数见表 3-46。

**表 3-46 Smith 望远物镜结构参数**

| r/mm | d/mm | n | r/mm | d/mm | n |
|---|---|---|---|---|---|
| ∞（光阑） | 0 | | -332.879 | 2 | |
| 142.567 | 4.5 | BK7（Schott） | 69.509 | 4.5 | BK7（Schott） |
| -69.988 | 3.5 | SF1（Schott） | 2253.6 | | |

2）将上述物镜焦距缩放为$f'=120$mm，光学特性参数改为设计要求的数据，即$\frac{D}{f'}=\frac{1}{2.4}$，$2\omega=4°$。并将三块镜片的厚度分别加厚至$d_1=7.5$mm，$d_2=5$mm，$d_4=6$mm，具体结构参数见表3-47。它的焦距为$f'=120.271$mm，与设计要求相差不多，就以其作为初始结构。该初始结构的球差曲线如图3-112所示，横向像差曲线如图3-113所示。

**表3-47 大孔径望远物镜例2初始结构参数**

| r/mm | d/mm | n | r/mm | d/mm | n |
|---|---|---|---|---|---|
| ∞（光阑） | 0 | | -399.456 | 2 | |
| 171.08 | 7.5 | BK7（Schott） | 83.411 | 6 | BK7（Schott） |
| -83.986 | 5 | SF1（Schott） | 2704.3 | | |

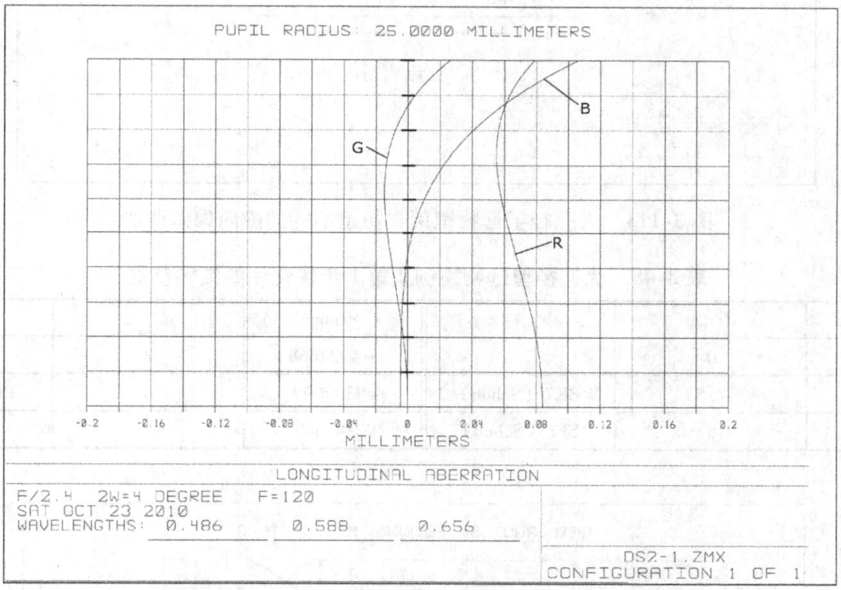


图3-112 大孔径望远物镜例2初始结构的球差曲线

## 2. 优化

（1）第1步优化 从初始结构的球差曲线图3-112和横向像差曲线图3-113看，像差状况是不错的，需要改善的像差是球差和位置色差。将五个半径作为变量，将轴上点全孔径球差的操作数LONA、轴上点0.7孔径位置色差的操作数AXCL、正弦差的操作数OSCD以及焦距的操作数“EFFL”加入到评价函数中，“EFFL”的目标值取120mm，三个像差的目标值取0，所有操作数的权重取1。评价函数用操作语句括号写出如下：

{LONA(Wave;Zone);Target,Weight}⇒{LONA(2;1);0,1}

{AXCL(Wave1,Wave2;Zone);Target,Weight}⇒{AXCL(1,3;0.7);0,1}

{OSCD(Wave;Zone);Target,Weight}⇒{OSCD(2;1);0,1}

{EFFL(Wave);Target,Weight}⇒{EFFL(2);120,1}

优化后的结构参数见表3-48，得到的球差曲线如图3-114所示，横向像差曲线如图3-115所示。并从评价函数中可查到正弦差$OSC'$的值为零。

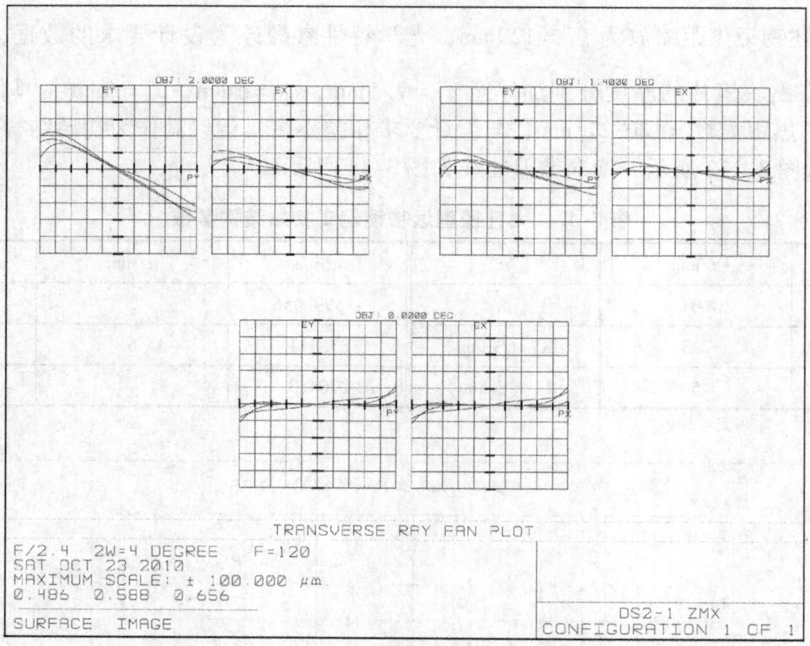


图 3-113 大孔径望远物镜例 2 初始结构的横向像差曲线

**表 3-48 大孔径望远物镜例 2 第 1 步优化后的结构参数**

| r/mm | d/mm | n | r/mm | d/mm | n |
|---|---|---|---|---|---|
| ∞（光阑） | 0 | | −402.668 | 2 | |
| 172.381 | 7.5 | BK7（Schott） | 83.969 | 6 | BK7（Schott） |
| −82.777 | 5 | SF1（Schott） | 9214.307 | | |

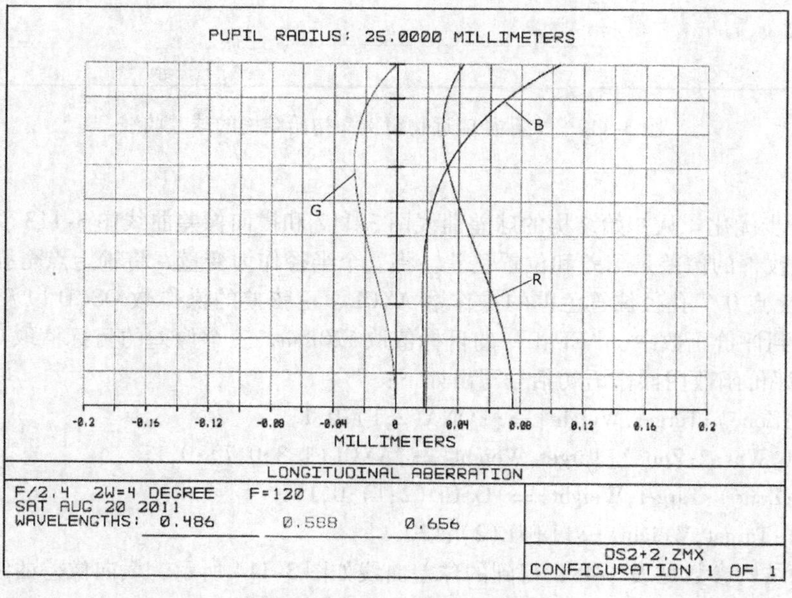


图 3-114 大孔径望远物镜例 2 第 1 步优化后的球差曲线

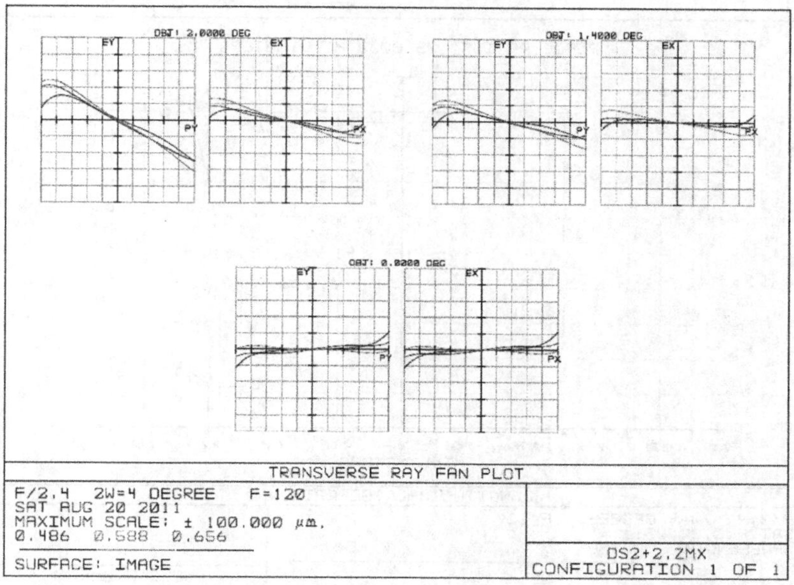


图3-115　大孔径望远物镜例2第1步优化后的横向像差曲线

（2）第2步优化　由图3-114看出，第1步优化后还存在高级球差，另外色球差也需要校正。将胶合面打开，把双胶合结构改为双分结构，把增加的半径和空气间隙添加为变量。将轴上点全孔径球差的操作数LONA、轴上点0.7孔径位置色差的操作数AXCL、正弦差的操作数OSCD、焦距的操作数EFFL以及0.7孔径球差的操作数LONA、轴上点0.5孔径位置色差的操作数AXCL加入到评价函数中，EFFL的目标值取120mm，五个像差的目标值都取0，所有操作数的权重都取1。评价函数用操作语句括号写出如下：

{LONA(Wave;Zone);Target,Weight}⇒{LONA(2;1);0,1}

{AXCL(Wave1,Wave2;Zone);Target,Weight}⇒{AXCL(1,3;0.7);0,1}

{OSCD(Wave;Zone);Target,Weight}⇒{OSCD(2;1);0,1}

{EFFL(Wave);Target,Weight}⇒{EFFL(2);120,1}

{LONA(Wave;Zone);Target,Weight}⇒{LONA(2;0.7);0,1}

{AXCL(Wave1,Wave2;Zone);Target,Weight}⇒{AXCL(1,3;0.5);0,1}

优化后的结构参数见表3-49，球差曲线如图3-116所示，横向像差曲线如图3-117所示，像散和场曲曲线如图3-118所示，由评价函数知正弦差$OSC'$为零。

**表3-49　大孔径望远物镜例2第2步优化后的结构参数**

| $r$/mm | $d$/mm | $n$ | $r$/mm | $d$/mm | $n$ |
|---|---|---|---|---|---|
| ∞（光阑） | 0 | | −477.741 | 2 | |
| 178.046 | 7.5 | BK7（Schott） | 74.063 | 6 | BK7（Schott） |
| −95.717 | 12.267 | | −253.139 | | |
| −69.226 | 5 | SF1（Schott） | | | |

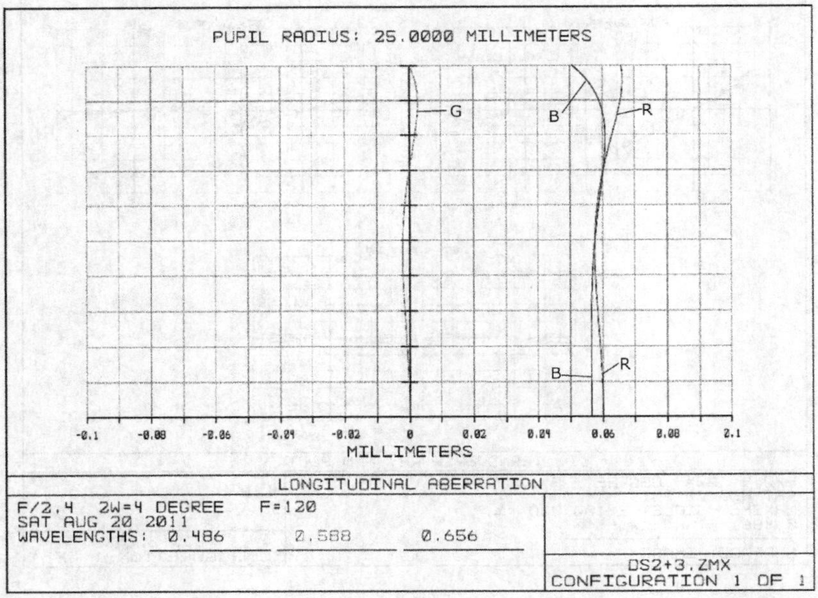


图 3-116 大孔径望远物镜例 2 第 2 步优化后的球差曲线

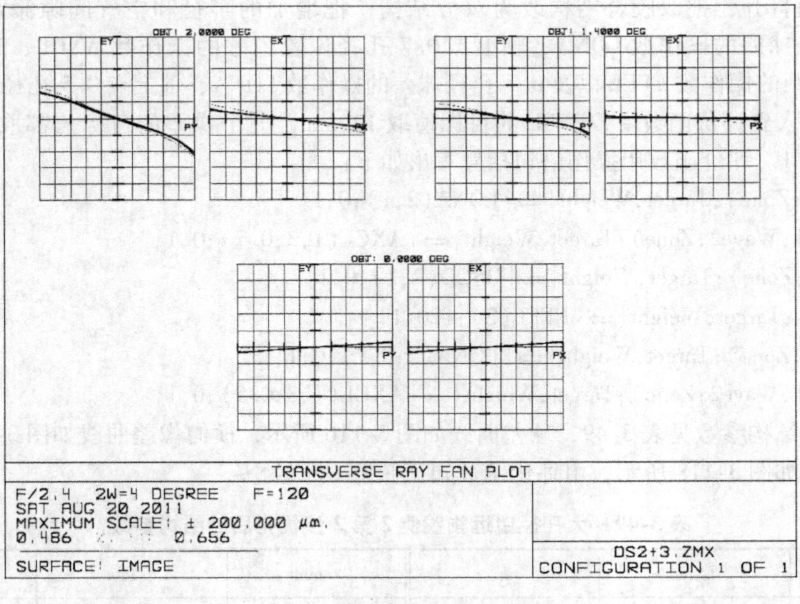


图 3-117 大孔径望远物镜例 2 第 2 步优化后的横向像差曲线

从像差曲线图 3-116～图 3-118 看到，球差（无论初级和高级）、位置色差、色球差和彗差都得到了很好的校正，都在公差范围内。现在尚有约 0.05mm 的二级光谱，约 0.35mm 的子午场曲和约 0.16mm 的像散，这些像差在这个物镜结构中是无法消除的。

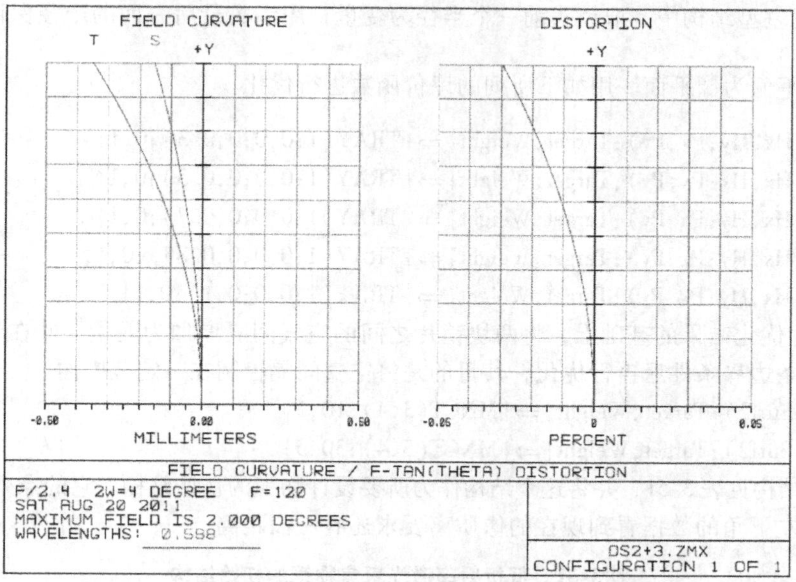


图 3-118　大孔径望远物镜例 2 第 2 步优化后的像散、场曲曲线

## 3.5　三片低折射率激光聚焦物镜的优化设计

在第 2 章中，针对激光聚焦物镜这一具体对象，分析计算了材料折射率高低对像差的影响，并用两片高折射率镜片优化设计出了一个激光聚焦物镜。这里用三片低折射率镜片来设计这个物镜。

**1. 激光聚焦物镜的光学特性和像质要求**

1）物距 $l=\infty$，视场角 $\omega=0°$；焦距 $f'=60\text{mm}$；相对孔径 $\frac{D}{f'}=\frac{1}{2}$；工作波长 $\lambda=0.6328\mu\text{m}$。

2）此镜头只需校正轴上点球差。

3）几何弥散圆直径小于 0.002mm。

4）镜头材料为国产玻璃 K9，$n_{0.6328}=1.51466$，与 $ZF_{14}$ 相比它属于低折射率玻璃。

**2. 物镜初始结构和初始结构的构成过程**

1）在表 2-2 所示的单片镜头中，增加两个折射平面构成双片镜头，第一块镜片厚度为 6mm，第二块镜片厚度为 4mm，材料折射率改为 $n_{0.6328}=1.51466$。取 $l=\infty$，$\omega=0°$；镜头的入瞳直径为 $\phi=30\text{mm}$；用镜头最后一面的半径保证物镜的 $\frac{D}{f'}=\frac{1}{2}$，取理想像平面为像平面。具体数据见表 3-50。

**表 3-50　低折射率激光聚焦物镜基型**

| $r$/mm | $d$/mm | $n$ |
|---|---|---|
| ∞（光阑） | 0 | |
| 47.221 | 6 | K9 |
| ∞ | 0 | |
| ∞ | 4 | K9 |
| −82.809 | 55.683 | |

2）在上述基型结构中，取镜头前三个半径为变量，用镜头最后一面的半径保证物镜的$\frac{D}{f'}=\frac{1}{2}$，取理想像平面为像平面。用如下所列的评价函数进行优化。

{TRAY(Wave;Hx,Hy;Px,Py);Target,Weight} ⇒ {TRAY(1;0,0;0,0.3);0,1}
{TRAY(Wave;Hx,Hy;Px,Py);Target,Weight} ⇒ {TRAY(1;0,0;0,0.5);0,1}
{TRAY(Wave;Hx,Hy;Px,Py);Target,Weight} ⇒ {TRAY(1;0,0;0,0.7);0,1}
{TRAY(Wave;Hx,Hy;Px,Py);Target,Weight} ⇒ {TRAY(1;0,0;0,0.85);0,1}
{TRAY(Wave;Hx,Hy;Px,Py);Target,Weight} ⇒ {TRAY(1;0,0;0,1);0,1}

3）在上述优化结果的基础上，将两块镜片之间的空气间隔增加为变量，并在上述评价函数中增加如下两条边界条件后再行优化，其目的是将空气间隔控制在一定范围内。

{MNCT(Surf1,Surf2);Target,Weight} ⇒ {MNCT(3,4);10,5}
{MXCT(Surf1,Surf2);Target,Weight} ⇒ {MXCT(3,4);30,5}

优化出的结构见表3-51，并将这个结构作为所要设计物镜的初始结构。它的点列图如图3-119所示，由图示左下角的数据看到现在的像质离要求还有一段距离。

**表3-51 低折射率激光聚焦物镜的初始结构**

| $r$/mm | $d$/mm | $n$ |
|---|---|---|
| ∞（光阑） | 0 | |
| 30.867 | 6 | K9 |
| −58.847 | 11.352 | |
| −21.679 | 4 | K9 |
| −44.206 | 37.633 | |

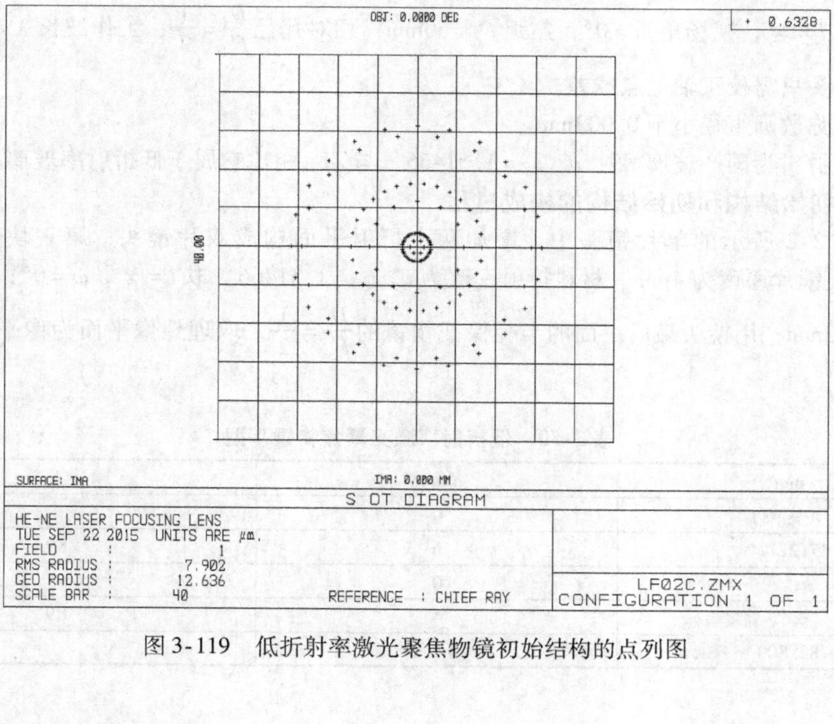


图3-119 低折射率激光聚焦物镜初始结构的点列图

**3. 初始结构的改型**

与第2.1.2节中设计高折射率双片激光聚焦物镜的过程和所得到的结果相比，给出这个初始结构的过程几乎与前者完全一致，而两者的像质则大不一样，分别如图3-120和图3-121所示。

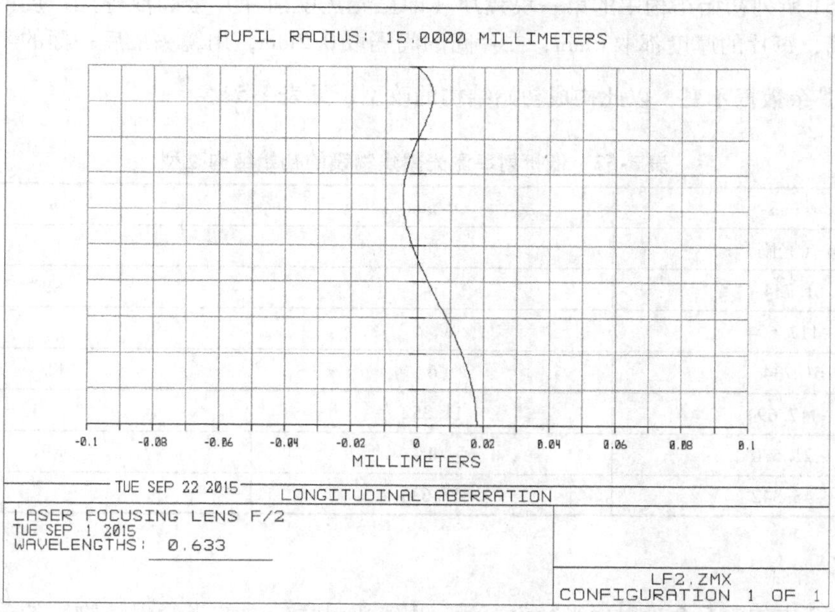


图3-120　高折射率双片激光聚焦物镜的球差曲线

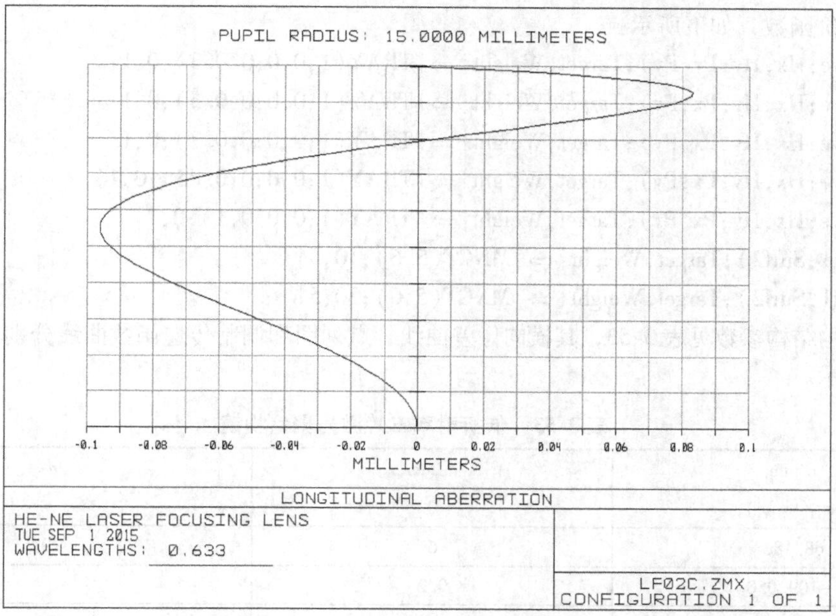


图3-121　低折射率双片激光聚焦物镜的球差曲线

显然，二者的高级球差相差甚远。究其原因，由于二者折射率相差大，导致两个镜头的球面半径相差很大，高折射率的半径普遍都大（指半径的绝对值大），低折射率的半径普遍都小（指半径的绝对值小)，这一结论在表 2-5 和表 3-51 中看得很清楚。

所以分裂镜片，即将一块镜片分裂成两块，降低单块镜片承担的光焦度，以使镜片半径增大，降低它产生的高级球差，这是目前提高设计质量的一条出路。

将表 3-51 所列初始结构中的第一块镜片（即正光焦度前片）分裂成等光焦度的双片，材料都用 K9 玻璃，每片的厚度都取 6mm，二片间的间隔取 0.2mm，用镜头最后一面的半径保证物镜的$\frac{D}{f'}=\frac{1}{2}$，其余数据不变，以此构成初始结构的改型，见表 3-52。

**表 3-52 低折射率激光聚焦物镜的初始结构改型**

| $r$/mm | $d$/mm | $n$ |
|---|---|---|
| ∞（光阑） | 0 | |
| 61.734 | 6 | K9 |
| -117.694 | 0.2 | |
| 61.734 | 6 | K9 |
| -117.694 | 11.352 | |
| -21.670 | 4 | K9 |
| -45.342 | 37.633 | |

### 4. 优化

取表 3-52 中的前 5 个折射面半径为变量，用镜头最后一面的半径保证物镜的$\frac{D}{f'}=\frac{1}{2}$；另外取第二块镜片与第三块镜片间的空气间隔为变量，离焦量也取为变量；采用构成初始结构过程中所用的评价函数，如下所示：

{TRAY(Wave;Hx,Hy;Px,Py);Target,Weight} ⇒ {TRAY(1;0,0;0,0.3);0,1}
{TRAY(Wave;Hx,Hy;Px,Py);Target,Weight} ⇒ {TRAY(1;0,0;0,0.5);0,1}
{TRAY(Wave;Hx,Hy;Px,Py);Target,Weight} ⇒ {TRAY(1;0,0;0,0.7);0,1}
{TRAY(Wave;Hx,Hy;Px,Py);Target,Weight} ⇒ {TRAY(1;0,0;0,0.85);0,1}
{TRAY(Wave;Hx,Hy;Px,Py);Target,Weight} ⇒ {TRAY(1;0,0;0,1);0,1}
{MNCT(Surf1,Surf2);Target,Weight} ⇒ {MNCT(5,6);10,5}
{MXCT(Surf1,Surf2);Target,Weight} ⇒ {MXCT(5,6);30,5}

优化出的结构参数见表 3-53，其横向像差曲线、点列图和调制传递函数曲线分别如图 3-122～图 3-124 所示。

**表 3-53 低折射率三片激光聚焦物镜**

| $r$/mm | $d$/mm | $n$ |
|---|---|---|
| ∞（光阑） | 0 | |
| 68.186 | 6 | K9 |
| -109.050 | 0.2 | |
| 51.249 | 6 | K9 |
| -136.883 | 11.584 | |
| -33.894 | 4 | K9 |
| -562.791 | 32.953 | |

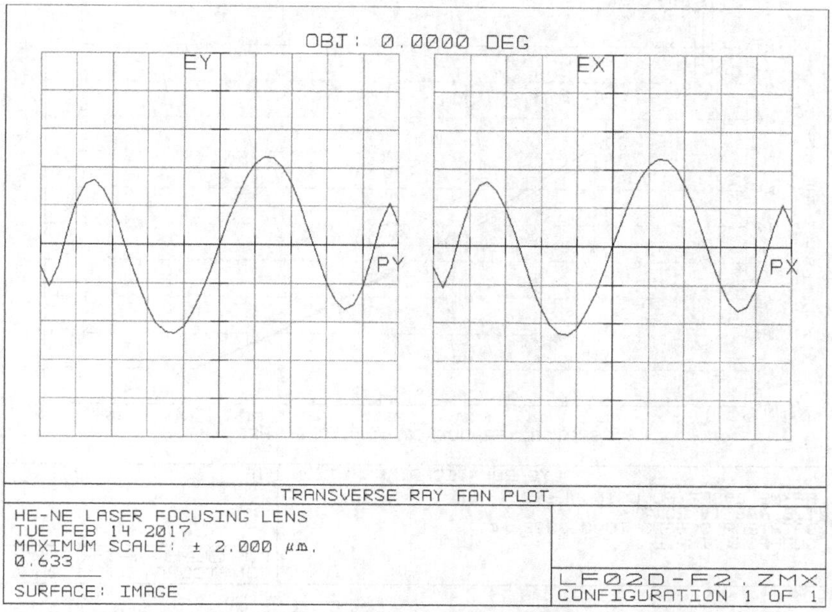


图3-122 低折射率三片激光聚焦物镜的横向像差曲线

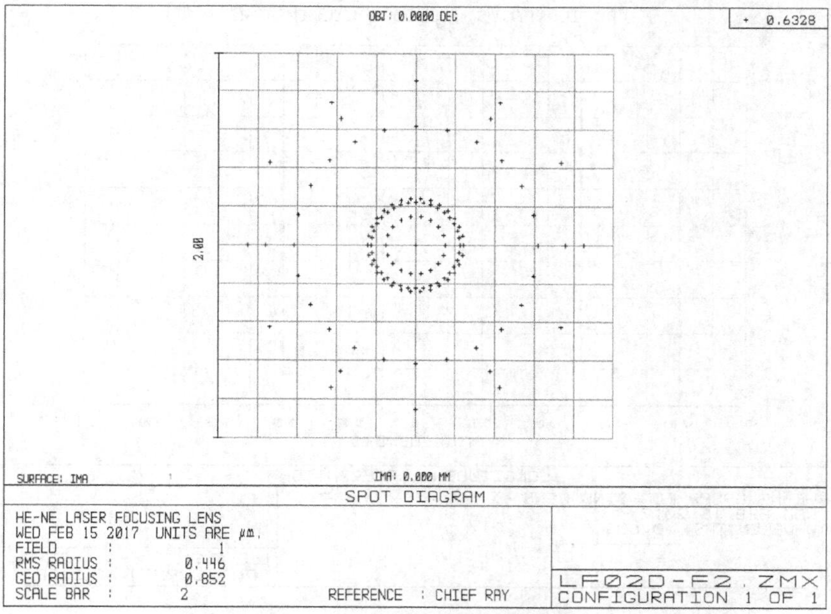


图3-123 低折射率三片激光聚焦物镜的点列图

从图3-123、图3-124看到优化出的低折射率三片激光聚焦物镜的像质已经达到设计要求，与高折射率双片的结果相同。顺便画出优化结果的球差曲线如图3-125所示，与低折射率双片的球差曲线图3-121相比，增加一片透镜后，高级球差减小了许多。

两个激光聚焦物镜各自的优点与缺点是一目了然的：第2章设计出的高折射率双片激光聚焦

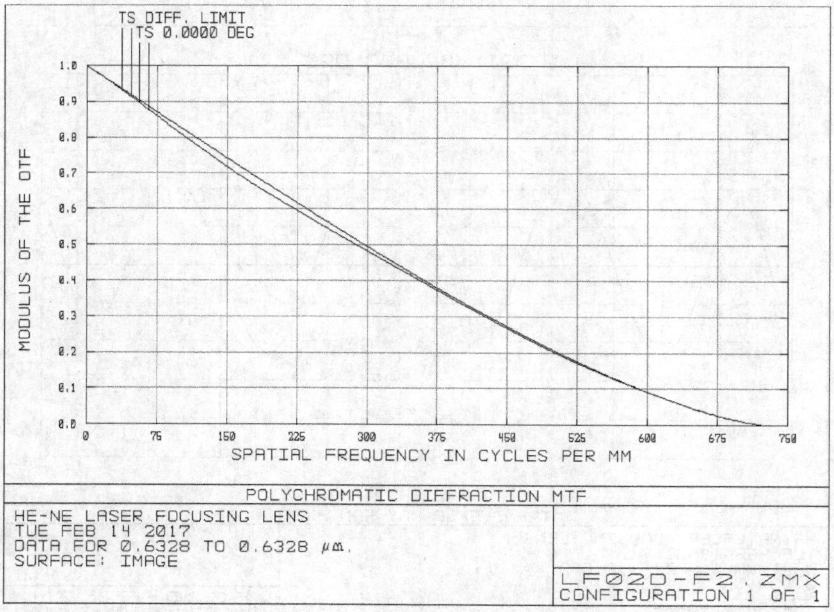


图 3-124 低折射率三片激光聚焦物镜的调制传递函数曲线

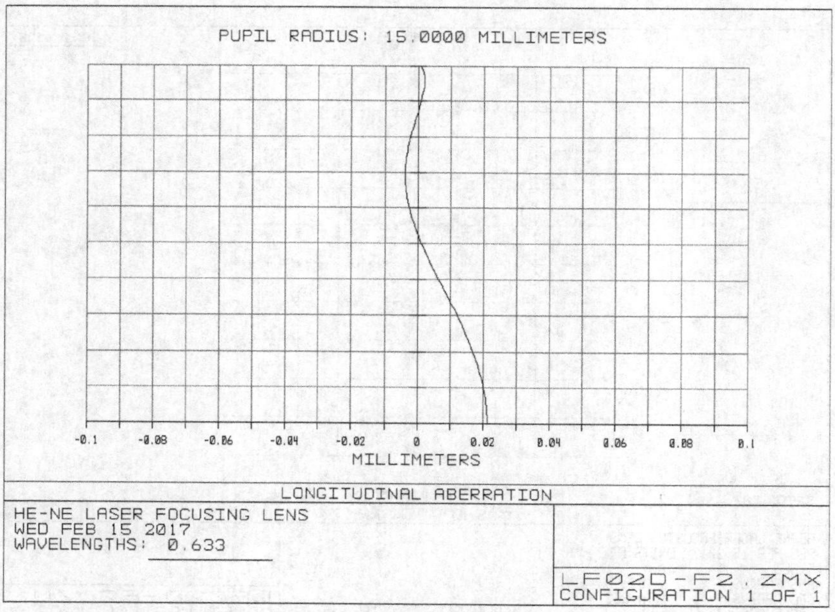


图 3-125 低折射率三片激光聚焦物镜的球差曲线

物镜的优点是结构简单，是两片结构，而缺点是用了高折射率玻璃；这里设计出的低折射率三片激光聚焦物镜的优点是仅用了低折射率玻璃，而缺点是结构复杂，是三片结构。二者共同的优点是所用的折射面都是球面，而没有采用非球面。在第 5 章中，还有一个非球面激光聚焦物镜的例子，届时再比较它与这两个已有结果的优缺点。

实例表明，当镜头的高级像差太大，而镜头又没有选择高折射率材料的余地时，分裂透镜增加单透镜片数以减小单片承担的光焦度是一条可行的路。

## 3.6　测距仪接收系统的优化设计

设计一个结构尽可能简单的超大孔径镜头，拟用作测距仪的接收系统。从一个较为熟悉的高折射率双片激光聚焦物镜出发，经过更换玻璃、将结构复杂化、逐步增大孔径、分步适时增加透镜厚度，以小步快走的优化过程累积小的进步，积小胜为大胜完成设计任务。

**1. 设计任务要求**

1）$l=\infty$，$\omega=0.5°$，入瞳直径 $\phi_\lambda=40\text{mm}$，$f'=30\text{mm}$；工作波长 $\lambda=0.852\mu\text{m}$；

2）玻璃材料选用常用的普通玻璃，镜头结构尽量简单；

3）在暂不计入镜片表面反射、玻璃内部吸收的情况下，要将任一物点 90% 以上的入射光能聚焦于 $\phi\leqslant0.06\text{mm}$ 的范围内。

**2. 初始结构的构成**

1）初始基型是一个激光聚焦物镜，轴上点点列图最大几何半径为 0.8μm。它的工作波长为 $\lambda=0.6328\mu\text{m}$，物距为 $l=\infty$，视场为 $\omega=0°$，入瞳直径为 $\phi_\lambda=30\text{mm}$，焦距为 $f'=60\text{mm}$。其结构参数见表 3-54。

**表 3-54　初始基型的结构参数**

| r/mm | d/mm | n |
|---|---|---|
| ∞（光阑） | 0 | |
| 39.417 | 6 | 1.90914 |
| -286.750 | 13.613 | |
| -36.005 | 5 | 1.90914 |
| -96.056 | 32.581 | |

2）将初始基型做一定的改造。先将其视场加大为 $\omega=0.5°$，工作波长改为 $\lambda=0.85211\mu\text{m}$。再将玻璃材料换成工艺性能好、折射率较高的国产玻璃 ZK10；然后将第一块镜片分裂成等光焦度的两片；最后将三块镜片分别加厚至 10mm、10mm 和 8mm；并用最后一面的半径保证改造后初始基型的焦距 $f'=60\text{mm}$。改造后初始基型的结构参数见表 3-55。

**表 3-55　改造后初始基型的结构参数**

| r/mm | d/mm | n |
|---|---|---|
| ∞（光阑） | 0 | |
| 78.834 | 10 | ZK10 |
| -573.5 | 1 | |
| 78.834 | 10 | ZK10 |
| -573.5 | 13.613 | |
| -36.005 | 8 | ZK10 |
| -35.289 | | |

**3. 优化**

改造后，初始基型的光学特性参数除视场外，其孔径大小还有待提高，其焦距长短还有待缩放。常规作法是先按设计将焦距缩放为 $f'=30$mm，并将入瞳直径改为 40mm 后，再逐步优化提高像质。这里不按照常规作法去做，而是逐步提高光学特性要求，逐步优化像质，最终达到全部设计要求。之所以不按常规方法做，原因在于基型的相对孔径为 $\frac{D}{f'}=\frac{1}{2}$，而设计要求的相对孔径为 $\frac{D}{f'}=\frac{1}{0.75}$，数值相差太远，如果一开始就要在基型上进行相对孔径为 $\frac{D}{f'}=\frac{1}{0.75}$ 的光线计算，有可能导致优化无法进行。

下面分 4 个阶段完成优化：

1）采用 6 个半径、第二块与第三块镜片间的间隔以及离焦量作为变量，采用下述所列的评价函数先优化迭代 5 次。

{EFFL(Wave);Target,Weight} ⇒ {EFFL(1);60,5}
{MNCT(Surf1,Surf2);Target,Weight} ⇒ {MNCT(5,6);2,3}
{OSCD(Wave,Zone);Target,Weight} ⇒ {OSCD(1,1);0,2}
{TRAY(Wave;Hx,Hy;Px,Py);Target,Weight} ⇒ {TRAY(1;0,0;0,0.3);0,1}
{TRAY(Wave;Hx,Hy;Px,Py);Target,Weight} ⇒ {TRAY(1;0,0;0,0.5);0,1}
{TRAY(Wave;Hx,Hy;Px,Py);Target,Weight} ⇒ {TRAY(1;0,0;0,0.7);0,1}
{TRAY(Wave;Hx,Hy;Px,Py);Target,Weight} ⇒ {TRAY(1;0,0;0,0.85);0,1}
{TRAY(Wave;Hx,Hy;Px,Py);Target,Weight} ⇒ {TRAY(1;0,0;0,1);0,1}

然后将入瞳直径分四步由 30mm 依次增加为 70mm，每一步增加 10mm。每一步加大入瞳直径后，就进行一次优化。优化时，每一步所采用的变量与评价函数与前一步相同。第一步入瞳直径由 30mm 增加为 40mm 后，优化迭代 5 次；第二步入瞳直径由 40mm 增加为 50mm 后，优化迭代 10 次；第三步入瞳直径由 50mm 增加为 60mm 后，优化迭代 10 次；第四步入瞳直径由 60mm 增加为 70mm 后，优化迭代 5 次。

2）在前面优化后的结果的基础上，加入全视场全孔径的操作数 {TRAY（1；0，1；0，1）；0，3}，作为新的评价函数：

{EFFL(Wave);Target,Weight} ⇒ {EFFL(1);60,5}
{MNCT(Surf1,Surf2);Target,Weight} ⇒ {MNCT(5,6);2,3}
{OSCD(Wave,Zone);Target,Weight} ⇒ {OSCD(1,1);0,2}
{TRAY(Wave;Hx,Hy;Px,Py);Target,Weight} ⇒ {TRAY(1;0,0;0,0.3);0,1}
{TRAY(Wave;Hx,Hy;Px,Py);Target,Weight} ⇒ {TRAY(1;0,0;0,0.5);0,1}
{TRAY(Wave;Hx,Hy;Px,Py);Target,Weight} ⇒ {TRAY(1;0,0;0,0.7);0,1}
{TRAY(Wave;Hx,Hy;Px,Py);Target,Weight} ⇒ {TRAY(1;0,0;0,0.85);0,1}
{TRAY(Wave;Hx,Hy;Px,Py);Target,Weight} ⇒ {TRAY(1;0,0;0,1);0,1}
{TRAY(Wave;Hx,Hy;Px,Py);Target,Weight} ⇒ {TRAY(1;0,1;0,1);0,3}

采用 6 个半径、第二块与第三块镜片间的间隔以及离焦量作为变量，用新的评价函数优化迭代 5 次。

然后，将入瞳直径由 70mm 增加为 75mm 后，用相同的变量，采用新评价函数再优化迭代 5 次。

3）将 2）中所得的结果在计算机上利用程序的焦距缩放功能缩放至 $f'=30$mm，这时它的入瞳直径为 $\phi_\lambda=37.5$mm。仍然采用 2）中的变量，并将上述评价函数中的两个操作数 EFFL 和 MNCT 分别改为 {EFFL（Wave）；Target，Weight} ⇒ {EFFL（1）；30，5} 和 {MNCT（Surf1，Surf2）；

Target, Weight}⇒{MNCT (5, 6); 1, 3}，优化迭代 5 次。

在此基础上，将第一块镜片的厚度增加为 6.5mm，将第二块镜片的厚度增加为 6mm；并将第二块和第三块镜片间的空气间隔的最小值限制在 6.8mm，即将评价函数中的边界条件改写为{MNCT (Surf1, Surf2); Target, Weight}⇒{MNCT (5, 6); 6.8, 3}，再优化迭代 5 次。

至此优化得到如图 3-126 所示的点列图，其入瞳直径是 37.5mm，虽然已接近设计要求了，但还不满足设计要求。

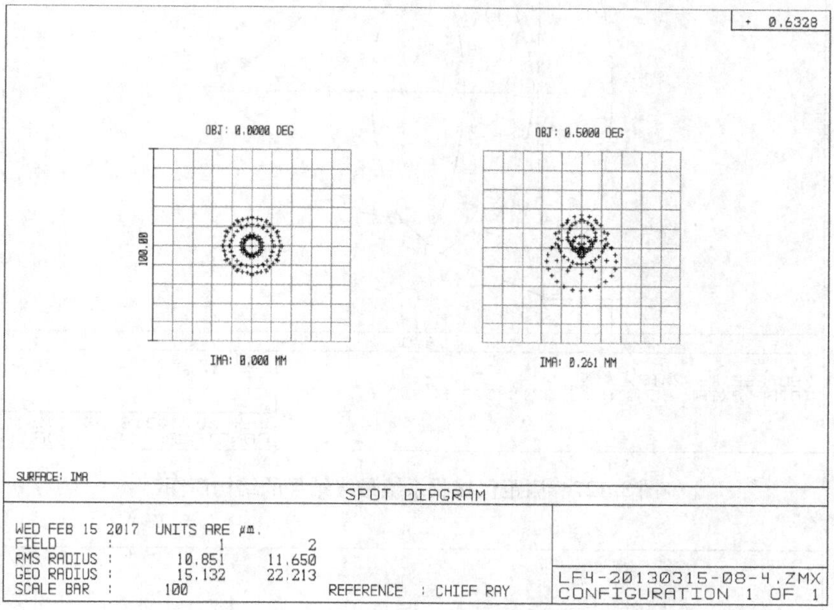


图 3-126　入瞳直径是 37.5mm 时的点列图

4）将入瞳直径改为 40mm，在保持所用变量与评价函数等其他条件不变的情况下，优化迭代 5 次。然后，将第一块和第二块镜片厚度分别增加至 7mm 和 6.5mm，并将第二块和第三块镜片间的空气间隔的最小值限制在 7.5mm，即将评价函数中的边界条件改写为 {MNCT (Surf1, Surf2); Target, Weight}⇒{MNCT (5, 6); 7.5, 3}，再优化迭代 5 次。优化出的结构参数见表 3-56。

**表 3-56　测距仪接收系统最终优化出的结构参数**

| $r$/mm | $d$/mm | $n$ |
|---|---|---|
| ∞（光阑） | 0 | |
| 38.681 | 7 | ZK10 |
| -311.175 | 0.5 | |
| 18.392 | 6.5 | ZK10 |
| 31.912 | 8.76 | |
| -28.870 | 4 | ZK10 |
| -28.070 | 10.68 | |

其工作状况和光学特性参数为 $l=\infty$，$\omega=0.5°$，入瞳直径 $\phi_\lambda=40$mm，$f'=30$mm；工作波长

$\lambda = 0.852\mu m$。最终结果的结构简图、像差曲线、点列图以及圈入能量图（Enclosed Energy）分别如图 3-127 ~ 图 3-130 所示。

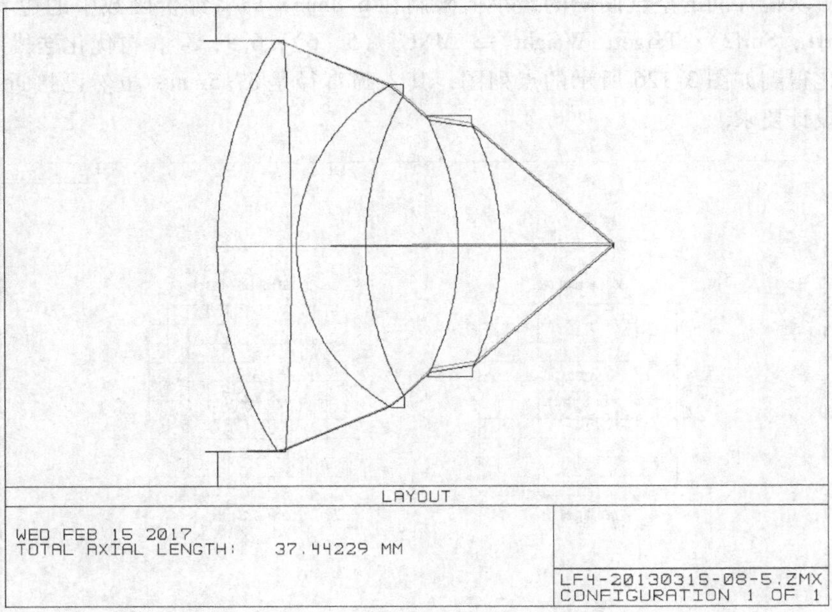


图 3-127 测距仪接收系统最终结果的结构简图

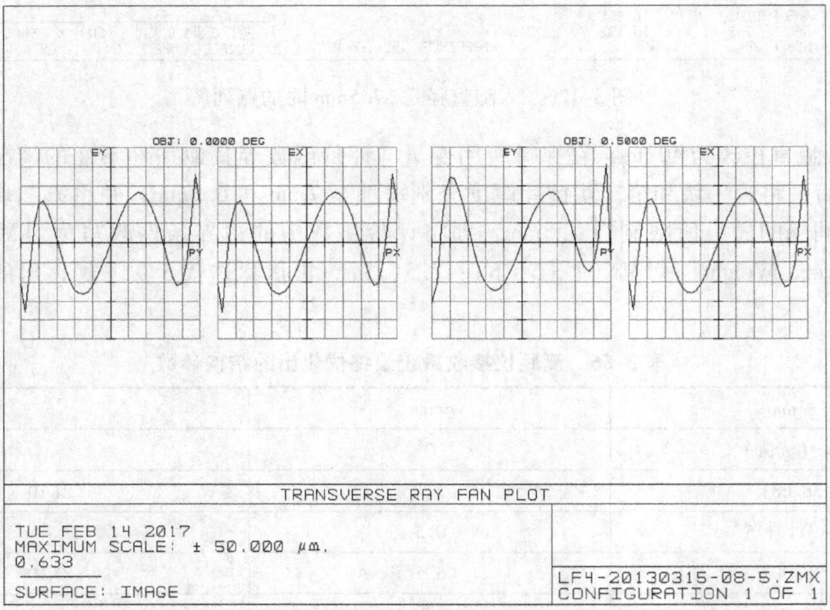


图 3-128 测距仪接收系统最终结果的像差曲线

由图 3-129 可知，轴上点点列图直径约为 0.053mm，轴外点点列图直径约为 0.06mm。由图 3-130 可知，无论轴上点还是轴外点，在 $\phi = 0.06$mm 的范围内将 93% 的入射光能圈入其中，满足设计要求。

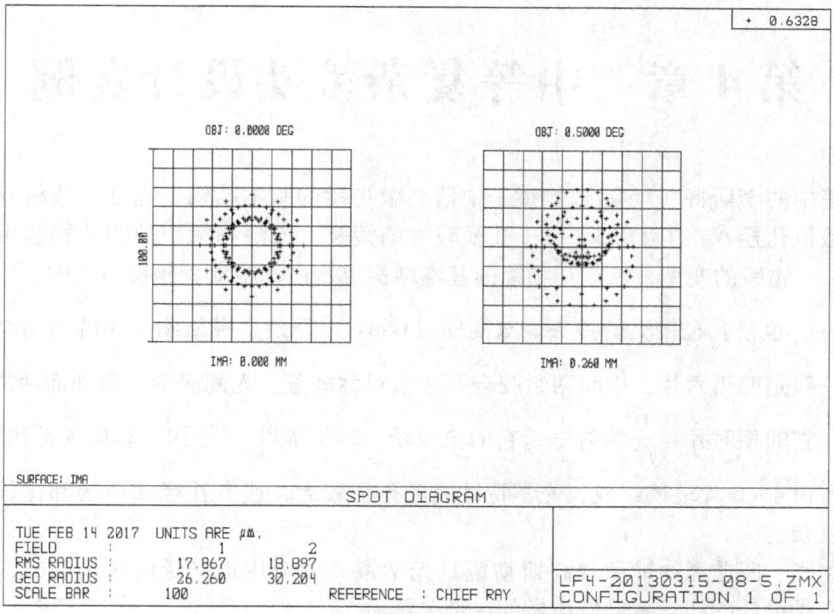


图 3-129　测距仪接收系统最终结果的点列图

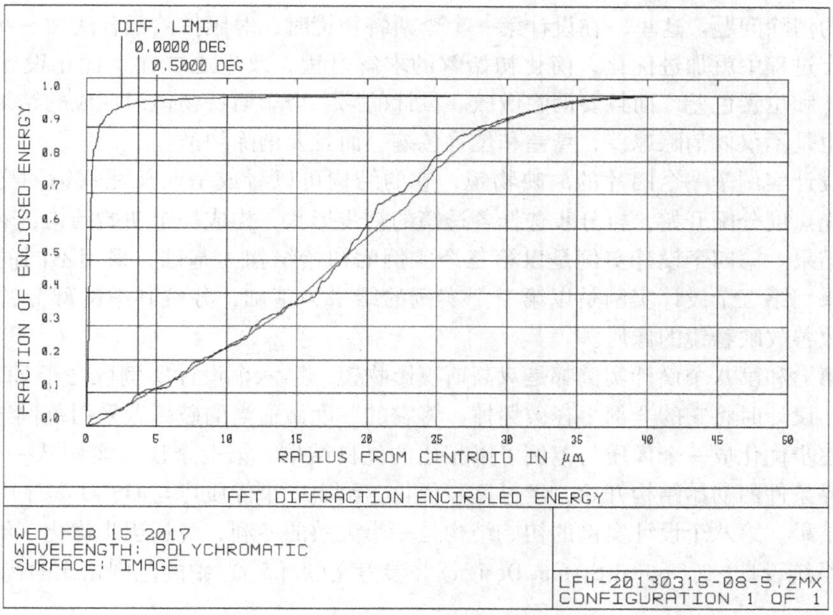


图 3-130　测距仪接收系统最终结果的圈入能量图（Enclosed Energy）

值得指出的是，在 3.5 节和 3.6 节这两节的设计例子中都是通过“分裂透镜”达到了减小残余像差的目的，从而完成了设计。这个减小像差的办法将在第 6 章复杂镜头的优化设计实例中得到充分应用。

# 第 4 章　中等复杂镜头设计实例

显微物镜中的李斯特（Lister）物镜是中倍显微物镜的基本结构，它是由两组双胶合透镜组成的，它的数值孔径 $NA$ 约为 0.3，属于孔径较大的镜头。放映物镜中的四片物镜可以看成是匹兹瓦（Petzval）物镜的变型，匹兹瓦物镜的基本结构也是由两组双胶物镜组成的，它们的相对孔径$\frac{D}{f'}$为$\frac{1}{3}\sim\frac{1}{2}$，也是孔径较大的镜头。双高斯（Gauss）物镜是摄影物镜中的典型结构，普通的双高斯物镜一般是四组六片，中间两组胶合厚透镜对称放置，光阑居中，最外面两边各有一块正光焦度单片。它的相对孔径$\frac{D}{f'}$约为$\frac{1}{2}$，它的全视场 $2\omega$ 约为 40°，是孔径和视场都比较大的镜头。

结构大致由 4 ~6 片玻璃组成，光学特性或者孔径较大，或者孔径和视场都比较大的这些镜头称为中等复杂镜头。

李斯特物镜、匹兹瓦物镜和双高斯物镜是光学镜头中应用很广泛的结构型式，这类镜头的优化设计是光学设计的初学者们应该做的一部分练习。

本章列举这几类物镜的八个优化设计实例，前两个是李斯特物镜设计例。康拉弟（Conrady A. E.）配合法是设计李斯特物镜的一个基本方法，也是一个很有成效的方法，不足之处在于没有考虑像散的消除问题。这里，在设计第一个李斯特物镜时，对康拉弟配合法做一些改进，改进之一在于配合过程中就加进优化，简化初始解的求解过程；改进之二在于优化设计时不仅要消除球差、彗差和位置色差，而且要消除像散。设计的第二个李斯特物镜以现成的结果为基础进行优化设计，也是不仅要消除球差、彗差和位置色差，而且要消除像散。

第三个设计实例是一个四片的放映物镜，它的结构可以看成是匹兹瓦物镜的变型。设计时先由初步的光焦度分配开始，再分步选择各透镜的初步形状，构成一个初始结构，然后再优化设计出可用的结果。第四个设计实例是以第三个实例的初始结构为基础，采用不同的评价函数优化设计出结果。第五个设计实例是以第三个实例的结果为基础，分裂其中的部分镜片使其复杂化，进一步改善放映物镜的像质。

第六、第七和第八个设计实例都是双高斯摄影物镜。第六个设计实例取之于 ZEMAX 程序中附带的范例，设计时将它的全部半径破坏掉，将它的厚度做适当的破坏，采用范例选用的玻璃材料，然后再逐步优化成一个像质与范例可以相比的优良结果。第七个设计实例从一个像质很差，大量违反边界条件的初始结构开始，经过逐步优化，给出一个像质可与 OSLO 程序中附带的范例相比的优良结果。第八个设计实例的初始结构是一个失效的专利，经过逐步优化，给出一个像质可与《光学系统设计》(Optical System Design)（参考文献［5］）中的范例相比的优良结果。

## 4.1　中倍李斯特显微物镜优化设计例 1

中倍显微物镜的设计要求是：横向放大倍率 $\beta=-10^{\times}$，数值孔径 $NA=0.3$，线视场 $y=6.4\text{mm}$，共轭距离 $G\approx200\text{mm}$；工作波长范围是可见光，即对 d 光校正单色像差，对 F、C 光校正色差。

中倍显微物镜是一个较大数值孔径、小视场的物镜，此类物镜采用两组双胶合的结构，即采用李斯特物镜结构型式，可取得好的结果。李斯特物镜是中倍显微物镜的主流结构，是由中间间隔具有适当距离的两组双胶合物镜组成的。

## 4.1.1　用改进了的配合法设计李斯特显微物镜

康拉弟配合法有着悠久的历史，应用价值很高。基本思想是利用了一个双胶合物镜有两对无球差共轭点，其中一对为实共轭点，另一对则为虚物成实像，两对共轭点的球差都不大，而彗差却是反号的这样一个事实。就在李斯特物镜中让第一组双胶合物镜以实共轭点成像，第二组双胶合物镜将虚物成实像，如果两组双胶合物镜相互配合的好，则二者的球差是相互抵消的，二者的彗差也是相互抵消的。再加上两组双胶合物镜各自自消位置色差，则在李斯特物镜中，轴上点及近轴部分的像质是有把握的。

**1. 确定物距和物方孔径角**

如图 4-1 所示的是一个李斯特物镜结构，使用时前组朝向物体，后组朝向实像，现在的图是按设计计算的习惯画出来的，与使用时的光路相反。图中的 1、2、3 指后组的三个折射面，图中的 4、5、6 指前组的三个折射面；AS 代表孔径光阑。

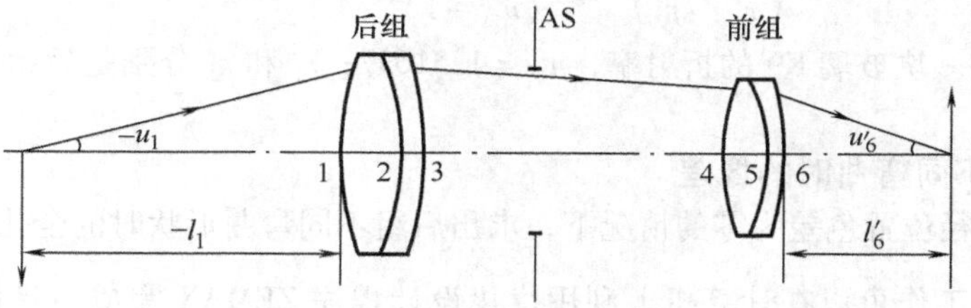


图 4-1　李斯特物镜结构

先根据设计要求确定出使用时的像方，也即目前设计计算时物方的起始数据（$u_1$，$l_1$）。已知物镜的数值孔径 $NA$ 和倍数 $\beta$，易知 $u_1$ 为

$$u_1 = \frac{u'_6}{\beta} = \frac{0.3}{-10} = -0.03$$

因为目前尚未确定出前组双胶物镜和后组双胶物镜之间的空气间隔 $d_{3-4}$ 等参数，因而不能严格确定物距 $l_1$，但可以给出一个估计的 $l_1$ 值，由于

$$|l_1| \leqslant \frac{200}{(|\beta|+1)}|\beta| \approx 180$$

所以设

$$l_1 = -170\text{mm}$$

**2. 分配前后组所负担的偏角**

总偏角 $\Delta u' = u'_6 - u_1 = 0.3\text{rad} + 0.03\text{rad} = 0.33\text{rad}$，设前后组平均承担偏角，即每组所承担的偏角为 0.165rad。

**3. 求后组的焦距 $f'_b$**

如图 4-1 所示，轴上点全孔径光线在后组上的投射高度 $h_1$ 为

$$h_1 = l_1 u_1 = 5.1\text{mm}$$

据 $u' - u = h\varphi$ 知

$$u'_3 - u_1 = h_1 \frac{1}{f'_b}$$

因为后组承担了一半的总偏角，即 $u_3' - u_1 = 0.165\text{rad}$，所以可得后组的焦距为

$$f_b' = 30.91\text{mm}$$

**4. 选择后组的玻璃组合**

后组的玻璃选择可以按照第 2 章给出的解消像差方程的方法，查参考文献［15］或［17］中的$\hat{P}_0$表进行选择，也可以按经验先暂取一对玻璃，待将来优化时再在计算机上做进一步的选择（将玻璃材料作为变量进行优化选择）。现在采用后一种办法，选 K9（1.51637，64.07）和 ZF2（1.67268，32.23）玻璃。

**5. 按薄透镜像差理论的消色差要求分配双胶合后组的光焦度**

设李斯特物镜的前后组分别自消 $C_1$，就后组而言，有

$$\varphi_{b1} = \frac{\nu_{b1}}{(\nu_{b1} - \nu_{b2})} \frac{1}{f_b'} = 0.065\text{mm}^{-1}$$

式中，$f_b' = 30.91\text{mm}$，$\nu_{b1} = 64.07$，$\nu_{b2} = 32.23$；$\varphi_{b1}$是后组第一块透镜的光焦度。

根据薄透镜焦距公式有

$$\left(\frac{1}{r_1} - \frac{1}{r_2}\right) = \varphi_{b1} \frac{1}{(n_{b1} - 1)} = 0.126\text{mm}^{-1}$$

式中，$n_{b1}$是后组第一块玻璃 K9 的折射率，$n_{b1} = 1.51637$；$r_1$ 和 $r_2$ 分别是后组第一块透镜的两个曲率半径。

**6. 计算后组不同弯曲时的像差**

在满足 0.7 孔径位置色差为零的情况下，求出后组不同弯曲形状时的全孔径轴向球差和全孔径的正弦差。这些工作可以在计算机上利用优化设计程序 ZEMAX 完成，具体做法是暂按$\frac{1}{r_1} = \frac{1}{5}\left(\frac{1}{r_1} - \frac{1}{r_2}\right)$，$\frac{1}{3}\left(\frac{1}{r_1} - \frac{1}{r_2}\right)$，$\frac{2}{3}\left(\frac{1}{r_1} - \frac{1}{r_2}\right)$……分别给出 $r_1$ 的值和 $r_2$ 的值，以不同的$\frac{1}{r_1}$表示后组不同的弯曲形状。值得指出，$\frac{1}{r_1}$的取值以后视需要可以有针对性地插补。例如这里可取 $r_1 = 50$，$r_2 = -9.434$；$r_1 = 25$，$r_2 = -11.628$；$r_1 = 16.67$，$r_2 = -15.152$……

再将表 4-1 所列的后组的初始结构参数分组输入计算机。

**表 4-1　后组的初始结构参数（$l_1 = -170\text{mm}$，$u_1 = -0.03$，$y = 6.4\text{mm}$）**

| $r$/mm | $d$/mm | $n$，$\nu$ | $r$/mm | $d$/mm | $n$，$\nu$ |
|---|---|---|---|---|---|
| $r_1$ | $d_{12} = 2.8$ | $n_{b1} = 1.51637$，$\nu_{b1} = 64.07$ | $r_3$ | $d_{34} = 0$ | |
| $r_2$ | $d_{23} = 1.8$ | $n_{b2} = 1.67268$，$\nu_{b2} = 32.23$ | ∞（光阑） | | |

表 4-1 中，$d_{12}$和 $d_{23}$分别是后组两块透镜的厚度，现在的值是预估的，若经以后的光路计算发现不合适，可以再做调整。$d_{34} = 0$ 表明，现在假定后组边框起孔径光阑的作用。

原则上可以用 $r_3$ 保证 $u_3' = 0.135$，将 $r_2$ 作为变量，选择 0.7 孔径位置色差“AXCL”构成评价函数，优化确定出后组结构。但在 ZEMAX 程序中，似乎用光阑前的半径来保证像方孔径角的做法行不通。

变通的办法是暂将孔径光阑移到最前面（后组之前），用 $r_3$ 保证 $u_3' = 0.135$，将第二个半径 $r_2$ 作为变量，选择 0.7 孔径位置色差“AXCL”构成的评价函数{AXCL(Wave1, Wave2; Zone), Target, Weight}⇒{AXCL(1, 3; 0.7), 0, 1}，优化确定出后组的第二个和第三个半径。

然后在这个结构中，再将光阑移回原处（按现在的计算光路，即表 4-1 中的第三面处），再

将第二个和第三个半径作为变量，将0.7孔径位置色差“AXCL”、像方孔径角“ISNA”、满孔径的轴向球差“LONA”，以及全孔径的正弦差“OSCD”加入到评价函数中。0.7孔径位置色差“AXCL”的目标值取0，权重取1；像方孔径角“ISNA”的目标值取0.135，权重取1；全孔径的轴向球差“LONA”以及全孔径的正弦差“OSCD”的目标值默认为0，权重取0，再行“优化”。这样，在完成优化后的评价函数中可直接找到当前弯曲情况下，自消了位置色差后全孔径的轴向球差“LONA”以及全孔径的正弦差“OSCD”值。这里的评价函数用操作语句括号写出如下：

{ISNA( );Target,Weight}⇒{ISNA;0.135,1}

{AXCL(Wave1,Wave2;Zone);Target,Weight}⇒{AXCL(1,3;0.7);0,1}

{LONA(Wave;Zone);Target,Weight}⇒{LONA(2;1);0,0}

{OSCD(Wave;Zone);Target,Weight}⇒{OSCD(2;1);0,0}

如此分组优化后，得到几组在不同弯曲形状时，满足0.7孔径位置色差近乎为零情况下的后组结构，同时得到相关的近轴参数及相关像差。取出各组的相关数据列在表4-2中。

**表4-2　利用简单优化确定出的后组结构、近轴参数及相关像差**

| $r_1$/mm | $r_2$/mm | $r_3$/mm | $f_b'$/mm | $l_3'$/mm | $u_3'$/rad | LONA/mm | OSCD |
|---|---|---|---|---|---|---|---|
| 50 | -9.733 | -17.689 | 31.15 | 37.6 | 0.135 | -0.86 | 0.015 |
| 27 | -11.512 | -24.572 | 31.00 | 36.5 | 0.135 | -0.11 | 0.0037 |
| 25 | -11.883 | -26.405 | 30.97 | 36.4 | 0.135 | -0.07 | 0.0017 |
| 16.67 | -15.066 | -54.811 | 30.78 | 35.1 | 0.135 | -0.47 | -0.01 |

为后面进一步设计的需要，这里输出表4-2中第二组，也即后组半径为 $r_1=27$mm，$r_2=-11.512$mm，$r_3=-24.572$mm 时的球差曲线，如图4-2所示，以及横向像差曲线，如图4-3所示。

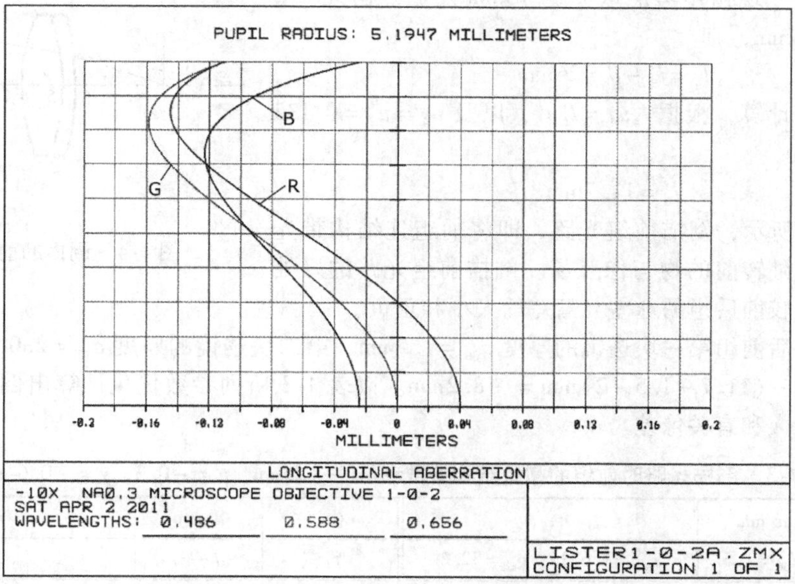


图4-2　后组半径为 $r_1=27$mm，$r_2=-11.512$mm，$r_3=-24.572$mm 时的球差曲线

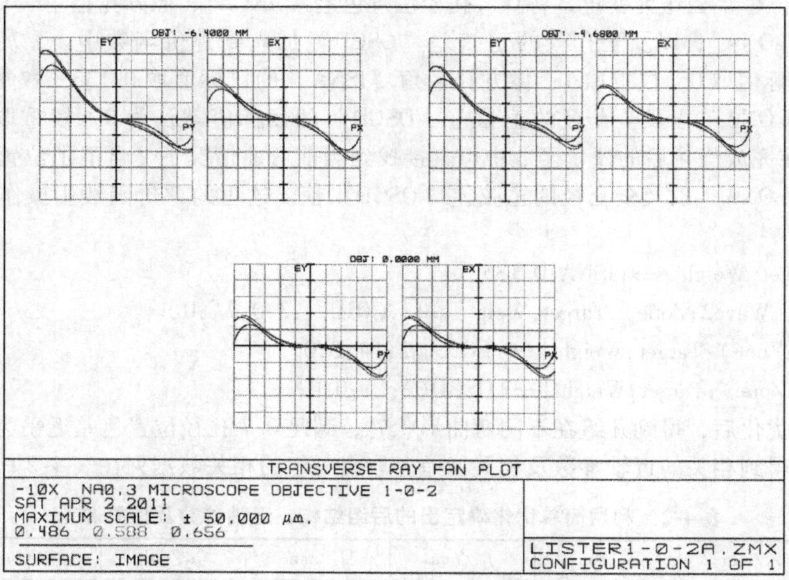


图 4-3 后组半径为 $r_1=27\text{mm}$，$r_2=-11.512\text{mm}$，$r_3=-24.572\text{mm}$ 时的横向像差曲线

### 7. 决定前组的结构参数

与后组相似，前组的玻璃选择可以按照第 2 章给出的解消像差方程的方法，查参考文献［15］或［17］中的 $P_0$ 表进行选择，也可以按经验先暂取一对玻璃，待将来优化时再在计算机上做进一步的选择（将玻璃材料作为变量进行优化选择）。现在采用后一种办法，选 K9（$n_{a1}$，$\nu_{a1}$）、ZF2（$n_{a2}$，$\nu_{a2}$）这对玻璃。

事实上，前后两组间的间隔 $d$ 可以用作校正李斯特物镜像散的变量。现初步考虑取 $d$ 为 10mm 左右。由表 4-2 知 $l_3'$ 大约为 36mm，则

$$l_4=l_3'-d\approx 26\text{mm}$$

按薄透镜计算，根据 $l_4u_4=l_6'u_6'$，以及 $u_4=u_3'=0.135$ 和 $u_6'=0.3$ 有

$$l_6'=11.7\text{mm}$$

如图 4-4 所示，倒描前组光路，即将前组连结构带光路翻转，并将翻转前的物与像互易。倒描前组光路的好处是可以直接比较前后组的球差与彗差的大小和正负。

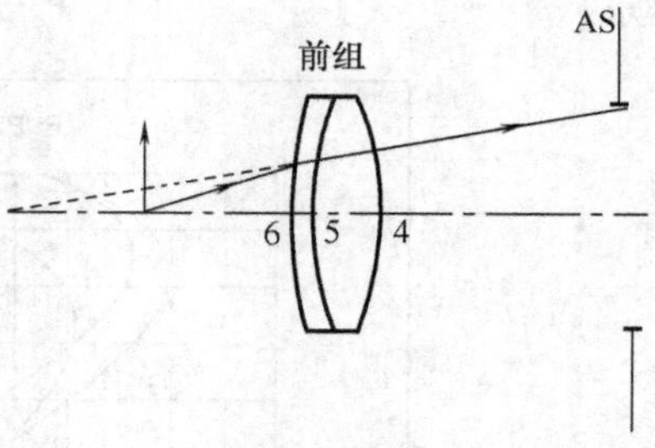


图 4-4 倒描的前组光路

预设翻转后前组第一块透镜的厚度 $d_{56}=1.5\text{mm}$，第二块透镜的厚度 $d_{45}=2.0\text{mm}$，这样翻转后的物距约为 $-(11.7-1.5-2)\text{mm}=-8.2\text{mm}$。以表 4-3 所列参数优化计算出倒描光路时前组的初始结构参数和有关像差。

表 4-3 倒描光路时前组的初始结构参数（$l=-8.2\text{mm}$，$u=-0.3$，$y=-0.64\text{mm}$）

| $r$/mm | $d$/mm | $n$，$v$ | $r$/mm | $d$/mm | $n$，$v$ |
|---|---|---|---|---|---|
| $r_6$ | $d_{56}=1.5$ | $n_{a2}=1.6725$，$\nu_{a2}=32.2$ | $r_4$ | $d=10$ | |
| $r_5$ | $d_{45}=2.0$ | $n_{a1}=1.5163$，$\nu_{a1}=64.1$ | ∞（光阑） | | |

表 4-3 中，$r_6$ 和 $r_5$ 的初始值可沿用确定后组半径的办法在前组自消位置色差的条件下给出，并以 $\frac{1}{r_6}$ 表示前组弯曲形状，变动一系列的 $r_6$ 求出相应的 $r_5$，以其为初始结构。

优化时原则上可以用 $r_4$ 保证 $u_4 = -0.135$，将 $r_5$ 作为变量，选择 0.7 孔径位置色差 "AXCL" 构成评价函数，优化确定出后组结构。但在 ZEMAX 程序中，似乎用光阑前的半径来保证像方孔径角的做法行不通。

变通的办法是暂将孔径光阑移到最前面（图 4-4 所示前组之前），用 $r_4$ 保证 $u_4 = -0.135$，将第二个半径 $r_5$ 作为变量，选择 0.7 孔径位置色差 "AXCL" 构成评价函数如下：

{AXCL(Wave1,Wave2;Zone);Target,Weight} ⇒ {AXCL(1,3;0.7);0,1}

优化确定出前组的第二个半径 $r_5$ 和第三个半径 $r_4$。

然后在这个结构中，再将光阑移回原处（按现在的计算光路，即表 4-4 中标号为 4 的面后 10mm 处），将第二个（标号为 5 的折射面）和第三个（标号为 4 的折射面）半径作为变量，将 0.7 孔径位置色差 "AXCL"、像方孔径角 "ISNA"、满孔径的轴向球差 "LONA"，以及全孔径的正弦差 "OSCD" 加入到评价函数中。0.7 孔径位置色差 "AXCL" 的目标值取 0，权重取 1；像方孔径角 "ISNA" 的目标值取 0.135，权重取 1；全孔径的轴向球差 "LONA" 以及全孔径的正弦差 "OSCD" 的目标值默认 0，权重取 0，再行 "优化"。这样，在评价函数中可直接找到在当前弯曲情况下，自消了位置色差后的全孔径的轴向球差 "LONA" 以及全孔径的正弦差 "OSCD" 值。这里的评价函数用操作语句括号写出如下：

{ISNA( );Target,Weight} ⇒ {ISNA;0.135,1}

{AXCL(Wave1,Wave2;Zone);Target,Weight} ⇒ {AXCL(1,3;0.7);0,1}

{LONA(Wave;Zone);Target,Weight} ⇒ {LONA(2;1);0,0}

{OSCD(Wave;Zone);Target,Weight} ⇒ {OSCD(2;1);0,0}

如此分组优化后，得到几组在不同弯曲形状时，满足 0.7 孔径位置色差近乎为零情况下的前组结构，同时得到相关的近轴参数及相关像差。取出各组的相关数据列在表 4-4 中。值得指出，表 4-4 中球面半径、像距 $l_4$ 和像方孔径角 $u_4$ 的符号都是在倒描光路的情况下标注的。

**表 4-4 利用简单优化确定出的倒描前组结构、近轴参数及相关像差**

| $r_6$/mm | $r_5$/mm | $r_4$/mm | $f_a'$/mm | $l_4$/mm | $u_4$/rad | LONA/mm | OSCD |
|---|---|---|---|---|---|---|---|
| -25 | 20.308 | -6.612 | 20.50 | -35.4 | -0.135 | 0.24 | -0.0006 |
| -22 | 21.957 | -6.461 | 20.74 | -35.5 | -0.135 | 0.18 | 0.002 |
| -20 | 23.519 | -6.341 | 20.94 | -35.6 | -0.135 | 0.12 | 0.005 |
| -19.6 | 23.896 | -6.314 | 20.98 | -35.7 | -0.135 | 0.11 | 0.0052 |

取出表 4-4 中的第四组，即取半径为 $r_6 = -19.6$mm，$r_5 = 23.896$mm，$r_4 = -6.314$mm 这一倒描前组，画出它的球差曲线如图 4-5 所示，横向像差曲线如图 4-6 所示。

**8. 将前组与后组配合起来**

由表 4-2 和表 4-4 看出，当后组半径取 $r_1 = 27$mm，$r_2 = -11.512$mm，$r_3 = -24.572$mm，以及前组半径取 $r_4 = 6.314$mm，$r_5 = -23.896$mm，$r_6 = 19.6$mm 时，二者配合起来的球差是相消的，正弦差是相减的。前组和后组配合成一个系统后，它的结构参数见表 4-5，球差曲线和横向像差曲线分别如图 4-7 和图 4-8 所示，正弦差为 -0.002。为便于后续问题的分析与比较，这里也将前

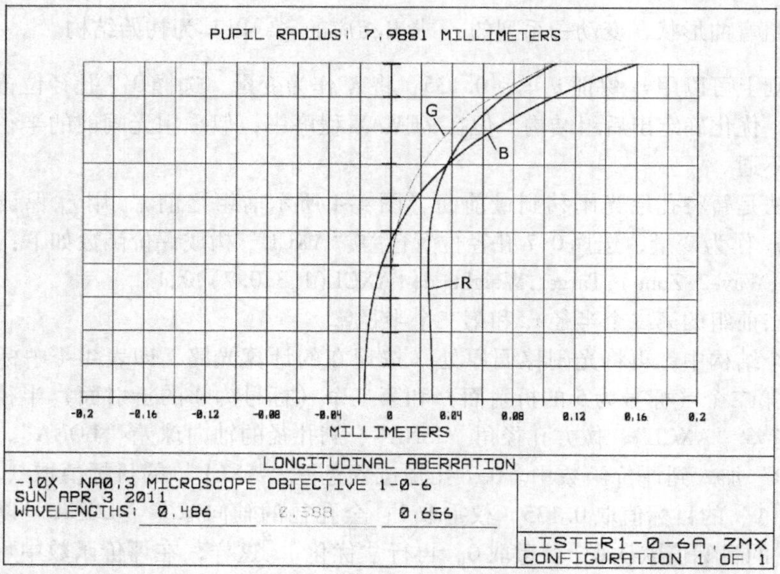


图 4-5 倒描前组半径为 $r_6=-19.6\text{mm}$，$r_5=23.896\text{mm}$，$r_4=-6.314\text{mm}$ 时的球差曲线

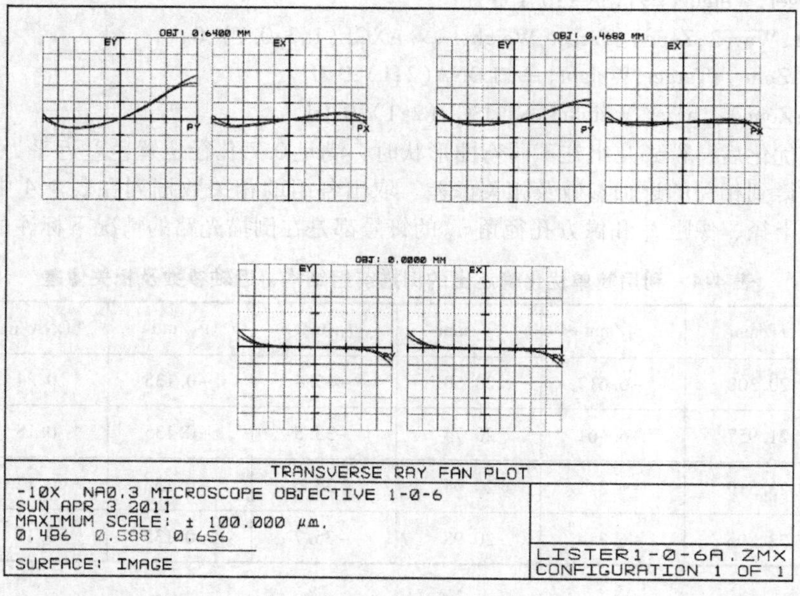


图 4-6 倒描前组半径为 $r_6=-19.6\text{mm}$，$r_5=23.896\text{mm}$，$r_4=-6.314\text{mm}$ 时的横向像差曲线

组和后组配合成一个系统后的像散曲线和调制传递函数曲线一并给出，分别如图 4-9 和图 4-10 所示。

应该指出两点：一是这里用于配合的前组和后组分别是插补出来的；二是由表 4-2 知用于此处配合的后组的 $l_3'=36.5\text{mm}$，而由表 4-4 知用来配合的前组的 $l_4=-35.7\text{mm}$，二者相差 0.8mm，为使前组光路与后组光路衔接，则将两组中间的空气间隔由 10mm 增加至 10.8mm。

表 4-5　前组和后组配合成一个系统后的结构参数

| r/mm | d/mm | n | r/mm | d/mm | n |
|---|---|---|---|---|---|
| 27 | 2.8 | K9 | 6.314 | 2 | K9 |
| -11.512 | 1.8 | ZF2 | -23.896 | 1.5 | ZF2 |
| -24.572 | 0 | | 19.6 | 8.21 | |
| ∞（光阑） | 10.8 | | | | |

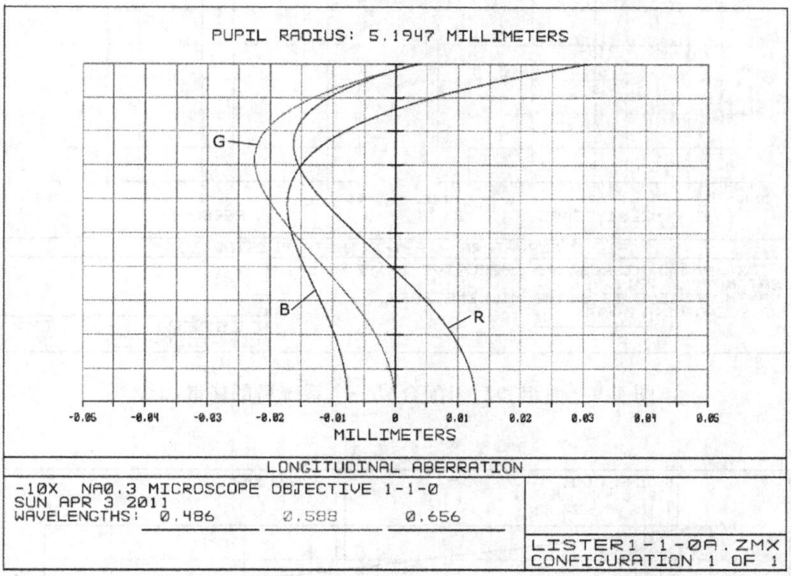


图 4-7　前组和后组配合成一个系统后的球差曲线

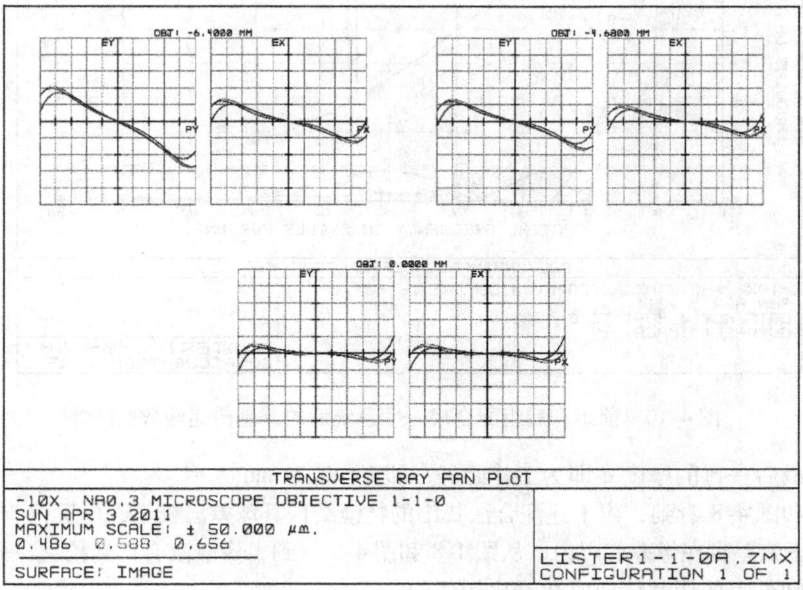


图 4-8　前组和后组配合成一个系统后的横向像差曲线

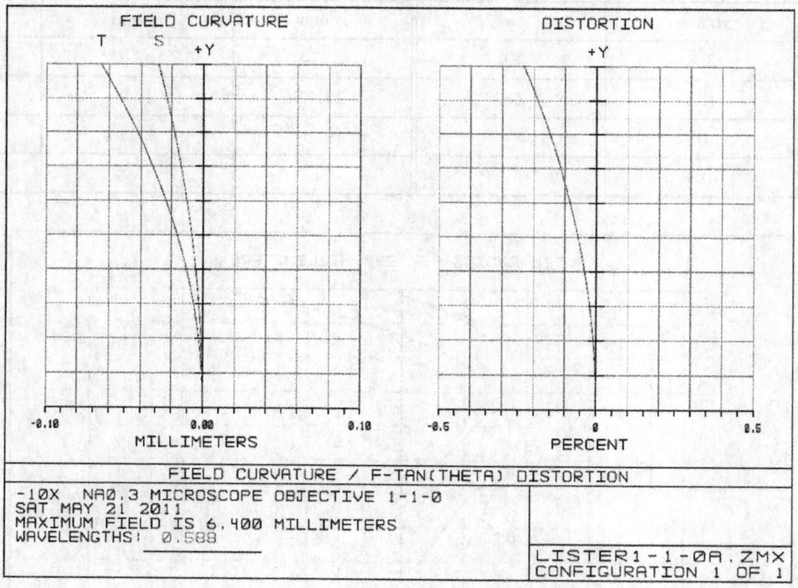


图 4-9 前组和后组配合成一个系统后的像散曲线

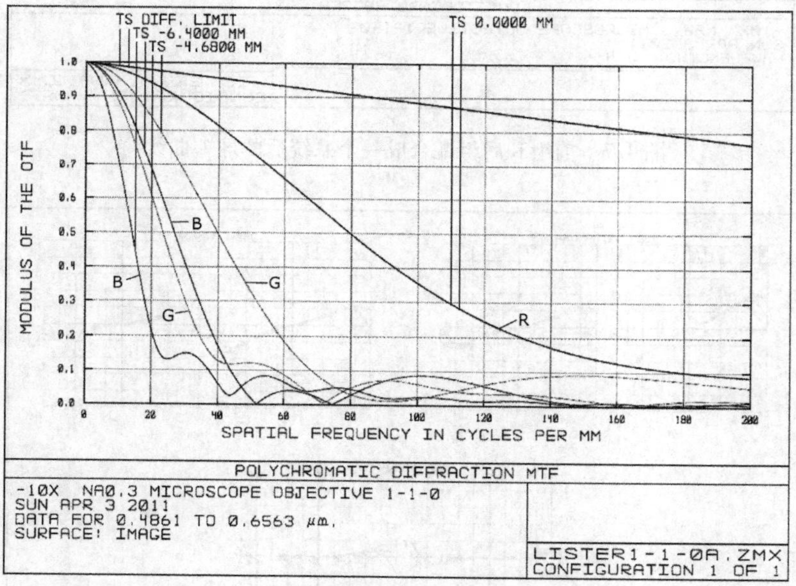


图 4-10 前组和后组配合成一个系统后的调制传递函数曲线

表 4-5 中最后一行的厚度 $d$ 即为工作距 $l'_6$，即 $l'_6=8.21\text{mm}$。

从图 4-7 和图 4-8 看到，由上述配合法找出的物镜结构其球差已校正，位置色差已校正。由前述已知，它的正弦差也在像差容限内。从图 4-8 和图 4-9 看到，像散没有得到校正。另从图 4-10 看到，这个物镜轴外点的调制传递函数是比较低的。

**9. 与已有的结果比较**

在《光学仪器设计手册（上册）》（参考文献［15］）里有一个设计好的结果，它的横向放大倍率$\beta=-10^{\times}$，数值孔径$NA=0.3$，线视场$y=6.4\text{mm}$。

它是严格依照康拉弟配合法设计出来的，其工作参数和结构参数见表4-6。

**表4-6　用康拉弟配合法设计的中倍显微物镜**

（$l_1=-170\text{mm}$，$u_1=-0.03$，$y=-6.4\text{mm}$；$\beta=-10^{\times}$）

| $r$/mm | $d$/mm | $n$ | $r$/mm | $d$/mm | $n$ |
|---|---|---|---|---|---|
| 25 | 2.8 | K9 | 6.494 | 2 | K9 |
| -11.598 | 1.8 | ZF2 | -27.24 | 1.5 | ZF2 |
| -25.54 | 0 | | 19.309 | 8.39 | |
| ∞（光阑） | 10.272 | | | | |

表4-6中，最后一行的厚度$d$即为工作距$l_6'$，即$l_6'=8.39\text{mm}$。它的球差曲线和横向像差曲线如图4-11和图4-12所示。它的正弦差$OSC'$为$-0.0023$。为分析比较，这里也将它的像散曲线和调制传递函数曲线给出，如图4-13和图4-14所示。

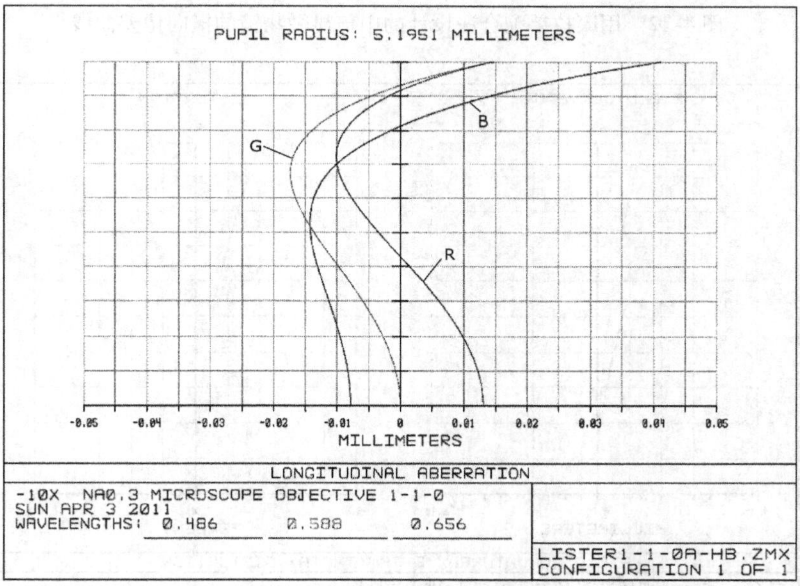


图4-11　用康拉弟配合法设计的中倍显微物镜的球差曲线

由图4-11～图4-13和调制传递函数曲线图4-14看到，《光学仪器设计手册（上册）》里的这个镜头的像质是不错的，与表4-5所列结构的像质相当，它的球差已接近校正，位置色差已校正，正弦差也已校正。但值得注意，它的像散也没有校正，它的轴外点的调制传递函数是很低的。

**10. 像质评价**

这个显微物镜的数值孔径$NA=0.3$，像方媒质是空气，折射率$n'=1$；它的单色波长$\lambda_d=0.000588\text{mm}$，所以其焦深$\Delta=\dfrac{\lambda_d}{n'u_m'^2}=0.0065\text{mm}$。

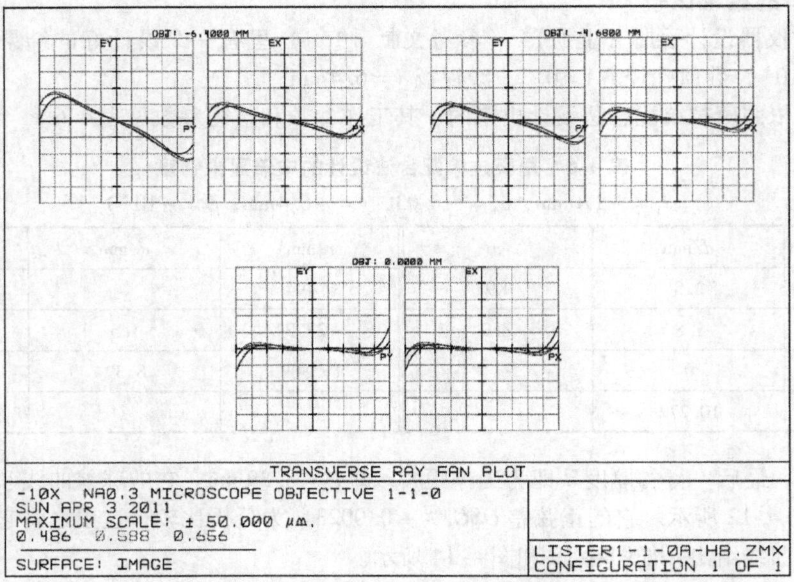


图 4-12 用康拉弟配合法设计的中倍显微物镜的横向像差曲线

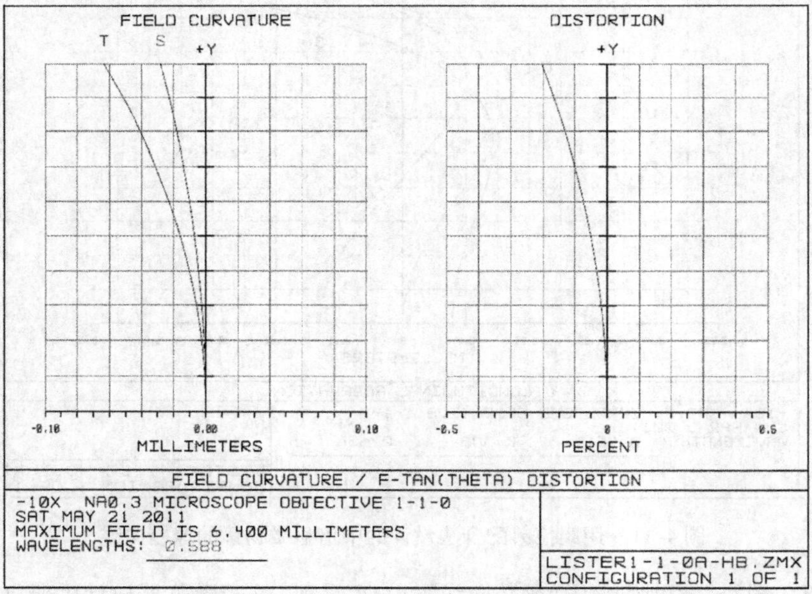


图 4-13 用康拉弟配合法设计的中倍显微物镜的像散曲线

1）球差公差。全孔径边缘轴向球差的公差要求为$\delta L'_m \leqslant \Delta = 0.0065$mm，剩余轴向球差的公差要求为$\delta L' \leqslant 6\Delta = 0.039$mm。从图 4-7 所示的球差曲线上看，表 4-5 所列结构的球差在公差范围内。

2）位置色差、色球差和二级光谱公差。0.707 孔径处的位置色差的公差要求为$L'_F - L'_C \leqslant \Delta = 0.0065$mm。从图 4-7 所示的球差曲线上看，表 4-5 所列结构的位置色差在公差范围内。

色球差的公差要求为$\{(L'_F - L'_C)_m - (l'_F - l'_C)\} \leqslant 4\Delta = 0.026$mm。从图 4-7 所示的球差曲线上看，表 4-5 所列结构的色球差约为 0.04mm，超差近一倍。

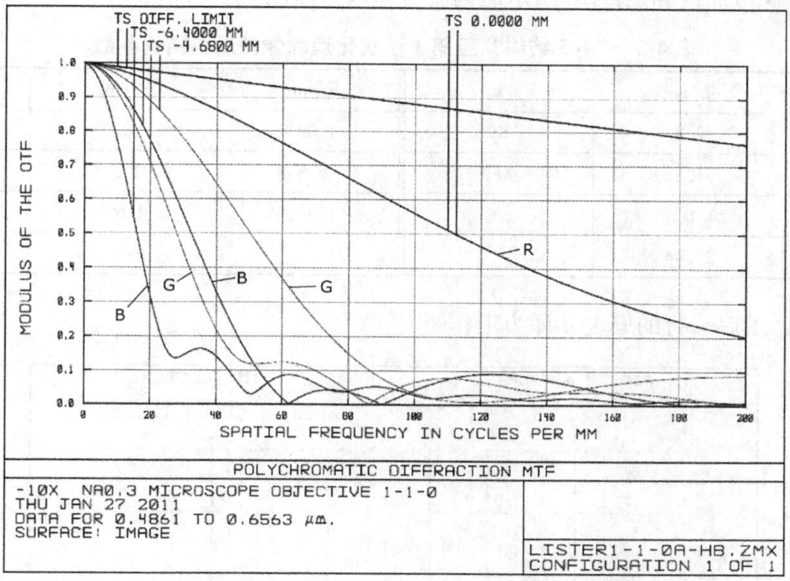


图 4-14 用康拉弟配合法设计的中倍显微物镜的调制传递函数曲线

二级光谱色差的公差要求为$\{L'_{d0.7}-(L'_F-L'_C)\}\leqslant\Delta=0.0065$mm。从图 4-7 所示的球差曲线上看，表 4-5 所列结构尚有约 0.007mm 的二级光谱。已经超差，但不严重。但是二级光谱的校正往往需要特殊材料，所以一般系统都不去消除，认为二级光谱为 4Δ 时还是比较好的。

3）正弦差的公差。正弦差的公差为 $OSC'\leqslant 0.0025$。表 4-5 所列结构的 $OSC'$为 $-0.002$，在要求的公差范围内。

所以，表 4-5 所列结构的像质在像差公差范围内。同样，经像质评价知，表 4-6 所列结构的像质也在像差公差范围内。

### 4.1.2 优化校正李斯特物镜的像散例 1

无论是表 4-5 所列的用简单优化加配合法设计出的李斯特中倍显微物镜，还是表 4-6 所列的用康拉弟配合法设计出的李斯特中倍显微物镜，在设计过程中都没有考虑像散的校正，所以设计出的物镜都存在像散，即$|x'_t|>|x'_s|$，这在像差曲线图 4-9 和图 4-13 上看得很清楚。事实上，如果放松一些其他要求，例如允许工作距 $l'_6$可以短一点的话，则这类镜头的像散是可以改善的。通过进一步优化，可使得$|x'_t|<|x'_s|$，从而校正了像散。下面通过进一步优化校正像散，改善李斯特物镜的像质。

**1. 优化**

（1）第 1 步优化　这里校正表 4-5 所列李斯特物镜（以下简称“4-5 结构”）残存的像散。以其作为现在的初始结构，将前五个半径以及光阑后的空气间隔作为变量，让程序求解最后一面半径令其保证像方孔径角 $u'_6=0.3$rad，同时让程序自动选择像面位置，使得轴上点边缘光线在其上的高度为零。选择像面的路径是鼠标右键单击物镜数据窗口中的后工作距（数据表中第七个厚度，选择“Marginal Ray Height”），选择其下的默认值“0”，→OK。选择完毕，在“后工作距”旁会出现字母“M”。

选择 ZEMAX 提供的弥散圆型式的默认评价函数，优化后得到表 4-7 所列的结构参数，以及

图 4-15 所示的像散曲线和图 4-16 所示的调制传递函数曲线。

**表 4-7 “4-5 结构”经第 1 步优化消除像散后的结构参数**

| $r$/mm | $d$/mm | $n$ | $r$/mm | $d$/mm | $n$ |
|---|---|---|---|---|---|
| 20.276 | 2.8 | K9 | 4.097 | 2 | K9 |
| -12.839 | 1.8 | ZF2 | -6.848 | 1.5 | ZF2 |
| -35.35 | 0 | | -173.005 | 2.69 | |
| ∞（光阑） | 25.44 | | | | |

表 4-7 中，最后一行的厚度 $d$ 即为工作距 $l'_6$。

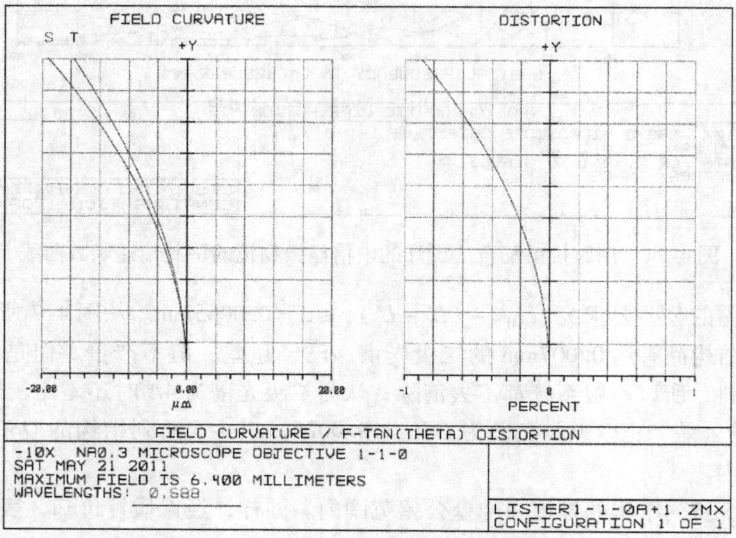


图 4-15 “4-5 结构”经第 1 步优化后的像散曲线

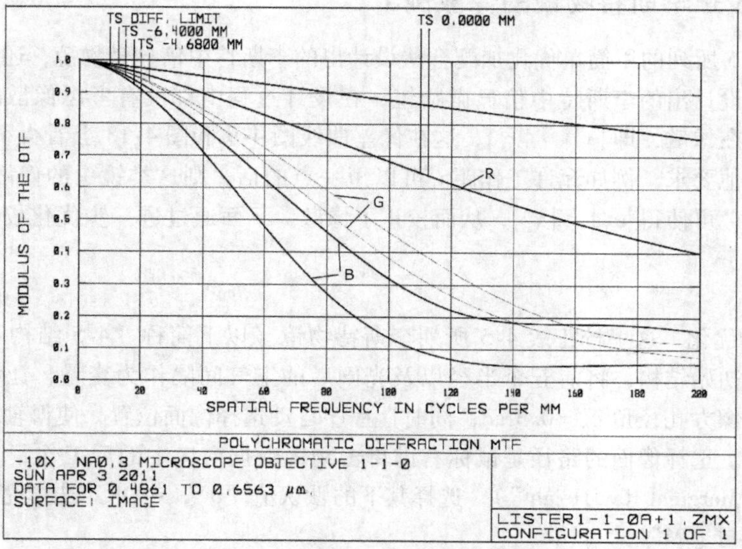


图 4-16 “4-5 结构”经第 1 步优化后的调制传递函数曲线

从像差曲线图 4-15 看到，优化后校正像散的目的已经达到；从图 4-16 所示的调制传递函数曲线看到，无论是轴上点还是轴外点的调制传递函数经第 1 步优化后都有了很大的改善。

（2）第 2 步优化　将表 4-7 所列优化校正了像散的结构作为第 2 步优化的初始结构，将前五个半径和光阑后的空气间隔作为变量，让程序求解最后一面半径使其保证像方孔径角 $u'_6 = 0.3\text{rad}$，同时让程序自动选择像面位置，使得轴上点边缘光线在其上的高度为零。选择像面的路径是鼠标右键单击物镜数据窗口中的后工作距（数据表中第七个厚度，选择“Marginal Ray Height”），选择其下的默认值“0”，→OK。选择完毕，在“后工作距”旁会出现字母“M”。

选择 ZEMAX 提供的波像差型式的默认评价函数，优化后得到表 4-8 所列的结构参数，以及图 4-17 所示的像散曲线和图 4-18 所示的调制传递函数曲线。

**表 4-8　“4-5 结构”第 2 步优化后的结构参数**

| $r$/mm | $d$/mm | $n$ | $r$/mm | $d$/mm | $n$ |
|---|---|---|---|---|---|
| 18.781 | 2.8 | K9 | 4.83 | 2 | K9 |
| -12.699 | 1.8 | ZF2 | -8.559 | 1.5 | ZF2 |
| -37.066 | 0 | | 93.449 | 3.7 | |
| ∞（光阑） | 21.88 | | | | |

表 4-8 中，最后一行的厚度 $d$ 即为工作距 $l'_6$。

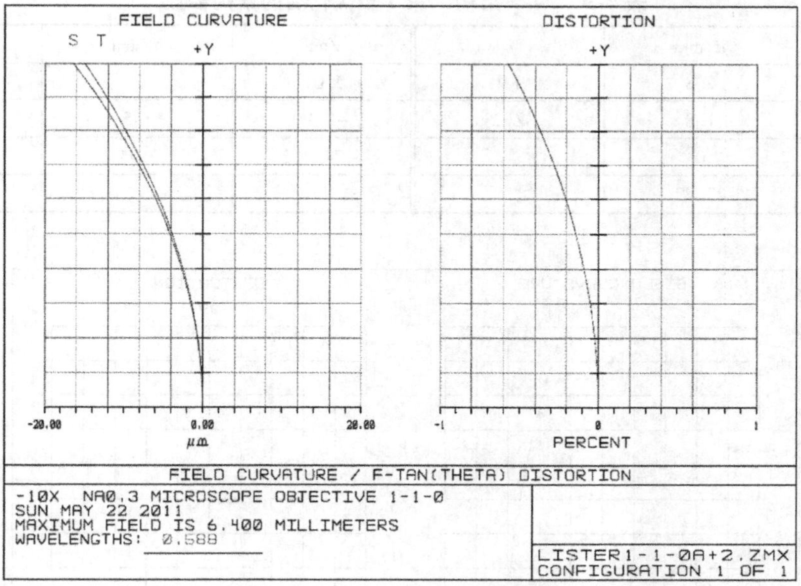


图 4-17　“4-5 结构”第 2 步优化后的像散曲线

从像差曲线图 4-17 和调制传递函数曲线图 4-18 看到，经第 2 步优化后，在保持像散得到校正的情况下，调制传递函数曲线又有了改善。下面继续做试探性的优化。

（3）第 3 步优化　将表 4-8 所列结构做一次自动离焦，并以它作为第 3 步优化的初始结构。仍将前五个半径和光阑后的空气间隔作为变量，利用程序求解最后一面半径使其保证像方孔径角 $u'_6 = 0.3\text{rad}$。选择 ZEMAX 提供的弥散圆型式的默认评价函数，优化后得到表 4-9 所列的结构参数，以及图 4-19 所示的像散曲线和图 4-20 所示的调制传递函数曲线。

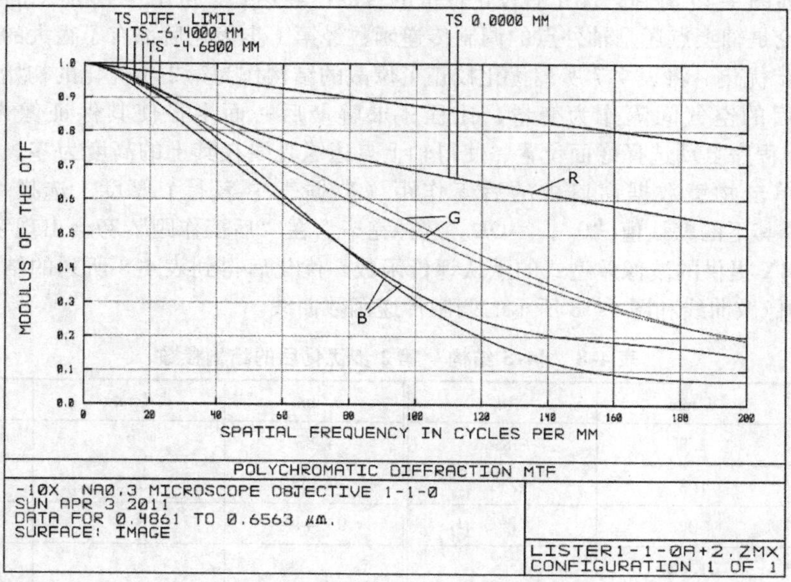


图 4-18 “4-5 结构”第 2 步优化后的调制传递函数曲线

**表 4-9 “4-5 结构”第 3 步优化后的结构参数**

| $r$/mm | $d$/mm | $n$ | $r$/mm | $d$/mm | $n$ |
|---|---|---|---|---|---|
| 20.467 | 2.8 | K9 | 5.01 | 2 | K9 |
| -13.271 | 1.8 | ZF2 | -7.99 | 1.5 | ZF2 |
| -36.233 | 0 | | -74.782 | 3.71 | |
| ∞（光阑） | 23.42 | | | | |

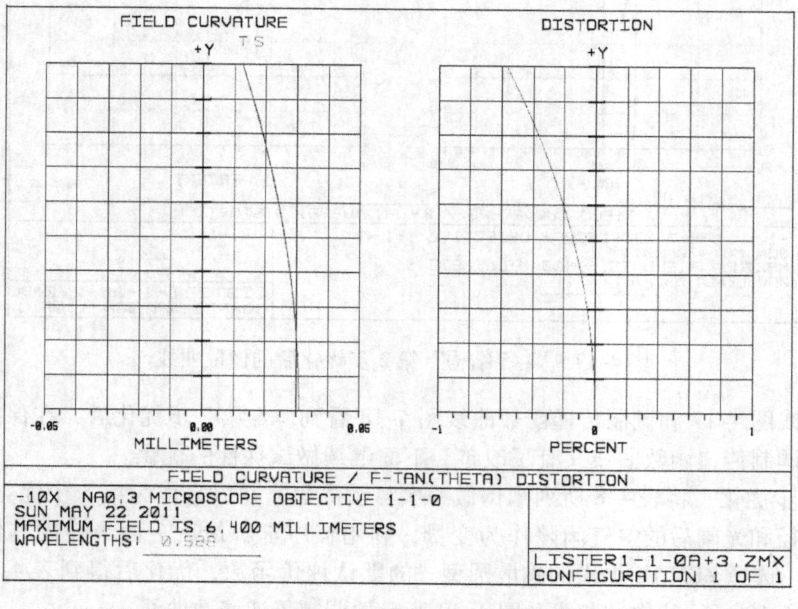


图 4-19 “4-5 结构”第 3 步优化后的像散曲线

表 4-9 中，最后一行的厚度 $d$ 即为工作距 $l'_6$。

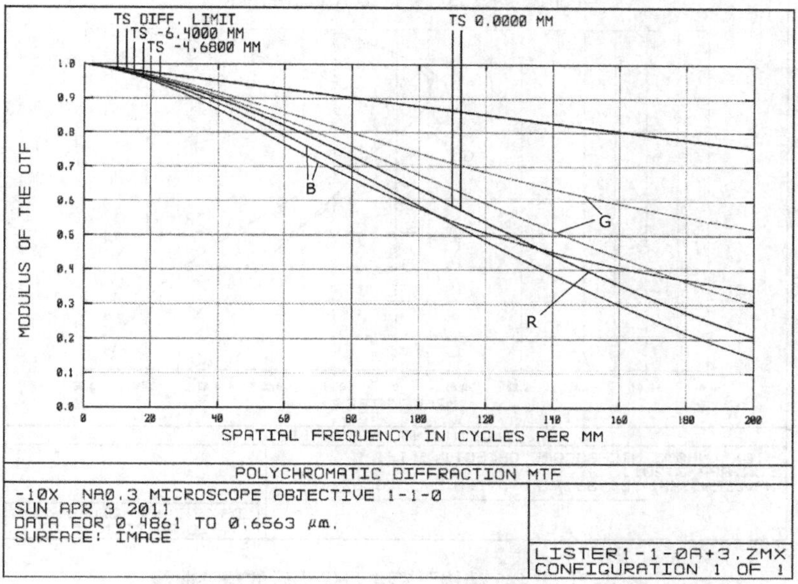


图 4-20 "4-5 结构" 第 3 步优化后的调制传递函数曲线

从像差曲线图 4-19 和调制传递函数曲线图 4-20 看到，经第 3 步优化后，在保持像散得到校正的情况下，调制传递函数曲线（尤其是轴外点的）又有了改善。下面还继续作试探性的优化。

（4）第 4 步优化　将表 4-9 所列结构作为第 4 步优化的初始结构。仍将前五个半径和光阑后的空气间隔作为变量，利用程序求解最后一面半径使其保证像方孔径角 $u'_6=0.3\text{rad}$。选择 ZEMAX 提供的波像差型式的默认评价函数，优化后再做一次自动离焦，得到表 4-10 所列的结构参数，以及图 4-21 所示的球差曲线，图 4-22 所示的横向像差曲线，图 4-23 所示的像散曲线和图 4-24 所示的调制传递函数曲线。

**表 4-10 "4-5 结构" 第 4 步优化后的结构参数**

| $r$/mm | $d$/mm | $n$ | $r$/mm | $d$/mm | $n$ |
|---|---|---|---|---|---|
| 16.069 | 2.8 | K9 | 5.293 | 2 | K9 |
| -11.97 | 1.8 | ZF2 | -12.627 | 1.5 | ZF2 |
| -35.389 | 0 | | 28.736 | 3.71 | |
| ∞（光阑） | 18.02 | | | | |

表 4-10 中，最后一行的厚度 $d$ 即为工作距 $l'_6$。

经过这 4 步优化后，使得物镜的像散消除了，轴外点的几何像差减小了，无论轴上点还是轴外点的调制传递函数都有了很大的提高，优化效果很明显。只不过后工作距减小了，现为 $l'_6=3.71\text{mm}$，但也不是太短，还是可以用的。

一般说，中倍显微物镜的像质评价主要着眼于轴上点及近轴的轴外点，如在 4.1.1 节中所列的那样。这有两方面的原因：一方面显微物镜是一个孔径较大而视场较小的镜头，当然像质评价的重点在中心视场；另一方面像李斯特物镜这种结构型式，它的场曲像差是无法消除的，这是限

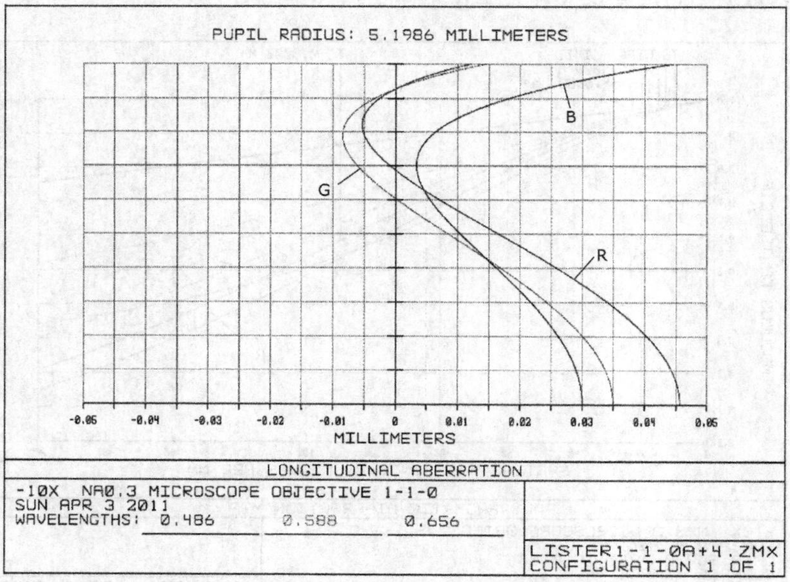


图 4-21 “4-5 结构”第 4 步优化后的球差曲线

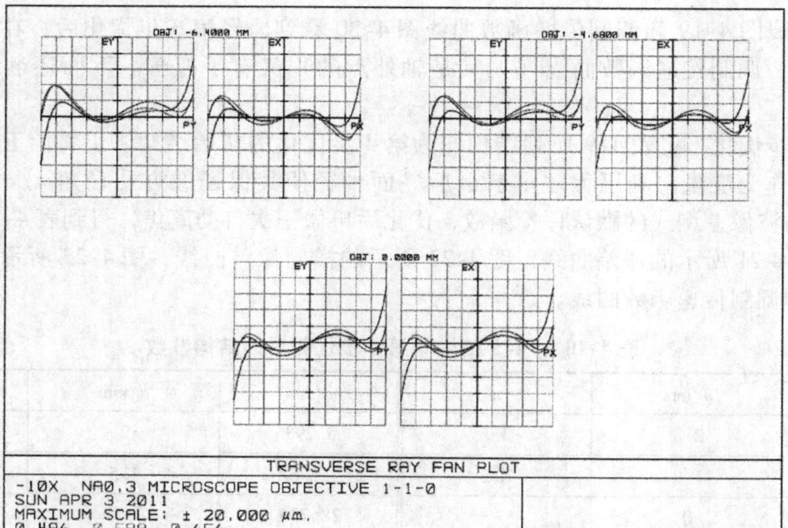


图 4-22 “4-5 结构”第 4 步优化后的横向像差曲线

制此类物镜视场增大的主要原因。但本节的优化设计实践说明，只要优化得当，在消除了像散的情况下，此类物镜轴外点的调制传递函数可以达到与轴上点的调制传递函数相比的程度。

**2. 后组双胶合材料作为变量后调用“Hammer”算法优化**

将第 4 步优化后所得的表 4-10 所列结构作为初始结构。除将前五个半径和光阑后的空气间隔作为变量外，还将后组双胶合的两块玻璃材料增加为变量，仍利用程序求解最后一面半径使其保证像方孔径角 $u_6' = 0.3\text{rad}$。选择 ZEMAX 提供的波像差型式的默认评价函数，调用程序提供

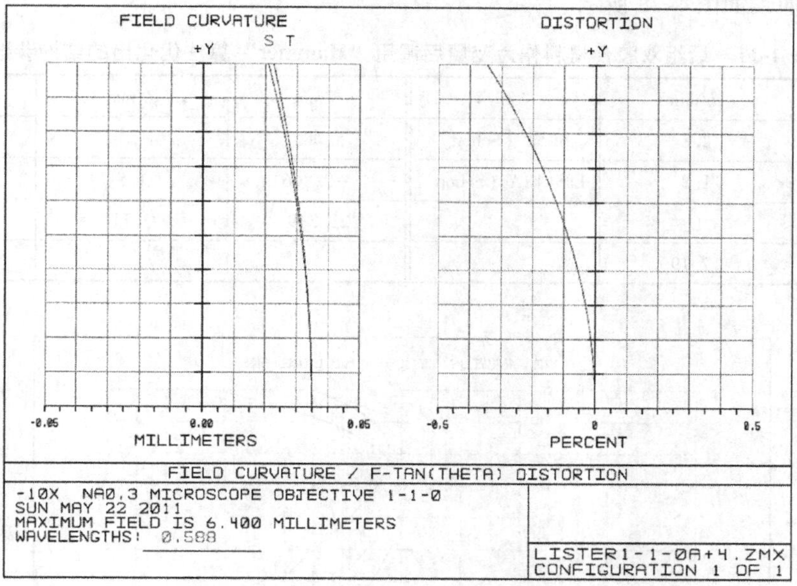


图 4-23　“4-5 结构”第 4 步优化后的像散曲线

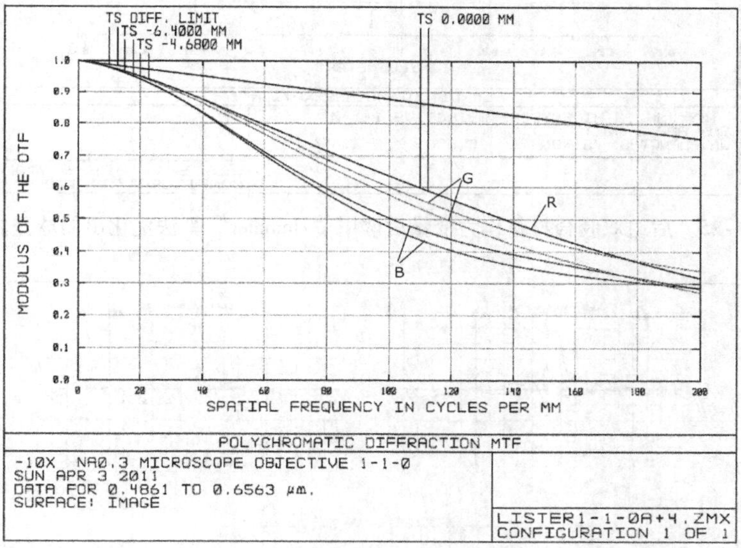


图 4-24　“4-5 结构”第 4 步优化后的调制传递函数曲线

的“Hammer”算法进行全局优化，期望找到像质更好的解。

调用“Hammer”算法优化之前，先将后组的两块玻璃改为“S”（替代）类型，具体作法是在透镜编辑（Lens Data Editor）窗口中，在后组玻璃处用鼠标右击，在打开的窗口中选择“Substitute”。然后调用“Hammer”算法进行优化，路径如下：

程序主窗口→Tools→Optimization→Hammer Optimization→Hammer。

当评价函数由 0.207017462 下降至 0.130475796，停止优化，得到表 4-11 所列的结构参数。这个结构的球差曲线如图 4-25 所示，横向像差曲线如图 4-26 所示，像散曲线如图 4-27 所示，调制传递函数曲线如图 4-28 所示。

**表 4-11 后组双胶合材料作为变量后调用“Hammer”算法优化出的结构参数**

| r/mm | d/mm | n | r/mm | d/mm | n |
|---|---|---|---|---|---|
| 14. 79 | 2. 8 | SK51 (Schott) | 5. 085 | 2 | K9 |
| -16. 545 | 1. 8 | LaSF18A (Schott) | -9. 866 | 1. 5 | ZF2 |
| -67. 386 | 0 | | 23. 349 | 3. 71 | |
| ∞ (光阑) | 17. 19 | | | | |

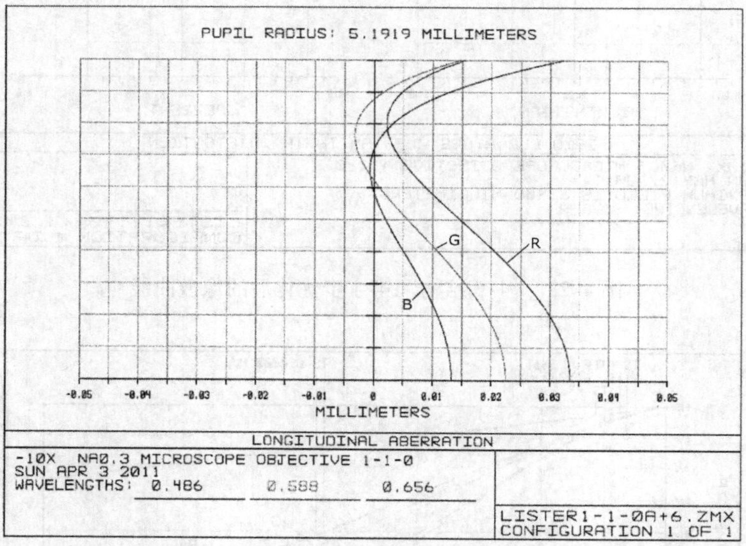


图 4-25 后组双胶合材料作为变量后调用“Hammer”算法优化出的球差曲线

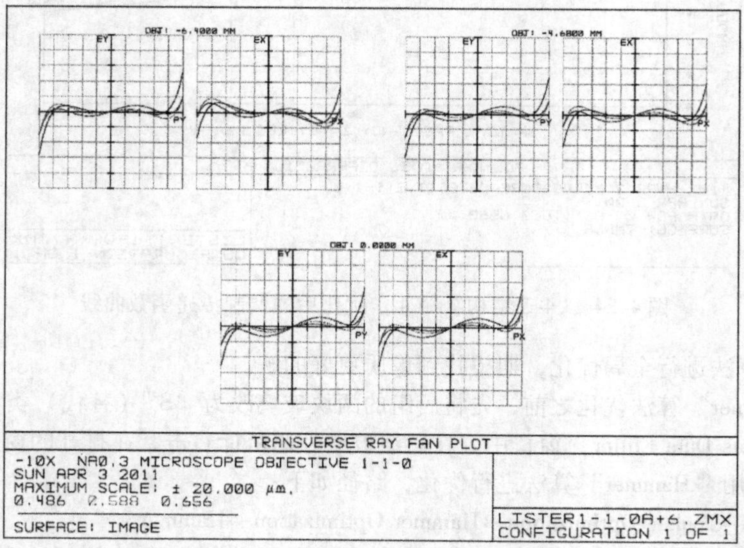


图 4-26 后组双胶合材料作为变量后调用“Hammer”算法优化出的横向像差曲线

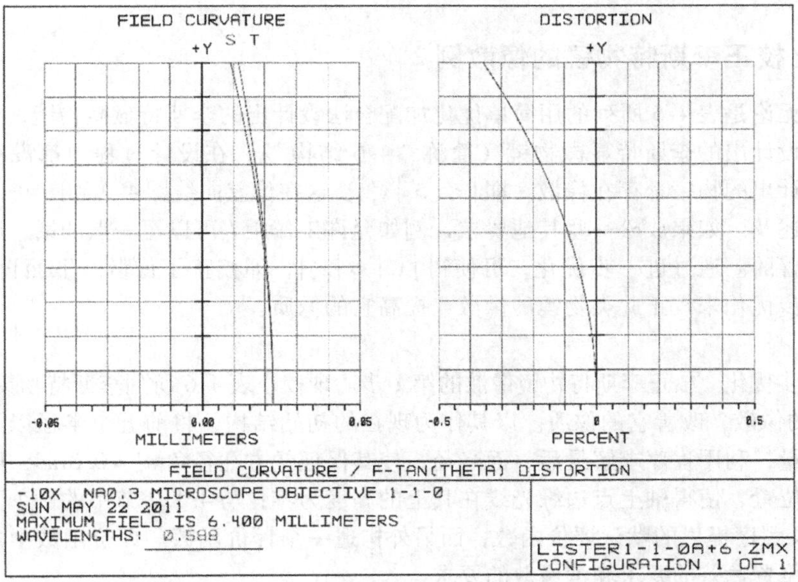


图 4-27　后组双胶合材料作为变量后调用“Hammer”算法优化出的像散曲线

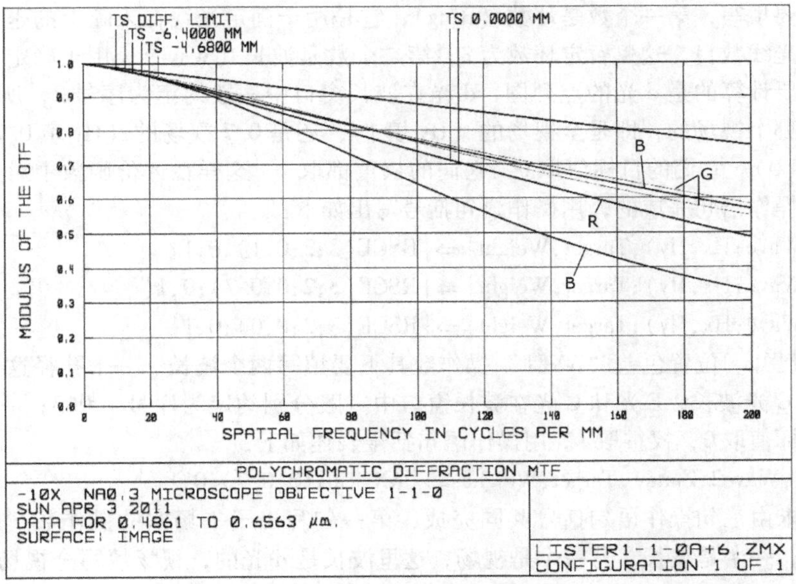


图 4-28　后组双胶合材料作为变量后调用“Hammer”算法优化出的调制传递函数曲线

从图 4-25 和图 4-26 所示的曲线看到，将后组双胶合的材料增加为变量并经优化后，在保持像散较好的校正状态下，球差、色球差和彗差有了改善。从图 4-28 所示的调制传递函数曲线看到，轴上点、轴外点，尤其是轴上点的调制传递函数有了大的改善。这显然是采用了高折射率玻璃的缘故。所以经过进一步的优化，“4-5 结构”的像质有了很大的提高。

值得指出，在具体项目的设计时，玻璃材料的选择一定要考虑它们的性价比与供货来源，有些玻璃虽然在玻璃表中还能找到，但已不再生产。本书例子重在优化设计方法的讨论，没有再细究这些事情。

### 4.1.3 优化校正李斯特物镜的像散例 2

已述及，无论是表 4-5 所列的用简单优化加配合法设计出的李斯特显微物镜，还是表 4-6 所列的用配合法设计出的李斯特显微物镜（简称“4-6 结构”），在设计过程中都没有考虑像散的校正，所以设计出的物镜都存在像散，即$|x_t'|>|x_s'|$，这在像差曲线图 4-9 和图 4-13 上看得很清楚。前面也已述及，如果放松一些其他要求，例如允许工作距$l_6'$可以短一点的话，则这类镜头的像散是可以改善的。通过进一步优化，可使得$|x_t'|<|x_s'|$，即校正了像散。下面再举一例说明，可以通过进一步优化来校正此类物镜的像散，提高它的像质。

**1. 优化**

（1）第 1 步优化　校正李斯特物镜像散的第 1 步。现校正表 4-6 所列李斯特物镜（简称“4-6 结构”）存在的像散，改善它的像质。以其作为现在的初始结构，将前五个半径以及光阑后的空气间隔作为变量，利用程序求解最后一面半径，使其保证像方孔径角$u_6'=0.3\text{rad}$，同时利用程序自动选择像面位置，使得轴上点边缘光线在其上的高度为零；与 4.1.2 节中的例 1 不同，这里不再选用 ZEMAX 程序提供的默认评价函数，而另外构造一个评价函数。评价函数中加入对点列图大小的要求、位置色差的要求和消像散的要求。

点列图半径的操作数是“RSCE”，它表示的是点列图半径的方均根值，计算它时的参考点是几何像的中心。优化时利用这个操作分别计算全视场、0.7 视场和零视场三个视场。“RSCE”其下有三个数要填写，第一个数是环数（Ring），它是用于确定光线在入瞳上的坐标及每一个视场点要计算的光线数目，这里暂定环数为 3；第二个数是波长（Wave），用于确定是哪个波长的点列图，这里要计算的是 d 光的点列图，d 光在波长窗口中一般约定为序号 2，所以填 2；第三个数是要指明哪个视场的，即是全视场的（Hy 填 1），还是 0.7 视场的（Hy 填 0.7），或者是零视场的（Hy 填 0）。它们的目标值取 0，它们的权重都取 1。这样在评价函数中对点列图半径的要求是由三条操作语句完成的，用操作语句括号写出如下：

{RSCE(Ring;Wave;Hx,Hy);Target,Weight}⇒{RSCE(3;2;0,1);0,1}

{RSCE(Ring;Wave;Hx,Hy);Target,Weight}⇒{RSCE(3;2;0,0.7);0,1}

{RSCE(Ring;Wave;Hx,Hy);Target,Weight}⇒{RSCE(3;2;0,0);0,1}

前述实例已知，位置色差“AXCL”操作数其下要填写两个波长、一个孔径这三个数。两个波长即 F 光和 C 光波长，F 光和 C 光在波长窗口中一般分别约定为序号 1 和 3；一个孔径是 0.7 孔径，它的目标值取 0，权重取 1。用操作语句括号表述如下：

{AXCL(Wave1,Wave2;Zone);Target,Weight}⇒{AXCL(1,3;0.7);0,1}

像散的要求由三句操作语句括号共同完成，第一句写出子午场曲的操作数“FCGT”，其下要填写两个数，一个是波长，另一个是视场，这里波长是 d 光的，视场填写全视场，即为 1，它的目标值默认 0，权重取 0；第二句写出弧矢场曲的操作数“FCGS”，其下要填写的两个数，一个是 d 光波长，另一个是全视场，即为 1，它的目标值默认 0，权重取 0；第三句是数学运算操作“DIFF”，它的基本意思是两个操作数之差，其下有两个位置数要填写，第一个就是操作数“FCGT”所在的句序号，第二个是操作数“FCGS”所在的句序号，它的目标值取 0，权重取 1。用操作语句括号表述如下：

op#1 {FCGT(Wave;Hx,Hy);Target,Weight}⇒{FCGT(2;0,1);0,0}

op#2 {FCGS(Wave;Hx,Hy);Target,Weight}⇒{FCGS(2;0,1);0,0}

{DIFF(op#1,op#2);Target,Weight}⇒{DIFF(op#1,op#2);0,1}

为避免在优化过程中两组双胶合之间的空气间隔变成负值，在评价函数中加一条最小中心厚度的边界操作语句“MNCT”，其下应指明是第几面到第几面的厚度，这里是光阑至前组第一面间的间隔，即第四面至第五面间的间隔，它的目标值取 0，权重取 5。用操作语句括号表述如下：

{MNCT(Surf1,Surf2);Target,Weight} ⇒ {MNCT(4,5);0,5}

经第 1 步优化并自动离焦后，得到表 4-12 所列的结构参数，图 4-29 所示的球差曲线，图 4-30 所示的横向像差曲线，图 4-31 所示的像散曲线，图 4-32 所示的调制传递函数曲线。

**表 4-12 “4-6 结构”经第 1 步优化后的结构参数**

| $r$/mm | $d$/mm | $n$ | $r$/mm | $d$/mm | $n$ |
|---|---|---|---|---|---|
| 21.3 | 2.8 | K9 | 3.904 | 2 | K9 |
| -11.925 | 1.8 | ZF2 | -9.148 | 1.5 | ZF2 |
| -29.769 | 0 | | 36.997 | 2.41 | |
| ∞（光阑） | 24.74 | | | | |

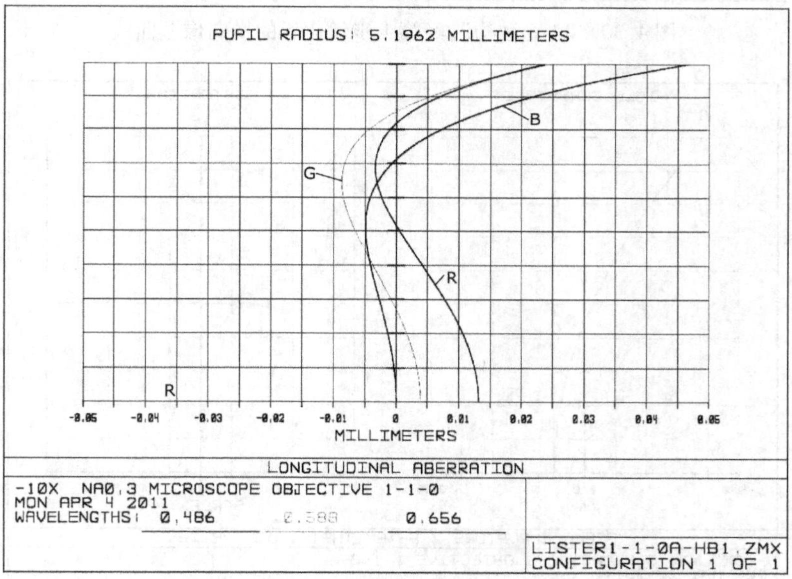


图 4-29 “4-6 结构”经第 1 步优化后的球差曲线

（2）第 2 步优化　校正李斯特物镜像散的第 2 步。从第 1 步优化后得到的像差曲线看到，像散已消除；从调制传递函数曲线看到，像质有改善。但与例 1 的结果相比，这个物镜的像质还有待提高。现进行第 2 步优化。

以第 1 步优化后得到的结构作为第 2 步优化的初始结构，将前五个半径以及光阑后的空气间隔作为变量，让程序求解最后一面半径使其保证像方孔径角 $u_6' = 0.3\text{rad}$。第 2 步优化所用评价函数与第 1 步优化所用的略有不同，用方均根波像差操作数“RWCE”取代第 1 步优化所采用的评价函数中的方均根点列图操作数“RSCE”，其下要填写的“环数”“波长”和“视场”这三个数与“RSCE”的相同，相应的目标值与权重也一样。其余的操作数完全与第 1 步优化时所用的相同，相应的目标值与权重也一样。评价函数用操作语句括号表述如下：

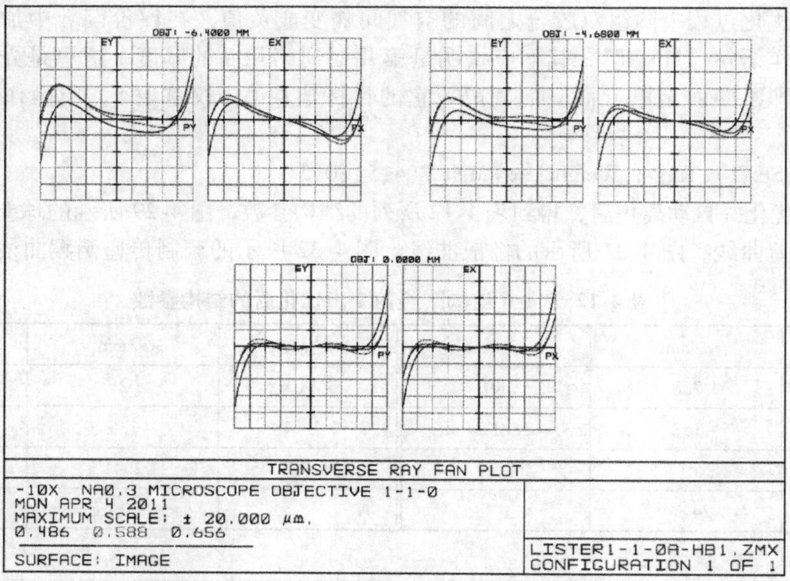


图 4-30 “4-6 结构”经第 1 步优化后的横向像差曲线

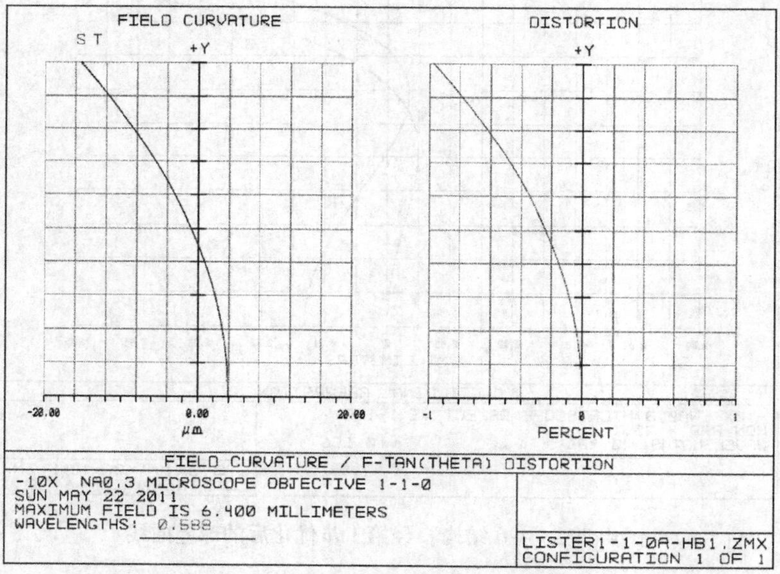


图 4-31 “4-6 结构”经第 1 步优化后的像散曲线

{RWCE(Ring;Wave;Hx,Hy);Target,Weight} ⇒ {RWCE(3;2;0,1);0,1}

{RWCE(Ring;Wave;Hx,Hy);Target,Weight} ⇒ {RWCE(3;2;0,0.7);0,1}

{RWCE(Ring;Wave;Hx,Hy);Target,Weight} ⇒ {RWCE(3;2;0,0);0,1

{AXCL(Wave1,Wave2;Zone);Target,Weight} ⇒ {AXCL(1,3;0.7);0,1}

op#1 {FCGT(Wave;Hx,Hy);Target,Weight} ⇒ {FCGT(2;0,1);0,0}

op#2 {FCGS(Wave;Hx,Hy);Target,Weight} ⇒ {FCGS(2;0,1);0,0}

{DIFF(op#1,op#2);Target,Weight} ⇒ {DIFF(op#1,op#2);0,1}

{MNCT(Surf1,Surf2);Target,Weight} ⇒ {MNCT(4,5);0,5}

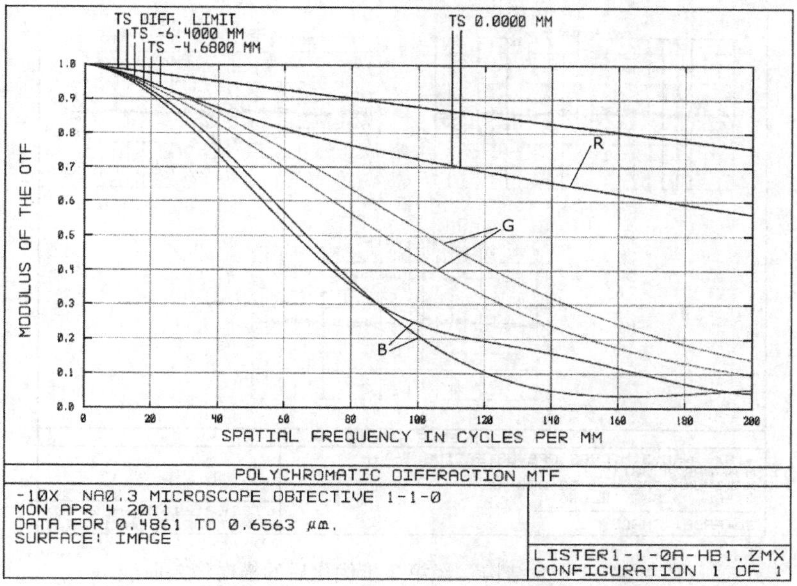


图 4-32 “4-6 结构”经第 1 步优化后的调制传递函数曲线

经第 2 步优化后，得到表 4-13 所列的结构参数，图 4-33 所示的球差曲线，图 4-34 所示的横向像差曲线，图 4-35 所示的像散曲线，图 4-36 所示的调制传递函数曲线。为与后续的优化结果做较全面的比较，这里给出第 2 步优化出的点列图与倍率色差曲线，分别如图 4-37 和图 4-38 所示。

**表 4-13 “4-6 结构”经第 2 步优化后的结构参数**

| r/mm | d/mm | n | r/mm | d/mm | n |
|---|---|---|---|---|---|
| 15.966 | 2.8 | K9 | 4.092 | 2 | K9 |
| -11.951 | 1.8 | ZF2 | -12.733 | 1.5 | ZF2 |
| -36.392 | 0 | | 13.906 | 2.41 | |
| ∞（光阑） | 20.55 | | | | |

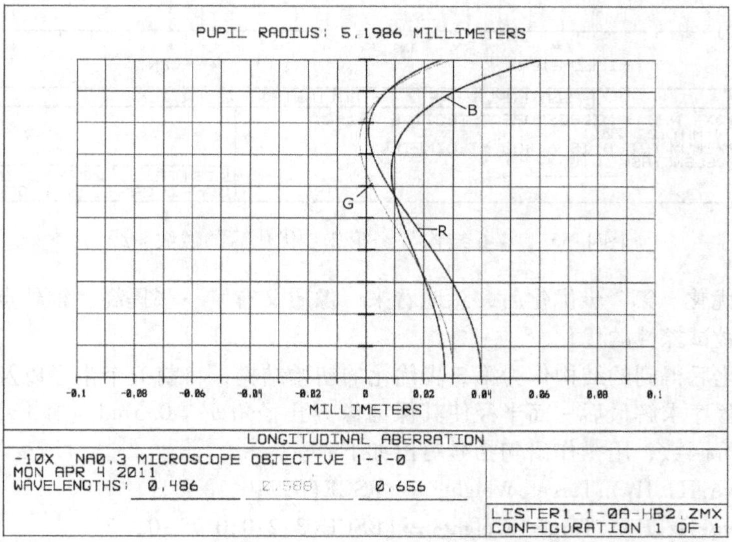


图 4-33 “4-6 结构”经第 2 步优化后的球差曲线

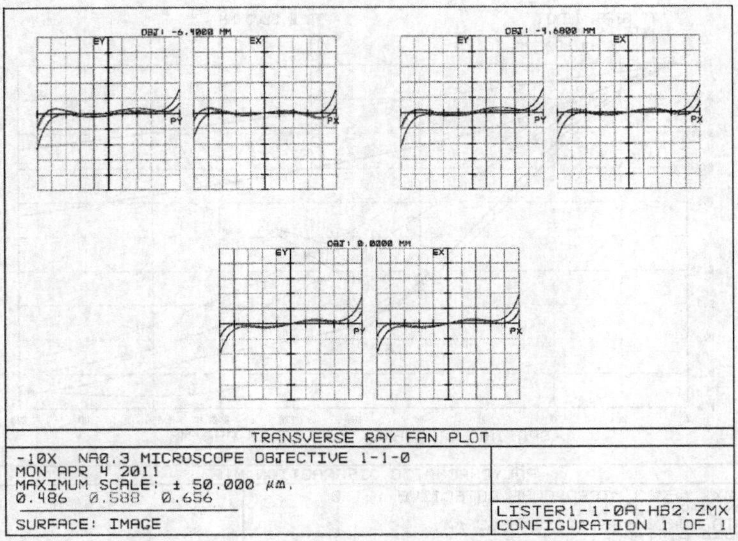


图 4-34 “4-6 结构”经第 2 步优化后的横向像差曲线

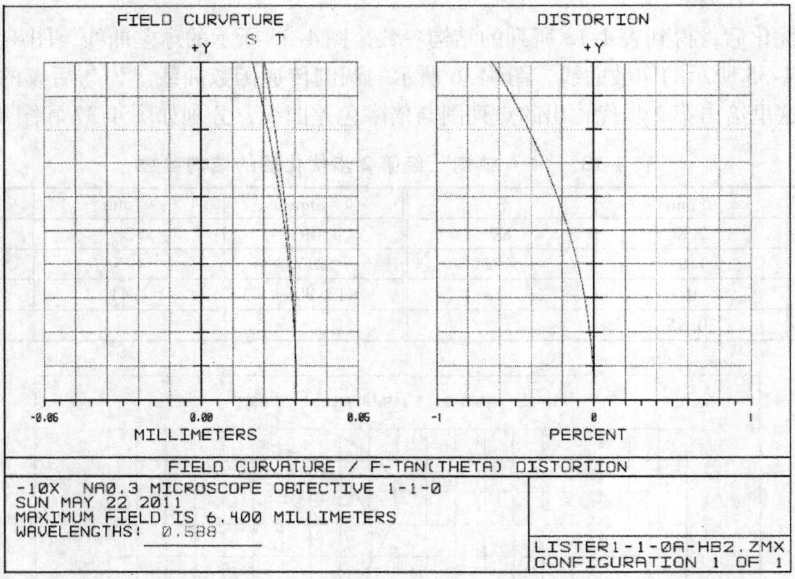


图 4-35 “4-6 结构”经第 2 步优化后的像散曲线

（3）第 3 步优化　第 2 步优化后，总地看来，像质又有了一些提高，轴外点的调制传递函数改善了，下面再做试探性的优化。

以第 2 步优化后得到的结构作为第 3 步优化的初始结构，将前五个半径以及光阑后的空气间隔作为变量，让程序求解最后一面半径使其保证像方孔径角 $u'_6=0.3\text{rad}$。第 3 步优化采用与第 1 步优化相同的评价函数，用操作语句括号写出如下：

{RSCE(Ring;Wave;Hx,Hy);Target,Weight} ⇒ {RSCE(3;2;0,1);0,1}

{RSCE(Ring;Wave;Hx,Hy);Target,Weight} ⇒ {RSCE(3;2;0,0.7);0,1}

{RSCE(Ring;Wave;Hx,Hy);Target,Weight} ⇒ {RSCE(3;2;0,0);0,1

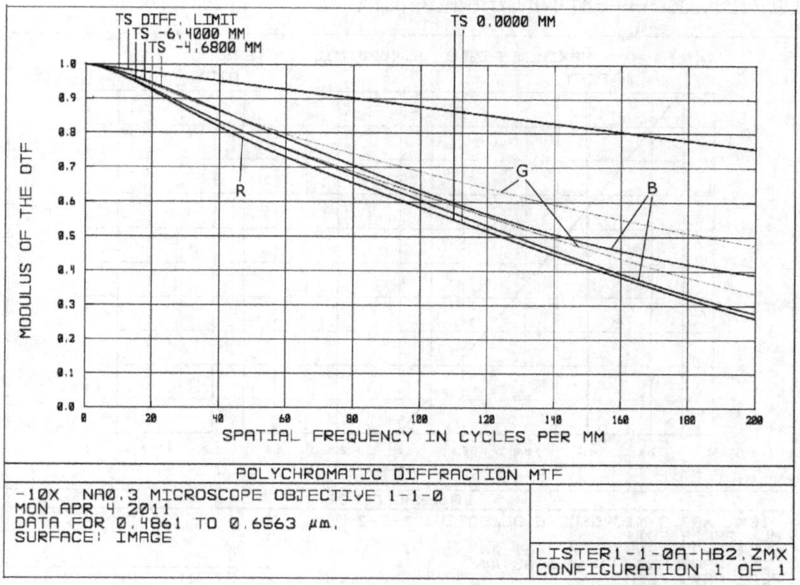


图 4-36　“4-6 结构”经第 2 步优化后的调制传递函数曲线

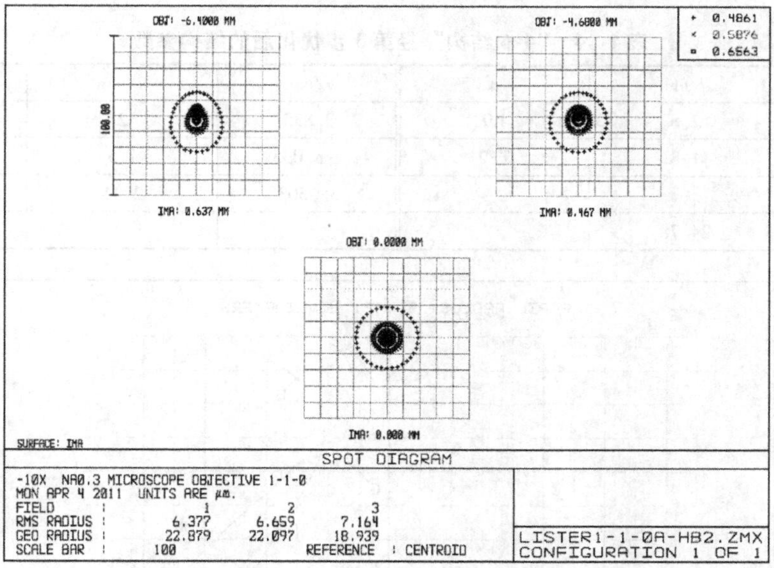


图 4-37　“4-6 结构”经第 2 步优化后的点列图

{AXCL(Wave1, Wave2; Zone); Target, Weight} ⇒ {AXCL(1, 3; 0.7); 0, 1}

op#1 {FCGT(Wave; Hx, Hy); Target, Weight} ⇒ {FCGT(2; 0, 1); 0, 0}

op#2 {FCGS(Wave; Hx, Hy); Target, Weight} ⇒ {FCGS(2; 0, 1); 0, 0}

{DIFF(op#1, op#2); Target, Weight} ⇒ {DIFF(op#1, op#2); 0, 1}

{MNCT(Surf1, Surf2); Target, Weight} ⇒ {MNCT(4, 5); 0, 5}

经第 3 步优化后，再做自动离焦，得到表 4-14 所列的结构参数，图 4-39 所示的球差曲线，图 4-40 所示的横向像差曲线，图 4-41 所示的像散曲线，图 4-42 所示的调制传递函数曲线，

图 4-43 所示的点列图，图 4-44 所示的倍率色差曲线。

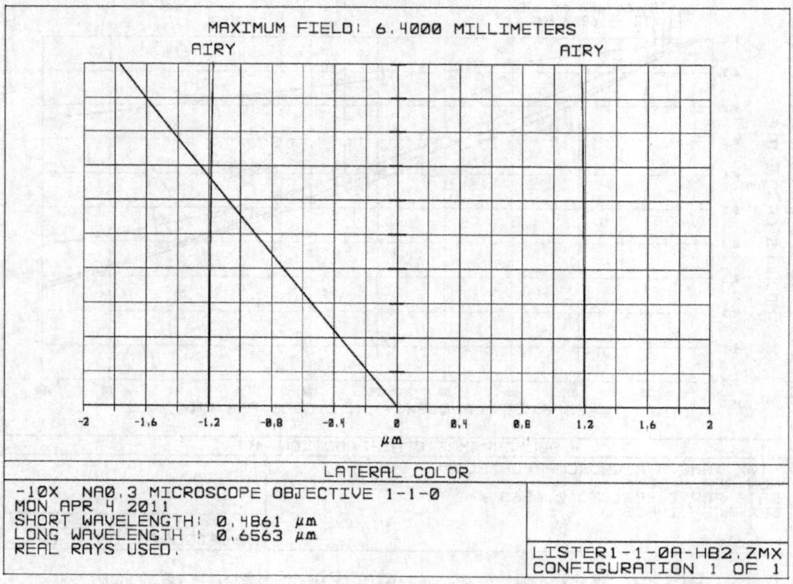


图 4-38 “4-6 结构”经第 2 步优化后的倍率色差曲线

**表 4-14 “4-6 结构”经第 3 步优化后的结构参数**

| r/mm | d/mm | n | r/mm | d/mm | n |
|---|---|---|---|---|---|
| 19.005 | 2.8 | K9 | 3.835 | 2 | K9 |
| -13.227 | 1.8 | ZF2 | -8.033 | 1.5 | ZF2 |
| -37.765 | 0 | | 38.503 | 2.41 | |
| ∞（光阑） | 24.78 | | | | |

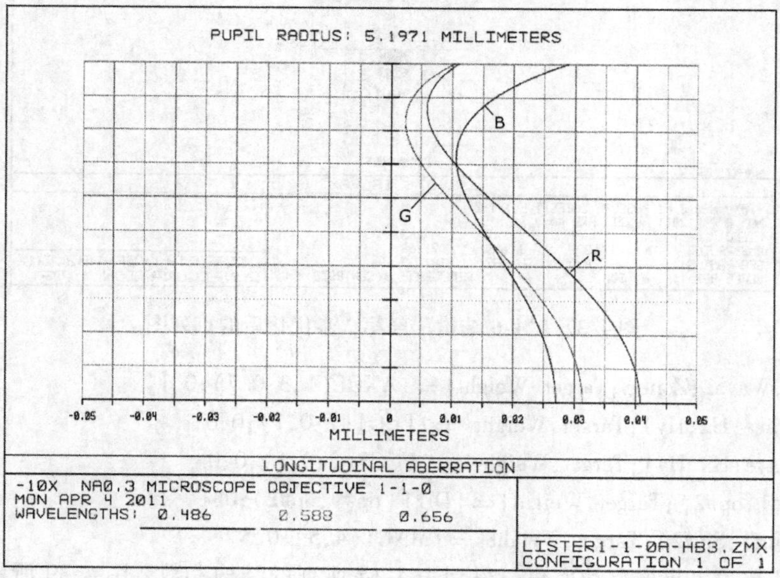


图 4-39 “4-6 结构”经第 3 步优化后的球差曲线

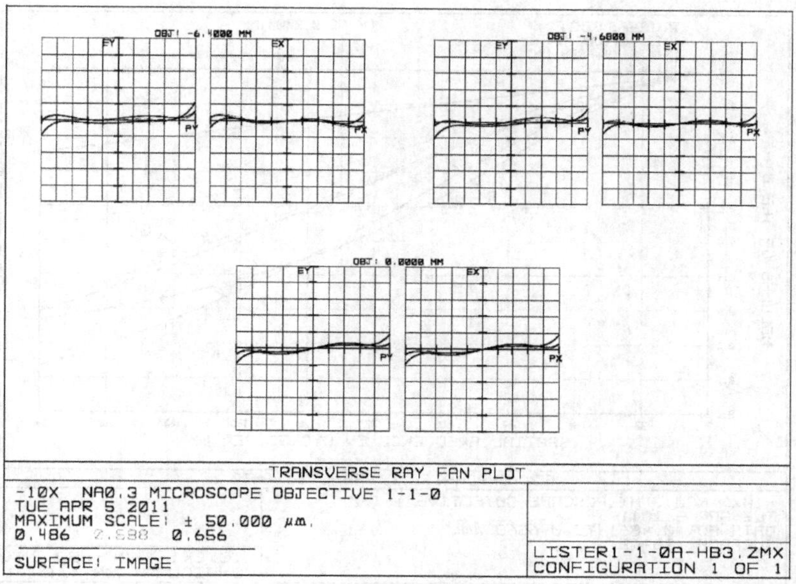


图 4-40　“4-6 结构”经第 3 步优化后的横向像差曲线

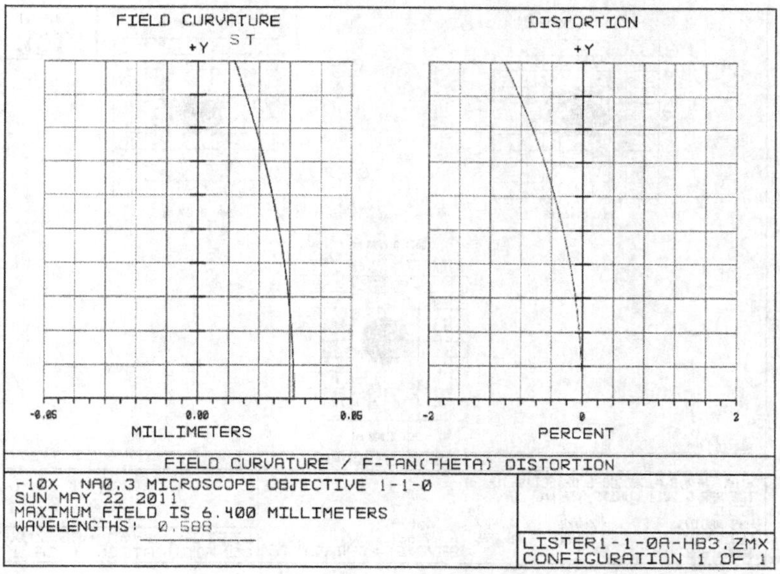


图 4-41　“4-6 结构”经第 3 步优化后的像散曲线

第 2 步的优化结果与第 3 步的优化结果相比，从几何像差讲，第 2 步结果的倍率色差稍好一些；第 3 步结果的位置色差和色彗差好一些；第 3 步结果的点列图半径小一些。从调制传递函数看，两个优化结果轴上点的状况差不多，但对边缘视场来说第 2 步的结果比第 3 步的结果好。

对于这两个结果，有两条继续往下走的优化路线：其一是以第 2 步的优化结果为基础，将玻

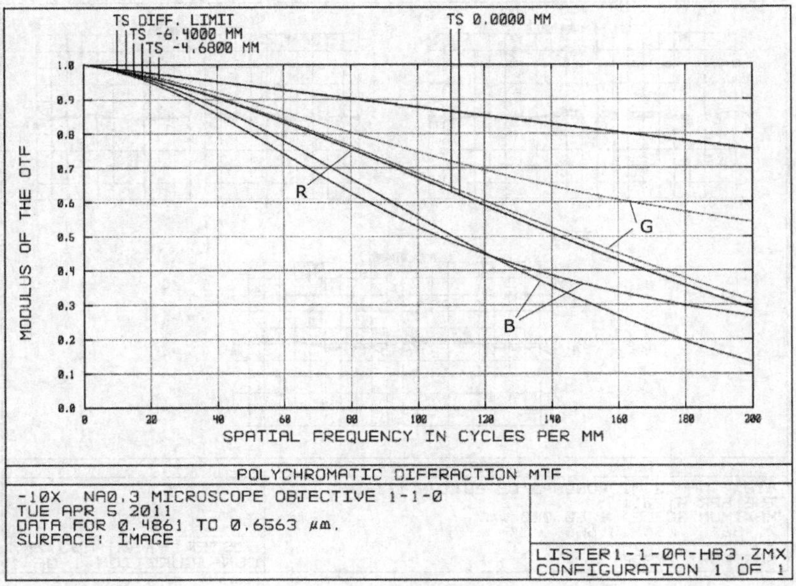


图 4-42 “4-6 结构”经第 3 步优化后的调制传递函数曲线

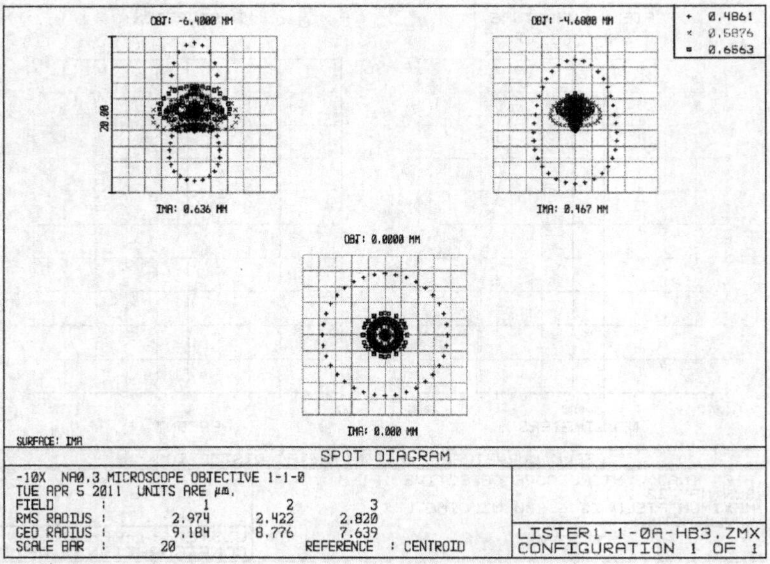


图 4-43 “4-6 结构”经第 3 步优化后的点列图

璃材料增加为变量再做优化；其二是以第 3 步的优化结果为基础，先改变评价函数进行优化，然后再做分析。这里走第二条路线。

（4）第 4 步优化　以第 3 步的优化结果为基础，将前五个半径以及光阑后的空气间隔作为变量，让程序求解最后一面半径使其保证像方孔径角 $u_6'=0.3\text{rad}$。第 4 步优化采用与第 2 步优化相同的评价函数。评价函数用操作语句括号表述如下：

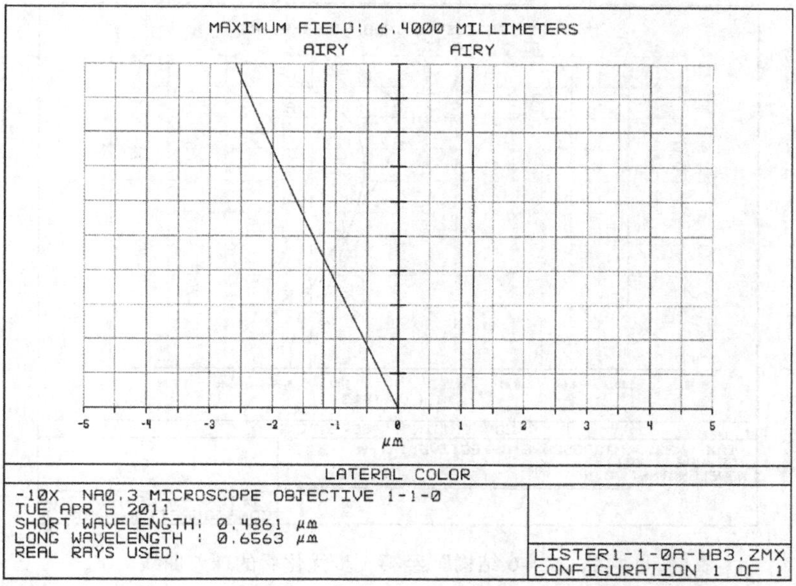


图 4-44　"4-6 结构"经第 3 步优化后的倍率色差曲线

{RWCE(Ring;Wave;Hx,Hy);Target,Weight}⇒{RWCE(3;2;0,1);0,1}
{RWCE(Ring;Wave;Hx,Hy);Target,Weight}⇒{RWCE(3;2;0,0.7);0,1}
{RWCE(Ring;Wave;Hx,Hy);Target,Weight}⇒{RWCE(3;2;0,0);0,1}
{AXCL(Wave1,Wave2;Zone);Target,Weight}⇒{AXCL(1,3;0.7);0,1}
op#1 {FCGT(Wave;Hx,Hy);Target,Weight}⇒{FCGT(2;0,1);0,0}
op#2 {FCGS(Wave;Hx,Hy);Target,Weight}⇒{FCGS(2;0,1);0,0}
{DIFF(op#1,op#2);Target,Weight}⇒{DIFF(op#1,op#2);0,1}
{MNCT(Surf1,Surf2);Target,Weight}⇒{MNCT(4,5);0,5}

经第 4 步优化后，得到表 4-15 所列的结构参数，图 4-45 所示的球差曲线，图 4-46 所示的横向像差曲线，图 4-47 所示的像散曲线，图 4-48 所示的调制传递函数曲线，图 4-49 所示的点列图，图 4-50 所示的倍率色差曲线。

**表 4-15　"4-6 结构"经第 4 步优化后的结构参数**

| r/mm | d/mm | n | r/mm | d/mm | n |
|---|---|---|---|---|---|
| 15.64 | 2.8 | K9 | 3.951 | 2 | K9 |
| −12.293 | 1.8 | ZF2 | −10.541 | 1.5 | ZF2 |
| −40.14 | 0 | | 13.203 | 2.41 | |
| ∞（光阑） | 20.84 | | | | |

从第 4 步的优化结果看，它似乎又回到了第 2 步的结果。目前的状况是轴上点 F 光和 C 光的交点低了一点。下面增加后组的玻璃材料作为变量进一步优化。

（5）第 5 步优化　第 5 步优化时，以第 4 步的优化结果为基础，将前五个半径以及光阑后的空气间隔作为变量，并增加后组的玻璃材料作为变量，利用程序求解最后一面半径使其保证像方孔径角 $u_6' = 0.3\text{rad}$。第 5 步优化时，采用第 4 步优化时的评价函数，并在其中增加一条对玻璃

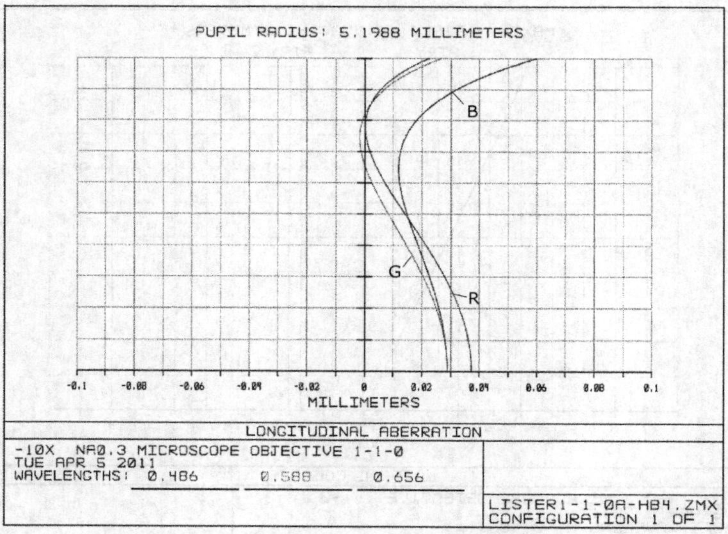


图 4-45 “4-6 结构”经第 4 步优化后的球差曲线

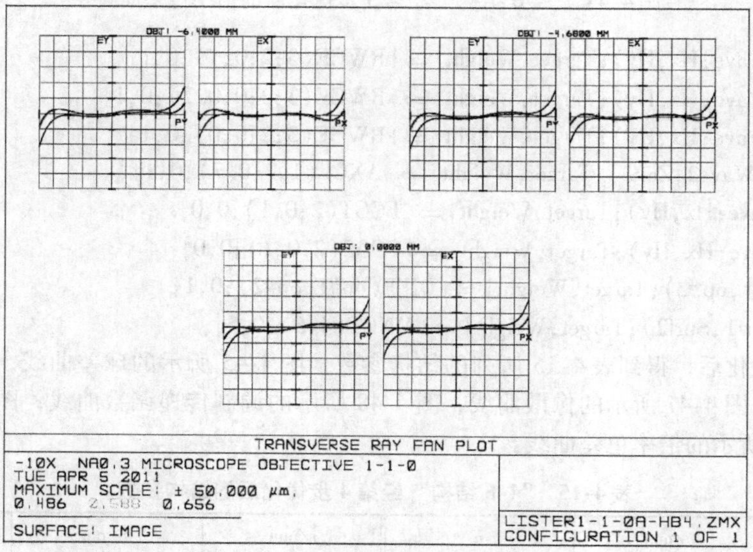


图 4-46 “4-6 结构”经第 4 步优化后的横向像差曲线

边界限制的操作数“RGLA”，其下“Surf1”填写 1，“Surf2”填写 3，即限定玻璃材料的变量范围是第一面至第三面；另外的三个子权重因子采用程序的推荐的默认值，都填 0；目标值取程序的推荐值，填 0.02；权重取 1。评价函数用操作语句括号表述如下：

{RWCE(Ring;Wave;Hx,Hy);Target,Weight}⇒{RWCE(3;2;0,1);0,1}

{RWCE(Ring;Wave;Hx,Hy);Target,Weight}⇒{RWCE(3;2;0,0.7);0,1}

{RWCE(Ring;Wave;Hx,Hy);Target,Weight}⇒{RWCE(3;2;0,0);0,1

{AXCL(Wave1,Wave2;Zone);Target,Weight}⇒{AXCL(1,3;0.7);0,1}

op#1 {FCGT(Wave;Hx,Hy);Target,Weight}⇒{FCGT(2;0,1);0,0}

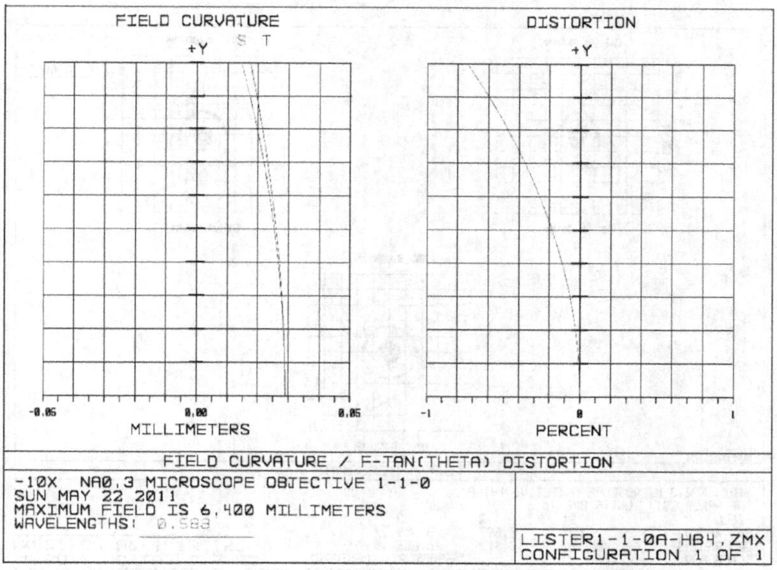


图 4-47 “4-6 结构”经第 4 步优化后的像散曲线

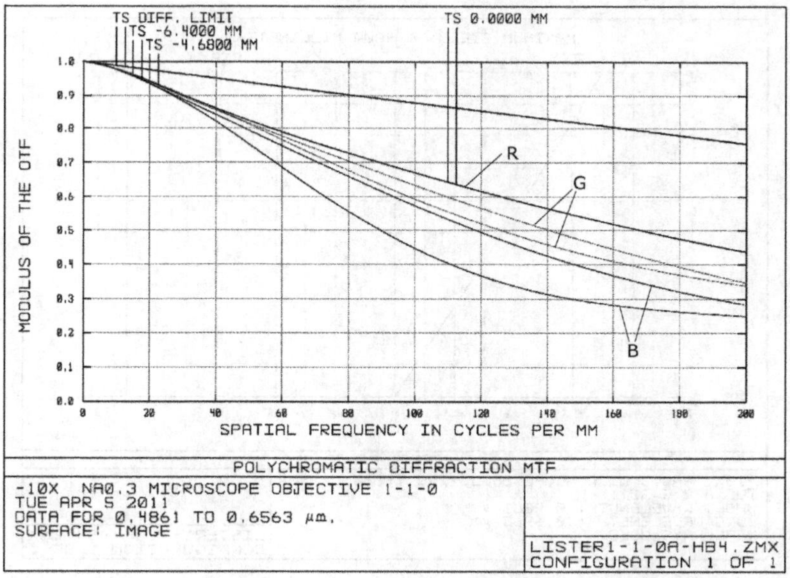


图 4-48 “4-6 结构”经第 4 步优化后的调制传递函数曲线

op#2 {FCGS(Wave;Hx,Hy);Target,Weight} ⇒ {FCGS(2;0,1);0,0}

{DIFF(op#1,op#2);Target,Weight} ⇒ {DIFF(op#1,op#2);0,1}

{MNCT(Surf1,Surf2);Target,Weight} ⇒ {MNCT(4,5);0,5}

{RGLA(Surf1,Surf2;Wn,Wa,Wp);Target,Weight} ⇒ {RGLA(1,3;0,0,0);0.02,1}

经第 5 步优化后，得到表 4-16 所列的结构参数，图 4-51 所示的球差曲线，图 4-52 所示的横向像差曲线，图 4-53 所示的像散曲线，图 4-54 所示的调制传递函数曲线，图 4-55 所示的点列图，图 4-56 所示的倍率色差曲线。

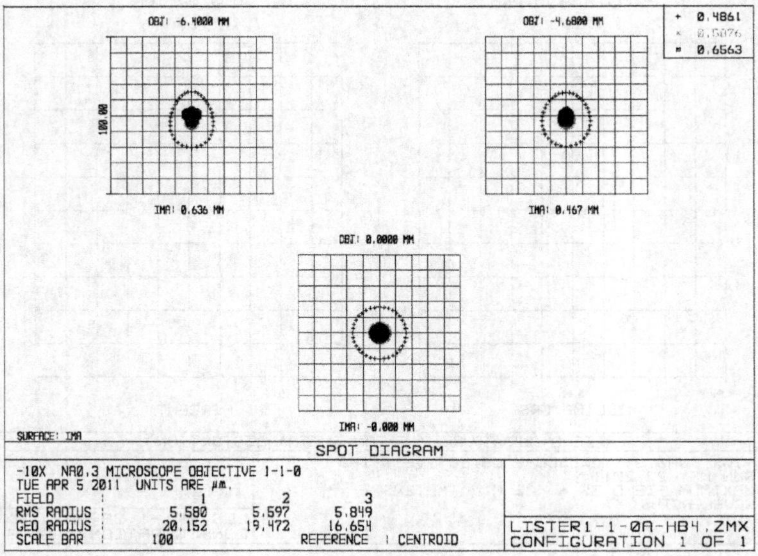


图 4-49 “4-6 结构”经第 4 步优化后的点列图

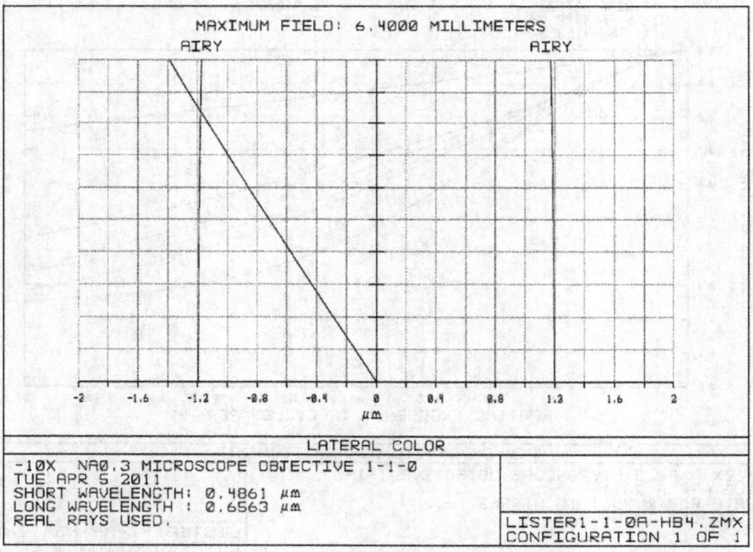


图 4-50 “4-6 结构”经第 4 步优化后的倍率色差曲线

**表 4-16 “4-6 结构”经第 5 步优化后的结构参数**

| $r$/mm | $d$/mm | $n$, $v$ | $r$/mm | $d$/mm | $n$, $v$ |
|---|---|---|---|---|---|
| 15.455 | 2.8 | 1.52, 61.8 | 3.94 | 2 | K9 |
| -12.393 | 1.8 | 1.68, 32.1 | -10.385 | 1.5 | ZF2 |
| -40.934 | 0 | | 12.626 | 2.41 | |
| ∞（光阑） | 20.66 | | | | |

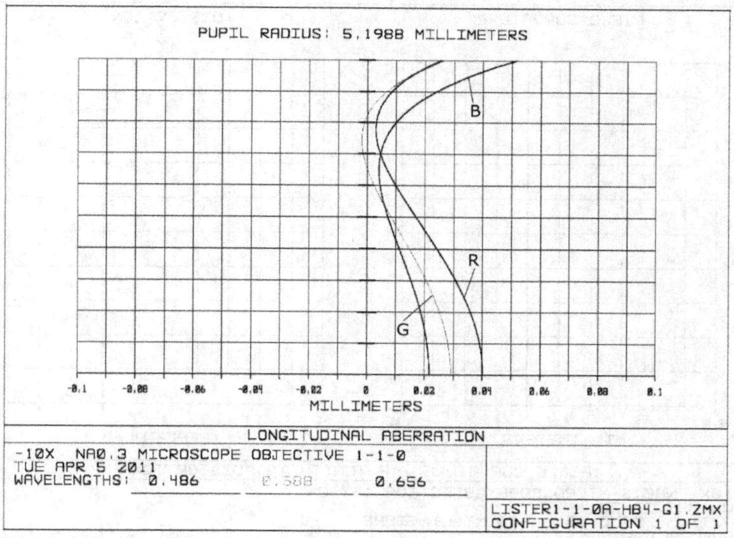


图4-51　“4-6结构”经第5步优化后的球差曲线

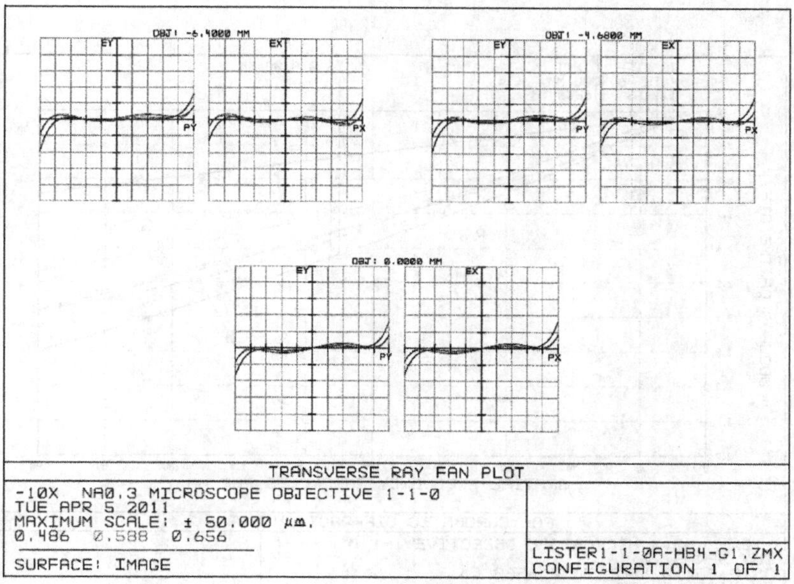


图4-52　“4-6结构”经第5步优化后的横向像差曲线

从像差曲线、调制传递函数曲线和点列图看到，将后组双胶合材料作为变量并经优化后，在保持其他像差较好的校正状态下，位置色差有了改善；调制传递函数有了提高。但是现在所用的玻璃还是模型玻璃，需要用实际玻璃来替代。

（6）第6步优化　用实际玻璃替代模型玻璃。替代的过程如下：先替代后组双胶合的第二块玻璃材料，采用程序推荐的德国肖特公司的SF5玻璃。用前五个半径，光阑后的空气间隔及后

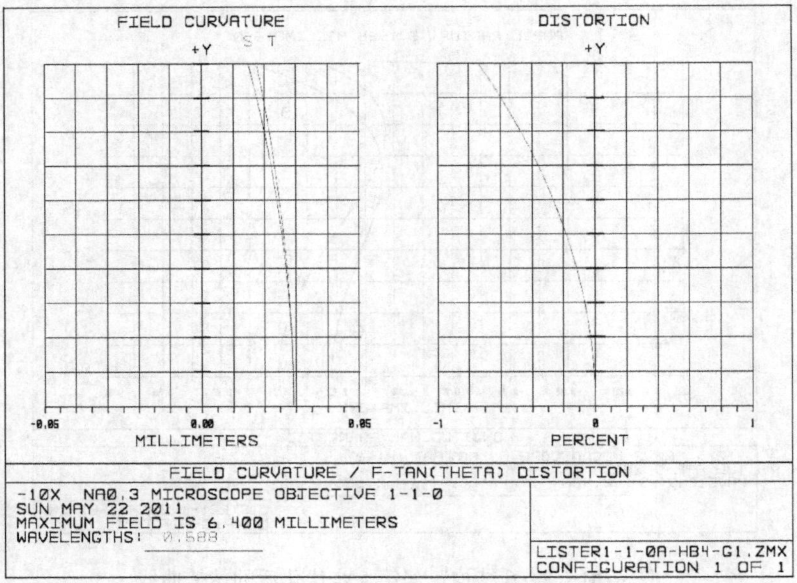


图 4-53 “4-6 结构” 经第 5 步优化后的像散曲线

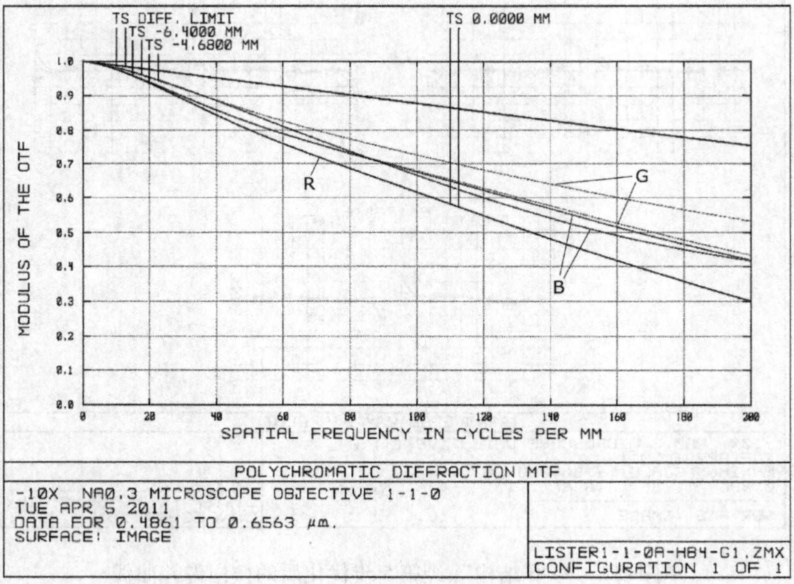


图 4-54 “4-6 结构” 经第 5 步优化后的调制传递函数曲线

组双胶合的第一块玻璃作为变量，利用程序求解最后一面半径使其保证像方孔径角 $u_6' = 0.3\text{rad}$。采用与第 5 步相同的评价函数进行优化，得到表 4-17 所列的结构参数，图 4-57 所示的球差曲线，图 4-58 所示的横向像差曲线，图 4-59 所示的像散曲线，图 4-60 所示的调制传递函数曲线，图 4-61 所示的点列图，图 4-62 所示的倍率色差曲线。

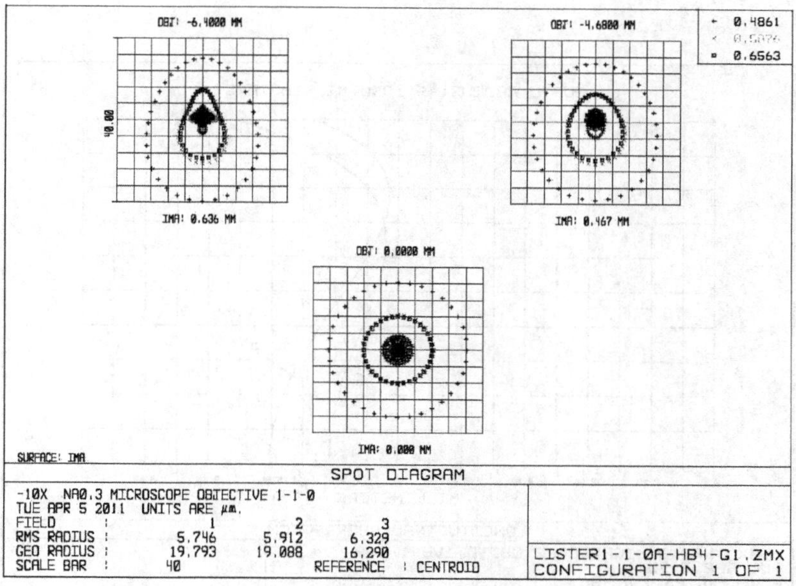


图 4-55　“4-6 结构”经第 5 步优化后的点列图

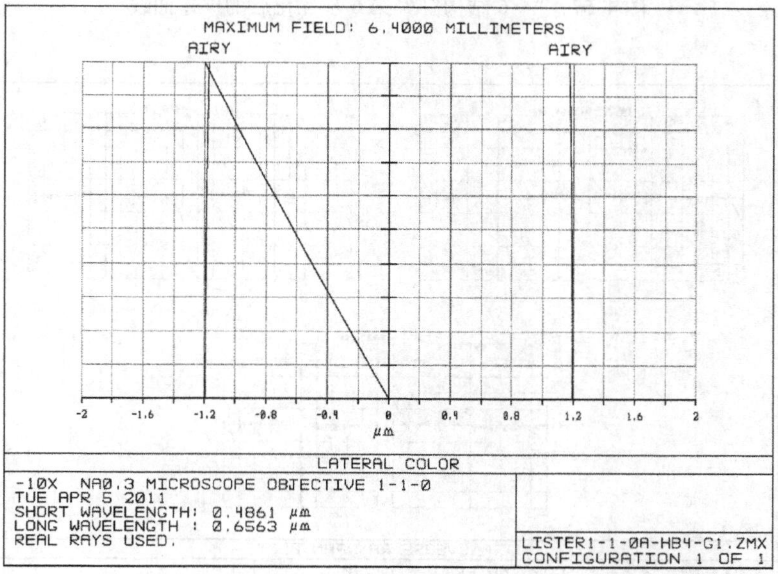


图 4-56　“4-6 结构”经第 5 步优化后的倍率色差曲线

**表 4-17　“4-6 结构”经第 6 步优化后的结构参数**

| $r$/mm | $d$/mm | $n$, $v$ | $r$/mm | $d$/mm | $n$, $v$ |
|---|---|---|---|---|---|
| 15.443 | 2.8 | 1.52, 61.8 | 3.945 | 2 | K9 |
| −12.274 | 1.8 | SF5（Schott） | −10.441 | 1.5 | ZF2 |
| −41.042 | 0 | | 12.604 | 2.41 | |
| ∞（光阑） | 20.62 | | | | |

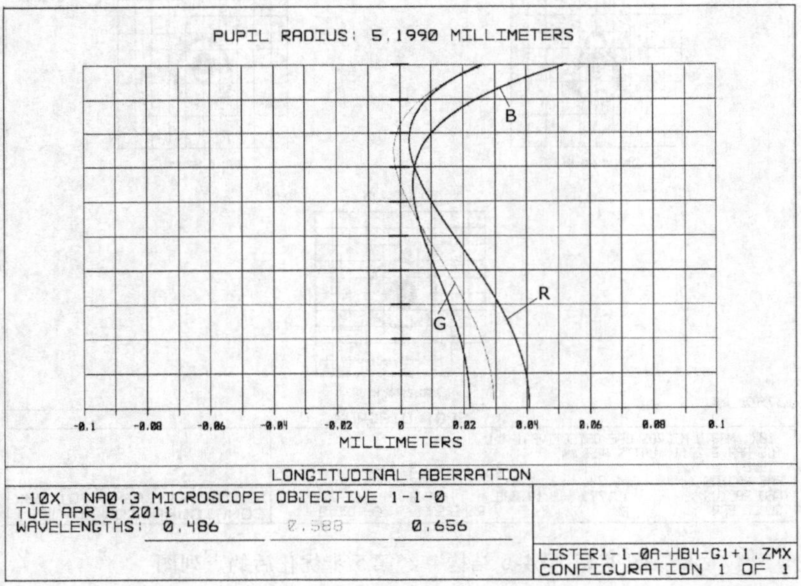


图 4-57 “4-6 结构”经第 6 步优化后的球差曲线

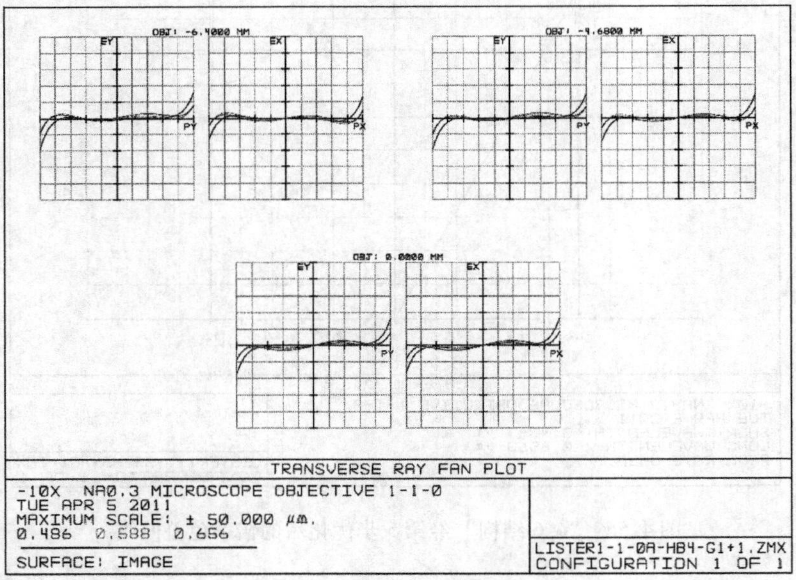


图 4-58 “4-6 结构”经第 6 步优化后的横向像差曲线

从像差曲线、点列图和调制传递函数看，第二块玻璃替代为实际玻璃后，像质没有大的变动，玻璃 SF5 也是常用玻璃。下面着手替代第一块玻璃。

（7）第 7 步优化　替代第一块玻璃。替代后组双胶合的第一块玻璃材料，采用程序推荐的国产 K16 玻璃。用前五个半径和光阑后的空气间隔作为变量，利用程序求解最后一面半径使其

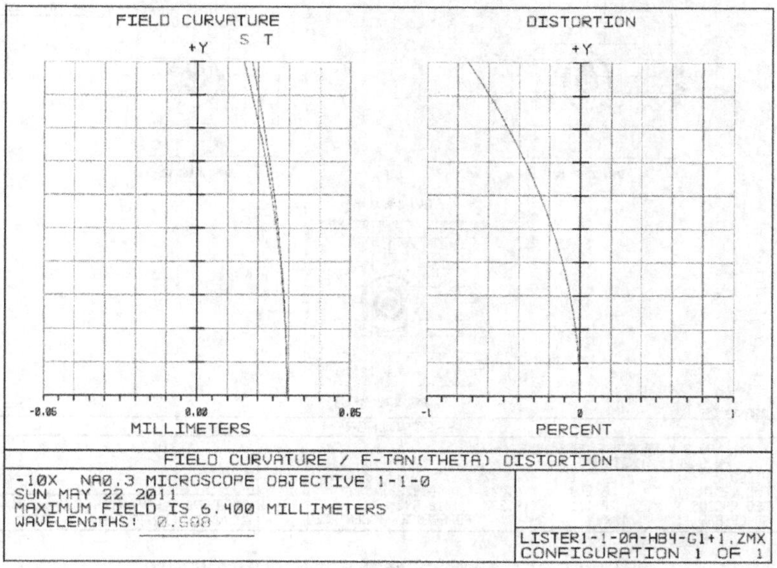


图4-59　“4-6结构”经第6步优化后的像散曲线

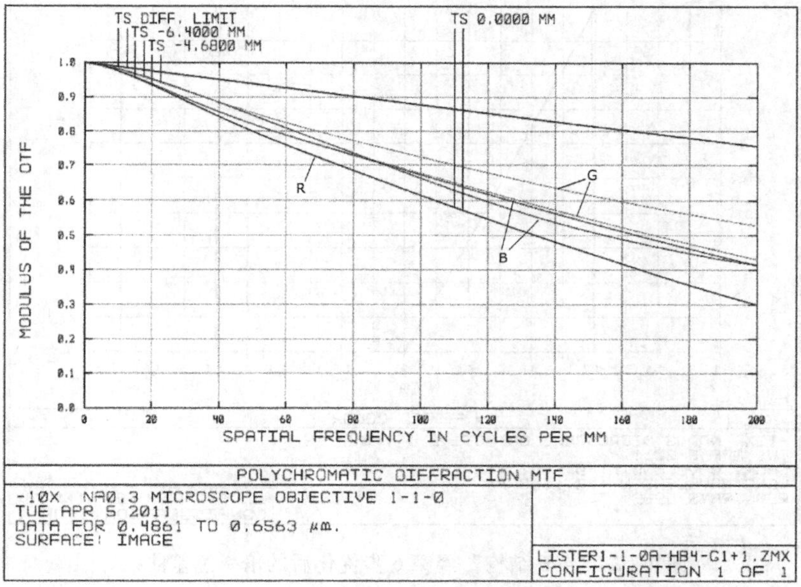


图4-60　“4-6结构”经第6步优化后的调制传递函数曲线

保证像方孔径角 $u_6' = 0.3\text{rad}$。采用与第5步优化时所用的评价函数相同的评价函数进行优化，得到表4-18所列的结构参数，图4-63所示的球差曲线，图4-64所示的横向像差曲线，图4-65所示的像散曲线，图4-66所示的调制传递函数曲线，图4-67所示的点列图，图4-68所示的倍率色差曲线。

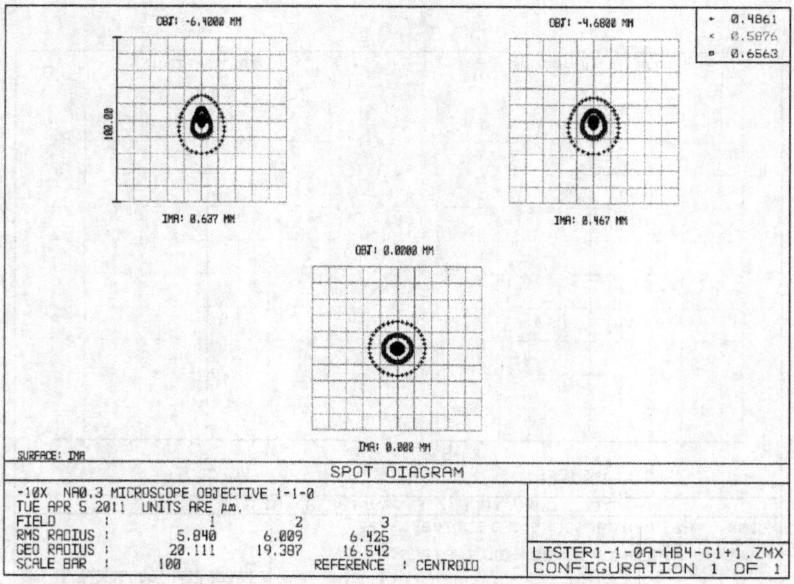


图 4-61 “4-6 结构”经第 6 步优化后的点列图

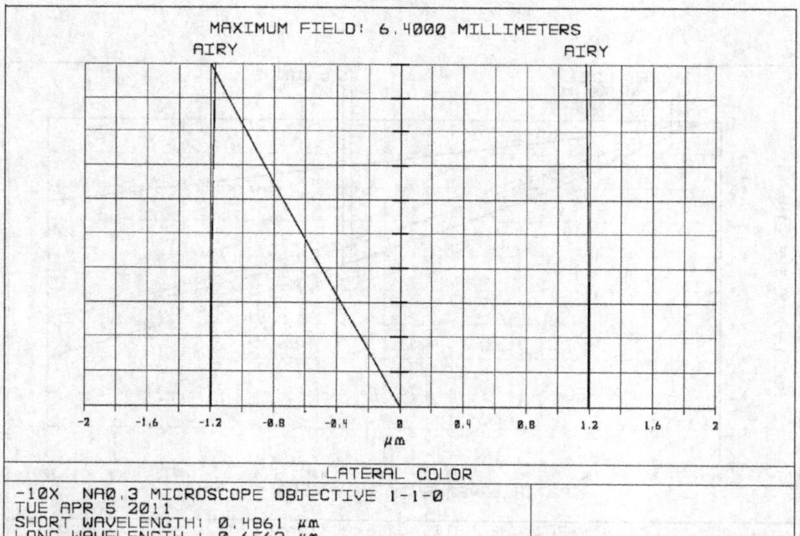


图 4-62 “4-6 结构”经第 6 步优化后的倍率色差曲线

**表 4-18 “4-6 结构”经第 7 步优化后的结构参数**

| r/mm | d/mm | n | r/mm | d/mm | n |
|---|---|---|---|---|---|
| 15.405 | 2.8 | K16 | 3.946 | 2 | K9 |
| −12.261 | 1.8 | SF5（Schott） | −10.446 | 1.5 | ZF2 |
| −41.518 | 0 | | 12.493 | 2.41 | |
| ∞（光阑） | 20.56 | | | | |

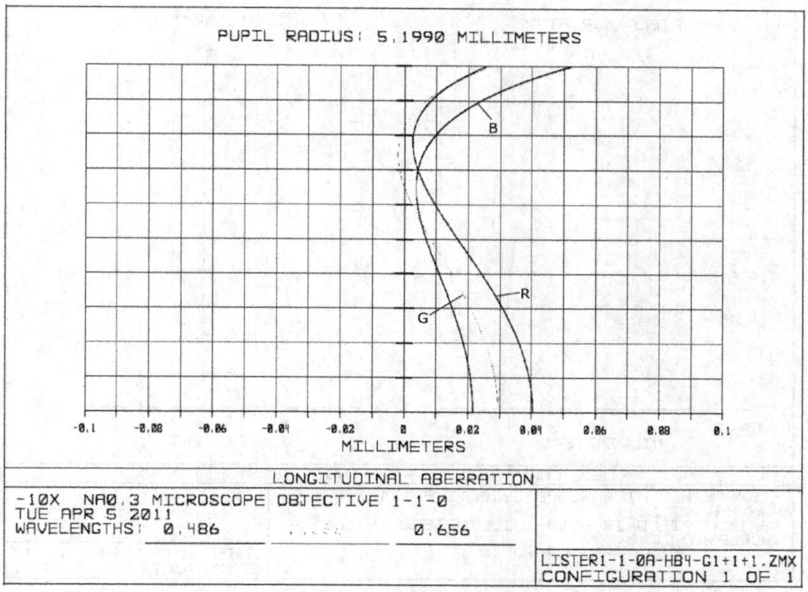


图 4-63　“4-6 结构”经第 7 步优化后的球差曲线

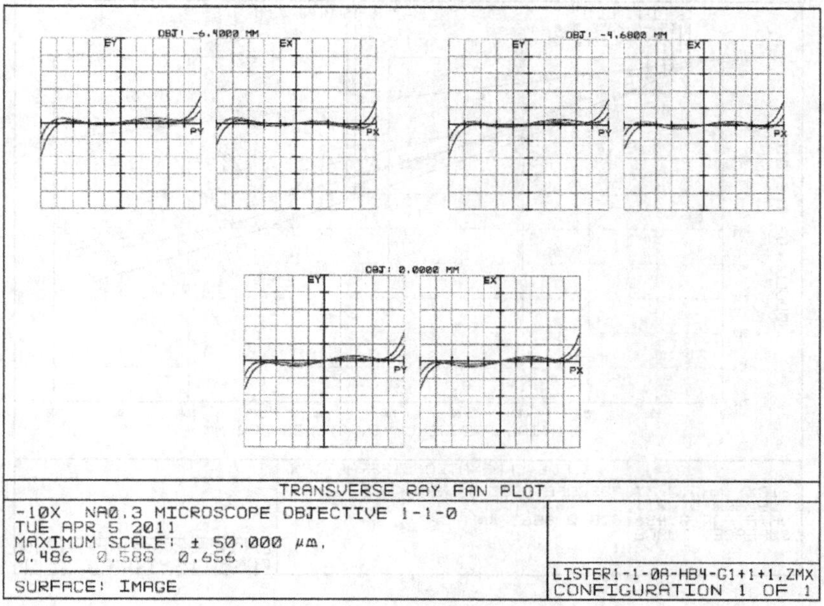


图 4-64　“4-6 结构”经第 7 步优化后的横向像差曲线

**2. 结论**

从最后的优化结果看，有如下的四点结论：

1）“4-6 结构”经上述七步优化后，消除了像散，轴外点的像质有了大的提高。

2）先用配合法给出一个李斯特物镜的初始结构，再在计算机上优化消除像散，从而提高李

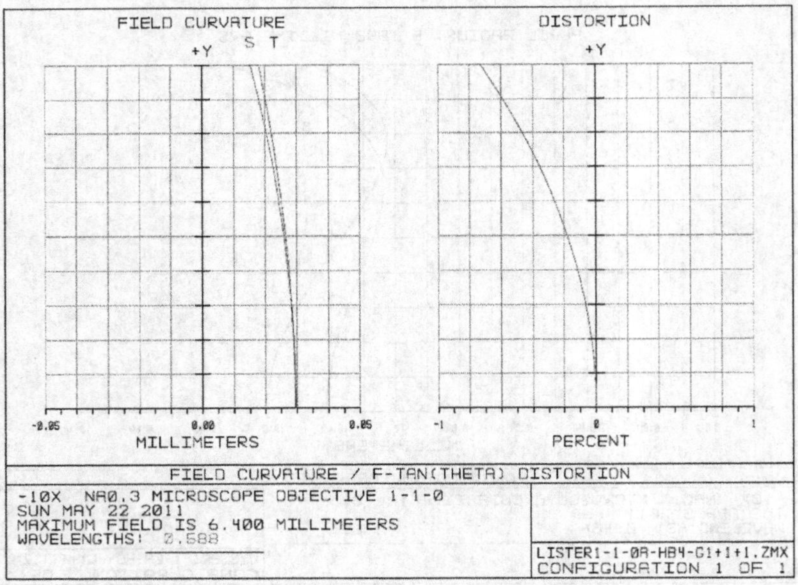


图 4-65 “4-6 结构”经第 7 步优化后的像散曲线

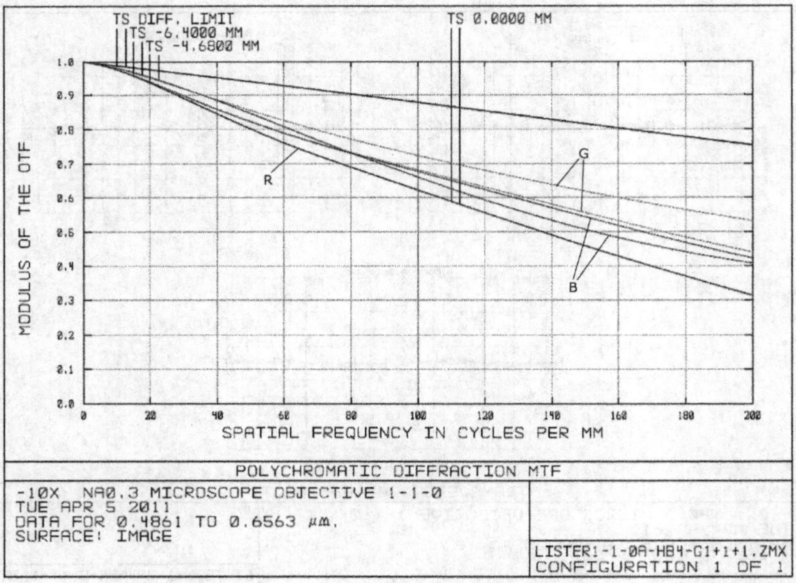


图 4-66 “4-6 结构”经第 7 步优化后的调制传递函数曲线

斯特物镜轴外点像质的方法是一个设计李斯特物镜的可行方法。

3）优化校正李斯特物镜的像散时，可用程序提供的默认评价函数，也可用例 2 中自行构造的评价函数，它也是很有效的评价函数。

4）后工作距减小了，即 $l'_6=2.41\text{mm}$，但也不是短得不得了，还是可以用的。

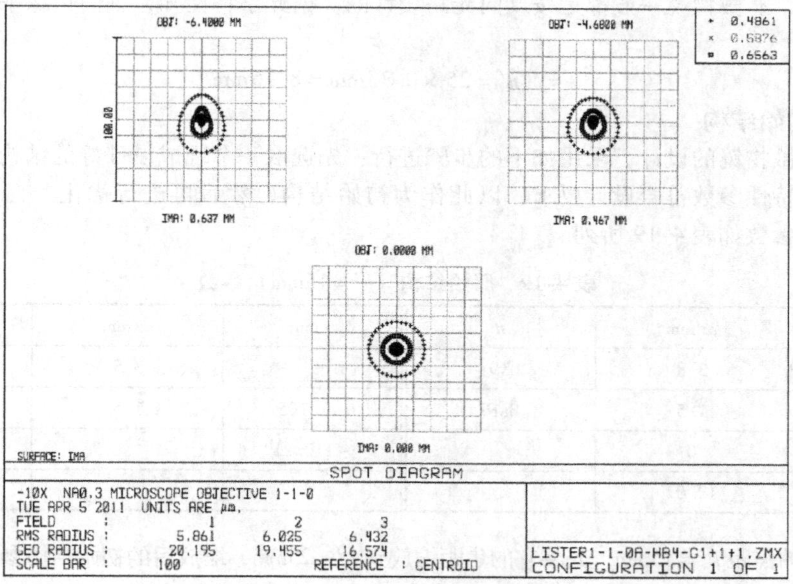


图 4-67　“4-6 结构”经第 7 步优化后的点列图

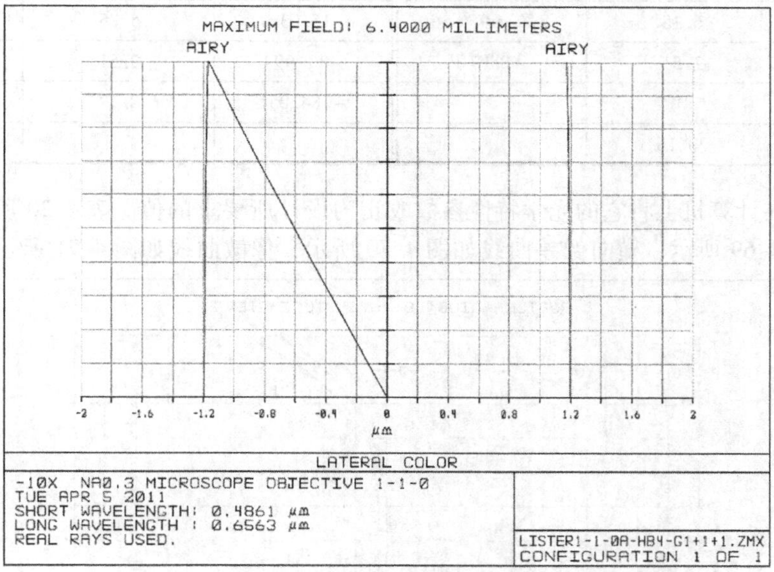


图 4-68　“4-6 结构”经第 7 步优化后的倍率色差曲线

## 4.2　中倍李斯特显微物镜优化设计例 2

**1. 设计要求**

设计一个无穷大筒长的 $-10^{\times}$ 显微物镜，其光学特性要求是：焦距 $f'=25\text{mm}$；数值孔径 $NA=0.35$；全视场 $2\omega=5°$；该物镜对 d 光校正单色像差，对 F 光和 C 光校正色差。

众所周知，显微物镜一般都是按反向光路设计的。据光学特性知，轴向边缘平行光线在后组上的投射高为

$$h = f'u' = 25 \times 0.35\text{mm} = 8.75\text{mm}$$

**2. 选取初始结构**

本例的显微物镜的设计，采用如下的步骤进行：先选取一个现成设计好的结构，进行焦距缩放，调整光学特性参数符合设计要求，以此作为初始结构，然后再进行优化，直至像质达到要求。原始结构参数如表4-19所列。

表4-19　原始结构（$f'=15$mm）参数

| r/mm | d/mm | n | r/mm | d/mm | n |
|---|---|---|---|---|---|
| 19 | 3.8 | K9 | 9 | 3.5 | ZK7 |
| -10.5 | 1.5 | BaF7 | -7.185 | 1.5 | ZF2 |
| -48.96 | 0 | | -110.21 | | |
| ∞（光阑） | 12.07 | | | | |

这个系统的焦距$f'=15$mm，先将它的焦距缩放到$f'=25$mm，缩放后的初始结构参数见表4-20。

表4-20　缩放后（$f'=25$mm）的初始结构参数

| r/mm | d/mm | n | r/mm | d/mm | n |
|---|---|---|---|---|---|
| 31.73 | 6.35 | K9 | 15.03 | 5.85 | ZK7 |
| -17.535 | 2.51 | BaF7 | -11.999 | 2.51 | ZF2 |
| -81.763 | 0 | | -184.051 | 8.77 | |
| ∞（光阑） | 20.16 | | | | |

缩放后，在计算机上将它的光学特性参数改正为设计所要求的值。表4-20所列初始结构的球差曲线如图4-69所示，横向像差曲线如图4-70所示，像散曲线如图4-71所示，调制传递函

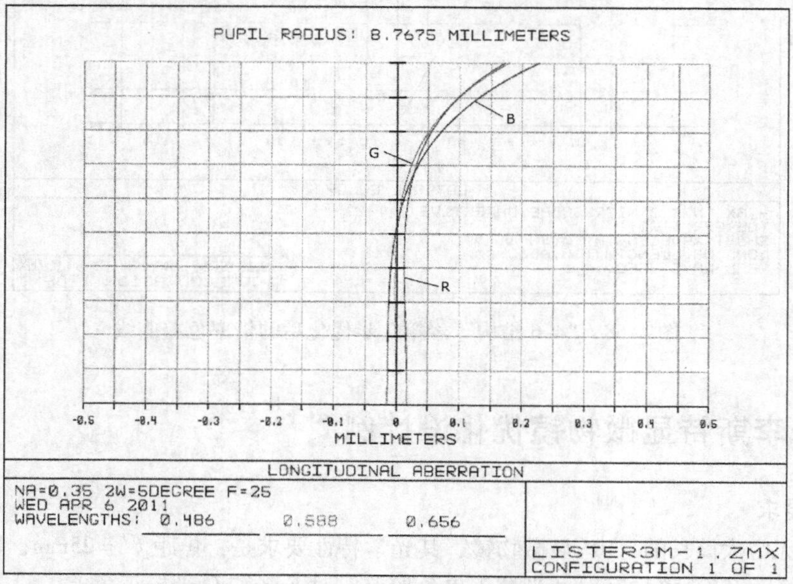


图4-69　中倍李斯特显微物镜例2初始结构的球差曲线

数曲线如图 4-72 所示。为了以后与最后结果比较，这里也画出表 4-20 所列初始结构随视场变化的方均根波像差曲线，如图 4-73 所示。

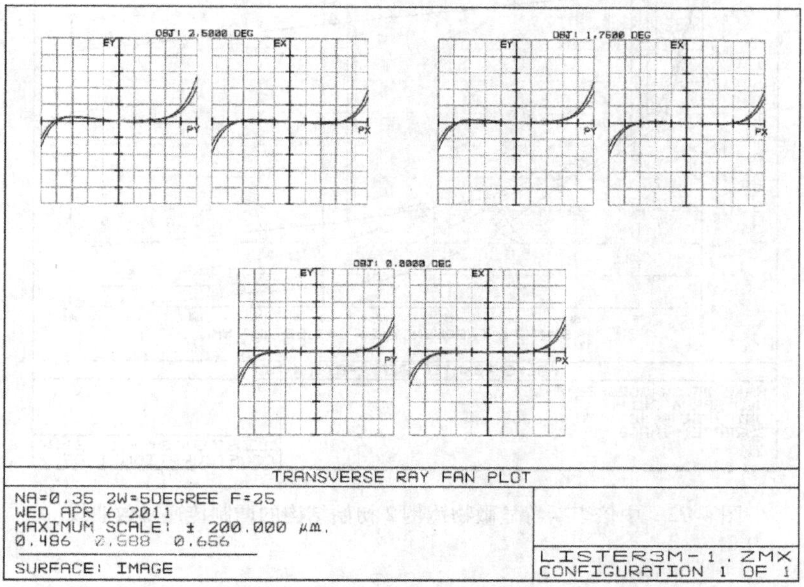


图 4-70　中倍李斯特显微物镜例 2 初始结构的横向像差曲线

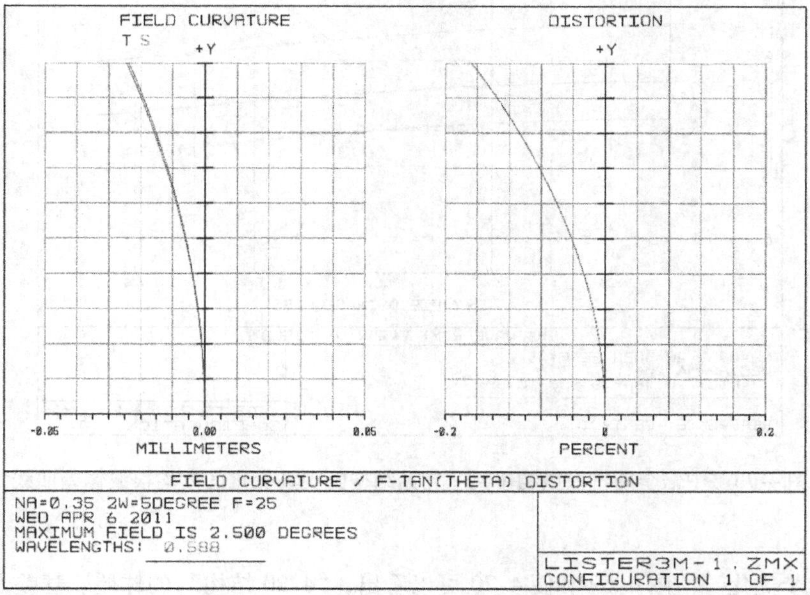


图 4-71　中倍李斯特显微物镜例 2 初始结构的像散曲线

由图 4-71 看到，初始结构（后面简称它为“4-20 结构”）的像散已消除；另从图 4-69、图 4-70 和图 4-72 看到，这个“4-20 结构”的像质需要进一步优化提高。

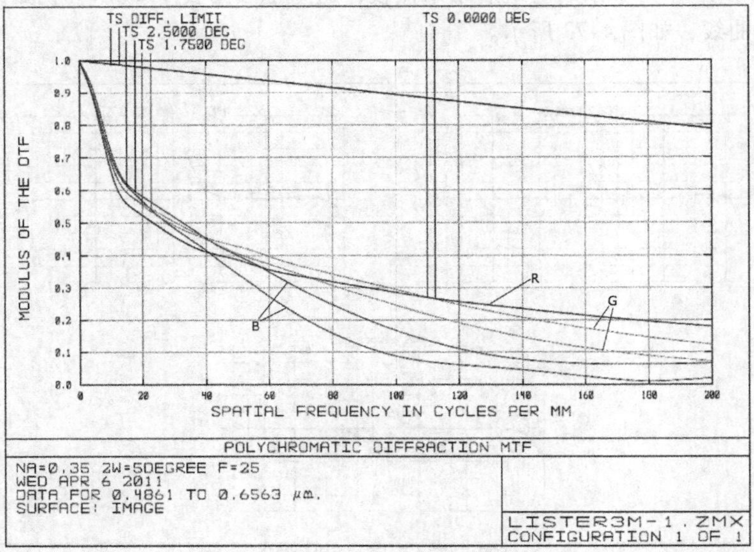


图 4-72 中倍李斯特显微物镜例 2 初始结构的调制传递函数曲线

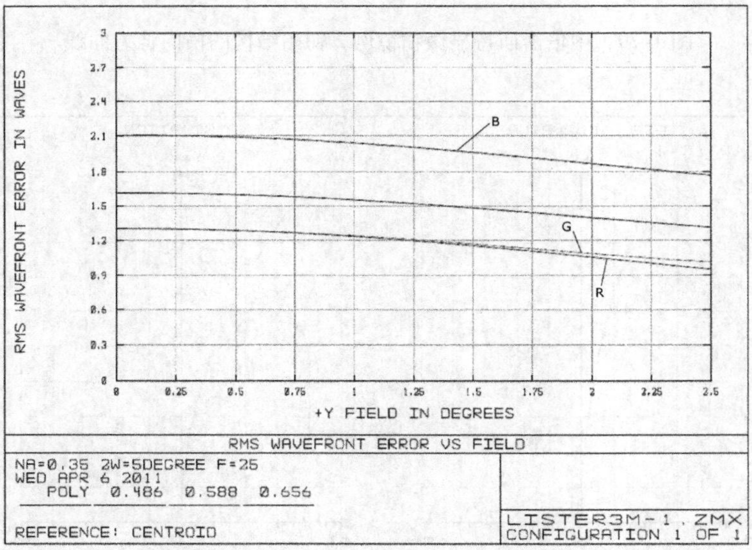


图 4-73 中倍李斯特显微物镜例 2 初始结构随视场变化的方均根波像差曲线

### 3. 优化

（1）第 1 步优化 由图 4-69 和图 4-70 可以看出，“4-20 结构”的球差、彗差及位置色差都需要校正。选取六个半径作为变量，令轴上点边缘光线在其上的高度为零的垂轴平面作为像面。选择像面的路径是鼠标右键单击物镜数据窗口中的后工作距（数据表中第七个厚度），选择“Marginal Ray Height”，选择其下的默认值“0”，→OK。选择完毕，在“后工作距”旁会出现字母“M”。

将轴上点全孔径的横向球差、全视场全孔径的子午彗差和轴上点 0.7 孔径位置色差加入到评价函数中，它们的目标值取为 0，它们的权重取为 1，另将系统的像方孔径角加入到评价函数中，它的目标值为 0.35，权重取 1。评价函数用操作语句括号写出如下：

{TRAY(Wave;Hx,Hy;Px,Py);Target,Weight} ⇒ {TRAY(2,0,0,0,1);0,1}

{AXCL(Wave1,Wave2;Zone);Target,Weight} ⇒ {AXCL(1,3;0.7);0,1}

op#1 {TRAY(Wave;Hx,Hy;Px,Py);Target,Weight} ⇒ {TRAY(2;0,1;0,1);0,0}

op#2 {TRAY(Wave;Hx,Hy;Px,Py);Target,Weight} ⇒ {TRAY(2;0,1;0,-1);0,0}

{SUMM(op#1,op#2);Target,Weight} ⇒ {SUMM(op#1,op#2);0,1}

{ISNA;Target,Weight} ⇒ {ISNA;0.35,1}

其中 SUMM 是一个数字运算操作数，含义是求两个操作数的和，其下两个位置数分别指要求和的两个操作数所在的操作语句序号。

经第 1 步优化，并做自动离焦后，得到表 4-21 所列的结构参数，图 4-74 所示的球差曲线，图 4-75 所示的横向像差曲线，图 4-76 所示的像散曲线，图 4-77 所示的调制传递函数曲线。

**表 4-21　中倍李斯特显微物镜例 2 第 1 步优化后的结构参数**

| r/mm | d/mm | n | r/mm | d/mm | n |
|---|---|---|---|---|---|
| 34.739 | 6.35 | K9 | 14.387 | 5.85 | ZK7 |
| -18.011 | 2.51 | BaF7 | -11.952 | 2.51 | ZF2 |
| -91.66 | 0 | | -79.95 | 9.15 | |
| ∞（光阑） | 20.16 | | | | |

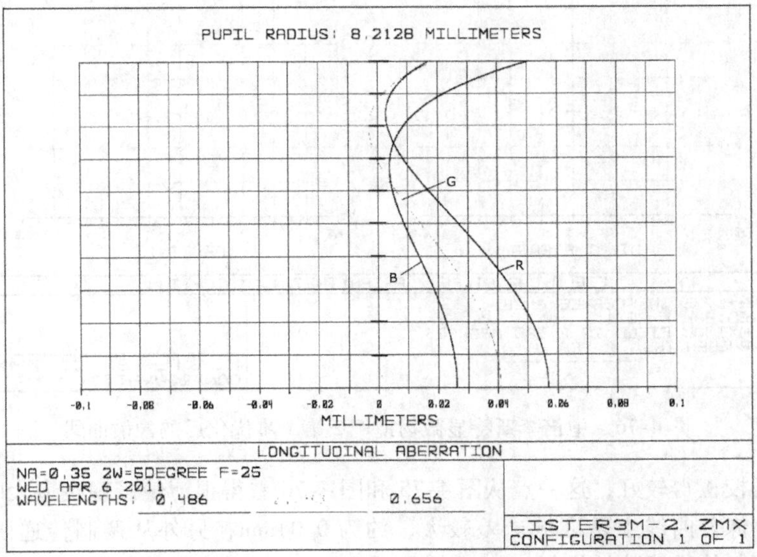


图 4-74　中倍李斯特显微物镜例 2 第 1 步优化后的球差曲线

由图 4-74～图 4-76 可以看出，经第 1 步优化后，轴上点全孔径的球差、轴上点 0.7 孔径的位置色差和全视场全孔径的子午彗差都已得到了较好的校正。另外像散也不大，这是因为初始

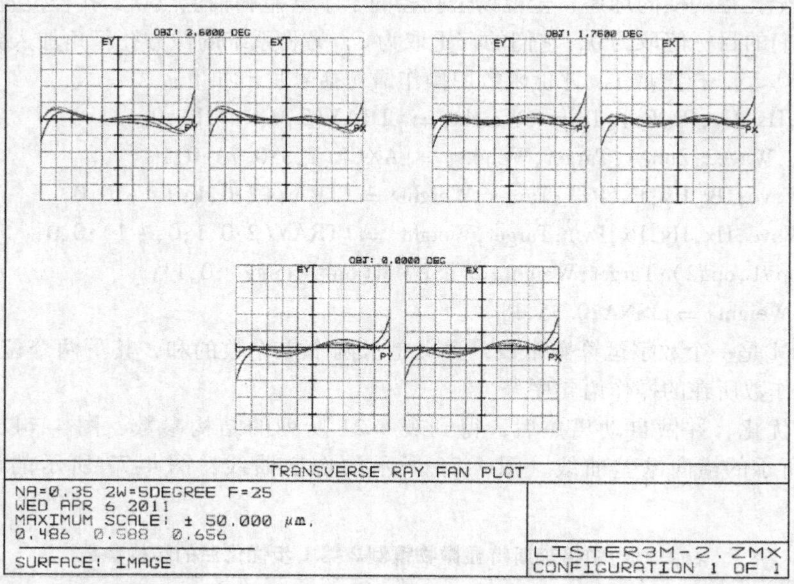


图 4-75 中倍李斯特显微物镜例 2 第 1 步优化后的横向像差曲线

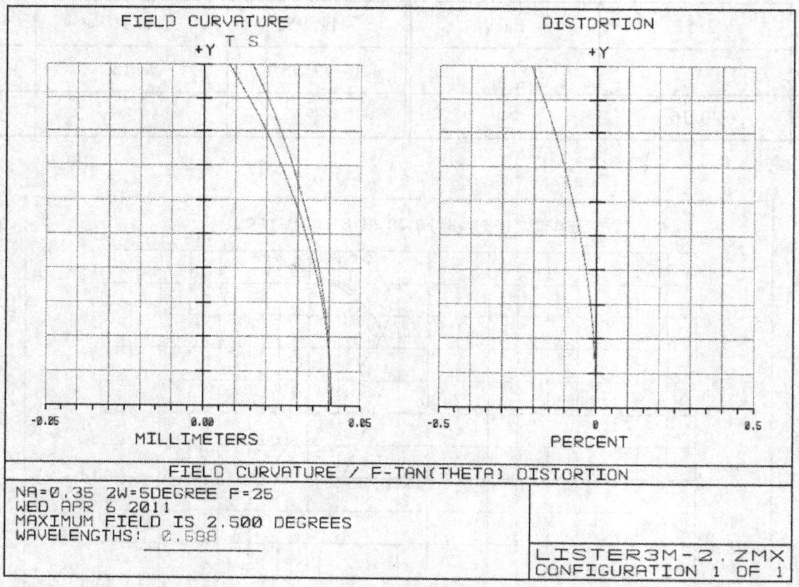


图 4-76 中倍李斯特显微物镜例 2 第 1 步优化后的像散曲线

系统的像散就已校正得较好，这一点从图 4-75 和图 4-76 看得很清楚。现在最大的问题是高级球差较大，表现在像差曲线上是区域球差较大，约为 0.04mm；另外从调制传递函数曲线图 4-77 看，该物镜的调制传递函数较低。

（2）第 2 步优化　第 2 步优化之前，通过路径：“程序主窗口→Gen→Apertue→Apertue Type (Image Space F/#)→. Apertue Value （1.4286）→OK”，将物镜的像方孔径角选定为 $u'_7=0.35\text{rad}$。

优化时，选取六个半径以及光阑后的空气间隔和后工作距作为变量，采用 ZEMAX 的默认评

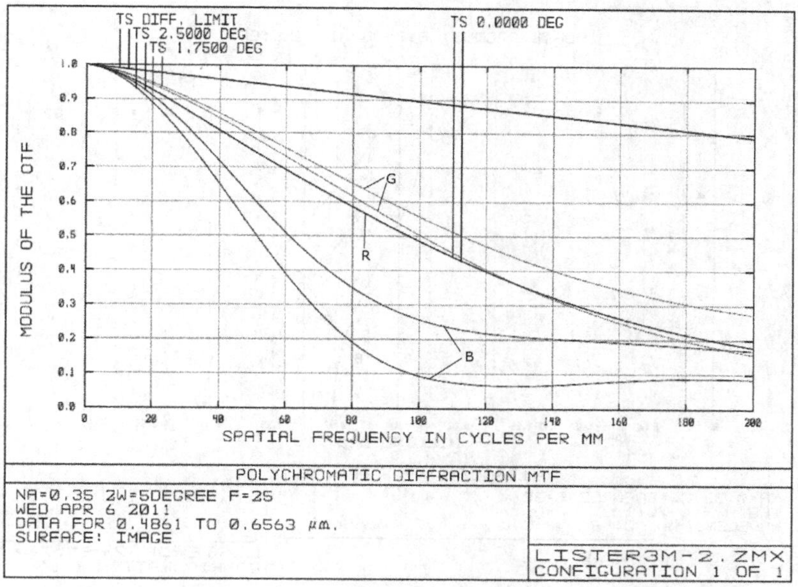


图 4-77 中倍李斯特显微物镜例 2 第 1 步优化后的调制传递函数曲线

价函数，选用其中的弥散圆方均根型式，并在其中补充两个操作数语句，一个是关于镜头焦距“EFFL”的，令其满足$f'=25$mm 的要求；另一个是关于后工作距最小值“MNCT”的，使其不小于 2mm。具体的操作语句括号如下：

{EFFL(Wave);Target,Weight} ⇒ {EFFL(2);25,10}

{MNCT(Surf1,Surf2);Target,Weight} ⇒ {MNCT(7,7);2,5}

第 2 步优化后，得到的结构参数见表 4-22，球差曲线如图 4-78 所示，横向像差曲线如图 4-79 所示，像散曲线如图 4-80 所示，调制传递函数曲线如图 4-81 所示。

**表 4-22 中倍李斯特显微物镜例 2 第 2 步优化的结构参数**

| r/mm | d/mm | n | r/mm | d/mm | n |
|---|---|---|---|---|---|
| 25.143 | 6.35 | K9 | 9.918 | 5.85 | ZK7 |
| -23.063 | 2.51 | BaF7 | -9.738 | 2.51 | ZF2 |
| -2166.31 | 0 | | 62.363 | 5.35 | |
| ∞（光阑） | 26.57 | | | | |

由图 4-78 ~ 图 4-80 可以看出，经第 2 步优化后，区域球差稍减了一点，像散消除状况也还不错。从图 4-81 看，该物镜的调制传递函数有所提高。下面再做试探性的优化。

（3）第 3 步优化　第 3 步优化时，选取六个半径以及光阑后的空气间隔和后工作距作为变量，并增加四块玻璃材料作为变量，利用“替代玻璃”法进行优化。采用 ZEMAX 的默认评价函数，选用其中的弥散圆方均根型式。在其中补充镜头焦距“EFFL”和限制后工作距最小值的“MNCT”操作数语句。具体的操作语句括号如下：

{EFFL(Wave);Target,Weight} ⇒ {EFFL(2);25,10}

{MNCT(Surf1,Surf2);Target,Weight} ⇒ {MNCT(7,7);2,5}

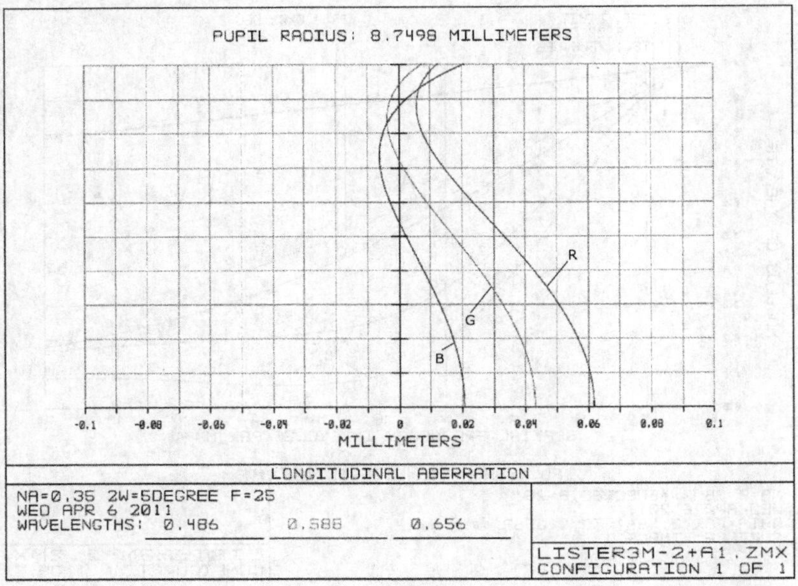


图 4-78 中倍李斯特显微物镜例 2 第 2 步优化的球差曲线

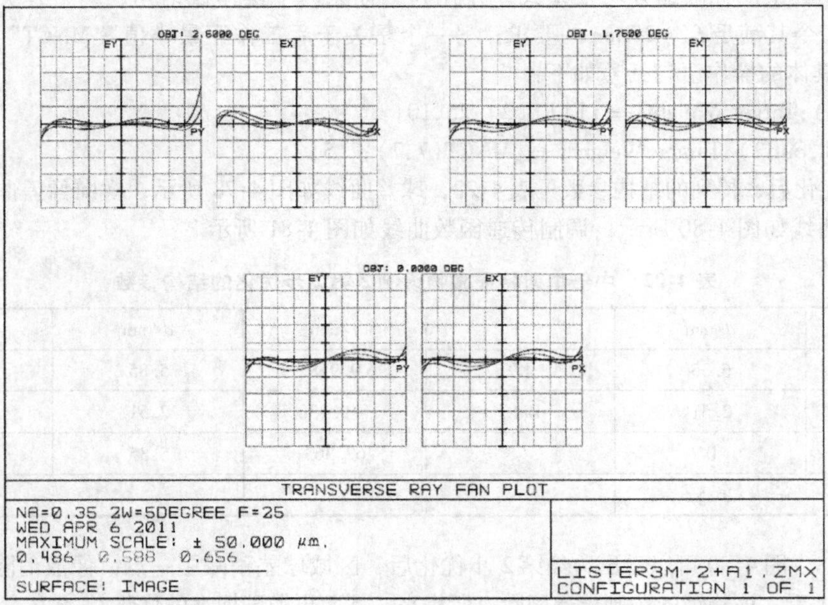


图 4-79 中倍李斯特显微物镜例 2 第 2 步优化的横向像差曲线

利用“替代玻璃”方法优化时要调用 ZEMAX 程序中的“Hammer”算法，它是一种全局优化算法。优化前，将四块玻璃改为“替代玻璃”，通过路径“tools→optimization→Hammer optimization→Hammer”调出“Hammer”算法优化，程序运行 2min 后中断运行，评价函数由 0.001261231 减小为 0.000684382。

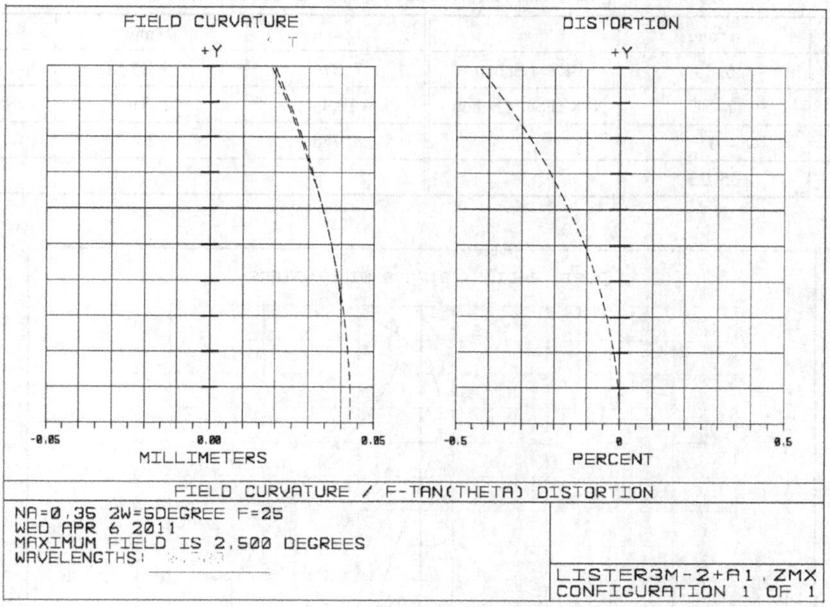


图 4-80　中倍李斯特显微物镜例 2 第 2 步优化的像散曲线

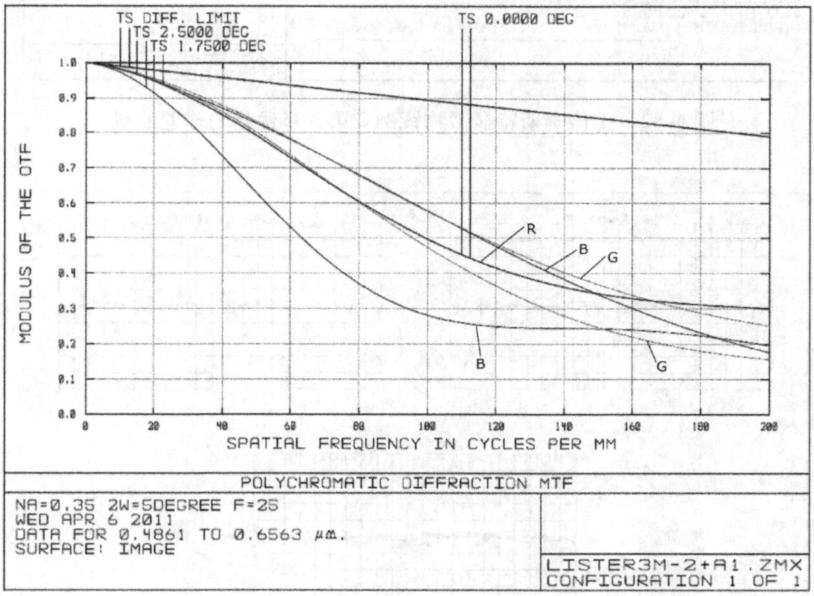


图 4-81　中倍李斯特显微物镜例 2 第 2 步优化的调制传递函数曲线

第 3 步优化后，得到的结构参数见表 4-23，球差曲线如图 4-82 所示，横向像差曲线如图 4-83 所示，像散曲线如图 4-84 所示，调制传递函数曲线如图 4-85 所示，随视场变化的方均根波像差曲线如图 4-86 所示。

表 4-23　中倍李斯特显微物镜例 2 第 3 步优化的结构参数

| r/mm | d/mm | n | r/mm | d/mm | n |
|---|---|---|---|---|---|
| 26.328 | 6.35 | BK8（Schott） | 7.576 | 5.85 | N-LaF34（Schott） |
| -29.911 | 2.51 | N-KZFS8（Schott） | -10.041 | 2.51 | SF6（Schott） |
| -200.313 | 0 | | 8.778 | 2 | |
| ∞（光阑） | 35.23 | | | | |

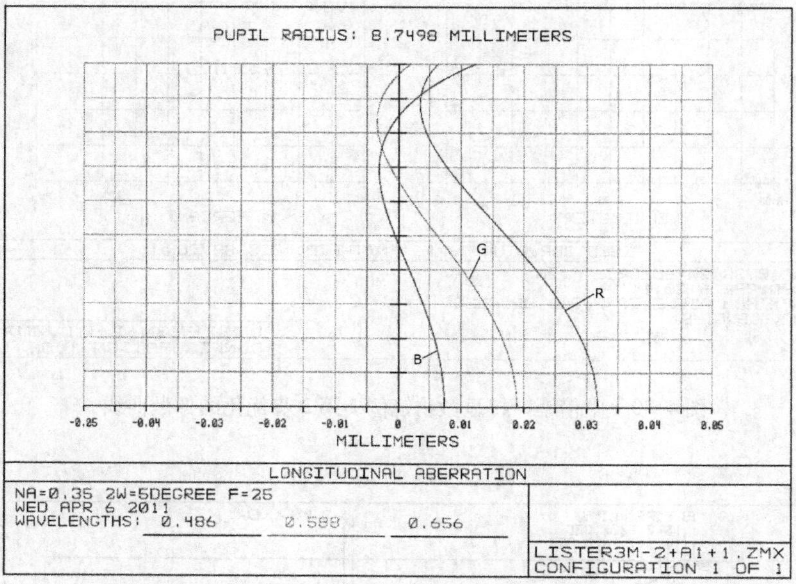


图 4-82　中倍李斯特显微物镜例 2 第 3 步优化的球差曲线

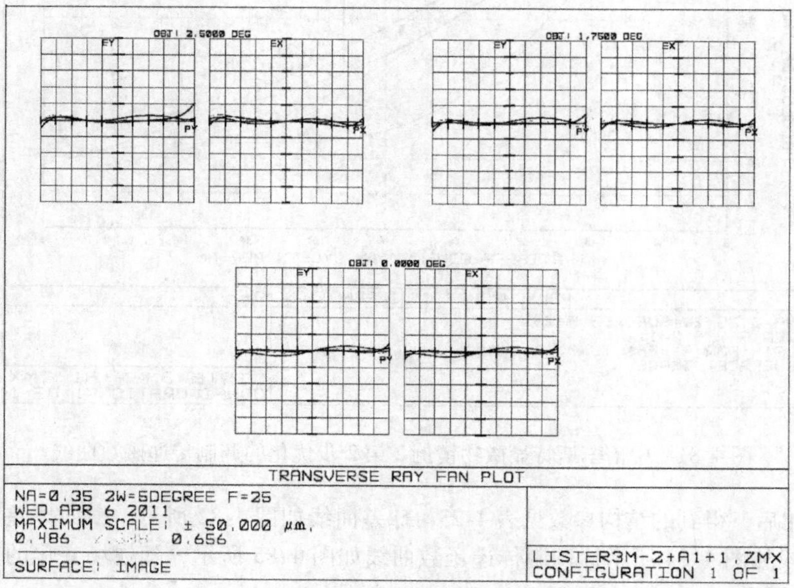


图 4-83　中倍李斯特显微物镜例 2 第 3 步优化的横向像差曲线

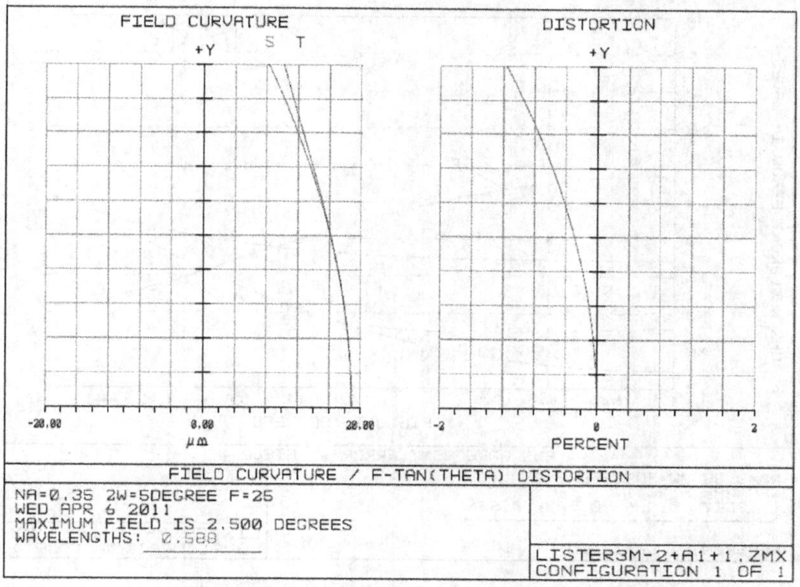


图 4-84　中倍李斯特显微物镜例 2 第 3 步优化的像散曲线

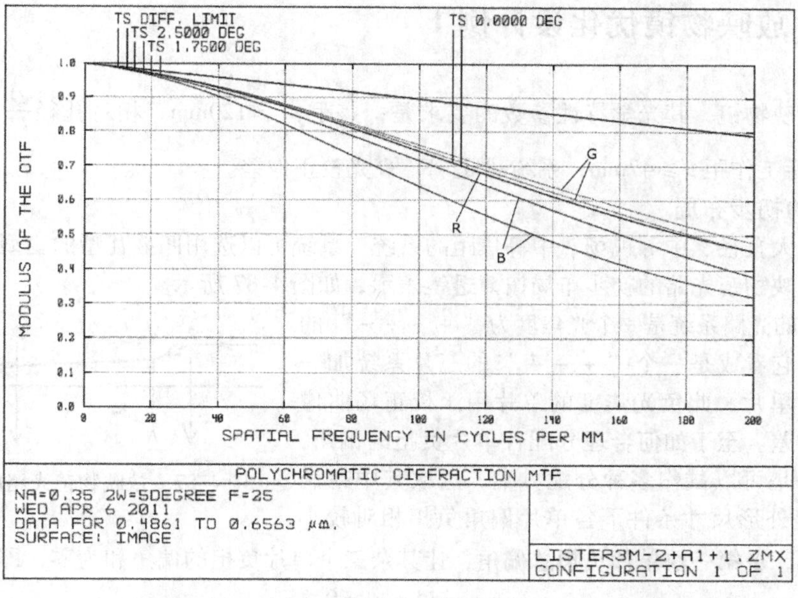


图 4-85　中倍李斯特显微物镜例 2 第 3 步优化的调制传递函数曲线

**4. 像质比较**

由图 4-82 和图 4-83 看出，经三步优化后，区域球差减小了。由图 4-72 和图 4-85 看出，经三步优化后，该物镜的调制传递函数有很大提高，60lp/mm 的 *MTF*（调制传递函数）由 0.3 提高到了 0.8；120lp/mm 的 *MTF* 由 0.05 提高到了 0.55；180lp/mm 的 *MTF* 由 0.01 提高到了 0.35。由图 4-73 和图 4-86 看出，随视场变化的波像差小多了，方均根波像差由 2.1λ（波长）降到了 0.3λ。

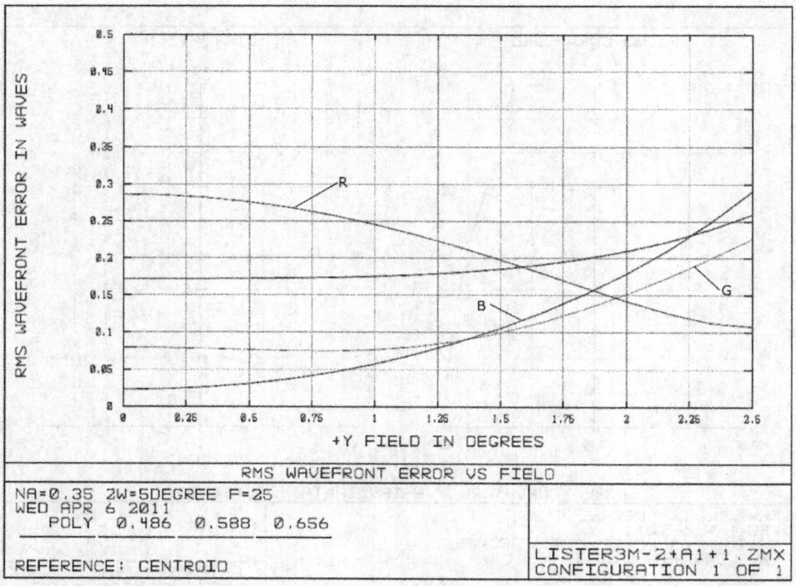


图 4-86 中倍李斯特显微物镜例 2 第 3 步优化的随视场变化的方均根波像差曲线

## 4.3 四片放映物镜优化设计例 1

设计一放映物镜，其光学特性参数的要求是：焦距 $f'=120$mm，相对孔径 $\frac{D}{f'}=\frac{1}{2}$，全视场 $2\omega=12.8°$，后工作距 $l'\geqslant 47$mm；系统对 d、F、C 光校正像差。

**1. 光路的初步布局**

这是一个大孔径、中等视场、中等焦距的系统。系统可以选用匹兹瓦型的变型，由四片分离透镜组成。放映物镜光路的初步布局按薄透镜表示，如图 4-87 所示。

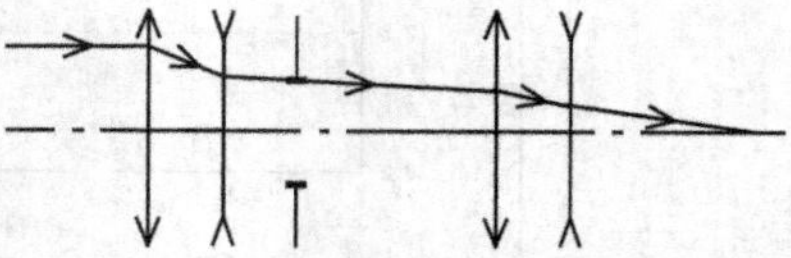

图 4-87 放映物镜光路的初步布局

初步布局的光路系统是一个光焦度为“+ − + −”的系统，可以将它看成是一个“+ − +”的三片系统加一个负光焦度的单片，此负光焦度的单片用于校正场曲像差和大孔径球差。至于如何合理分配各单片负担的偏角，最朴素的做法是可以试作多种分配方案，选取其中在满足后工作距等外形尺寸条件下各单片偏角负担相对较小的一组。例如，令第一块单片负担总偏角，让其余三个单片负担的偏角和为零，即

$$\Delta u_1 = u_1' - u_1 = 0.25$$
$$\Delta u_2 + \Delta u_3 + \Delta u_4 = 0$$

这样分配偏角后，第一块单片的焦距 $f_1'=120$mm，在系统的相对孔径 $\frac{D}{f'}=\frac{1}{2}$ 的情况下，无穷远处轴上物点发出的边缘光线在第一块单片上的投射高度 $h_1=30$mm。如此分配偏角负担的用意也很清楚，即让第一块单片承担总的光焦度，其余三块单片只起校正像差的作用。后面三块单片的偏角负担又如何分配呢？后面三块是“− + −”，即一块是正光焦度单片，另两块是负光焦度单片，据后面三块不承担总偏角的用意，应有 $\Delta u_3 = -(\Delta u_2 + \Delta u_4)$。如果第三块正光焦度单片

承担的偏角太小，则它校正像差的能力就很有限，甚至起不到校正像差的作用。如果第三块正光焦度单片承担的偏角太大，则它本身又会产生过多的像差。综合考虑，可选择 $\Delta u_3 = 0.25$。如此，有 $\Delta u_2 + \Delta u_4 = -0.25$。

另外，尚需考虑到各单片由薄透镜加厚成实际透镜时两单片之间的空气间隙具有一定的像差校正作用，更不能碰在一起等问题，应该预留透镜之间的间隔。初步选择第一块透镜和第二块透镜之间的间隔 $d_{1-2} = 12\text{mm}$，第三块透镜和第四块透镜之间的间隔 $d_{3-4} = 20\text{mm}$。设后工作距 $l' = 50\text{mm}$（设计要求 $l' \geqslant 47\text{mm}$），适当调整第二块单片与第三块单片之间的间距 $d_{2-3}$ 以及后面三块透镜各自的焦距 $f_2' \sim f_4'$，可得到其余的相关数据如下：

$$\Delta u_2 = -0.14,\ \Delta u_4 = -0.11$$

$$d_{2-3} = 70\text{mm}$$

$$f_2' = -193\text{mm},\ f_3' = 77\text{mm},\ f_4' = -114\text{mm}$$

如此，初步完成了系统的光焦度分配和偏角分配。

**2. 初始结构**

光焦度和偏角分配好后，按以下步骤给出初始结构，作为优化设计的基础：

1）先确定各透镜的玻璃材料。借鉴已有系统的性能，或者总结自己的经验，暂定这个系统中正透镜（即第一和第三块透镜）的玻璃为 ZK7（1.61309，60.58），负透镜（即第二块和第四块透镜）的玻璃为 ZF4（1.72822，28.34）。

2）再将第一块透镜单独拿出来，以它在放映物镜中所处的实际物像关系，以及它实际负担的偏角为光学特性指标，并将其中的一个半径作为变量，另一个半径用于保证该透镜的焦距去优化，找出它满足初级球差极小的形状。

3）将放映物镜的孔径光阑暂放置在放映物镜的像方主平面处。

4）将第三块透镜单独拿出来，以它在放映物镜中所处的实际物像关系，以及它实际负担的轴上点全孔径光线的偏角及全视场主光线的偏角为光学特性指标，并将其中的一个半径作为变量，另一个半径用于保证该透镜的焦距去优化，找出它满足初级球差极小的形状；又在孔径光阑暂放置在放映物镜的像方主平面的情况下，将其中的一个半径作为变量，另一个半径用于保证该透镜的焦距去优化，找出它满足初级像散极小的透镜形状。当然，一般来说一个单片球差极小时的透镜形状和像散极小时的形状并不一致，在此情况下，取二者的平均 $\left(\frac{1}{r^*} = \frac{1}{2}\left\{\frac{1}{r'} + \frac{1}{r''}\right\}\right.$，式中，$r'$ 是球差极小时透镜半径，$r''$ 是像散极小时透镜半径，$r^*$ 是二者平均后的透镜半径$\Big)$ 作为初始结构。

5）在第一块和第三块透镜的初始结构已经确定的情况下，选择第二块透镜的两个半径和第四块透镜的一个半径作为变量，让第四块透镜的另一个半径保证放映物镜的焦距，优化第二块透镜和第四块透镜，使得放映物镜的球差处于极小。

经过这五个步骤后，得出各单片为薄透镜时放映物镜的初始结构参数，见表 4-24。

**表 4-24　各单片为薄透镜时放映物镜的初始结构参数**

| $r$/mm | $d$/mm | $n$ | $r$/mm | $d$/mm | $n$ |
|---|---|---|---|---|---|
| 77.926 | 0 | ZK7 | 59.789 | 0 | ZK7 |
| -1313 | 12 | | -226.86 | 20 | |
| -123.66 | 0 | ZF4 | -111.281 | 0 | ZF4 |
| 310.134 | 18.4 | | -841.021 | | |
| ∞（光阑） | 51.6 | | | | |

6）将透镜加厚。上述初始结构的透镜厚度为零，将它们加厚，暂取 $d_1=11\text{mm}$、$d_3=4\text{mm}$、$d_6=10.5\text{mm}$ 和 $d_8=4\text{mm}$。以此作为进一步优化的基础，这个初始结构的参数见表 4-25。

**表 4-25　放映物镜的初始结构参数**

| r/mm | d/mm | n | r/mm | d/mm | n |
|---|---|---|---|---|---|
| 77.926 | 11 | ZK7 | 59.789 | 10.5 | ZK7 |
| −1313 | 12 | | −226.86 | 20 | |
| −123.66 | 4 | ZF4 | −111.281 | 4 | ZF4 |
| 310.134 | 18.4 | | −582.026 | 54.115 | |
| ∞（光阑） | 51.6 | | | | |

表 4-25 中，第四块透镜的第二面的半径，即放映物镜的最后一面半径与上述各单片为薄透镜时初始结构不同的原因是透镜加厚后，放映物镜的焦距有所变化，这里用它来保证了放映物镜的焦距仍为 $f'=120\text{mm}$；厚度间隔一列中的最后一个数值是放映物镜的后工作距，即现在 $l'=54.115\text{mm}$。

在 ZEMAX 中，若物在无穷远，在程序主窗口的“Gen”中选定了光学系统的入瞳直径时，在最后一面半径的“解”里选择填写像方孔径角的值（负值）就保证了系统的焦距。

表 4-25 所列初始结构的球差曲线如图 4-88 所示，像散和畸变曲线如图 4-89 所示，倍率色差曲线如图 4-90 所示，横向像差曲线如图 4-91 所示。

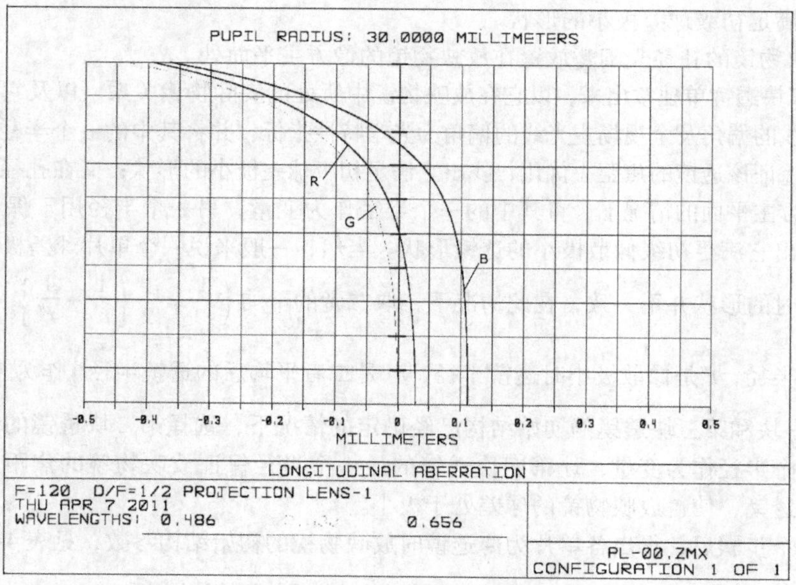


图 4-88　放映物镜例 1 初始结构的球差曲线

**3. 优化**

（1）第 1 步优化　选择四块透镜的前七面半径作为变量，让第四块透镜的最后一面（即放映物镜的最后一面半径）保证焦距，并选第一块透镜和第二块透镜间的空气间隔，以及第三块透镜和第四块透镜间的空气间隔作为变量。另让像平面的离焦量也作为变量。为做到这一点，可以在像平面前加一个虚设的面，它的半径设为∞，它前后的媒质都是空气，令镜头最后一个折射

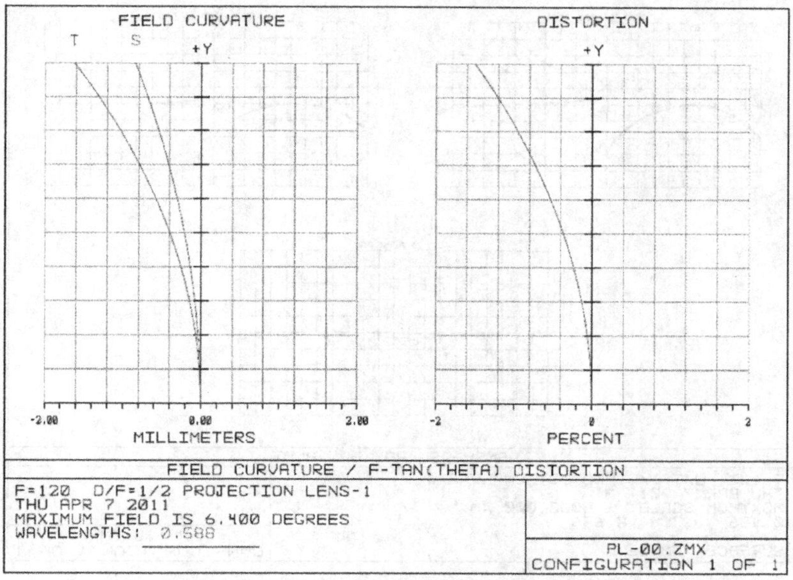


图 4-89　放映物镜例 1 初始结构的像散和畸变曲线

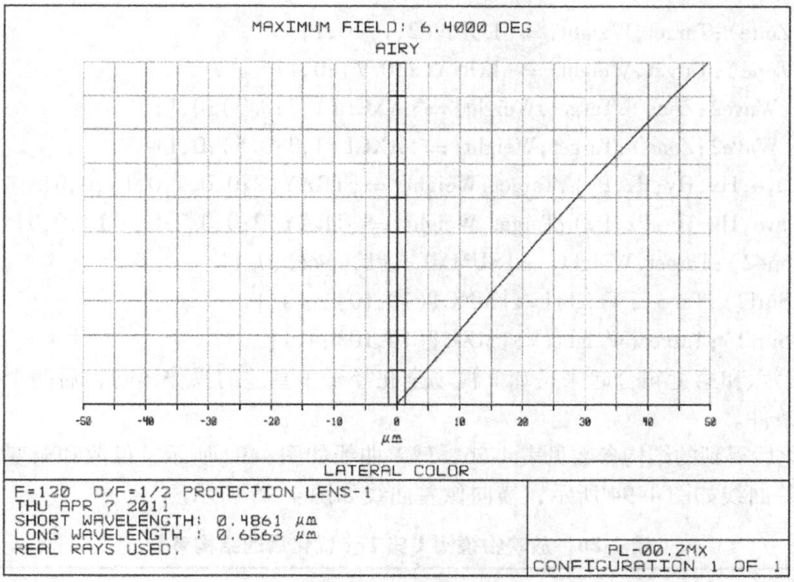


图 4-90　放映物镜例 1 初始结构的倍率色差曲线

面到它的距离为初始结构中的像距，即现在的 $d_9=54.115$mm，则虚设平面到像平面间的距离 $d_{10}$ 可以用作离焦量，起初可以令虚设平面到像平面的距离为零，并将它作为变量，另在构成评价函数的操作语句中加入控制离焦量的范围。现暂定离焦量在 $-4\sim4$mm 范围内。优化结束后，$d_9$ 和 $d_{10}$ 的代数和即为镜头的像距。

选择轴上点全孔径和 0.7 孔径的轴向球差、轴上点 0.7 孔径和 0.5 孔径的位置色差，以及 0.7 视场全孔径的子午彗差构成评价函数，它们的目标值都取 0，权重都取 1。组成评价函数的

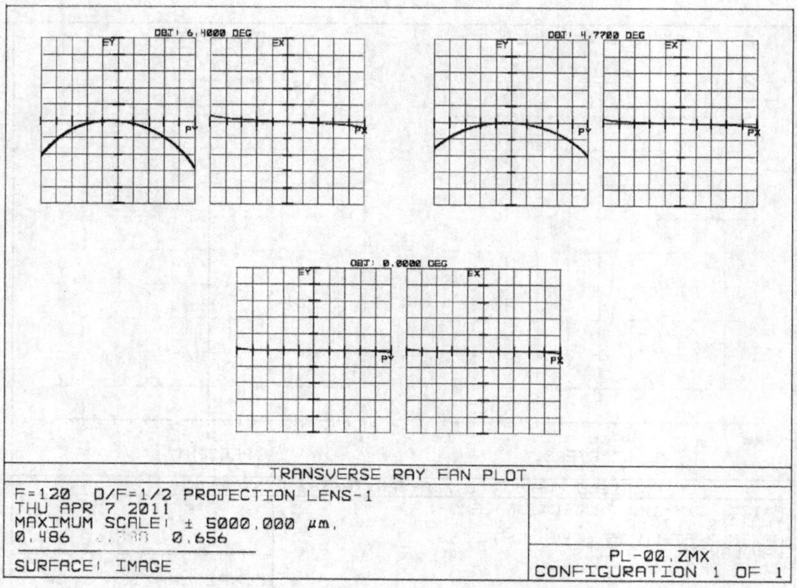


图 4-91　放映物镜例 1 初始结构的横向像差曲线

操作语句括号如下;

{LONA(Wave;Zone);Target,Weight}⇒{LONA(2;1);0,1}

{LONA(Wave;Zone);Target,Weight}⇒{LONA(2;0.7);0,1}

{AXCL(Wave1,Wave2;Zone);Target,Weight}⇒{AXCL(1,3;0.7);0,1}

{AXCL(Wave1,Wave2;Zone);Target,Weight}⇒{AXCL(1,3;0.5);0,1}

op#1{TRAY(Wave;Hx,Hy;Px,Py);Target,Weight}⇒{TRAY(2;0,0.7;0,1);0,0}

op#2{TRAY(Wave;Hx,Hy;Px,Py);Target,Weight}⇒{TRAY(2;0,0.7;0,-1);0,0}

{SUMM(op#1,op#2);Target,Weight}⇒{SUMM(op#1,op#2);0,1}

{MNCT(Surf1,Surf2);Target,Weight}⇒{MNCT(10,10);-4,1}

{MXCT(Surf1,Surf2);Target,Weight}⇒{MXCT(10,10);4,1}

其中，第五、第六和第七句合起来是 0.7 视场全孔径子午彗差的操作语句，后两个操作语句就是离焦量的边界条件。

第 1 步优化后得到的结构参数见表 4-26，球差曲线如图 4-92 所示，像散和畸变曲线如图 4-93 所示，倍率色差曲线如图 4-94 所示，横向像差曲线如图 4-95 所示。

**表 4-26　放映物镜例 1 第 1 步优化后的结构参数**

| $r$/mm | $d$/mm | $n$ | $r$/mm | $d$/mm | $n$ |
|---|---|---|---|---|---|
| 84.267 | 11 | ZK7 | 63.975 | 10.5 | ZK7 |
| -918.798 | 13.783 | | -134.769 | 19.812 | |
| -142.541 | 4 | ZF4 | -49.852 | 4 | ZF4 |
| 289.534 | 18.4 | | -96.116 | 51.809 | |
| ∞（光阑） | 51.6 | | | | |

从球差曲线图 4-92 看到，经第 1 步优化后，轴上点的像差已有了改善，下面转入第 2 步优化。

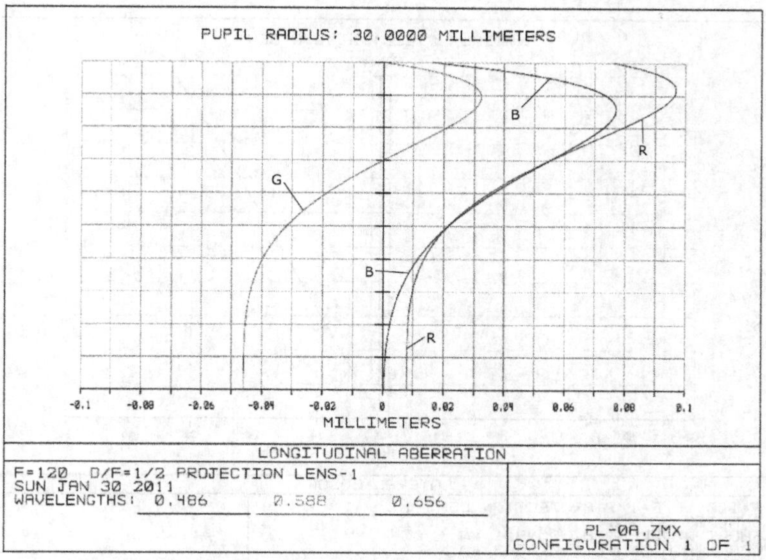


图 4-92 放映物镜例 1 第 1 步优化后的球差曲线

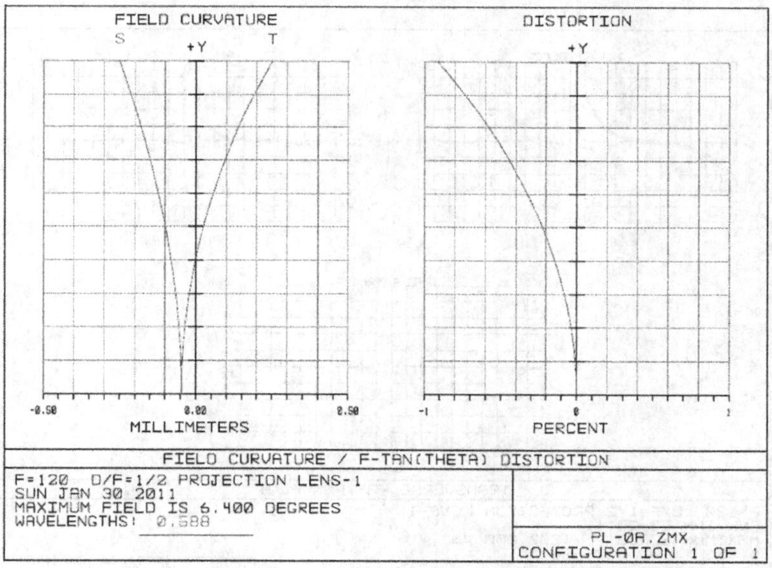


图 4-93 放映物镜例 1 第 1 步优化后的像散和畸变曲线

（2）第 2 步优化　第 2 步优化时，选择四块透镜的前七面半径作为变量，让第四块透镜的最后一面（即放映物镜的最后一面）半径保证焦距，选择第一块透镜和第二块透镜间的空气间隔，以及第三块透镜和第四块透镜间的空气间隔作为变量，选择孔径光阑前后的两个空气间隔作为变量。离焦量也作为变量，令其在 -4 ~ 4mm 之间变动。这一点可通过如下的步骤做到：

1）在镜头的最后一面和像面之间加入一个虚设面，间隔这一列中倒数第二个数就是光学系统最后一面至像面的距离，而倒数第一个数就是离焦量，优化前令这个数为零。优化后的实际后工作距就是这两个数之和。

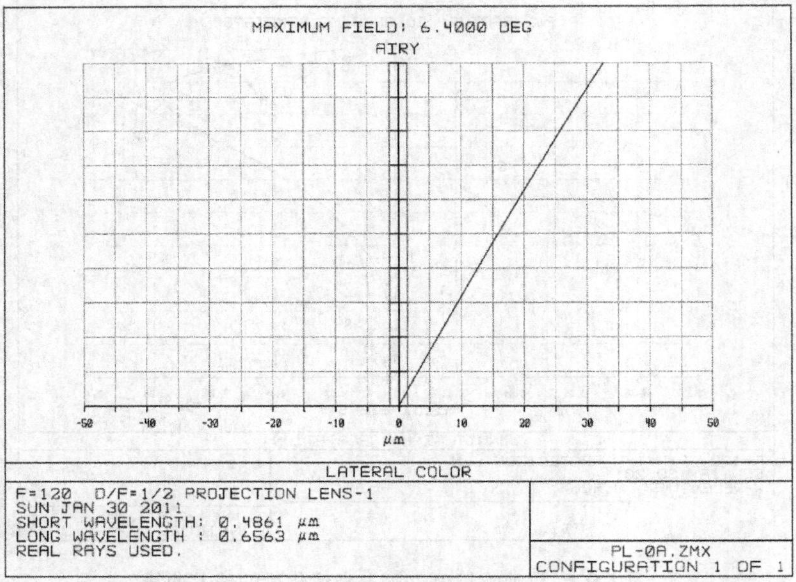


图 4-94 放映物镜例 1 第 1 步优化后的倍率色差曲线

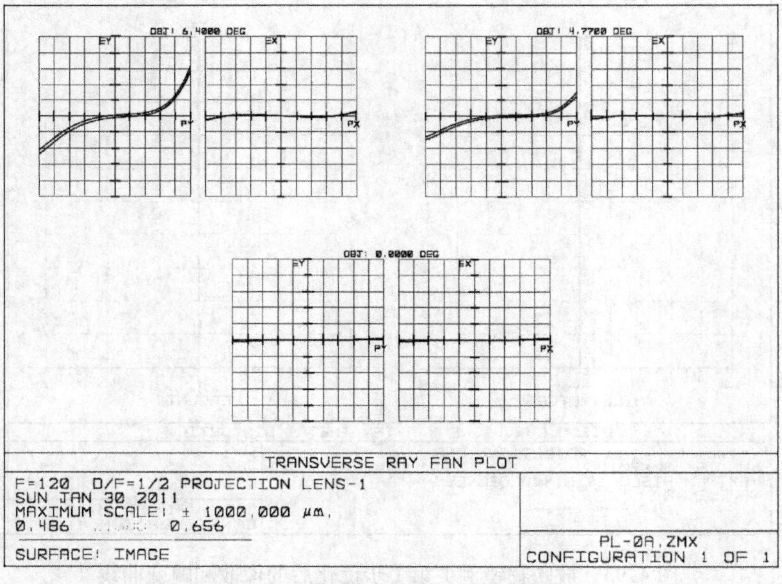


图 4-95 放映物镜例 1 第 1 步优化后的横向像差曲线

2）将间隔列中的倒数第一个数选择为变量。

3）在评价函数中写入限制离焦量范围的操作语句。

选择轴上点全孔径和 0.7 孔径的轴向球差、轴上点 0.7 孔径和 0.5 孔径的位置色差，以及 0.7 视场全孔径的子午彗差构成评价函数，它们的目标值都取 0，权重都取 1。并将全视场细光束子午场曲“FCGT”加入到评价函数中，它的目标值取为 -0.2，它的权重取 1。组成评价函数的操作语句括号如下：

{LONA(Wave;Zone);Target,Weight}⇒{LONA(2;1);0,1}
{LONA(Wave;Zone);Target,Weight}⇒{LONA(2;0.7);0,1}
{AXCL(Wave1,Wave2;Zone);Target,Weight}⇒{AXCL(1,3;0.7);0,1}
{AXCL(Wave1,Wave2;Zone);Target,Weight}⇒{AXCL(1,3;0.5);0,1}
op#1{TRAY(Wave;Hx,Hy;Px,Py);Target,Weight}⇒{TRAY(2;0,0.7;0,1);0,0}
op#2{TRAY(Wave;Hx,Hy;Px,Py);Target,Weight}⇒{TRAY(2;0,0.7;0,-1);0,0}
{SUMM(op#1,op#2);Target,Weight}⇒{SUMM(op#1,op#2);0,1}
{FCGT(Wave;Hx,Hy);Target,Weight}⇒{FCGT(2;0,1);-0.2,1}
{MNCT(Surf1,Surf2);Target,Weight}⇒{MNCT(10,10);-4,1}
{MXCT(Surf1,Surf2);Target,Weight}⇒{MXCT(10,10);4,1}

第 2 步优化后得到的结构参数见表 4-27，球差曲线如图 4-96 所示，像散和畸变曲线如图 4-97 所示，倍率色差曲线如图 4-98 所示，横向像差曲线如图 4-99 所示。

**表 4-27　放映物镜例 1 第 2 步优化后的结构参数**

| $r$/mm | $d$/mm | $n$ | $r$/mm | $d$/mm | $n$ |
|---|---|---|---|---|---|
| 84.658 | 11 | ZK7 | 60.445 | 10.5 | ZK7 |
| -953.028 | 13.759 | | -147.459 | 19.4 | |
| -150.693 | 4 | ZF4 | -51.902 | 4 | ZF4 |
| 268.385 | 18.4 | | -109.339 | 51.635 | |
| ∞（光阑） | 51.6 | | | | |

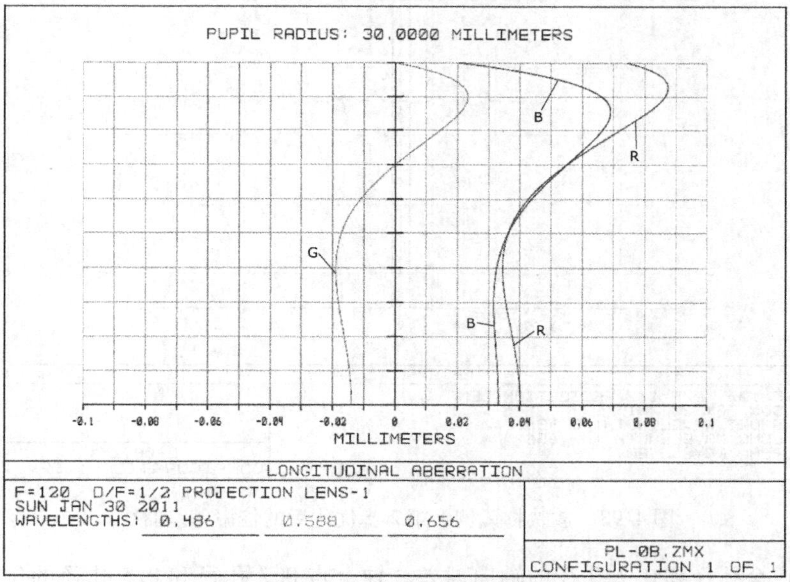

图 4-96　放映物镜例 1 第 2 步优化后的球差曲线

经第 2 步优化后，像散等像差有了改善，但是轴外点的残余像差和残余倍率色差等像差还有待进一步校正。下面转入第 3 步优化。

（3）第 3 步优化　第 3 步优化时，选择四块透镜的前七面半径作为变量，让第四块透镜的最后一面（即放映物镜的最后一面）半径保证焦距，选第一块透镜和第二块透镜间的空气间隔，以及第三块透镜和第四块透镜间的空气间隔作为变量。离焦量也作为变量，令其在 -3 ~ 3mm 之间变动。

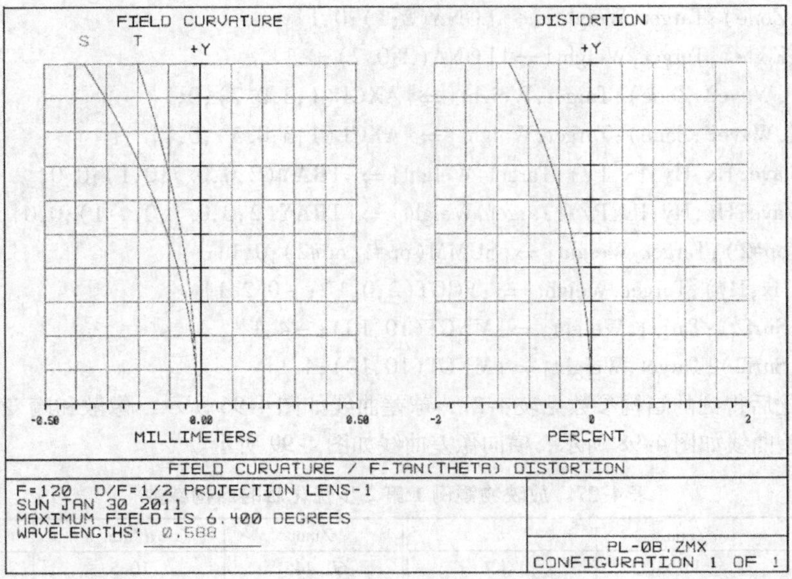


图 4-97 放映物镜例 1 第 2 步优化后的像散和畸变曲线

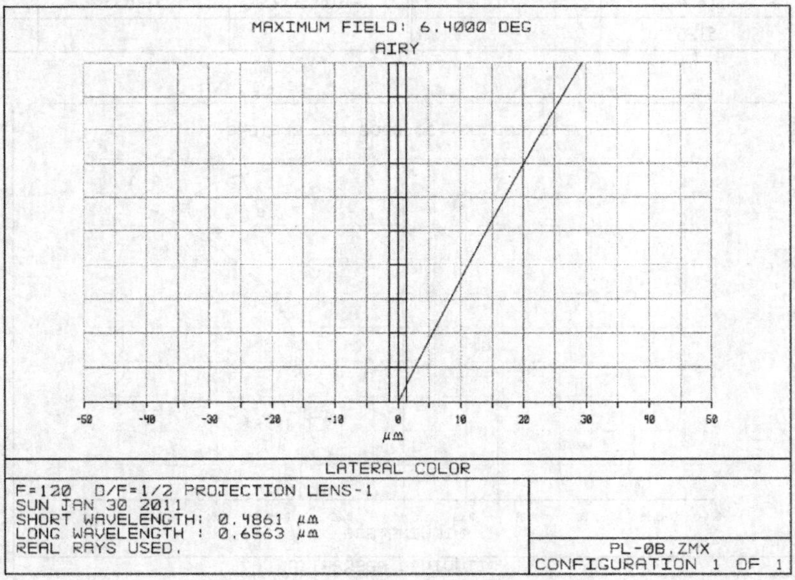


图 4-98 放映物镜例 1 第 2 步优化后的倍率色差曲线

选择轴上点全孔径和 0.7 孔径的轴向球差、轴上点 0.7 孔径和 0.5 孔径的位置色差，以及 0.7 视场全孔径的子午彗差，全视场细光束子午场曲构成评价函数，除细光束子午场曲的目标值取 -0.1 外，其余像差的目标值都取 0，它们的权重都取 1。

另将轴上点全孔径和 0.7 孔径的波像差、全视场 0.7 孔径和 -0.7 孔径的波像差、全视场 0.7 孔径的波色差和全视场 -0.7 孔径的波色差加入到评价函数中，它们的目标值都取 0，它们的权重都取 1。这里，波像差的标识和提示是 OPDC（Wave；Hx，Hy；Px，Py），其中“Wave”是指哪个波长的；“Hx，Hy”是指哪个视场的；“Px，Py”是指哪个孔径的。

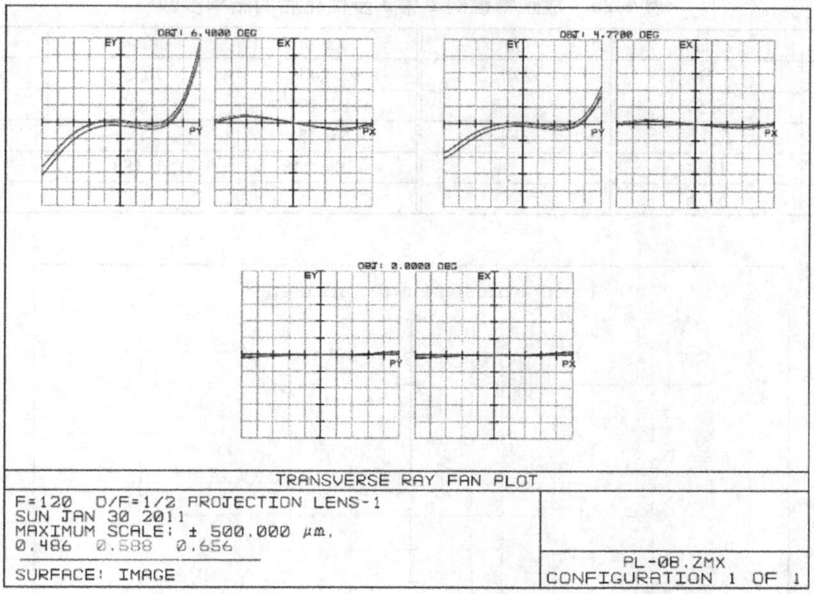


图4-99　放映物镜例1第2步优化后的横向像差曲线

组成评价函数的操作语句括号如下：

{LONA(Wave;Zone);Target,Weight}⇒{LONA(2;1);0,1}

{LONA(Wave;Zone);Target,Weight}⇒{LONA(2;0.7);0,1}

{AXCL(Wave1,Wave2;Zone);Target,Weight}⇒{AXCL(1,3;0.7);0,1}

{AXCL(Wave1,Wave2;Zone);Target,Weight}⇒{AXCL(1,3;0.5);0,1}

op#1{TRAY(Wave;Hx,Hy;Px,Py);Target,Weight}⇒{TRAY(2;0,0.7;0,1);0,0}

op#2{TRAY(Wave;Hx,Hy;Px,Py);Target,Weight}⇒{TRAY(2;0,0.7;0,−1);0,0}

{SUMM(op#1,op#2);Target,Weight}⇒{SUMM(op#1,op#2);0,1}

{FCGT(Wave;Hx,Hy);Target,Weight}⇒{FCGT(2;0,1);−0.1,1}

{MNCT(Surf1,Surf2);Target,Weight}⇒{MNCT(10,10);−3,1}

{MXCT(Surf1,Surf2);Target,Weight}⇒{MXCT(10,10);3,1}

{OPDC(Wave;Hx,Hy;Px,Py);Target,Weight}⇒{OPDC(2;0,0;0,1);0,1}

{OPDC(Wave;Hx,Hy;Px,Py);Target,Weight}⇒{OPDC(2;0,0;0,0.7);0,1}

{OPDC(Wave;Hx,Hy;Px,Py);Target,Weight}⇒{OPDC(2;0,1;0,0.7);0,1}

{OPDC(Wave;Hx,Hy;Px,Py);Target,Weight}⇒{OPDC(2;0,1;0,−0.7);0,1}

op#3{OPDC(Wave;Hx,Hy;Px,Py);Target,Weight}⇒{OPDC(1;0,1;0,0.7);0,0}

op#4{OPDC(Wave;Hx,Hy;Px,Py);Target,Weight}⇒{OPDC(3;0,1;0,0.7);0,0}

{DIFF(op#3,op#4);Target,Weight}⇒{DIFF(op#3,op#4);0,1}

op#5{OPDC(Wave;Hx,Hy;Px,Py);Target,Weight}⇒{OPDC(1;0,1;0,−0.7);0,0}

op#6{OPDC(Wave;Hx,Hy;Px,Py);Target,Weight}⇒{OPDC(3;0,1;0,−0.7);0,0}

{DIFF(op#5,op#6);Target,Weight}⇒{DIFF(op#5,op#6);0,1}

第3步优化后得到的结构参数见表4-28，球差曲线如图4-100所示，像散和畸变曲线如图4-101所示，倍率色差曲线如图4-102所示，横向像差曲线如图4-103所示。

表 4-28 放映物镜例 1 第 3 步优化后的结构参数

| r/mm | d/mm | n | r/mm | d/mm | n |
|---|---|---|---|---|---|
| 97.088 | 11 | ZK7 | 92.243 | 10.5 | ZK7 |
| -215.144 | 15.543 | | -82.199 | 8.827 | |
| -108.647 | 4 | ZF4 | -55.681 | 4 | ZF4 |
| 1655.983 | 18.4 | | -104.248 | 51.188 | |
| ∞(光阑) | 51.6 | | | | |

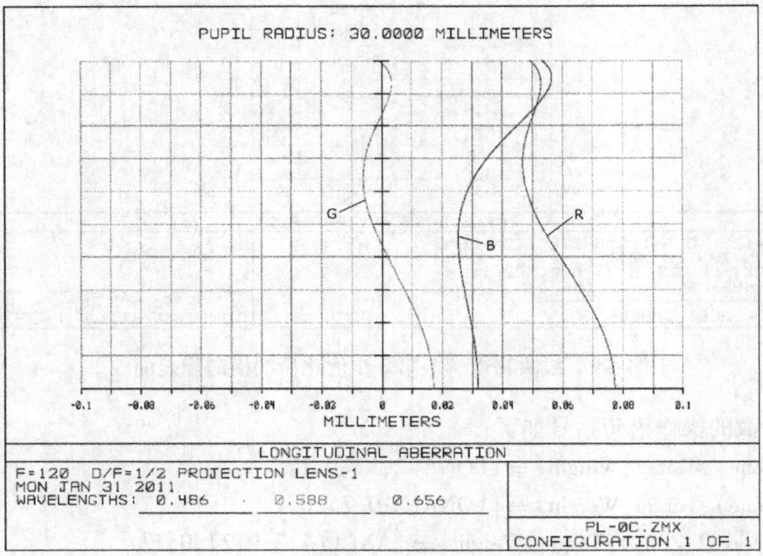


图 4-100 放映物镜例 1 第 3 步优化后的球差曲线

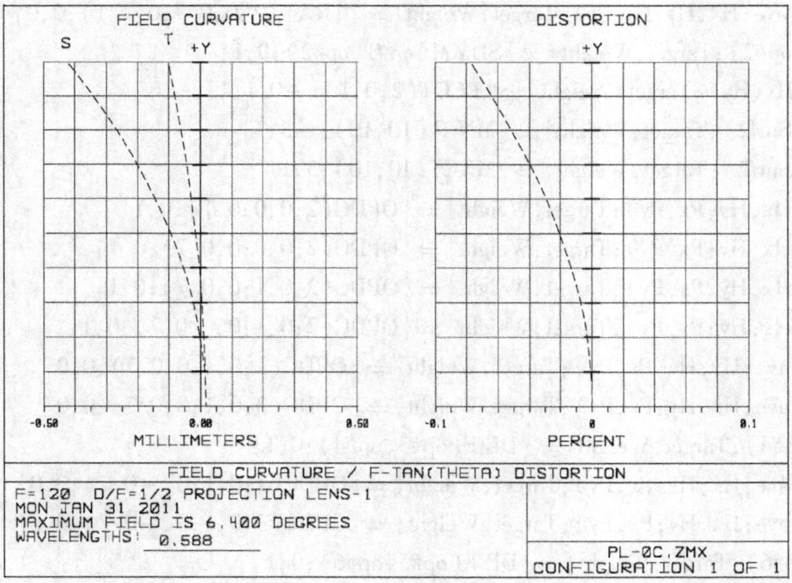


图 4-101 放映物镜例 1 第 3 步优化后的像散和畸变曲线

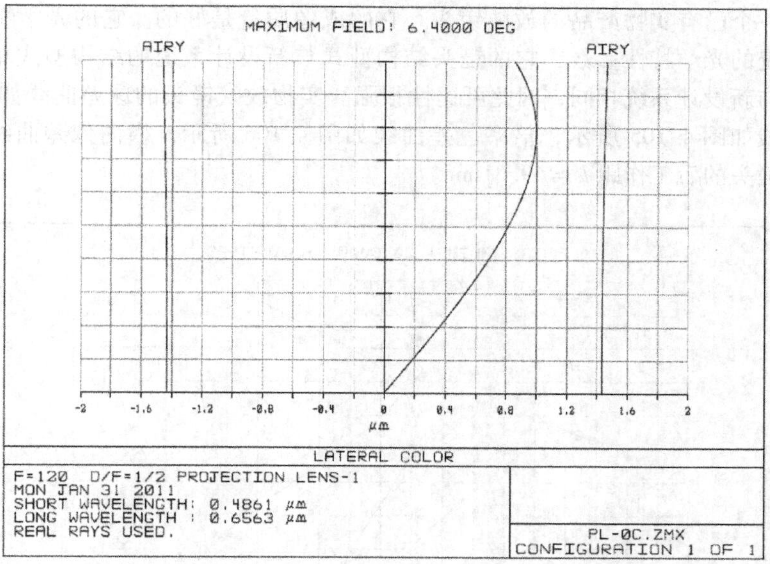


图4-102　放映物镜例1第3步优化后的倍率色差曲线

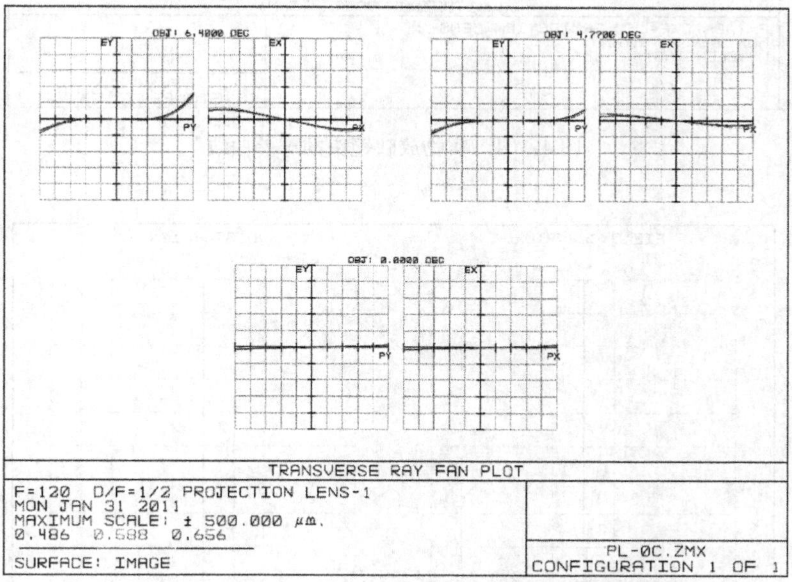


图4-103　放映物镜例1第3步优化后的横向像差曲线

经过第3步优化，无论是轴上点的像差还是轴外点的像差都有了很大的改善，后工作距 $l'$ = 51.19mm 也满足设计要求。下面转入像质评价。

**4. 像质评价**

对于照相、摄影及放映类物镜，有一个既显原始但又很可靠的像质评价方法，即与已经生产出来的同类镜头作比较，主要是通过现有产品的像差和新设计系统的像差进行比较，根据现有产品的成像质量来估计新设计系统的成像质量。

这里给出一个已有实物产品的放映镜头，它的成像质量是好的。它的光学特性参数全同于这里新设计系统的光学特性参数，它的镜头结构型式与新设计系统的结构型式相同，它的镜头玻璃材料完全与新设计系统相同，因此可比性很强。实物放映镜头的球差曲线如图 4-104 所示，像散和畸变曲线如图 4-105 所示，倍率色差曲线如图 4-106 所示，横向像差曲线如图 4-107 所示。实物放映镜头的后工作距 $l' = 49.31\text{mm}$。

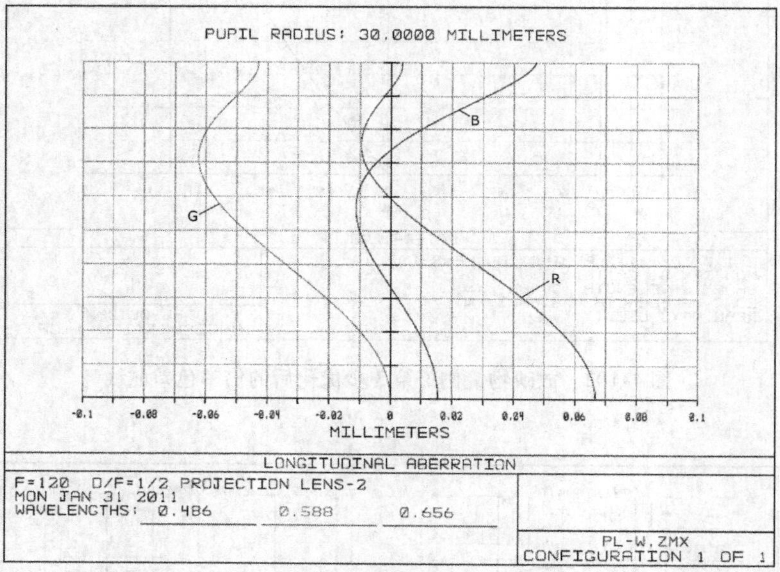


图 4-104　实物放映镜头的球差曲线

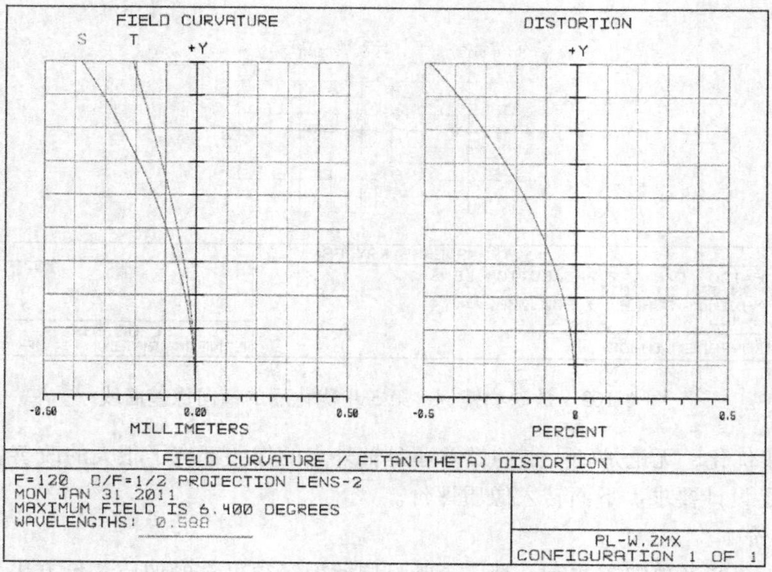


图 4-105　实物放映镜头的像散和畸变曲线

要求。优化目的已经达到，设计暂告一段落。

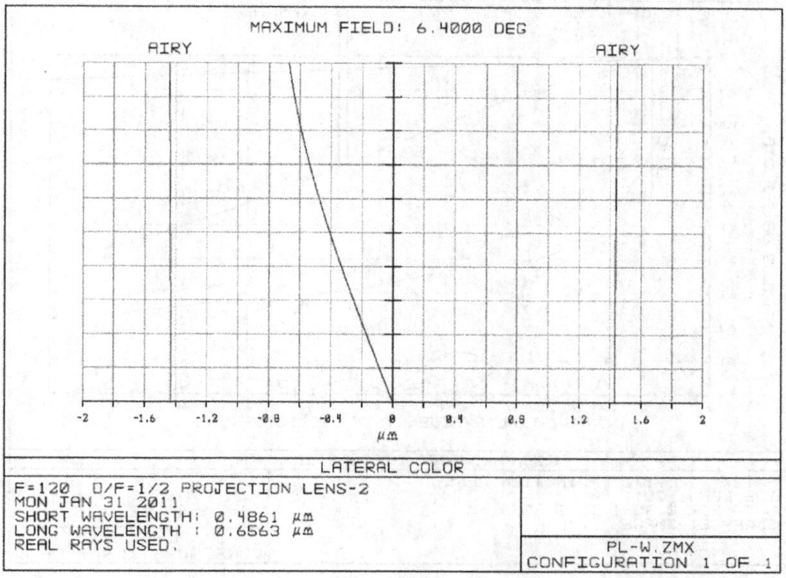


图 4-106　实物放映镜头的倍率色差曲线

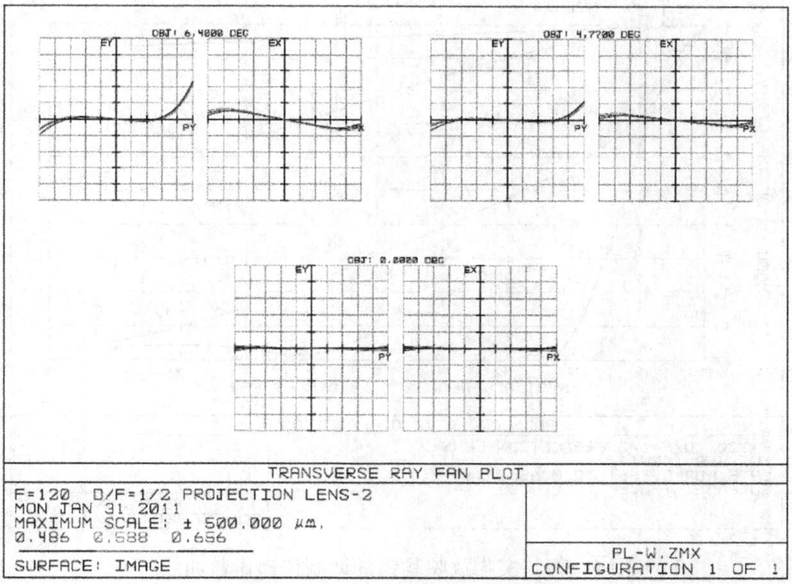


图 4-107　实物放映镜头的横向像差曲线

经比对，新设计放映物镜的像质与实物放映物镜的像质完全相当，后工作距也都满足设计要求。优化目的已经达到，设计暂告一段落。

为与后面的优化设计实例对比，这里也给出新设计放映物镜和实物放映物镜的调制传递函数曲线分别如图 4-108 和图 4-109 所示。

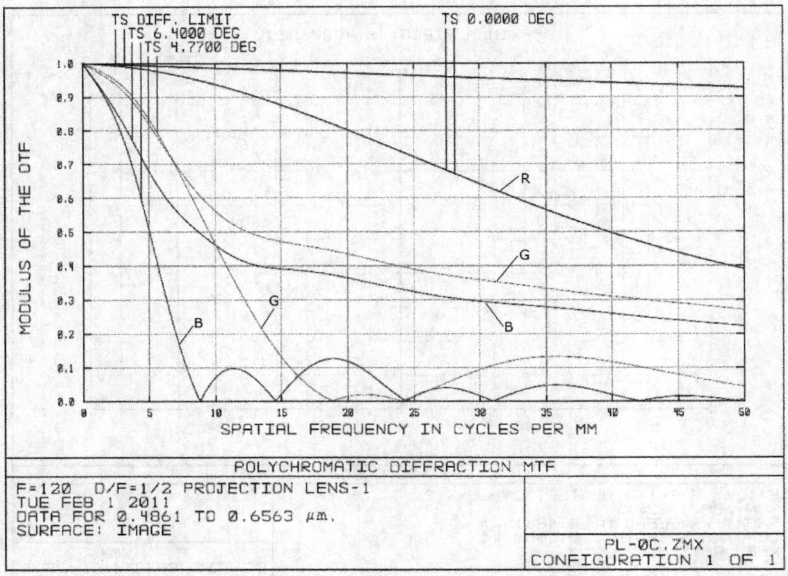


图 4-108 新设计放映物镜例 1 的调制传递函数曲线

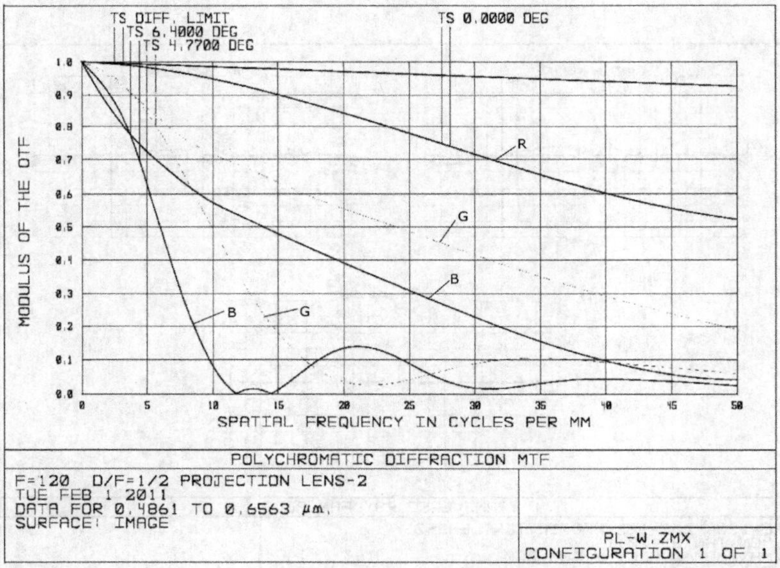


图 4-109 实物放映物镜的调制传递函数曲线

## 4.4 四片放映物镜优化设计例 2

对于 4.3 节讨论过的四片放映物镜，这里给出另外一个优化设计过程，作为四片放映物镜优化设计的第二个例子，然后再将此例复杂化，即将它的结构从四片分裂成六片，再优化出成像质量更好的结果。由图 4-108 和图 4-109 看到，无论是新设计的放映物镜还是实物放映物镜，它们的调制传递函数都不太好，尤其是轴外点的弧矢调制传递函数太低，所以此实例的重点在于提高它的调制传递函数。

四片放映物镜优化设计例 2 的初始结构与 4.3 节中的例 1 相同，即以表 4-25 所列的结构作为初始结构，下面对它进行逐步优化。

**1. 优化**

（1）第 1 步优化　优化前，在像面前加上一个虚设面。优化时，选择八个半径及离焦量作为变量，选择程序提供的弥散圆型式的默认评价函数，并在其中加入对镜头焦距的操作语句“EFFL”，它的目标值为 $f'=120$mm，权重为 1；以及限制离焦范围（$-4\sim4$mm）的操作语句“MNCT”和“MXCT”，它们的目标值分别为 −4 和 4，权重都为 1。添加的操作语句括号如下：

{EFFL(Wave);Target,Weight} ⇒ {EFFL(2);120,1}

{MNCT(Surf1,Surf2);Target,Weight} ⇒ {MNCT(10,10); −4,1}

{MXCT(Surf1,Surf2);Target,Weight} ⇒ {MXCT(10,10);4,1}

经第 1 步优化后，评价函数由 0.3455056 下降至 0.0194437，得到表 4-29 所列的结构参数，图 4-110 所示的横向像差曲线，图 4-111 所示的点列图，图 4-112 所示的调制传递函数曲线。

**表 4-29　放映物镜例 2 第 1 步优化的结构参数**

| $r$/mm | $d$/mm | $n$ | $r$/mm | $d$/mm | $n$ |
|---|---|---|---|---|---|
| 136.976 | 11 | ZK7 | 102.971 | 10.5 | ZK7 |
| −129.715 | 12 | | −94.778 | 20 | |
| −82.326 | 4 | ZF4 | −51.909 | 4 | ZF4 |
| −612.252 | 18.4 | | −83.4 | 54.115 | |
| ∞（光阑） | 51.6 | | | −4 | |

表 4-29 中，厚度间隔 $d$ 列中的倒数第二个数是镜头优化前的像距，倒数第一个数是优化后的离焦量，负号说明像平面要前移（向左移），即优化后像距为 50.115mm。

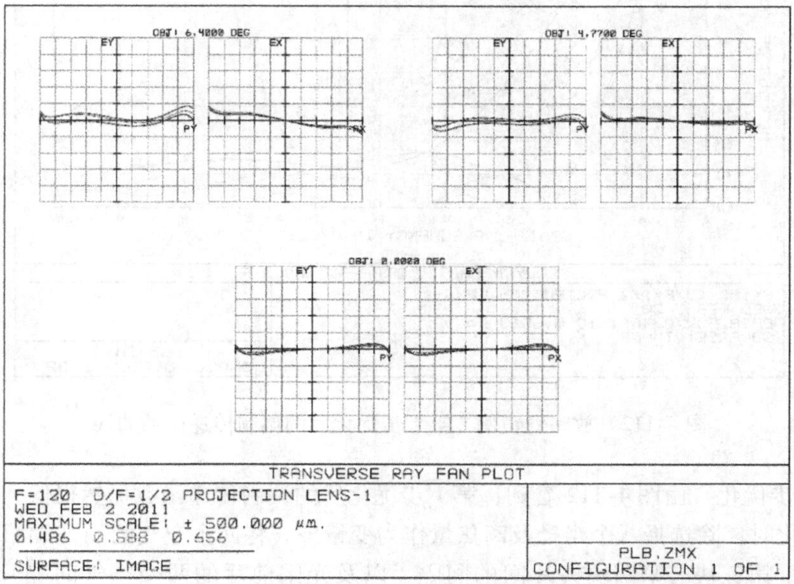


图 4-110　放映物镜例 2 第 1 步优化后的横向像差曲线

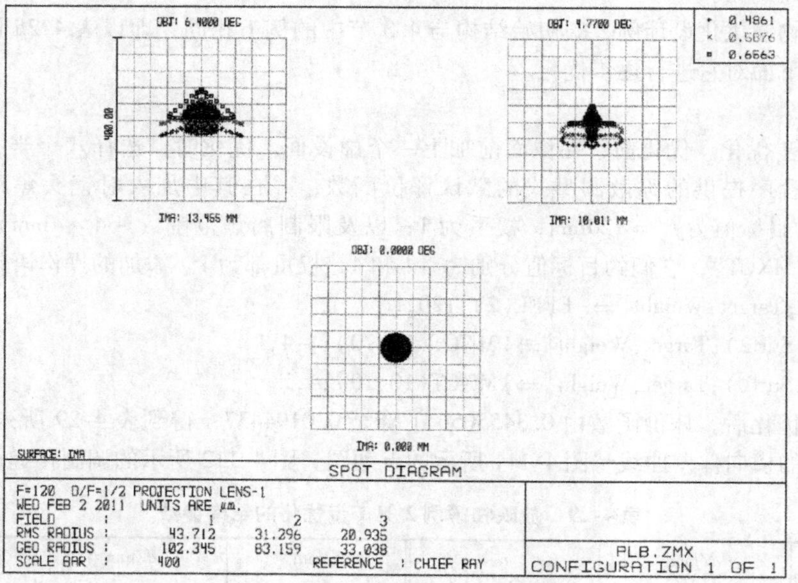


图 4-111 放映物镜例 2 第 1 步优化后的点列图

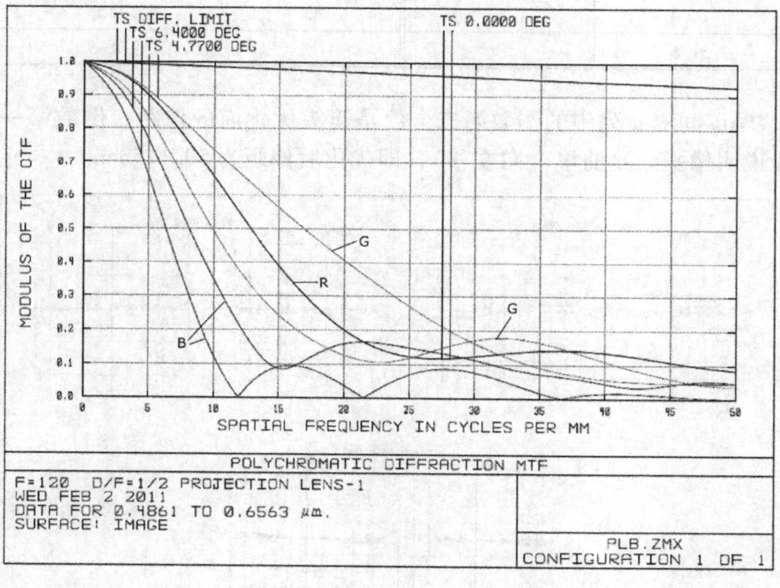


图 4-112 放映物镜例 2 第 1 步优化后的调制传递函数曲线

（2）第 2 步优化 由图 4-112 看到，第 1 步优化后的调制传递函数仍然很低，要继续进行优化。第 2 步优化时，除选择八个半径及离焦量作为变量外，将四个空气间隔（即第一块与第二块镜片间的间隔、第三块与第四块镜片间的间隔，以及光阑前后的两个空气间隔）增加为变量。选择程序提供的弥散圆型式的默认评价函数，并在其中加入对镜头焦距的操作语句“EFFL”，它的目标值为 $f'=120$mm，权重为 1；阻止光阑后空气间隔变负的操作语句“MNCT”，它的目标值为 1，权重为 1；以及限制离焦范围（-2～2mm）的操作语句“MNCT”和“MXCT”，它们的目标值分别为 -2 和 2，权重都为 1。添加的具体操作语句括号如下：

{EFFL(Wave);Target,Weight} ⇒ {EFFL(2);120,1}

{MNCT(Surf1,Surf2);Target,Weight} ⇒ {MNCT(5,6);1,1}

{MNCT(Surf1,Surf2);Target,Weight} ⇒ {MNCT(10,10);-2,1}

{MXCT(Surf1,Surf2);Target,Weight} ⇒ {MXCT(10,10);2,1}

经第 2 步优化后，评价函数由 0.0194437 下降至 0.0131345，得到表 4-30 所列的结构参数，图 4-113 所示的横向像差曲线，图 4-114 所示的点列图，图 4-115 所示的调制传递函数曲线。

**表 4-30　放映物镜例 2 第 2 步优化后的结构参数**

| r/mm | d/mm | n | r/mm | d/mm | n |
|---|---|---|---|---|---|
| 77.942 | 11 | ZK7 | 223.175 | 10.5 | ZK7 |
| -193.954 | 12.803 | | -80.408 | 24.526 | |
| -84.142 | 4 | ZF4 | -39.528 | 4 | ZF4 |
| 838.606 | 33.38 | | -50.654 | 50.115 | |
| ∞（光阑） | 1 | | | -2 | |

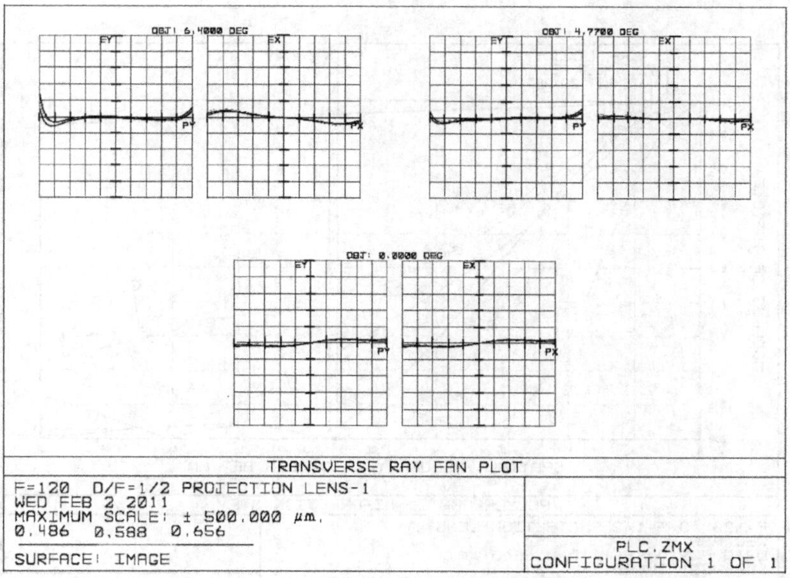


图 4-113　放映物镜例 2 第 2 步优化后的横向像差曲线

表 4-30 中，厚度间隔 $d$ 列中的倒数第二个数是镜头优化前的像距，倒数第一个数是优化后的离焦量，负号说明像平面要前移（向左移），即优化后像距为 48.115mm。

（3）第 3 步优化　至此，虽然经两步优化后，横向像差已达到前例 1 新设计投影物镜的水平，点列图也稍有改善，但调制传递函数仍然很低。由前例新设计投影物镜的结果知道，这不奇怪。现转入第 3 步优化。第 3 步优化时，选择八个半径、四个空气间隔、一个离焦量作为变量，另将全部玻璃材料增加为变量。

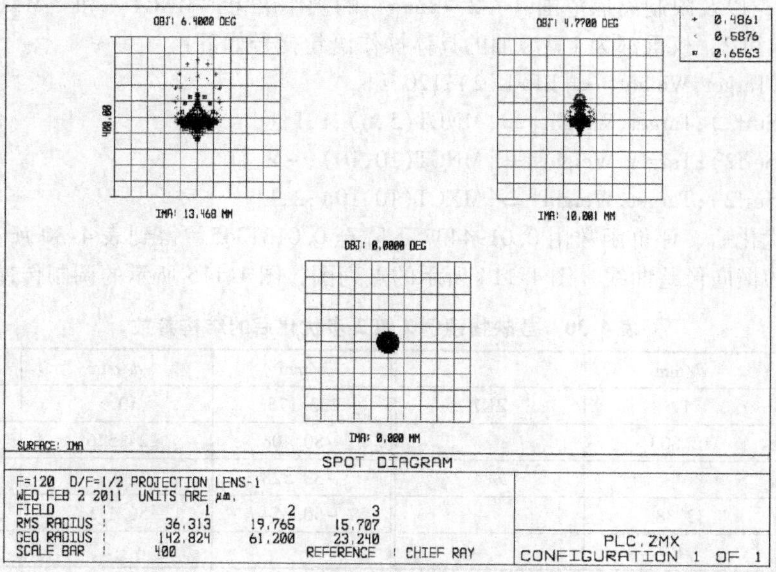


图 4-114 放映物镜例 2 第 2 步优化后的点列图

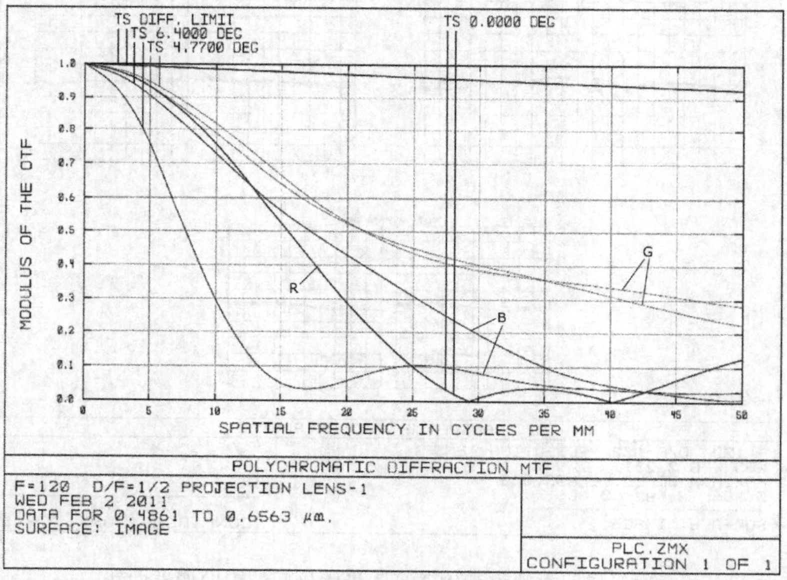


图 4-115 放映物镜例 2 第 2 步优化后的调制传递函数曲线

选择程序提供的弥散圆型式的默认评价函数，并在其中加入对镜头焦距的操作语句“EFFL”，它的目标值为 $f'=120$mm，权重为 1；阻止光阑后空气间隔变负的操作语句“MNCT”，它的目标值为 1，权重为 1；以及限制离焦范围（$-2\sim2$mm）的操作语句“MNCT”和“MXCT”，它们的目标值分别为 $-2$ 和 2，权重都为 1；并加入对玻璃材料选择限制的操作语句“RGLA”，使用“模型玻璃”，选择的范围包括物镜所有的四块玻璃，从面数上说可以表示成 $1\sim10$ 面，对折射率、阿贝数等的子权重（Wn，Wa，Wp）采用程序提供的默认值（见 ZEMAX 程序说明书或程序中的 Help 文件），此处在操作语句中填 0，目标值取 0.1，权重取 1。具体的操作语句括号如下：

{EFFL(Wave);Target,Weight}⇒{EFFL(2);120,1}
{MNCT(Surf1,Surf2);Target,Weight}⇒{MNCT(5,6);1,1}
{MNCT(Surf1,Surf2);Target,Weight}⇒{MNCT(10,10);-2,1}
{MXCT(Surf1,Surf2);Target,Weight}⇒{MXCT(10,10);2,1}
{RGLA(Surf1,Surf2;Wn,Wa,Wp);Target,Weight}⇒{RGLA(1,10;0,0,0);0.1,1}

经第3步优化后，评价函数由0.0131345下降至0.00583657，得到表4-31所列的结构参数，图4-116所示的横向像差曲线，图4-117所示的点列图，图4-118所示的调制传递函数曲线。

**表4-31　放映物镜例2第3步优化后的结构参数**

| r/mm | d/mm | n,v | r/mm | d/mm | n,v |
|---|---|---|---|---|---|
| 69.367 | 11 | 1.67,43.8 | 222.405 | 10.5 | 1.89,51 |
| -276.299 | 12.727 | | -91.746 | 17.805 | |
| -91.256 | 4 | 1.75,20.6 | -45.779 | 4 | 1.55,56.2 |
| 230.999 | 24.226 | | -146.829 | 50.115 | |
| ∞(光阑) | 11.617 | | | -2 | |

表4-31中，厚度间隔$d$列中的倒数第二个数是镜头优化前的像距，倒数第一个数是优化后的离焦量，负号说明像平面要前移（向左移），即优化后像距为48.115mm；材料列中每一行是两个数，第一个是优化出的材料折射率，第二个是材料的阿贝数，两个数之间用“,”号分开。

从图4-116~图4-118看，经第3步优化后镜头的像质有提高，但现在的玻璃还是模型玻璃，下面由实际玻璃逐步替代它们：

1）替代第三块玻璃。第三块玻璃用实际玻璃取代，采用程序建议的玻璃N-LaSF41（Schott），替代后还要进行优化。这样，其余的第一、第二和第四块玻璃仍作为变量。另外，仍选择八个半径、四个空气间隔和一个离焦量作为变量。

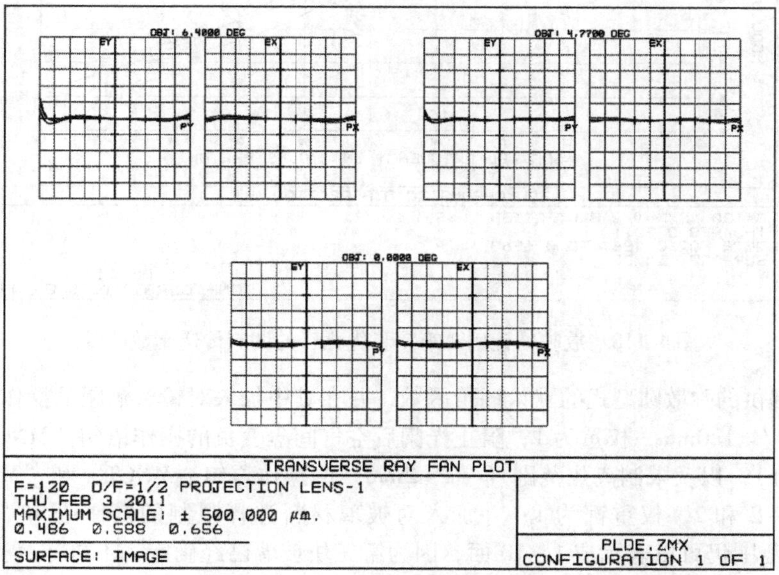


图4-116　放映物镜例2第3步优化后的横向像差曲线

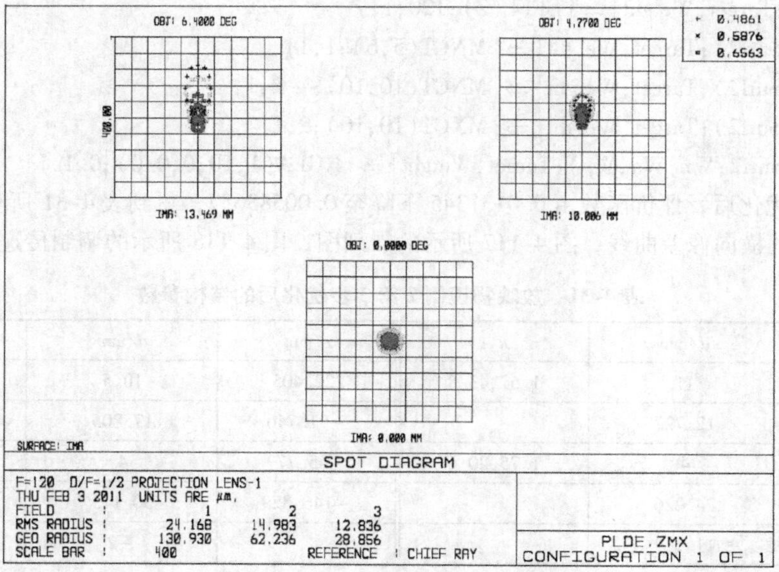


图 4-117　放映物镜例 2 第 3 步优化后的点列图

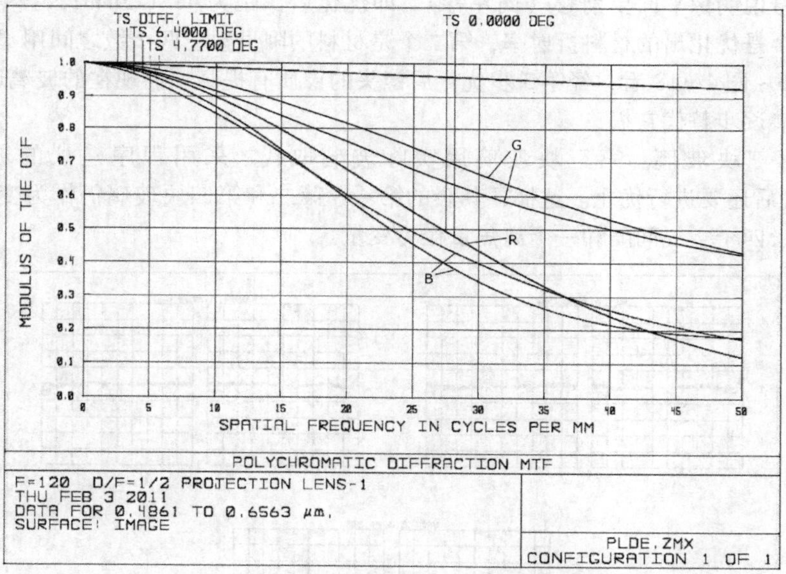


图 4-118　放映物镜例 2 第 3 步优化后的调制传递函数曲线

选择程序提供的弥散圆型式的默认评价函数，并在其中加入对镜头焦距的操作语句“EFFL”，它的目标值为 $f'=120$mm，权重为 1；阻止光阑后空气间隔变负的操作语句“MNCT”，它的目标值为 1，权重为 1；以及限制离焦范围（-2～2mm）的操作语句“MNCT”和“MXCT”，它们的目标值分别为 -2 和 2，权重都为 1；并加入对玻璃材料选择限制的操作语句“RGLA”，使用“模型玻璃”，范围仍可以表示成 1～10 面，因为第三块玻璃已经确定，不再作为变量，所以 1～10 面范围内，实际上只有 1～2 面（第一块）、3～4 面（第二块）和 8～9 面（第四块）才会参与优化。对折射率、阿贝数等的子权重（Wn，Wa，Wp）采用程序提供的默认值（见 ZEMAX 程序说明书或程序中的 Help 文件），此处在操作语句中填 0，操作数的目标值取 0.1，操作数的权重取 1。具体的操作语句括号如下：

{EFFL(Wave);Target,Weight} ⇒ {EFFL(2);120,1}

{MNCT(Surf1,Surf2);Target,Weight} ⇒ {MNCT(5,6);1,1}

{MNCT(Surf1,Surf2);Target,Weight} ⇒ {MNCT(10,10);-2,1}

{MXCT(Surf1,Surf2);Target,Weight} ⇒ {MXCT(10,10);2,1}

{RGLA(Surf1,Surf2;Wn,Wa,Wp);Target,Weight} ⇒ {RGLA(1,10;0,0,0);0.1,1}

经第 3-1 步替代第三块玻璃优化后，评价函数由 0.00583657 下降至 0.00582321，得到表 4-32 所列的结构参数，图 4-119 所示的横向像差曲线，图 4-120 所示的点列图，图 4-121 所示的调制传递函数曲线。

**表 4-32　放映物镜例 2 第 3-1 步优化得到的结构参数**

| r/mm | d/mm | n,v | r/mm | d/mm | n,v |
|---|---|---|---|---|---|
| 71.34 | 11 | 1.72,36.7 | 157.152 | 10.5 | N-LaSF41(Schott) |
| -308.034 | 11.011 | | -98.158 | 18.246 | |
| -103.688 | 4 | 1.78,18.4 | -46.923 | 4 | 1.50,38.1 |
| 180.476 | 28.898 | | -211.582 | 50.115 | |
| ∞（光阑） | 10.154 | | | -2 | |

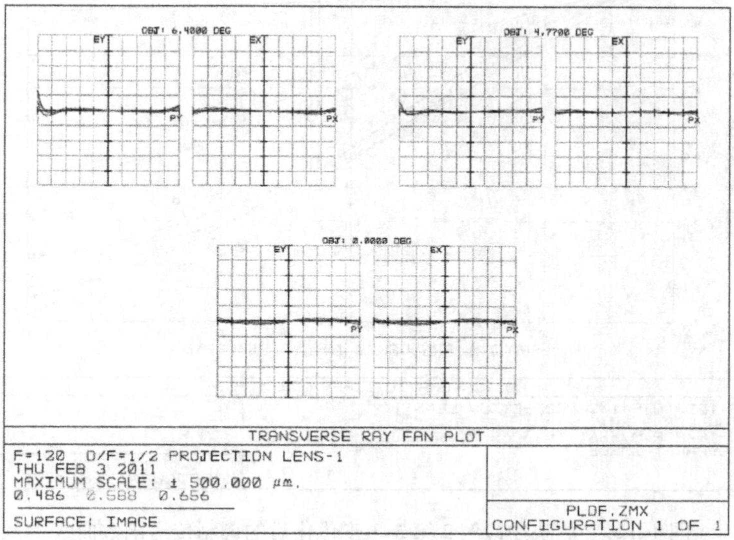


图 4-119　放映物镜例 2 第 3-1 步优化后的横向像差曲线

表 4-32 中，厚度间隔 d 列中的倒数第二个数是镜头优化前的像距，倒数第一个数是优化后的离焦量，负号说明像平面要前移（向左移），即优化后像距为 48.115mm；材料列中每一行是两个数，第一个是优化出的材料折射率，第二个是材料的阿贝数，两个数之间用“,”号分开。

2）替代第二块玻璃。再将第二块玻璃用实际玻璃取代，采用程序建议的玻璃 N-SF11(Schott)，替代后进行优化。这样，第一、第四块玻璃仍作为变量。另外，仍选择八个半径、四个空气间隔和一个离焦量作为变量。

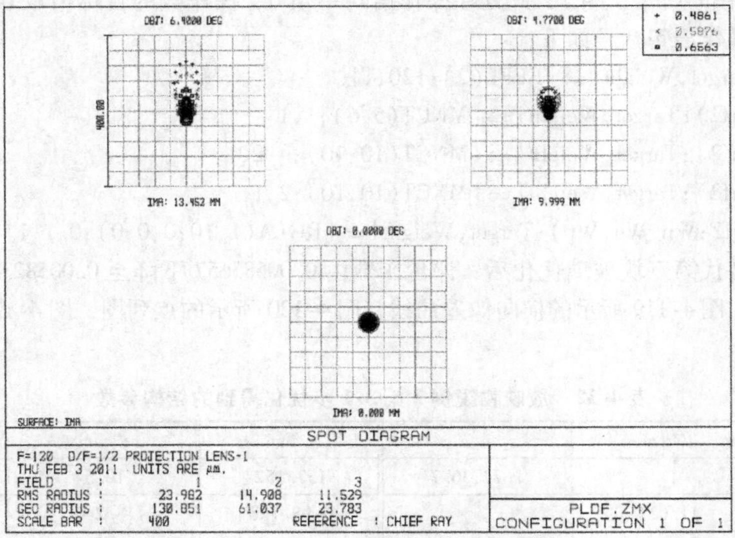


图 4-120　放映物镜例 2 第 3-1 步优化后的点列图

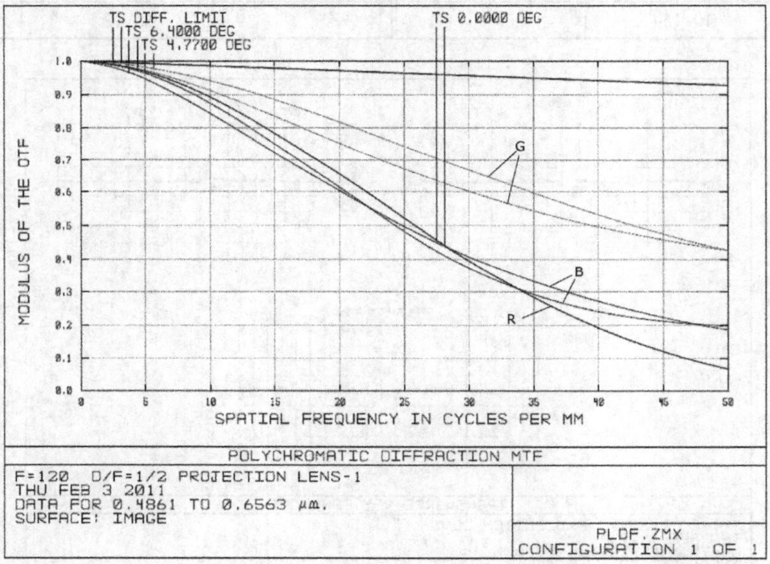


图 4-121　放映物镜例 2 第 3-1 步优化后的调制传递函数曲线

选择程序提供的弥散圆型式的默认评价函数，并在其中加入对镜头焦距的操作语句“EFFL”，它的目标值为$f'=120$mm，权重为 1；阻止光阑后空气间隔变负的操作语句“MNCT”，它的目标值为 1，权重为 1；以及限制离焦范围（$-2\sim2$mm）的操作语句“MNCT”和“MXCT”，它们的目标值分别为 −2 和 2，权重都为 1；并加入对玻璃材料选择限制的语句“RGLA”，使用“模型玻璃”，范围仍可以表示成 1 ~ 10 面，因为第二块和第三块玻璃已经确定，不再作为变量，所以 1 ~ 10 面范围内，实际上只有 1 ~ 2 面（第一块）和 8 ~ 9 面（第四块）才会参与优化。对折射率、阿贝数等的子权重（Wn，Wa，Wp）取程序提供的默认值（见 ZEMAX 程序说明书或程序中的 Help 文件），此处在操作语句中填 0，操作数“RGLA”的目标值取 0.1，操作数“RGLA”的权重取 1。具体的操作语句括号如下：

{EFFL(Wave);Target,Weight} ⇒ {EFFL(2);120,1}

{MNCT(Surf1,Surf2);Target,Weight} ⇒ {MNCT(5,6);1,1}

{MNCT(Surf1,Surf2);Target,Weight} ⇒ {MNCT(10,10);-2,1}

{MXCT(Surf1,Surf2);Target,Weight} ⇒ {MXCT(10,10);2,1}

{RGLA(Surf1,Surfe2;Wn,Wa,Wp);Target,Weight} ⇒ {RGLA(1,10;0,0,0);0.1,1}

经第 3-2 步替代第二块玻璃优化后，评价函数由 0.00582321 变为 0.005972381，得到表 4-33 所列的结构参数，图 4-122 所示的横向像差曲线，图 4-123 所示的点列图，图 4-124 所示的调制传递函数曲线。

**表 4-33 放映物镜例 2 第 3-2 步优化后的结构参数**

| $r$/mm | $d$/mm | $n,v$ | $r$/mm | $d$/mm | $n,v$ |
|---|---|---|---|---|---|
| 69.4 | 11 | 1.77,55.8 | 143.061 | 10.5 | N-LaSF41(Schott) |
| -558.202 | 10.214 | | -102.491 | 16.245 | |
| -125.435 | 4 | N-SF11(Schott) | -47.93 | 4 | 1.53,30.8 |
| 155.76 | 29.718 | | -273.157 | 50.115 | |
| ∞(光阑) | 8.953 | | | -2 | |

表 4-33 中，厚度间隔 $d$ 列中的倒数第二个数是镜头优化前的像距，倒数第一个数是优化后的离焦量，负号说明像平面要前移（向左移），即优化后像距为 48.115mm；材料列中每一行是两个数，第一个是优化出的材料折射率，第二个是材料的阿贝数，两个数之间用“，”号分开。

3）替代第一块玻璃。将第一块玻璃用实际玻璃替代，采用程序建议的玻璃 LaK33（Schott），替代后就作一次优化。这样，第四块玻璃仍作为变量。另外，仍选择八个半径、四个空气间隔和一个离焦量作为变量。

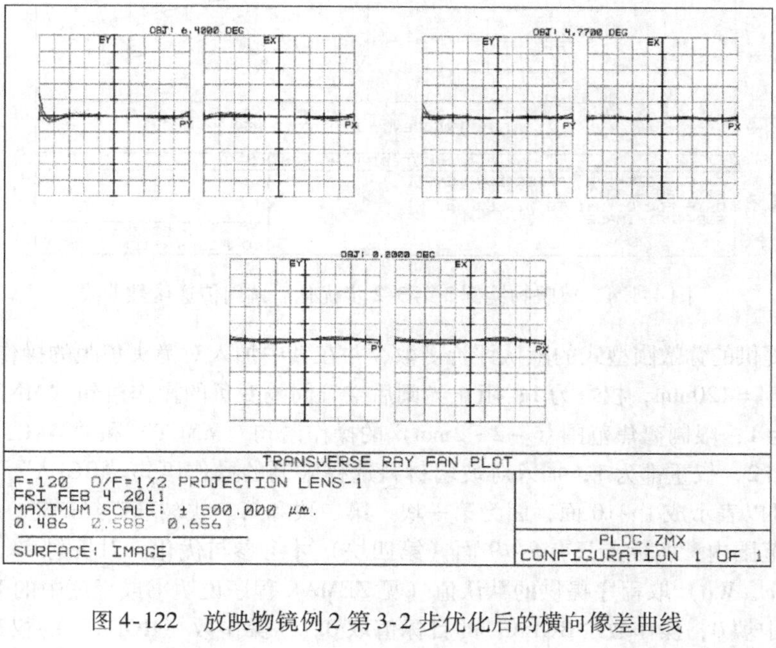


图 4-122 放映物镜例 2 第 3-2 步优化后的横向像差曲线

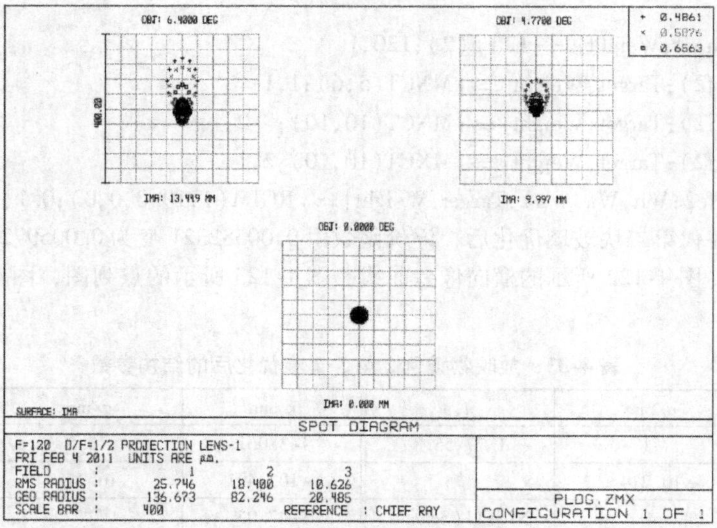


图 4-123　放映物镜例 2 第 3-2 步优化后的点列图

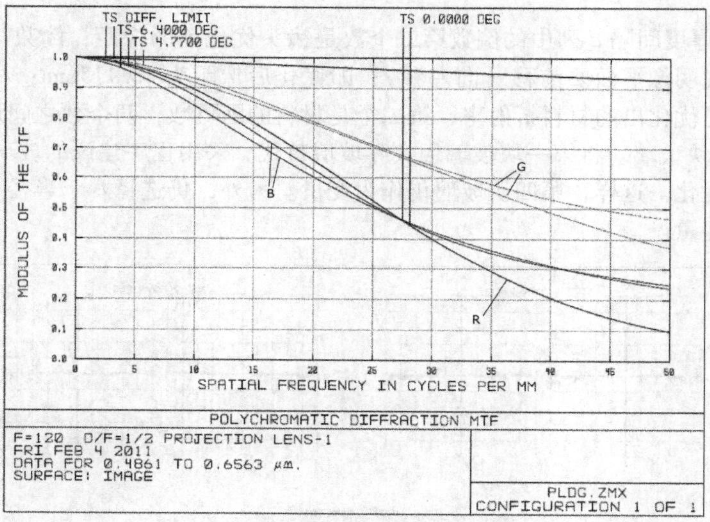


图 4-124　放映物镜例 2 第 3-2 步优化后调制传递函数曲线

选用程序提供的弥散圆型式的默认评价函数，并在其中加入对镜头焦距的操作语句“EFFL”，它的目标值为$f'=120$mm，权重为 1；阻止光阑后空气间隔变负的操作语句“MNCT”，它的目标值为 1，权重为 1；限制离焦范围（$-2\sim2$mm）的操作语句“MNCT”和“MXCT”，它们的目标值分别为$-2$和 2，权重都为 1；加入对玻璃材料选择限制的操作语句“RGLA”，使用“模型玻璃”，范围仍可以表示成 1 ~ 10 面，因为第一块、第二块和第三块玻璃已经确定，不再作为变量，所以 1 ~ 10 面范围内，实际上只有 8 ~ 9 面（第四块）才会参与优化。对折射率、阿贝数等的子权重（Wn，Wa，Wp）取程序提供的默认值（见 ZEMAX 程序说明书或程序中的 Help 文件），此处在操作语句中填 0，操作数“RGLA”的目标值取 0.1，操作数“RGLA”的权重取 1。具体的操作语句括号如下：

{EFFL(Wave);Target;weight}⇒{EFFL(2);120,1}
{MNCT(Surf1,Surf2);Target,Weight}⇒{MNCT(5,6);1,1}
{MNCT(Surf1,Surf2);Target,Weight}⇒{MNCT(10,10);-2,1}
{MXCT(Surf1,Surf2);Target,Weight}⇒{MXCT(10,10);2,1}
{RGLA(Surf1,Surfe2;Wn,Wa,Wp);Target,Weight}⇒{RGLA(1,10;0,0,0);0.1,1}

经第3-3步替代第一块玻璃优化后，评价函数由0.00597238变为0.00611860，得到表4-34所列的结构参数，图4-125所示的横向像差曲线，图4-126所示的点列图，图4-127所示的调到传递函数曲线。

**表4-34　放映物镜例2第3-3步优化得到的结构参数**

| r/mm | d/mm | n,v | r/mm | d/mm | n,v |
|---|---|---|---|---|---|
| 68.941 | 11 | LaK33(Schott) | 120.174 | 10.5 | N-LaSF41(Schott) |
| -750.441 | 7.823 | | -123.231 | 19.21 | |
| -141.835 | 4 | N-SF11(Schott) | -49.708 | 4 | 1.53,27.1 |
| 147.01 | 33.192 | | -358.402 | 50.115 | |
| ∞(光阑) | 7.089 | | | -1.407 | |

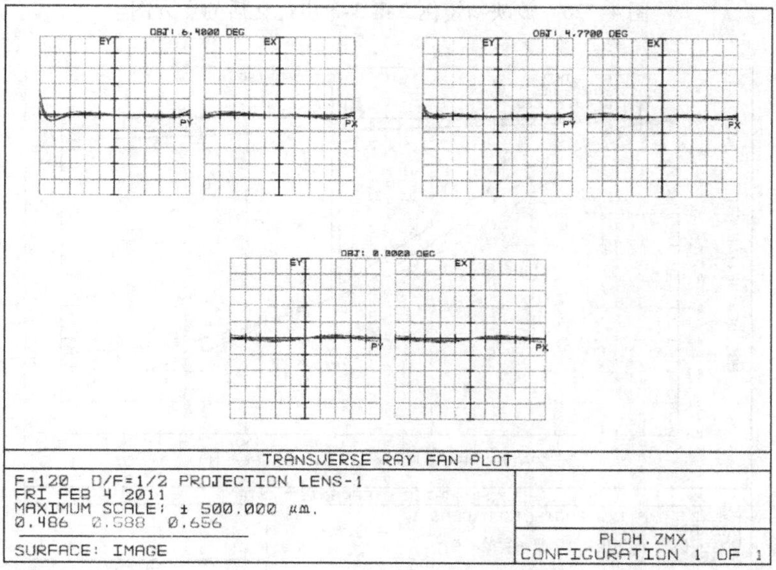


图4-125　放映物镜例2第3-3步优化后的横向像差曲线

表4-34中，厚度间隔$d$列中的倒数第二个数是镜头优化前的像距，倒数第一个数是优化后的离焦量，负号说明像平面要前移（向左移），即优化后像距为48.708mm；材料列中每一行是两个数，第一个是优化出的材料折射率，第二个是材料的阿贝数，两个数之间用“，”号分开。

4）替代第四块玻璃。将第四块玻璃用实际玻璃取代，采用程序建议的玻璃TIF4。替代后进行优化，仍选择八个半径、四个空气间隔和一个离焦量作为变量。

选用程序提供的弥散圆型式的默认评价函数，并在其中加入对镜头焦距的操作语句“EFFL”，它的目标值为$f'=120$mm，权重为1；阻止光阑后空气间隔变负的操作语句“MNCT”，它的目标值为1，权重为1；以及限制离焦范围（-2~2mm）的操作语句“MNCT”和“MXCT”，它们的目标值分别为-2和2，权重都为1。具体的操作语句括号如下：

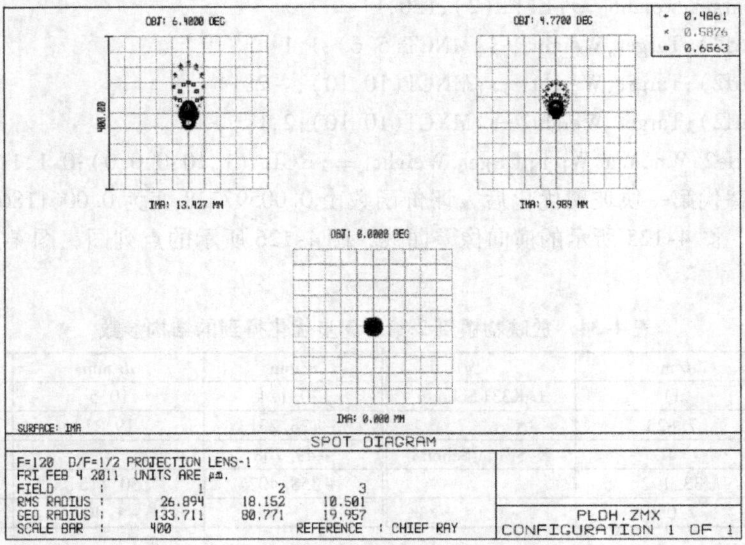


图 4-126 放映物镜例 2 第 3-3 步优化后的点列图

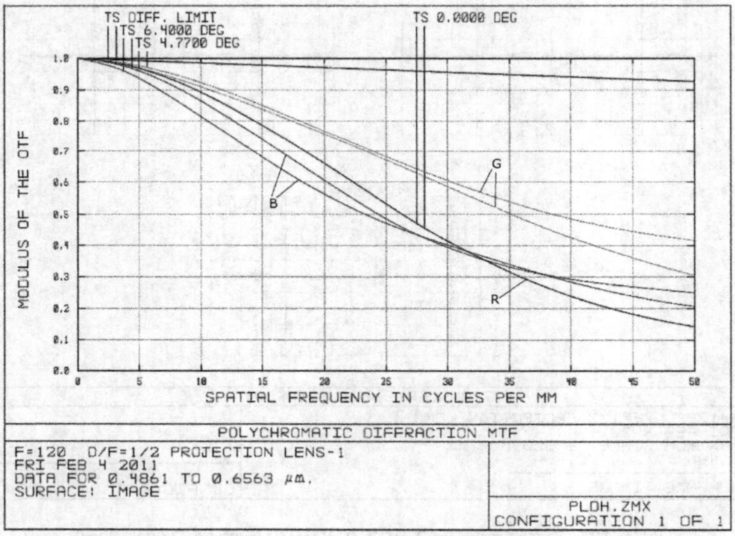


图 4-127 放映物镜例 2 第 3-3 步优化后的调制传递函数曲线

{EFFL(Wave);Target,Weight}⇒{EFFL(2);120,1}

{MNCT(Surf1,Surf2);Target,Weight}⇒{MNCT(5,6);1,1}

{MNCT(Surf1,Surf2);Target,Weight}⇒{MNCT(10,10);-2,1}

{MXCT(Surf1,Surf2);Target,Weight}⇒{MXCT(10,10);2,1}

另外，随着前面的优化，由于半径变动，第一块镜片的边缘变尖了，在这次优化之前将它的中心厚度由 11mm 加厚成 15mm。

经第 3-4 步优化后，评价函数由 0.00611860 变为 0.00656230，得到表 4-35 所列的结构参数，图 4-128 所示的横向像差曲线，图 4-129 所示的点列图，图 4-130 所示的调制传递函数曲线。

表 4-35　放映物镜例 2 第 3-4 步优化后的结构参数

| r/mm | d/mm | n | r/mm | d/mm | n |
|---|---|---|---|---|---|
| 65.034 | 15 | LaK33(Schott) | 119.826 | 10.5 | N-LaSF41(Schott) |
| -706.308 | 6.585 | | -109.498 | 16.207 | |
| -138.111 | 4 | N-SF11(Schott) | -49.202 | 4 | TIF4 |
| 130.018 | 26.612 | | -252.04 | 50.115 | |
| ∞(光阑) | 9.889 | | | -0.165 | |

表 4-35 中，厚度间隔 $d$ 列中的倒数第二个数是镜头优化前的像距，倒数第一个数是优化后的离焦量，负号说明像平面要前移（向左移），即优化后像距为 49.95mm。

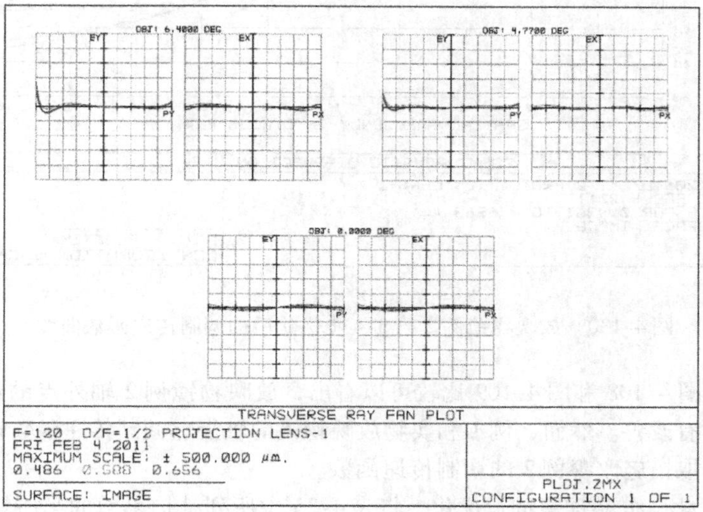


图 4-128　放映物镜例 2 第 3-4 步优化后的横向像差曲线

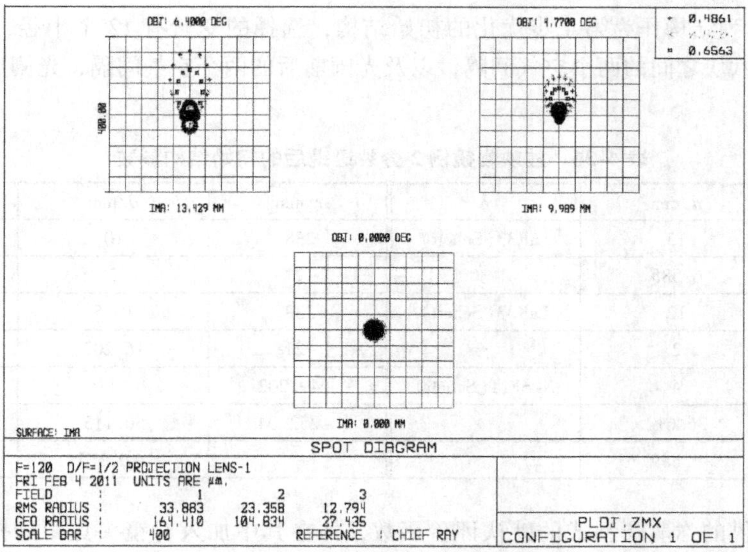


图 4-129　放映物镜例 2 第 3-4 步优化后的点列图

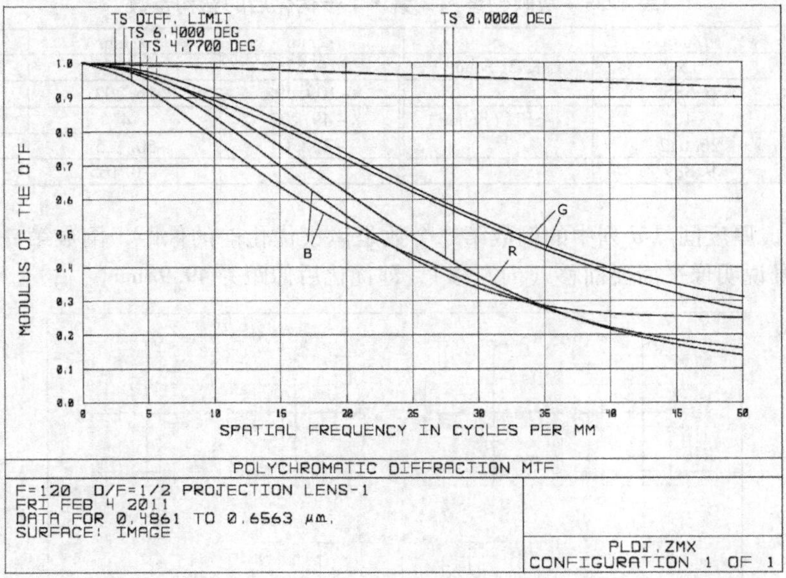


图 4-130　放映物镜例 2 第 3-4 步优化后的调制传递函数曲线

将图 4-130 与图 4-108 和图 4-109 比较可以看出，放映物镜例 2 轴外点的传递函数较之例 1 和实物放映物镜的有改善。然而，例 1 和实物放映物镜的轴上点调制传递函数较之例 2 的结果要好，后面进一步采取措施改善例 2 的调制传递函数。

（4）第 4 步优化　分裂透镜进行优化。将表 4-35 中所列结构参数的第一块和第三块正透镜各自分裂成两块，并大致以等光焦度进行分裂，具体数据见表 4-36。其中，新增镜片的厚度是预估的，以后视具体情况再作调整。

以表 4-36 所列结构作为第 4 步优化的初始结构，选择的变量有 12 个半径，第一块和第二块、第五块和第六块之间的两个空气间隔，以及光阑前后的两个空气间隔，光阑后第一块透镜的厚度和离焦量。

**表 4-36　放映物镜例 2 分裂透镜后的初始结构参数**

| *r*/mm | *d*/mm | *n* | *r*/mm | *d*/mm | *n* |
|---|---|---|---|---|---|
| 130 | 15 | LaK33 (Schott) | 238 | 10 | N-LaSF41 (Schott) |
| -1412 | 6.585 | | -218 | 2 | |
| 130 | 12 | LaK33 (Schott) | 238 | 10.5 | N-LaSF41 (Schott) |
| -1412 | 2 | | -218 | 16.207 | |
| -138.111 | 4 | N-SF11 (Schott) | -49.202 | 4 | TIF4 |
| 130.018 | 26.612 | | -252.04 | 50.115 | |
| ∞（光阑） | 9.889 | | | -0.165 | |

选用程序提供的弥散圆型式的默认评价函数，并在其中加入对镜头焦距的操作语句 EFFL，它的目标值为 $f'=120$mm，权重为 1；阻止光阑后空气间隔变负的操作语句“MNCT”，它的目标值为 1，权重为 1；以及限制离焦范围（-2~2mm）的操作语句“MNCT”和“MXCT”，它们的目标值分别为 -2 和 2，权重都为 1。具体的操作语句括号如下；

{EFFL(Wave);Target,Weight} ⇒ {EFFL(2);120,1}

{MNCT(Surf1,Surf2);Target,Weight} ⇒ {MNCT(7,8);1,1}

{MNCT(Surf1,Surf2);Target,Weight} ⇒ {MNCT(14,14);-2,1}

{MXCT(Surf1,Surf2);Target,Weight} ⇒ {MXCT(14,14);2,1}

经第 4 步优化后，评价函数为 0.00563050，得到表 4-37 所列的结构参数，图 4-131 所示的横向像差曲线，图 4-132 所示的点列图，图 4-133 所示的调制传递函数曲线。

**表 4-37　放映物镜例 2 第 4 步优化后的结构参数**

| r/mm | d/mm | n | r/mm | d/mm | n |
|---|---|---|---|---|---|
| 88.976 | 15 | LaK33(Schott) | 513.02 | 29.727 | N-LaSF41(Schott) |
| 296.76 | 10.402 | | -117.338 | 2 | |
| 133.504 | 12 | LaK33(Schott) | 214.189 | 10.5 | N-LaSF41(Schott) |
| -3149.12 | 2 | | -165.561 | 14.4 | |
| -116.45 | 4 | N-SF11(Schott) | -72.905 | 4 | TIF4 |
| 126.684 | 16.732 | | 201.478 | 50.115 | |
| ∞(光阑) | 1 | | | -2 | |

表 4-37 中，厚度间隔 $d$ 列中的倒数第二个数是镜头优化前的像距，倒数第一个数是优化后的离焦量，负号说明像平面要前移（向左移），即优化后像距为 48.115mm。

由图 4-133 看出，第 4 步优化后轴外点的调制传递函数有了很大改善，下面再进行试探性的优化。

（5）第 5 步优化　以第 4 步优化出的结果（表 4-37 所列结构参数）为基础，令所有玻璃材料进入“替代”模式，选择的变量有 12 个半径，第五块和第六块之间的一个空气间隔，光阑前后的两个空气间隔，光阑后第一块透镜的厚度，离焦量和六块透镜材料。采用程序提供的弥散圆型式的默认评价函数，并在其中加入如下的操作语句括号：

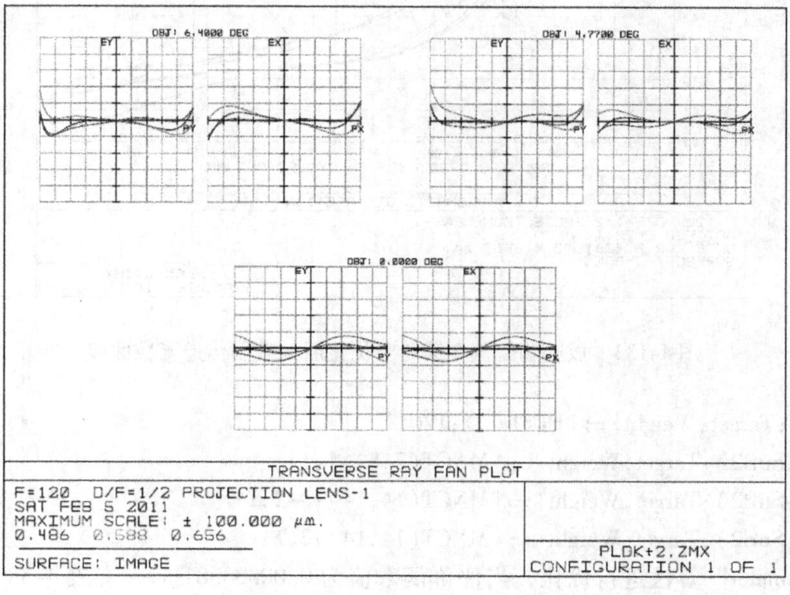


图 4-131　放映物镜例 2 第 4 步优化后的横向像差曲线

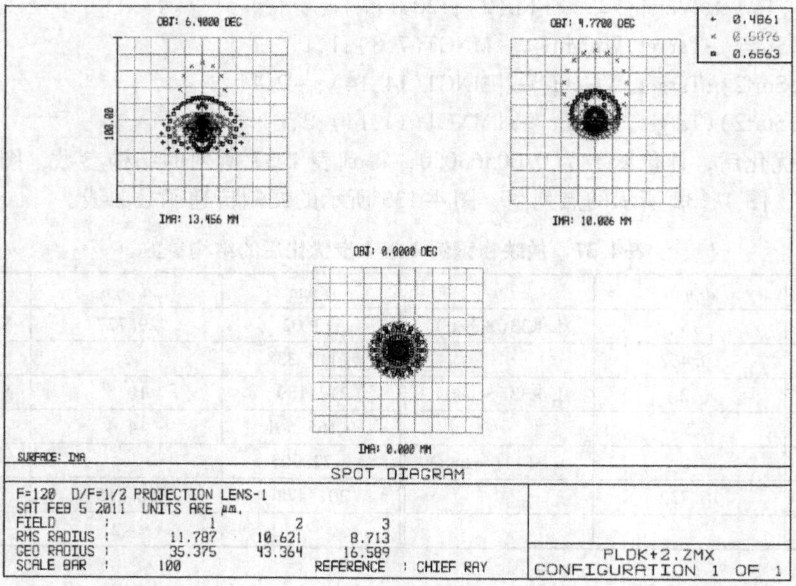


图 4-132 放映物镜例 2 第 4 步优化后的点列图

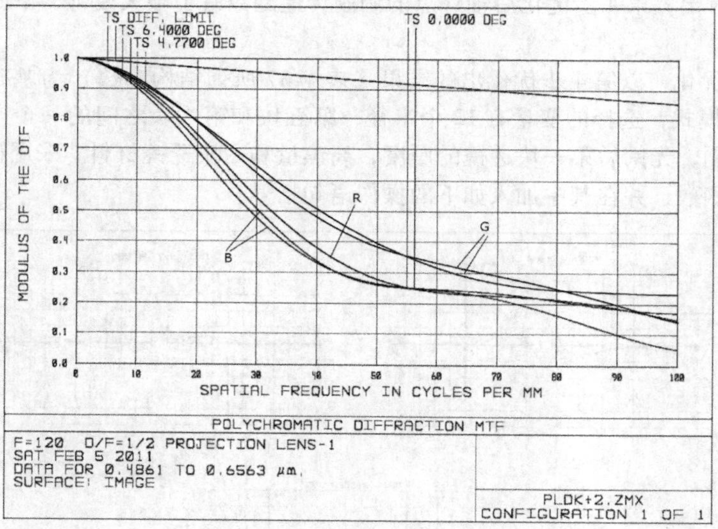


图 4-133 放映物镜例 2 第 4 步优化后的调制传递函数曲线

{EFFL(Wave);Target,Weight} ⇒ {EFFL(2);120,1}

{MNCT(Surf1,Surf2);Target,Weight} ⇒ {MNCT(7,8);1,1}

{MNCT(Surf1,Surf2);Target,Weight} ⇒ {MNCT(14,14);−2,1}

{MXCT(Surf1,Surf2);Target,Weight} ⇒ {MXCT(14,14);2,1}

调出“Hammer”算法进行优化，当评价函数值为 0.00333381 时，有表 4-38 所列的结构参数，图 4-134 所示的横向像差曲线，图 4-135 所示的点列图，图 4-136 所示的调制传递函数曲线。

表 4-38　放映物镜例 2 第 5 步优化后的结构参数

| $r$/mm | $d$/mm | $n$ | $r$/mm | $d$/mm | $n$ |
|---|---|---|---|---|---|
| 66.869 | 15 | LaK11 | −186.395 | 48.675 | LaF2(Schott) |
| 1740.522 | 10.402 | | −94.402 | 2 | |
| 49.564 | 12 | SK10(Schott) | 67.924 | 10.5 | LaFN21(Schott) |
| 108.021 | 2 | | −91.996 | 3.361 | |
| −590.3 | 4 | ZF6 | −80.749 | 4 | KZFS12(Schott) |
| 36.204 | 10.152 | | 88.005 | 50.115 | |
| ∞(光阑) | 2.178 | | | −2 | |

表 4-38 中，厚度间隔 $d$ 列中的倒数第二个数是镜头优化前的像距，倒数第一个数是优化后的离焦量，负号说明像平面要前移（向左移），即优化后像距为 48.115mm。

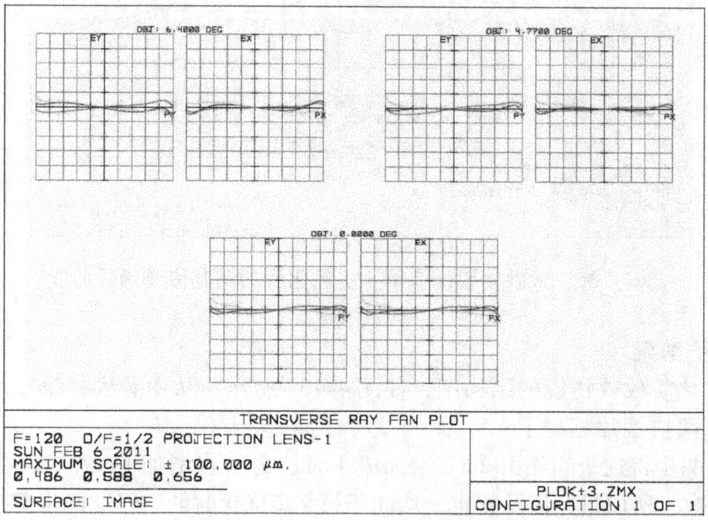


图 4-134　放映物镜例 2 第 5 步优化后的横向像差曲线

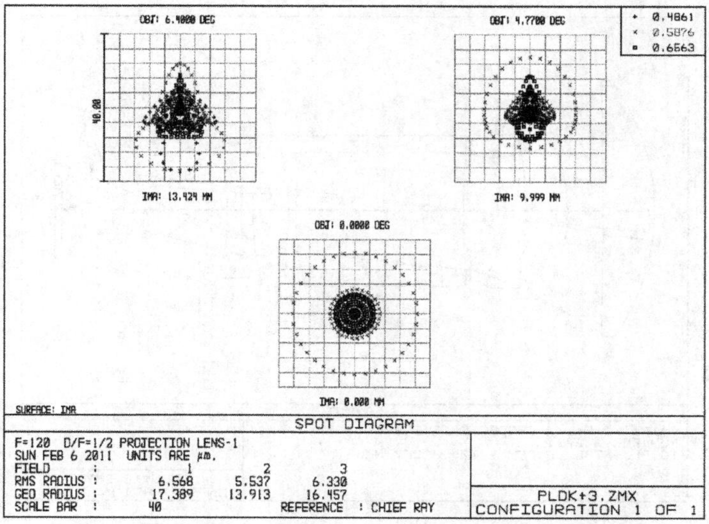


图 4-135　放映物镜例 2 第 5 步优化后的点列图

由图4-136看出，第5步优化后调制传递函数有了大幅度的改善，对于50 lp/mm的空间频率，轴上点的调制传递函数达到0.6，轴外点的调制传递函数无论是子午的还是弧矢的都不低于0.4；对于80lp/mm的空间频率，轴上点的调制传递函数达到0.3，轴外点的调制传递函数无论是子午的还是弧矢的都不低于0.18。另从表4-38知，第5步优化完后，放映物镜的工作距大于48mm，满足设计要求。

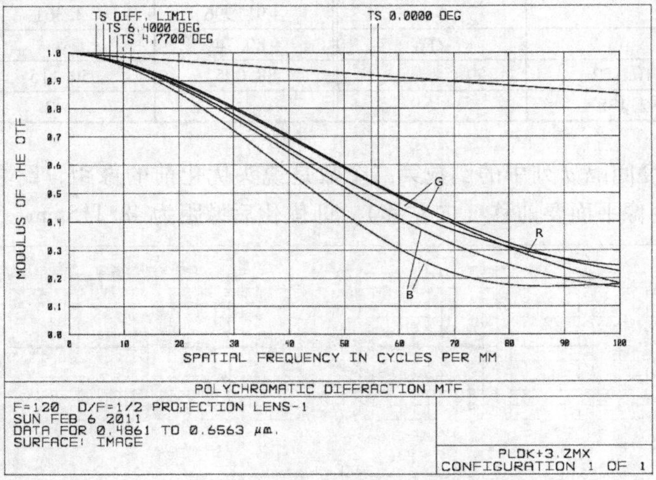


图4-136 放映物镜例2第5步优化后的调制传递函数曲线

**2. 一点修改及结果**

画出第5步优化后放映物镜的结构图，如图4-137所示。从中看到，第二块和第三块镜片间的空气间隔不够，两块镜片相碰了。

现作修改，分两步将这个间隔由2mm增加成4mm，每一步增加1mm，随后就优化一次，优化时的变量、评价函数、所取目标值及权重，均同于第5步优化时的。经这两步调整后得到表4-39所列的最终结构，如图4-138所示。相应的最终横向像差曲线如图4-139所示，点列图如图4-140所示，调制传递函数曲线如图4-141所示。另附它的最终像散、畸变曲线如图4-142所示。

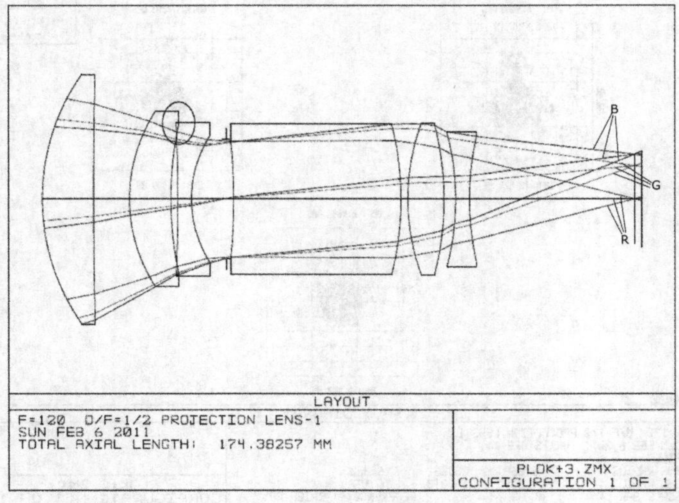


图4-137 放映物镜例2第5步优化后的结构图

表 4-39　放映物镜例 2 最终设计的结构参数

| r/mm | d/mm | n | r/mm | d/mm | n |
|---|---|---|---|---|---|
| 74.341 | 15 | LaK11 | −185.419 | 43.269 | LaF2(Schott) |
| 1364.812 | 10.402 | | −82.875 | 2 | |
| 50.803 | 12 | SK10(Schott) | 69.513 | 10.5 | LaFN21(Schott) |
| 142.618 | 4 | | −87.396 | 3.058 | |
| −626.428 | 4 | ZF6 | −78.66 | 4 | KZFS12(Schott) |
| 35.737 | 15.174 | | 82.091 | 48.746 | |
| ∞(光阑) | 1 | | | | |

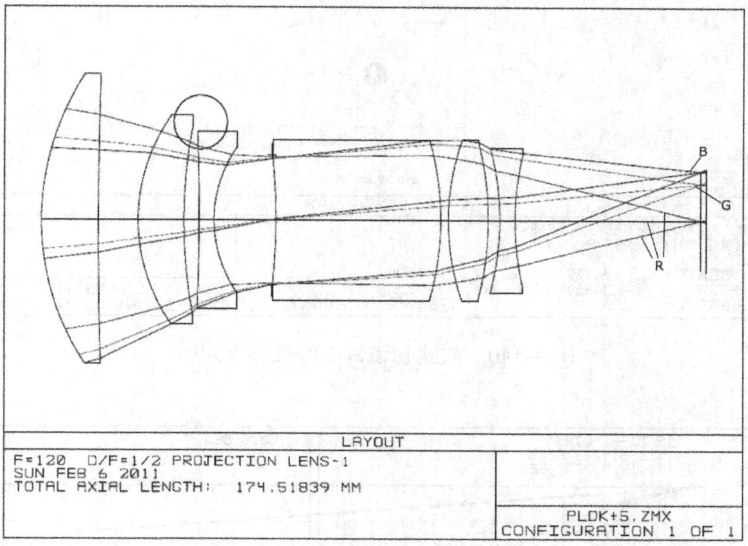


图 4-138　放映物镜例 2 的最终结构图

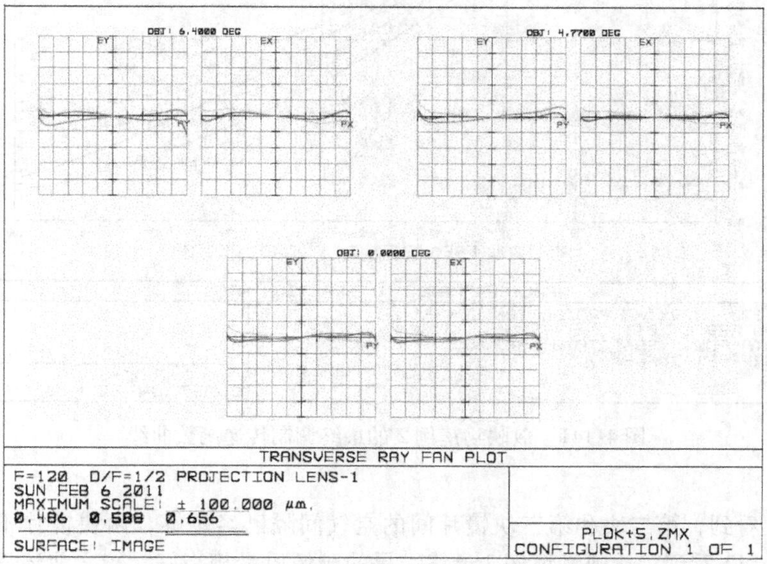


图 4-139　放映物镜例 2 的最终横向像差曲线

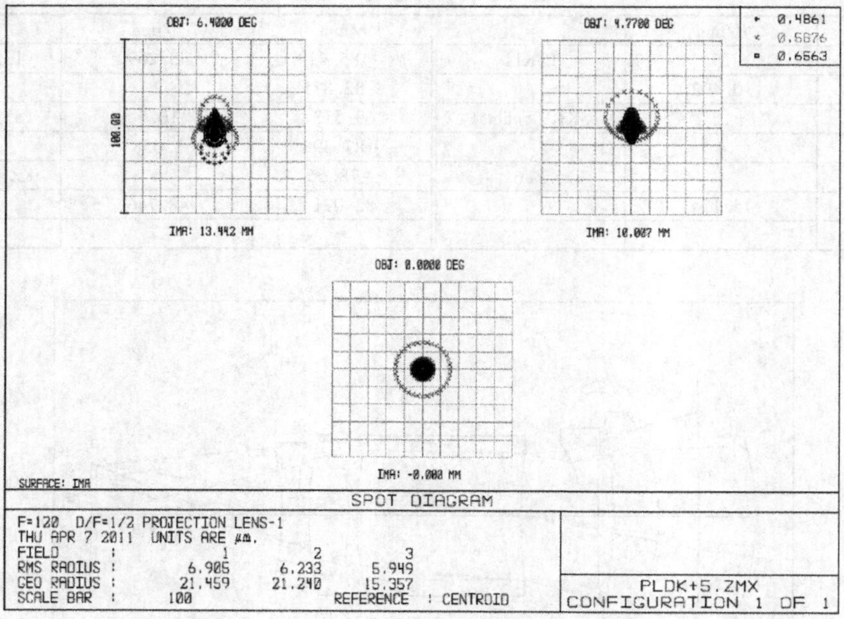


图 4-140 放映物镜例 2 的最终点列图

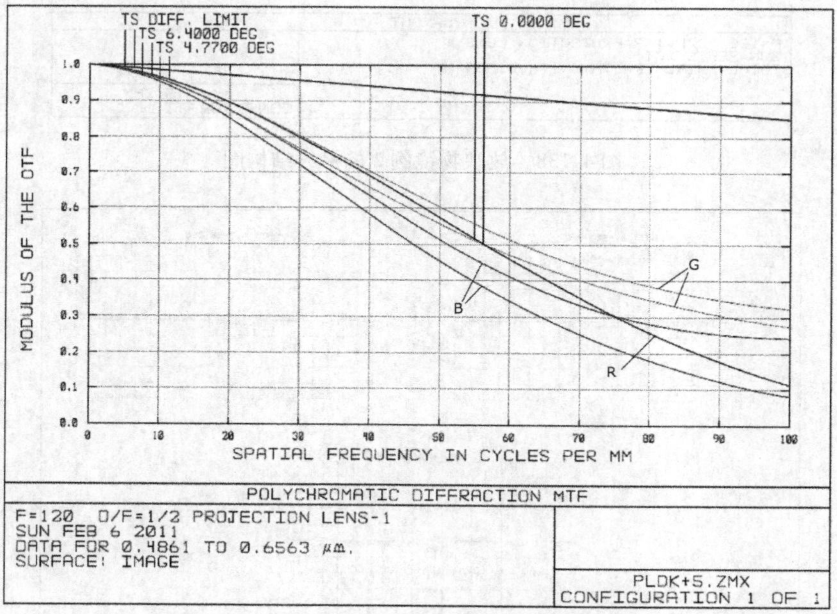


图 4-141 放映物镜例 2 的最终调制传递函数曲线

从图 4-138 看到，第二块和第三块镜片间的空气间隔已经足够，两块镜片不再相碰了；从图 4-139 ~ 图 4-142 看到，放映物镜例 2 最终结果的成像质量相当好，较之前述例子的调制传递函数有大幅度的改善。例 2 设计暂时告一段落。

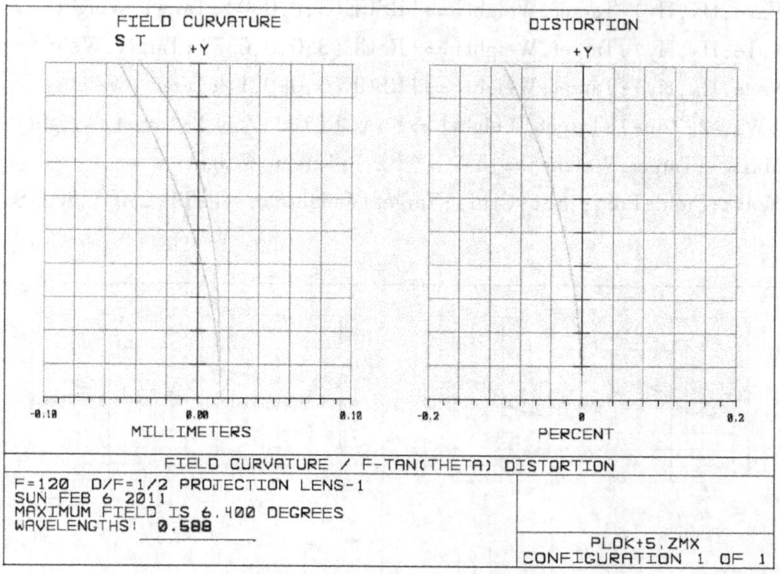


图4-142　放映物镜例2的最终像散、畸变曲线

## 4.5　双高斯物镜优化设计例1

### 1. 设计背景

设计一个双高斯物镜，光学特性要求是：$f'=100\text{mm}$，$\dfrac{D}{f'}=\dfrac{1}{3}$，$2\omega=28°$；它在可见光波段工作。在ZEMAX程序中，有这样一个范例，查找路径如下：

Samples→Sequential→Objectives→Double Gauss 28 Degree Field. ZMX。

该范例只给出了设计结果，而没有给出优化设计的过程。它的结构参数见表4-40，横向像差曲线如图4-143所示，点列图如图4-144所示，调制传递函数曲线如图4-145所示。

表4-40　ZEMAX中双高斯物镜范例的结构参数

| $r$/mm | $d$/mm | $n$ | $r$/mm | $d$/mm | $n$ |
|---|---|---|---|---|---|
| 54.153 | 8.747 | SK2(Schott) | −25.685 | 3.777 | F5(Schott) |
| 152.522 | 0.5 | | ∞ | 10.834 | SK16(Schott) |
| 35.951 | 14 | SK16(Schott) | −36.98 | 0.5 | |
| ∞ | 3.777 | F5(Schott) | 196.417 | 6.858 | SK16(Schott) |
| 22.27 | 14.253 | | −67.148 | 57.315 | |
| ∞(光阑) | 12.428 | | | | |

这个范例物镜在《现代光学应用技术手册（上册）》（参考文献[20]）中作过一些分析。它采用范例各个透镜的厚度值不变及各块透镜的玻璃材料不变，保持范例两个胶合面半径为平面不变，让最后一个折射面承担整个物镜的光焦度，将其余的折射面半径都取为平面，令其作为初始结构。

将两个胶合面和最后一面之外的其余七个折射面半径和离焦量作为变量，让最后一面保证物镜的焦距。采用如下的评价函数，优化1min后得到与范例非常接近的结果：

{RSCE(Ring;Wave;Hx,Hy);Target,Weight} ⇒ {RSCE(3;0;0,0);Target,Weight}

{RSCE(Ring;Wave;Hx,Hy);Target,Weight} ⇒ {RSCE(3;0;0,0.7);Target,Weight}

{RSCE(Ring;Wave;Hx,Hy);Target,Weight} ⇒ {RSCE(3;0;0,1);Target,Weight}

{AXCL(Wave1,Wave2;Zone);Target,Weight} ⇒ {AXCL(1,3;Zone);Target,Weight}

{LACL(Minw,Maxw);Target,Weight} ⇒ {LACL(1,3);Target,Weight}

{GMTT(Samp;Wave;Field;Freq;!Sc1;Grid);Target,Weight} ⇒ {GMTT(2;0;1;20;!Sc1;Grid);Target, Weight}

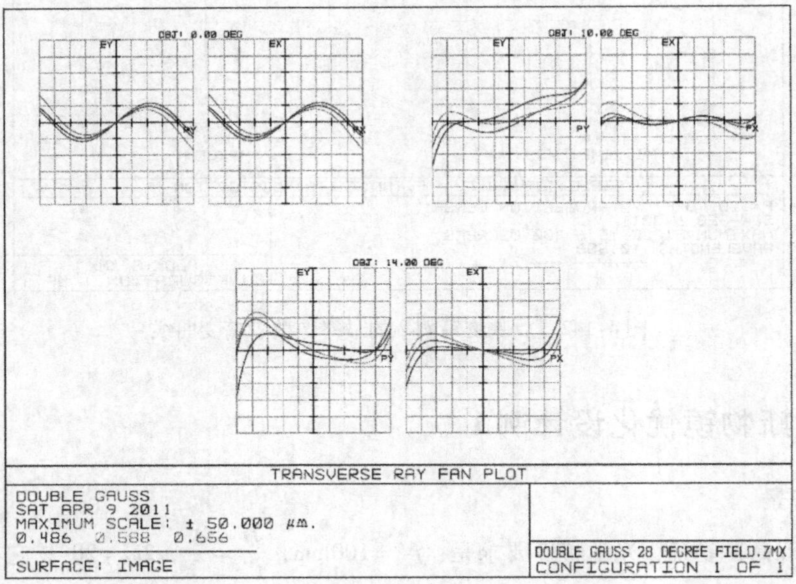


图 4-143 ZEMAX 中双高斯物镜范例的横向像差曲线

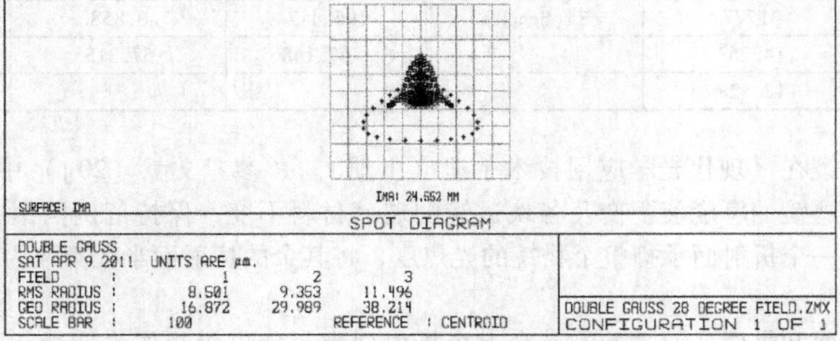

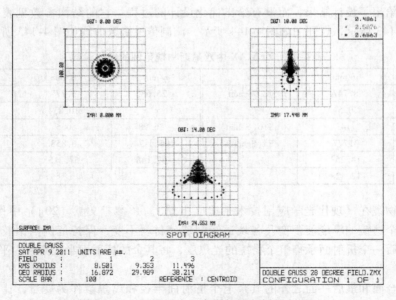


图 4-144 ZEMAX 中双高斯物镜范例的点列图

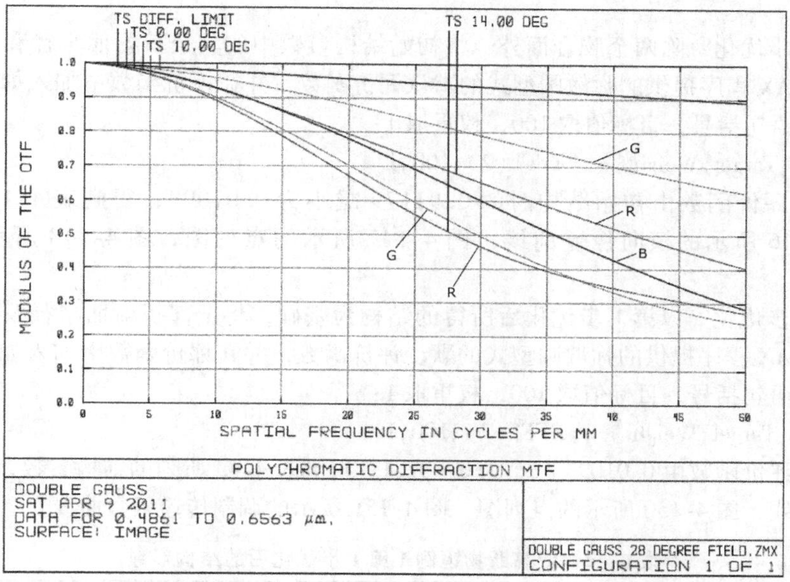


图4-145　ZEMAX中双高斯物镜范例的调制传递函数曲线

上述评价函数中，“RSCE”是参考几何像质心的点列图方均根半径，其下的“Ring”用于确定所要追迹的光线坐标与数目，“Wave”填0意味着对复色光作带权重的计算；“GMTT”是子午几何调制传递函数操作数，其下有六个数要填写：“Samp”是计算时的采样数目，填2意味着采样数为64×64；“Wave”是波长数，填0意味着是复色光：“Field”指是哪个视场的，填1指最大视场：“Freq”指是哪个特征空间频率的，现在是20 lp/mm；“!Scl”填0则意味着衍射极限将被用于换算结果；“Grid”填0则意味着一个快速而稀疏抽样的积分方法将被用于计算调制传递函数。

上述操作语句括号右端没有填写具体数字的项是《现代光学应用技术手册（上册）》中没有指明的，例如权重（Weight）等。

**2. 双高斯物镜例1的初始结构**

将范例中的折射面半径全部破坏，除用最后一个折射面半径保证物镜的焦距外，其余各折射面都取为平面；对范例中的间隔厚度适当破坏，将各平板厚度、空气间隔和最后一块透镜的厚度分别取表4-41所列的数值；各透镜全部采用范例中所用的玻璃。以此构成初始结构参数，见表4-41。

**表4-41　双高斯物镜例1的初始结构参数**

| $r$/mm | $d$/mm | $n$ | $r$/mm | $d$/mm | $n$ |
|---|---|---|---|---|---|
| ∞ | 10 | SK2(Schott) | ∞ | 5 | F5(Schott) |
| ∞ | 0.5 | | ∞ | 12 | SK16(Schott) |
| ∞ | 15 | SK16(Schott) | ∞ | 0.5 | |
| ∞ | 5 | F5(Schott) | ∞ | 8 | SK16(Schott) |
| ∞ | 15 | | -61.911 | | |
| ∞(光阑) | 15 | | | | |

### 3. 优化

（1）第1步优化　除两个胶合面外，将初始结构参数中的其余折射面半径和离焦量作为变量，采用ZEMAX程序提供的弥散圆型式的默认评价函数，并在评价函数中加入如下保证物镜焦距要求的操作语句括号，目标值取100，权重取1：

{EFFL(Wave);Target,Weight}⇒{EFFL(2);100,1}

优化后，评价函数由初始结构时的0.91179减小为0.01093，得到表4-42所列的结构参数，图4-146所示的横向像差曲线，图4-147所示的点列图，图4-148所示的调制传递函数曲线。

（2）第2步优化　以第1步优化后所得的结构为基础，将全部折射面半径及离焦量作为变量，采用ZEMAX程序提供的弥散圆型式的默认评价函数，并在评价函数中加入如下保证物镜焦距要求的操作语句括号，目标值取100，权重取1：

{EFFL(Wave);Target,Weight}⇒{EFFL(2);100,1}

优化后，评价函数由0.01093减小为0.00721，得到表4-43所列的结构参数，图4-149所示的横向像差曲线，图4-150所示的点列图，图4-151所示的调制传递函数曲线。

**表4-42　双高斯物镜例1第1步优化后的结构参数**

| $r$/mm | $d$/mm | $n$ | $r$/mm | $d$/mm | $n$ |
|---|---|---|---|---|---|
| 64.778 | 10 | SK2(Xchott) | −26.41 | 5 | F5(Schott) |
| 190.275 | 0.5 | | ∞ | 12 | SK16(Schott) |
| 35.679 | 15 | SK16(Schott) | −35.211 | 0.5 | |
| ∞ | 5 | F5(Schott) | 110.253 | 8 | SK16(Schott) |
| 22.589 | 15 | | −106.38 | 53.214 | |
| ∞(光阑) | 15 | | | | |

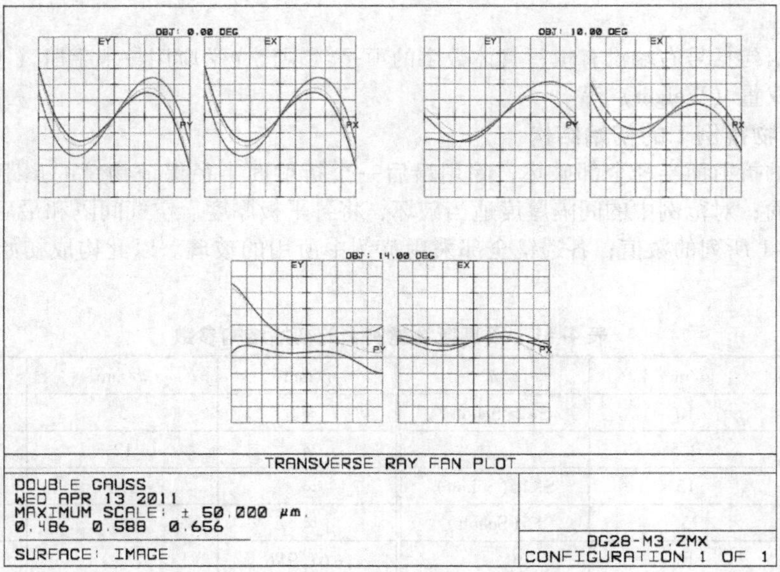


图4-146　双高斯物镜例1第1步优化后的横向像差曲线

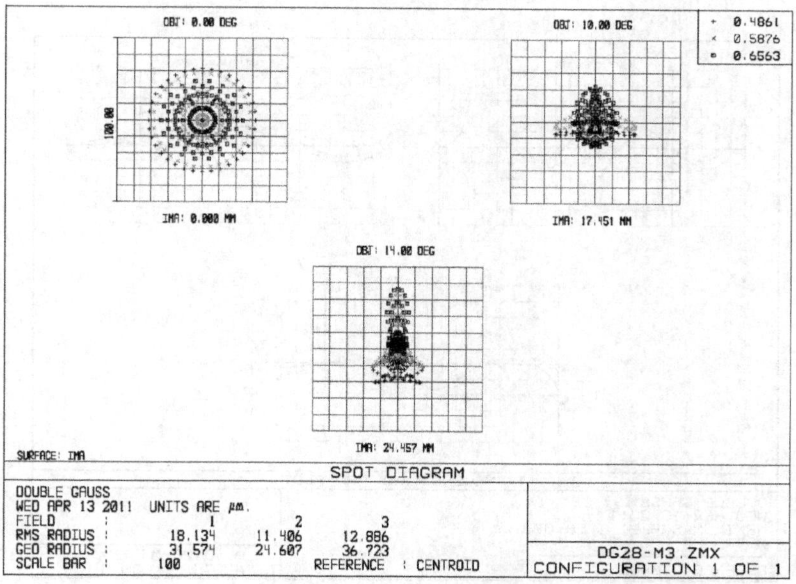


图 4-147　双高斯物镜例 1 第 1 步优化后的点列图

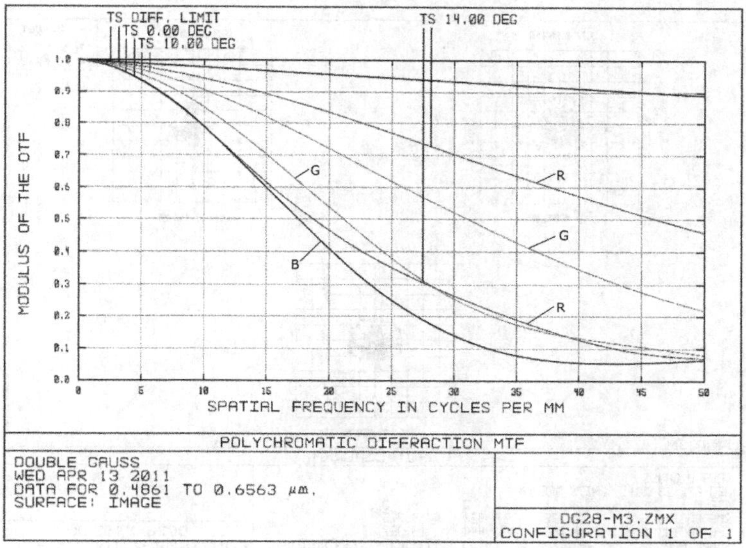


图 4-148　双高斯物镜例 1 第 1 步优化后的调制传递函数曲线

**表 4-43　双高斯物镜例 1 第 2 步优化后的结构参数**

| $r$/mm | $d$/mm | $n$ | $r$/mm | $d$/mm | $n$ |
|---|---|---|---|---|---|
| 65.285 | 10 | SK2(Schott) | −28.409 | 5 | F5(Schott) |
| 182.815 | 0.5 | | 139.738 | 12 | SK16(Schott) |
| 36.95 | 15 | SK16(Schott) | −36.175 | 0.5 | |
| 186.626 | 5 | F5(Schott) | 125.629 | 8 | SK16(Schott) |
| 22.341 | 15 | | −98.313 | 60.124 | |
| ∞(光阑) | 15 | | | | |

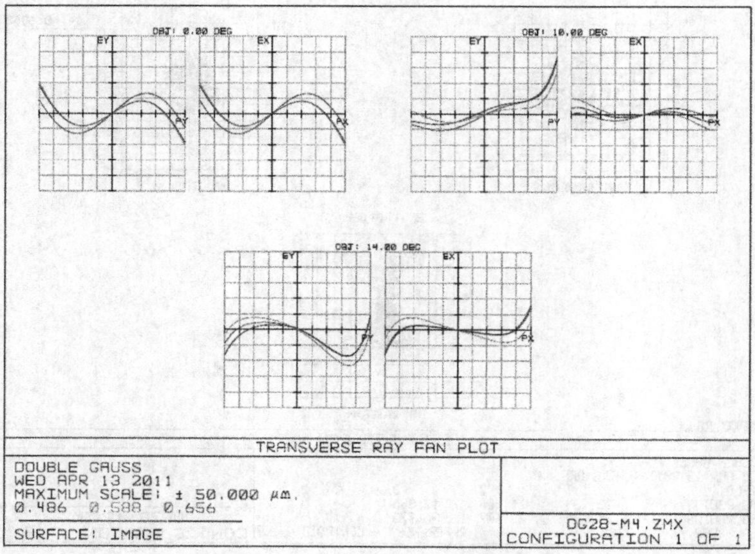


图 4-149 双高斯物镜例 1 第 2 步优化后的横向像差曲线

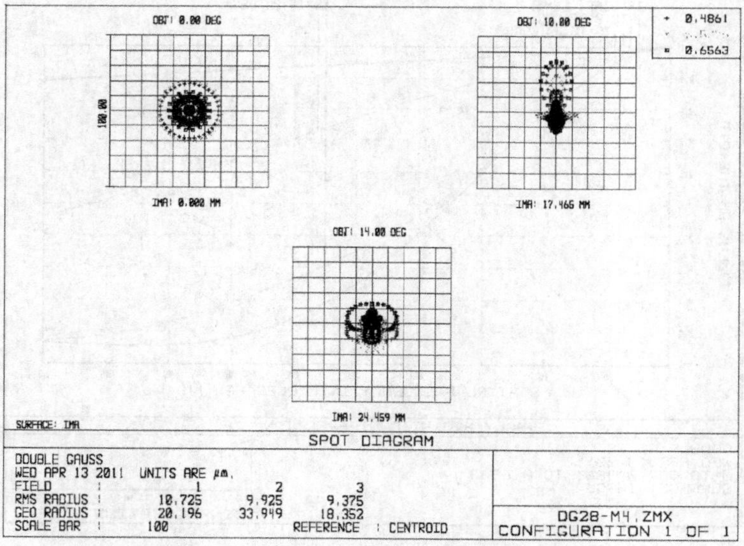


图 4-150 双高斯物镜例 1 第 2 步优化后的点列图

（3）第 3 步优化　以第 2 步优化后所得的结构为基础，将全部折射面半径及离焦量作为变量，将所有的透镜厚度和光阑前后的两个空气间隔增加为变量。采用 ZEMAX 程序提供的弥散圆型式的默认评价函数，并在评价函数中加入以下保证物镜焦距要求的操作语句括号，目标值取 100，权重取 1：

{EFFL(Wave);Target,Weight} ⇒ {EFFL(2);100,1}

优化后，评价函数由 0.00721 减小为 0.00609，得到表 4-44 所列的结构参数，图 4-152 所示的横向像差曲线，图 4-153 所示的点列图，图 4-154 所示的调制传递函数曲线。

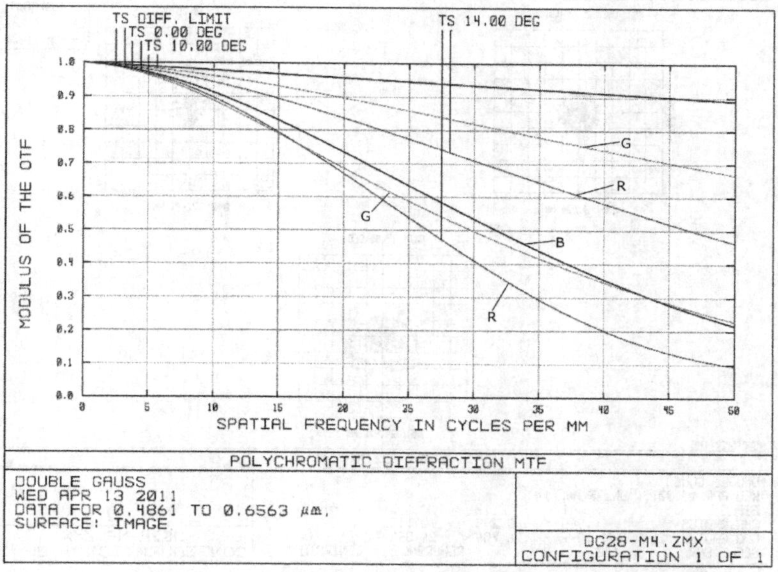


图 4-151　双高斯物镜例 1 第 2 步优化后的调制传递函数曲线

**表 4-44　双高斯物镜例 1 第 3 步优化后的结构参数**

| *r*/mm | *d*/mm | *n* | *r*/mm | *d*/mm | *n* |
|---|---|---|---|---|---|
| 59.767 | 7.172 | SK2(Schott) | −28.211 | 4.729 | F5(Schott) |
| 156.731 | 0.5 | | 175.988 | 11.734 | SK16(Schott) |
| 36.088 | 14.267 | SK16(Schott) | −36.261 | 0.5 | |
| 153.204 | 4.311 | F5(Schott) | 132.704 | 5.884 | SK16(Schott) |
| 22.342 | 18.649 | | −98.836 | 61.53 | |
| ∞(光阑) | 12.591 | | | | |

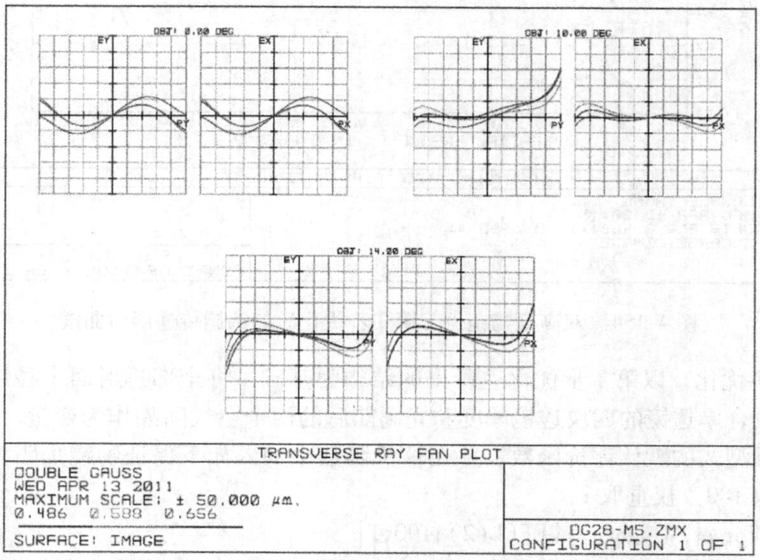


图 4-152　双高斯物镜例 1 第 3 步优化后的横向像差曲线

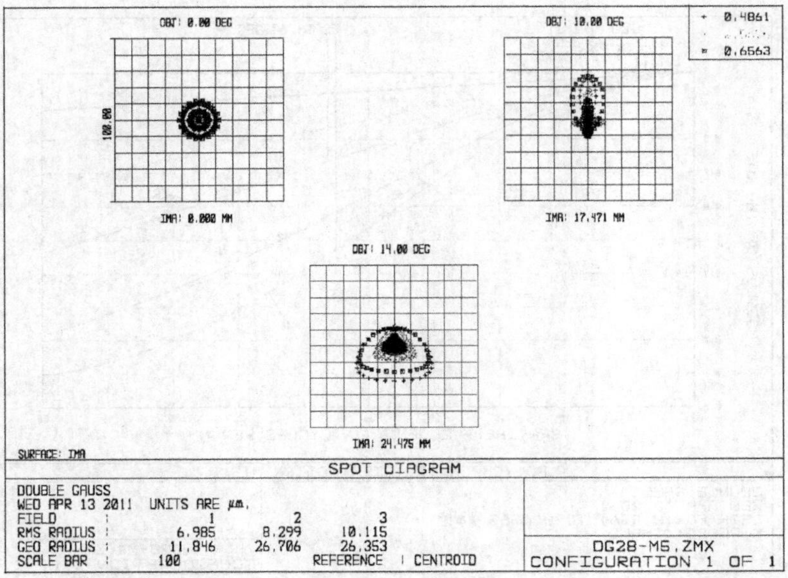


图 4-153 双高斯物镜例 1 第 3 步优化后的点列图

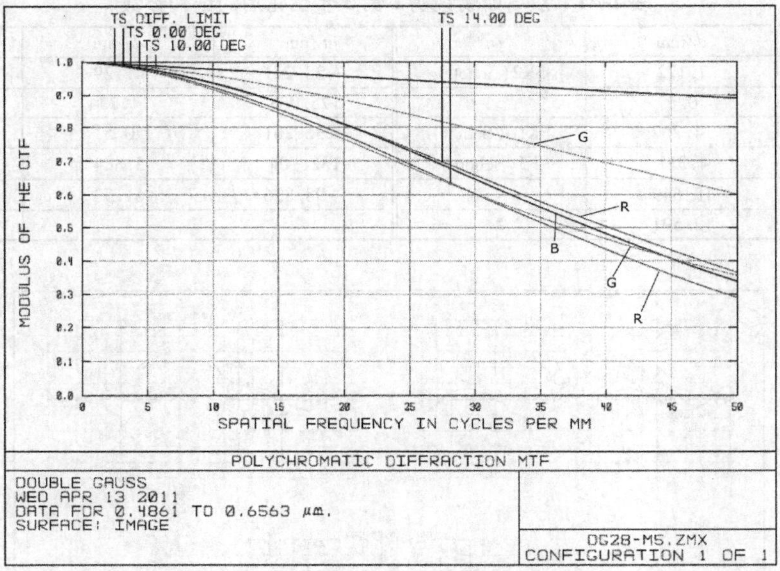


图 4-154 双高斯物镜例 1 第 3 步优化后的调制传递函数曲线

（4）第 4 步优化 以第 3 步优化后所得的结构为基础，将全部折射面半径以及离焦量作为变量，将两个胶合厚透镜的四块透镜厚度和光阑前后的两个空气间隔作为变量。采用 ZEMAX 程序提供的弥散圆型式的默认评价函数，并在评价函数中加入如下保证物镜焦距要求的操作语句括号，目标值取 100，权重取 1：

{EFFL(Wave);Target,Weight} ⇒ {EFFL(2);100,1}

优化后，评价函数由 0.00609 减小为 0.00580，得到表 4-45 所列的结构参数，图 4-155 所示的横向像差曲线，图 4-156 所示的点列图，图 4-157 所示的调制传递函数曲线。

表 4-45　双高斯物镜例 1 第 4 步优化后的结构参数

| r/mm | d/mm | n | r/mm | d/mm | n |
|---|---|---|---|---|---|
| 57.719 | 7.172 | SK2(Schott) | −28.387 | 4.727 | F5(Schott) |
| 148.558 | 0.5 | | 164.794 | 11.726 | SK16(Schott) |
| 36.275 | 14.14 | SK16(Schott) | −36.205 | 0.5 | |
| 146.893 | 4.199 | F5(Schott) | 142.335 | 5.884 | SK16(Schott) |
| 22.121 | 18.807 | | −94.496 | 62.341 | |
| ∞(光阑) | 12.701 | | | | |

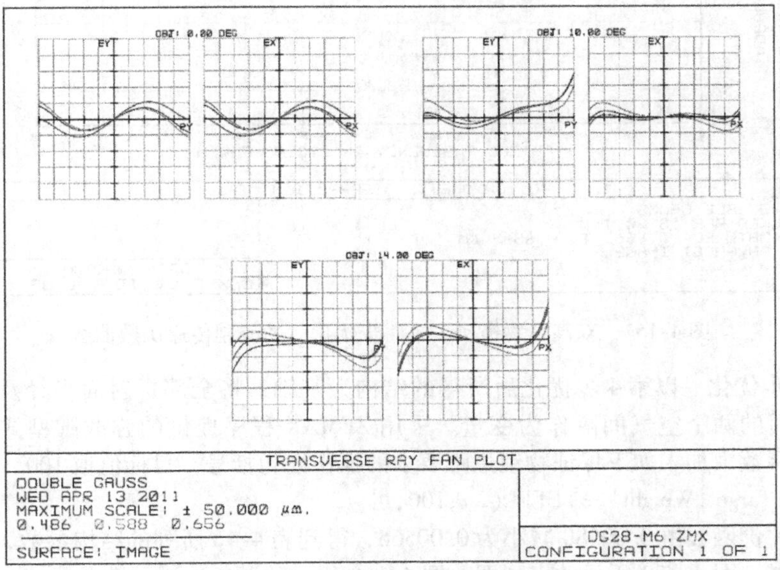


图 4-155　双高斯物镜例 1 第 4 步优化后的横向像差曲线

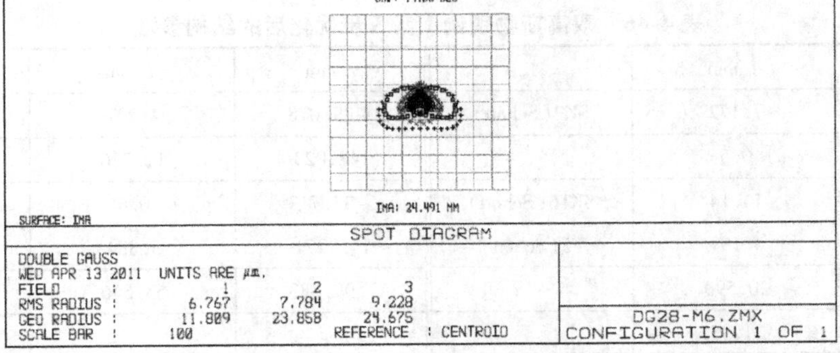

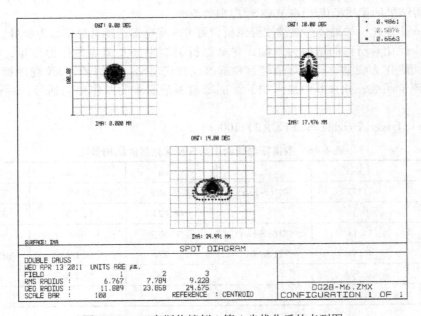


图 4-156　双高斯物镜例 1 第 4 步优化后的点列图

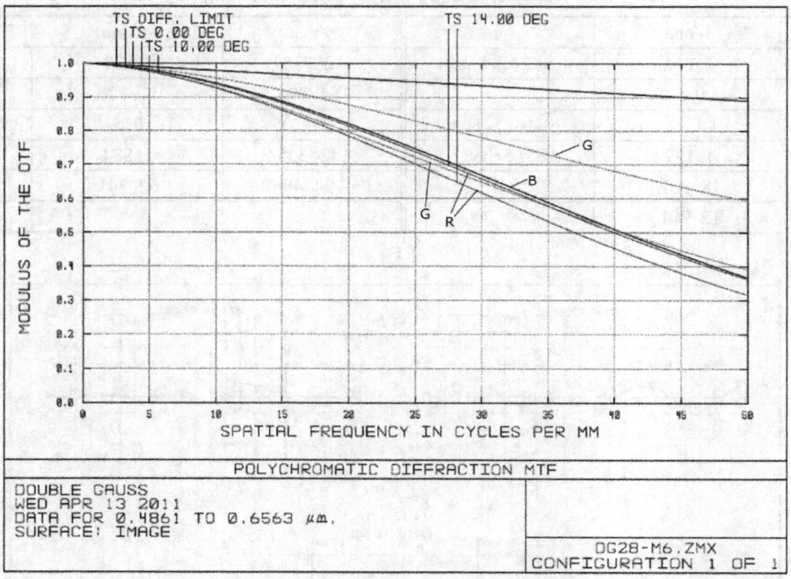


图 4-157　双高斯物镜例 1 第 4 步优化后的调制传递函数曲线

（5）第 5 步优化　以第 4 步优化后所得的结构为基础，将全部折射面半径及离焦量作为变量，将光阑前后的两个空气间隔作为变量。采用 ZEMAX 程序提供的弥散圆型式的默认评价函数，并在评价函数中加入如下保证物镜焦距要求的操作语句括号，目标值取 100，权重取 1：

{EFFL(Wave);Target,Weight} ⇒ {EFFL(2);100,1}

优化后，评价函数由 0.00580 减小为 0.00566，得到表 4-46 所列的结构参数，图 4-158 所示的横向像差曲线，图 4-159 所示的点列图，图 4-160 所示的调制传递函数曲线。

比较图 4-143 与图 4-158、图 4-144 与图 4-159、图 4-145 与图 4-160，可看出，经过上述五步优化，所得结果的像质稍优于 ZEMAX 程序中的范例。

（6）第 6 步优化　如果还想继续改善像质，可考虑将全部透镜材料增加为变量。

以第 5 步优化后所得的结构为基础，将全部折射面半径及离焦量作为变量，将光阑前后的两个空气间隔作为变量，将全部透镜材料都改成替代玻璃。采用 ZEMAX 程序提供的弥散圆型式的默认评价函数，并在其中加入如下保证物镜焦距要求的操作语句括号，目标值取 100，权重取 1：

{EFFL(Wave);Target,Weight} ⇒ {EFFL(2);100,1}

**表 4-46　双高斯物镜例 1 第 5 步优化后的结构参数**

| $r$/mm | $d$/mm | $n$ | $r$/mm | $d$/mm | $n$ |
|---|---|---|---|---|---|
| 58.245 | 7.172 | SK2(Schott) | −29.078 | 4.727 | F5(Schott) |
| 151.315 | 0.5 | | 148.023 | 11.726 | SK16(Schott) |
| 36.381 | 14.14 | SK16(Schott) | −35.713 | 0.5 | |
| 125.528 | 4.199 | F5(Schott) | 145.271 | 5.884 | SK16(Schott) |
| 21.877 | 20.593 | | −99.383 | 63.546 | |
| ∞(光阑) | 11.33 | | | | |

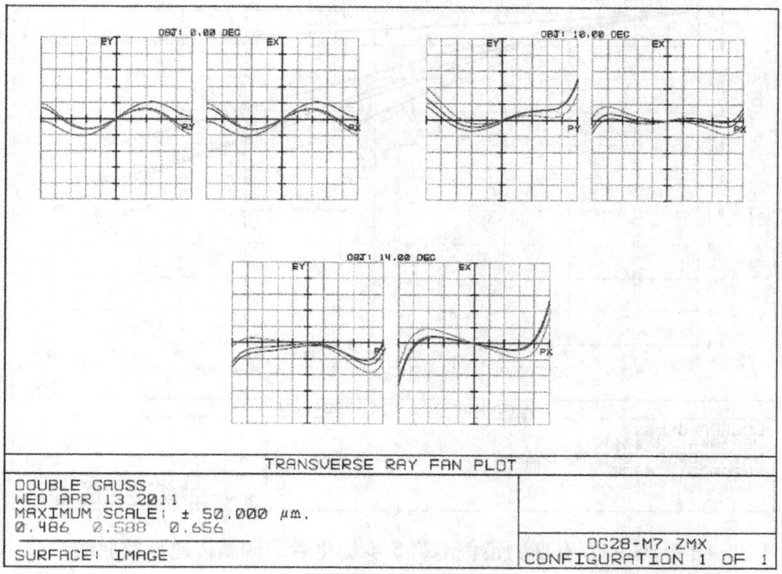


图 4-158　双高斯物镜例 1 第 5 步优化后的横向像差曲线

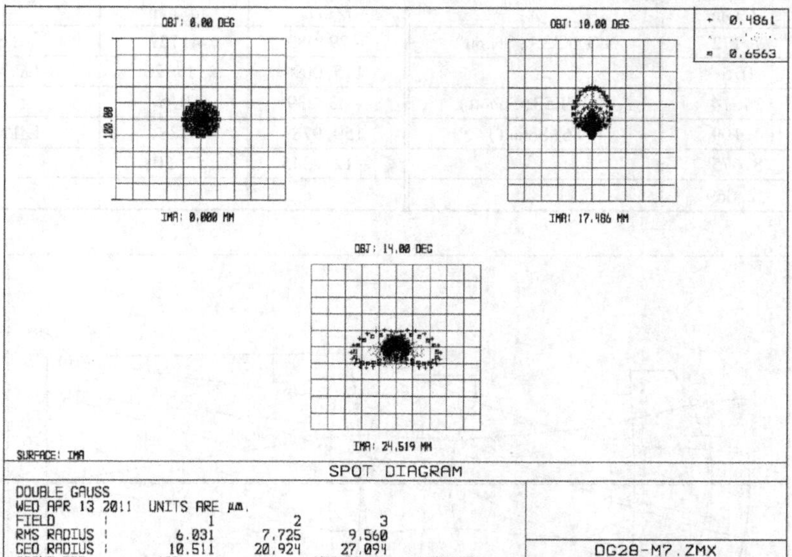


图 4-159　双高斯物镜例 1 第 5 步优化后的点列图

调用"Hammer"算法进行优化。当评价函数由 0.00566 下降到 0.00392 时中断优化，得到表 4-47 所列的结构参数，其结构简图如图 4-161 所示。优化后，得到图 4-162 所示的横向像差曲线，图 4-163 所示的点列图，图 4-164 所示的随视场变化的方均根波像差曲线，图 4-165 所示的调制传递函数曲线。另外，几个特征频率随视场变化的调制传递函数曲线如图 4-166 所示。

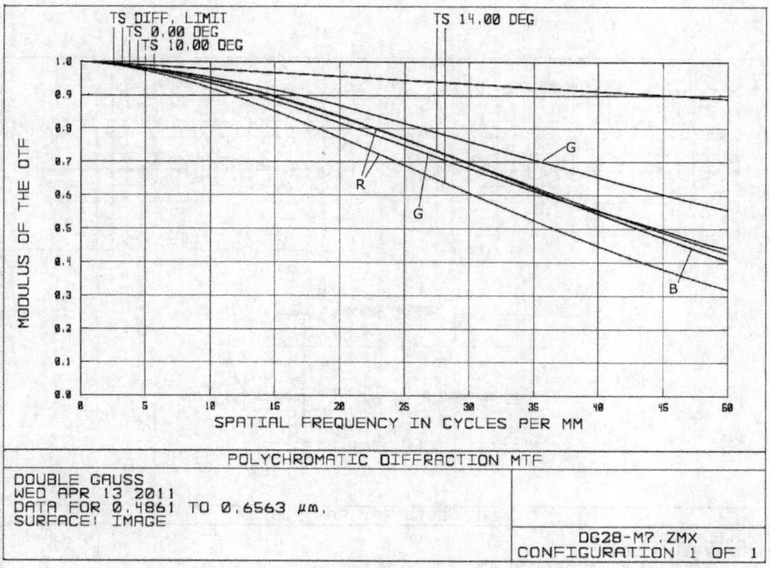


图 4-160　双高斯物镜例 1 第 5 步优化后的调制传递函数曲线

**表 4-47　双高斯物镜例 1 第 6 步优化后的结构参数**

| r/mm | d/mm | n | r/mm | d/mm | n |
|---|---|---|---|---|---|
| 57.499 | 7.172 | N-Lak33A(Schott) | -29.083 | 4.727 | F6(Schott) |
| 136.484 | 0.5 | | 115.009 | 11.726 | LakN13(Schott) |
| 37.974 | 14.14 | N-PSK53(Schott) | -43.239 | 0.5 | |
| 196.245 | 4.199 | F6(Schott) | 150.978 | 5.884 | LaFN28(Schott) |
| 24.372 | 8.675 | | -121.345 | 53.508 | |
| ∞(光阑) | 22.069 | | | | |

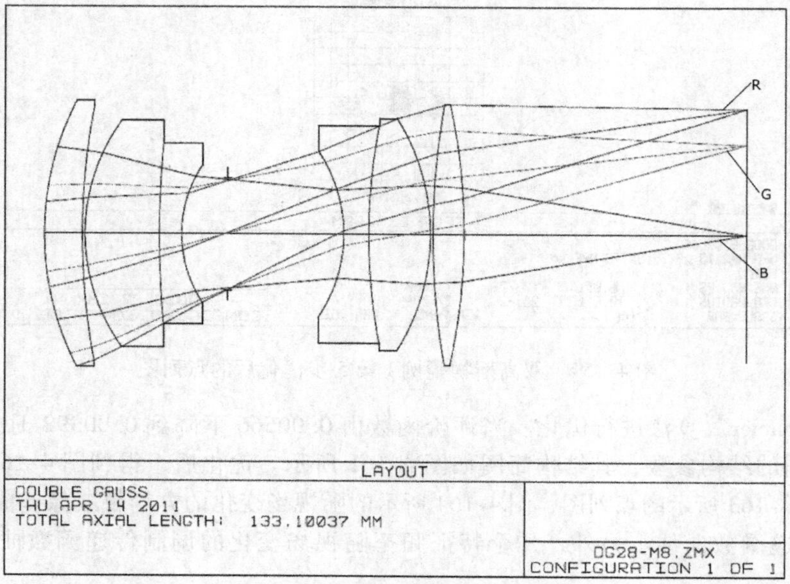


图 4-161　双高斯物镜例 1 第 6 步优化后的结构简图

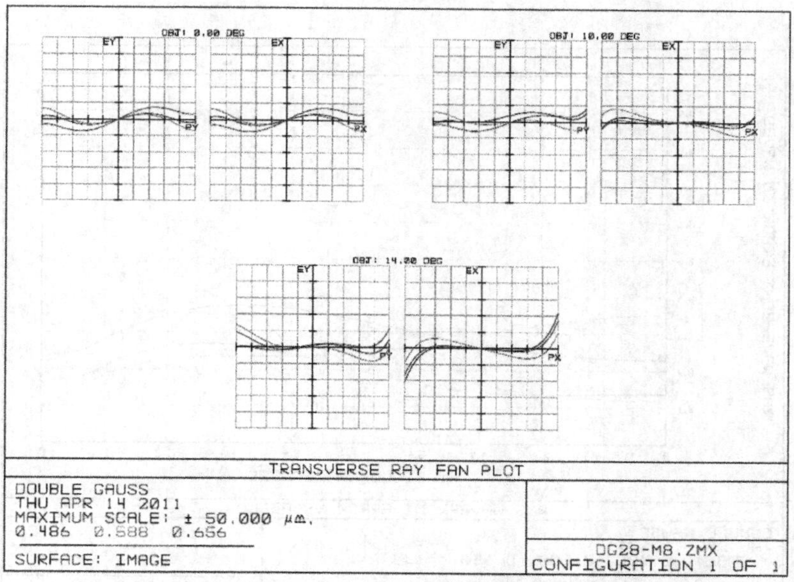


图 4-162　双高斯物镜例 1 第 6 步优化后的横向像差曲线

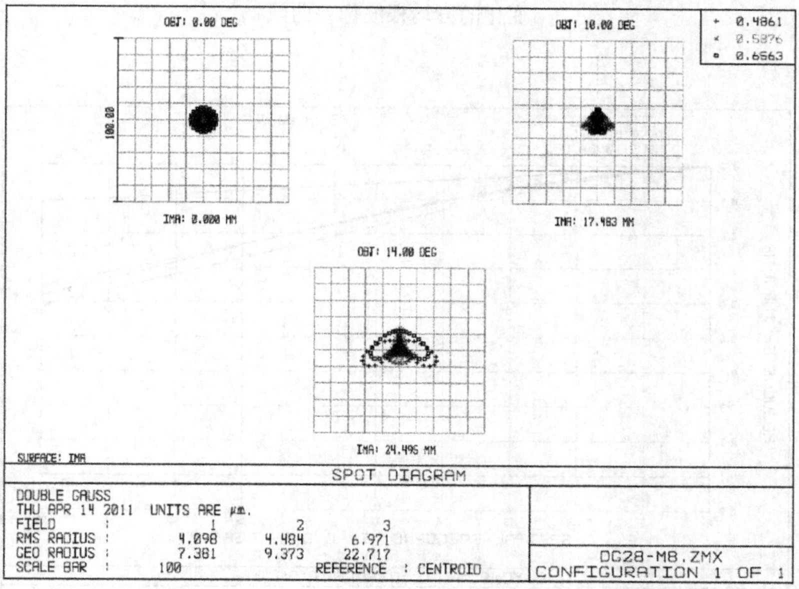


图 4-163　双高斯物镜例 1 第 6 步优化后的点列图

由图 4-161 看，双高斯物镜例 1 没有渐晕。比较图 4-158 与图 4-162、图 4-159 与图 4-163、图 4-160 与图 4-165，并由图 4-164 和图 4-166 看出，将材料作为变量优化后其像质有了很大改善，其原因是使用了高折射率的玻璃。

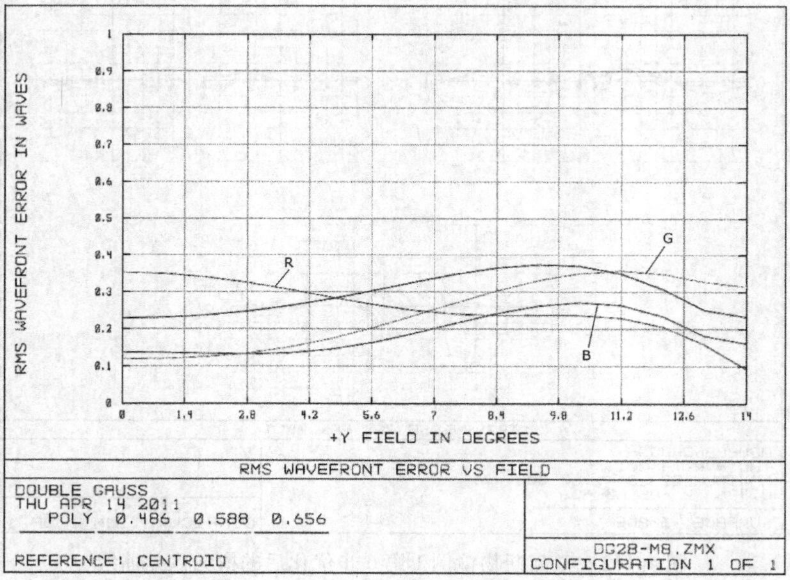


图 4-164 双高斯物镜例 1 第 6 步优化后随视场变化的方均根波像差曲线

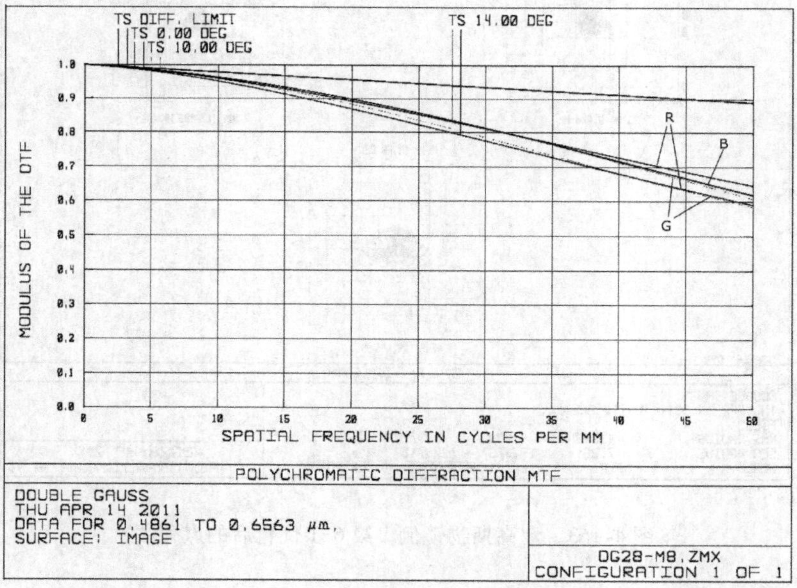


图 4-165 双高斯物镜例 1 第 6 步优化后的调制传递函数曲线

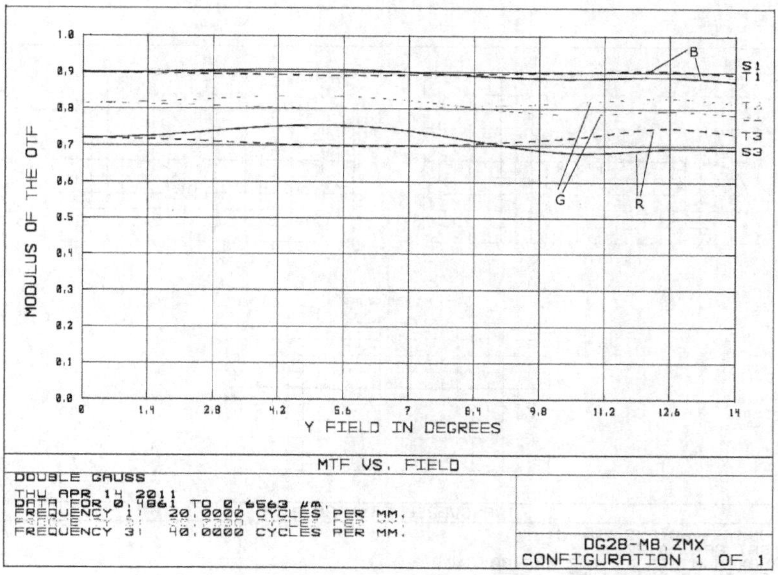


图 4-166　双高斯物镜例 1 第 6 步优化后几个特征频率随视场变化的调制传递函数曲线

## 4.6　双高斯物镜优化设计例 2

双高斯物镜优化设计例 2 的光学特性是：焦距 $f'=50\text{mm}$，相对孔径 $\dfrac{D}{f'}=\dfrac{1}{2}$，全视场 $2\omega=40°$；它在可见光波段工作。

### 1. 初始结构

由双高斯物镜优化设计例 1 看到，双高斯物镜属于对称性结构。可以通过先求解半部然后合成的办法给出一个初始结构，也可以从已公开的失效专利或资料中找一个光学特性相近的双高斯物镜作为初始结构。自然，一般应选光学特性相近、像质又较好的初始结构作为原始系统。因为本书是一本教材，所以就从一个像质并不好的系统出发，逐步优化成像质较好的系统，这可能是读者更感兴趣的。

所选用初始结构的光学特性与要设计的完全一致，即焦距 $f'=50\text{mm}$，相对孔径 $\dfrac{D}{f'}=\dfrac{1}{2}$，全视场 $2\omega=40°$；它在可见光波段工作。其初始结构参数见表 4-48，横向像差曲线如图 4-167 所示，点列图如图 4-168 所示。

**表 4-48　双高斯物镜例 2 的初始结构参数**

| $r$/mm | $d$/mm | $n$ | $r$/mm | $d$/mm | $n$ |
|---|---|---|---|---|---|
| 27.984 | 3.52 | ZK6 | −10.939 | 1.78 | F6 |
| 128.004 | 0.59 | | ∞ | 4.16 | ZK6 |
| 17.88 | 4.16 | ZK6 | −16.578 | 0.59 | |
| 169.597 | 1.78 | F6 | ∞ | 3.52 | ZK6 |
| 13.229 | 2.94 | | −28.323 | | |
| ∞（光阑） | 2.94 | | | | |

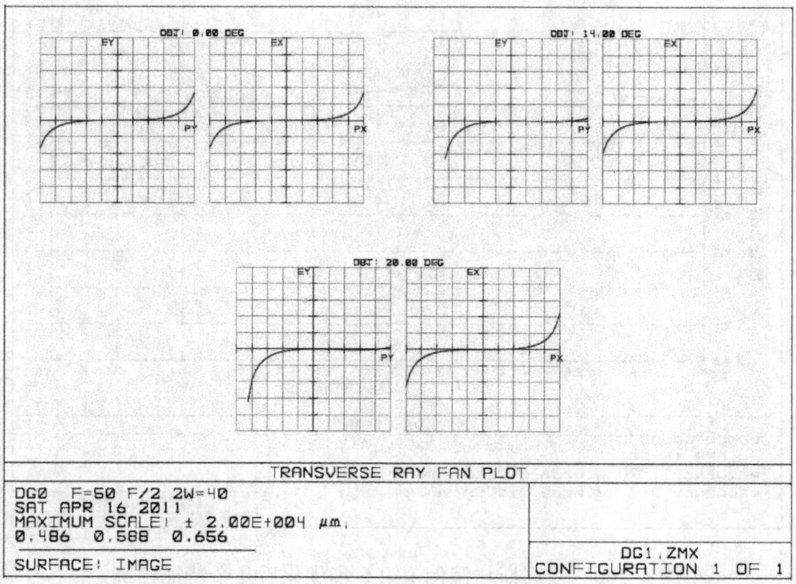


图 4-167 双高斯物镜例 2 初始结构的横向像差曲线

由图 4-167 和图 4-168 看到，这个初始结构的像差是很大的，更值得注意的是该结构严重违反边界条件，这由图 4-169 所示的结构简图看得很清楚。

**2. 预优化**

由于初始结构大量违反边界条件，甚至从初始结构开始优化时连评价函数都不能计算，这可能是有些光线与某些折射面没有交点之故。所以，先缩小该系统的相对孔径进行预优化。

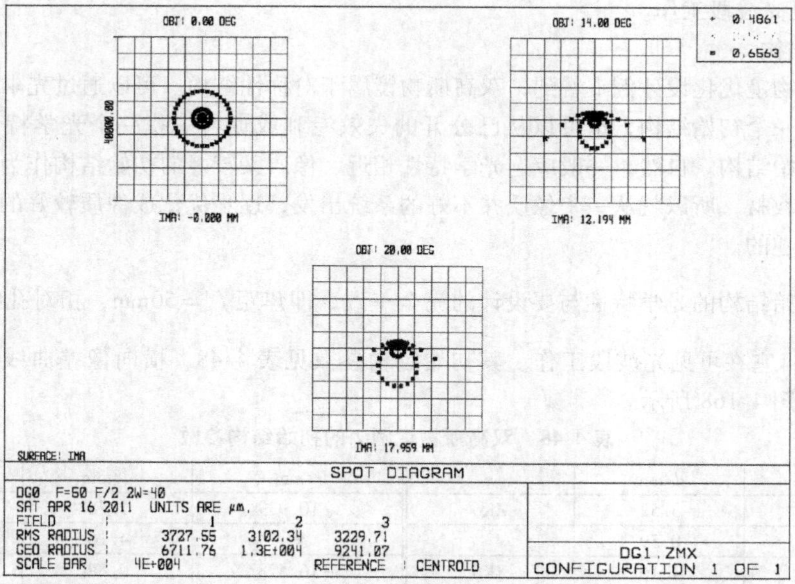


图 4-168 双高斯物镜例 2 初始结构的点列图

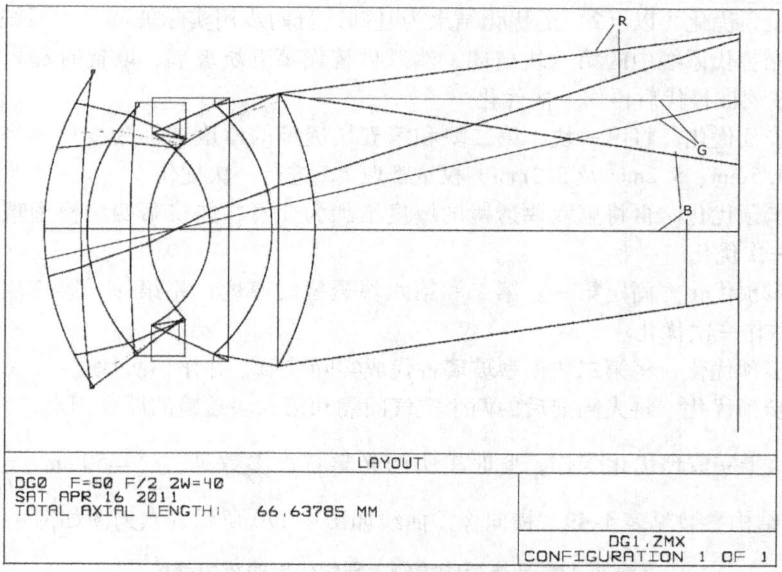


图4-169　双高斯物镜例2初始结构简图

将该系统的相对孔径先缩小到$\frac{D}{f'}=\frac{1}{2.5}$，输入初始光学特性时将系统的入瞳直径取为20mm；取0°、14°、16°、18°和20°这五个视场计算光线和像差。

预优化过程中，始终采用ZEMAX程序提供的默认评价函数，整个过程分八步完成。

（1）第1步预优化　将全部十个折射面半径、六个透镜厚度和光阑前后的两个空气间隔取为变量。在评价函数中，增添一个焦距的要求$f'=50$mm，权重取1；增添六个限制六块透镜厚度不能再变薄的要求，权重都取1。令程序自动选择像平面，使得轴上点边缘光线在其上的交高为零。增添的要求用操作语句括号写出如下：

{EFFL(Wave);Target,Weight}⇒{EFFL(2);50,1}
{MNCT(Surf1,Surf2);Target,Weight}⇒{MNCT(1,2);3.5,1}
{MNCT(Surf1,Surf2);Target,Weight}⇒{MNCT(3,4);4.2,1}
{MNCT(Surf1,Surf2);Target,Weight}⇒{MNCT(4,5);1.8,1}
{MNCT(Surf1,Surf2);Target,Weight}⇒{MNCT(7,8);1.8,1}
{MNCT(Surf1,Surf2);Target,Weight}⇒{MNCT(8,9);4.2,1}
{MNCT(Surf1,Surf2);Target,Weight}⇒{MNCT(10,11);3.5,1}

（2）第2步预优化　以（1）的优化结果为基础，将全部十个折射面半径和光阑前后的两个空气间隔取为变量，将六块透镜材料改为“模型玻璃”，增加它们作为变量。在评价函数中，保留焦距的要求$f'=50$mm，权重取1；增添选择玻璃的边界条件，最后一块玻璃的目标值取0.02，权重取1；其余透镜的玻璃目标值取0.05，权重都取1。令程序自动选择像平面，使得轴上点边缘光线在其上的交高为0。用操作语句括号写出要求如下：

{EFFL(Wave);Target,Weight}⇒{EFFL(2);50,1}
{RGLA(Surf1,Surf2;Wn,Wa,Wp);Target,Weight}⇒{RGLA(1,9;0,0,0);0.05,1}
{RGLA(Surf1,Surf2;Wn,Wa,Wp);Target,Weight}⇒{RGLA(10,11;0,0,0);0.02,1}

其中，“RGLA”的操作语句中，“Wn”是折射率的权重，“Wa”是阿贝数权重，“Wp”是部分色散的权重，此处都填0意味着取程序推荐的默认值，这样做初学者容易操作。

（3）第 3 步预优化　以（2）的优化结果为基础，分两步用实际玻璃取代系统中的最后两块“模型玻璃”。先替代系统中的第六块玻璃，然后再替代第五块玻璃，取代时都采用程序的匹配结果，每一块玻璃被替代后再作一次优化。

（4）第 4 步预优化　将第一块、第二块和第五块透镜的厚度增加为变量，将它们的最小厚度分别限制在 4.5mm、5.2mm 及 5.2mm，权重都取 1，进行一次优化。

（5）第 5 步预优化　再将第六块透镜的厚度增加为变量，并将第四块模型玻璃替代成实际玻璃后，再作一次优化。

（6）第 6 步预优化　固定第一、第二和第六块透镜的厚度，将第一、第三块模型玻璃替代成实际玻璃，并作一次优化。

（7）第 7 步预优化　将第二块模型玻璃替代成实际玻璃，并作一次优化。

（8）第 8 步预优化　将光阑前后的两个空气间隔和第六块透镜的厚度固定，并作一次优化。

通过上述八步完成预优化工作，此时镜头的光学特性参数是：$f'=50\text{mm}$，$\dfrac{D}{f'}=\dfrac{1}{2.5}$，$2\omega=40°$。优化出的结构参数见表 4-49，横向像差曲线如图 4-170 所示，点列图如图 4-171 所示。

**表 4-49　双高斯物镜例 2 预优化出的结构参数**

| $r$/mm | $d$/mm | $n$ | $r$/mm | $d$/mm | $n$ |
|---|---|---|---|---|---|
| 31.515 | 4.597 | LASF18A (Schott) | −17.971 | 1.794 | ZF15 |
| 109.402 | 0.59 | | 66.939 | 7.221 | LASF35 (Schott) |
| 21.135 | 4.905 | BASF54 (Schott) | −24.389 | 0.59 | |
| 183.676 | 4.94 | ZF14 | 44.17 | 22.627 | LASF35 (Schott) |
| 13.734 | 5.746 | | −1167.88 | 10.936 | |
| ∞（光阑） | 12.988 | | | | |

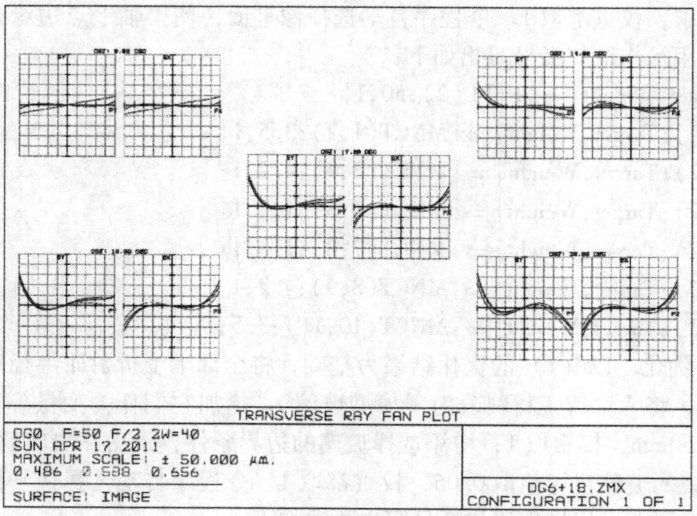


图 4-170　双高斯物镜例 2 预优化出的横向像差曲线

### 3. 改进

1）预优化后，镜头的最大相对孔径$\dfrac{D}{f'}=\dfrac{1}{2.5}$，低于设计要求，通过路径“Gen→Aperture→Aperture Type→Entrance Pupil Diameter→Aperture Value→25→OK”，将入瞳直径改为 25mm。

2）预优化后，镜头的后工作距 $l'=10.9\mathrm{mm}$，比较短，可以做一些改进。改进的办法是将最后一块透镜的厚度由 22.627mm 减薄为 12mm，然后再作一次优化。

**4. 再优化**

1）将全部折射面半径和离焦量作为变量，将全部透镜材料改成替代玻璃，采用程序提供的默认评价函数，调用“Hammer”算法再作优化，运行几分钟后中断优化，评价函数为 MF = 2.88604。

2）适当拦光，$y$ 轴方向的渐晕因子不大于 0.45，$x$ 轴方向的渐晕因子不大于 0.3。

最后结果的横向像差曲线如图 4-172 所示，畸变曲线如图 4-173 所示，点列图如图 4-174 所示，调制传递函数曲线如图 4-175 所示，结构参数见表 4-50，结构简图如图 4-176 所示。

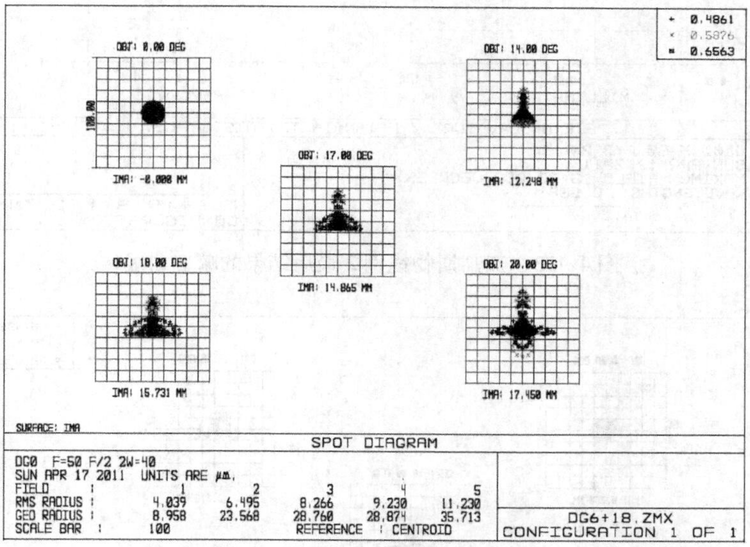


图 4-171　双高斯物镜例 2 预优化出的点列图

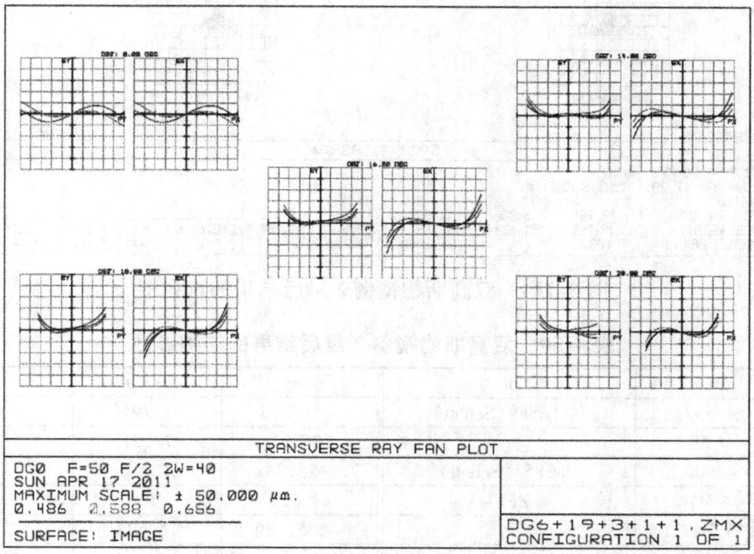


图 4-172　双高斯物镜例 2 最后结果的横向像差曲线

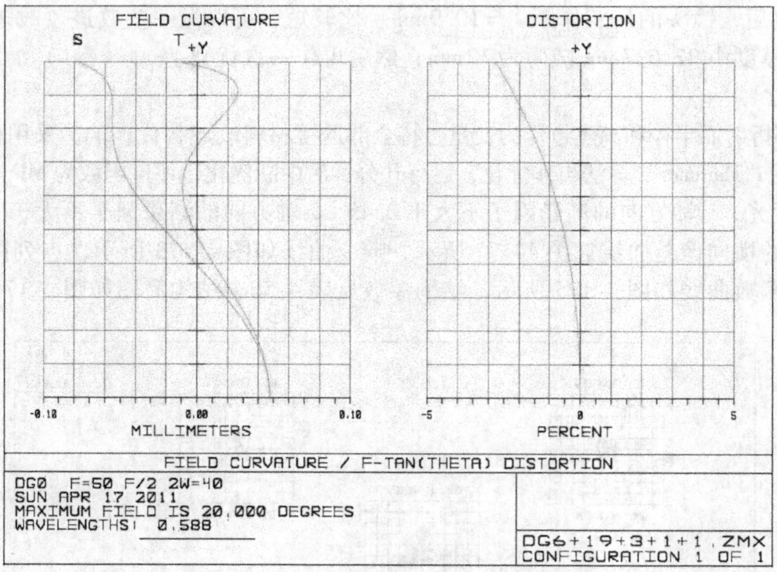


图 4-173 双高斯物镜例 2 最后结果的畸变曲线

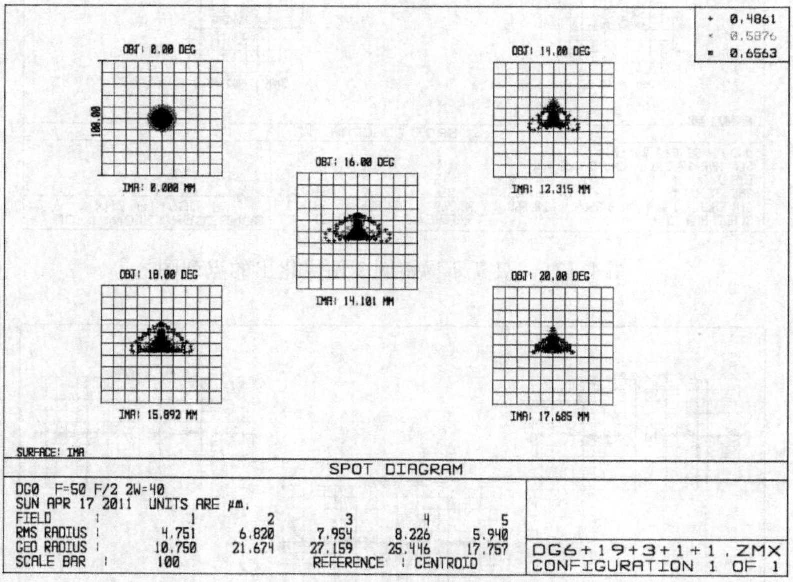


图 4-174 双高斯物镜例 2 最后结果的点列图

**表 4-50 双高斯物镜例 2 最后结果的结构参数**

| $r$/mm | $d$/mm | $n$ | $r$/mm | $d$/mm | $n$ |
|---|---|---|---|---|---|
| 30.311 | 4.597 | N-LaSF9(Schott) | -18.238 | 1.794 | SF59(Schott) |
| 128.468 | 0.59 | | 106.91 | 7.221 | LaSF35(Schott) |
| 20.736 | 4.905 | BaSF54(Schott) | -23.24 | 0.59 | |
| 616.998 | 4.94 | ZF14 | 44.025 | 12 | LaSF18A(Schott) |
| 13.125 | 5.746 | | -555.289 | 16.528 | |
| ∞(光阑) | 12.988 | | | | |

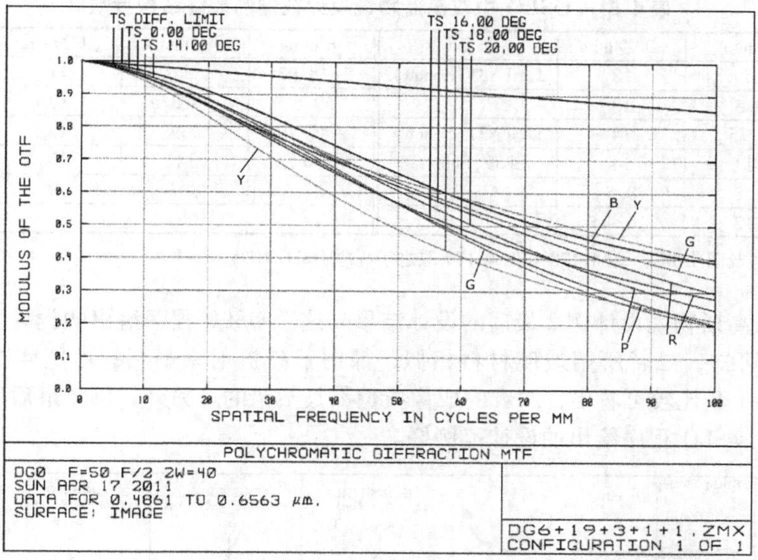


图 4-175　双高斯物镜例 2 最后结果的调制传递函数曲线

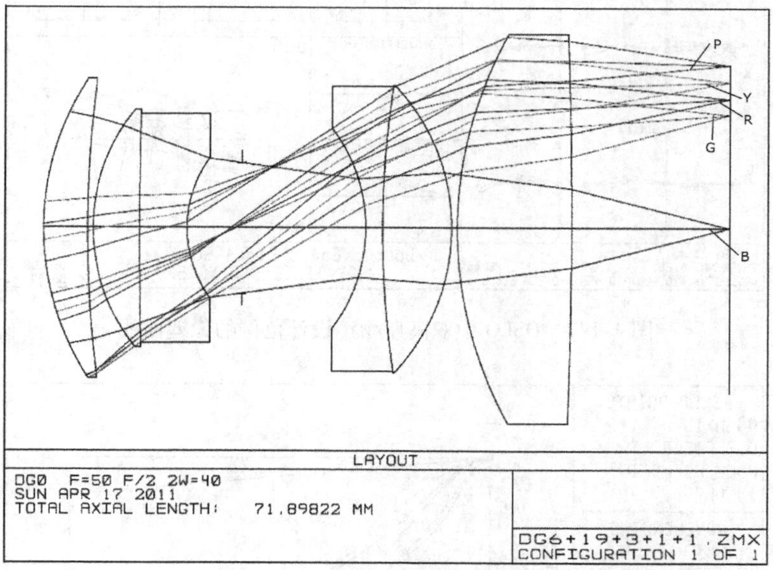


图 4-176　双高斯物镜例 2 最后结果的结构简图

**5. 比较**

在 OSLO 光学设计程序中有一个双高斯物镜的设计范例，查阅路径如下：

OSLO →public→len→demo→light→tutorial→dblgauss 5。

它的光学特性参数是：$f'=50\text{mm}$，$\dfrac{D}{f'}=\dfrac{1}{2}$，$2\omega=40°$；它的结构参数见表 4-51。采取适当拦光后，该设计范例的像差曲线如图 4-177 所示，调制传递函数曲线如图 4-178 所示，特征频率在焦点处的调制传递函数曲线如图 4-179 所示。

表 4-51 OSLO 中双高斯物镜设计范例的最终结构参数

| r/mm | d/mm | D/2/mm | n | r/mm | d/mm | D/2/mm | n |
|---|---|---|---|---|---|---|---|
| 30.66 | 6 | 18 | LaSFN35(Schott) | -18.93 | 1 | 11 | LF5(Schott) |
| 77.8 | 0.5 | 18 | | 59.6 | 8.3 | 13 | LaSFN31(Schott) |
| 20.6 | 8.75 | 14 | LaSFN31(Schott) | -40.49 | 2.9 | 13 | |
| ∞ | 1 | 14 | SF59(Schott) | 40 | 14 | 19 | BaSF52(Schott) |
| 12.42 | 4.8 | 8.5 | | -87.9 | 8.7 | 19 | |
| ∞(光阑) | 8.2 | 6.4 | | | | | |

注：表中的数据及图 4-177、图 4-178 和图 4-179 取之于程序 OSLO LT 5.4。

本节中，双高斯物镜设计例 2 最后的设计结果与这个 OSLO 程序给出的设计范例相比，由表 4-50 和表 4-51 可知，二者所用玻璃材料相似，都用了高折射率材料；由图 4-172 和图 4-177、图 4-175 和图 4-178 比较可看出，二者的成像质量都是不错的。另外，例 2 最后结果的调制传递函数在高频端比 OSLO 程序给出的设计范例好。

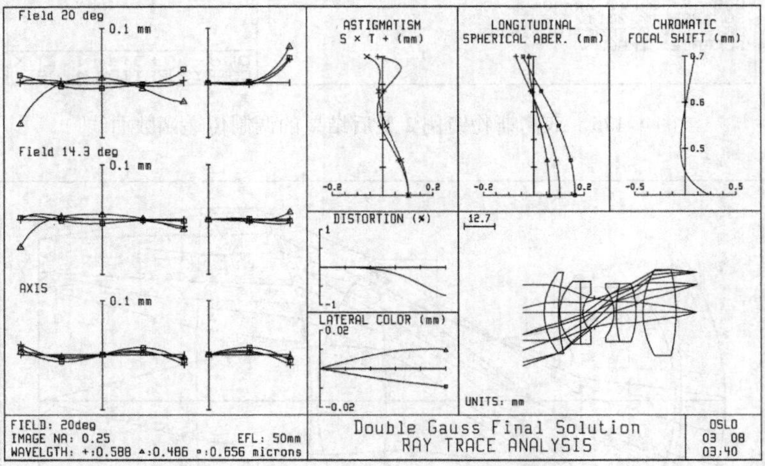


图 4-177 OSLO 中双高斯物镜设计范例的像差曲线

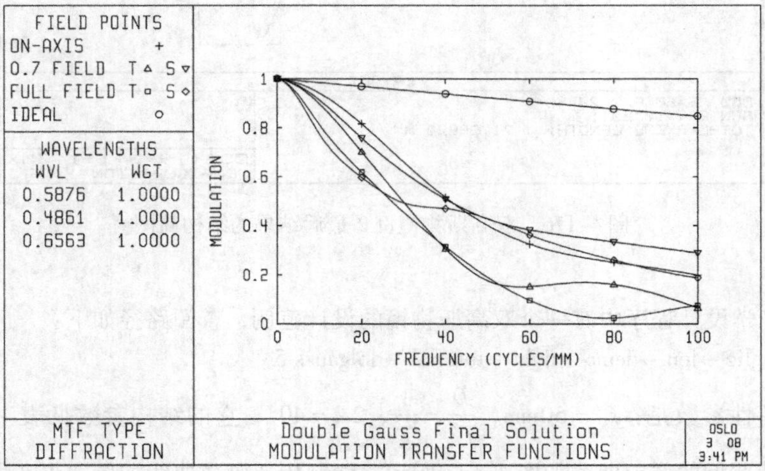


图 4-178 OSLO 中双高斯物镜设计范例的调制传递函数曲线

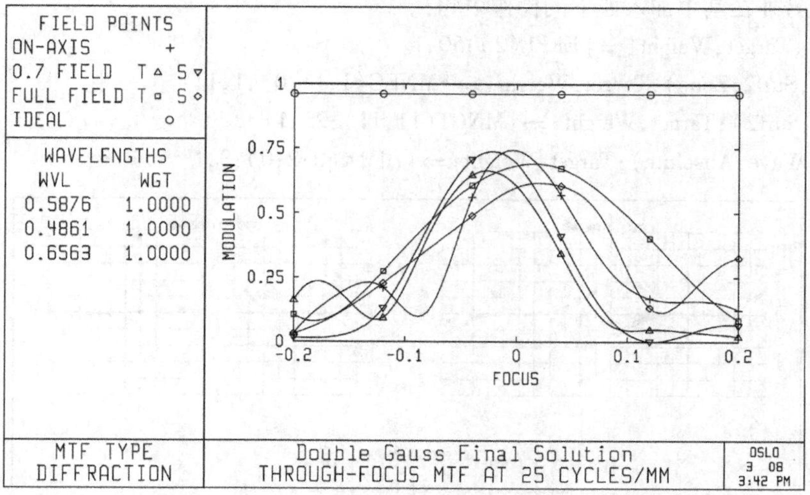


图 4-179 OSLO 中双高斯物镜设计范例的特征频率在焦点处的调制传递函数曲线

## 4.7 双高斯物镜优化设计例 3

### 1. 设计背景

设计一个双高斯物镜，光学特性要求是：$f'=50\text{mm}$，$\dfrac{D}{f'}=\dfrac{1}{2}$，$2\omega=32°$；在可见光（F、d、C）波段工作，并要求它的相对畸变小于 3%，最大视场的渐晕小于 50%，后工作距不小于 25mm。在《Optical System Design》（参考文献［5］）中，有这样一个范例，其初始结构是一个失效的专利，见表 4-52，这里也将它作为例 3 的初始结构参数。

表 4-52 双高斯物镜例 3 的初始结构参数

| r/mm | d/mm | n | r/mm | d/mm | n |
|---|---|---|---|---|---|
| 32.715 | 4.06 | SSK51(Schott) | -14.681 | 2.02 | F15(Schott) |
| 122.987 | 0.25 | | 40.335 | 6.6 | SSK2(Schott) |
| 20.218 | 7.3 | SK10(Schott) | -19.406 | 0.25 | |
| -112.78 | 2.03 | F8(Schott) | 82.856 | 4.11 | SK10(Schott) |
| 12.548 | 5.08 | | -51.962 | 32.25 | |
| ∞(光阑) | 5.08 | | | | |

该初始结构在计算光线光路时分三个视场，分别是 0°视场（轴上点）、11°视场和 16°视场。渐晕情况是，16°视场 $y$ 轴方向渐晕因子为 0.5，11°视场 $y$ 轴方向渐晕因子为 0.3。初始结构的横向像差曲线如图 4-180 所示，点列图如图 4-181 所示，调制传递函数曲线如图 4-182 所示。

从图 4-180～图 4-182 看到，这个初始结构的基础还是不错的。下面作进一步的优化，以缩小点列图的弥散圆半径、提高调制传递函数。

### 2. 优化

（1）第 1 步优化 选择所有的折射面半径、所有正透镜的厚度（即第一、第二、第五和第六块透镜的厚度）、光阑前后的两个空气间隔作为变量；取 ZEMAX 程序提供的默认评价函数作为评价函数，另外在其中加入如下的操作语句：

{EFFL(Wave);Target,Weight}⇒{EFFL(2);50,1}

{MNEG(Surf1,Surf2;Zone);Target,Weight}⇒{MNEG(1,11;0);1,1}

{MNCT(Surf1,Surf2);Target,Weight}⇒{MNCT(11,11);25,1}

{DIMX(Field;Wave;Absolute);Target,Weight}⇒{DIMX(0;2;0);3,1}

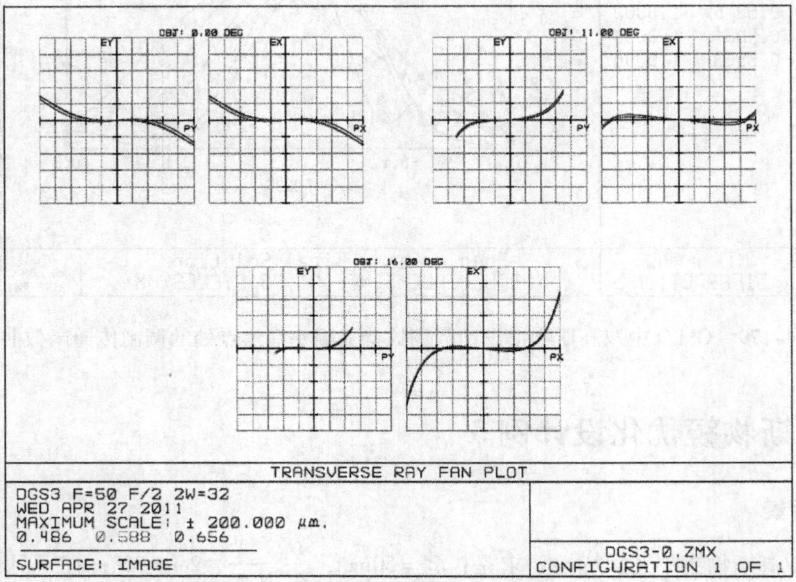


图 4-180 双高斯物镜例 3 初始结构的横向像差曲线

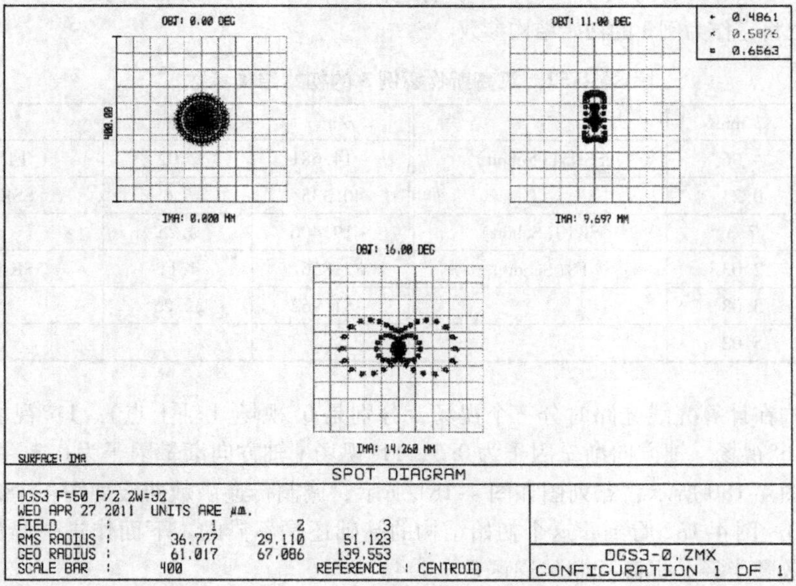


图 4-181 双高斯物镜例 3 初始结构的点列图

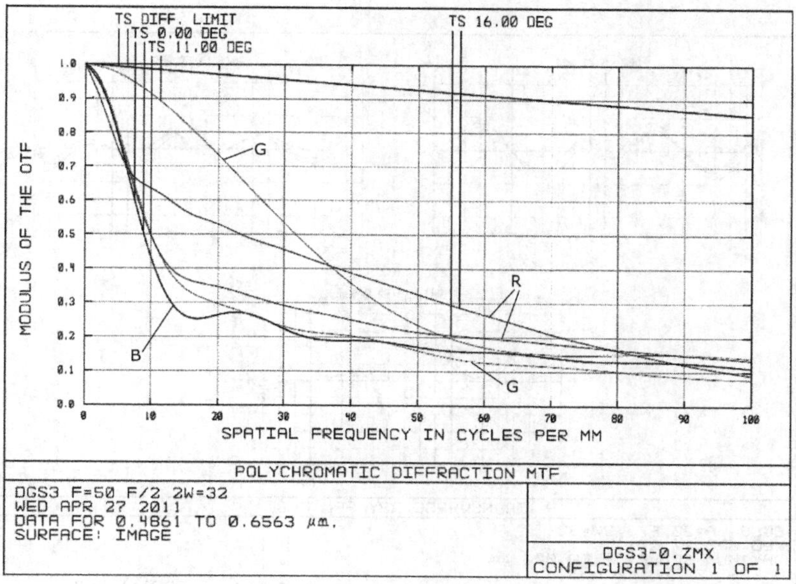


图 4-182　双高斯物镜例 3 初始结构的调制传递函数曲线

这几个操作语句中，第一句已经很熟悉了，无须解释。第二句的含义是约束透镜的最小边缘厚度，其下有三个数要确定，前两个数是指明第几面到第几面间的透镜，这里指明是第 1 ~ 11 面，即整个系统中的透镜；第三个数填 0 即默认不计算透镜其他孔径处的厚度，而只考虑透镜最边缘处的厚度。第三句是约束后工作距的，后工作距是第 11 面至像面间的距离，这里希望它不小于 25mm。第四句是对最大畸变像差的要求，其下要明确的三个数中，第一个数指视场，这里填 0 即指畸变最大的视场；第二个数指单色波长，这里填 2 即指 d 光；第三个数填 0 即约定指相对畸变。这一句的全部要求就是在整个视场范围内相对畸变不大于 3%。

优化后得到表 4-53 所列的结构参数，图 4-183 所示的横向像差曲线，图 4-184 所示的点列图，图 4-185 所示的调制传递函数曲线。

**表 4-53　双高斯物镜例 3 第 1 步优化后的结构参数**

| r/mm | d/mm | n | r/mm | d/mm | n |
|---|---|---|---|---|---|
| 31.058 | 4.612 | SSK51(Schott) | −13.779 | 2.03 | F15(Schott) |
| 80.197 | 0.25 | | 41.606 | 5.464 | SSK2(Schott) |
| 19.946 | 8.376 | SK10(Schott) | −19.885 | 0.25 | |
| −56.315 | 2.03 | F8(Schott) | 60.655 | 4.378 | SK10(Schott) |
| 12.594 | 0.312 | | −44.686 | 29.043 | |
| ∞(光阑) | 11.191 | | | | |

（2）第 2 步优化　第 2 步优化时，选择所有的折射面半径、所有正透镜的厚度（即第一、第二、第五和第六块透镜的厚度）及光阑前后的两个空气间隔作为变量，另将透镜的玻璃材料分两个阶段加入作为变量。第 1 阶段只将光阑前后的两块透镜材料作为变量，第 2 阶段将全部透镜材料作为变量。具体做法如下：

1）第 1 阶段。将光阑前后的两块透镜（即第三和第四块透镜）材料改为“替代模式”，并取 ZEMAX 程序提供的默认评价函数作为评价函数，另外在其中加入如下的操作语句括号：

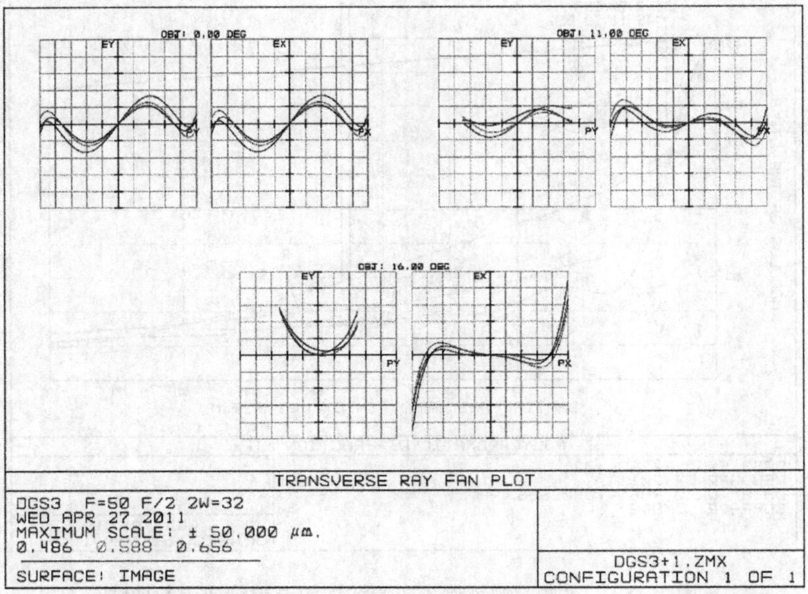


图 4-183 双高斯物镜例 3 第 1 步优化后的横向像差曲线

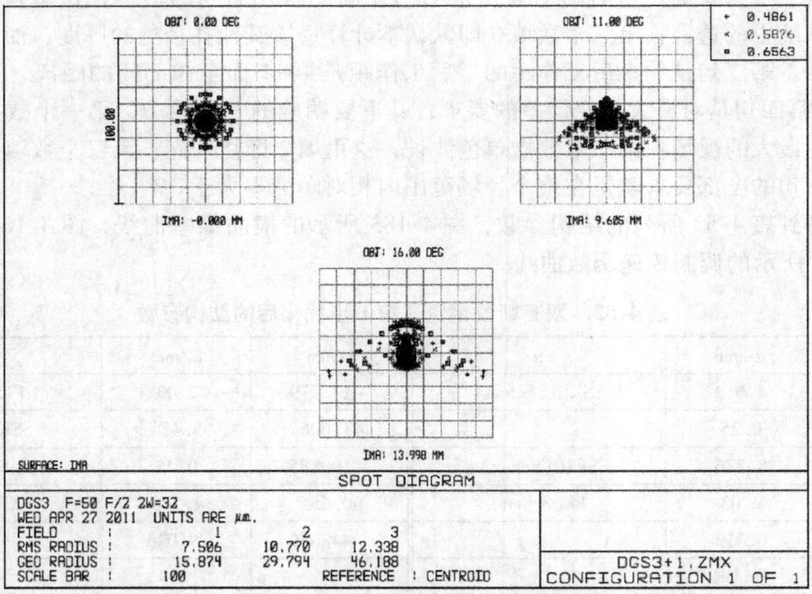


图 4-184 双高斯物镜例 3 第 1 步优化后的点列图

{EFFL(Wave);Target, Weight} ⇒ {EFFL(2);50,1}

{MNEG(Surf1, Surf2;Zone);Target, Weight} ⇒ {MNEG(1,11;0);1,1}

{MNCT(Surf1, Surf2);Target, Weight} ⇒ {MNCT(11,11);25,1}

{DIMX(Field;Wave;Absolute);Target, Weight} ⇒ {DIMX(0;2;0);3,1}

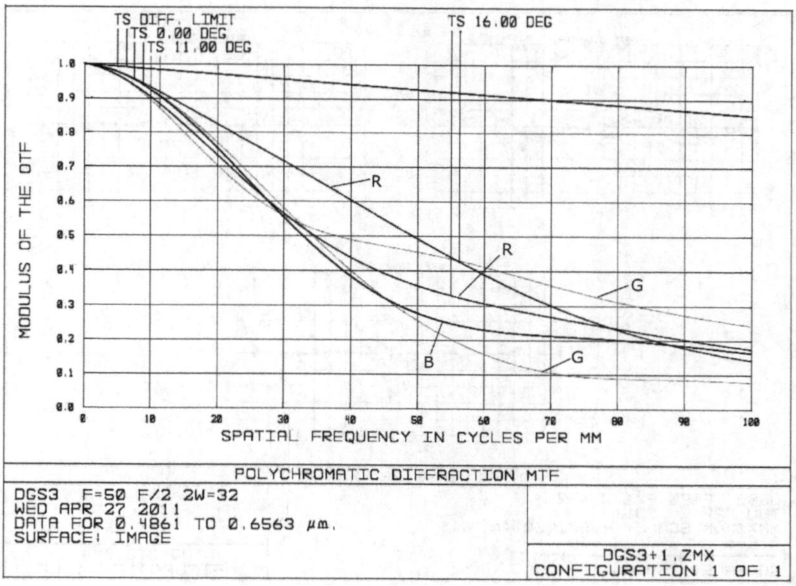


图4-185 双高斯物镜例3第1步优化后的调制传递函数曲线

这几个操作语句中，第一句已经很熟悉了，无须解释。第二句的含义是约束透镜的最小边缘厚度，其下有三个数要确定，前两个数是指第几面到第几面间的透镜，这里指明是第1～11面，即整个系统中的透镜；第三个数填0即默认不计算透镜其他孔径处的厚度，而只考虑透镜最边缘处的厚度。第三句是约束后工作距的，后工作距是第11面至像面间的距离，这里希望它不小于25mm。第四句是对最大畸变像差的要求，其下要明确的三个数中，第一个数指视场，这里填0即指畸变最大的视场；第二个数指单色波长，这里填2即指d光；第三个数填0即指相对畸变。这一句的全部要求就是整个视场范围内的相对畸变不大于3%。

调用“Hammer”算法优化30min后，转入第2阶段的优化。

2）第2阶段。以第1阶段的优化结果为基础，将全部透镜材料改为“替代模式”，取ZEMAX程序提供的默认评价函数作为评价函数，并在其中加入如下的操作语句括号：

{EFFL(Wave);Target,Weight}⇒{EFFL(2);50,1}

{MNEG(Surf1,Surf2;Zone);Target,Weight}⇒{MNEG(1,11;0);1,1}

{MNCT(Surf1,Surf2);Target,Weight}⇒{MNCT(11,11);25,1}

{DIMX(Field;Wave;Absolute);Target,Weight}⇒{DIMX(1;2;0);3,1}

调用“Hammer”函数再优化30min，得到第2步优化的结构参数，见表4-54，并得到图4-186所示的横向像差曲线，图4-187所示的点列图，图4-188所示的调制传递函数曲线。

**表4-54 第2步优化后双高斯物镜例3的结构参数**

| r/mm | d/mm | n | r/mm | d/mm | n |
|---|---|---|---|---|---|
| 34.986 | 2.651 | LaSFN31(Schott) | -16.731 | 2.03 | TIF3(Schott) |
| 109.406 | 0.25 | | 44.829 | 5.03 | LaK4 |
| 23.491 | 11.125 | SK13(Schott) | -23.613 | 0.25 | |
| 357.26 | 2.03 | SF55(Schott) | 64.204 | 4.217 | N-LaSF44(Schott) |
| 14.285 | 2.512 | | -74.46 | 25 | |
| ∞（光阑） | 10.44 | | | | |

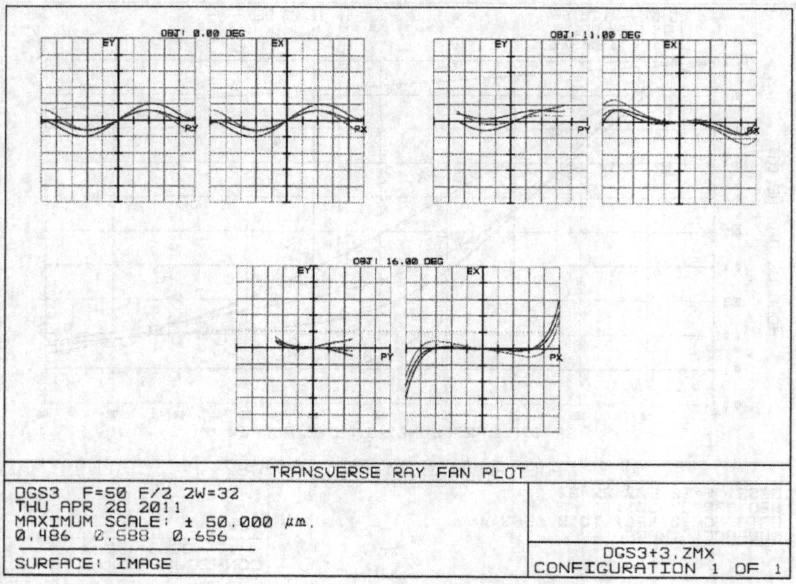


图 4-186 双高斯物镜例 3 第 2 步优化后的横向像差曲线

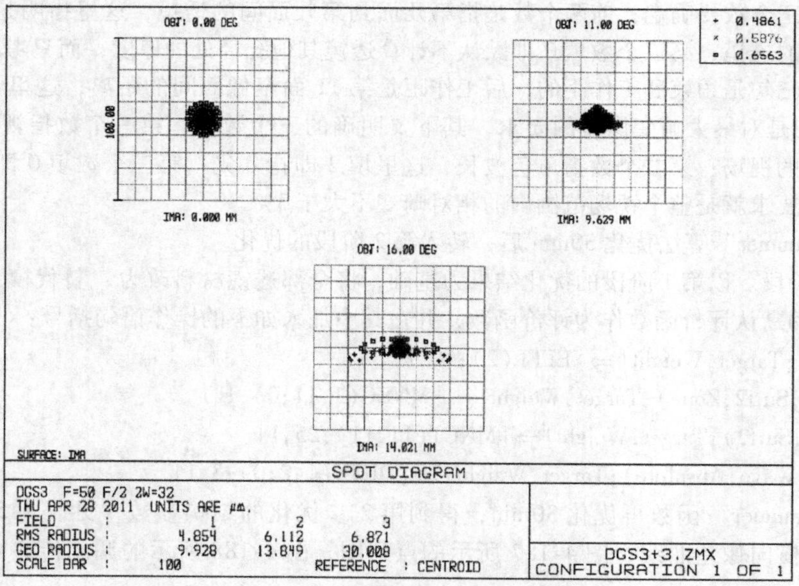


图 4-187 双高斯物镜例 3 第 2 步优化后的点列图

（3）第 3 步优化 第 3 步优化前，先对要计算的视场和渐晕因子进行重新设置。第 3 步优化时要计算六个视场，即 16°、14°、12°、8°、4°和 0°视场；16°视场 $x$ 轴方向的渐晕因子取 0.3、$y$ 轴方向的渐晕因子取 0.5，14°视场 $x$ 轴方向的渐晕因子取 0.2、$y$ 轴方向的渐晕因子取 0.4，12°视场 $y$ 轴方向的渐晕因子取 0.3。

设置路径如下：

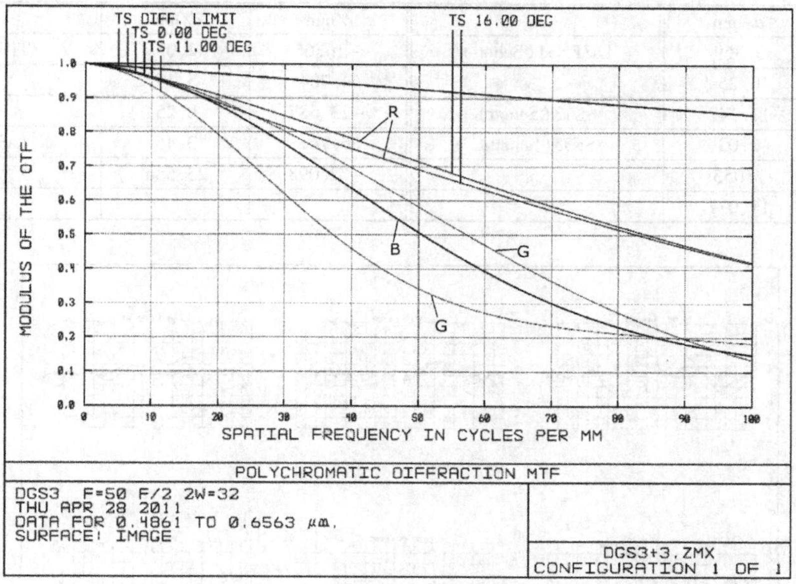


图 4-188 双高斯物镜例 3 第 2 步优化后的调制传递函数曲线

ZEMAX 程序主窗口→Fie→Type(Angle)→

1(√) →Y Field(0);

2(√)→ Y Field(4);

3(√)→ Y Field(8);

4(√)→ Y Field(12)→VCY(0.3);

5(√)→ Y Field(14)→VCX(0.2)→VCY(0.4);

6(√)→ Y Field(16)→VCX(0.3)→VCY(0.5);

→OK。

其中，小括号中的数字是填写的内容，“VCX” 是 $x$ 轴方向的渐晕因子，“VCY” 是 $y$ 轴方向的渐晕因子。

ZEMAX 程序中的坐标系与几何光学中的通用坐标系一致，即 $y$ 轴在纸面内（即子午面）垂直向上，$z$ 轴在纸面中水平向右，与光轴重合，$x$ 轴垂直于纸面向里。

选择所有的折射面半径、所有正透镜的厚度（即第一、第二、第五和第六块透镜的厚度）及光阑前后的两个空气间隔作为变量；采用 ZEMAX 程序提供的默认评价函数，另外在其中加入如下的操作语句括号：

{EFFL(Wave);Target,Weight}⇒{EFFL(2);50,1}

{MNEG(Surf1,Surf2;Zone);Target,Weight}⇒{MNEG(1,11;0);1,1}

{MNCT(Surf1,Surf2);Target,Weight}⇒{MNCT(11,11);25,1}

{DIMX(Field;Wave;Absolute);Target,Weight}⇒{DIMX(0;2;0);3,1}

优化迭代五次，得到表 4-55 所列的结构参数，图 4-189 所示的横向像差曲线，图 4-190 所示的点列图，图 4-191 所示的调制传递函数曲线。

表 4-55 双高斯物镜例 3 第 3 步优化后的结构参数

| r/mm | d/mm | n | r/mm | d/mm | n |
|---|---|---|---|---|---|
| 35.556 | 3.369 | LaSFN31(Schott) | −16.66 | 2.03 | TIF3(Schott) |
| 111.43 | 0.25 | | 44.704 | 5.19 | LaK4 |
| 23.386 | 11.142 | SK13(Schott) | −23.687 | 0.25 | |
| 455.894 | 2.03 | SF55(Schott) | 66.761 | 3.46 | N-LaSF44(Schott) |
| 14.226 | 2.053 | | −72.098 | 25.586 | |
| ∞(光阑) | 11.077 | | | | |

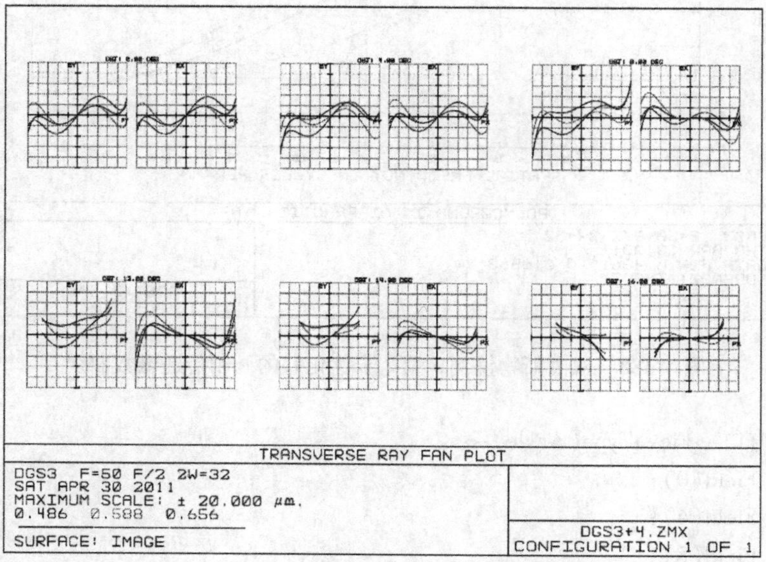


图 4-189 双高斯物镜例 3 第 3 步优化后的横向像差曲线

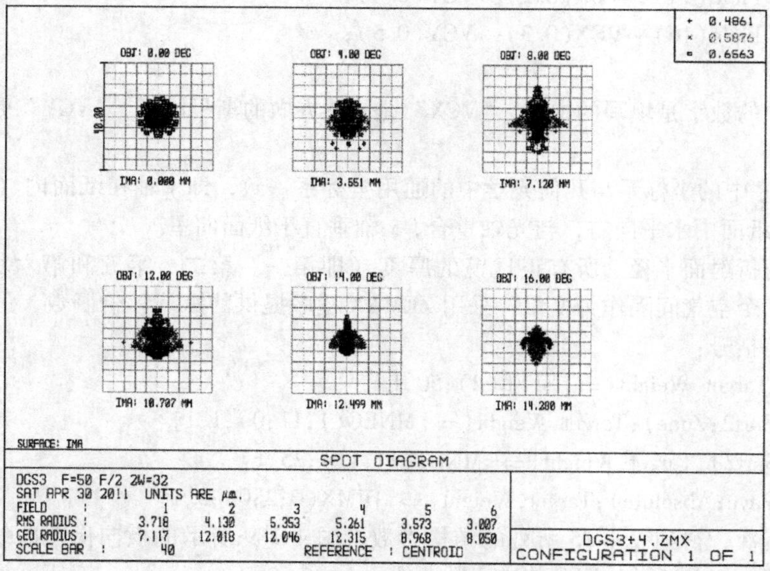


图 4-190 双高斯物镜例 3 第 3 步优化后的点列图

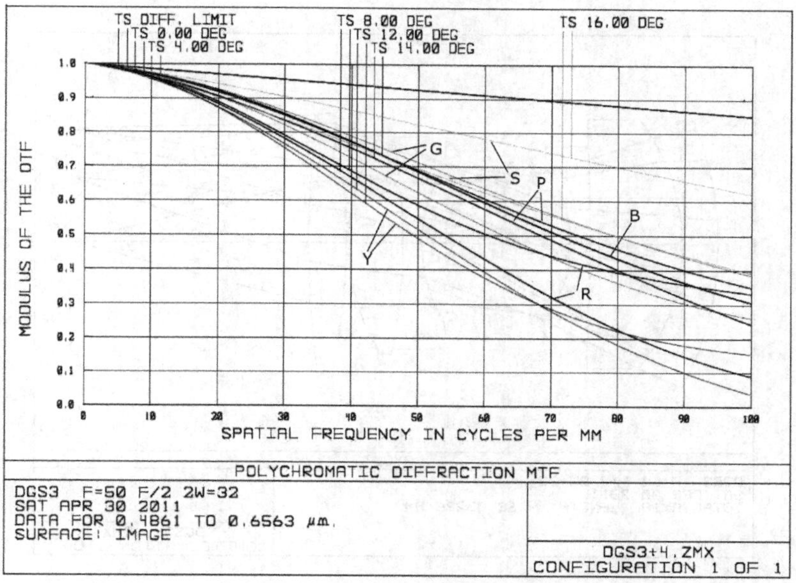


图 4-191 双高斯物镜例 3 第 3 步优化后的调制传递函数曲线

（4）第 4 步优化 这步优化分两个阶段完成，第 1 阶段调用“Hammer”算法优化 30min，然后将入瞳上的光线采样数目增加为“6 环（rings）”×“12 辐条（arms）”，之后进行第 2 阶段的优化，调用“Hammer”算法优化 10h。

第 4 步优化时，选择所有的折射面半径、所有正透镜的厚度（即第一、第二、第五和第六块透镜的厚度）及光阑前后的两个空气间隔作为变量；采用 ZEMAX 程序提供的默认评价函数，另外在其中加入如下的操作语句括号：

{EFFL(Wave);Target,Weight}⇒{EFFL(2);50,1}

{MNEG(Surf1,Surf2;Zone);Target,Weight}⇒{MNEG(1,11;0);1,1}

{MNCT(Surf1,Surf2);Target,Weight}⇒{MNCT(11,11);25,1}

{DIMX(Field;Wave;Absolute);Target,Weight}⇒{DIMX(0;2;0);3,1}

{MXCG(Surf1,Surf2);Target,Weight}⇒{MXCG(1,11);12,1}

其中，最后一句是限制所有透镜的中心厚度不大于 12mm。

两个阶段的优化完成后，得到表 4-56 所列的最后结果的结构参数。之后将 16°视场 $x$ 轴方向的渐晕因子取为 0.25、$y$ 轴方向的渐晕因子取为 0.4，14°视场 $x$ 轴方向的渐晕因子取为 0.15、$y$ 轴方向的渐晕因子取为 0.3，12°视场 $x$ 方向的渐晕因子取为 0.1、$y$ 轴方向的渐晕因子取为 0.2。

最后结果的镜头结构简图如图 4-192 所示，横向像差曲线如图 4-193 所示，点列图如图 4-194 所示，调制传递函数曲线如图 4-195 所示，畸变曲线如图 4-196 所示。

**表 4-56 双高斯物镜例 3 最后结果的结构参数**

| $r$/mm | $d$/mm | $n$ | $r$/mm | $d$/mm | $n$ |
|---|---|---|---|---|---|
| 34.78 | 3.519 | LaSFN31(Schott) | −16.466 | 2.03 | SF9(Schott) |
| 103.916 | 0.25 | | 67.173 | 5.702 | N-LaK33(Schott) |
| 22.288 | 9.696 | SK13(Schott) | −22.639 | 0.25 | |
| 217.143 | 2.03 | ZF4 | 65.528 | 3.969 | LaSFN31(Schott) |
| 13.908 | 4.08 | | −99.669 | 25 | |
| ∞(光阑) | 11.556 | | | | |

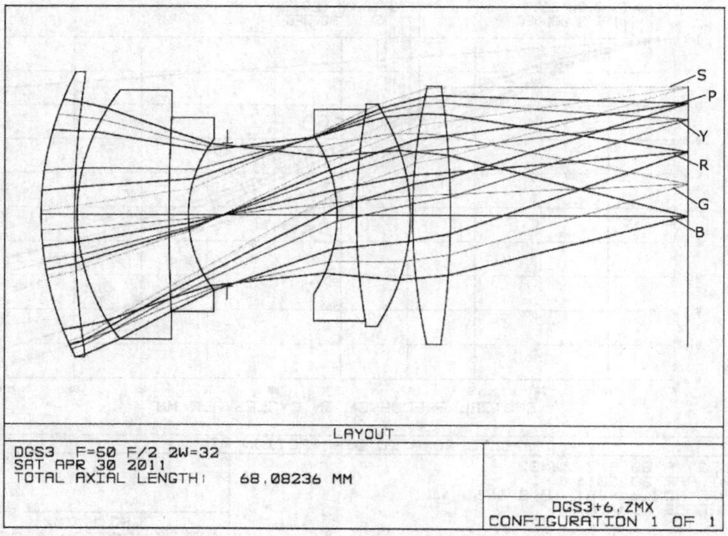


图 4-192 双高斯物镜例 3 最后结果的镜头结构简图

### 3. 比较

《Optical System Design》中双高斯物镜范例的横向像差曲线如图 4-197 所示，点列图如图 4-198 所示，调制传递函数曲线如图 4-199 所示，畸变曲线如图 4-200 所示。

比较图 4-193 与图 4-197、图 4-194 与图 4-198、图 4-195 与图 4-199 可以看出，双高斯物镜优化设计例 3 的弥散圆方均根直径全视场内小于 8μm，范例小于 9μm；例 3 的调制传递函数在空间频率为 50lp/mm 时全视场内大于 0.7，范例大于 0.6。例 3 的结果稍好一些。应该说，这两个结果的成像质量都是相当不错的。比较图 4-196 与图 4-200，例 3 的相对畸变小于 2.5%，边缘视场的渐晕因子为 0.4，后工作距为 25mm。《Optical System Design》中双高斯物镜范例的相对畸变小于 1%，边缘视场的渐晕因子为 0.49，后工作距为 25.4mm。以上都满足预定要求。

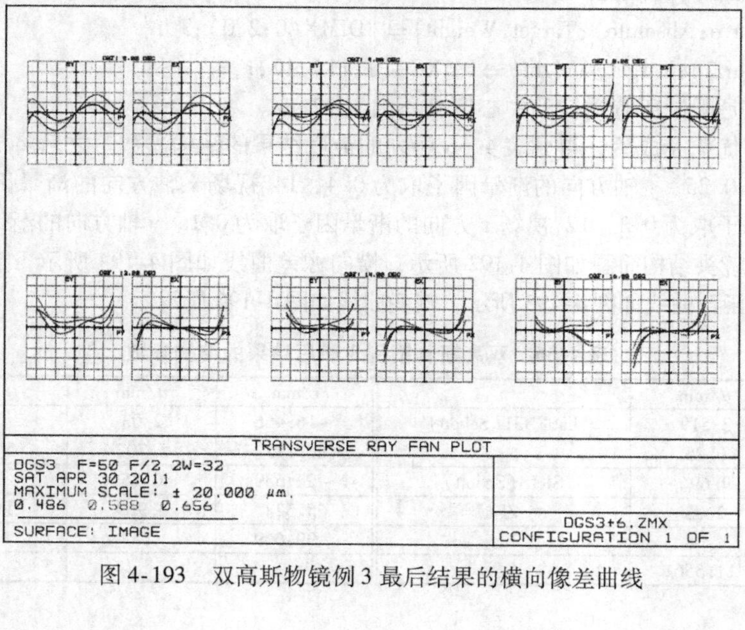


图 4-193 双高斯物镜例 3 最后结果的横向像差曲线

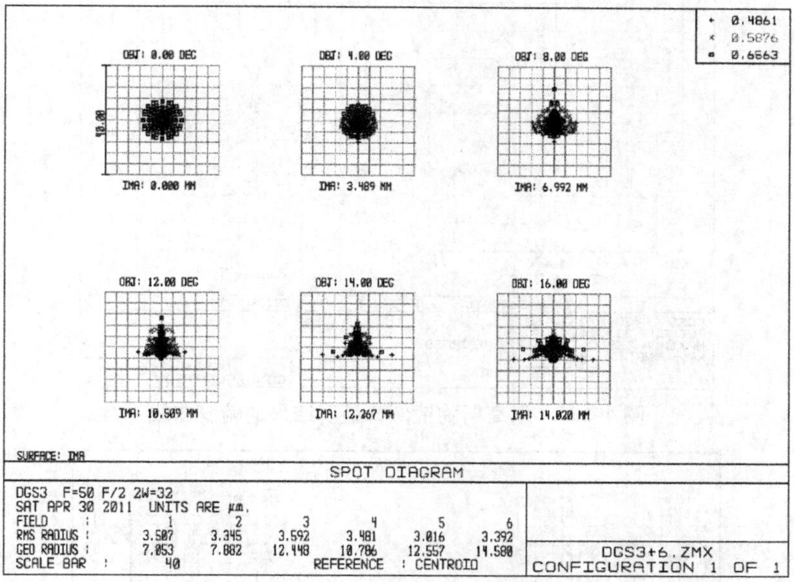


图 4-194　双高斯物镜例 3 最后结果的点列图

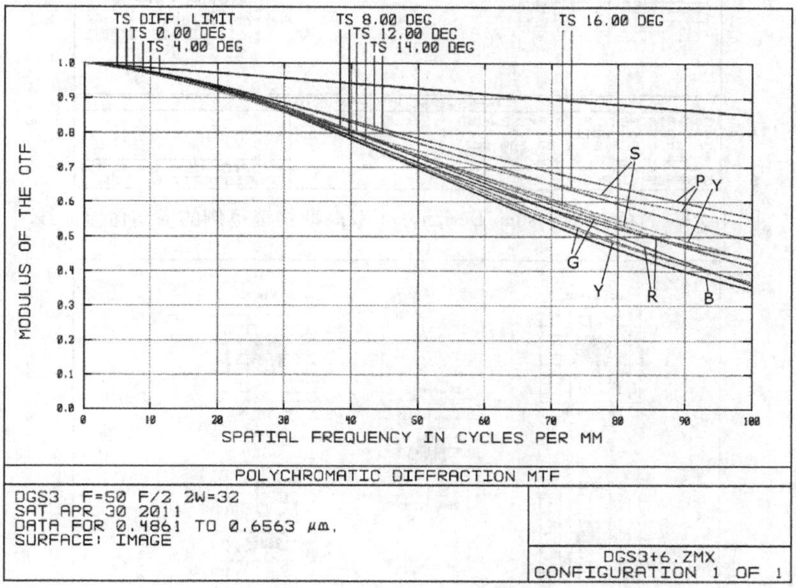


图 4-195　双高斯物镜例 3 最后结果的调制传递函数曲线

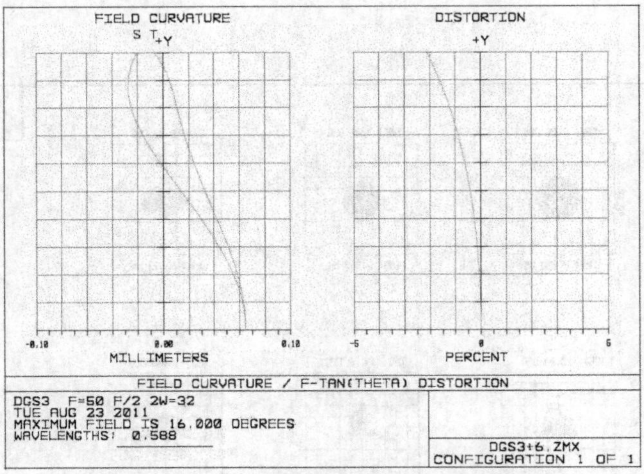


图 4-196 双高斯物镜例 3 最后结果的畸变曲线

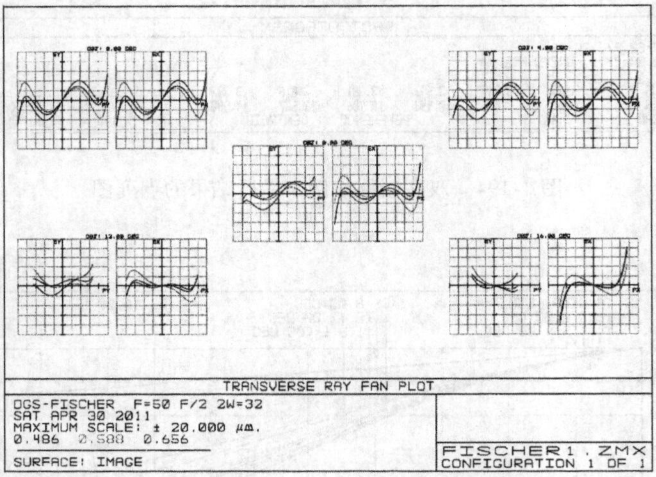


图 4-197 《Optical System Design》中双高斯物镜范例的横向像差曲线

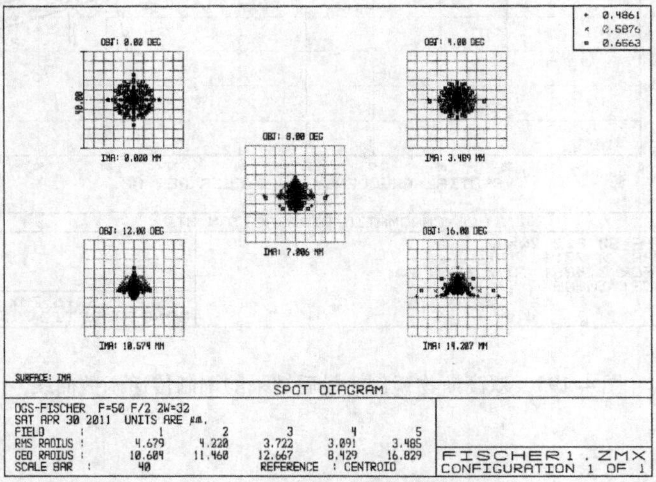


图 4-198 《Optical System Design》中双高斯物镜范例的点列图

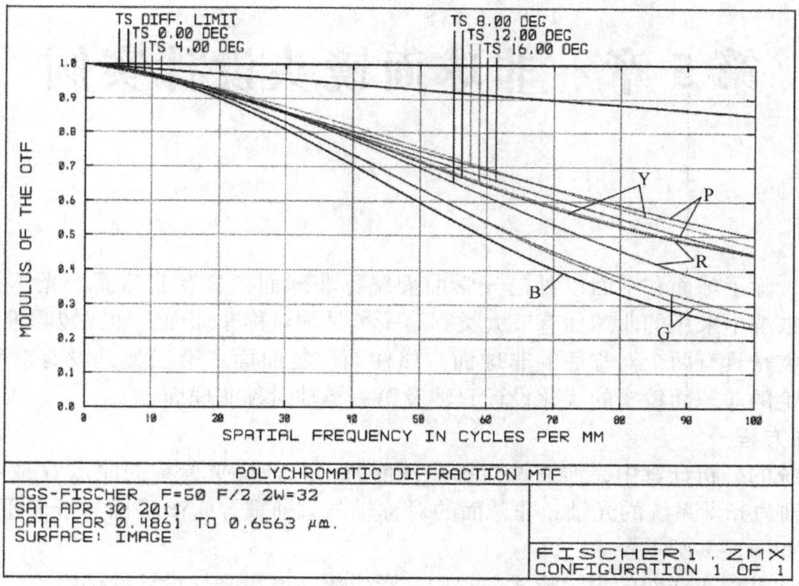


图 4-199 《Optical System Design》中双高斯物镜范例的调制传递函数曲线

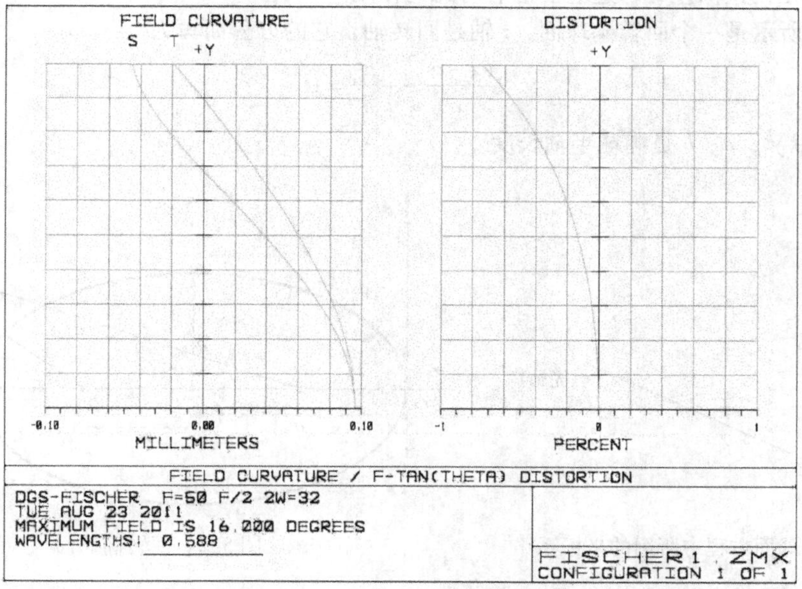


图 4-200 《Optical System Design》中双高斯物镜范例的畸变曲线

# 第 5 章　非球面镜头设计实例

## 5.1　引言

广义地说，除了球面和平面以外的光学曲面统称非球面，含有非球面的光学镜头叫非球面镜头。在光学系统中采用的非球面有三大类：第一类是轴对称非球面，如回转圆锥曲面、回转高次曲面；第二类是具有两个对称面的非球面，如柱面、复曲面；第三类是没有对称性的自由曲面。本章中讨论的非球面镜头的优化设计只涉及第一类轴对称非球面。

**1. 非球面方程**

在光学系统的分析计算中，涉及轴对称非球面时，总是将坐标系的原点 $O$ 取在非球面的顶点上，并取 $z$ 轴为光学系统的光轴，非球面的对称轴与 $z$ 轴重合，$yz$ 平面与纸面平行，$x$ 轴垂直于纸面朝里，如图 5-1 所示。

下面介绍轴对称非球面的表示形式，它们广泛应用在商用光学设计软件中。

（1）二次回转曲面　光学系统中常用的非球面是二次回转抛物面、二次回转椭球面和二次回转双曲面。在校正像差时，这些面形有特殊的作用。

如图 5-2 所示是一个回转椭球面，$z$ 轴是回转轴，它的方程简写为

$$\frac{(z-a)^2}{a^2}+\frac{h^2}{b^2}=1 \tag{5-1}$$

式中，$h^2=x^2+y^2$；$a$、$b$ 是椭球半轴长度。

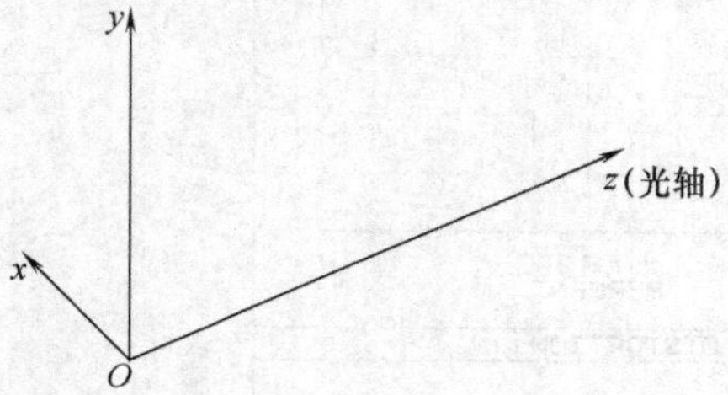


图 5-1　非球面方程中所用的坐标系

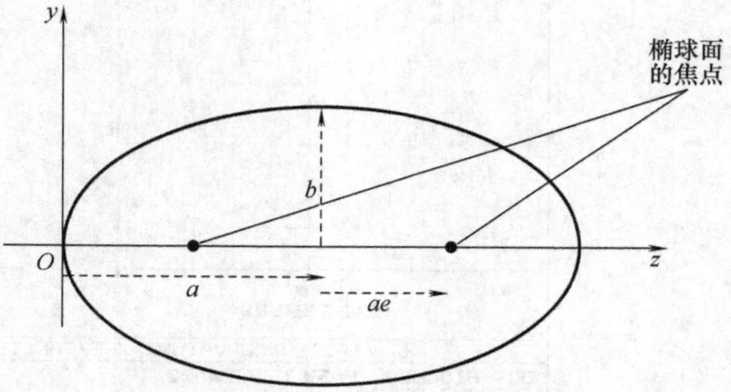


图 5-2　回转椭球面

通过简单的变换步骤可得

$$z=\frac{ch^2}{1+\sqrt{1-\varepsilon\ (ch)^2}} \tag{5-2}$$

式中，$\varepsilon=\frac{b^2}{a^2}$；$c=\frac{1}{r}$，$r$ 是椭球面顶点处的近轴球面半径。

在许多商用光学设计程序中，式（5-2）常写成

$$z=\frac{ch^2}{1+\sqrt{1-(1+k)\ c^2h^2}} \tag{5-3}$$

这里 $k$ 是圆锥常数，为

$$k=\varepsilon-1$$
$$=\frac{b^2}{a^2}-1$$
$$=-e^2$$

式中，$e$ 称谓椭球偏心率。

事实上，式（5-2）和式（5-3）不仅仅是回转椭球面的方程，它们也是描述二次回转圆锥曲面的一般方程，参数 $e$、$\varepsilon$ 和 $k$ 的取值范围和意义见表 5-1。

**表 5-1　二次回转圆锥曲面的参数**

| | | | |
|---|---|---|---|
| 扁椭球 | | $k>0$ | $\varepsilon>1$ |
| 球 | $e=0$ | $k=0$ | $\varepsilon=1$ |
| 长椭球 | $0<e<1$ | $-1<k<0$ | $0<\varepsilon<1$ |
| 抛物面 | $e=1$ | $k=-1$ | $\varepsilon=0$ |
| 双曲面 | $e>1$ | $k<-1$ | $\varepsilon<0$ |

（2）轴对称高次非球面　光学系统中常用的轴对称高次非球面是在二次回转圆锥曲面的基础上增加了一些高次项，其方程通常用以下形式表示：

$$z=\frac{ch^2}{1+\sqrt{1-(1+k)(ch)^2}}+a_4h^4+a_6h^6+a_8h^8+a_{10}h^{10}+\cdots \tag{5-4}$$

不言而喻，式（5-4）与二次回转圆锥曲面的差别在于四次及四次方以上的项。显然采用这个非球面表示式，易知高次非球面偏离二次非球面的程度。

本章中的设计实例，是利用 ZEMAX 程序优化设计的。在 ZEMAX 程序中，轴对称高次非球面的方程表示成如下的形式：

$$z=\frac{ch^2}{1+\sqrt{1-(1+k)(ch)^2}}+a_2h^2+a_4h^4+a_6h^6+a_8h^8+a_{10}h^{10}+\cdots \tag{5-5}$$

式（5-5）中，等号右边的第一项为一般的二次回转曲面方程，第二项为二次抛物面方程。第一项的近轴球面半径 $r_1=\frac{1}{c}$，第二项的 $r_2=\frac{1}{2a_2}$，ZEMAX 程序中偶次非球面“曲率半径”一栏中的数是 $r_1$。因此，如果 $a_2\neq0$，则实际曲面的近轴球面曲率半径 $r$ 取决于 $r_1$ 和 $r_2$，即 $r=\frac{r_1r_2}{r_1+r_2}$。容易分析知，如果 $r_1$ 和 $r_2$ 异号，数值上又是 $|r_1|>|r_2|$，则 $r$ 将和 $r_1$ 异号。式（5-5）中加入第二项的好处在于设计中要改变近轴球面的半径时，只要改变 $a_2$ 即可，而无须去直接改变 $c\left(=\frac{1}{r_1}\right)$，这样对设计比较方便。

**2. 回转轴对称非球面参数括号**

由式（5-5）可知，如果参数值 $r$，$k$，$a_2$，$a_4$，$a_6$，$a_8$，$a_{10}$，…知道了，则轴对称非球面就完全确定了。现将这些参数依次放在一个括号内（$r$，$k$，$a_2$，$a_4$，$a_6$，$a_8$，$a_{10}$，…），用以表示一个确定的非球面，称其为轴对称非球面参数括号。顺便指出，由于这些参数是带有不同量纲的，所以不以“行矢量”称呼这个括号。引入轴对称非球面参数括号的好处是简化了轴对称非球面的表示。例如，某“双高斯大孔径摄影物镜”中含有一个非球面，非球面的方程为

$$z=\frac{y^2}{r+r\sqrt{1-\left(\frac{y}{r}\right)^2}}+a_2y^2+a_4y^4+a_6y^6+a_8y^8+a_{10}y^{10} \tag{5-6}$$

式中，相关数据为

$$r=75.8920,\qquad k=0$$
$$a_2=0,\qquad a_4=-1.02357\times10^{-7}$$
$$a_6=6.311869\times10^{-11},\quad a_8=-6.418568\times10^{-14}$$
$$a_{10}=2.089950\times10^{-17}$$

利用轴对称非球面参数括号，这个非球面即可简写为

$$(75.8920,0,0,-1.02357\times10^{-7},6.311869\times10^{-11},-6.418568\times10^{-14},2.089950\times10^{-17})$$

这个写法显然简洁多了。

有两点值得指出：第一点，显然式（5-6）在严格的数学意义上是一个曲线方程，而不是曲面方程，因为这里用的坐标是（$z$，$y$），而不是（$z$，$h$）。事实上，现在讨论的是轴对称非球面，它的对称轴就是 $z$ 轴，这样式（5-6）所表示的曲线绕 $z$ 轴回转就形成了这里所讨论的曲面了。故以后也不再过多的区分这里的“曲线”和“曲面”，统称轴对称非球面方程。第二点，很显然，轴对称非球面参数括号使用时参数顺序只能按（$r$，$k$，$a_2$，$a_4$，$a_6$，$a_8$，$a_{10}$，…）的这种约定，最高阶非球面参数前的参数为零时，不能在括号中省略不写，而最高阶非球面参数后的参数是统统为零的，一概省去不写。例如，上述“双高斯大孔径摄影物镜”中的非球面，最高阶是十阶，它的二次圆锥参数 $k$ 为零，二阶非球面系数 $a_2$ 为零，所以参数括号中第二个和第三个数为零，它们是不能省略不写的，但是第十阶后的更高阶参数都为零，可以省去不写。这样，非球面参数括号中的项数取决于非球面方程中非零的最高阶数。

**3. 非球面度和非球面度的变化率**

在光学系统中使用非球面，设计时就要考虑它的加工方案与检验方法。有两个指标表征非球面的加工难度：一个是非球面度；另一个是非球面度的变化率。

非球面度是指所考虑的非球面与一个比较球面在沿光轴方向的偏离。当然如果任选，比较球面可以有很多，一般选取在非球面顶点和边缘接触，而且与非球面偏离最小的球面作为比较球面，这个比较球面称为最佳比较球面。所以非球面度特指非球面与最佳比较球面在沿光轴方向的偏离，如图5-3所示。

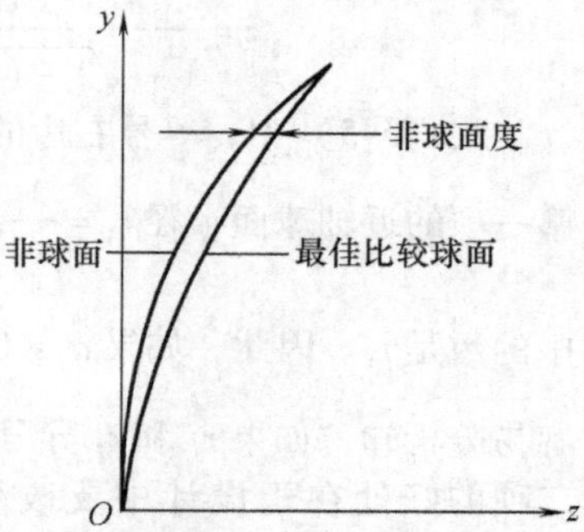

图5-3 非球面的非球面度

非球面度的大小反映了加工难易程度。另外从图5-3显见，非球面度是 $y$ 的函数，即非球面上不同孔径处的非球面度是不同的，所以非球面上单位弧长里非球面度变化了多少，这是反映非球面加工难易程度的又一个指标，称为非球面度的变化率。

## 5.2 非球面激光光束聚焦物镜优化设计

在第2章中，用两片高折射率（$n_{0.6328}=1.90194$）玻璃设计了一个焦距 $f'=60\text{mm}$、相对孔径 $\frac{D}{f'}=\frac{1}{2}$ 的激光（工作波长 $\lambda=0.6328\mu\text{m}$）聚焦物镜，它的弥散圆直径为 $1.4\mu\text{m}$。在这里用一块低折射率单片非球面透镜完成这个设计。非球面透镜用普通的K9玻璃，折射率 $n_{0.6328}=1.51466$；透镜形状为凸平，即朝向远处物方的第一面为凸形的非球面，朝向聚焦焦点的第二面为平面。之所以采用这种形式，一是较之球面（非球面更不可相比了），平面加工成本最低，也想仅仅用一个非球面消除球差，二是这种形式相比于平凸（即平面朝远物，凸面朝向焦点）形

式有较小的彗差，使用时可降低瞄准要求。

**1. 准备工作**

因为采用凸平形式，所以第一面的近轴球面半径由式$\frac{1}{f'}=(n-1)\left(\frac{1}{r_1}-\frac{1}{r_2}\right)$求出为$r_1=30.88\text{mm}$。这里，$n_{0.6328}=1.51466$，$r_2=\infty$。透镜厚度暂取$d=6\text{mm}$。

考虑到设计要求相对孔径$\frac{D}{f'}=\frac{1}{2}$，所以入瞳直径$D=30\text{mm}$。孔径光阑安放在透镜第一面处。下面就以这个凸平的球面单透镜构成初始结构，进行优化设计。

**2. 优化**

优化设计时，用全孔径、0.85孔径、0.707孔径、0.5孔径和0.3孔径的轴向球差“LONA”构成评价函数，它们的目标值都取0，权重都取1。而自变量先利用低阶的非球面系数，然后再增加较高阶的非球面系数作自变量。评价函数用操作语句括号写出如下：

{LONA(Wave;Zone);Target,Weight} ⇒ {LONA(1;0.3);0,1}
{LONA(Wave;Zone);Target,Weight} ⇒ {LONA(1;0.5);0,1}
{LONA(Wave;Zone);Target,Weight} ⇒ {LONA(1;0.7);0,1}
{LONA(Wave;Zone);Target,Weight} ⇒ {LONA(1;0.85);0,1}
{LONA(Wave;Zone);Target,Weight} ⇒ {LONA(1;1);0,1}

（1）第1步优化　第1步优化时，仅选取“Conic”作为自变量，这里“conic”是ZEMAX程序中的称谓，其含义就是式（5-5）中的圆锥常数$k$。

经第1步优化后的像差曲线、点列图分别如图5-4和图5-5所示。第一步优化出的非球面参数括号是（30.88，-0.583）。

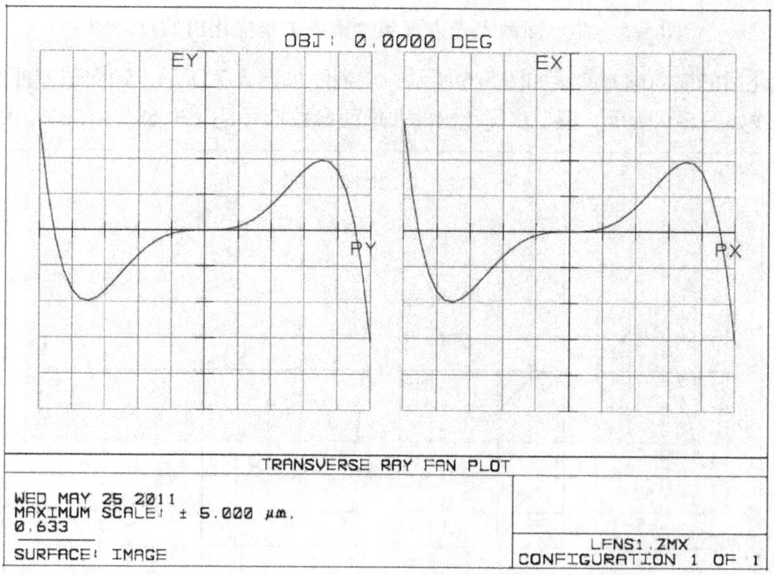


图5-4　非球面激光光束聚焦物镜第1步优化出的像差曲线

（2）第2步优化　由图5-5左下角的数据知道，经第1步优化后弥散圆的直径约为6μm，尚未达到设计要求，转入第2步优化。第2步优化时，以第1步优化出的结构为基础，将四阶非球面系数$a_4$增加为变量。这里不将二阶系数$a_2$作为变量（即$a_2=0$）的原因是它的改变将导致系统焦距的改变，若要保持系统焦距不变，则要在评价函数中加入对于焦距的要求，这样做使问题复杂化了，不可取。仍然采用第1步优化时所采用的评价函数，即由下述操作语句括号组成的评价函数：

{LONA(Wave;Zone);Target,Weight} ⇒ {LONA(1;0.3);0,1}
{LONA(Wave;Zone);Target,Weight} ⇒ {LONA(1;0.5);0,1}
{LONA(Wave;Zone);Target,Weight} ⇒ {LONA(1;0.7);0,1}
{LONA(Wave;Zone);Target,Weight} ⇒ {LONA(1;0.85);0,1}
{LONA(Wave;Zone);Target,Weight} ⇒ {LONA(1;1);0,1}

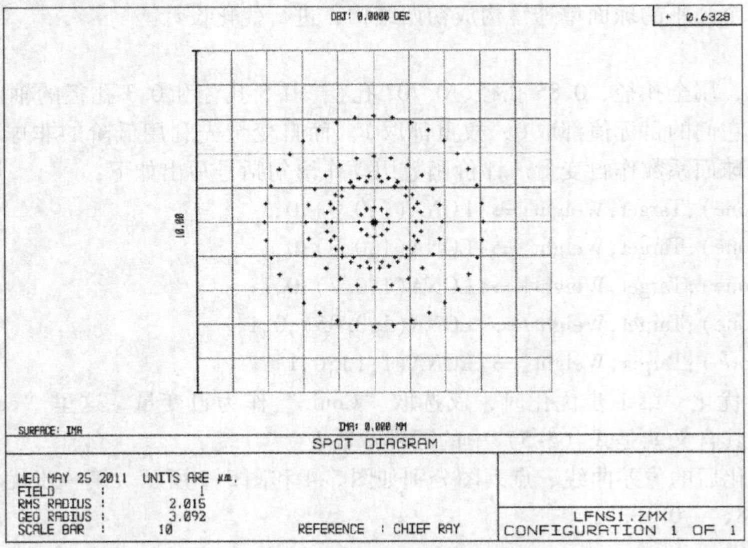


图 5-5 非球面激光光束聚焦物镜第1步优化出的点列图

经第2步优化后的横向球差曲线如图5-6所示，点列图如图5-7所示，轴向球差曲线如图5-8所示，调制传递函数曲线如图5-9所示。第2步优化出的非球面参数括号是（30.88，-0.646，0，$3.005\times10^{-7}$）。

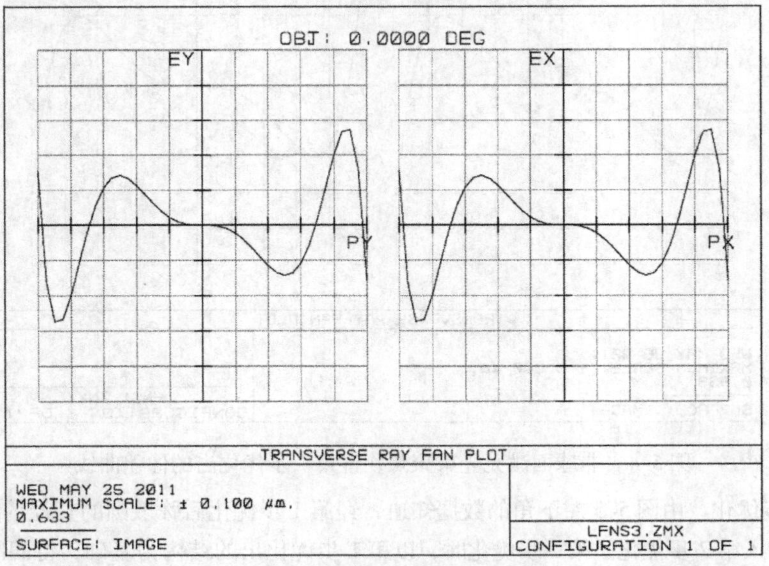


图 5-6 非球面激光光束聚焦物镜第2步优化出的横向球差曲线

从图 5-7 左下角的数据知，弥散圆直径为 0.1μm，远好于第 2 章的结果。另外从图 5-9 看到，经第 2 步优化后，单片低折射率非球面激光光束聚焦物镜的像质近乎无像差的理想状况，远远好于设计要求，设计任务暂告一段落。

与第 2 章的设计结果相比，结构上由两片简化为一片了，材料上由低折射率的普通玻璃取代了高折射率玻璃，所付出的代价是面形为非球面了。

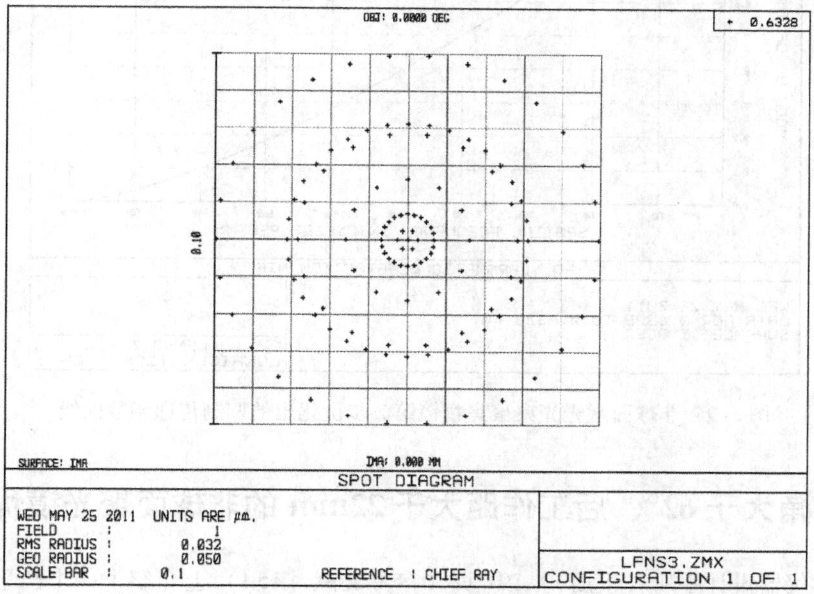


图 5-7　非球面激光光束聚焦物镜第 2 步优化出的点列图

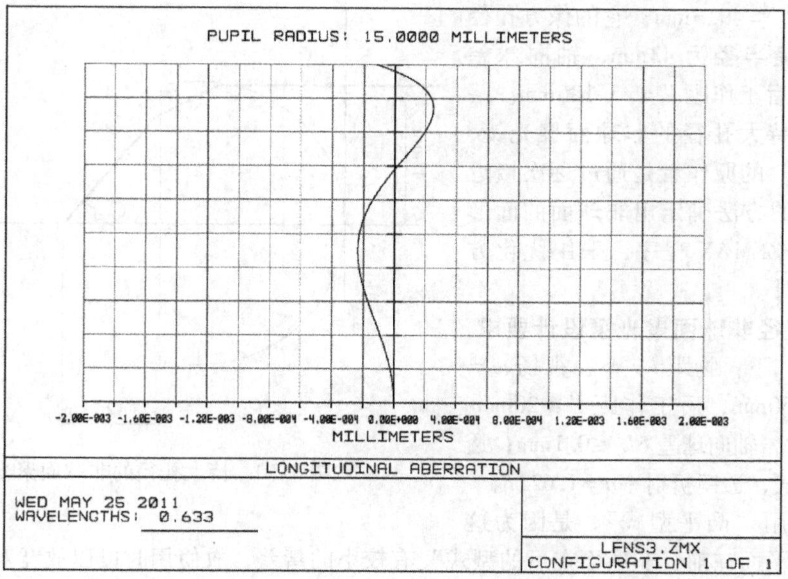


图 5-8　非球面激光光束聚焦物镜第 2 步优化出的轴向球差曲线

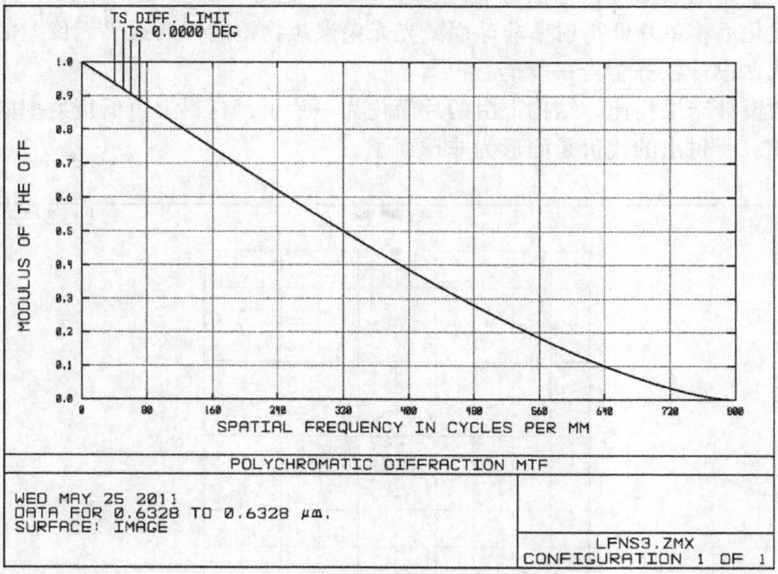


图 5-9　非球面激光光束聚焦物镜第 2 步优化出的调制传递函数曲线

## 5.3　孔径角大于 62°、后工作距大于 22mm 的非球面聚光镜优化设计

在《光学仪器设计手册（上册）》191 页（参考文献［15］）上介绍了一个凸平形状的特大孔径的非球面聚光镜，如图 5-10 所示。在图示的坐标系中，它的非球面方程是 $y^2=61.4z-0.544z^2+0.0038z^3$；聚光镜的折射率 $n=1.6227$，焦距 $f'=49.3$mm；它的像方孔径角为 61°，入瞳半径为 43mm，轴向球差 $\delta L'\leqslant 0.1$mm，后工作距 $l'=23.126$mm。

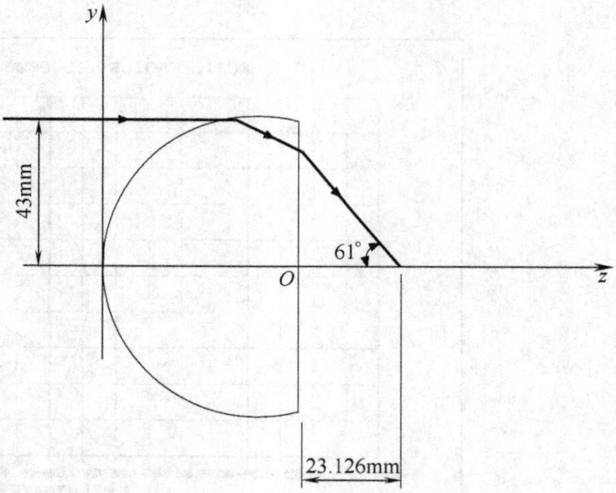


图 5-10　特大孔径的非球面聚光镜

这是一块特大孔径的非球面聚光镜，参考文献［15］的原作者是通过逐次接近解代数方程式的方法确定出非球面的面形的。下面利用 ZEMAX 程序，采用优化方法完成这个设计。

**1. 特大孔径非球面聚光镜设计要求**

设计要求如下：物距 $l=\infty$，视场 $\omega=0°$；焦距 $f'=50$mm，后工作距 $l'\geqslant 20$mm；孔径角 $U'\geqslant 61°$，轴向球差 $\delta L'\leqslant 0.1$mm；透镜采用凸平型式，透镜折射率 $n=1.6227$。

之所以采用“凸平型式”，是因为这种型式较之“平面在前、非球面在后的型式”有较小的彗差，故使用时可以放宽对准误差。

**2. 初步认识与分析**

从原作者给出的数据不难分析出，这个聚光镜的非球面近轴半径约为 30mm，而入瞳半径竟为 43mm，在非球面系数待求的情况下，若非球面系数从零开始，则光线一定不会与折射面相交，问题一开始就无解，优化根本无法进行。又由图 5-10 不难看出，这个聚光镜的近轴半径小，由于孔径特大而入射光线很高，故要求透镜口径大，所以透镜就要有相当的厚度，否则透镜边缘变尖，光线无法通过。

这里，作为要求完成这个设计的初学者，不可能先验地给出一些接近问题解的非球面系数和透镜厚度，所以需采用逐步渐近的办法，即逐步增大孔径、逐步加大透镜厚度，且让非球面系数的初始值都从零开始，并按从低阶到高阶的顺序逐步释放它们作为变量，渐近地优化出一个符合设计要求的解。

**3. 优化**

（1）第 1 步优化　由 $f'=50$mm 和 $n=1.6227$ 得出非球面的近轴半径 $r=31.135$mm。由此构成一个凸平形状的单透镜，暂定它的厚度为 5mm，孔径光阑安放在透镜第一面处，并将其作为初步结构。

取入瞳直径 $\phi=40$mm，选择“conic”作变量，以 0.3、0.5、0.7、0.85 和全孔径的轴向球差“LONA”构成评价函数，它们的目标值取 0，它们的权重都取 1，即采用由如下操作语句括号构成的评价函数：

{LONA(Wave;Zone);Target,Weight} ⇒ {LONA(1;0.3);0,1}
{LONA(Wave;Zone);Target,Weight} ⇒ {LONA(1;0.5);0,1}
{LONA(Wave;Zone);Target,Weight} ⇒ {LONA(1;0.7);0,1}
{LONA(Wave;Zone);Target,Weight} ⇒ {LONA(1;0.85);0,1}
{LONA(Wave;Zone);Target,Weight} ⇒ {LONA(1;1);0,1}

经过这第 1 步优化后，conic = −0.630，光路简图如图 5-11 所示，球差曲线如图 5-12 所示。

（2）第 2 步优化　由图 5-11 看出，透镜已变尖，将厚度改为 10mm，仍以“conic”作变量，

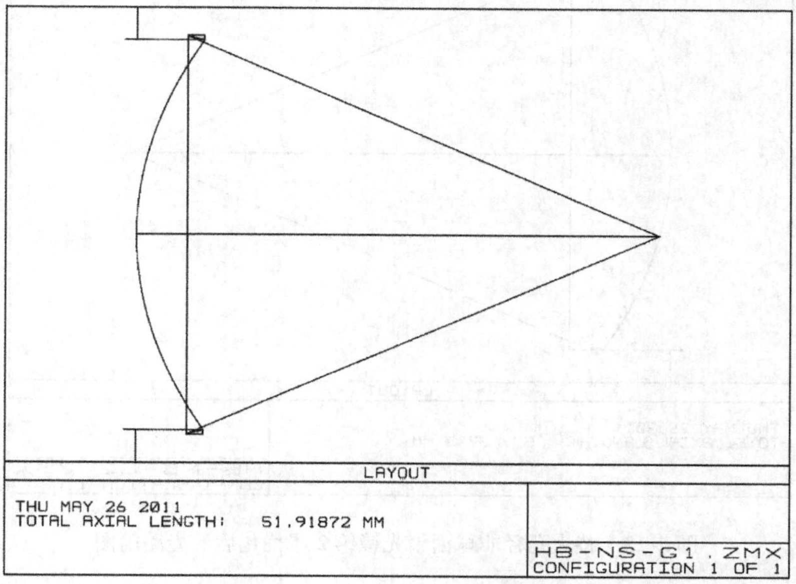


图 5-11　特大孔径非球面聚光镜第 1 步优化后的光路简图

用第1步优化时所用的评价函数进行优化。值得指出的是，因为透镜的第二面为平面，所以透镜厚度的变化只影响后工作距离，而对透镜的焦距没有影响。

第2步优化后，conic = -0.615，光路简图如图5-13所示，球差曲线如图5-14所示。

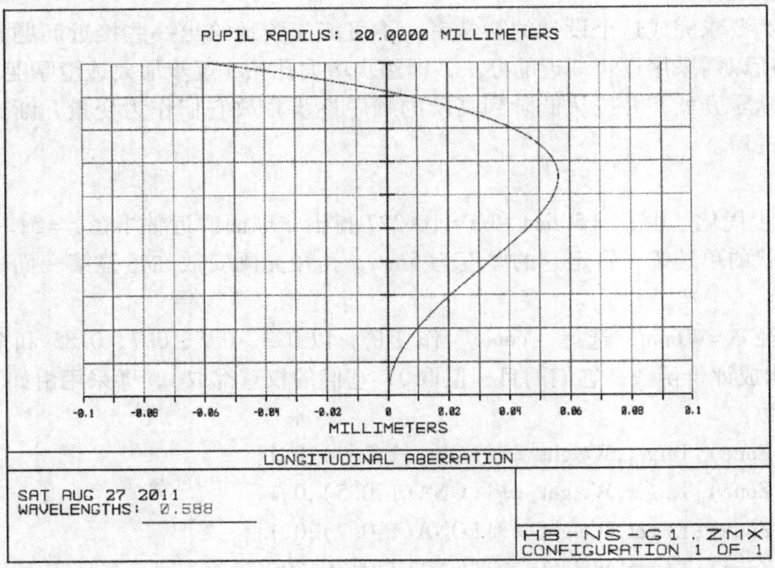


图5-12 特大孔径非球面聚光镜第1步优化后的球差曲线

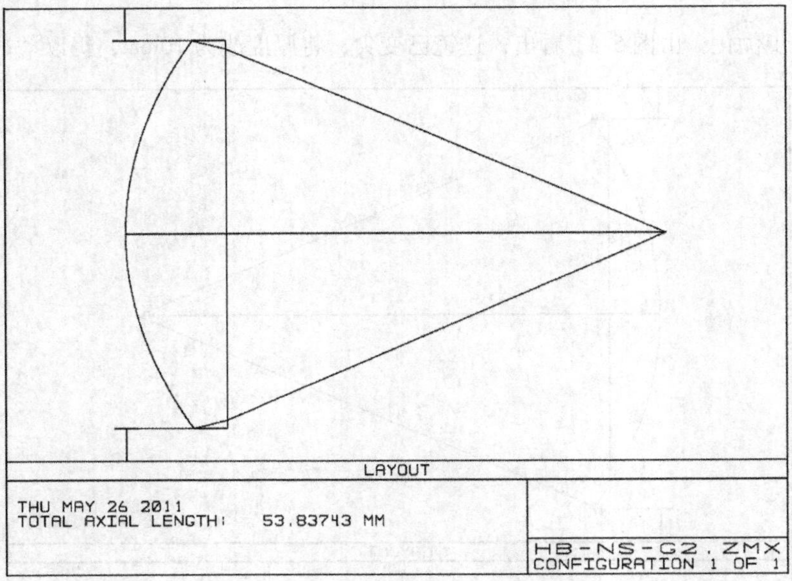


图5-13 特大孔径非球面聚光镜第2步优化后的光路简图

（3）第3步优化　在第2步优化后所得结果的基础上，将入瞳直径$\phi$由40mm增大至60mm，仍然仅以“conic”作变量，沿用第1步优化时所采用的评价函数，进行第3步优化。

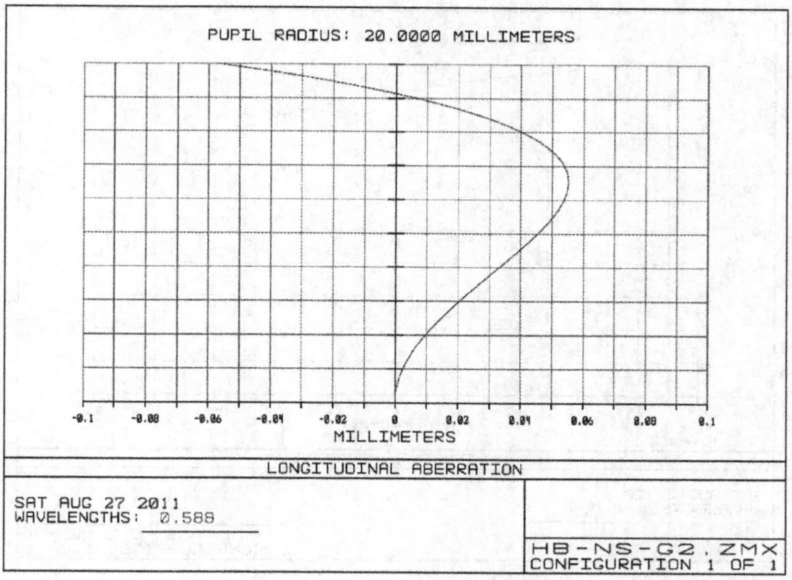


图5-14　特大孔径非球面聚光镜第2步优化后的球差曲线

第3步优化后，conic = -0.652，光路简图如图5-15所示，球差曲线如图5-16所示。

（4）第4步优化　由图5-15看出，透镜已变尖，将厚度由10mm改为20mm；另从图5-16看，第3步优化后残留像差还很大，所以除仍以“conic”作变量外，再将四阶和六阶非球面系数增加为变量，仍采用第1步优化时所用的评价函数进行优化。值得指出的是，这里不将二阶非球面系数 $a_2$ 作为变量，是因为它会改变非球面的近轴半径，最终将影响到透镜焦距。

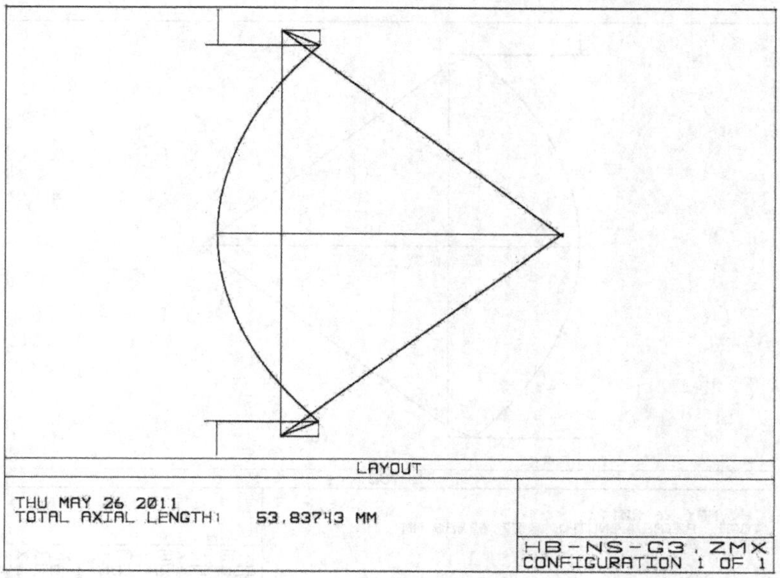


图5-15　特大孔径非球面聚光镜第3步优化后的光路简图

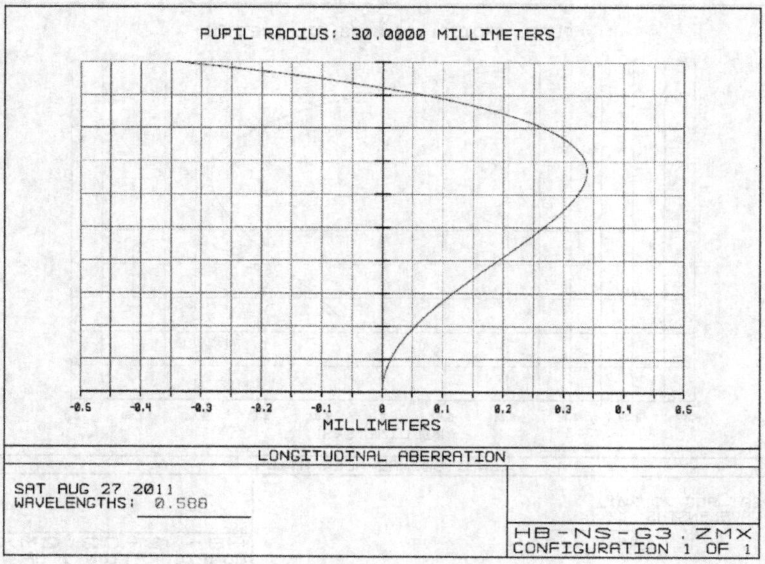


图 5-16 特大孔径非球面聚光镜第 3 步优化后的球差曲线

第 4 步优化后，第一面的非球面参数括号是（31.135，-0.996，0，$1.839\times10^{-6}$，$1.734\times10^{-10}$），光路简图如图 5-17 所示，球差曲线如图 5-18 所示。

（5）第 5 步优化 在第 4 步优化后所得结果的基础上，将入瞳直径 $\phi$ 由 60mm 增大至 80mm，仍将“conic”、四阶和六阶非球面系数作变量，仍沿用第 1 步优化时所采用的评价函数进行第 5 步优化。

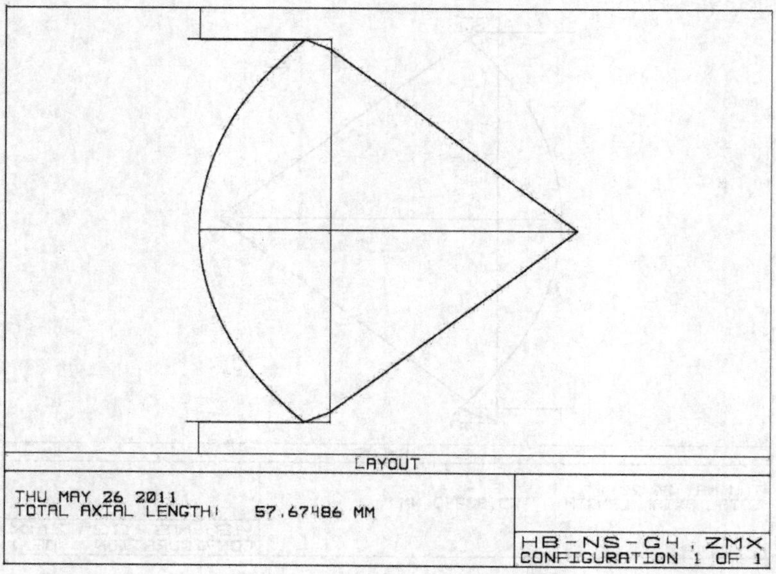


图 5-17 特大孔径非球面聚光镜第 4 步优化后的光路简图

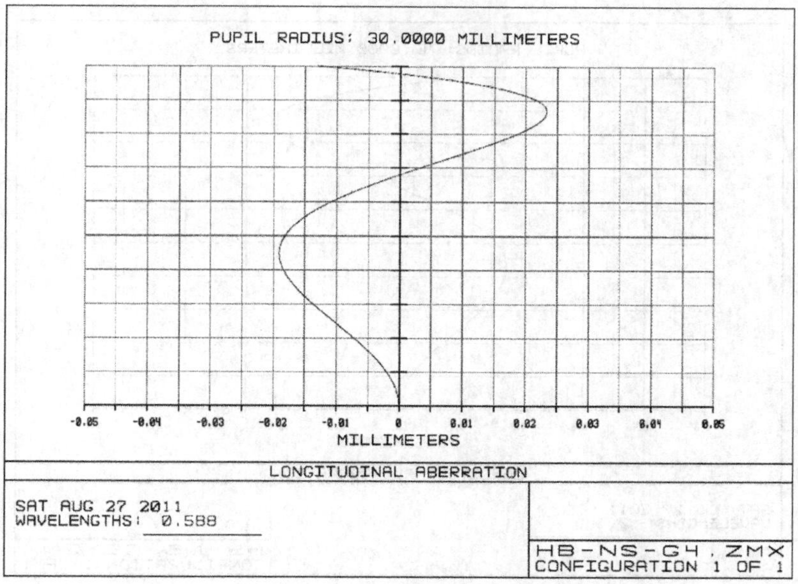


图 5-18　特大孔径非球面聚光镜第 4 步优化后的球差曲线

第 5 步优化后，非球面参数括号是（31.135，-1，0，$2.027\times10^{-6}$，$2.227\times10^{-11}$），光路简图如图 5-19 所示，球差曲线如图 5-20 所示。

（6）第 6 步优化　由图 5-19 看到，孔径加大后，透镜又变尖了，然而此时孔径还未达到预定的设计要求；另外从图 5-20 看到，像差未达到要求。

将透镜的厚度由 20mm 改为 30mm，仍以“conic”、四阶和六阶非球面系数为变量，仍沿用第 1 步优化时所采用的评价函数进行第 6 步优化。

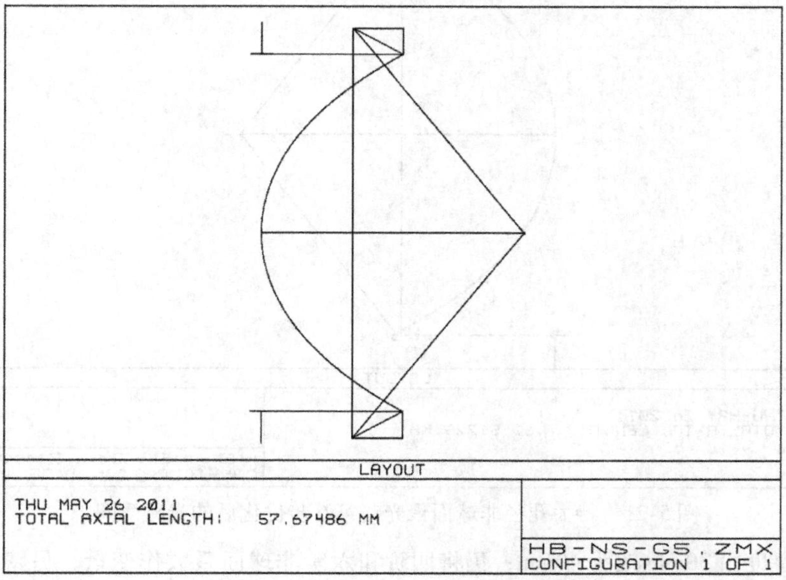


图 5-19　特大孔径非球面聚光镜第 5 步优化后的光路简图

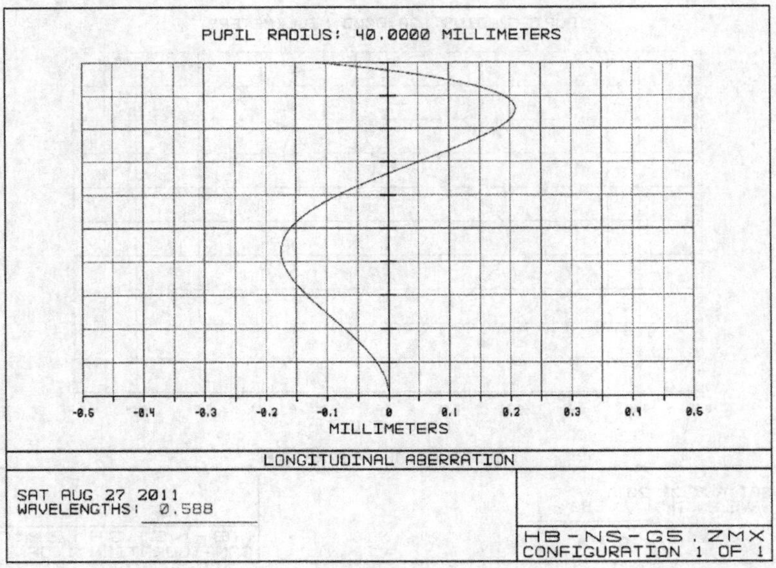


图 5-20 特大孔径非球面聚光镜第 5 步优化后的球差曲线

第 6 步优化后的非球面参数括号为（31.135，-1，0，$2.154\times10^{-6}$，$1.239\times10^{-10}$），光路简图如图 5-21 所示，球差曲线如图 5-22 所示。

（7）第 7 步优化　由图 5-21 看到，透镜的厚度还不够，边缘还是变尖的，事实上此时孔径还未达到设计要求；另外从图 5-22 看到，像差也未达到要求。

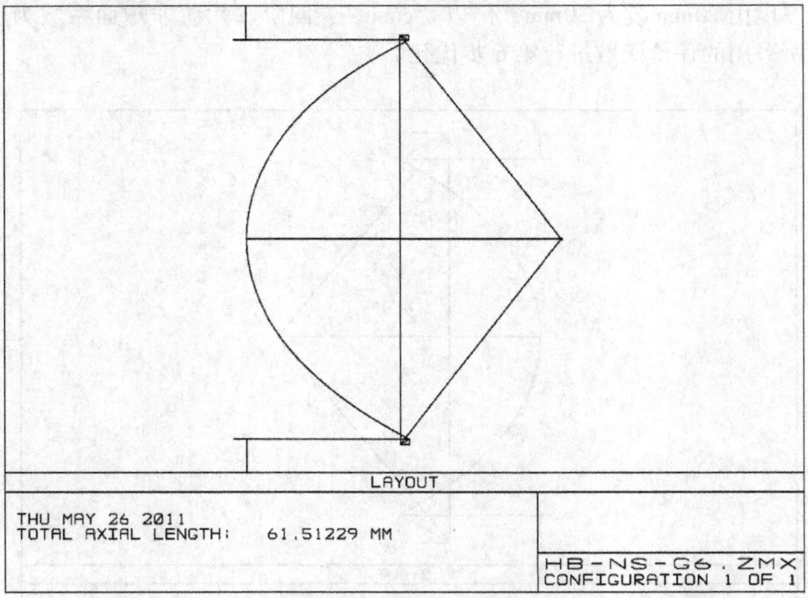


图 5-21 特大孔径非球面聚光镜第 6 步优化后的光路简图

将透镜的厚度由 30mm 改为 40mm；仍将四阶和六阶非球面系数作变量，另将八阶非球面系数和十阶非球面系数增加为变量，而“conic”不再作为变量。沿用第 1 步优化时所用的评价函数，进行第 7 步优化。

经第 7 步优化后，非球面参数括号为（31.135，-1，0，$2.088\times10^{-6}$，$2.915\times10^{-10}$，$2.306\times10^{-13}$，$-1.053\times10^{-16}$），优化后的光路简图如图 5-23 所示，球差曲线如图 5-24 所示。

（8）第 8 步优化　第 7 步优化后，由图 5-24 知像差已符合要求。由图 5-23 左下角的数据知，整个系统的长度即非球面顶点至焦点的距离为 65.34973mm，而透镜厚度为 40mm，所以此时后工作距为 25.35mm，符合设计要求。通过路径："主窗口 Analysis→Calculations→Ray Trace"，查到 $U'=54.64°$，这还不符合设计要求。

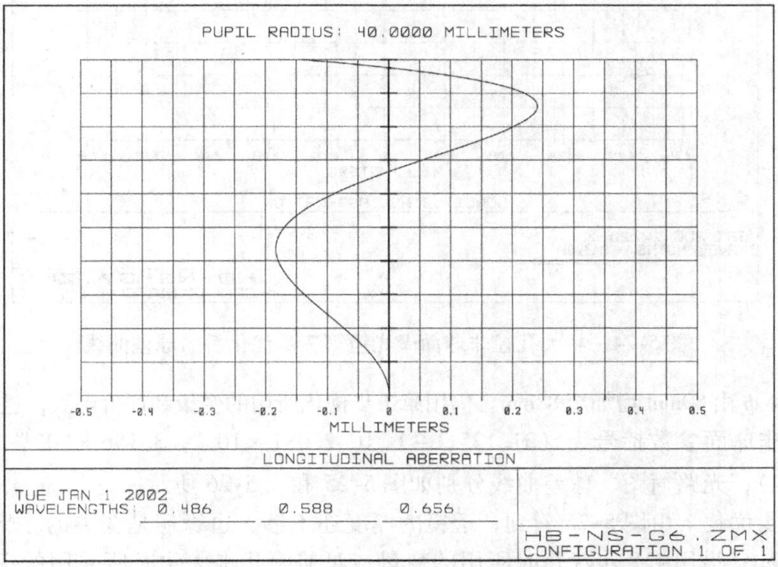


图 5-22　特大孔径非球面聚光镜第 6 步优化后的球差曲线

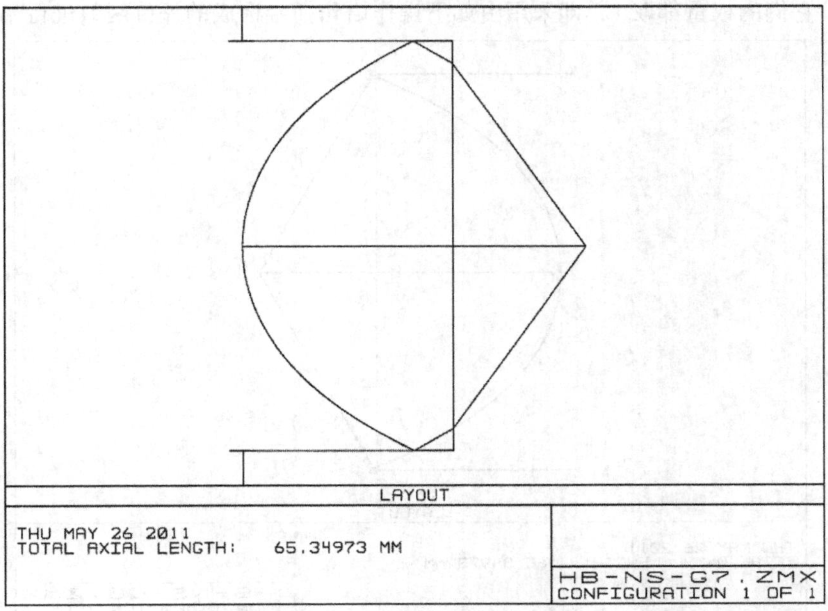


图 5-23　特大孔径非球面聚光镜第 7 步优化后的光路简图

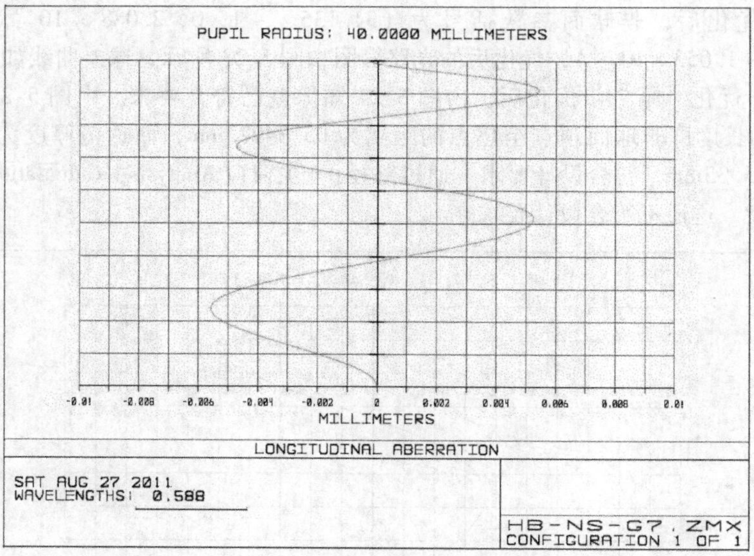


图 5-24 特大孔径非球面聚光镜第 7 步优化后的球差曲线

将入瞳直径 $\phi$ 由 80mm 增加至 88mm。仍用第 7 步优化所用的变量和评价函数，进行第 8 步优化。优化后的非球面参数括号为（31.135，-1，0，$2.081\times10^{-6}$，$3.156\times10^{-10}$，$2.052\times10^{-13}$，$-9.704\times10^{-17}$），光路简图、球差曲线分别如图 5-25 和图 5-26 所示。

（9）第 9 步优化　由图 5-25 看到，透镜的厚度还不够，边缘还是变尖的。将透镜的厚度由 40mm 改为 45mm；沿用第 8 步优化时所用的变量，对前面几步优化时所采用的评价函数稍作改动，以 0.3、0.5、0.7、0.85、0.9、0.95 和全孔径的轴向球差 “LONA” 构成评价函数，它们的目标值取 0，它们的权重都取 1，即采用由如下操作语句括号构成的评价函数进行第 9 步优化：

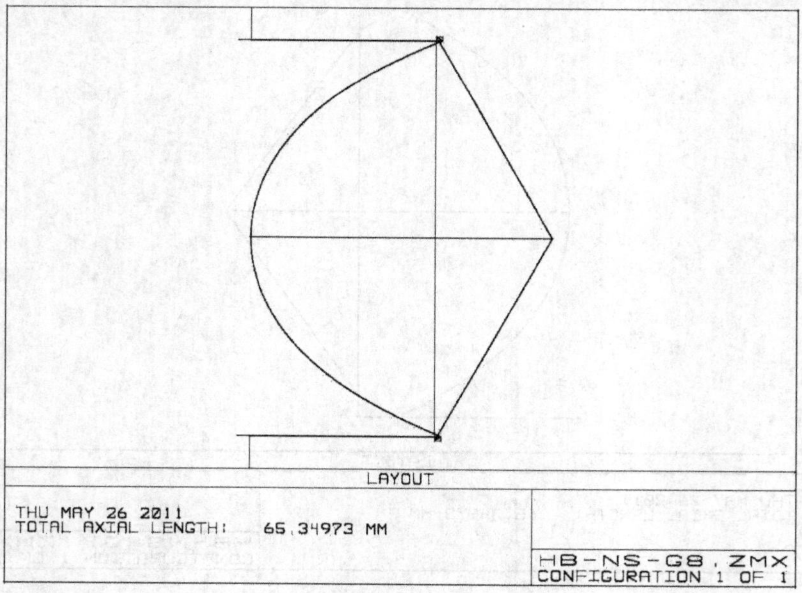


图 5-25 特大孔径非球面聚光镜第 8 步优化后的光路简图

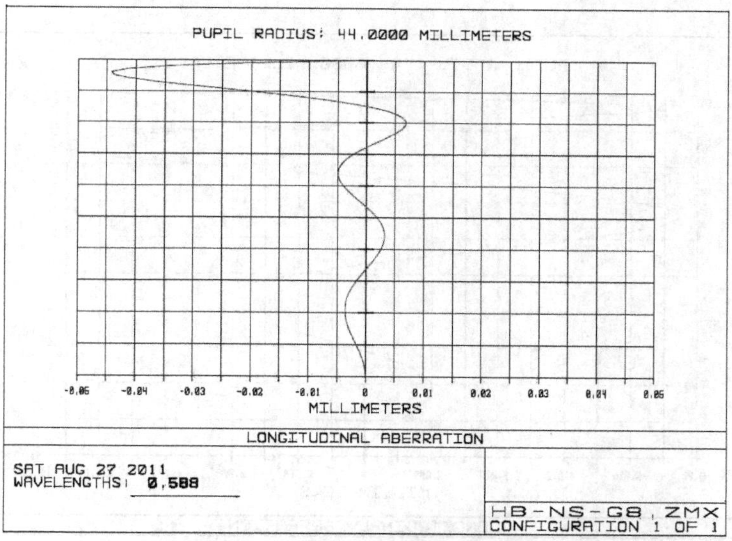


图 5-26　特大孔径非球面聚光镜第 8 步优化后的球差曲线

{LONA(Wave;Zone);Target,Weight}⇒{LONA(1;0.3);0,1}
{LONA(Wave;Zone);Target,Weight}⇒{LONA(1;0.5);0,1}
{LONA(Wave;Zone);Target,Weight}⇒{LONA(1;0.7);0,1}
{LONA(Wave;Zone);Target,Weight}⇒{LONA(1;0.85);0,1}
{LONA(Wave;Zone);Target,Weight}⇒{LONA(1;0.9);0,1}
{LONA(Wave;Zone);Target,Weight}⇒{LONA(1;0.95);0,1}
{LONA(Wave;Zone);Target,Weight}⇒{LONA(1;1);0,1}

与第 1～8 步所用的评价函数相比，第 9 步的评价函数中增加了对 0.9 孔径和 0.95 孔径的球差要求。经第 9 步优化后，非球面参数括号为（31.135，-1，0，$2.148\times10^{-6}$，$3.125\times10^{-10}$，$3.111\times10^{-13}$，$-1.286\times10^{-16}$），优化后的光路简图如图 5-27 所示，球差曲线如图 5-28 所示。

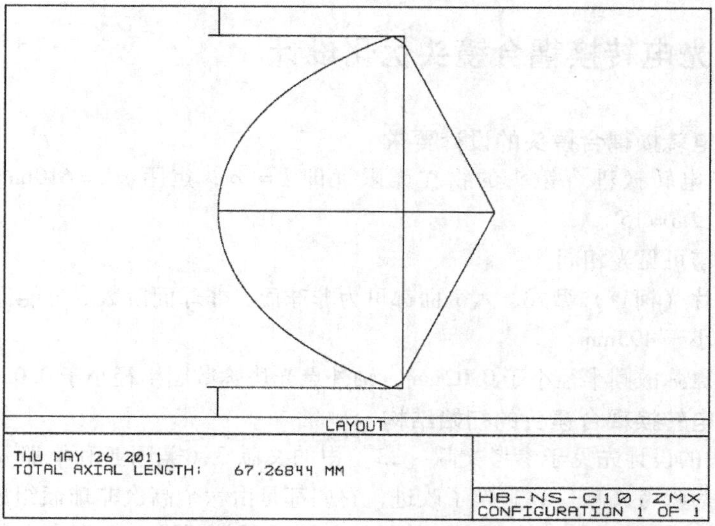


图 5-27　特大孔径非球面聚光镜第 9 步优化后的光路简图

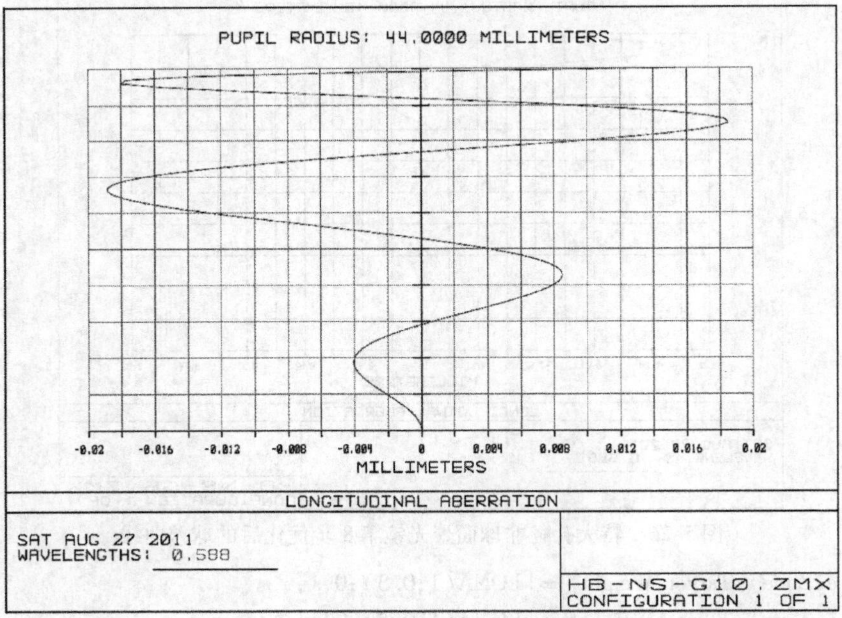


图 5-28　特大孔径非球面聚光镜第 9 步优化后的球差曲线

经第 9 步优化后得，后工作距 $l'=22.268$mm，孔径角 $U'=62.2°$，轴向球差 $\delta L'<0.02$mm。全部指标已达到设计要求。

有两点值得指出：①光学镜头的优化设计，往往不会一蹴而就，所以只能以合适的步长循序渐进地去接近目标；②利用非球面设计对于光学系统性能的提高是很有效的，但是一般说来，非球面的加工和检验的难易程度是无法与球面的同日而语的，所以是否采用一定要很好地权衡。

## 5.4　非球面光电转换耦合镜头优化设计

**1. 非球面光电转换耦合镜头的设计要求**

1）非球面光电转换耦合镜头的物在无限远即 $l=\infty$，焦距 $f'=610$mm，入瞳直径 $D=100$mm，全视场为 $2\omega=15°$。

2）工作波段与可见光相同。

3）结构取三片（柯克）型式，六个面都可为非球面，非球面阶数尽可能低。

4）工作距不小于 495mm。

5）轴上点光斑弥散圆半径小于 0.02mm，轴外点光斑弥散圆半径小于 0.05mm。

**2. 非球面光电转换耦合镜头的初始结构**

有关这个镜头的设计先见于参考文献［23］中的文献 3（美国亚利桑那（Arizona）大学光学中心的文献），后参考文献［23］作了改进，它们都是由六个高次非球面组成的三片型式。这里先取参考文献［23］的球面结构作为初始结构，然后释放圆锥系数作为变量进行优化。该初始结构参数见表 5-2，横向像差曲线如图 5-29 所示，点列图如图 5-30 所示。

表5-2 光电转换耦合镜头的初始结构参数

| r/mm | d/mm | n | r/mm | d/mm | n |
|---|---|---|---|---|---|
| 198.415 | 25.4 | SK4(Schott) | ∞(光阑) | 88.685 | |
| -15282 | 89.394 | | 892.659 | 25.4 | SK4(Schott) |
| -282.522 | 6.35 | SF5(Schott) | -193.386 | 495.5 | |
| 148.964 | 0 | | | | |

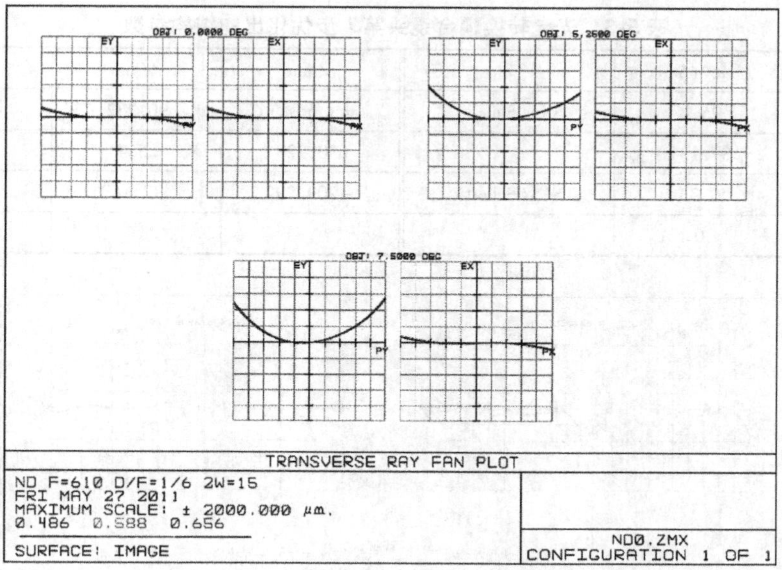


图5-29 光电转换耦合镜头初始结构的横向像差曲线

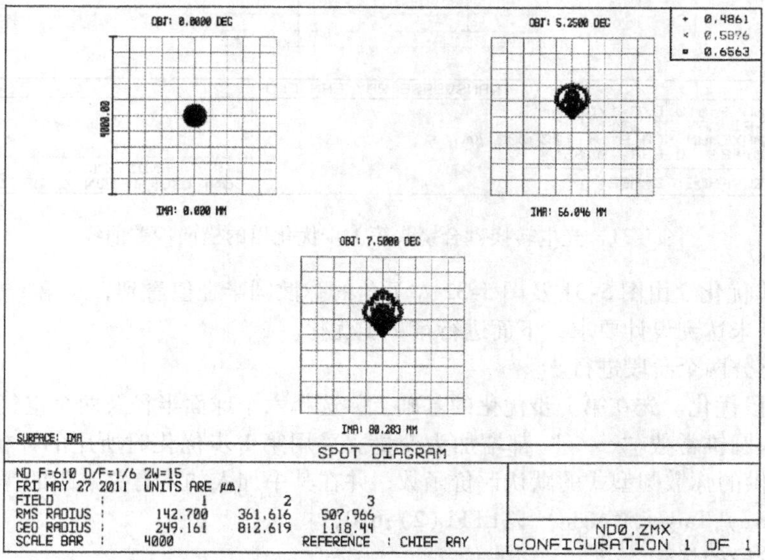


图5-30 光电转换耦合镜头初始结构的点列图

**3. 优化**

（1）第 1 步优化　由图 5-29 及图 5-30 左下角的弥散圆半径值看到，初始结构的像差离设计要求甚远，下面逐步优化改进像质。选择六个球面半径及两个空气间隔作为变量，采用 ZEMAX 程序提供的弥散圆型式的默认评价函数，在其中加入如下有关焦距的操作语句括号：

{EFFL(Wave),Target,Weight}⇒{EFFL(2),610,1}

第 1 步优化后得到的结构参数见表 5-3，横向像差曲线如图 5-31 所示，点列图如图 5-32 所示。

**表 5-3　光电转换耦合镜头第 1 步优化出的结构参数**

| r/mm | d/mm | n | r/mm | d/mm | n |
|---|---|---|---|---|---|
| 195.38 | 25.4 | SK4(Schott) | ∞（光阑） | 90.232 | |
| -122400 | 89.131 | | 680.323 | 25.4 | SK4(Schott) |
| -252.663 | 6.35 | SF5(Schott) | -209.292 | 492.169 | |
| 160.222 | 0 | | | | |

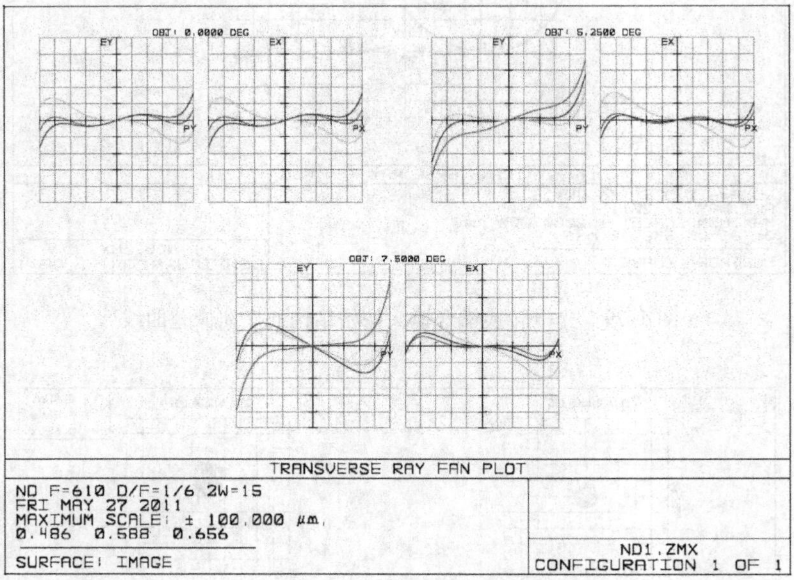


图 5-31　光电转换耦合镜头第 1 步优化出的横向像差曲线

（2）第 2 步优化　由图 5-31 及图 5-32 左下角的弥散圆半径值看到，经第 1 步优化后，像质有了改善，但尚未达到设计要求，下面进行第 2 步优化。

第 2 步优化分两个阶段进行。

1）第 1 阶段优化。先在第 1 步优化的基础上，选择六个球面半径及两个空气间隔作为变量，将六个面的二次圆锥常数“conic”都增加为变量。采用第 1 步优化时所用的评价函数，即采用 ZEMAX 程序提供的弥散圆型式的默认评价函数，并在其中加入如下有关焦距的操作语句括号：

{EFFL(Wave);Target,Weight}⇒{EFFL(2);610,1}

完成第 1 阶段的优化。

2）第 2 阶段优化　将程序要计算的视场由第 1 阶段优化时的三个改为六个视场，即 0、0.3、0.5、0.7、0.85 和全视场。这样修改后，当采用 ZEMAX 程序提供的默认评价函数时，就

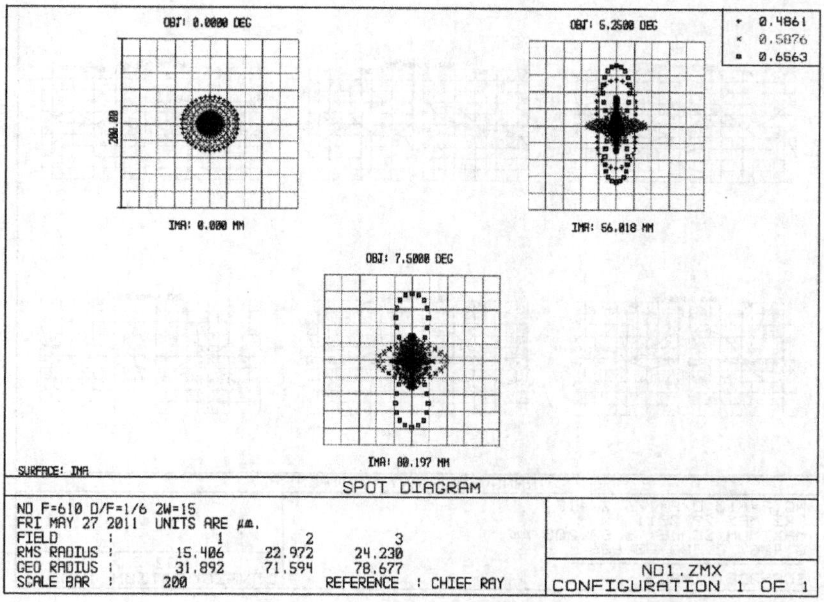


图 5-32　光电转换耦合镜头第 1 步优化出的点列图

对六个视场的弥散圆大小都提出了要求。再在其中加入如下有关焦距的操作语句括号：
{EFFL(Wave);Target,Weight}⇒{EFFL(2);610,1}

完成第 2 阶段的优化。

第 2 步优化后得到的结构参数见表 5-4，横向像差曲线如图 5-33 所示，点列图如图 5-34 所示。

**表 5-4　光电转换耦合镜头第 2 步优化出的结构参数**

| *r*/mm | *d*/mm | conic | *n* |
|---|---|---|---|
| 499.946 | 25.4 | -7.809 | SK4(Schott) |
| -342.161 | 101.786 | -10.097 | |
| -373.264 | 6.35 | 4.153 | SF5(Schott) |
| 145.257 | 0 | -3.791 | |
| ∞(光阑) | 97.338 | | |
| 693.573 | 25.4 | -29.301 | SK4(Schott) |
| -218.499 | 494.967 | -0.156 | |

（3）第 3 步优化　由图 5-33 及图 5-34 左下角的弥散圆半径值看到，经第 2 步优化后，像质有了进一步的改善，基本上达到了设计要求。现在的像质情况是轴外点弥散圆半径小于 0.04mm，优于设计要求，但轴上点弥散圆半径稍大于 0.02mm 的要求。进行第 3 步优化调整，以满足设计要求。

第 3 步优化调整时，仍然选择六个球面半径、六个圆锥常数“conic”及两个空气间隔作为变量，采用 ZEMAX 程序提供的弥散圆型式的默认评价函数，但将其中 0 视场中各操作项中的权

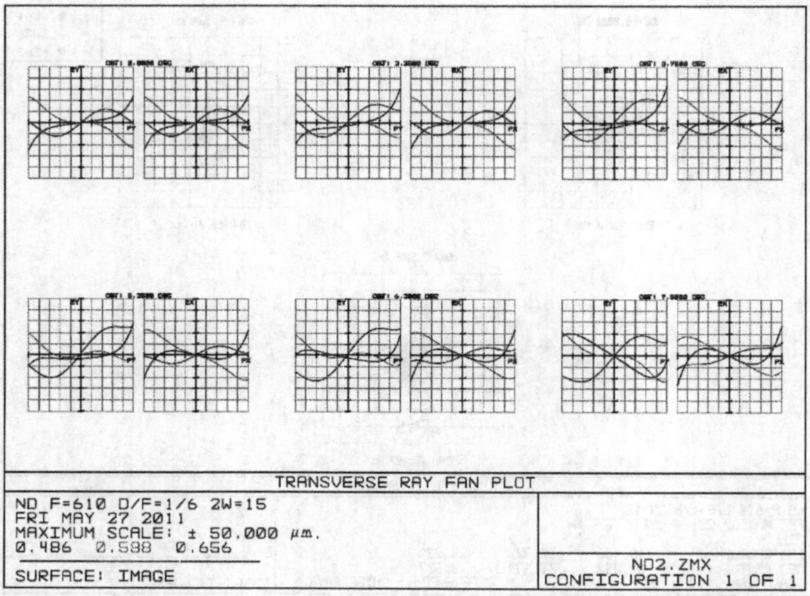


图 5-33　光电转换耦合镜头第 2 步优化出的横向像差曲线

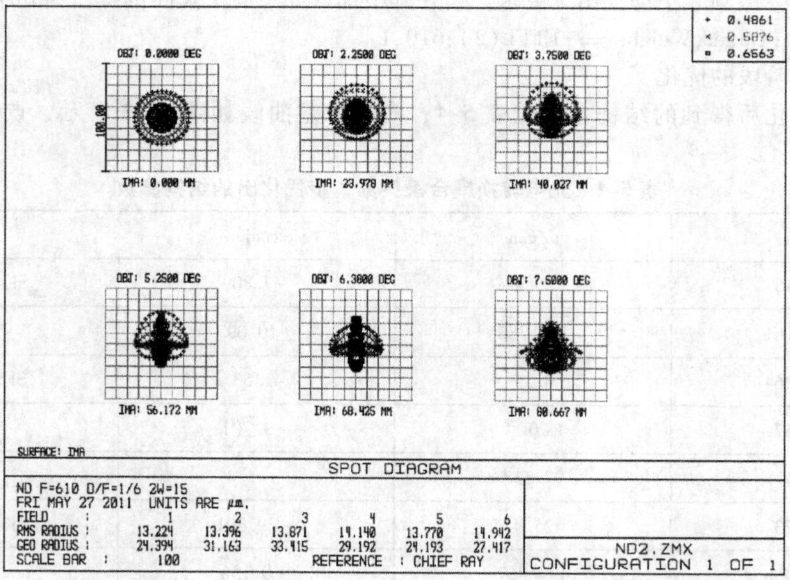


图 5-34　光电转换耦合镜头第 2 步优化出的点列图

重都增大 16 倍，并在其中加入如下有关焦距的操作语句括号：

{EFFL(Wave),Target,Weight}⇒{EFFL(2),610,1}

第 3 步优化调整后得到的结构参数见表 5-5，横向像差曲线如图 5-35 所示，点列图如图 5-36 所示。

表 5-5　光电转换耦合镜头第 3 步优化出的结构参数

| $r$/mm | $d$/mm | conic | $n$ |
|---|---|---|---|
| 563.538 | 25.4 | -13.312 | SK4(Schott) |
| -298.773 | 96.247 | -8.381 | |
| -455.083 | 6.35 | 6.897 | SF5(Schott) |
| 145.566 | 0 | -3.975 | |
| ∞(光阑) | 108.372 | | |
| 959.71 | 25.4 | -64.356 | SK4(Schott) |
| -224.984 | 486.019 | -0.204 | |

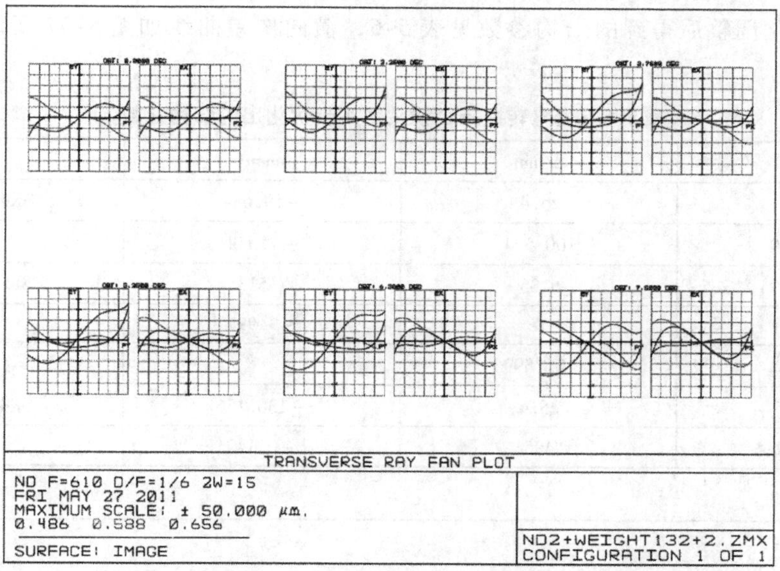


图 5-35　光电转换耦合镜头第 3 步优化出的横向像差曲线

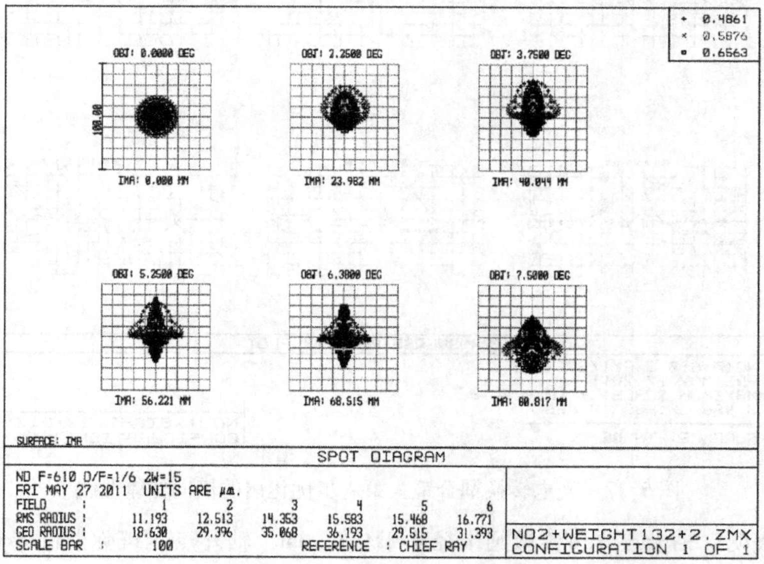


图 5-36　光电转换耦合镜头第 3 步优化出的点列图

（4）第 4 步优化　由图 5-35 及图 5-36 左下角的弥散圆半径值看到，经第 3 步优化调整后，轴外点的弥散圆半径小于 0.04mm，轴上点的弥散圆半径小于 0.02mm 的要求，优于设计要求。但工作距为 486mm，没有达到设计要求。下面进行第 4 步优化调整，以满足设计要求。

第 4 步优化调整时，仍然选择六个球面半径、六个圆锥常数“conic”及两个空气间隔作为变量，采用程序提供的弥散圆形式的默认评价函数，将其中 0 视场中各操作项中的权重都增大 16 倍，并在其中加入如下焦距的操作语句括号：

{EFFL(Wave);Target,Weight} ⇒ {EFFL(2);610,1}

并加入如下要求工作距大于等于 495mm 的操作语句括号：

{MNCT(Surf1,Surf2);Target,Weight} ⇒ {MNCT(7,7);495,1}

第 4 步优化调整后得到的结构参数见表 5-6，横向像差曲线如图 5-37 所示，点列图如图 5-38 所示。

**表 5-6　光电转换耦合镜头第 4 步优化出的结构参数**

| $r$/mm | $d$/mm | conic | $n$ |
| --- | --- | --- | --- |
| 641.198 | 25.4 | -19.684 | SK4(Schott) |
| -298.609 | 100.524 | -7.554 | |
| -416.289 | 6.35 | 7.513 | SF5(Schott) |
| 150.015 | 0 | -3.997 | |
| ∞(光阑) | 102.599 | | |
| 1233.365 | 25.4 | -130.156 | SK4(Schott) |
| -205.71 | 495 | -0.142 | |

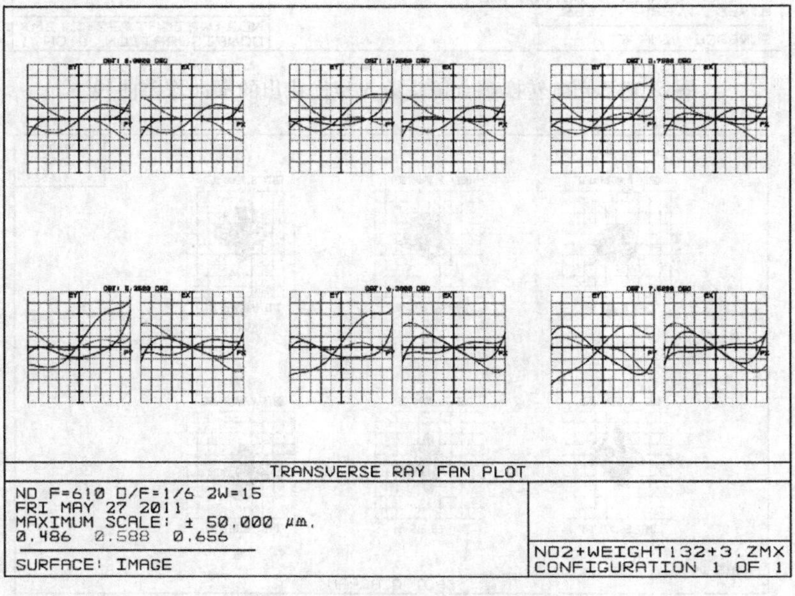


图 5-37　光电转换耦合镜头第 4 步优化出的横向像差曲线

设计结果表明，轴上点光斑弥散圆半径小于 0.02mm，轴外点光斑弥散圆半径小于 0.05mm，后工作距为 495mm，全部设计要求已经满足，其结构只用了二次圆锥曲面而没有用高次非球面。

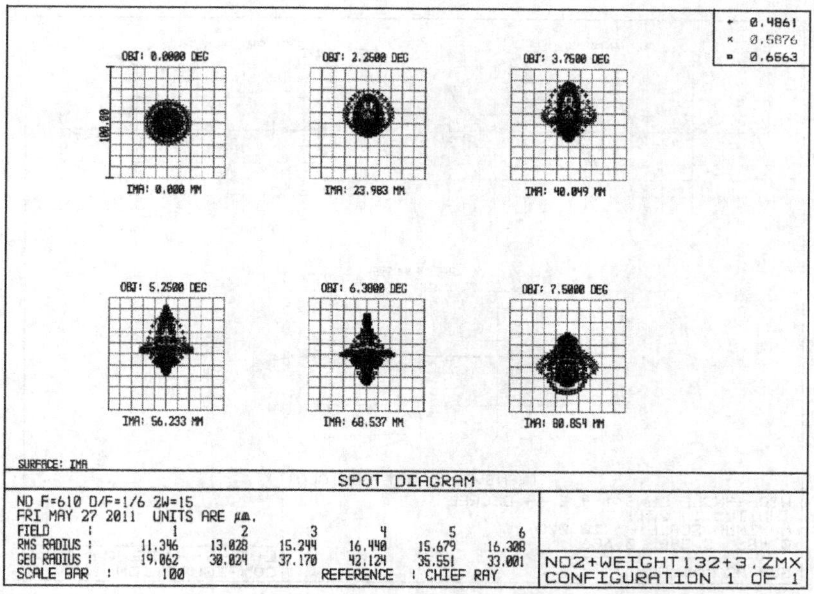


图 5-38　光电转换耦合镜头第 4 步优化出的点列图

## 5.5　总长短的非球面广角物镜优化设计

### 1. 设计背景

在参考文献［24］的第 135 页，列有一个应用了非球面的广角物镜，其系统总长较短。它的焦距为 $f'=1\text{mm}$，相对孔径 $\dfrac{D}{f'}=\dfrac{1}{4.5}$，全视场 $2\omega=64°$；后工作距 $l'=0.449\text{mm}$，系统总长为 0.931mm；工作波段范围是可见光波段。为后面叙述方便，称此物镜为广角物镜 1-4.5-64°I。广角物镜 1-4.5-64°I 的基本结构参数见表 5-7。

**表 5-7　广角物镜 1-4.5-64°I 的基本结构参数**

| r/mm | d/mm | n,v | r/mm | d/mm | n,v |
|---|---|---|---|---|---|
| 0.23341 | 0.1013 | 1.62280,57.1 | −0.42573 | 0.1008 | |
| −0.37997 | 0.0203 | 1.83400,37.2 | −0.17875 | 0.0434 | 1.51633,64.2 |
| 0.43926 | 0.062 | | −0.54311 | 0.0145 | |
| ∞（光阑） | 0.032 | | ∞ | 0.0579 | 1.51633,64.2 |
| 2.2703 | 0.0492 | 1.66672,48.3 | ∞（非球面） | 0.449 | |

表 5-7 中，最后一面是非球面，用非球面参数括号表示为（∞，0，0，0.02833，−21.00700，105.56000，22.66900）。广角物镜 1-4.5-64°I 的横向像差曲线如图 5-39 所示，像散、场曲和畸变曲线如图 5-40 所示，点列图如图 5-41 所示，调制传递函数曲线如图 5-42 所示。

### 2. 分析

由表 5-7 知，在广角物镜 1-4.5-64°I 中，最后一块透镜实际上是一块非球面校正板，因为它的近轴半径为无穷大，面形是由高次非球面构成的，它对系统焦距没有影响；因为这块校正板

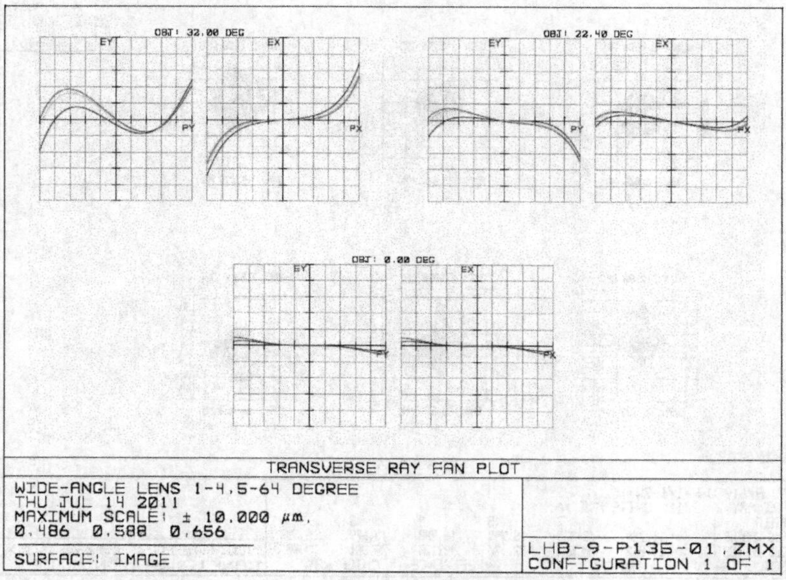


图 5-39 广角物镜 1-4. 5-64°I 的横向像差曲线

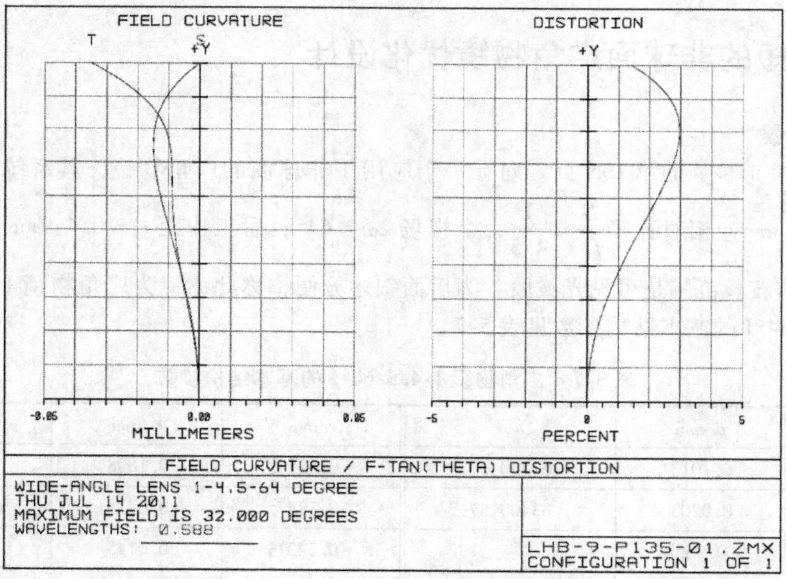


图 5-40 广角物镜 1-4. 5-64°I 的像散、场曲和畸变曲线

放在系统后，远离孔径光阑，所以它主要是用于校正轴外像差的，这在它的光路简图中看得很清楚。其光路简图如图 5-43 所示。

如果将这块校正板从该系统中移去，则系统的光学特性参数没有变化，但系统的像差特别是轴外像差变坏了，无校正板广角物镜 1-45-64°I 的横向像差曲线如图 5-44 所示，像散、场曲和畸变曲线如图 5-45 所示，点列图如图 5-46 所示，调制传递函数曲线如图 5-47 所示。

比较有校正板物镜与无校正板物镜的像差曲线可以清楚地看到，非球面校正板在校正系统的轴外像差上起着重要作用。所以，优化设计的重点在于非球面校正板，即以无校正板的系统为

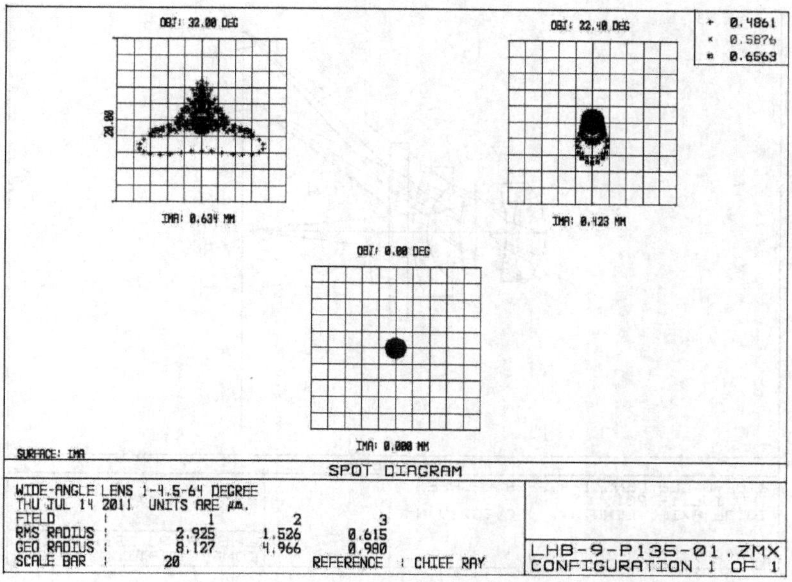


图 5-41　广角物镜 1-4.5-64°I 的点列图

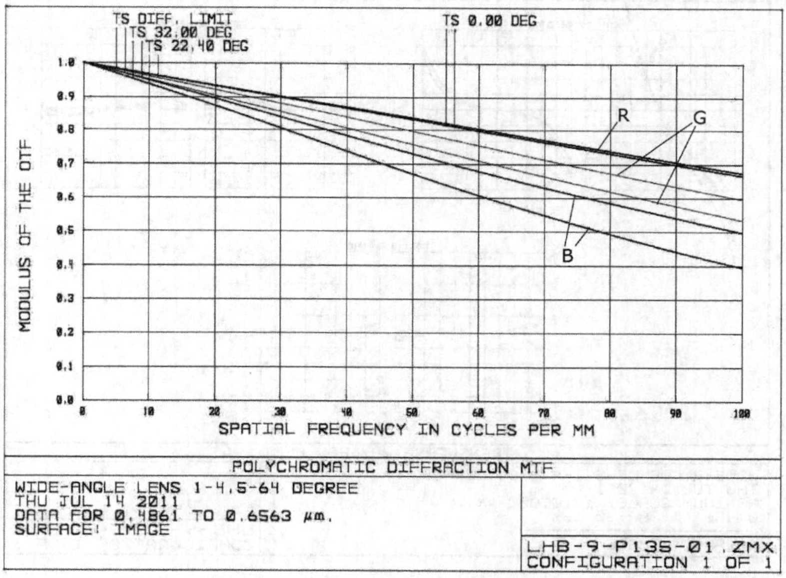


图 5-42　广角物镜 1-4.5-64°I 的调制传递函数曲线

基础，后加一块平行平板，将平行平板的第二面改为高次非球面，令其近轴半径为无穷大，令其圆锥常数“conic”为零，选它的四阶、六阶、八阶、十阶项的非球面系数作变量，优化设计出一个新的总长短的“广角物镜 1-4.5-64°II”，其像质不低于“广角物镜 1-4.5-64°I”的像质。

**3. 准备工作**

（1）初始结构　将表 5-7 所列广角物镜 1-4.5-64°I 最后一面的非球面改为平面，即它的非球面参数括号为（∞，0，0，0，0，0，0），以此为初始结构。也就是说初始结构仅仅是只将广角物镜 1-4.5-64°I 的校正板改为平行平板，而平板的厚度和材料与校正板的相同。

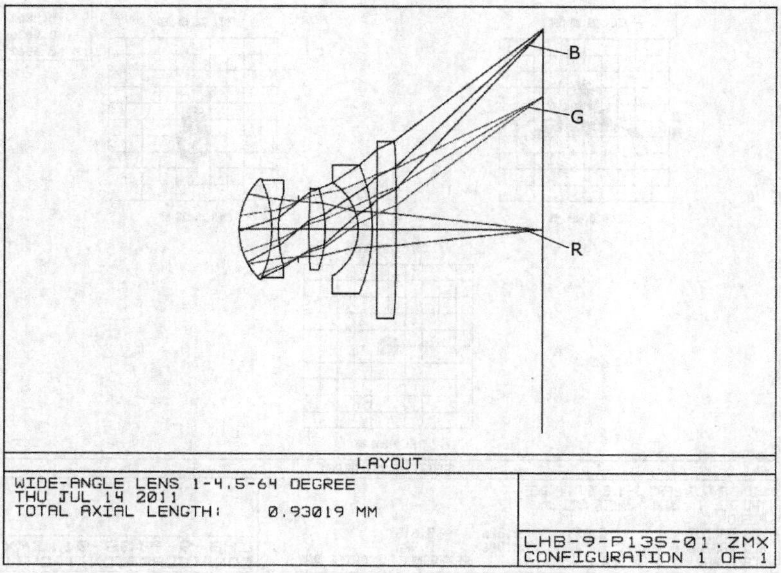


图 5-43 广角物镜 1-4. 5-64°I 的光路简图

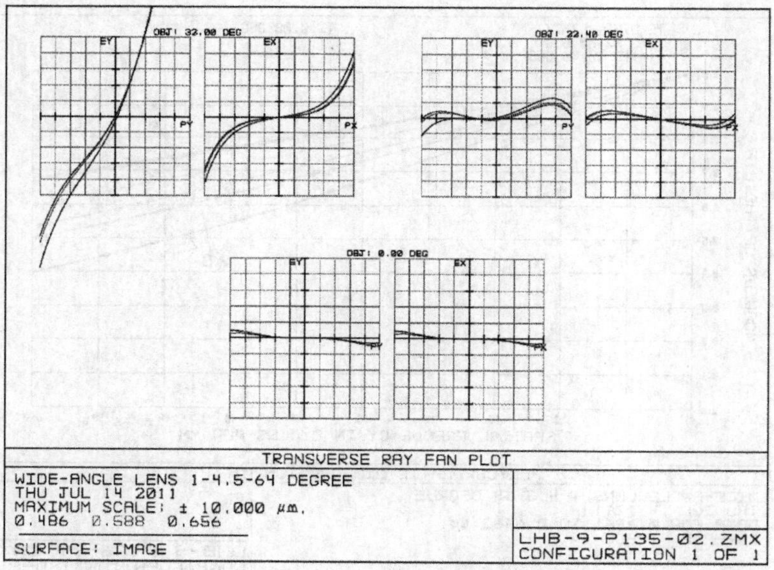


图 5-44 无校正板广角物镜 1-4. 5-64°I 的横向像差曲线

（2） 基本数据 在 ZEMAX 程序主窗口中完成如下的数据填写：

1） Gen→Aperture→Aperture Type( Image space F/#)→Aperture Value(4. 5)→OK。

2） Fie→Type( Angle)→Field Normalization( Radial)→Use→1(√)→Y Field(32)→Weight(1)；Use→2(√)→Y Field(22. 4)→Weight(1)；Use→3(√)→Y Field(0)→Weight(1)→OK。

3） Wave→左下角下拉式菜单中选择（F，d，C)→Select，此时左上角自动显示：1(√)→Wavelength(0. 48613270)→Weight(1)

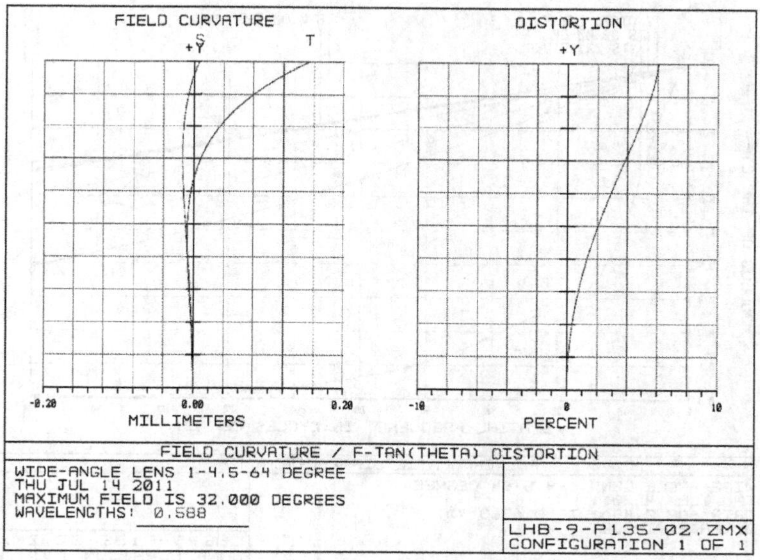


图 5-45　无校正板广角物镜 1-4.5-64°I 的像散、场曲和畸变曲线

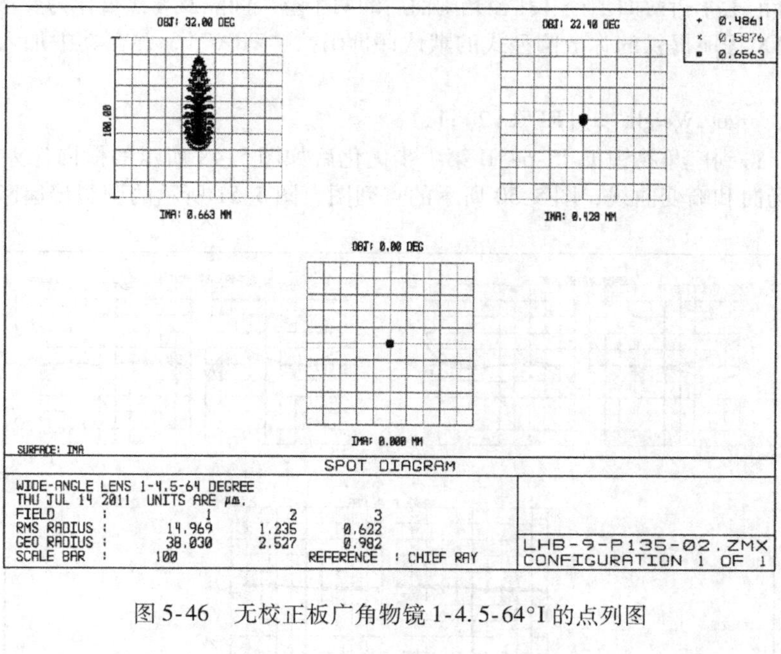


图 5-46　无校正板广角物镜 1-4.5-64°I 的点列图

2(√)→Wavelength(0.58756180)→Weight(1)

3(√)→Wavelength(0.65627250)→Weight(1)

右下角显示:Primary(2)→OK。

**4. 优化**

(1) 第 1 步优化　将初始结构的最后一面取为轴对称非球面，令其近轴半径为无穷大，圆锥常数“conic”为零，选择四阶、六阶、八阶、十阶项的非球面系数（即式（5-5）中的 $a_4$、$a_6$、$a_8$、$a_{10}$）作

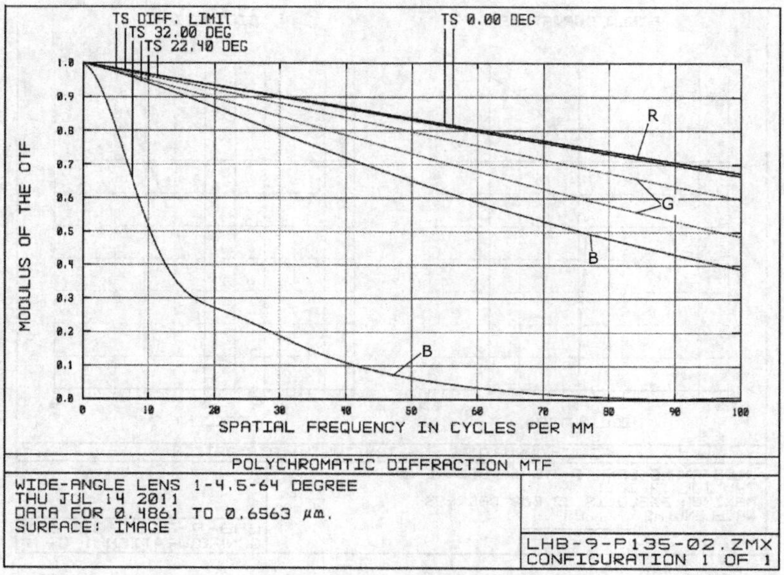


图 5-47 无校正板广角物镜 1-4.5-64°I 的调制传递函数曲线

为变量；并选择前七个折射面半径、孔径光阑前后的两个空气间隔及离焦量作为变量。

采用 ZEMAX 程序提供的弥散圆型式的默认评价函数“TRAC”，并在其中加入如下焦距的操作语句括号：

{EFFL(Wave);Target,Weight}⇒{EFFL(2);1,1}

迭代五次，得到广角物镜 1-45-64°II 第 1 步优化后如图 5-48 所示的横向像差曲线，图 5-49 所示的像散、场曲和畸变曲线，图 5-50 所示的点列图，图 5-51 所示的调制传递函数曲线。

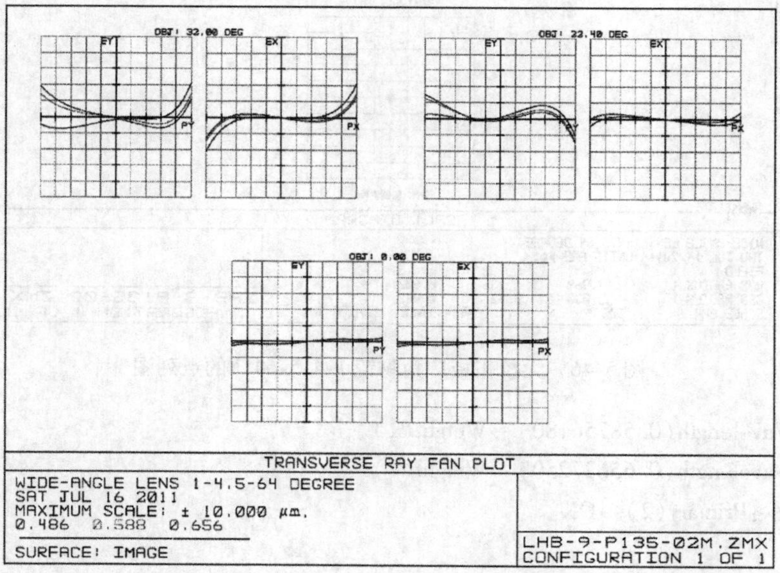


图 5-48 广角物镜 1-4.5-64°II 第 1 步优化后的横向像差曲线

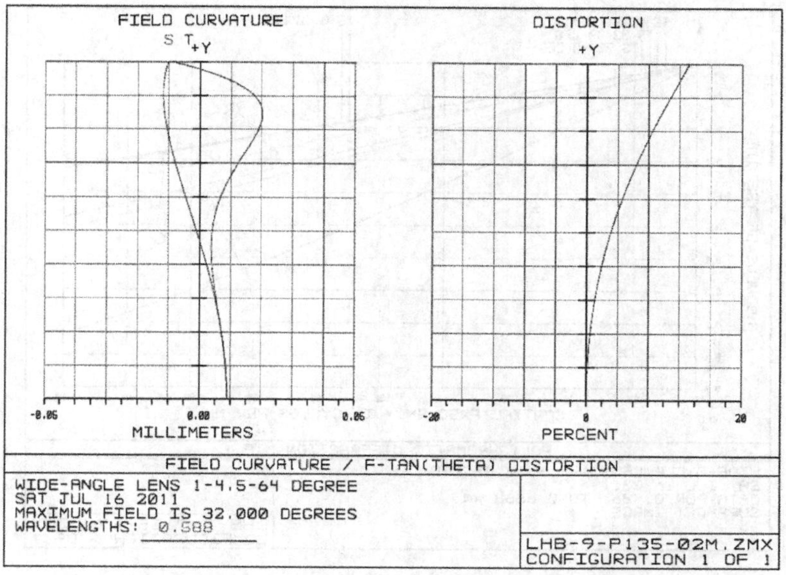


图 5-49　广角物镜 1-4.5-64°II 第 1 步优化后的像散、场曲和畸变曲线

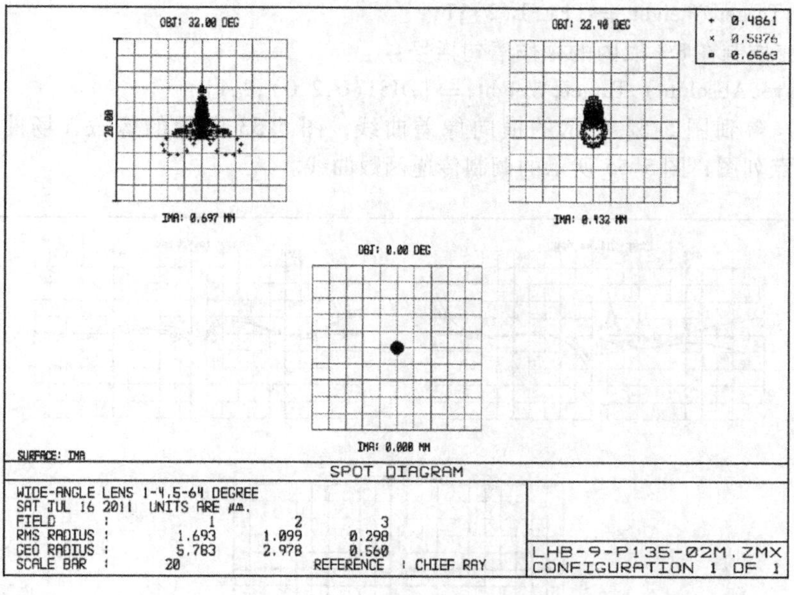


图 5-50　广角物镜 1-4.5-64°II 第 1 步优化后的点列图

（2）第 2 步优化　经第 1 步优化，物镜像质有较大的改善，但畸变变坏了，为 13%。下面进行第 2 步优化。

以第 1 步优化所得结构为基础，选择最后一面的四阶、六阶、八阶、十阶项的非球面系数（即式（5-5）中的 $a_4$、$a_6$、$a_8$、$a_{10}$）作为变量；选择前七个折射面半径、孔径光阑前后的两个空气间隔、离焦量作为变量。

采用 ZEMAX 程序提供的弥散圆型式的默认评价函数“TRAC”，并在其中加入如下有关焦距

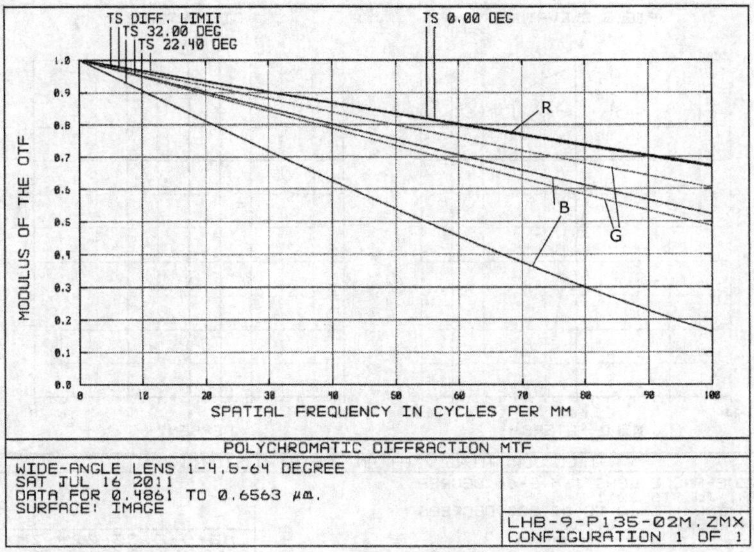


图 5-51 广角物镜 1-4. 5-64°II 第 1 步优化后的调制传递函数曲线

的操作语句括号：

{EFFL(Wave);Target,Weight} ⇒ {EFFL(2);1,1}

以及希望将畸变控制在 8% 以内的操作语句括号：

{DIST(Surf,Wave,Absolute);Target,Weight} ⇒ {DIST(0,2,0);8,1}

迭代五次，得到图 5-52 所示的横向像差曲线，图 5-53 所示的像散、场曲和畸变曲线，图 5-54所示的点列图，图 5-55 所示的调制传递函数曲线。

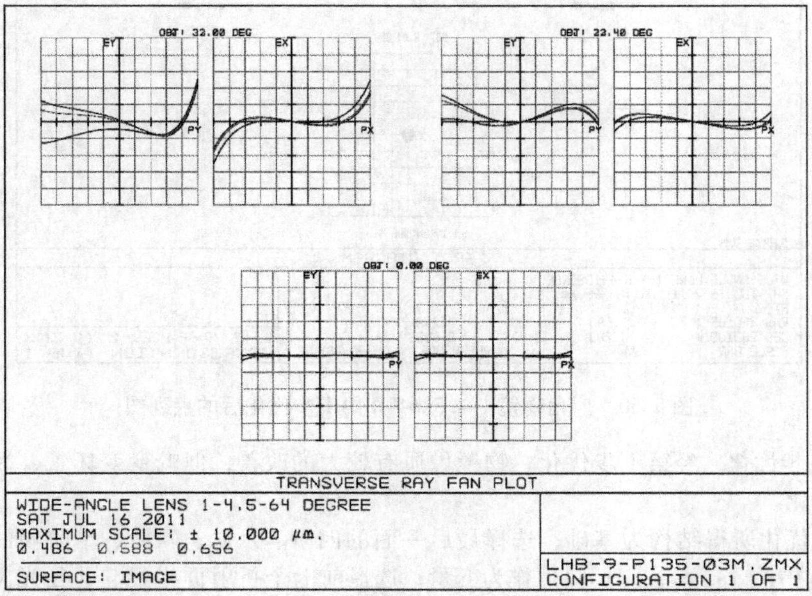


图 5-52 广角物镜 1-4. 5-64°II 第 2 步优化后的横向像差曲线

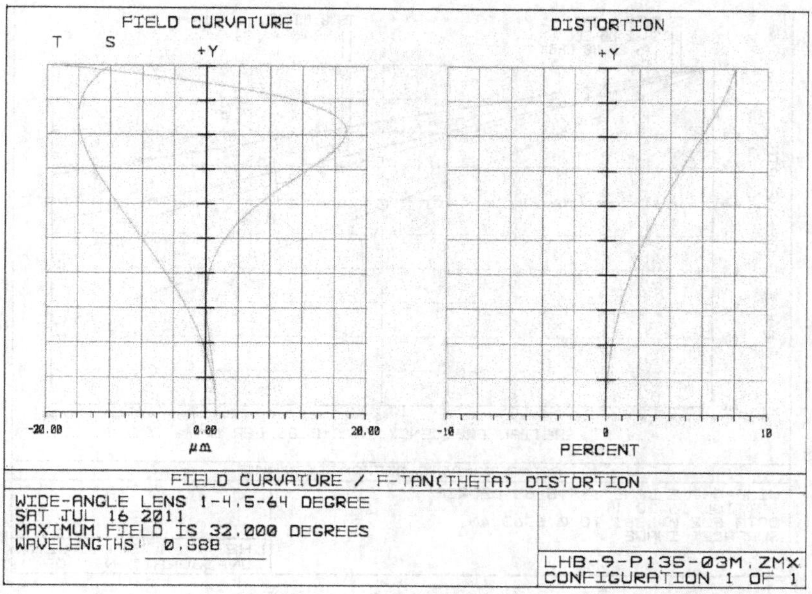


图 5-53 广角物镜 1-4.5-64°II 第 2 步优化后的像散、场曲和畸变曲线

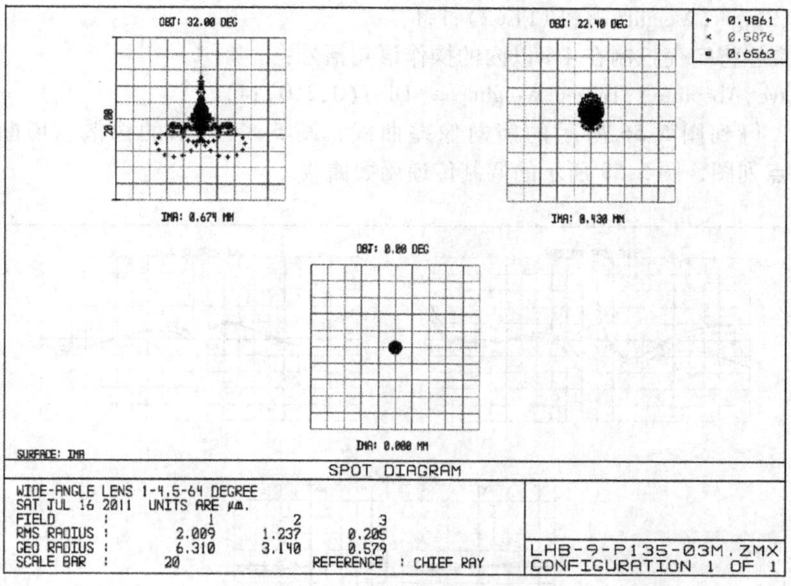


图 5-54 广角物镜 1-4.5-64°II 第 2 步优化后的点列图

（3）第 3 步优化 继续控制畸变，并希望控制最大视场的弥散圆大小，进行第 3 步优化。

以第 2 步优化所得结构为基础，选择最后一面的四阶、六阶、八阶、十阶项的非球面系数（即式（5-5）中的 $a_4$、$a_6$、$a_8$、$a_{10}$）作为变量；选择前七个折射面半径、孔径光阑前后的两个空气间隔、离焦量作为变量。

采用 ZEMAX 程序提供的弥散圆型式的默认评价函数“TRAC”，将默认评价函数中第一视场

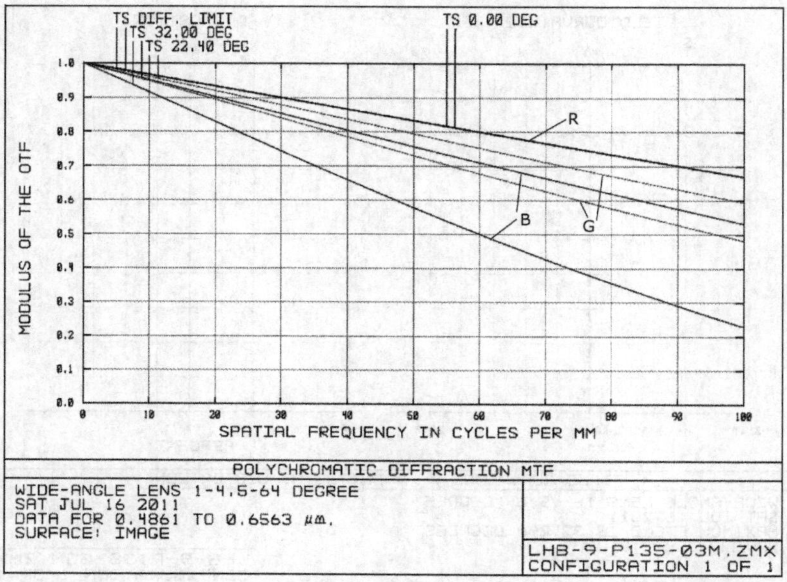


图 5-55 广角物镜 1-4. 5-64°II 第 2 步优化后的调制传递函数曲线

的各项“TRAC”操作数的权重都加大到 0. 5，并在其中加入如下有关焦距的操作语句括号：{EFFL(Wave);Target,Weight}⇒{EFFL(2);1,1}

以及如下希望将畸变控制在 4% 以内的操作语句括号：

{DIST(Surf,Wave,Absolute);Target,Weight}⇒{DIST(0,2,0);4,1}

迭代五次，得到图 5-56 所示的横向像差曲线，图 5-57 所示的像散、场曲和畸变曲线，图 5-58所示的点列图，图 5-59 所示的调制传递函数曲线。

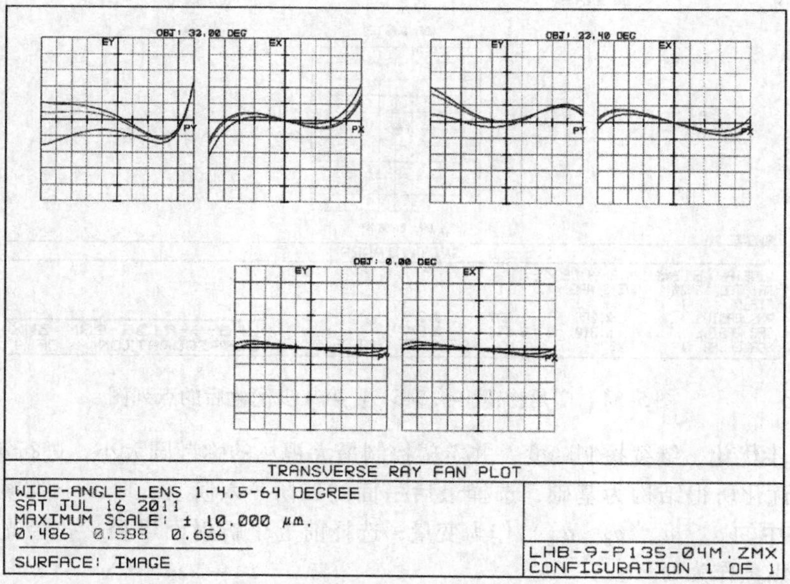


图 5-56 广角物镜 1-4. 5-64°II 第 3 步优化后的横向像差曲线

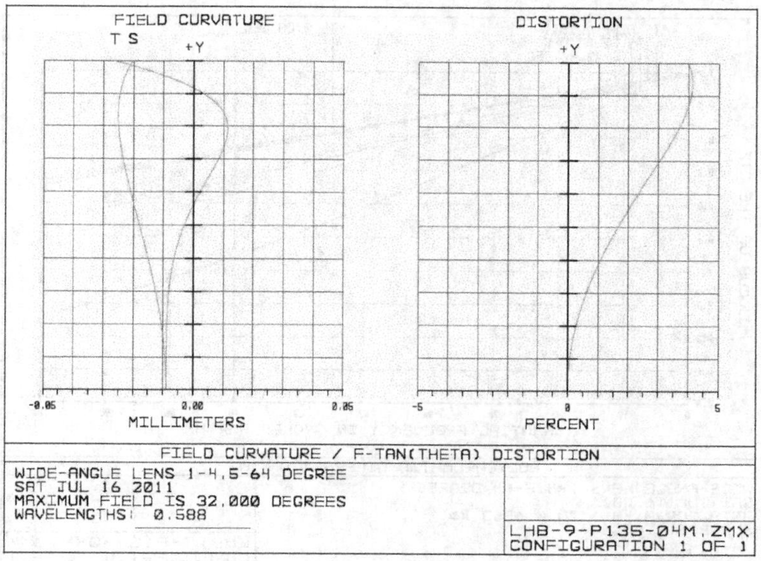


图 5-57　广角物镜 1-4. 5-64°II 第 3 步优化后的像散、场曲和畸变曲线

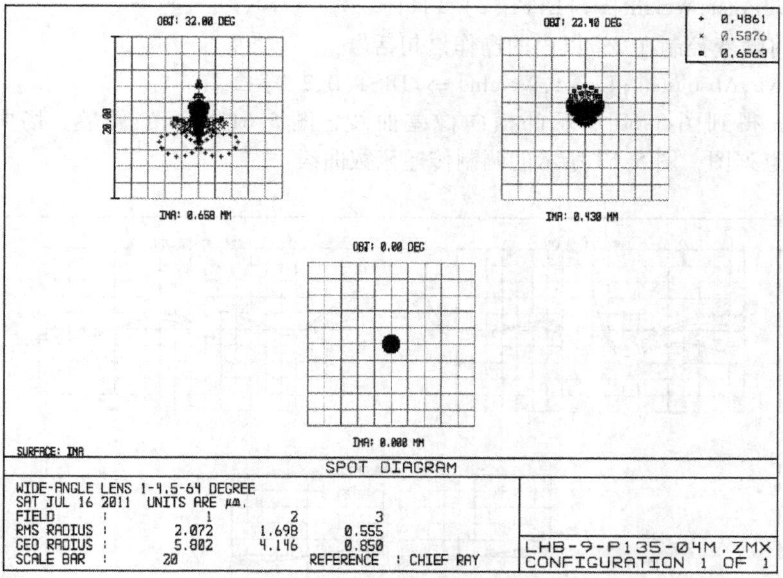


图 5-58　广角物镜 1-4. 5-64°II 第 3 步优化后的点列图

（4）第 4 步优化　继续控制畸变，并希望控制最大视场的弥散圆大小，进行第 4 步优化。

以第 3 步优化所得结构为基础，选择最后一面的四阶、六阶、八阶、十阶项的非球面系数（即式（5-5）中的 $a_4$、$a_6$、$a_8$、$a_{10}$）作为变量；选择前七个折射面半径、孔径光阑前后的两个空气间隔、离焦量作为变量。

采用 ZEMAX 程序提供的弥散圆型式的默认评价函数“TRAC”，将默认评价函数中第一视场的各项“TRAC”操作数的权重都加大到 0. 5，并在其中加入如下有关焦距的操作语句括号：

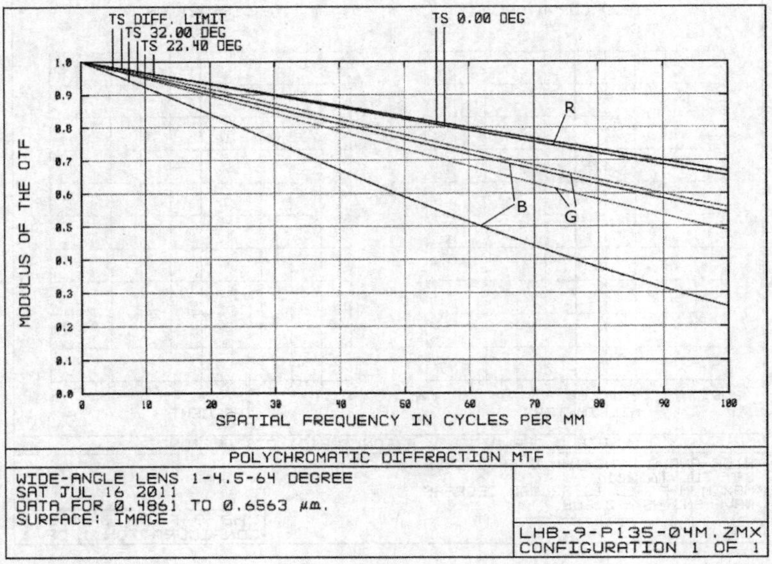


图 5-59　广角物镜 1-4. 5-64°II 第 3 步优化后的调制传递函数曲线

{EFFL(Wave);Target,Weight} ⇒ {EFFL(2);1,1}

以及如下希望将畸变控制在 2% 以内的操作语句括号：

{DIST(Surf,Wave,Absolute);Target,Weight} ⇒ {DIST(0,2,0);2,1}

迭代五次，得到图 5-60 所示的横向像差曲线，图 5-61 所示的像散、场曲和畸变曲线，图 5-62所示的点列图，图 5-63 所示的调制传递函数曲线。

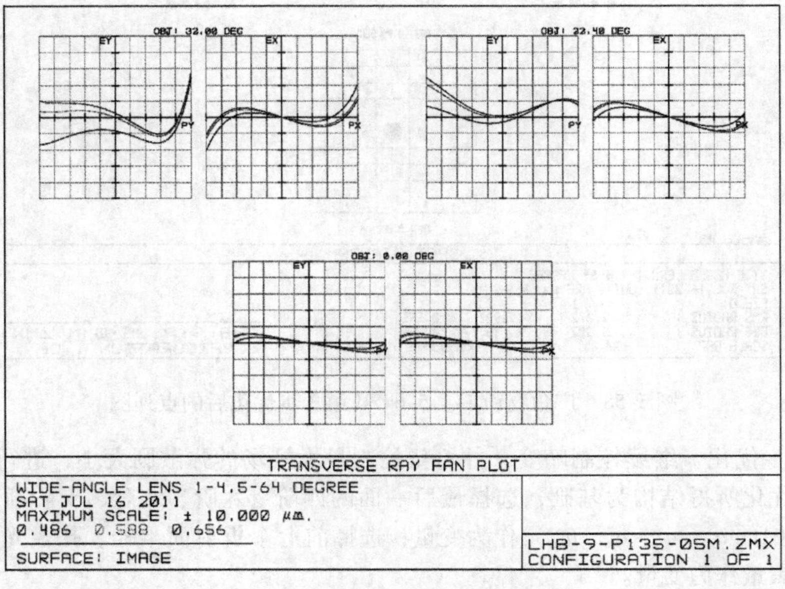


图 5-60　广角物镜 1-4. 5-64°II 第 4 步优化后的横向像差曲线

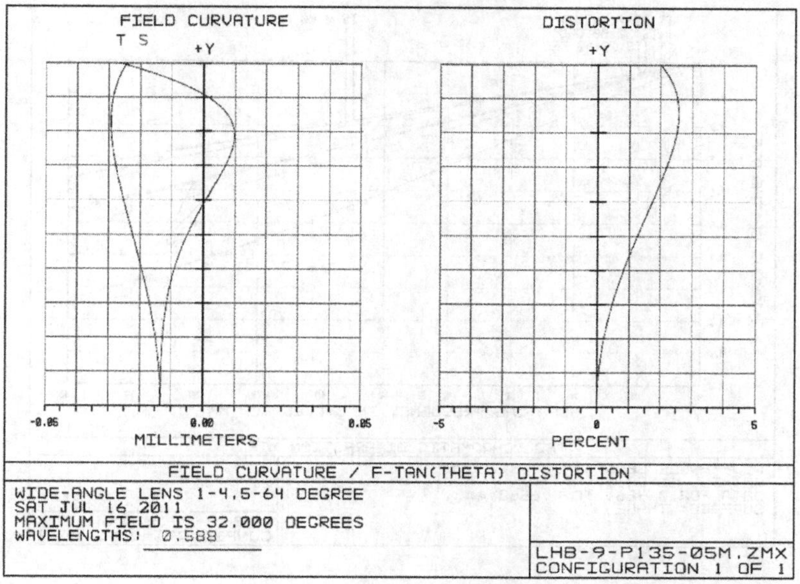


图 5-61　广角物镜 1-4.5-64°II 第 4 步优化后的像散、场曲和畸变曲线

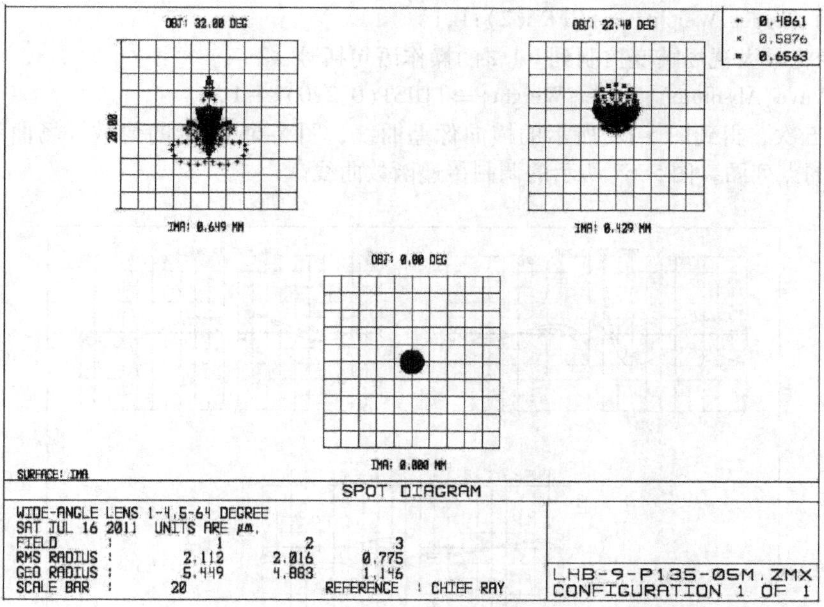


图 5-62　广角物镜 1-4.5-64°II 第 4 步优化后的点列图

(5) 第 5 步优化　继续控制畸变，并希望控制最大视场的弥散圆大小，进行第 5 步优化。

以第 4 步优化所得结构为基础，选择最后一面的四阶、六阶、八阶、十阶项的非球面系数（即式（5-5）中的 $a_4$、$a_6$、$a_8$、$a_{10}$）作为变量；选择前七个折射面半径、孔径光阑前后的两个空气间隔离、离焦量作为变量。

采用 ZEMAX 程序提供的弥散圆型式的默认评价函数“TRAC”，将默认评价函数中第一视场

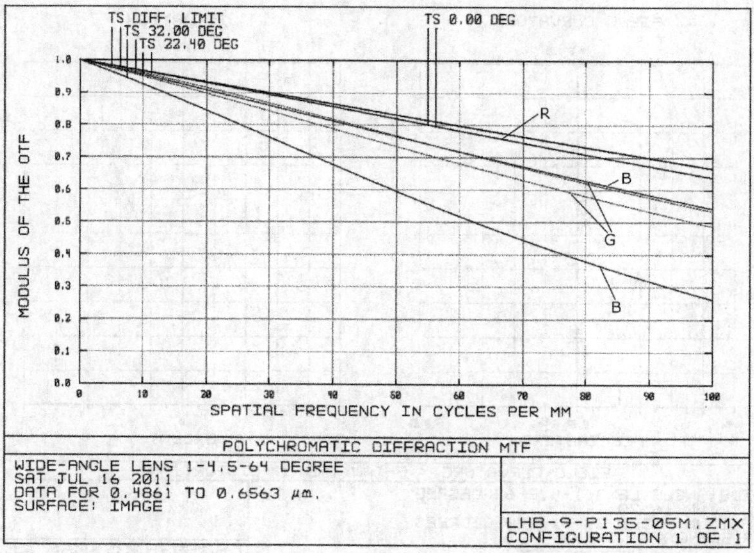


图 5-63　广角物镜 1-4.5-64°II 第 4 步优化后的调制传递函数曲线

的各项“TRAC”操作数的权重都加大到 0.5，并在其中加入如下有关焦距的操作语句括号：

{EFFL(Wave);Target,Weight}⇒{EFFL(2);1,1}

以及如下希望将最大视场畸变控制到 −1% 的操作语句括号：

{DIST(Surf,Wave,Absolute);Target,Weight}⇒{DIST(0,2,0);−1,1}

1）迭代五次，得到图 5-64 所示的横向像差曲线，图 5-65 所示的像散、场曲和畸变曲线，图 5-66 所示的点列图，图 5-67 所示的调制传递函数曲线。

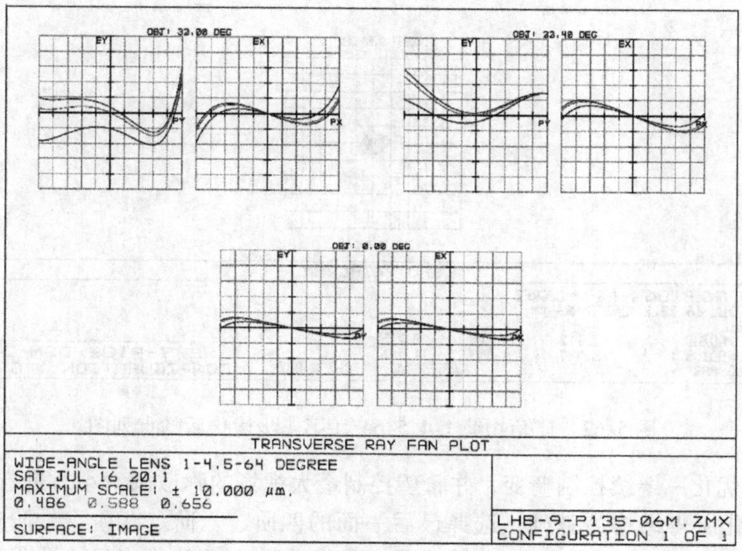


图 5-64　广角物镜 1-4.5-64°II 第 5-1 步优化后的横向像差曲线

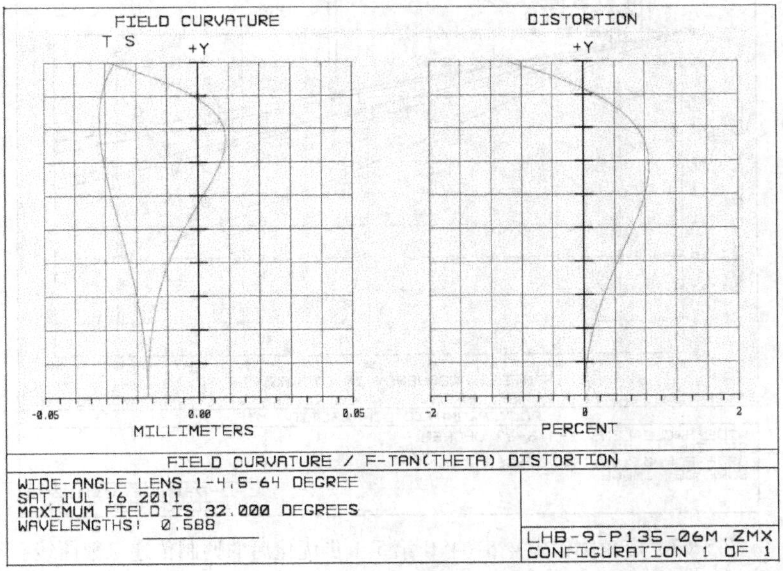


图 5-65　广角物镜 1-4. 5-64°II 第 5-1 步优化后的像散、场曲和畸变曲线

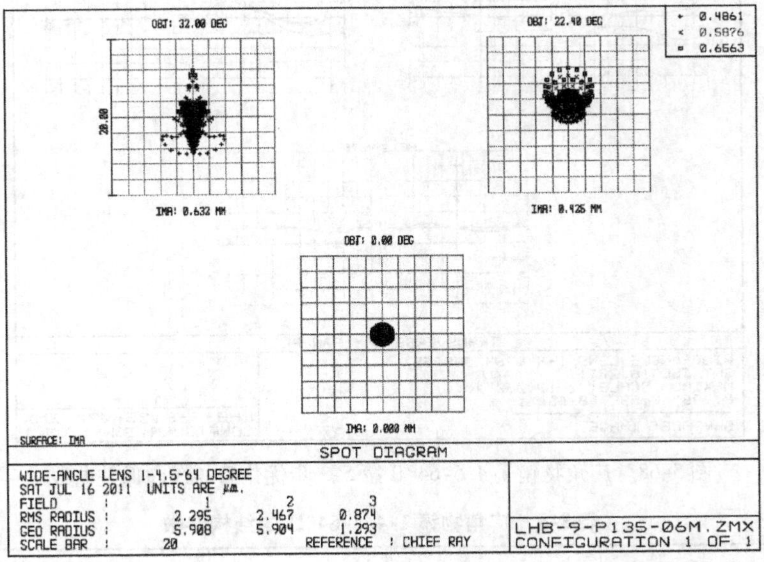


图 5-66　广角物镜 1-4. 5-64°II 第 5-1 步优化后的点列图

2）再迭代五次，得到图 5-68 所示的横向像差曲线，图 5-69 所示的像散、场曲和畸变曲线，图 5-70 所示的点列图，图 5-71 所示的调制传递函数曲线。

3）最后再迭代五次，得到图 5-72 所示的横向像差曲线，图 5-73 所示的像散、场曲和畸变曲线，图 5-74 所示的点列图，图 5-75 所示的调制传递函数曲线。至此，得到表 5-8 所列的广角物镜 1-4. 5-64°II 结构参数。

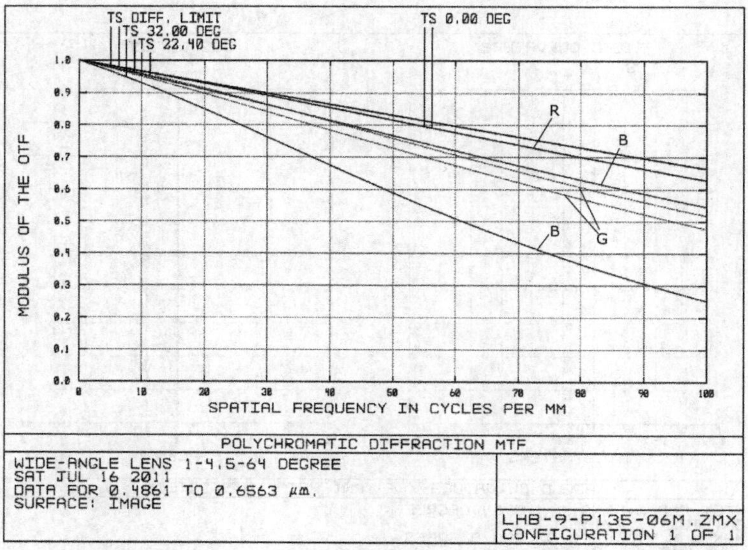


图 5-67　广角物镜 1-4. 5-64°II 第 5-1 步优化后的调制传递函数曲线

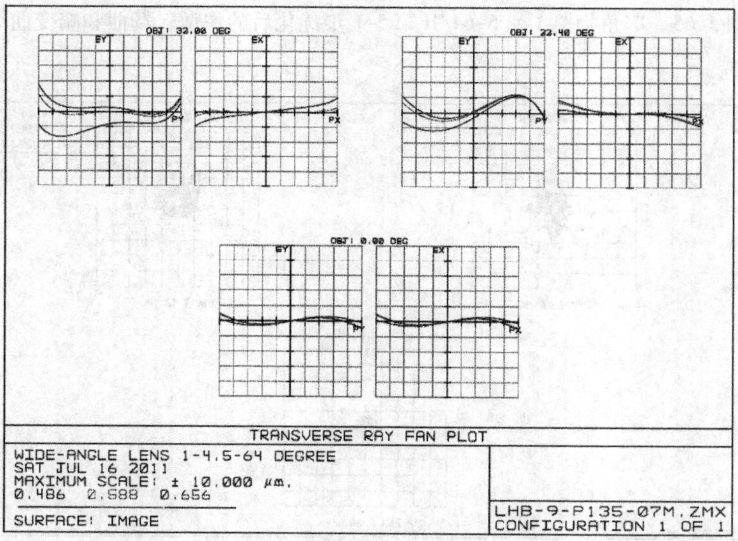


图 5-68　广角物镜 1-4. 5-64°II 第 5-2 步优化后的横向像差曲线

**表 5-8　广角物镜 1-4. 5-64°II 的结构参数**

| $r$/mm | $d$/mm | $n,v$ | $r$/mm | $d$/mm | $n,v$ |
|---|---|---|---|---|---|
| 0.25112 | 0.1013 | 1.62280,57.1 | -0.39663 | 0.1008 | |
| -0.39373 | 0.0203 | 1.83400,37.2 | -0.22156 | 0.0434 | 1.51633,64.2 |
| 0.41196 | 0.084694 | | -0.48386 | 0.0145 | |
| ∞（光阑） | 0.011128 | | ∞ | 0.0579 | 1.51633,64.2 |
| 5.14313 | 0.0492 | 1.66672,48.3 | ∞（非球面） | 0.61 | |

注：表中最后一面是非球面，用非球面参数括号表示为（∞，0，0，1.65037，-49.88263，285.68136，329.60666）。系统总长为 1.002mm，也还是比较短的。

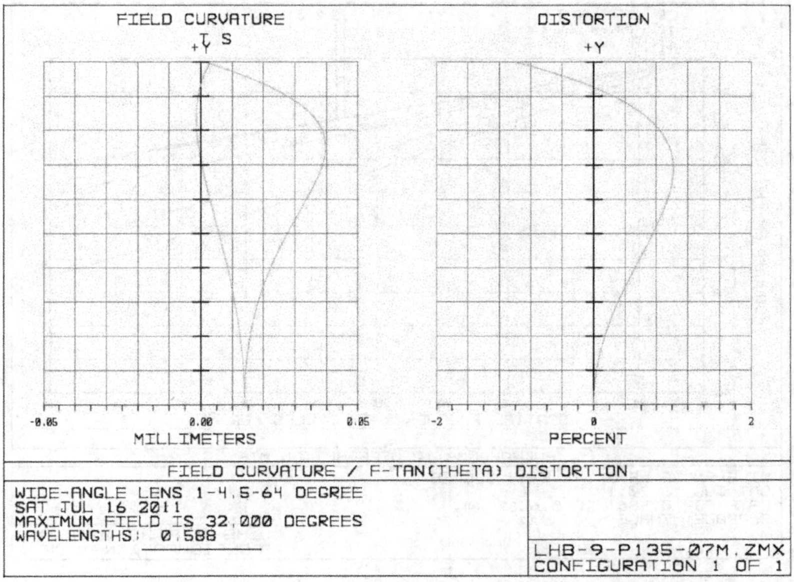


图 5-69　广角物镜 1-4.5-64°II 第 5-2 步优化后的像散、场曲和畸变曲线

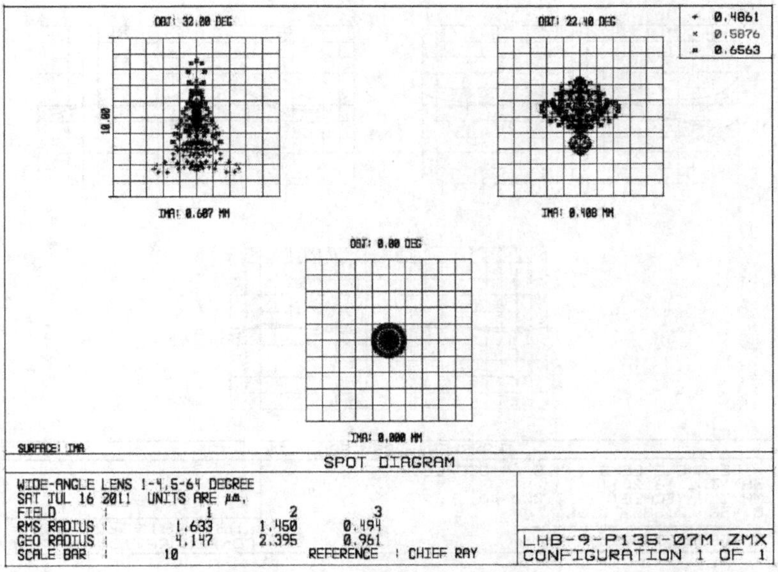


图 5-70　广角物镜 1-4.5-64°II 第 5-2 步优化后的点列图

由图 5-72 ~ 图 5-75 看出，广角物镜 1-4.5-64°II 的像质与广角物镜 1-4.5-64°I 的像质相当，至此预定的设计要求已经达到。后面再作一些试探性的优化，以期进一步改善物镜的像质，优化出的结构简称为广角物镜 1-4.5-64°III。

（6）第 6 步优化

以表 5-8 所列结构为基础，选择最后一面的四阶、六阶、八阶、十阶项的非球面系数（即式（5-5）中的 $a_4$、$a_6$、$a_8$、$a_{10}$）作为变量；选择前七个折射面半径、孔径光阑前后的两个空气

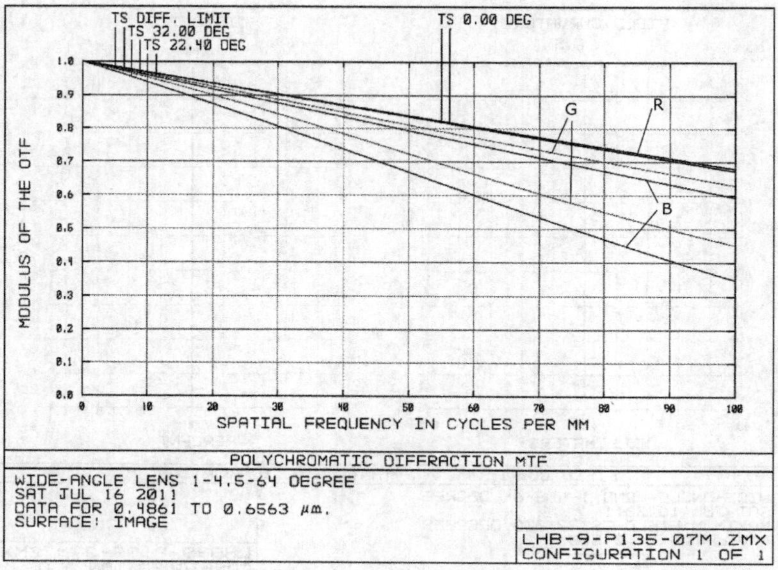


图 5-71 广角物镜 1-4.5-64°II 第 5-2 步优化后的调制传递函数曲线

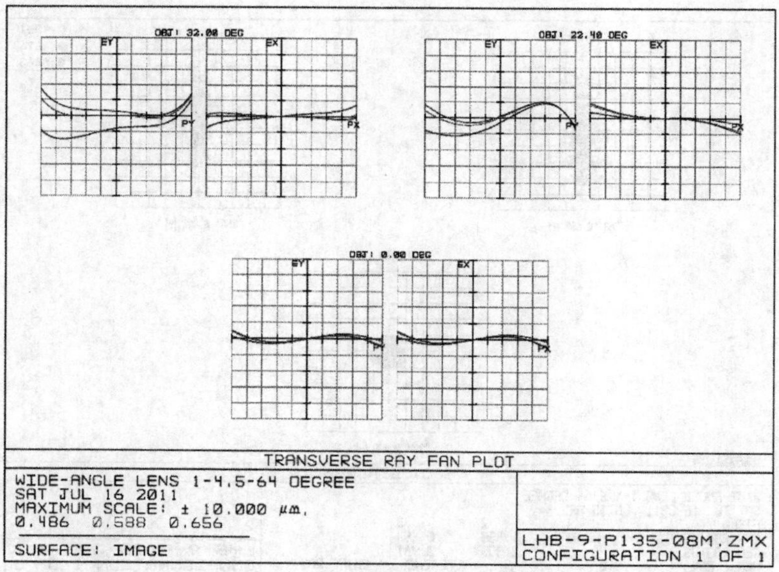


图 5-72 广角物镜 1-4.5-64°II 第 5-3 步优化后的横向像差曲线

间隔、离焦量作为变量。并将第一至第四块透镜的材料由模型玻璃改为替代玻璃。

采用 ZEMAX 程序提供的弥散圆型式的默认评价函数“TRAC”，将默认评价函数中第一视场的各项“TRAC”操作数的权重都加大到 0.5，并在其中加入如下焦距的操作语句括号：

{EFFL(Wave);Target,Weight} ⇒ {EFFL(2);1,1}

以及如下控制畸变像差的操作语句括号：

{DIST(Surf,Wave,Absolute);Target,Weight} ⇒ {DIST(0,2,0); −1,1}

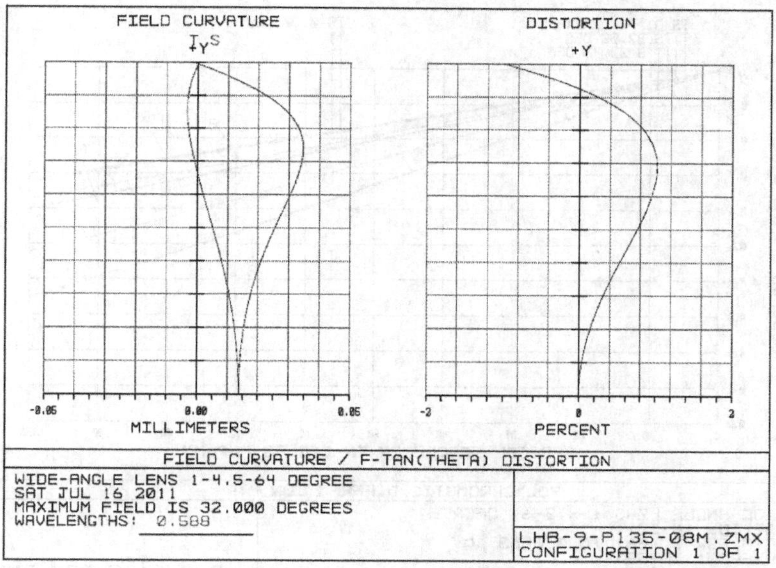


图 5-73　广角物镜 1-4.5-64°II 第 5-3 步优化后的像散、场曲和畸变曲线

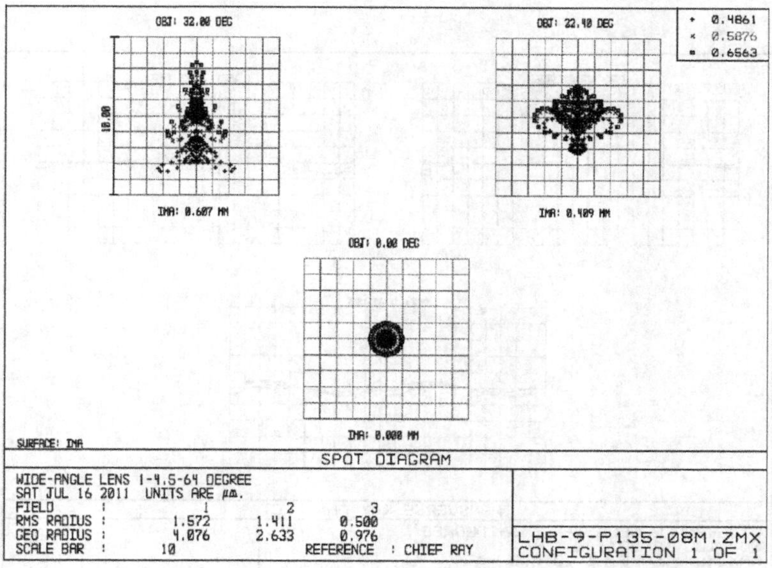


图 5-74　广角物镜 1-4.5-64°II 第 5-3 步优化后的点列图

调用“Hammer”算法进行优化，当评价函数由 0.001343308 下降至 0.000265753 时，中断优化，得到图 5-76 所示的横向像差曲线，图 5-77 所示的像散、场曲和畸变曲线，图 5-78 所示的点列图，图 5-79 所示的调制传递函数曲线。

调用“Hammer”算法进一步优化后，广角物镜 1-4.5-64°III 的像质较之广角物镜 1-4.5-64°I 有了很大的改善，但是第一块透镜的边缘变尖了，这在图 5-80 所示的光路简图中看得很清楚。

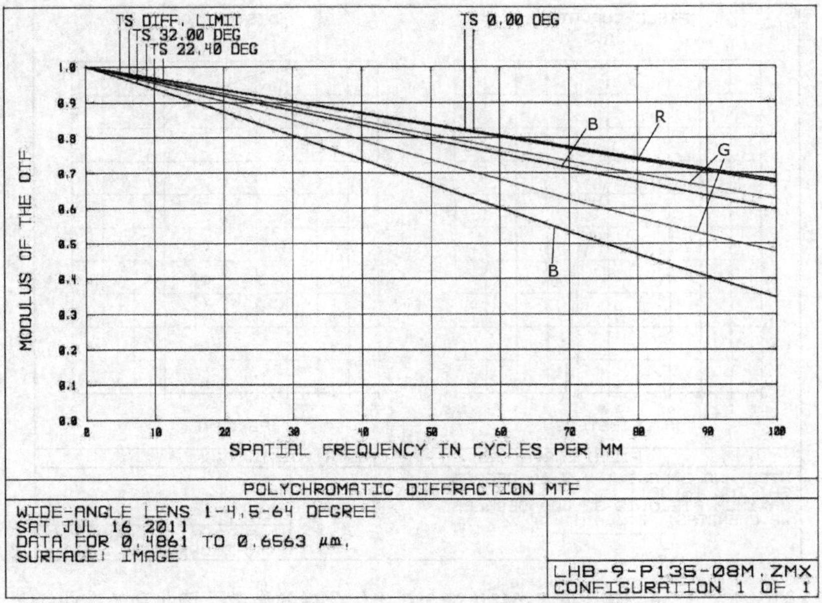


图 5-75 广角物镜 1-4. 5-64°II 第 5-3 步优化后的调制传递函数曲线

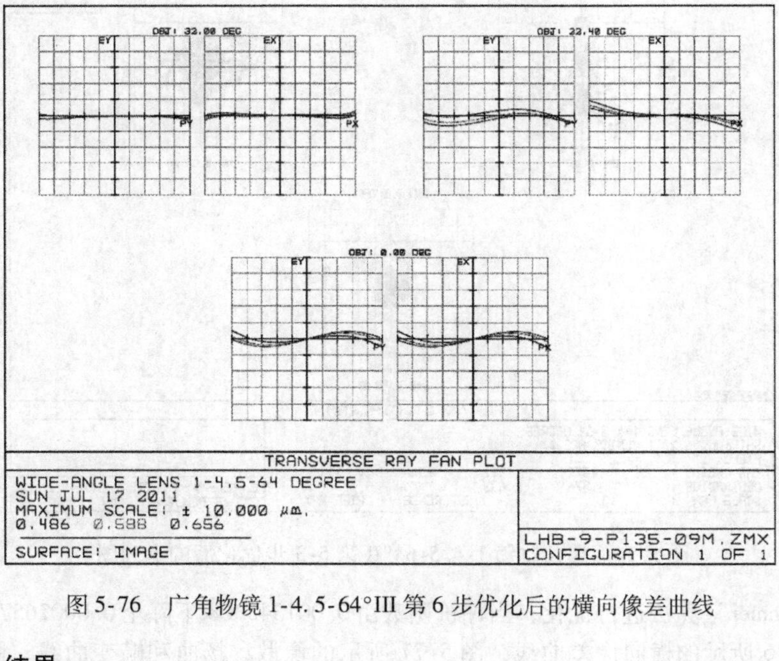


图 5-76 广角物镜 1-4. 5-64°III 第 6 步优化后的横向像差曲线

**5. 改进及结果**

以第 6 步优化所得到的结构为基础，将第一块透镜的中心厚度由 0. 1013mm 增加至 0. 1500mm，选择最后一面的四阶、六阶、八阶、十阶项的非球面系数（即式（5-5）中的 $a_4$、$a_6$、$a_8$、$a_{10}$）作为变量；选择前七个折射面半径、孔径光阑前后的两个空气间隔、离焦量作为变量。并将第一至第四块透镜的材料选择为替代玻璃模型。

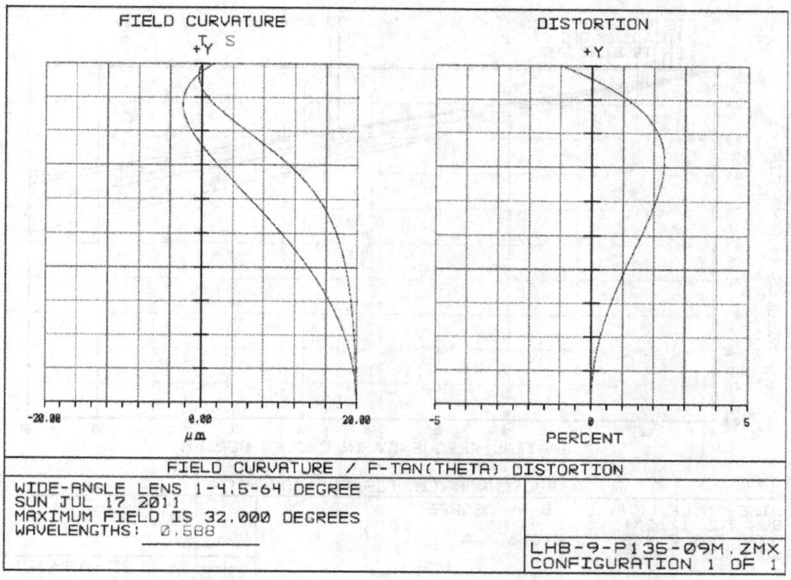


图 5-77　广角物镜 1-4.5-64°III 第 6 步优化后的像散、场曲和畸变曲线

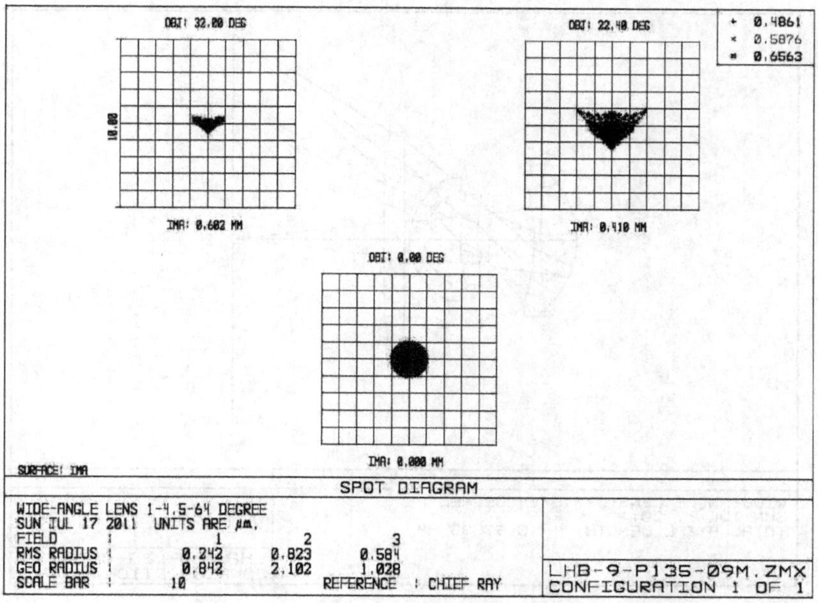


图 5-78　广角物镜 1-4.5-64°III 第 6 步优化后的点列图

采用 ZEMAX 程序提供的弥散圆型式的默认评价函数“TRAC”，将默认评价函数中第一视场的各项“TRAC”操作数的权重都加大到 0.5，并在其中加入如下焦距的操作语句括号：

{EFFL(Wave);Target,Weight}⇒{EFFL(2);1,1}

以及如下控制畸变像差的操作语句括号：

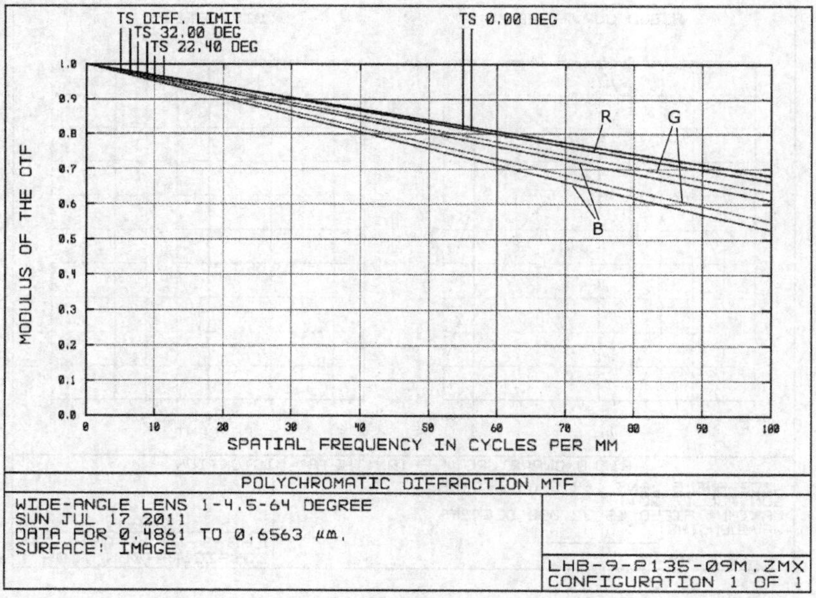


图 5-79 广角物镜 1-4.5-64°III 第 6 步优化后的调制传递函数曲线

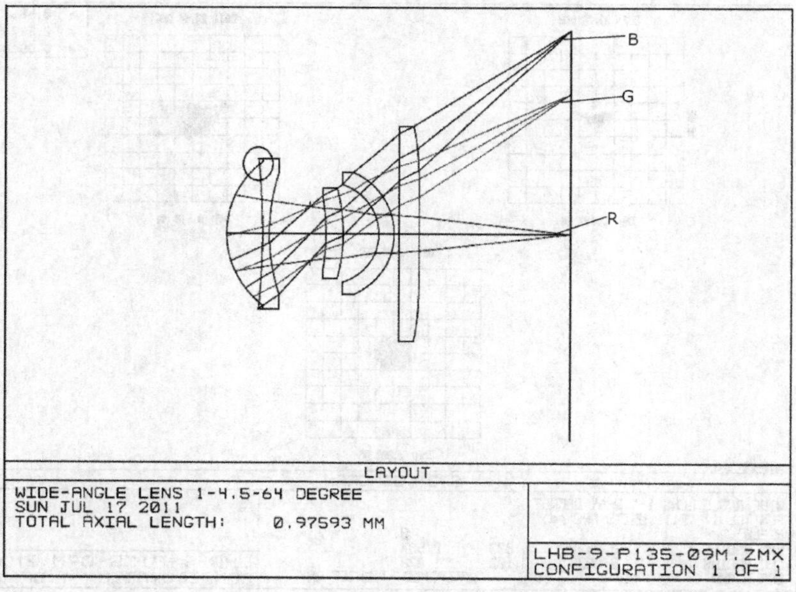


图 5-80 广角物镜 1-4.5-64°III 第 6 步优化后的光路简图

{DIST(Surf, Wave, Absolute); Target, Weight} ⇒ {DIST(0,2,0); −1,1}

调用“Hammer”算法进行优化，当评价函数由 0.379441366 下降至 0.000281239 时，中断优化，最终得到表 5-9 所列的广角物镜 1-4.5-64°III 结构参数，图 5-81 所示的光路简图，图 5-82 所示的横向像差曲线，图 5-83 所示的像散、场曲和畸变曲线，图 5-84 所示的点列图，图 5-85 所示的调制传递函数曲线。

表 5-9　广角物镜 1-4. 5-64°Ⅲ 最终的结构参数

| r/mm | d/mm | n,v | r/mm | d/mm | n,v |
|---|---|---|---|---|---|
| 0.30201 | 0.15 | N-SK10(Schott) | -0.47311 | 0.1008 | |
| -1.49043 | 0.0203 | LaF22A(Schott) | -0.15792 | 0.0434 | Bk7(Schott) |
| 0.65464 | 0.097 | | -0.19961 | 0.0145 | |
| ∞(光阑) | 0.06 | | ∞ | 0.0579 | N-BK7(Schott) |
| -0.66537 | 0.0492 | LaFN24(Schott) | ∞(非球面) | 0.421 | |

注：表中最后一面是非球面，用非球面参数括号表示为（∞，0，0，-0.19799，-23.42386，152.46999，-413.63743）。系统总长为 1.014mm，也还是比较短的。

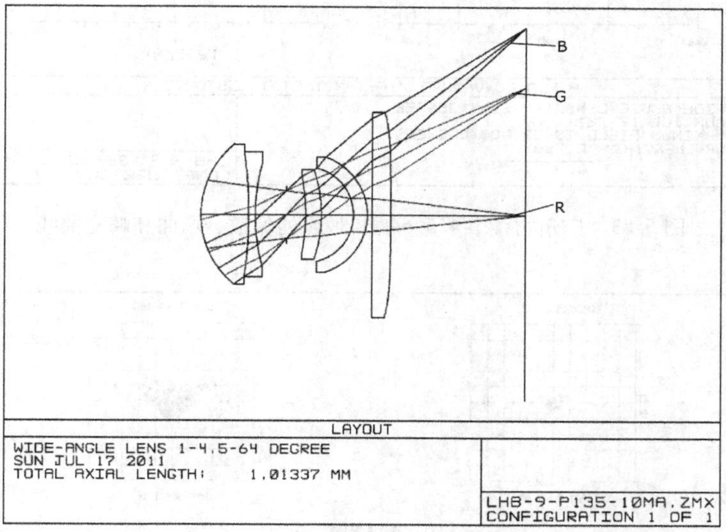


图 5-81　广角物镜 1-4. 5-64°Ⅲ 最终的光路简图

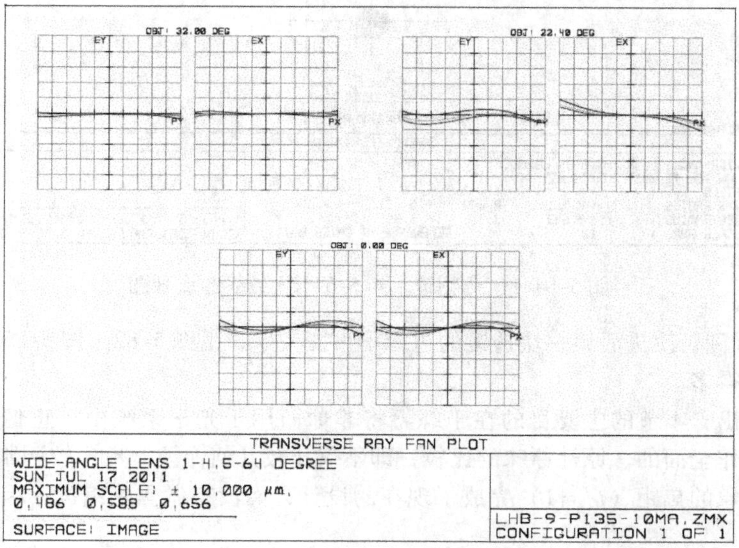


图 5-82　广角物镜 1-4. 5-64°Ⅲ 最终的横向像差曲线

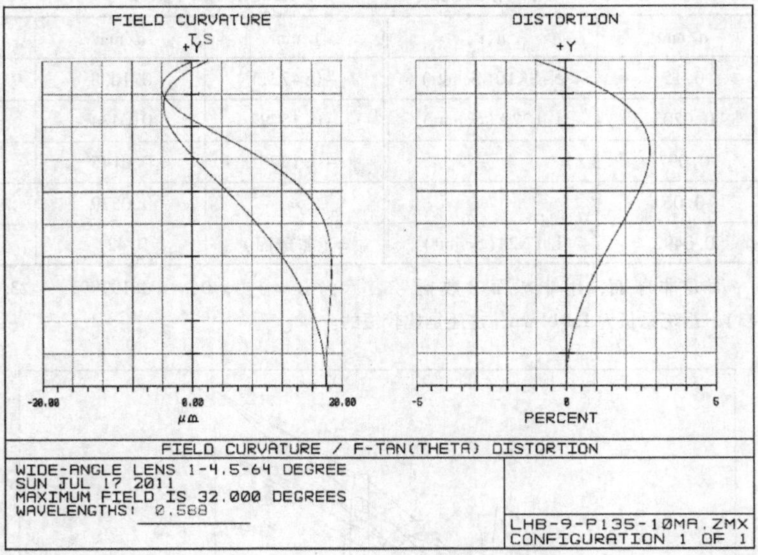


图 5-83 广角物镜 1-4. 5-64°III 最终的像散、场曲和畸变曲线

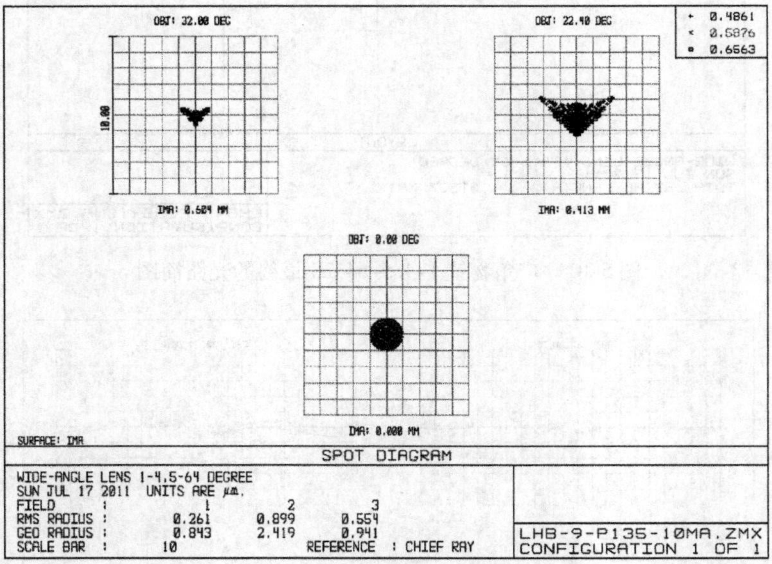


图 5-84 广角物镜 1-4. 5-64°III 最终的点列图

由图 5-81 看到，改进后第一块透镜的边缘不再变尖了，由图 5-82 ~ 图 5-85 知，此时的像质比预定的要求好得多。

最后值得指出，本节的主要目的在于练习将非球面用于光学系统中校正像差，为与已经设计好的现成系统作全面的、原汁原味的比较，即不仅比较几何像差，也比较调制传递函数，所以就按现有比较对象的焦距（$f'=1$）完成了现在的设计，而没有做焦距缩放，因为调制传递函数是不能缩放的。

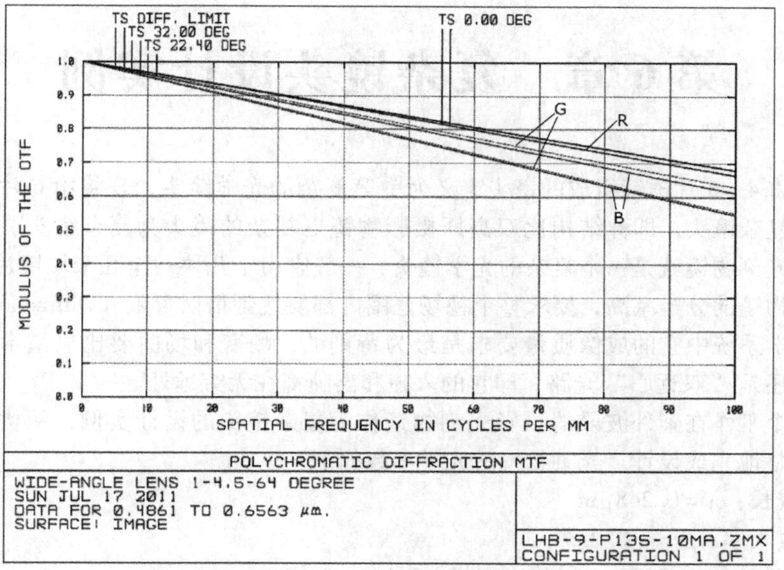


图 5-85　广角物镜 1-4. 5-64°III 最终的调制传递函数曲线

# 第6章 复杂镜头设计实例

第4章中将4~6片透镜组成的镜头定义为中等复杂的光学镜头，现将由6片以上透镜组成的镜头划归为复杂镜头，即称结构比双高斯摄影物镜更复杂的镜头为复杂镜头。集成电路加工设备中的投影光刻物镜就是一个复杂的光学镜头，一般它由十几块乃至几十块镜片组成。

投影光刻物镜的分辨率高，要求整个视场范围内都要达到衍射置限（Diffraction Limited）㊀水平，在所有光学系统中它的成像质量要求是最为苛刻的，畸变和场曲要比显微术中的要求严格很多。一般它还是“双远心”光路，即它的入瞳和出瞳都在无穷远处。

本章将一个工作在紫外波段的投影光刻物镜作为复杂镜头的设计实例，从构造初始结构开始一步一步完整地完成设计。光刻物镜的光学参数如下：

1）工作波长：$\lambda = 0.248\mu m$。

2）横向放大率：$\beta = -0.25^{\times}$。

3）物方视场：$2y = 3.68mm$，像方视场：$2y' = -0.92mm$。

4）物方数值孔径：$NA_o = 0.14$，像方数值孔径：$NA_i = 0.56$。

5）物像共轭距：$G = 50 \sim 100mm$。

6）双远心光路。

与上述光学参数相同的投影光刻物镜，在参考文献［17］和［19］中各有一个设计结果，报导只给出了结构参数，但没有述及设计过程。它们是由Nikon公司的一个专利[25]修改而成的，这个专利由21块单透镜组成。两个设计的成像质量不在同一个数量级，结果相差很大。

现在的设计不是从参考文献［25］所列的专利出发，而是从构造初始结构开始，即先构造出一个新的初始结构，再对初始结构进行优化，进而完成一个新光刻物镜的设计。当然初始结构的构造不是一步完成的，是一边构造一边优化，经若干步构造出来的。

本章优化设计出的新光刻物镜是一个由16块单透镜组成的新结构，比参考文献［17］和［19］中的设计结果少用了5块透镜，像质与参考文献［19］的相当。它的原始基型是由两个筒长无穷大的平场显微物镜拼接出来的，两个显微物镜的数值孔径各自与要设计的新光刻物镜的物方数值孔径和像方数值孔径相近，倍数相差$4^{\times} \sim 5^{\times}$；两个显微物镜的光学不变量近似相等。

本章还利用在设计新光刻物镜中构造出来的评价函数，对参考文献［17］中的光刻物镜范例做了再优化，得到了一个成像质量更好的结果，使它的调制传递函数达到了衍射置限水平，相对畸变减小了2个数量级。

## 6.1 紫外投影光刻物镜的光路分析、消像差方案及初始基型选择

### 1. 紫外投影光刻物镜的光路分析

投影光刻物镜一般要求“双远心”工作，一是希望物镜的像高不因像面离焦而发生变化；二是希望物镜的放大率不因物距不同而改变。所以可将物镜以孔径光阑为界划分成两部分 $g_b$ 和

㊀ 参见全国自然科学名词审定委员会公布的《物理学名词》第68页（参考文献［27］）。

$g_a$，其中 $g_b$表示光刻物镜孔径光阑前的整个光组，$g_a$表示光刻物镜孔径光阑后的整个光组。为满足物方远心，则孔径光阑必须放在 $g_b$的像方焦平面 $F'_b$上；同样，为满足像方远心，则孔径光阑必须放在 $g_a$的物方焦平面 $F_a$上，因此光刻物镜的光路特点是 $g_b$的像方焦点 $F'_b$和 $g_a$的物方焦点 $F_a$重合，孔径光阑放置在这两个焦点重合的焦平面上。为图示简明，将 $g_b$和 $g_a$都用薄透镜表示，则光刻物镜轴外点主光线的光路如图6-1所示。

由图6-1可以看出，双远心光刻物镜主光线光路的基本特征是对"入瞳-孔径光阑-出瞳"这套物像来说的"刻卜勒望远镜"光路。

这个系统及其光路的特点是：

1）它是一个无焦系统，它的物方主面 $H$、像方主面 $H'$都在无穷远处，它的物方焦点 $F$ 和像方焦点 $F'$都在无穷远处，它的焦距 $f'$为无穷大。

2）它的横向放大率 $\beta$ 与物体放在什么地方无关，是个定值，为 $-\dfrac{f'_a}{f'_b}$，这里 $f'_b$是光刻物镜前半部 $g_b$的焦距，$f'_a$是光刻物镜后半部 $g_a$的焦距。

3）轴外点的主光线入射光刻物镜前平行于光轴，从光刻物镜出射后平行于光轴。

由此建议在双远心光刻物镜中不宜说它的焦距 $f'$多长，也不宜说它的主面 $H$、$H'$在何处（参见参考文献［26］的第30～31页），因为它们不是无穷大就是在无穷远，是个不定数。建议在涉及到此类问题时，说它的前（后）半部焦距各有多长，前（后）半部系统的主面各在何处，整个光刻物镜的物像共轭距为多少。

4）既然是"双远心"光路，光刻物镜的横向放大率就与物在何处无关，那么光刻物镜的物体（掩膜）安放在什么地方为好呢？如果将物平面放在前半部系统 $g_b$的物方焦平面 $F_b$上，则像平面就与后半部 $g_a$的像方焦平面 $F'_a$重合，$g_b$和 $g_a$间是平行光路，如图6-2所示。这样的光路在其他地方都曾见过，例如 $-1^{\times}$ 转像系统，又例如无穷大筒长显微物镜与辅助物镜合在一起的光路。如果光刻物镜采用这样的光路，则构造物镜初始结构的思路就十分清晰，即可用两个倍率（焦距）不同的无穷大筒长的显微物镜，将各自的"物方"相对放置，构成光刻物镜的原始雏型。这个光路的横向放大率为 $-\dfrac{f'_a}{f'_b}$，只与两个半部的焦距有关，而与两者间平行光路的长短无关。

不同的地方是无穷大筒长显微物镜与辅助物镜合在一起的光路一般不是这里讲的"双远心"光路，辅助物镜的像方焦点一般也不与无穷大筒长显微物镜的物方焦点重合，更值得指出的是孔径光阑一般也不一定要安放在无穷大筒长显微物镜的物方焦平面上。

5）由图6-2看出，物像共轭距是2（$f'_b+f'_a$）。对目前要做的设计任务而言，横向放大率 $\beta$ 为 $-0.25^{\times}$，前半部 $g_b$的焦距 $f'_b$是后半部 $g_a$焦距 $f'_a$的4倍，如果后半部 $g_a$的焦距取在7～10mm之间，则物镜的物像共轭距大致在70～100mm范围内。

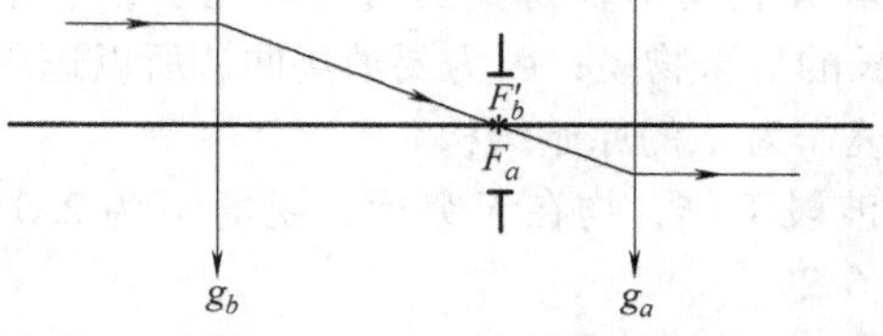


图6-1　双远心光刻物镜中轴外点主光线的光路图

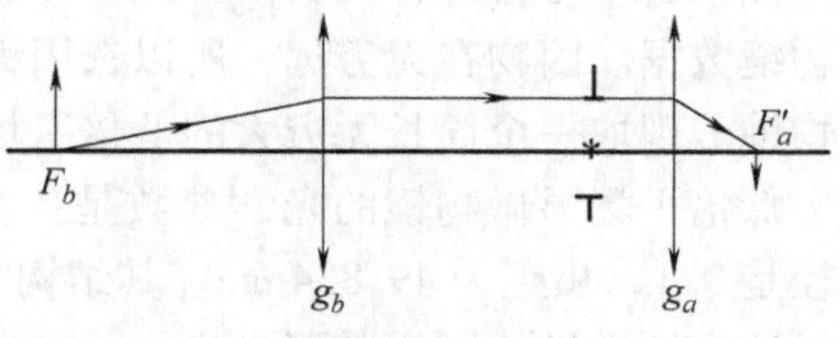


图6-2　光刻物镜光路简图

**2. 紫外投影光刻物镜的消像差方案分析**

要设计的光刻物镜是单色光工作，无须校正色差，只校正单色像差。为降低设计难度，由光刻物镜的基本光路可以想到：以孔径光阑为界，先分别单独设计 $g_a$ 和 $g_b$，半部设计时只消球差、像散和场曲，适当控制彗差。两半部合起来后，由于光阑居中，前后两半部还是会具有某种程度的“对称性”，彗差和畸变就比较容易控制，这时再一起校正所有的残余像差会减小设计难度。

**3. 选择原始基型 $g_a$ 和 $g_b$**

1）根据设计要求可知，后半部 $g_a$ 的光学参数为：工作波长为 0.248μm，物在无穷远，数值孔径是 0.56，像高是 0.46mm。若暂不考虑工作波长的异同，显微物镜中不难找到与这些光学参数相近的现成结果。因物在无穷远，所以选用无穷大筒长的显微物镜；因为要消场曲，所以选用平场显微物镜。现取参考文献［17］中筒长无穷大的中倍平场显微物镜作为原始结构，它的光学参数是：在可见光波段工作，物在无穷远，数值孔径是 0.4，像高是 0.4mm，焦距为 10mm。其结构参数见表 6-1。

表 6-1 中倍平场显微物镜

（$l=\infty$，$NA=0.4$，$y'=0.4$mm，$f'=10$mm）

| r/mm | d/mm | n |
|---|---|---|
| −10.423 | 1.75 | ZF13 |
| −16.444 | 2.023 | |
| 22.18 | 4.56 | ZK1 |
| −32.06 | 4 | |
| ∞（光阑） | 16.319 | |
| 8.054 | 3.38 | QK3 |
| −9.594 | 1.61 | ZF12 |
| −215.8 | 0.123 | |
| 3.373 | 3.74 | ZK9 |
| 2.938 | 1.292 | |

这个原始结构要用到光刻物镜设计中还需做进一步的改造，需要调整光学参数，更换工作波长和材料，将光阑移到前边，用单片替代双胶合镜组，将物方焦点挤到物镜之前，必要时还要缩放焦距。

2）根据设计要求可知，光刻物镜前半部 $g_b$ 的光学参数为：工作波长为 0.248μm；将前半部 $g_b$ 按设计惯例放置（远“物”在左，近“像”在右），则其工作状态可以看作是“物”在无穷远，数值孔径是 0.14，像高是 1.84mm。若光刻物镜后半部光组的焦距 $f'_a$ 如 1）取 10mm，则光刻物镜前半部光组的焦距 $f'_b$ 是 40mm。

如果暂不考虑工作波长的异同，则在失效专利和刊物中容易找到与这些光学参数相近的显微物镜数据。因物在无穷远，所以选用无穷大筒长的显微物镜；因为要消场曲，所以选用平场显微物镜。现取一个筒长无穷大的低倍平场显微物镜作为 $g_b$ 的原始结构。

低倍平场显微物镜的光学参数是：在可见光波段工作，物在无穷远，视场 $\omega$ 为 2.5°，数值孔径是 0.1，焦距为 49.834mm。其结构参数见表 6-2。

这个原始结构同样需要做进一步的改造才能用于新光刻物镜设计。改进的地方有调整光学参数，将孔径光阑移到前边，更换工作波长和材料，适当缩放焦距。

表 6-2　低倍平场显微物镜

($l=\infty$, $NA=0.1$, $\omega=2.5°$, $f'=49.834$mm)

| $r$/mm | $d$/mm | $n$ |
|---|---|---|
| 16.316 | 3.24 | ZBaF16 |
| −113.931 | 3.494 | |
| −28.038 | 1.20 | ZF3 |
| 16.252 | 0 | |
| ∞ (光阑) | 6.75 | |
| 130.232 | 2.2 | ZBaF16 |
| −23.821 | 39 | |

## 6.2　紫外投影光刻物镜后半部 $g_a$ 的优化设计

表 6-1 所列的中倍平场显微物镜要作为光刻物镜的后半部，还有相当一段距离，下面分三个阶段完成 $g_a$ 的设计。

**1. 原始基型改造**

(1) 移动光阑

因为光刻物镜要求出瞳远心，所以 $g_a$ 的物方焦点应该在外（在 $g_a$ 的左侧），而且孔径光阑要放置在物方焦平面上，将中倍平场显微物镜的光阑拿到最前面距显微物镜第 1 面 2mm 处。值得指出的是，当说到系统或镜头的物方和像方时，都指当前所述的镜头和当前放置的情况而言。

(2) 初步优化

以 (1) 为基础，在 ZEMAX 程序主页中设定：Gen→Entrance pupil diameter→8 (mm)；取两个视场，Fie→type (Angle deg.)→1，0°→2，2.3° ($\mathrm{arctg}\left(\frac{y'}{f'}\right)=\mathrm{arctg}\left(\frac{0.4}{10}\right)=2.3°$)；Wav→0.588μm。

用最后一面的半径保证像方孔径角 $u'=0.4$，取近轴像平面作为像平面。除最后一面的半径外，将其余半径以及双胶合镜组前的空气间隔用作变量。采用程序提供的波像差型式的默认评价函数自动优化一次。

(3) 用单片替代双胶合镜组

激光光源的能量密度较高，在其所用光学系统中一般不用双胶合镜组，因为双胶合镜组在这种使用情况下容易开裂。

用一单片取代双胶合镜组的办法是在优化后 (2) 的文件中，由路径 Analysis→calculation→ray trace→setting→type 选"$Y_m$，$U_m$，$Y_c$，$U_c$"，并在其中找到轴上点边缘光线在双胶合镜组三个面上的投射高度，以及入射到双胶合镜组上的边缘光线孔径角 $u_m$ 和从双胶合镜组出射的边缘光线孔径角 $u'_m$。三个投射高度取其平均值 $h$，代入公式 $u'-u=h\varphi$ 求出双胶合镜组所负担的光焦度 $\varphi$，再利用薄透镜光焦度公式 $\varphi=(n-1)\left(\frac{1}{r_1}-\frac{1}{r_2}\right)$，并假定两个半径一正一负值相等，另假定玻璃材料为 $K_9$，据此求出单透镜的两个半径，其厚度取 3.38mm。用这个单透镜取代优化后文件 (2) 中的双胶合镜组，并令它和第四块透镜间的空气间隔为 1.61mm。

用第四块透镜第二面的半径保证像方孔径角 $u'=0.4$，取近轴像平面为像平面。除最后一面半径外，将其余半径以及第二块和第三块单片（此即替代双胶合镜组的单片）间的空气间隔用作变量。采用程序提供的波像差型式的默认评价函数自动优化一次，完成用单片替代双胶合镜组的任务。

（4）更换材料

上述诸项预备工作中，所用波长是 0.588μm 的 d 光，而光刻物镜的工作波长是 0.248μm，这个波段透过率好的材料很少，现采用折射率 $n_{0.248\mu m}$ 为 1.50855 的硅，用它替换上述系统中的所有材料。

材料替换后，在 ZEMAX 程序主页中更换波长，即 Wav→0.248μm。用第四块透镜第二面的半径保证像方孔径角 $u'=0.4$，除最后一面半径外，用其余半径、离焦量，以及第二块和第三块单片间的空气间隔作变量。采用程序提供的波像差型式的默认评价函数自动优化一次，优化后其横向像差曲线如图 6-3 所示，光路简图如图 6-4 所示。

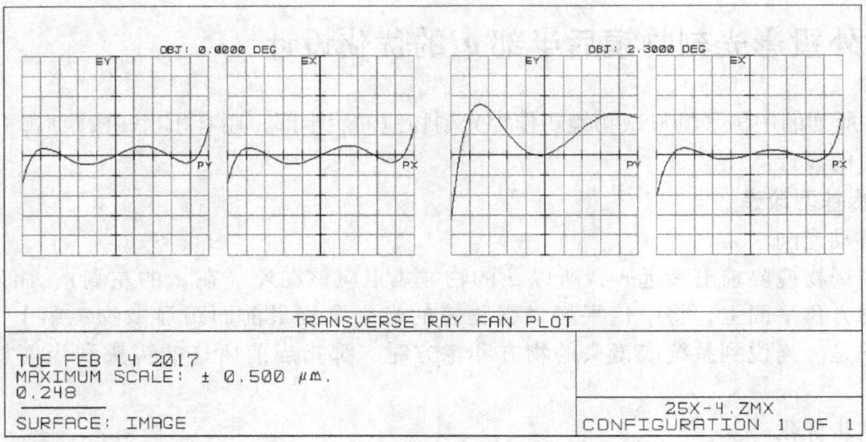


图 6-3 更换材料后优化出的横向像差曲线

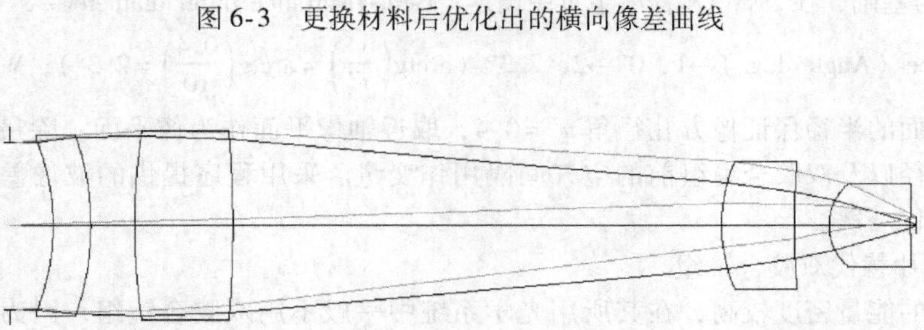

图 6-4 更换材料并优化后的光路简图

由图 6-3 看到轴外点下光线造成的像差大一些，改进的办法之一是分裂透镜。分裂透镜的效果减小了光线的入射角，就有可能减小像差。值得指出，在光刻物镜的设计中，常用分裂透镜这个措施来减小高级像差。由图 6-4 看到这条光线在第二块透镜上的投射高度“较高”，就将第二块透镜等光焦度地分裂成两块。

分裂透镜后，采用除最后一面半径外的其余半径、离焦量以及第三块和第四块单片间的空气间隔作为变量，采用程序提供的波像差型式的默认评价函数自动优化一次。优化出的结构参数见表 6-3，优化出的横向像差曲线如图 6-5 所示。

表 6-3　分裂透镜并优化后的结构参数

| $r$/mm | $d$/mm | $n$ |
|---|---|---|
| ∞（光阑） | 2 | |
| −13.520 | 1.75 | 硅 |
| −16.005 | 2.02 | |
| 42.901 | 4.56 | 硅 |
| 9382.643 | 2 | |
| 27.024 | 2.69 | 硅 |
| 122.689 | 19.92 | |
| 8.636 | 3.38 | 硅 |
| 75.780 | 1.61 | |
| 2.625 | 3.74 | 硅 |
| 1.854 | 0.348 | |

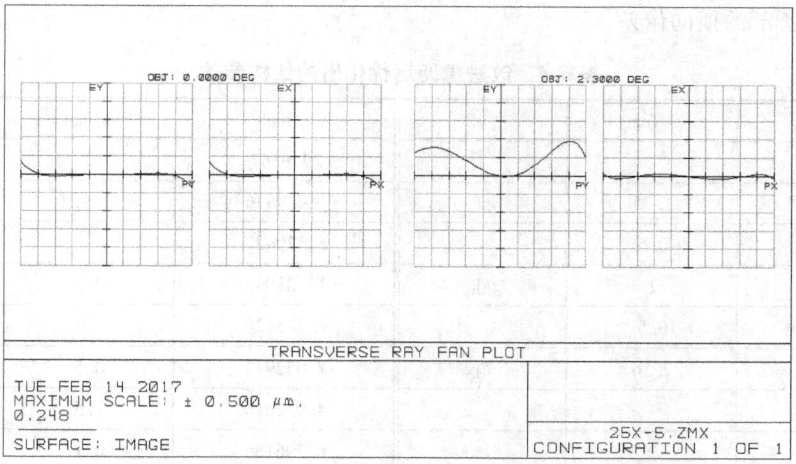


图 6-5　分裂透镜并优化后的横向像差曲线

## 2. 半部基型再改进

（1）分裂透镜，半部基型全面复杂化

将表 6-3 所列半部基型中的每一块透镜等光焦度地分裂成两块，并参考表 6-3 所列的厚度与间隔数据给出分裂透镜后的所有厚度与间隔，以后若发现不合适再做修改。以最后一面半径保证像方孔径角 $u'$为 0.4，采用近轴像平面为像平面，除最后一面的半径外其余半径都作为变量，利用波像差型式的默认评价函数进行自动优化，得到如表 6-4 所示的结构参数。

表 6-4 半部复杂化后优化出的结构参数

| r/mm | d/mm | n | r/mm | d/mm | n |
|---|---|---|---|---|---|
| ∞（光阑） | 2 | | 18.8762 | 2 | 硅 |
| -86.49618 | 1.75 | 硅 | 33.64594 | 16.921 | |
| -165.2558 | 0.5 | | 5.630671 | 2 | 硅 |
| -17.90175 | 1 | 硅 | 8.382471 | 0.5 | |
| -23.12208 | 0.5 | | 5.440178 | 2 | 硅 |
| -90.76583 | 2.56 | 硅 | 8.751413 | 0.5 | |
| -45.62068 | 1 | | 3.158947 | 1.5 | 硅 |
| -115.6717 | 2 | 硅 | 3.592504 | 0.1 | |
| -43.81835 | 1 | | 6.662034 | 2.1 | 硅 |
| 56.6363 | 2.694 | 硅 | 2.818194 | -1.109329e-005 | |
| 420.9433 | 1 | | | | |

（2）改进像距

表 6-4 所列数据中像距为负值，需要改进。改进的办法是将最后一块透镜的厚度由 2.1mm 改为 1.5mm，采用与（1）相同的变量和评价函数进行优化，当评价函数值由 2.027154997 减小为 0.001334052 时，终止优化。

然后将评价函数由波像差型式改为弥散圆型式再自动优化一次，得到如表 6-5 所列的结构参数和如图 6-6 所示的横向像差。

表 6-5 改进像距后优化出的结构参数

| r/mm | d/mm | n | r/mm | d/mm | n |
|---|---|---|---|---|---|
| ∞（光阑） | 2 | | 29.9567 | 2 | 硅 |
| -13.05139 | 1.75 | 硅 | 184.9576 | 16.921 | |
| -26.8462 | 0.5 | | 5.320422 | 2 | 硅 |
| -12.59899 | 1 | 硅 | 13.33087 | 0.5 | |
| -22.68491 | 0.5 | | 6.385128 | 2 | 硅 |
| -24.30637 | 2.56 | 硅 | 7.052942 | 0.5 | |
| -18.28914 | 1 | | 4.912616 | 1.5 | 硅 |
| -90.81357 | 2 | 硅 | 6.796156 | 0.1 | |
| -21.36636 | 1 | | -26.56926 | 1.5 | 硅 |
| 85.77976 | 2.694 | 硅 | 5.909554 | 0.498819 | |
| -58.98135 | 1 | | | | |

（3）改进评价函数进一步优化

在（2）所用的弥散圆型式的默认评价函数中增加两个操作数：

{TRAC(Wav;Hx,Hy;Px,Py);Target,Weight} ⇒ {TRAC(1;0,1;0,1);0,1}

{TRAC(Wav;Hx,Hy;Px,Py);Target,Weight} ⇒ {TRAC(1;0,1;0,-1);0,1}

用这个改进了的评价函数将（2）的结果自动优化一次，接着将第六块与第七块透镜间

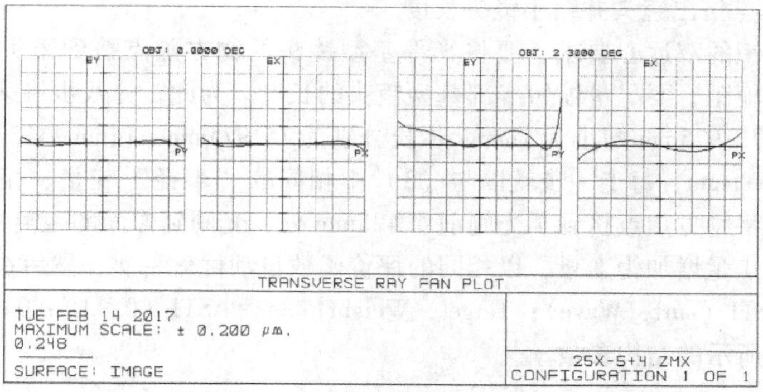


图6-6 改进像距后优化出的横向像差曲线

的间隔增加为变量，再自动优化一次，得到如表6-6所示的结构参数和如图6-7所示的横向像差。

表6-6 改进评价函数后优化出的结构参数

| r/mm | d/mm | n | r/mm | d/mm | n |
|---|---|---|---|---|---|
| ∞（光阑） | 2 | | 26.86993 | 2 | 硅 |
| −13.1024 | 1.75 | 硅 | 110.2826 | 15.97477 | |
| −27.58608 | 0.5 | | 5.230671 | 2 | 硅 |
| −12.53904 | 1 | 硅 | 11.80272 | 0.5 | |
| −22.06836 | 0.5 | | 6.54501 | 2 | 硅 |
| −24.10719 | 2.56 | 硅 | 6.952657 | 0.5 | |
| −17.4592 | 1 | | 4.728698 | 1.5 | 硅 |
| −94.30596 | 2 | 硅 | 6.540945 | 0.1 | |
| −21.25452 | 1 | | −43.46514 | 1.5 | 硅 |
| 65.09321 | 2.694 | 硅 | 5.704766 | 0.3718236 | |
| −73.25701 | 1 | | | | |

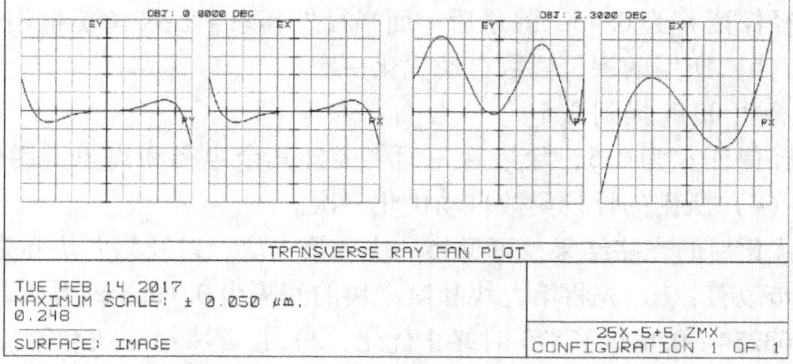


图6-7 改进评价函数后优化出的横向像差曲线

由路径 Reports→Prescription Data→Setting→Cardinal Points 查到这个结果的物方焦点位置在光阑后5.5966mm的地方，即在镜头内3.5966mm；另外由Lay得到光阑至像面间长42.45mm。

（4）将物方焦点挤出镜头并缩小镜头长度

为满足光刻物镜的双远心要求，要将半部基型镜头的物方焦点挤到镜头之外，而且为缩短光刻物镜的物像共轭距，要尽量缩短半部基型镜头的长度。为此，分八步将第六块透镜和第七块透镜之间的间隔由15.975mm缩小为1mm，步长分别为15.975mm→14mm→12mm→10mm→8mm→6mm→4mm→2mm→1mm，每走一步就以与（3）中相同的“半径”变量、相同的评价函数自动优化一次。至此，将物方焦点挤到了光阑前4.425mm处，光阑到像面的距离缩短为28.62mm。

接着，再将离焦量增加为变量，以相同的评价函数自动优化一次，然后在评价函数中加入控制像散的操作｛ASTI（surf，Wave）；Target，Weight｝⇒｛ASTI（0，1）；0，5｝再自动优化一次，得到如表6-7所示的结构参数。

表6-7 缩短镜头长度后优化出的结构参数

| $r$/mm | $d$/mm | $n$ | $r$/mm | $d$/mm | $n$ |
|---|---|---|---|---|---|
| ∞（光阑） | 2 | | 11.3279 | 2 | 硅 |
| -9.116394 | 1.75 | 硅 | 5.541932 | 1 | |
| -17.79514 | 0.5 | | 5.464666 | 2 | 硅 |
| -10.9439 | 1 | 硅 | 28.98591 | 0.5 | |
| -13.44822 | 0.5 | | 10.68633 | 2 | 硅 |
| 198.9912 | 2.56 | 硅 | 31.11238 | 0.5 | |
| -17.17102 | 1 | | 6.043066 | 1.5 | 硅 |
| 15.54523 | 2 | 硅 | 19.29708 | 0.1 | |
| 84.49088 | 1 | | -13.62381 | 1.5 | 硅 |
| 9.832301 | 2.694 | 硅 | 5.277297 | 1.441227 | |
| 10.37057 | 1 | | | | |

### 3. 提高数值孔径

半部基型的数值孔径目前还是0.4，要提高到0.56才能满足设计要求。数值孔径不是一步提高到位，而是分若干小步走完这段距离，每一步在变量的选择上有所不同，另外还处理了一些镜片相碰的问题，下面列出每一步的要点。

（1）将数值孔径由0.4提到0.45

令最后一面半径保证$u'$为0.45，除最后一面半径外其余半径和离焦量用作变量，采用2.半部基型再改进中的（4）所用的评价函数自动优化一次。

（2）将数值孔径由0.45提到0.5

令最后一面半径保证$u'$为0.5，除最后一面半径外其余半径和离焦量用作变量，采用2.半部基型再改进中的（4）所用的评价函数自动优化一次。

图6-8所示是优化后的光路结果，可见第一块和第二块、以及第九块和第十块相碰，故再采取两个步骤做进一步改善：1）先将第九块和第十块的间隔由0.1mm改为0.2mm，并做优化，当评价函数由0.372963234→0.000017875时终止优化；2）接着将第一块和第二块的间隔由0.5mm改为1.5mm再做优化，当评价函数由0.789426786→0.000015316时终止优化。在这两次优化中，不同的仅是改动的间隔位置，其余的操作都是相同的，即都是用最后一面半径保证$u'$为0.5，都是用最后一面半径外的其余半径和离焦量做变量，都是将第五块透镜和第十块透镜的厚度增加为变量，都是采用2.半部基型再改进中的（4）所用的评价函数。

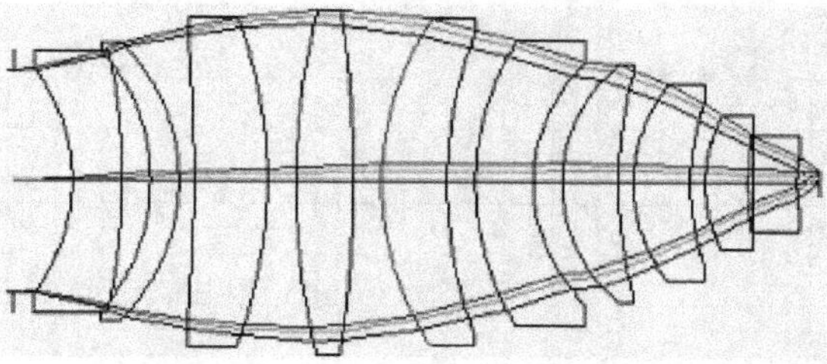

图6-8　第（2）步优化出的光路简图

（3）将数值孔径由0.5提到0.52

令最后一面半径保证 $u'$为0.52，除最后一面半径外用其余半径和离焦量作为变量，并将第五块透镜和第十块透镜的厚度作为变量，采用2. 半部基型再改进中的（4）所用的评价函数自动优化一次；

（4）将数值孔径由0.52提到0.56

令最后一面半径保证 $u'$为0.56，除最后一面半径外其余半径和离焦量作为变量，并将第五块透镜和第十块透镜的厚度作为变量，采用2. 半部基型再改进中的（4）所用的评价函数自动优化一次，优化结果的像距 $l'$为0.333mm。

0.333mm的像距有点短，将最后一块透镜的厚度由2.112mm改为1.5mm，并取近轴像平面为像平面。令最后一面半径保证 $u'$为0.56，除最后一面半径外其余半径和第五块透镜的厚度作为变量，采用2. 半部基型再改进中的（4）所用的评价函数自动优化一次，优化出来的结构参数见表6-8，横向像差曲线、波像差曲线、像散场曲和畸变曲线以及调制传递函数曲线分别如图6-9～图6-12所示。优化后得到的像距 $l'$为0.7082mm，焦距 $f_a'$为7.1429mm，物方焦点位置 $l_f$为0.4622mm，即在孔径光阑右侧0.4622mm的地方，也就是说物方焦点在第一块透镜前1.5378mm的地方。

表6-8　$g_a$的初始结构参数

| $r$/mm | $d$/mm | $n$ | $r$/mm | $d$/mm | $n$ |
|---|---|---|---|---|---|
| ∞（光阑） | 2 | | 10.14544 | 2 | 硅 |
| −7.457619 | 1.75 | 硅 | 5.923963 | 1 | |
| −20.73245 | 0.5 | | 5.323267 | 2 | 硅 |
| −7.711272 | 1 | 硅 | 16.6957 | 0.5 | |
| −7.955437 | 0.5 | | 5.456253 | 2 | 硅 |
| −66.1144 | 2.56 | 硅 | 7.538039 | 0.5 | |
| −15.18026 | 1 | | 4.73848 | 1.5 | 硅 |
| 21.59925 | 2 | 硅 | 10.65109 | 0.1 | |
| −117.625 | 1 | | −15.23224 | 1.5 | 硅 |
| 9.707357 | 1.964 | 硅 | 5.849351 | 0.7082287 | |
| 12.47538 | 1 | | | | |

从相关的光学参数及像质看，这个结果可以作为光刻物镜后半部 $g_a$的初始结构。

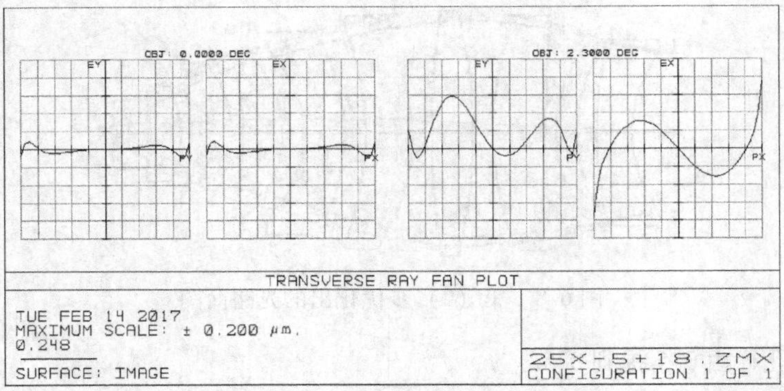


图 6-9 $g_a$的横向像差曲线

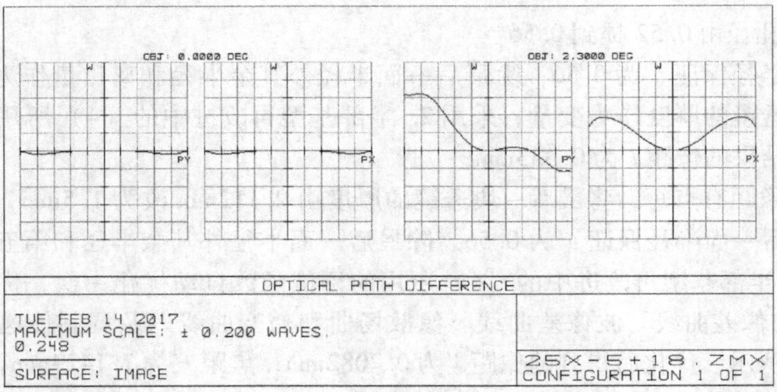


图 6-10 $g_a$的波像差曲线

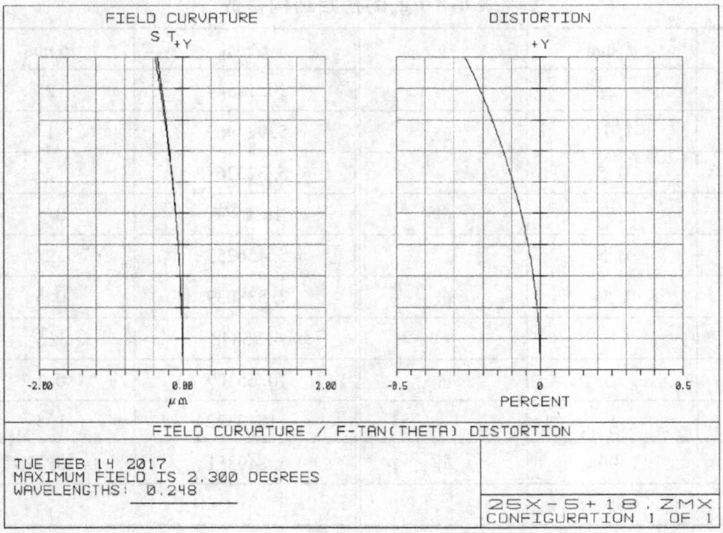


图 6-11 $g_a$的像散场曲和畸变曲线

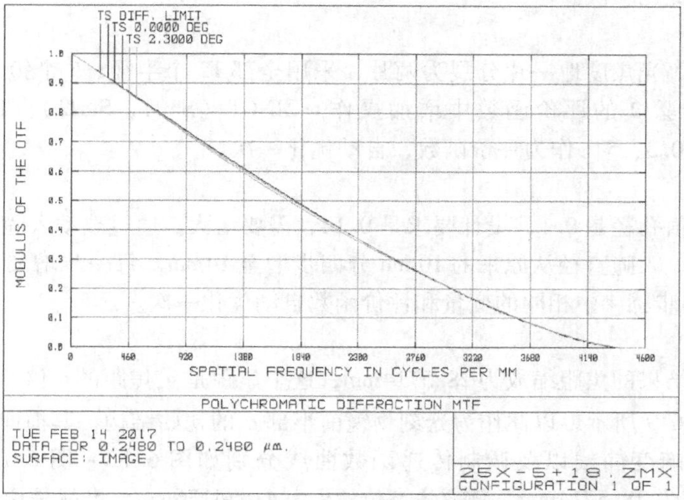


图6-12　$g_a$的调制传递函数曲线

## 6.3　紫外投影光刻物镜前半部$g_b$的优化设计

表6-2所列的低倍平场显微物镜不能直接搬过来作为光刻物镜的前半部，还要做一些改造工作，例如移动光阑、改动波长并更换材料以及提高像质等。下面分六个步骤完成$g_b$的设计。

**1. 移动光阑**

光刻物镜要求入瞳远心，在使用光路中，孔径光阑应位于光刻物镜前半部的像方焦平面上，现在是按设计习惯放置的前半部光学系统，即设计光路是前后颠倒放置的使用光路。对设计光路来说首要条件是$g_b$的物方焦点应该在外（在$g_b$的左侧），而且孔径光阑放置在物方焦平面上，所以将表6-2所列作为$g_b$原始基型的低倍平场显微物镜的光阑拿到最前面，放在距显微物镜第一面20mm处。值得指出的是，当说到系统或镜头的物方和像方时，都指当前所述的镜头和当前放置情况而言。

**2. 初步优化**

以步骤1为基础，在ZEMAX程序主页中设定：Gen→Entrance pupil diameter→10（mm）；取3个视场，Fie→type（Angle deg.）→1，2.5°→2，1.75°→3，0°；Wav→0.588μm。

取全部六个半径、第三个间隔（即第一块和第二块镜片间的空气间隔）以及像距为变量；采用程序提供的弥散圆型式的默认评价函数，并在其中增加下述三个操作后自动优化一次。

{EFFL(Wave);Target,Weight}⇒{EFFL(1);49.8343,10}

{FCUR(Surf;Wave);Target,Weight}⇒{FCUR(0;1);0,10}

{ASTI(Surf;Wave);Target,Weight}⇒{ASTI(0;1);0,10}

**3.　更换材料**

上述预备工作中，工作波长是0.588μm的d光，而光刻物镜的工作波长是0.248μm，这个波段透过率好的材料很少，现采用折射率$n_{0.248\mu m}$为1.50855的硅，用它替换上述系统中的所有材料。

采用步骤2中所用的变量，增加第二块和第三块镜片间的空气间隔为变量，以步骤2中所采用的评价函数自动优化一次。

**4. 分裂透镜**

将所有的镜片等光焦度地一片分裂为两片，采用全部 12 个半径、5 个镜片间的空气间隔及像距为变量，在步骤 2 的评价函数中增加操作 {MNCT (Surf1, Surf2); Target, Weight} ⇒ {MNCT (3, 12); 0.3, 5} 作为评价函数，自动优化一次。

**5. 增大孔径**

原始基型的数值孔径是 0.1，设计要求是 0.14，需要增大。通过改动入瞳直径将上述优化结果的孔径逐步增大，入瞳直径从原来的 10mm 分四步增至 14mm，每一步增加 1mm。入瞳直径每增加 1mm 就利用与步骤 4 中相同的变量和评价函数自动优化一次。

**6. 缩放焦距**

将步骤 5 所得结果的焦距缩放为 28.5714mm，这个焦距是 $g_a$ 焦距的 4 倍。缩放焦距后，前半部的结构参数如表 6-9 所示，以此作为光刻物镜前半部 $g_b$ 的初始结构，其横向像差曲线、波像差曲线、像散场曲和畸变曲线以及调制传递函数曲线分别如图 6-13 ~ 图 6-16 所示。像距 $l'$ 为 18.925mm，焦距 $f'_b$ 为 28.5714mm，物方焦点位置 $l_f$ 为 4.674136mm，也就是说物方焦点在光阑后 4.674136mm 的地方。

**表 6-9 $g_b$ 的初始结构参数**

| $r$/mm | $d$/mm | $n$ | $r$/mm | $d$/mm | $n$ |
|---|---|---|---|---|---|
| ∞ (光阑) | 11.46663 | | −15.30233 | 0.4586652 | 硅 |
| 9.886729 | 0.928797 | 硅 | 10.8606 | 5.243548 | |
| −205.6576 | 2.299065 | | 47.20933 | 0.9173304 | 硅 |
| 8.898147 | 0.928797 | 硅 | −17.72268 | 6.110821 | |
| 23.81344 | 1.474691 | | 20.1523 | 0.9173304 | 硅 |
| −56.83147 | 0.4586652 | 硅 | −36.34553 | 18.92538 | |
| 6.405305 | 0.3835916 | | | | |

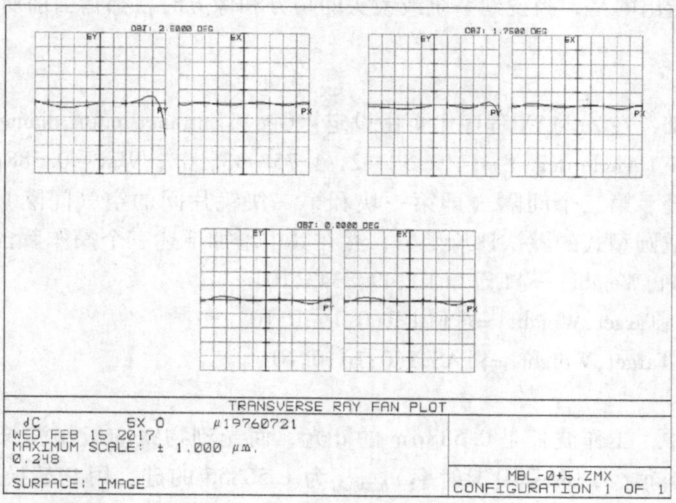


图 6-13 $g_b$ 的横向像差曲线

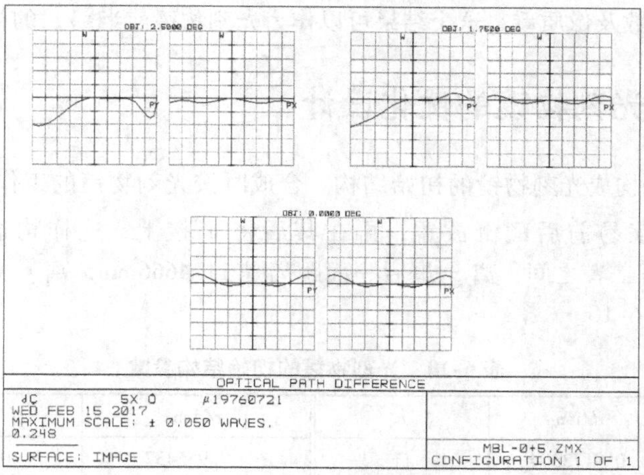


图 6-14　$g_b$的波像差曲线

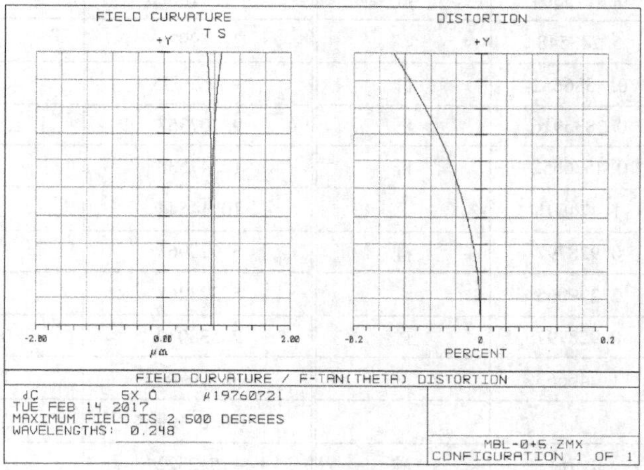


图 6-15　$g_b$的像散场曲和畸变曲线

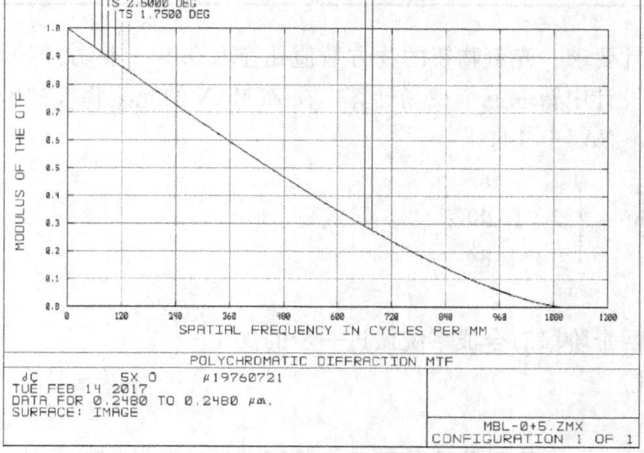


图 6-16　$g_b$的调制传递函数曲线

从相关的光学参数及像质看，这个结果可以作为光刻物镜前半部 $g_b$ 的初始结构。

## 6.4　紫外投影光刻物镜的优化设计

将 $g_a$ 与 $g_b$ 合起来构成光刻物镜的初始结构。合成时按光刻物镜的工作状态构造光路，将前面设计出的 $g_b$ 物像互易前后颠倒放置，再在其后将 $g_a$ 接上，这样构造的光刻物镜物距为 18.92538mm，光阑居二者之间，离 $g_b$ 最后一面距离是 11.4666mm，离 $g_a$ 第一面的距离是 2mm。整个结构的参数见表 6-10。

表 6-10　光刻物镜的初始结构参数

| r/mm | d/mm | n | r/mm | d/mm | n |
|---|---|---|---|---|---|
| 36.34553 | 0.9173304 | 硅 | -7.955437 | 0.5 | |
| -20.1523 | 6.110821 | | -66.1144 | 2.56 | 硅 |
| 17.72268 | 0.9173304 | 硅 | -15.18026 | 1 | |
| -47.20933 | 5.243548 | | 21.59925 | 2 | 硅 |
| -10.8606 | 0.4586652 | 硅 | -117.625 | 1 | |
| 15.30233 | 0.3835916 | | 9.707357 | 1.964 | 硅 |
| -6.405305 | 0.4586652 | 硅 | 12.47538 | 1 | |
| 56.83147 | 1.474691 | | 10.14544 | 2 | 硅 |
| -23.81344 | 0.928797 | 硅 | 5.923963 | 1 | |
| -8.898147 | 2.299065 | | 5.323267 | 2 | 硅 |
| 205.6576 | 0.928797 | 硅 | 7.538039 | 0.5 | |
| -9.886729 | 11.46663 | | 4.73848 | 1.5 | 硅 |
| ∞（光阑） | 2 | | 10.65109 | 0.1 | |
| -7.457619 | 1.75 | 硅 | -15.23224 | 1.5 | 硅 |
| -20.73245 | 0.5 | | 5.849351 | 0.7082287 | |
| -7.711272 | 1 | 硅 | | | |

合成后，按照设计要求，光刻物镜的物方数值孔径取 0.14，物方线视场取 1.84mm，工作波长取 0.248μm，优化设计中暂取三个视场计算。在 ZEMAX 的光刻物镜初始结构数椐表中填写：

Gen→Objevt Space NA→0.14；

$$\text{Fie→Object Height→}\begin{cases}1 & 0\\ 2 & 1.288;\\ 3 & 1.84\end{cases}$$

Wav→0.248。

完成合成后，分两个阶段对合成系统做进一步的优化。

**1. 第一阶段优化**

（1）调整倍数

取物距为变量，将近轴像平面作为像平面；采用默认的弥散圆型式的评价函数，并在其中加入保证横向放大率为 $-0.25^{\times}$ 的操作 ｛PMAG（Wave）；Target，Weight｝ ⇒ ｛PMAG（1）；

-0.25，100}，自动优化一次。

（2）改进评价函数进一步优化

在前一步的基础上，仍取物距为变量，并将所有半径增加为变量。仍将近轴像平面作为像平面，在评价函数中增加如下的几个操作：

{DIST(Surf;Wave;Absolute);Target,Weight} ⇒ {DIST(0;1;0);0,10}

{DIMX(Field;Wave;Absolute);Target,Weight} ⇒ {DIMX(2;1,0);0,10}

{FCUR(Surf;Wave);Target,Weight} ⇒ {FCUR(0;1);0,10}

{FCGT(Wave;Hx,Hy);Target,Weight} ⇒ {FCGT(1;0,1);0,10}

{FCGS(Wave;Hx,Hy);Target,Weight} ⇒ {FCGS(1;0,1);0,10}

同时在默认评价函数的第 2 视场中加入下面两个操作：

{TRAC(Wave;Hx,Hy;Px,Py);Target,Weight} ⇒ {TRAC(1;0,0.7;0,1);0,1}

{TRAC(Wave;Hx,Hy;Px,Py);Target,Weight} ⇒ {TRAC(1;0,0.7;0,-1);0,1}

在第三视场中加入下面两个操作：

{TRAC(Wave;Hx,Hy;Px,Py);Target,Weight} ⇒ {TRAC(1;0,1;0,1);0,1}

{TRAC(Wave;Hx,Hy;Px,Py);Target,Weight} ⇒ {TRAC(1;0,1;0,-1);0,1}

构成新的评价函数后再自动优化一次。值得指出的是，往后进一步的优化中，要反复应用这个新构造的评价函数，简称“新构造的评价函数”。

优化后输出的横向像差曲线、波像差曲线、像散场曲与畸变曲线以及调制传递函数曲线分别如图 6-17 ~ 图 6-20 所示。

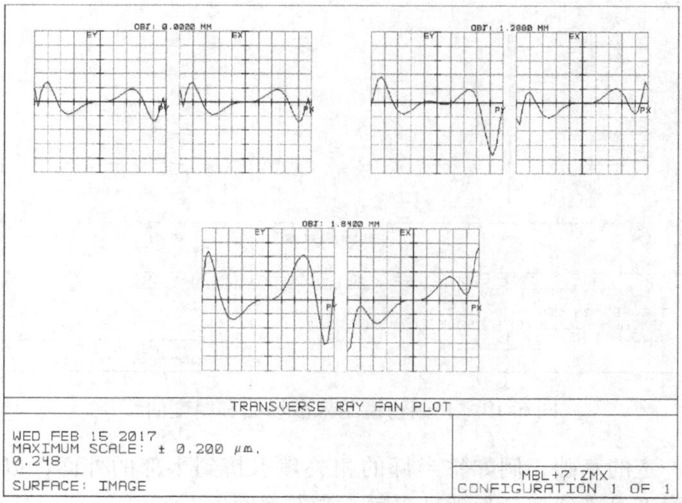


图 6-17　光刻物镜的横向像差曲线

（3）调整部分间隔

从像差曲线图上看像质已接近设计要求。但从如图 6-21 所示的镜头光路图看，有的镜片变尖了，需要增加镜片的厚度；有的间隔太小，两块镜片相碰，需要加大间隔。这要经过若干次的调整，每次调整 0.2 ~ 0.3mm，然后就用（2）中的变量和“新构造的评价函数”自动优化一次，直到间隔、厚度满足要求，不再违反边界条件。

（4）远心与远心程度

设计任务除对镜头的成像质量提出了要求外，原则上还提出了双远心的要求，这一点在半

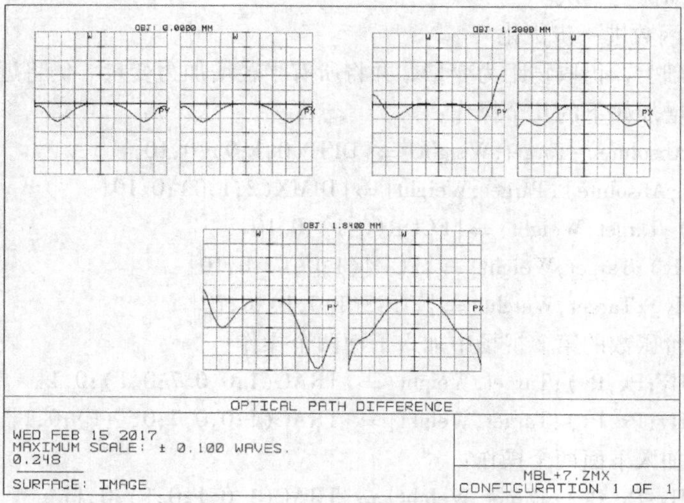


图 6-18　光刻物镜的波像差曲线

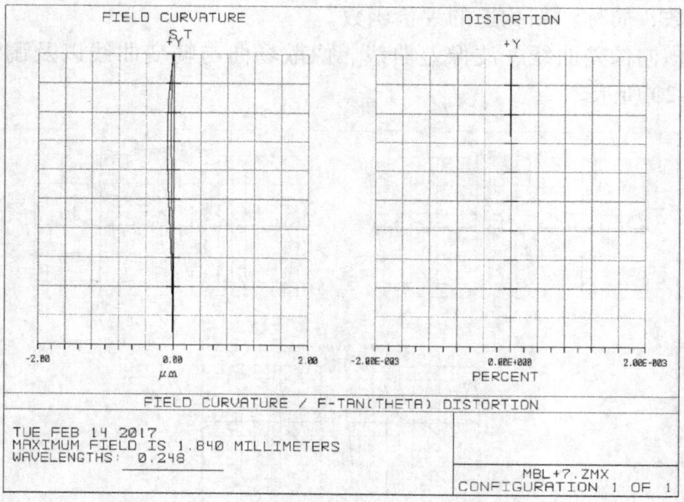


图 6-19　光刻物镜的像散场曲和畸变曲线

部设计时就打下了一定的基础，例如将半部的相关焦点挤到半部的外面，以及将半部的孔径光阑移到相关的焦点附近等措施都是为满足双远心要求而做的准备。

仅仅就双远心问题来说，解决的办法也似乎很简单。前后两半部合成时，将系统前半部分的像方焦点与后半部分的物方焦点放在一起，并将整个系统的孔径光阑放在这个前、后半部重合的焦平面上，双远心要求即可达到。

但严格满足双远心要求的孔径光阑位置有可能不是系统成像质量最佳的位置，在反复的优化过程中，追求的是像质最优，出瞳和入瞳尽可能处于“远心”。至于衡量入瞳和出瞳趋于“远心”的程度一般以“出瞳距”和“入瞳距”的长短作为一个依据，越远离系统就越满足对远心的要求。应该说，“出瞳距”和“入瞳距”是长还是短只有与相关的焦距相比才比较准确。由于前、后部分系统焦距相差$\beta$倍，所以入瞳距与系统孔径光阑前的前半部焦距相比才代表入瞳远心

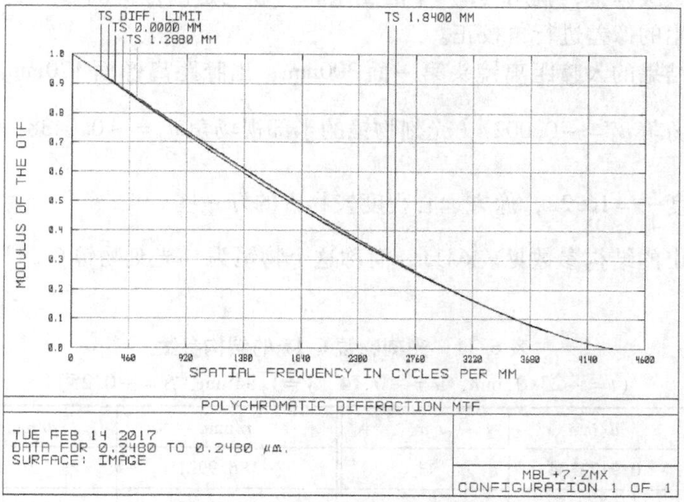


图6-20　光刻物镜的调制传递函数曲线

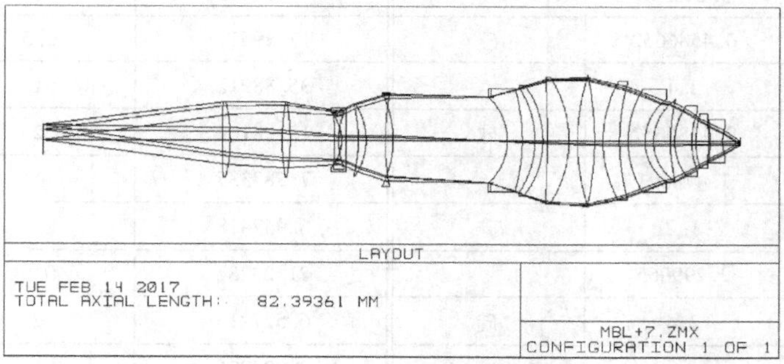


图6-21　光刻物镜的光路图

的程度，出瞳距与系统孔径光阑后的后半部焦距相比才代表出瞳远心的程度。

在光刻物镜系统中，追迹一条最大视场的近轴主光线，这条主光钱在入瞳中心、孔径光阑中心和出瞳中心处的三个“孔径角”分别就是光刻物镜的物方视场角 $u_p$，光刻物镜的半部视场角 $u_d$（即前半部 $g_b$或后半部 $g_a$的视场角）和光刻物镜的像方视场角 $u_p'$。

如果入瞳距以物镜前半部的物方焦点为原点，则由牛顿公式形式的横向放大率可得入瞳远心程度就是光刻物镜的半部视场角 $u_d$与光刻物镜的物方视场角 $u_p$之比$\frac{u_d}{u_p}$。类似，如果出瞳距以物镜后半部的像方焦点为原点，则出瞳远心程度就是光刻物镜的半部视场角 $u_d$与光刻物镜的像方视场角 $u_p'$之比$\frac{u_d}{u_p'}$。

$\frac{u_d}{u_p}$的绝对值越大，系统的物方远心程度越好。$\frac{u_d}{u_p'}$的绝对值越大，系统的像方远心程度越好。$u_p$、$u_d$和 $u_p'$可以通过路径 analysis→calculation→ray trace→*type*→$Y_m$，$U_m$；$Y_c$，$U_c$，在程序输出结果中找到。

对于现在进行的设计，可通过调整孔径光阑前后的空气间隔，使得镜头光路尽可能满足双远心要求。而每做一次调整，就用（2）中的变量和“新构造的评价函数”自动优化一次，将光阑前后间隔变化产生的像差进行再校正。

第一阶段优化结果的入瞳距离镜头第一面300mm，出瞳距离像面170mm。物方视场角 $u_p = -0.0057$，像方视场角 $u'_p = -0.0027$，光刻物镜的半部视场角 $u_d = -0.0438$。物方远心程度 $\frac{u_d}{u_p} = 7.68$，像方远心程度 $\frac{u_d}{u'_p} = 16.22$，像方远心程度较物方的好一些。

第一阶段优化出的结构参数见表6-11，简称这个物镜为“光刻物镜6-11”，它的光路简图如图6-22所示。

**表6-11　光刻物镜6-11的结构参数**

（$l = -23.01$mm，$u = -0.14$，$y = 1.84$mm，$\beta = -0.25$）

| $r$/mm | $d$/mm | $n$ | $r$/mm | $d$/mm | $n$ |
|---|---|---|---|---|---|
| 198.8276 | 0.9173304 | 硅 | -186.9921 | 3 | 硅 |
| -24.11442 | 6.110821 | | -15.87162 | 1 | |
| 24.93179 | 0.9173304 | 硅 | 23.77646 | 2 | 硅 |
| -33.12697 | 5.243548 | | -101.5222 | 1 | |
| 115.3048 | 0.4586652 | 硅 | 17.29611 | 2.5 | 硅 |
| 9.03384 | 2.4 | | 35.88912 | 1 | |
| -6.701651 | 0.4586652 | 硅 | 15.98104 | 2 | 硅 |
| 29.61306 | 1.474691 | | 7.383335 | 1 | |
| -55.88337 | 1.2 | 硅 | 6.947418 | 2.5 | 硅 |
| -11.95933 | 2.299065 | | 21.29282 | 0.5 | |
| 74.33511 | 2.4 | 硅 | 6.527215 | 2 | 硅 |
| -12.94003 | 16 | | 8.924936 | 0.5 | |
| ∞（光阑） | 5 | | -12.21897 | 1.5 | 硅 |
| -9.815211 | 1.75 | 硅 | -90.5735 | 0.2 | |
| -91.34644 | 2 | | -31.86226 | 1.5 | 硅 |
| -15.23945 | 1 | 硅 | 5.63187 | 2.577936 | |
| -12.56404 | 0.5 | | | | |

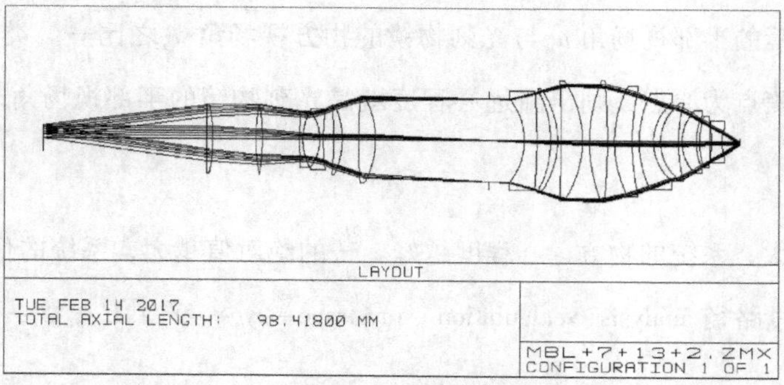


图6-22　光刻物镜6-11的光路简图

取六个视场，即全视场、0.85 视场、0.7 视场、0.5 视场、0.3 视场和 0 视场输出光刻物镜 6-11 的横向像差曲线和波像差曲线分别如图 6-23 和图 6-24 所示，输出像散场曲与畸变曲线和调制传递函数曲线分别如图 6-25 和图 6-26 所示。

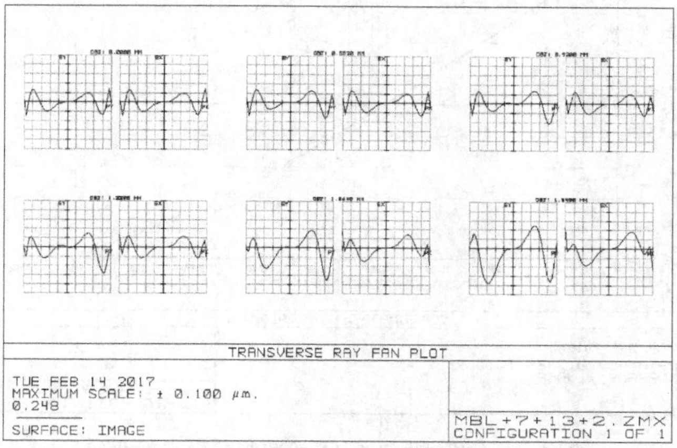


图 6-23　光刻物镜 6-11 的横向像差曲线

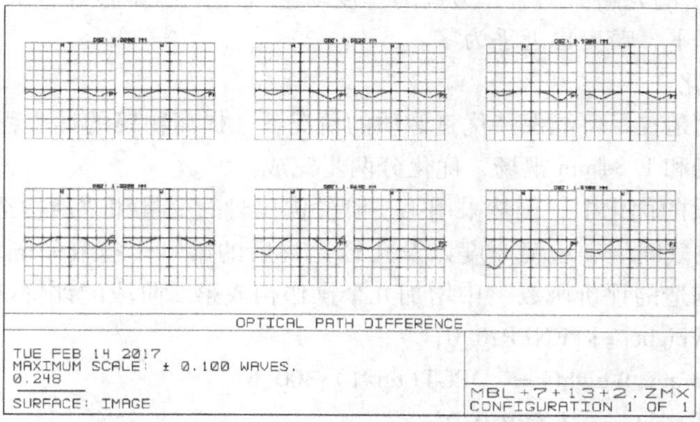


图 6-24　光刻物镜 6-11 的波像差曲线

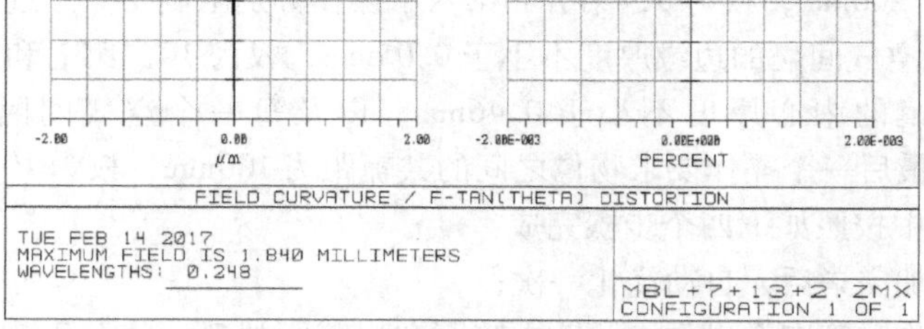

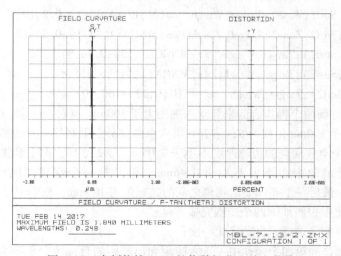


图 6-25　光刻物镜 6-11 的像散场曲和畸变曲线

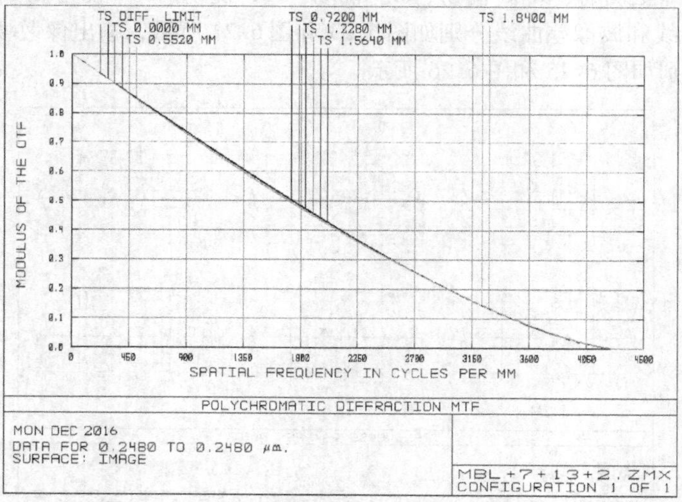


图 6-26 光刻物镜 6-11 的调制传递函数曲线

由光刻物镜 6-11 的光路简图看，透镜的厚度与空气间隔已调整好；从像差曲线看，这个结果已达到衍射置限水平，畸变也近乎为零。

**2. 第二阶段优化**

第二阶段的优化是在尽可能保持优良像质的情况下，提高物镜的远心程度。取三个视场即 0 视场、1.228mm 视场和 1.84mm 视场，优化分两步完成。

（1）在第二阶段的优化中，仍然采用第一阶段优化时的变量和“新构造的评价函数”，另将孔径光阑前的所有空气间隔和透镜厚度以及孔径光阑后的第一个空气间隔增加为变量，并在第一阶段所用的“新构造的评价函数”中增加九个操作构成第二阶段的评价函数：

op#1 {ENPP;Target,Weight} ⇒ {ENPP;0,0}

{OPGT(op#);Target,Weight} ⇒ {OPGT(op#1);300,6}

op#2 {EXPP;Target,Weight} ⇒ {EXPP;0,0}

{OPGT(op#);Target,Weight} ⇒ {OPGT(op#2);200,6}

{MNEG(Surf1,Surf2;Zone);Target,Weight} ⇒ {MNEG(1,33;1);0.2,10}

{MNEA(Surf1,Surf2;Zone);Target,Weight} ⇒ {MNEA(1,33;1);0.05,10}

{MNCG(Surf1,Surf2);Target,Weight} ⇒ {MNCG(1,12);0.46,8}

{MNCA(Surf1,Surf2);Target,Weight} ⇒ {MNCA(1,13);0.015,8}

{TTHI(Surf1,Surf2);Target,Weight} ⇒ {TTHI(0,33);100,10}

这九个操作中，前两个操作合起来要求入瞳距大于 300mm，权为 6；第三个和第四个操作合起来要求出瞳距大于 200mm，权为 6；第五和第六个操作分别限制每一个透镜的边缘厚度不小于 0.2mm，以及每一个空气间隔的边缘厚度不小于 0.05mm，权为 10；第七和第八个操作分别限制光阑前的每一个透镜的中心厚度不小于 0.46mm，以及每一个空气间隔的中心厚度不小于 0.015mm，权为 8；最后一个操作要求物像之间的共轭距为 100mm，权为 10。

第（1）步优化中按照如下四个步骤完成：

1）九个操作填加完毕后，自动优化一次；

2）将第二个操作和第四个操作中关于入瞳距和出瞳距的目标值分别改为 520mm 和 220mm，

再自动优化一次；

3）将第二个操作和第四个操作中关于入瞳距和出瞳距的目标值分别改为650mm和250mm后自动优化一次；

4）将第二个操作和第四个操作中关于入瞳距和出瞳距的目标值分别改为2000mm和280mm后自动优化一次，完成第1步优化。

（2）在第（1）步优化结果的基础上，增加光阑后所有透镜的厚度和空气间隔为变量，调用Hammer算法进行优化，当评价函数降低为 $MF=0.000003267$ 时，结束第（2）步优化。此时，入瞳距离镜头第一面2297.89mm，出瞳距离像面2243.43mm。物方视场角 $u_p=-0.000793$，像方视场角 $u'_p=-0.000205$，光刻物镜的半部视场角 $u_d=-0.0438$。由此可得物方远心程度 $\frac{u_d}{u_p}=55.23$，像方远心程度 $\frac{u_d}{u'_p}=213.66$，显然，无论是物方远心程度还是像方远心程度都比第一阶段的优化结果好得多。

第二阶段优化出的结构参数见表6-12，简称它为"光刻物镜6-12"，它的光路简图如图6-27所示，取六个视场输出它的横向像差曲线、波像差曲线、像散和场曲以及畸变曲线，如图6-28～图6-30所示，调制传递函数曲线如图6-31所示。

**表6-12 光刻物镜6-12的结构参数**

（$l=-23.00625$mm，$u=-0.14$，$y=1.84$mm，$\beta=-0.25^{\times}$）

| $r$/mm | $d$/mm | $n$ | $r$/mm | $d$/mm | $n$ |
|---|---|---|---|---|---|
| 96.34574 | 2.226848 | 硅 | -89.9134 | 2.985268 | 硅 |
| -22.79085 | 7.435391 | | -14.84055 | 0.9958718 | |
| 19.66221 | 1.274137 | 硅 | 56.59218 | 2.531939 | 硅 |
| -77.23562 | 5.608673 | | -33.64103 | 0.99073 | |
| 39.16635 | 0.4611884 | 硅 | 16.24158 | 2.484683 | 硅 |
| 7.832427 | 2.417088 | | 37.06822 | 1.001791 | |
| -6.511624 | 0.5214897 | 硅 | 12.97104 | 2.0381 | 硅 |
| 25.27777 | 1.733144 | | 7.526634 | 0.9861429 | |
| -49.11142 | 1.258106 | 硅 | 7.00717 | 2.503475 | 硅 |
| -12.03468 | 2.078796 | | 15.7865 | 0.5075578 | |
| 116.1497 | 2.421576 | 硅 | 6.908838 | 2.013865 | 硅 |
| -11.65003 | 13.83434 | | 8.323469 | 0.5012166 | |
| ∞（光阑） | 4.882574 | | 11.39959 | 1.426769 | 硅 |
| -9.678594 | 1.757748 | 硅 | -102.4873 | 0.2006888 | |
| -103.0589 | 1.976171 | | -40.13276 | 1.636543 | 硅 |
| -16.34066 | 1.018758 | 硅 | 6.443873 | 2.792405 | |
| -14.07996 | 0.4906751 | | | | |

由图6-28～图6-31表明：在整个视场范围内光刻物镜6-12的横向像差 $\Delta y'\leqslant0.09\mu$m，波像差 $\Delta W\leqslant0.082\lambda$，子午场曲 $x'_t\leqslant0.04\mu$m，弧矢场曲 $x'_s\leqslant0.01\mu$m，相对畸变 $dist\leqslant0.0000007\%$；调制传递函数曲线MTF与衍射置限调制传递函数曲线MTF重合。这是一个像质较好的光刻

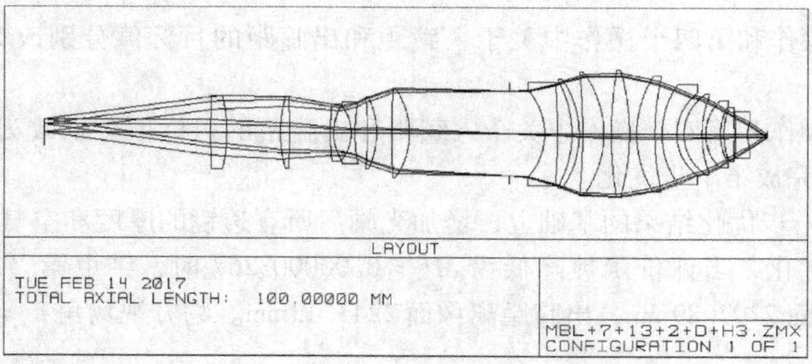


图 6-27 光刻物镜 6-12 的光路简图

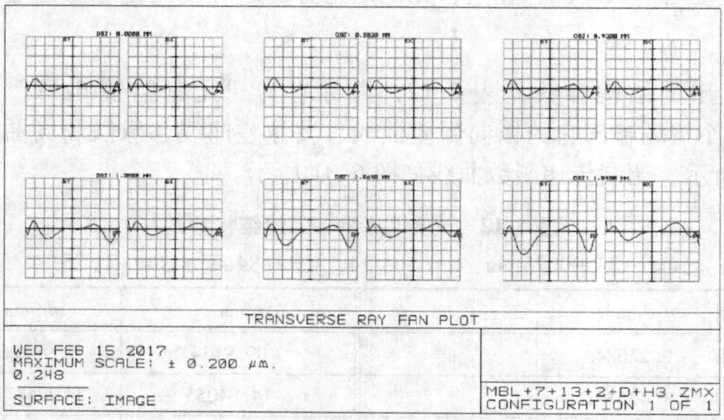


图 6-28 光刻物镜 6-12 的横向像差曲线

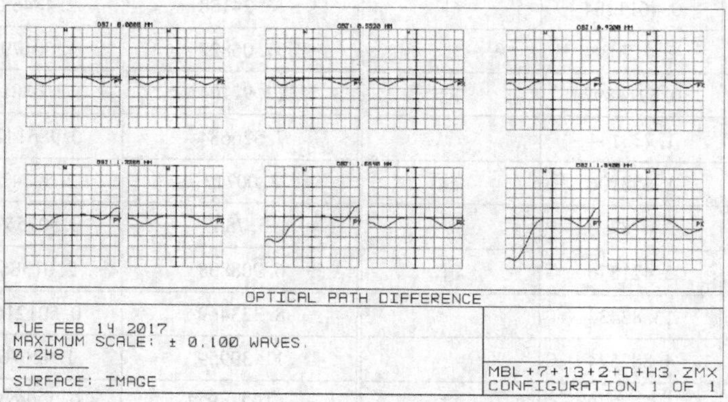


图 6-29 光刻物镜 6-12 的波像差曲线

物镜。

由前面内容得知它的入瞳距离镜头第一面 2297.89mm，出瞳距离像面 2243.43mm：物方远心程度$\frac{u_d}{u_p}=55.23$，像方远心程度$\frac{u_d}{u_p'}=213.66$。可以说光刻物镜 6-12 是一个满足了双远心要求的光刻物镜。

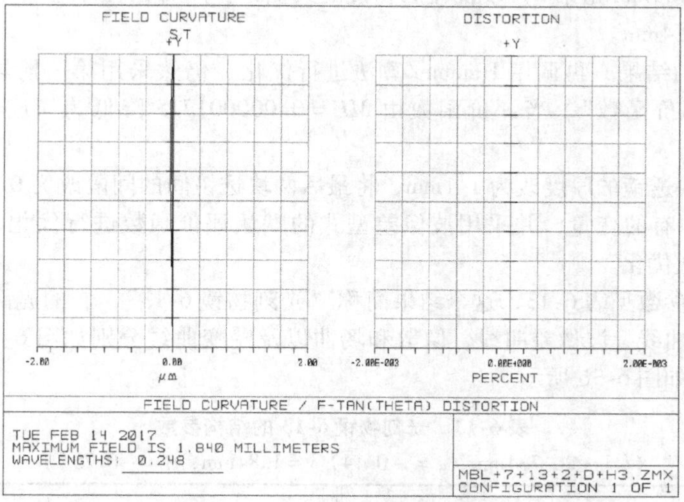


图6-30　光刻物镜6-12的像散、场曲和畸变像差曲线

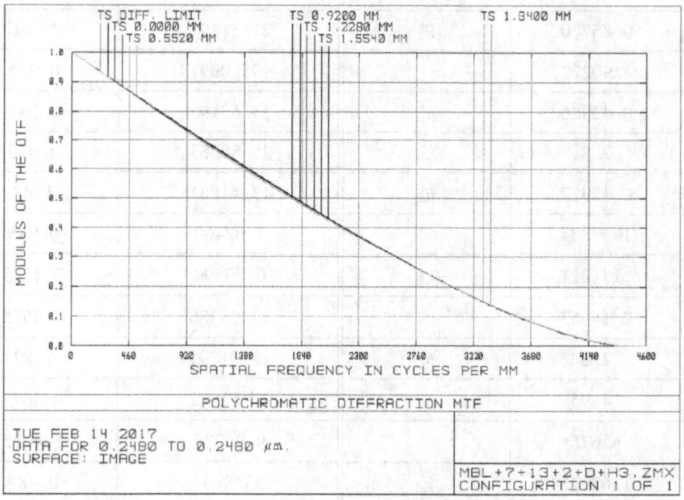


图6-31　光刻物镜6-12的调制传递函数MTF曲线

### 3. 讨论与说明

（1）放松双远心要求，对“光刻物镜6-11”再做优化，进一步改善像质。分五步优化和处理：

1）采用第一阶段优化时的变量和“新构造的评价函数”，调用Hammer算法进行优化。当评价函数由 $MF=0.000004100$ 降低为 $MF=0.000001471$ 时，中断优化。

2）增加物镜中第8、9、10三块透镜的厚度。逐步加厚3块透镜厚度，每一步增加0.1～0.2mm，紧接着以原有的变量和“新构造的评价函数”自动优化一次，直到三块透镜的厚度都不违反边界条件为止。

3）由路径Tools→miscellqneous→scale lens→scale by facter→$\frac{100}{106.284}$→OK，将共轭距缩小为

100mm，其中106.284mm是第2）步优化后物镜的共轭距。同时在程序主页中的“Fie”里增加第7视场，值为1.84mm。

4）对缩放后的结果，再调用Hammer算法进行优化，仍然采用第一阶段优化时所用的变量和“新构造的评价函数”。当评价函数由$MF=0.000001715$降低为$MF=0.000001111$时，终断优化。

5）将最后一块透镜的厚度改为1.1mm，将最后两块透镜间的间隔改为0.487mm。再次调用Hammer算法，以原有的变量，并采用波像差型式的默认评价函数进行优化，当评价函数值为0.000412089时终止优化。

优化出的结构参数见表6-13，这个结果简称“光刻物镜6-13”，它的光路简图如图6-32所示，它的横向像差曲线、波像差曲线、像散和场曲以及畸变曲线分别如图6-33～图6-35所示，调制传递函数曲线如图6-36所示。

**表6-13 光刻物镜6-13的结构参数**

（$l=-26.734$mm，$u=-0.14$，$y=1.84$mm，$\beta=-0.25^{\times}$）

| r/mm | d/mm | n | r/mm | d/mm | n |
|---|---|---|---|---|---|
| 213.4411 | 0.85770 | 硅 | 102.1178 | 3.8335 | 硅 |
| -25.48165 | 5.71362 | | -19.03097 | 0.935 | |
| 20.93083 | 0.85770 | 硅 | 21.51391 | 3.366 | 硅 |
| -63.59975 | 4.90272 | | -95.00914 | 0.935 | |
| 114.7559 | 0.42885 | 硅 | 15.63192 | 2.244 | 硅 |
| 8.26709 | 2.5 | | 25.88353 | 0.935 | |
| -6.84644 | 0.42917 | 硅 | 13.41881 | 1.87 | 硅 |
| 23.17874 | 1.37884 | | 7.02400 | 0.935 | |
| -37.45936 | 1.122 | 硅 | 6.83590 | 2.3375 | 硅 |
| -12.30622 | 2.14963 | | 13.58286 | 0.4675 | |
| 79.12402 | 2.8 | 硅 | 12.01791 | 1.87 | 硅 |
| -11.68906 | 14.96 | | 10.52522 | 0.4675 | |
| ∞（光阑） | 4.675 | | 9.96225 | 1.4025 | 硅 |
| -13.85163 | 1.63625 | 硅 | 33.8807 | 0.487 | |
| 56.17347 | 1.87 | | -132.2611 | 1.1 | 硅 |
| -46.6134 | 1.4025 | 硅 | 10.82509 | 4.22735 | |
| -22.67775 | 0.4675 | | | | |

从像差曲线看，光刻物镜6-13达到衍射置限水平，畸变也近乎为零。具体数据为：在整个视场范围内横向像差$\Delta y'\leqslant0.035\mu m$，波像差$\Delta W\leqslant0.008\lambda$，子午场曲$x_t'\leqslant0.036\mu m$，弧矢场曲$x_s'\leqslant0.01\mu m$，相对畸变$dist\leqslant0.000042\%$；调制传递函数曲线MTF与衍射置限调制传递函数曲线MTF重合。这个设计结果的像质与参考文献［19］的相当。

光刻物镜6-13的入瞳至系统第一面的距离为92mm，出瞳至像面的距离为60mm；物方远心程度$\frac{u_d}{u_p}=2.28$，像方远心程度$\frac{u_d}{u_p'}=4.63$，共轭距为102.2986mm。

参考文献［19］的远心程度为：入瞳至系统第一面的距离为344mm，出瞳至像面的距离为

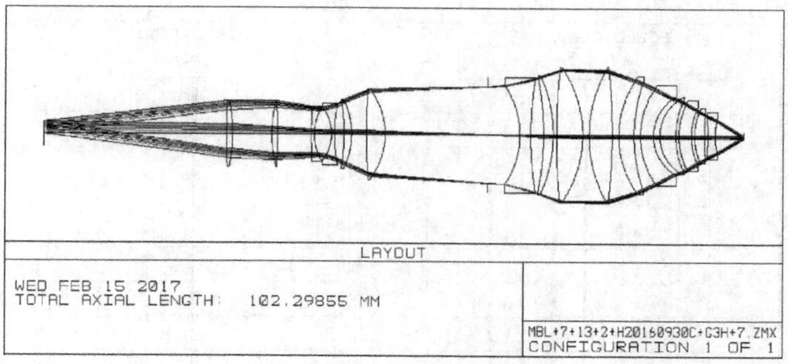


图 6-32 光刻物镜 6-13 的光路简图

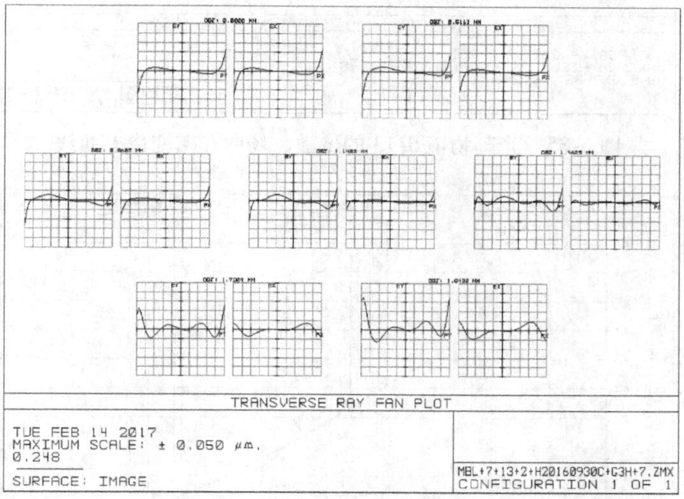


图 6-33 光刻物镜 6-13 的横向像差曲线

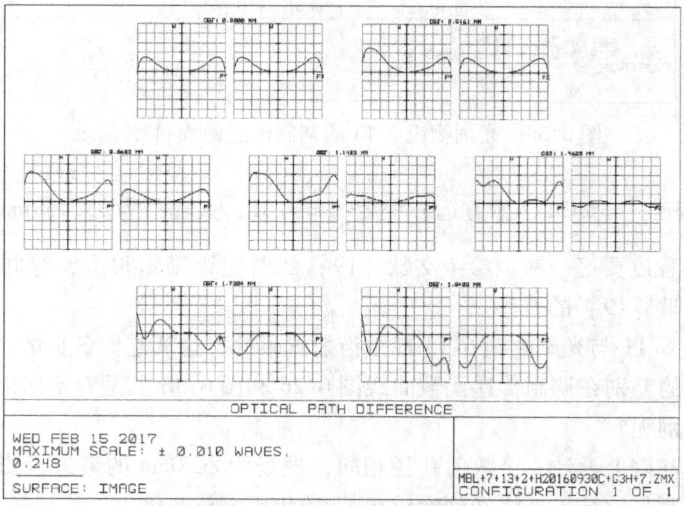


图 6-34 光刻物镜 6-13 的波像差曲线

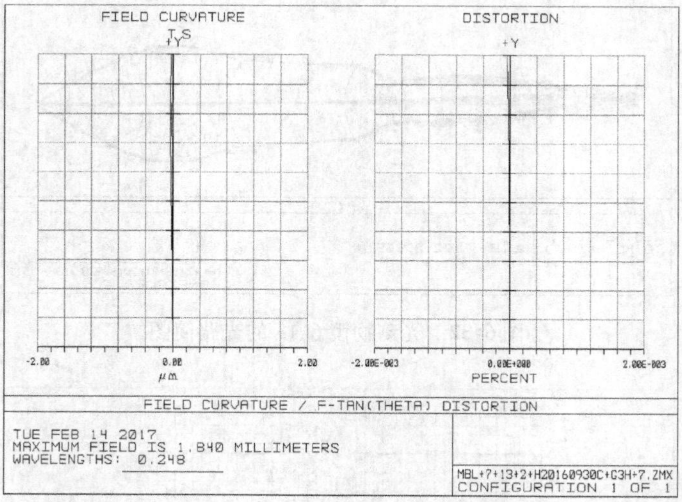


图 6-35　光刻物镜 6-13 的像散、场曲和畸变像差曲线

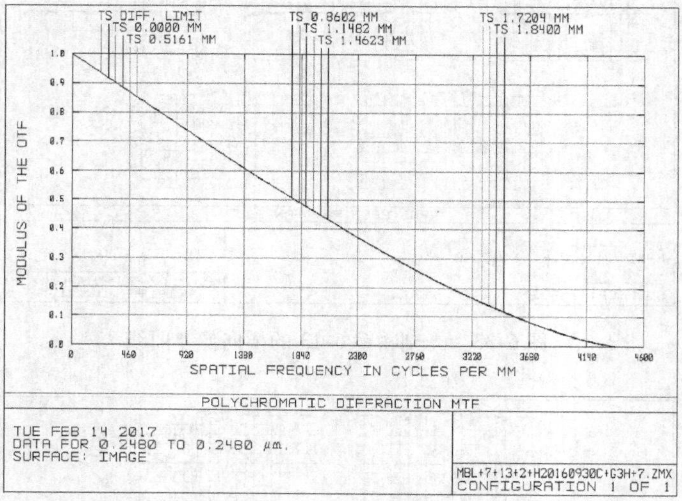


图 6-36　光刻物镜 6-13 的调制传递函数 MTF 曲线

32mm；物方远心程度$\frac{u_d}{u_p}=21.2$，像方远心程度$\frac{u_d}{u_p'}=7.81$，共轭距为 39.958mm。两者相比，参考文献［19］的远心程度要好一些，参考文献［19］的共轭距则短很多，等同于设计物镜的半部视场角较之参考文献［19］的要小。

（2）光刻物镜 6-11 与光刻物镜 6-13 都是衍射置限的，这从它们各自的调制传递函数曲线看的很清楚，但两者的差别在调制传递函数曲线图 6-26 和图 6-36 上是看不出来的，那么这两个系统的像质有什么区别呢？

试想在目前的基础上设计一个数值孔径相同，视场为 $\phi$28mm 的紫外投影光刻物镜，最直接的办法是缩放前面所得的结果。将光刻物镜 6-11 的焦距缩放 8 倍后，线视场为 $y=14.72$mm，它的调制传递函数曲线如图 6-37 所示；将光刻物镜 6-13 的焦距缩放 8 倍后，线视场为 $y=14.72$mm，其调制传递函数曲线如图 6-38 所示。

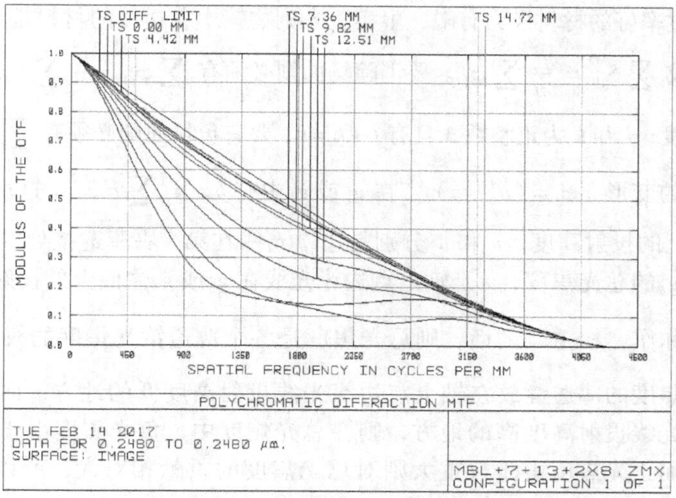


图 6-37　光刻物镜 6-11 缩放后的调制传递函数曲线

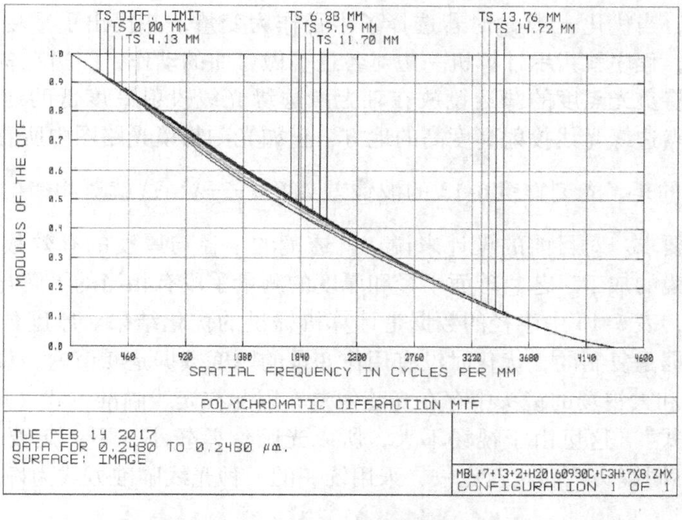


图 6-38　光刻物镜 6-13 缩放后的调制传递函数曲线

显然图 6-38 中的调制传递函数要好的多，以光刻物镜 6-13 为基础去做 $\phi28$ 的设计是合理的。

值得指出的是，经焦距缩放，系统的几何像差是线性缩放的，而传递函数却不是这样。

（3）根据前面内容已知，光刻物镜可以看成由两部分组成，即由 $g_a$ 和 $g_b$ 组成，需要强调的是 $g_a$ 和 $g_b$ 的光焦度都是正的。

又知，薄透镜形式的场曲系数 $S_{IV}$ 的表示式为

$$S_{IV}=j^2\frac{\varphi}{n}$$

式中，$j$ 是光学不变量；$n$ 是薄透镜的折射率；$\varphi$ 是薄透镜的光焦度。

设 $g_a$ 或 $g_b$ 中由 $i$ 块薄透镜构成，则 $g_a$ 或 $g_b$ 的场曲系数和 $\sum S_{IV}=j^2\sum_i\frac{\varphi_i}{n_i}$，又因为紫外波段尤

其是深紫外波段透过率好的材料极为有限，事实上光刻物镜中各透镜的材料是相同的，记为 $n$，故场曲系数和可以写成 $\sum S_{IV} = \frac{j^2}{n}\sum_i \varphi_i$。要消除场曲则必须有 $\sum_l \varphi_{pl} = -\sum_k \varphi_{nk}$，其中：$\varphi_{pl}$是正光焦度，$\varphi_{nk}$是负光焦度；$l$ 和 $k$ 为正整数，且有 $l+k=i$。要有负场曲则必须有 $\sum_l \varphi_{pl} < -\sum_k \varphi_{nk}$。

根据高斯公式的变形 $h_i\varphi_i = (u'-u)_i$，在 $g_a$或 $g_b$中有 $h\varphi = \sum_i h_i\varphi_i$，这里 $h_i$是轴上点边缘光线在第 $i$ 块薄透镜上的投射高度，$u$ 和 $u'$分别是边缘光线在第 $i$ 块薄透镜处的物方孔径角和像方孔径角，$\varphi$ 是 $g_a$或 $g_b$的总光焦度，$h$ 是轴上点边缘光线在 $g_a$或 $g_b$主面上的投射高度。因此有 $\varphi = \sum_i \frac{h_i}{h}\varphi_i$，若将$\frac{h_i}{h}$称作“权重”的话，则总光焦度是各个薄透镜光焦度的权重和。在 $g_a$或 $g_b$的光路中，若将负光焦度的薄透镜放在轴上点边缘光线投射高度低的地方，而将正光焦度的薄透镜放在轴上点边缘光线投射高度高的地方，则在总光焦度中，负光焦度由于权重小故对总光焦度的贡献相对小，而正光焦度由于权重大则对总光焦度的贡献相对大，所以尽管在 $g_a$或 $g_b$中，要平场就有 $\sum_l \varphi_{pl} \leqslant -\sum_k \varphi_{nk}$ 的要求，但也完全有可能使得 $\varphi > 0$。将上述讨论推广到整个光刻物镜系统，结论显然也是成立的。

值得指出的是，当优化 $g_a$或 $g_b$时若选择了半径作为变量，并提出了平场以及对焦距的要求时，在优化过程中，程序就指示计算机一边对各透镜做弯曲的动作，一边在各透镜之间交换光焦度，最终结果就是将负光焦度的薄透镜放在轴上点边缘光线投射高度低的地方，而将正光焦度的薄透镜放在轴上点边缘光线投射高度高的地方，正如光刻物镜光路图中所看到的。

（4）值得指出的是，光刻物镜 6-13 的波像差 $\Delta W \leqslant \frac{1}{125}\lambda$，这就对物镜的加工、测量与检验提出了比较苛刻的要求。对目前的设计来说，就透镜的半径与厚度的有效数字确定应有严谨的计算，并要对硅透镜的加工工艺、球面半径和厚度的测量手段有相当的了解与研究。这些重要的工作此处没有涉及，表 6-13 中半径的数据是计算机提供的优化结果。厚度数据分两类，优化时用作变量的厚度数据是复制的，优化时没有用作变量的厚度数据是赋值的，位数少。

（5）在大孔径和大视场的镜头中存在光瞳像差，因此在光线瞄准方式（Ray Aiming）中一般采用“实际光线方式”。这里由于视场不大，所以光瞳像差较小，不一定要采用“实际光线方式”，但为了便于不同镜头之间相互比较，采用统一的一种光线瞄准方式为好。

**4. 结论**

前几节讨论了如何由两个筒长无穷大的平场显微物镜组合构成一个新光刻物镜的初始基型，并在此基础上经改造和优化，设计出一个成像质量优异的紫外光刻物镜。

设计实践表明，此类复杂镜头可从两个相对简单的显微物镜出发来构造，将它们分别改造和优化成光刻物镜的前半部和后半部，半部改造优化时只着重消除球差、场曲和像散。然后两半部的远端相对构成光刻物镜的初始结构，再将彗差、畸变加入优化校正。这是一条相对简单可行的设计路线。

## 6.5 优化改进参考文献［17］中的光刻物镜范例

如前所述，参考文献［17］中设计了一个紫外光刻物镜，其工作波长和光学参数与前几节所讨论的设计实例相同，它的雏型是 Nikon 公司的一个专利。参考文献［17］给出了该物镜的结构参数和多种像质曲线。这里利用前几节优化设计中构造出来的评价函数对它进行再优化，得到了一个像质更为优良的结果。

**1. 参考文献［17］的紫外投影光刻物镜**

参考文献［17］的紫外投影光刻物镜的物距 $l=-5.425153\text{mm}$，物高 $y=1.84mm$，像高 $y'=-0.46\text{mm}$，物方数值孔径 $NA_o=0.14$，像方数值孔径 $NA_i=0.56$，横向放大率 $\beta=-0.25$，工作波长 $\lambda=0.248\mu\text{m}$。物镜所用材料全部为（熔）石英（Fused Silica）。参考文献［17］的紫外投影光刻物镜的结构参数见表6-14（详见参考文献［17］的第504~507页），入瞳距离第一面为411.98mm，出瞳距离像平面为-600.007mm。$u_p=-0.004408$，$u'_p=-0.000768$，$u_d=-0.08561$。物方远心程度 $\frac{u_d}{u_p}=19.44$，像方远心程度 $\frac{u_d}{u'_p}=112.94$。参考文献［17］的这个物镜简称“参考文献［17］光刻物镜”，其光路简图如图6-39所示。

**表6-14　“参考文献［17］光刻物镜”的结构参数**

| $r$/mm | $d$/mm | $n$ | $r$/mm | $d$/mm | $n$ |
|---|---|---|---|---|---|
| -13.04773 | 1.518908 | F_SILICA | 33.7628 | 0.4224667 | F_SILICA |
| -6.733784 | 0.04350051 | | 4.667238 | 1.216743 | |
| 8.404082 | 3.816084 | F_SILICA | -151.8115 | 0.55578 | F_SILICA |
| -32.40546 | 0.02520471 | | 6.1632 | 2.903573 | |
| 7.853349 | 0.3556806 | F_SILICA | -37.40698 | 0.571392 | F_SILICA |
| 4.95412 | 0.6694951 | | ∞ | 0 | |
| 19.47745 | 0.3501791 | F_SILICA | ∞（光阑） | 0.573567 | |
| 5.07872 | 1.58173 | | -5.259365 | 1.118859 | F_SILICA |
| -10.99364 | 0.5813715 | F_SILICA | -8.00097 | 0.0698567 | |
| 42.55389 | 1.684126 | | -237.9141 | 2.008397 | F_SILICA |
| -4.062022 | 0.5804759 | F_SILICA | -11.40181 | 0.04567554 | |
| 23.06352 | 0.4628203 | | 46.1151 | 1.826728 | F_SILICA |
| -291.4859 | 1.849901 | F_SILICA | -16.09391 | 0.02686796 | |
| -8.113898 | 0.04567554 | | 14.306 | 1.56614 | F_SILICA |
| 36.41083 | 2.127748 | F_SILICA | -156.0455 | 0.0419652 | |
| -12.62933 | 0.03787103 | | 8.081466 | 1.402891 | F_SILICA |
| 19.11938 | 1.559109 | F_SILICA | 17.66468 | 0.04055783 | |
| -81.36718 | 0.02801945 | | 5.303171 | 3.796996 | F_SILICA |
| 12.59768 | 1.107984 | F_SILICA | 4.553058 | 2.692158 | |
| 48.91833 | 0.02929887 | | 2.276742 | 0.874477 | F_SILICA |
| 8.265497 | 1.144319 | F_SILICA | 3.249038 | 0.5360438 | |
| 29.08755 | 3.413862 | | | | |

**2. 对“参考文献［17］光刻物镜”进一步优化时所采用的评价函数**

1　0
先在ZEMAX镜头数据表中取三个视场，填写Fie→Object Height→2　1.288
3　1.84

采用弥散圆型式的默认评价函数，并在其中增加如下操作，构成优化过程中的评价函数：

{PMAG(Wave);Target,Weight} ⇒ {PMAG(1); -0.25,100}

{DIST(Surf;Wave;Absolute);Target,Weight} ⇒ {DIST(0;1;0);0,10}

{DIMX(Field;Wave;Absolute);Target,Weight} ⇒ {DIMX(2;1,0);0,10}

{FCUR(Surf;Wave);Target,Weight} ⇒ {FCUR(0;1);0,10}

{FCGT(Wave;Hx,Hy);Target,Weight} ⇒ {FCGT(1;0,1);0,10}

{FCGS(Wave;Hx,Hy);Target,Weight} ⇒ {FCGS(1;0,1);0,10}

在默认评价函数的第二视场中加入：

{TRAC(Wave;Hx,Hy;Px,Py);Target,Weight} ⇒ {TRAC(1;0,0.7;0,1);0,1}

{TRAC(Wave;Hx,Hy;Px,Py);Target,Weight} ⇒ {TRAC(1;0,0.7;0,-1);0,1}

在第三视场中加入：

{TRAC(Wave;Hx,Hy;Px,Py);Target,Weight} ⇒ {TRAC(1;0,1;0,1);0,1}

{TRAC(Wave;Hx,Hy;Px,Py);Target,Weight} ⇒ {TRAC(1;0,1;0,-1);0,1}

这个评价函数就是前面多次使用过的“新构造的评价函数”。

**3. 优化改进步骤**

1）取全部半径、物距、像距以及最后两块透镜间的空气间隔为变量，自动优化一次。

2）仍取全部半径、物距、像距以及最后两块透镜间的空气间隔为变量，另增加第13块和第14块透镜间的空气间隔作为变量自动优化一次。

3）采用与2）相同的变量，将光阑后的空气间隔增加至1.2mm后自动优化一次，结束优化。

**4. 优化改进的结果**

优化改进后，新物镜的物距为 $l=-4.710524\text{mm}$，像距为 $l'=0.7211089\text{mm}$；入瞳距离第一面为-651.75mm，出瞳距离像平面为172.01mm，$u_p=0.00284$，$u_p'=0.00267$，$u_d=0.08933$。物方远心程度 $\frac{u_d}{u_p}=31.45$，像方远心程度 $\frac{u_d}{u_p'}=33.46$。新物镜的结构参数见表6-15。

“参考文献［17］光刻物镜”和优化改进后新光刻物镜的横向像差曲线、像散场曲和畸变曲线、视场-方均根波像差曲线，以及调制传递函数曲线分别如图6-40～图6-43所示，其中图a是“参考文献［17］光刻物镜”的，图b是优化改进后新光刻物镜的。为便于比较，在图a和图b中用了相同的比例尺。

通过比对像差曲线可以看到，优化改进后新光刻物镜比“参考文献［17］光刻物镜”的成像质量有了较大的改善，就残留像差的最大值而言，优化改进后横向像差由1.13μm减小为0.12μm，相对畸变由0.015%减小为0.00026%，方均根波像差由0.125λ减小为0.014λ；优化改进后新光刻物镜的调制传递函数曲线明显好于“参考文献［17］光刻物镜”的曲线。

本章给出了紫外光刻物镜的一个可用新结构，它的结构基本上由两个简单的显微物镜构成。并给出了一个有效的评价函数，该函数是在默认评价函数的基础上添加了几句作用直接、目的清楚的操作语句后构成的。由设计计算实践看它们是问题的可行解，它们是以简单的结构和平常的操作为基础的。

值得指出的是，合理的结构不是唯一的，有效的评价函数更不是唯一的。例如Nikon公司的专利以及本章提供的新结构都是紫外光刻物镜的合理结构，又例如在放松远心程度的情况下有更简单的评价函数可以更有效地改进“参考文献［17］中光刻物镜”的成像质量。

表 6-15　优化改进后新光刻物镜的结构参数

| r/mm | d/mm | n | r/mm | d/mm | n |
|---|---|---|---|---|---|
| -15. 14502 | 1. 518908 | F_SILICA | 38. 62832 | 0. 4224667 | F_SILICA |
| -6. 763426 | 0. 04350051 | | 4. 758492 | 1. 216743 | |
| 8. 640908 | 3. 816084 | F_SILICA | -29. 27078 | 0. 55578 | F_SILICA |
| -26. 54887 | 0. 02520471 | | 7. 501465 | 2. 606044 | |
| 8. 998864 | 0. 3556806 | F_SILICA | 5373. 679 | 0. 571392 | F_SILICA |
| 5. 452262 | 0. 6694951 | | 39. 04569 | 0 | |
| 16. 20791 | 0. 3501791 | F_SILICA | ∞（光阑） | 1. 2 | |
| 4. 91845 | 1. 58173 | | -5. 318973 | 1. 118859 | F_SILICA |
| -10. 73425 | 0. 5813715 | F_SILICA | -8. 074459 | 0. 0698567 | |
| 33. 74524 | 1. 684126 | | -166. 122 | 2. 008397 | F_SILICA |
| -3. 824178 | 0. 5804759 | F_SILICA | -10. 71952 | 0. 04567554 | |
| 35. 62448 | 0. 4628203 | | 76. 99766 | 1. 826728 | F_SILICA |
| -94. 49748 | 1. 849901 | F_SILICA | -13. 68911 | 0. 02686796 | |
| -7. 249657 | 0. 04567554 | | 15. 81227 | 1. 56614 | F_SILICA |
| 47. 73668 | 2. 127748 | F_SILICA | -84. 49383 | 0. 0419652 | |
| -10. 93069 | 0. 03787103 | | 7. 896929 | 1. 402891 | F_SILICA |
| 32. 81151 | 1. 559109 | F_SILICA | 15. 5276 | 0. 04055783 | |
| -30. 90335 | 0. 02801945 | | 5. 265991 | 3. 796996 | F_SILICA |
| 15. 22556 | 1. 107984 | F_SILICA | 4. 436837 | 2. 347994 | |
| 79. 20799 | 0. 02929887 | | 2. 865495 | 0. 874477 | F_SILICA |
| 9. 296225 | 1. 144319 | F_SILICA | 4. 428667 | 0. 7211089 | |
| 34. 25214 | 3. 413862 | | | | |

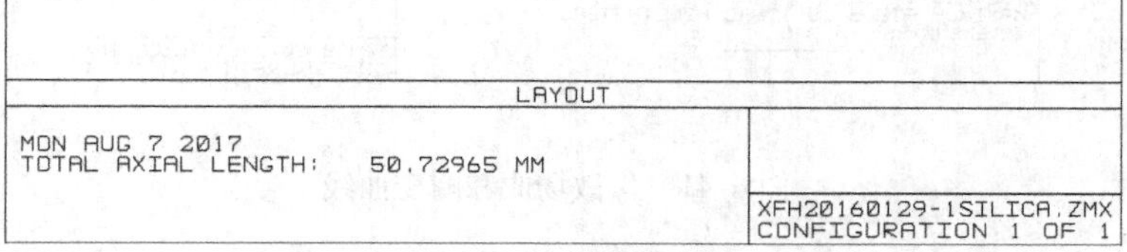

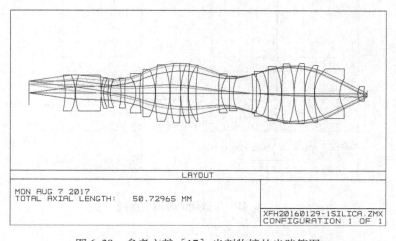


图 6-39　参考文献［17］光刻物镜的光路简图

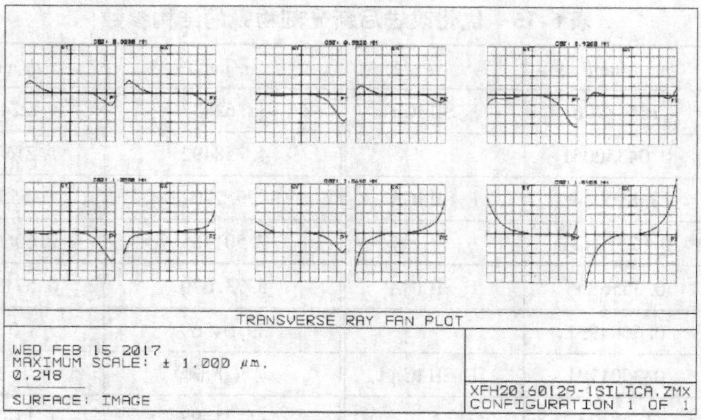


a)

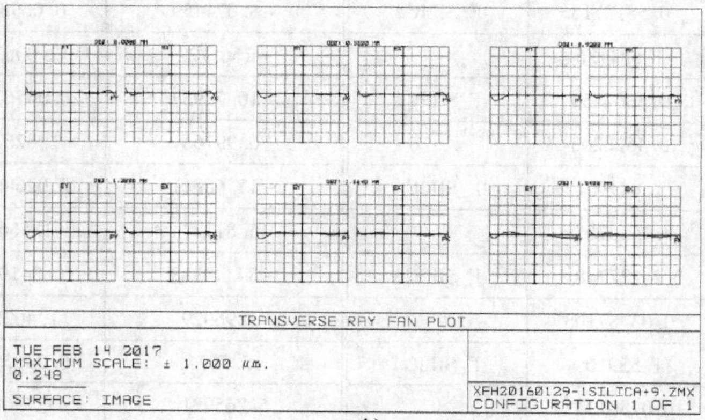


b)

图 6-40　横向像差曲线

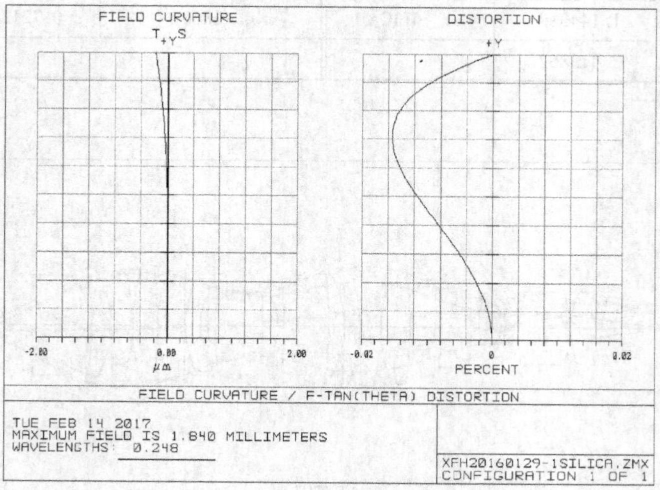


a)

图 6-41　像散场曲和畸变曲线

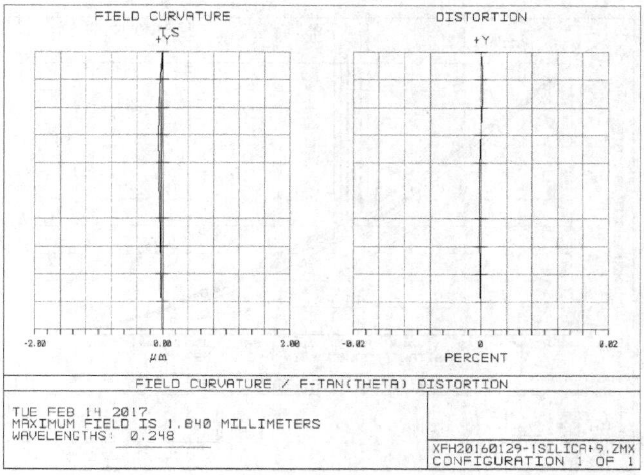


b)

图 6-41　像散场曲和畸变曲线（续）

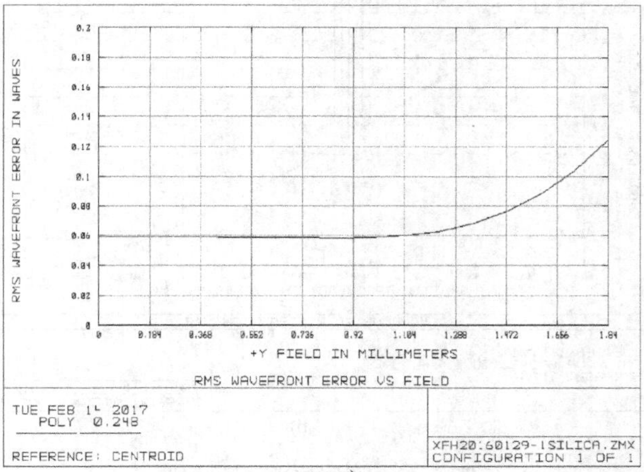


a)

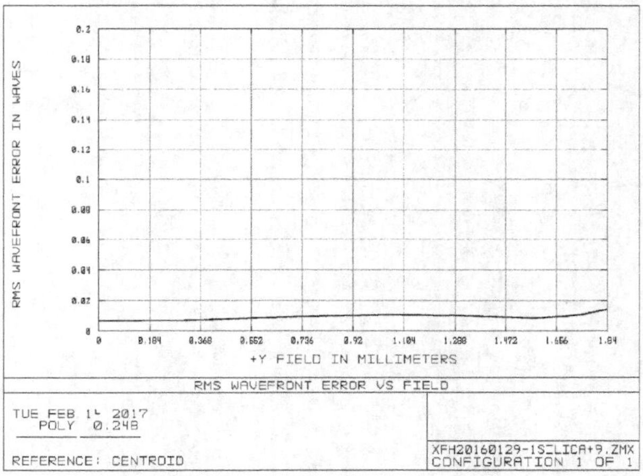


b)

图 6-42　视场-方均根波像差曲线

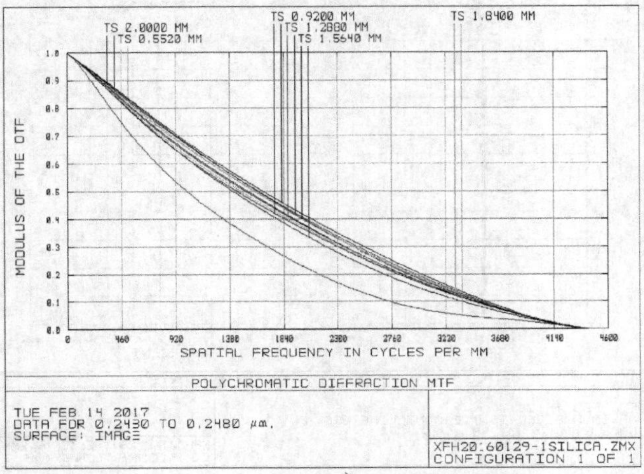


a)

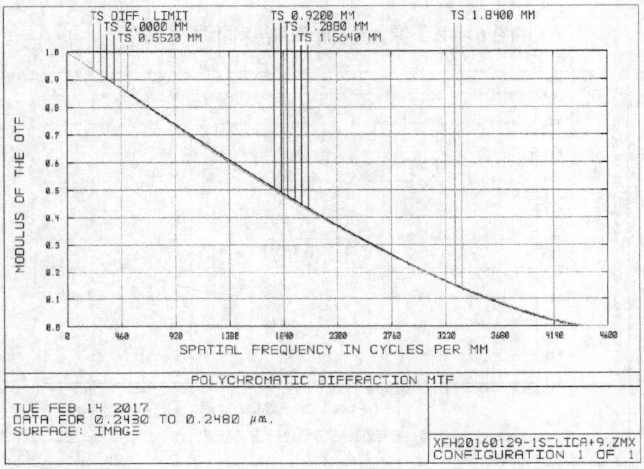


b)

图 6-43 调制传递函数曲线

# 附　　录

## 附录 A　初级像差系数

初级球差系数　　$\sum S_{\mathrm{I}} = \sum luni\,(i-i')\,(i'-u)$

初级彗差系数　　$\sum S_{\mathrm{II}} = \sum luni_{\mathrm{p}}\,(i-i')\,(i'-u) = \sum S_{\mathrm{I}}\dfrac{i_{\mathrm{p}}}{i}$

初级像散系数　　$\sum S_{\mathrm{III}} = \sum S_{\mathrm{II}}\dfrac{i_{\mathrm{p}}}{i} = \sum S_{\mathrm{I}}\left(\dfrac{i_{\mathrm{p}}}{i}\right)^2$

初级场曲系数　　$\sum S_{\mathrm{IV}} = J^2 \sum \dfrac{(n'-n)}{nn'r}$

初级畸变系数　　$\sum S_{\mathrm{V}} = \sum\,(S_{\mathrm{III}} + S_{\mathrm{IV}})\,\dfrac{i_{\mathrm{p}}}{i}$

初级位置色差系数　　$\sum C_{\mathrm{I}} = \sum luni\left(\dfrac{\delta n'}{n'} - \dfrac{\delta n}{n}\right)$

初级倍率色差系数　　$\sum C_{\mathrm{II}} = \sum luni_{\mathrm{p}}\left(\dfrac{\delta n'}{n'} - \dfrac{\delta n}{n}\right) = \sum C_{\mathrm{I}}\dfrac{i_{\mathrm{p}}}{i}$

式中，$l$、$u$、$i$、$i'$分别为轴上点全孔径近轴光线的截距、孔径角、入射角和折射角；$i_{\mathrm{p}}$为全视场近轴主光线的入射角；$n$、$n'$分别为折射面两边的折射率，$\delta n = n_{\mathrm{F}} - n_{\mathrm{C}}$，$\delta n' = n'_{\mathrm{F}} - n'_{\mathrm{C}}$；$r$为折射面的半径；$J$为光学不变量。

# 附录 B　平行平板的初级像差系数

平行平板的初级球差系数　$\sum S_{\mathrm{I p}}=\dfrac{1-n^2}{n^3}u^4 d$

平行平板的初级彗差系数　$\sum S_{\mathrm{II p}}=\dfrac{1-n^2}{n^3}u^3 u_{\mathrm{p}} d$

平行平板的初级像散系数　$\sum S_{\mathrm{III p}}=\dfrac{1-n^2}{n^3}u^2 u_{\mathrm{p}}^2 d$

平行平板的初级场曲系数　$\sum S_{\mathrm{IV p}}=0$

平行平板的初级畸变系数　$\sum S_{\mathrm{V p}}=\dfrac{1-n^2}{n^3}u u_{\mathrm{p}}^3 d$

平行平板的初级位置色差系数　$\sum C_{\mathrm{I p}}=\dfrac{1}{\nu}\,\dfrac{1-n}{n^2}u^2 d$

平行平板的初级倍率色差系数　$\sum C_{\mathrm{II p}}=\dfrac{1}{\nu}\,\dfrac{1-n}{n^2}u u_{\mathrm{p}} d$

式中，$n$ 和 $\nu$ 分别为平行平板的材料折射率和阿贝数；$d$ 为平行平板的厚度；$u$ 为轴上点全孔径近轴光线入射到平行平板上时的孔径角；$u_{\mathrm{p}}$ 为全视场近轴主光线入射到平行平板上时与光轴的夹角。

# 附录 C　薄透镜初级像差系数的 *PW* 表示式

*PW* 形式的初级球差系数　$\sum S_{\mathrm{I}} = \sum hP$

*PW* 形式的初级彗差系数　$\sum S_{\mathrm{II}} = \sum h_{\mathrm{p}} P + J \sum W$

*PW* 形式的初级像散系数　$\sum S_{\mathrm{III}} = \sum \frac{h_{\mathrm{p}}^2}{h} P + 2J \sum \frac{h_{\mathrm{p}}}{h} W + J^2 \sum \varphi$

薄透镜的初级场曲系数　$\sum S_{\mathrm{IV}} = J^2 \sum \frac{\varphi}{n}$

*PW* 形式的初级畸变系数　$\sum S_{\mathrm{V}} = \sum \frac{h_{\mathrm{p}}^3}{h} P + 3J \sum \frac{h_{\mathrm{p}}^2}{h^2} W + J^2 \sum \frac{h_{\mathrm{p}}}{h} \left( 3 + \frac{1}{n} \right) \varphi$

薄透镜的初级位置色差系数　$\sum C_{\mathrm{I}} = \sum h^2 \frac{\varphi}{\nu}$

薄透镜的初级倍率色差系数　$\sum C_{\mathrm{II}} = \sum h h_{\mathrm{p}} \frac{\varphi}{\nu}$

式中，$P = ni(i' - u)(i - i')$，$W = (i' - u)(i - i')$；$J$ 为光学（拉赫）不变量；$h$ 为轴上物点发出的边缘近轴光线在各薄透镜上的投射高度；$h_{\mathrm{p}}$ 为最大视场轴外物点发出的近轴主光线在各薄透镜上的投射高度；$\varphi$ 为各薄透镜的光焦度；$n$ 和 $\nu$ 分别为各薄透镜玻璃材料的折射率和阿贝数。

# 附录 D 双胶薄透镜的求解步骤

因为是双胶薄透镜，轴上点边缘近轴光线在各面上的投射高度 $h$ 是相同的，轴外点最大视场近轴主光线在各面上的投射高度 $h_p$ 是相同的。因此，附录 C 中的初级球差、初级彗差以及初级位置色差系数可以写成如下的形式：

$$\left.\begin{aligned}\sum S_{\mathrm{I}} &= h\sum P\\ \sum S_{\mathrm{II}} &= h_p\sum P + J\sum W\\ \sum C_{\mathrm{I}} &= h^2\sum\frac{\varphi}{\nu}\end{aligned}\right\}\tag{D-1}$$

因为在双胶薄透镜的求解中，无论是 $S_{\mathrm{I}}$、$S_{\mathrm{II}}$、$C_{\mathrm{I}}$，还是 $P$、$W$，关心的是三个面的和数，所以为书写简便起见，将 $\sum S_{\mathrm{I}}$、$\sum S_{\mathrm{II}}$ 及 $\sum C_{\mathrm{I}}$ 分别简记为 $S_{\mathrm{I}}$、$S_{\mathrm{II}}$ 及 $C_{\mathrm{I}}$，将 $\sum P$ 和 $\sum W$ 分别简记为 $P$ 和 $W$，省去求和号 $\sum$ 不写。

(1) 解像差方程

$$\left.\begin{aligned}S_{\mathrm{I}} &= hP\\ S_{\mathrm{II}} &= h_pP + JW\end{aligned}\right\}\tag{D-2}$$

(2) 规化 $P$ 和 $W$

$$\left.\begin{aligned}\hat{\boldsymbol{P}} &= \frac{P}{(h\varphi)^3}\\ \hat{\boldsymbol{W}} &= \frac{W}{(h\varphi)^2}\end{aligned}\right\}\tag{D-3}$$

(3) 将 $\hat{\boldsymbol{P}}$ 和 $\hat{\boldsymbol{W}}$ 规化至∞

$$\left.\begin{aligned}\hat{\boldsymbol{P}}^{\infty} &= \hat{\boldsymbol{P}} + \hat{\boldsymbol{u}}_1(4\hat{\boldsymbol{W}}^{\infty} + 1) - \hat{\boldsymbol{u}}_1^2(3 + 2\mu)\\ \hat{\boldsymbol{W}}^{\infty} &= \hat{\boldsymbol{W}} + \hat{\boldsymbol{u}}_1(2 + \mu)\end{aligned}\right\}\tag{D-4}$$

式中

$$\hat{\boldsymbol{u}}_1 = \frac{u_1}{h\varphi},\qquad \mu\approx 0.7\tag{D-5}$$

(4) 求 $\hat{\boldsymbol{P}}_0$

$$\hat{\boldsymbol{P}}_0 = \hat{\boldsymbol{P}}^{\infty} - 0.85(\hat{\boldsymbol{W}}^{\infty} + 0.15)^2\tag{D-6}$$

(5) 规化 $C_{\mathrm{I}}$

$$\hat{\boldsymbol{C}}_{\mathrm{I}} = \frac{C_{\mathrm{I}}}{h^2\varphi}\tag{D-7}$$

(6) 依据 $\hat{\boldsymbol{P}}_0$ 和 $\hat{\boldsymbol{C}}_{\mathrm{I}}$ 查 $\hat{\boldsymbol{P}}_0$ 表选玻璃及 $\hat{\boldsymbol{Q}}_0$

$$\hat{\boldsymbol{P}}_0\hat{\boldsymbol{C}}_{\mathrm{I}} \rightarrow \begin{array}{l} n_1, \nu_1\\ n_2, \nu_2\\ \hat{\boldsymbol{Q}}_0\end{array}$$

(7) 分配光焦度

$$\left.\begin{aligned}\hat{\varphi}_1+\hat{\varphi}_2&=1\\ \frac{\hat{\varphi}_1}{\nu_1}+\frac{\hat{\varphi}_2}{\nu_2}&=\hat{C}_1\end{aligned}\right\}\tag{D-8}$$

（8）求 $\hat{Q}$

$$\hat{Q}=\hat{Q}_0+\frac{\hat{W}^{\infty}+0.15}{1.67}\tag{D-9}$$

（9）求半径

$$\left.\begin{aligned}\hat{c}_2&=\hat{\varphi}_1+\hat{Q}\\ \hat{c}_1&=\frac{\hat{\varphi}_1}{n_1-1}+\hat{c}_2\\ \hat{c}_3&=\hat{c}_2-\frac{\hat{\varphi}_2}{n_2-1}\end{aligned}\right\}\tag{D-10}$$

$$\left.\begin{aligned}r_1&=\frac{f'}{\hat{c}_1}\\ r_2&=\frac{f'}{\hat{c}_2}\\ r_3&=\frac{f'}{\hat{c}_3}\end{aligned}\right\}\tag{D-11}$$

式中，$\hat{\boldsymbol{P}}$、$\hat{\boldsymbol{W}}$、$\hat{\boldsymbol{u}}_1$ 和 $\hat{\boldsymbol{C}}_1$ 分别为 $P$、$W$、$u_1$ 和 $C_1$ 的规化值；$\hat{\boldsymbol{P}}^{\infty}$ 和 $\hat{\boldsymbol{W}}^{\infty}$ 分别为物位于无穷远处的 $\hat{\boldsymbol{P}}$ 和 $\hat{\boldsymbol{W}}$，$\hat{\boldsymbol{P}}_0$ 为 $\hat{\boldsymbol{P}}^{\infty}$ 的极小值；$\hat{\boldsymbol{Q}}$ 称为规化情况下薄透镜的形状因子，$\hat{\boldsymbol{Q}}_0$ 为 $\hat{\boldsymbol{P}}^{\infty}=\hat{\boldsymbol{P}}_0$ 时的形状因子。

$\hat{\boldsymbol{P}}$、$\hat{\boldsymbol{W}}$、$\hat{\boldsymbol{u}}_1$、$\hat{\boldsymbol{C}}_1$、$\hat{\boldsymbol{P}}^{\infty}$、$\hat{\boldsymbol{W}}^{\infty}$、$\hat{\boldsymbol{P}}_0$、$\hat{\boldsymbol{Q}}$、$\hat{\boldsymbol{Q}}_0$ 都是无量纲的数值。另外，$\hat{\varphi}_1$ 和 $\hat{\varphi}_2$ 为规化情况下双胶薄透镜的两个无量纲光焦度，$\hat{c}_1$、$\hat{c}_2$ 和 $\hat{c}_3$ 分别为规化情况下双胶薄透镜的三个无量纲曲率。

# 参考文献

[1] 毛文炜. 光学工程基础［M］. 2 版. 北京：清华大学出版社，2015.
[2] 毛文炜. 光学镜头的优化设计［M］. 北京：清华大学出版社，2009.
[3] Geary J M. Introduction to Lens Design with Practical ZEMAX Examples［M］. Virginia：Willmann-Bell. Inc，2002.
[4] Kidger M J. Intermediate Optical Design［M］. Bellingham Washington：SPIE，2004.
[5] Fischer R E. Optical System Design［M］. New York：McGraw-Hill，2000.
[6] Kidger M J. Fundamental Optical Design［M］. Bellingham Washington：SPIE，2002.
[7] 袁旭沧. 现代光学设计方法［M］. 北京：北京理工大学出版社，1995.
[8] 袁旭沧. 光学设计［M］. 北京：科学出版社，1983.
[9] Shannon R R . The Art and Science of Optical Design［M］. Cambridge：Cambridge University Press，1997.
[10] Smith W J. Modern Optical Engineering［M］. Boston：The McGraw-Hill Companies，Inc. ，2001.
[11] Ditteon R. 现代几何光学［M］. 詹涵菁，等译. 长沙：湖南大学出版社，2004.
[12] Smith W J. Modern Lens Design［M］. New York：The McGraw-Hill Companies，Inc. ，1992.
[13] 王子余. 几何光学与光学设计［M］. 杭州：浙江大学出版社，1989.
[14] 郁道银，谈恒英. 工程光学［M］. 3 版. 北京：机械工业出版社，2011.
[15] 光学仪器设计手册编辑组. 光学仪器设计手册：上册［M］. 北京：国防工业出版社，1971.
[16] 李士贤，李林. 光学设计手册［M］. 北京：北京理工大学出版社，1996.
[17] 王之江，顾培森. 实用光学技术手册［M］. 北京：机械工业出版社，2007.
[18] 李林，安连生. 计算机辅助光学设计的理论与应用［M］. 北京：国防工业出版社，2002.
[19] Laikin M. 光学系统设计［M］. 周海宪，等译. 北京：机械工业出版社，2009.
[20] 王之江，顾培森. 现代光学应用技术手册［M］. 北京：机械工业出版社，2010.
[21] 潘君骅. 光学非球面的设计、加工与检验［M］. 苏州：苏州大学出版社，2004.
[22] 辛企明. 光学塑料非球面制造技术［M］. 北京：国防工业出版社，2006.
[23] 王永仲. 新光学系统的计算机设计［M］. 北京：科学出版社，1993.
[24] 福建光学技术研究所，国营红星机电厂. 光学镜头手册：第九册［M］. 北京：国防工业出版社，1982.
[25] Sasaya T，et al. All fused silica 0. 248 μm lithographic projection lens：US，#5895344［P］，1998.
[26] 姚汉民，胡松，邢廷文. 光学投影曝光微纳米加工技术［M］. 北京：北京工业大学出版社，2006.
[27] 全国自然科学名词审定委员会. 物理学名词［M］. 北京：科学出版社，1996.

本书编写时还参考如下网站和非正式出版物：
[1] http://www. lambdares. com/education/oslo_edu
[2] http://www. ZEMAX. com
[3] Sinclair Optics. OSLO Version 5 User's Guide. New York,1996.
[4] Optical Research Associates. CODE V Introductory User's Guide. Pasadena,2001.
[5] 王树森. 光学设计——以一个放映物镜为例. 清华大学内部资料，1972.
[6] ZEMAX 中文使用手册. 南京：光研科学有限公司，南京理工大学，2007 .